Atlas Florae Europaeae

III

ATLAS FLORAE EUROPAEAE

DISTRIBUTION OF VASCULAR PLANTS IN EUROPE

III

6
Caryophyllaceae
(Alsinoideae and Paronychioideae)

7
Caryophyllaceae
(Silenoideae)

Edited by
Jaakko Jalas & Juha Suominen
on the basis of team-work by European Botanists

The right of the
University of Cambridge
to print and sell
all manner of books
was granted by
Henry VIII in 1534.
The University has printed
and published continuously
since 1584.

CAMBRIDGE UNIVERSITY PRESS

Cambridge

New York   New Rochelle   Melbourne   Sydney

iv

Published by the Press Syndicate of the University of Cambridge
The Pitt Building, Trumpington Street, Cambridge CB2 1RP
32 East 57th Street, New York, NY 10022, USA
10 Stamford Road, Oakleigh, Melbourne 3166, Australia

First published in separate volumes by
The Committee for Mapping the Flora of Europe and Societas Biologica Fennica Vanamo, Helsinki
Volume 6 1983
Volume 7 1986

First published as a compendium by Cambridge University Press 1988

Printed in Great Britain at the University Press, Cambridge

British Library cataloguing in publication data

Atlas florae Europaeae: distribution of Vascular plants in Europe
1. Plants – Europe – Maps
I. Jalas, Jaakko   II. Suominen, Jaha
912′.158194   QK281

Library of Congress cataloguing in publication data

Atlas florae Europaeae: distribution of vascular plants in Europe / edited by Jaakko Jalas & Juha Suominen.
p. cm.
Contents: I. 1. Pteridophyta (Psilotaceae to Azollaceae). 2. Gymnospermae (Pinaceae to Ephedraceae)
– II. 3. Salicaceae to Balanophoraceae. 4. Polygonaceae. 5. Chenopodiaceae to Basellaceae.
– III. 6. Caryophyllaceae (Alsinoideae and Paronychicideae).
7. Caryophyllaceae (Silenoaideae)
ISBN 0 521 34270 8 (v. 1)
1. Phytogeography – Europe – Maps – Collected works. I. Jalas, Jaakko. II. Suominen, Juha.
QK281.A85 1988
581.94 – dc19   87 – 33834

ISBN 0 521 34272 4

MTL

GENERAL PREFACE

I am very pleased to be given the opportunity to help in introducing to a wider public these distribution maps, to which I have made such frequent and profitable reference over the past few years – all the more so since it enables me to justify to some small extent my nomination as a member of the advisory committee for the *Atlas*, of which I have hitherto been a rather inactive member.

Towards the end of 1961 I became conscious, in the course of my editorial work on the first volume of *Flora Europaea*, that in many contributions which were satisfactory taxonomically the data on geographical distribution were defective or inaccurate. Sometimes countries were omitted from mere inadvertence; sometimes they were given for a plant which had never been more than a casual and was long since extinct in the field but still flourishing in the Florae; very often the mistakes arose from a failure to take account of territorial changes in the period 1914–1945. It was astonishing how many experienced botanists seemed to imagine that the Carpathians were still in Hungary, or that Finland still had an arctic coast. To remedy this state of affairs I assumed, with the consent of the editorial committee, responsibility for revising geographical data in all accounts. But time was short, and when the first volume went to press I had been able to correct only some of the grosser errors. In the remaining volumes I believe the geographical data to be be more accurate.

The maps so far published in *Atlas Florae Europaeae* all relate to plants which are described in the first volume of *Florae Europaea*, and they are of especial value in serving to correct the rather numerous errors in the latter. They have been of enormous help to me in the preparation of the second edition of this volume. But their usefulness goes far beyond that. In *Flora Europaea* considerations of space limited us to a phrase of about 25 words at most to sum up the distribution. It is in most cases reasonably accurate, but the *Atlas*, besides correcting some minor inaccuracies, fills in a lot of detail that could not be included in the printed phrase. For *Stellaria holostea*, for example (I choose a species which is free from any taxonomic doubts or difficulties), *Flora Europaea* rightly says that it is 'rare in the Mediterranean region', but the *Atlas* shows how unevenly distributed is this rarity: the plant is completely absent from southern Spain, extremely rare in Greece and Albania, but relatively frequent in Italy. Or again, take *Spergularia salina* (= *S. marina*), for which *Flora Europaea* gives 'Coasts of Europe and inland saline areas'. Few readers can have realized how extensive these inland saline areas are until the *Atlas* revealed them.

The *Atlas*, of course, is not perfect; its editors would be the last to claim that it is. But most of its shortcomings arise from the fact that the editors are largely dependent on the reports they receive from the various countries of Europe; and although they have built up an impressive team of collaborators (far more complete than that achieved by the editors of *Flora Europaea*), it is inevitable that they are sometimes supplied with questionable or defective data, or, worse still, with none at all. So we find occasional species which are native throughout Spain but alien throughout Portugal; species which are present in every square in Bulgaria but curiously rare in all the neighbouring countries; and numerous species for which the sparse distribution in the more remote parts of the USSR probably tells us more about the distribution of Russian botanists than of plants.

More disconcerting is the occasional failure of some regions to supply any data at all; in recent issues there have been alarming blanks in Romania and Ukraine for several species. In these circumstances dots for relatively rare species can be provided, at least in part, from the herbaria and literature, but for very common species this is impossible. It is difficult to know what the editors can do in such a situation; my only suggestion is that they should indicate rather more clearly than at present (even at the sacrifice of a little tact) which of the blanks indicate absence of plants and which of them absence of data.

I mention these limitations of the maps not for the sake of carping, but to enable the reader by bearing in mind these difficulties to interpret the maps with more discrimination, and also because these limitations have been dealt with at greater length in a recent article by Dr Holub (Norrlinia 2: 107–115 (1984)). Although it contains some judicious praise of the *Atlas*, it does not hesitate to suggest a large number of ways in which it might be improved. The breaking down of all aggregates into their segregates (according to whose taxonomy?); the treatment of apomictic genera on a heroic scale (with maps of 'at least 200 or 300 species of *Rubus*'); the modification of the grid system in certain areas; the ironing out of differing views on native, alien or casual status; greater detail in data on recent increase or decline; fuller citations from literature; the immediate preparation (out of sequence) of maps for the most critical genera – these are some of the improvements which he suggests. They are all desirable, but they would need the services of about a hundred more floristic botanists, at least a dozen extra critical taxonomists, and at least one trained diplomat with a generous travelling allowance. Holub, one suspects, wishes, as did Omar Khayyam, that he could 'with Fate conspire, to take this sorry scheme of things entire . . . and then remould it nearer to his heart's desire'.

Pending this consummation, let us be thankful for what we have got, and realize that in this imperfect world we are not likely to get much more, and let us trust the editors to make the best decision when faced with the many awkward problems which beset them.

The thanks of all European botanists (and of many outside Europe) are due to the editors of the *Atlas* for their enterprise in initiating the project and for their tenacity in continuing it. Thanks are also due to the government or Finland for the generous and far-sighted support which it has provided. It gives me special pleasure as an Irishman to see a country not so very much more populous than my own, and nearly as isolated on the periphery of Europe, playing such an important role in forwarding the scholarship of Europe as a whole.

June 1987

D. A. Webb
Trinity College, Dublin

6
CARYOPHYLLACEAE (ALSINOIDEAE AND PARONYCHIOIDEAE)

CONTENTS

Index to Vol.6 is at the end of Vol.7
Base map is at the end of Vol.7

THE COMMITTEE FOR MAPPING THE FLORA OF EUROPE

Hungary (Hu)
A. BORHIDI, Vácrátót
A. TERPÓ, Budapest
Assisted by:
Z. KERESZTY, Vácrátót
Zs.B. THURY, Budapest
J. ZOTTER, Budapest
and by collaborators in Mapping the
Flora of Central Europe

Iceland (Is)
E. EINARSSON, Reykjavík
Assisted by:
I. DAVÍDSSON, Reykjavík
K. EGILSSON, Reykjavík
B. JÓHANNSSON, Reykjavík
H. KRISTINSSON, Reykjavík
J. PÁLSSON, Akureyri
S. STEINDÓRSSON, Akureyri

Italy (It, Sa, Si)
G. MOGGI, Firenze
E. NARDI, Firenze
M. RAFFAELLI, Firenze

Jugoslavia (Ju)
E. MAYER, Ljubljana
D. TRPIN, Ljubljana

Luxembourg (Be, excl. Belgium)
L. REICHLING, Luxembourg

Netherlands (Ho)
F. ADEMA, Leiden
J. MENNEMA, Leiden

Norway (No, Sb)
R.Y. BERG, Oslo
K. FAEGRI, Bergen
Assisted by:
C. BRONGER, Oslo
R. ELVEN, Tromsø
O.I. RØNNING, Trondheim (Sb)
K.-E. SIBBLUND, Oslo
S. SIVERTSEN, Trondheim

Poland (Po)
J. KORNAŚ, Kraków
Assisted by:
M. CIACIURA, Wrocław
D. FIJAŁKOWSKI, Lublin
A. FREY, Kraków
J. JASNOWSKA, Szczecin
K. KĘPCZYŃSKI, Toruń
M. KOPIJ, Warszawa
T. KRZACZEK, Lublin
J. MĄDALSKI, Wrocław
R. OLACZEK, Łódź
L. OLESIŃSKI, Olsztyn
A. PACYNA, Kraków
Z. SCHWARZ, Gdańsk
A. SOKOŁOWSKI, Białowieża
R. SOWA, Łódź
H. TRZCIŃSKA-TACIK, Kraków
A. ZAJĄC, Kraków
E.U. ZAJĄC, Kraków
W. ŻUKOWSKI, Poznań

Portugal (Az, Lu)
J. DO AMARAL FRANCO, Lisboa
Assisted by:
M.L. DA ROCHA-AFONSO, Lisboa

Romania (Rm)
(No data received during the preparation
of Vol. 6)

Spain (Bl, Hs)
P. MONTSERRAT, Jaca
Assisted by:
J. ARROYO, Sevilla
J.A. DEVESA, Sevilla

Sweden (Su)
B. JONSELL, Uppsala
Assisted by:
S. ERICSSON, Umeå
M. THULIN, Uppsala

Switzerland (He)
O. HEGG, Bern
M. WELTEN, Bern
Assisted by:
R. SUTTER, Bern

Turkey (European part; Tu)
A. BAYTOP, Istanbul
H. DEMIRIZ, Istanbul

PREFACE

During the time that has elapsed since the publication of Volume 5 of Atlas Florae Europaeae, the Committee for Mapping the Flora of Europe has suffered the loss of a highly esteemed adviser. Professor Eric Hultén, geobotanist, traveller and taxonomist, and the Grand Old Man of mapping vascular plant distribution, died on 1 February 1981, in his eighty-seventh year.

The Committee also deeply regrets to announce the death on 7 July 1980, at the age of sixty-six years, of Dr. J. Futák, who for many years has acted as the regional collaborator responsible for the data from the Slovakian part of Czechoslovakia. To this we have to add a last moment message of the death on 17 February 1983 of professor P. Fukarek, specialist on Balkan dendrology and, since ca. 10 years, one of the regional collaborators for Yugoslavia. He was born on 16 July 1912.

Contrary to some pessimistic predictions, it has been possible to surmount the manifold difficulties connected both with procuring the regional data and with processing the collected material for the present Volume 6. Once again, this has been due to the untiring zeal shown by the regional collaborators of our Committee in their endeavours to ensure optimal coverage of the resulting maps. Despite this, some under-representation or lack of data could not be avoided for certain areas. Thus the records given for Rm have been picked out by the Committee Secretariat from T. Săvulescu (ed.), Fl. Reipubl. Pop. Romanicae 2 (Bucureşti 1953).

The array of taxa to be treated in the present volume differs in some essential features from those in the earlier volumes. Not only is the number of taxa included almost twice as high as in any of the former volumes, but the number of taxonomical treatments and opinions to be considered is also unusually high, including several major monographic works published after the basic Volume 1 of Flora Europaea. In addition, besides the remarkably high number of narrow endemics, there are also a great many species groups or polymorphic species the treatment of which still causes great difficulties. Several of these cases seem to baffle all efforts to distinguish them clearly from neighbouring taxa and to give a meaningful cartographic delimitation of their area of distribution. We have endeavoured to present the distribution of the difficult taxa in a way that will preserve the available data until the final taxonomical decisions can be made.

Since 1982 the Secretariat of the Committee has received an annual allowance from the Finnish Ministry of Education. In the same year it became possible for the first time to spend a modest sum of money on searching through major collections abroad for material to supplement the data available in the countries themselves. Thus Mr. Arto Kurtto was able to pay a fortnight's visit to Naturhistorisches Museum, Wien (W), where he collected important additional material, especially concerning parts of the Balkan area.

For valuable information and comments on the taxonomy and nomenclature, our special thanks are due to W. Greuter (Berlin), J. Holub (Průhonice), W. Gutermann (Wien), P. Montserrat-Recoder (Jaca), and H. Runemark (Lund). Technical assistance in preparing this volume has been given by Mrs. Liisa Mäkelä, M.A., Mrs. Paula Oksanen, M.A., and Miss Satu Paajanen.

DEVIATIONS FROM FLORA EUROPAEA

(Several of the cases listed below could be given under more than one heading)

Additions

1. Previously described European taxa included as species or subspecies, although not recognized or not recognized separately in Fl. Eur.

Arenaria querioides Willk.

A. ciliata subsp. *pseudofrigida* Ostenf. & O.C. Dahl (included in *A. ciliata* subsp. *ciliata* in Fl. Eur.)

A. ciliata subsp. *hibernica* Ostenf. & O.C. Dahl (included in *A. ciliata* subsp. *ciliata* in Fl. Eur.)

A. ciliata subsp. *tenella* (Kit.) Br.-Bl. (included in *A. ciliata* subsp. *ciliata* in Fl. Eur.)

A. orbicularis Vis. (included in *A. deflexa* in Fl. Eur.)

A. fontqueri subsp. *cavanillesiana* (Font Quer) Cardona & Marti

A. fontqueri subsp. *hispanica* (Coste & Soulié) Cardona & Marti

A. leptoclados subsp. *minutiflora* (Loscos) P. Monts.

A. aegaea Rech. fil. (included in *A. leptoclados* in Fl. Eur.)

A. hispanica Sprengel

Minuartia montana subsp. *wiesneri* (Stapf) McNeill (included, as synonymous, in *M. montana* in Fl. Eur.)

M. confusa (Heldr. & Sart.) Maire & Petitmengin (included in *M. trichocalycina* in Fl. Eur.)

Bufonia stricta subsp. *cecconiana* (Bald.) Rech. fil.

Holosteum umbellatum subsp. *hirsutum* (Vill. ex Mutel) Breistr.

Cerastium azoricum Hochst. ex Seubert (included in *C. vagans* in Fl. Eur.)

Scleranthus annuus subsp. *aetnensis* (Strobl) Pignatti

Corrigiola litoralis subsp. *foliosa* (Perez-Lara ex Willk.) Chaudhri

Herniaria ciliolata subsp. *subciliata* (Bab.) Chaudhri

H. permixta Guss. (included in *H. hirsuta* in Fl. Eur.)

H. degenii (F. Hermann) Chaudhri

Spergula viscosa subsp. *pourretii* Lainz (syn. *S. rimarum* Gay & Durieu ex Lacaita)

Spergularia maritima subsp. *angustata* (Clavaud) Greuter & Burdet

2. Taxonomical novelties described during or after the editing of Fl. Eur.

Arenaria armerina subsp. *echinosperma* Ginés López

A. querioides subsp. *fontiqueri* (P. Silva) Rocha Afonso

A. grandiflora subsp. *bolosii* (Cañigueral) Küpfer

A. ciliata subsp. *bernensis* Favarger

A. gionae L.-Å. Gustavsson

A. rhodopaea Delip.

A. phitosiana Greuter & Burdet (*nomen novum* for *A. litoralis* Phitos non Salisb.)

A. fontqueri Cardona & Marti

A. peloponnesiaca Rech. fil.

Moehringia lebrunii Merxm.

M. provincialis Merxm. & Grau

Minuartia hybrida subsp. *turcica* McNeill

M. rumelica Panov

M. laricifolia subsp. *ophiolitica* Pignatti

Cerastium vourinense Möschl & Rech. fil.

C. theophrasti Merxm. & Strid

C. fontanum subsp. *scoticum* Jalas & P.D. Sell

C. smolikanum Hartvig

8

Paronychia suffruticosa subsp. *hirsuta* Chaudhri
P. kapela subsp. *galloprovincialis* Küpfer
P. kapela subsp. *baetica* Küpfer
P. rechingeri Chaudhri
(*P. sintenisii* Chaudhri; obviously not belonging to the flora
    of Europe)
P. pontica (Borhidi) Chaudhri
P. macedonica Chaudhri
P. macedonica subsp. *tobolkana* Chaudhri
P. albanica Chaudhri
P. albanica subsp. *graeca* Chaudhri
P. cephalotes subsp. *bulgarica* Chaudhri
P. cephalotes subsp. *thracica* Chaudhri
P. bornmuelleri Chaudhri
Herniaria ciliolata subsp. *robusta* Chaudhri
H. bornmuelleri Chaudhri
H. parnassica subsp. *cretica* Chaudhri
H. hirsuta subsp. *aprutia* Chaudhri
H. lusitanica Chaudhri
H. lusitanica subsp. *berlengiana* Chaudhri
H. lusitanica subsp. *segurana* Chaudhri
H. algarvica Chaudhri
H. scabrida subsp. *guadarramica* Chaudhri
H. latifolia subsp. *litardierei* Gamisans
Spergularia lycia P. Monnier & Quézel
Telephium imperati subsp. *pauciflorum* (Greuter) Greuter &
    Burdet

3. Floristic novelties (taxa not mentioned in Fl. Eur., and
    originally described on the basis of material from
    outside Europe)
Arenaria pomelii Munby
Minuartia mesogitana subsp. *kotschyana* (Boiss.) McNeill
M. erythrosepala (Boiss.) Hand.-Mazz.
Paronychia arabica subsp. *cossoniana* (J. Gay ex Cosson)
    Maire & Weiller
Herniaria regnieri Br.-Bl. & Maire
Spergularia tunetana (Maire) Jalas

Exclusions

1. Species and subspecies deleted on taxonomical grounds
Minuartia hybrida subsp. *lydia* (Boiss.) Rech. fil. (the main
    part included in subsp. *hybrida*)
M. verna subsp. *idaea* (Halácsy) Hayek (included in *M.
    verna* subsp. *attica* (Boiss. & Spruner) Hayek)
M. olonensis (Bonnier) P. Fourn. (included in *Arenaria
    serpyllifolia* L.)
Stellaria media subsp. *postii* Holmboe (included in *S. cupa-
    niana* (Jordan & Fourr.) Béguinot)
Cerastium boissieri Gren. (included in *C. gibraltaricum* Boiss.)
C. arvense subsp. *pallasii* (Vest) Walters
C. brachypetalum subsp. *tauricum* (Sprengel) Murb. (included
    in *C. brachypetalum* subsp. *brachypetalum*)
C. semidecandrum subsp. *macilentum* (Aspegren) Möschl (not
    considered to deserve subspecific rank)
C. pumilum subsp. *litigiosum* (De Lens) P.D. Sell &
    Whitehead (included in *C. ligusticum* subsp. *ligusticum*)
C. diffusum subsp. *subtetrandrum* (Lange) P.D. Sell &
    Whitehead (included in *C. pumilum* subsp. *pumilum*)
Herniaria fruticosa subsp. *erecta* (Willk.) Batt. (not
    considered to deserve subspecific rank)

2. No native or established European occurrences confirmed, although given in Fl. Eur.
Minuartia thymifolia (Sibth. & Sm.) Bornm.

Further deviations from Fl. Eur.

1. Change of genus or rank
Arenaria tetraquetra subsp. *amabilis* (Bory) H. Lindb.
    (instead of *A. tetraquetra* var. *granatensis* Boiss.)
A. aggregata subsp. *racemosa* (Willk.) Font Quer (instead of
    A. racemosa Willk., in Fl. Eur. in a comment under *A.
    aggregata*)
A. erinacea Boiss. (instead of *A. aggregata* subsp. *erinacea*
    (Boiss.) Font Quer)
A. grandiflora subsp. *incrassata* (Lange) C. Vicioso (instead
    of *A. grandiflora* var. *incrassata* (Lange) Cosson)
A. multicaulis L. (instead of *A. ciliata* subsp. *moehringioides*
    (J. Murr) J. Murr)
A. filicaulis subsp. *teddii* (Turrill) Strid (instead of *A. teddii*
    Turrill, in Fl. Eur. in a comment under *A. filicaulis*)
A. conferta subsp. *serpentini* (A.K. Jackson) Strid (instead of
    A. serpentini A.K. Jackson)
Minuartia mesogitana subsp. *velenovskyi* (Rohlena) McNeill
    (instead of *M. velenovskyi* (Rohlena) Hayek)
M. hirsuta subsp. *eurytanica* (Boiss. & Heldr.) Strid (instead
    of *M. eurytanica* (Boiss. & Heldr.) Hand.-Mazz.)
M. pseudosaxifraga (Mattf.) Greuter & Burdet (instead of
    M. stellata subsp. *pseudosaxifraga* Mattf.)
M. rupestris subsp. *clementei* (Huter) Halliday (instead of *M.
    lanceolata* (All.) Mattf.; not mapped separately)
Stellaria cupaniana (Jordan & Fourr.) Béguinot (instead of
    S. media subsp. *cupaniana* (Jordan & Fourr.) Nyman)
Cerastium thomasii Ten. (instead of *C. arvense* subsp. *thomasii*
    (Ten.) Rouy & Fouc.)
C. glabratum Hartman (instead of *C. alpinum* subsp.
    glabratum (Hartman) Á. & D. Löve)
Chaetonychia cymosa (L.) Sweet (instead of *Paronychia cymosa*
    (L.) DC.)
Paronychia chionaea Boiss. (instead of *P. kapela* subsp.
    chionaea (Boiss.) Borhidi)
Herniaria microcarpa C. Presl (instead of *H. glabra* subsp.
    nebrodensis Jan ex Nyman; given in Fl. Eur. in a note
    under *H. glabra*)
H. hirsuta subsp. *cinerea* (DC.) Coutinho (instead of *H.
    cinerea* DC.; in Fl. Eur. in a note under *H. hirsuta*)

2. Nomenclatural deviations from Fl. Eur.
Arenaria procera subsp. *pubescens* (Fenzl) Jalas (instead of *A.
    procera* subsp. *procera*)
A. procera subsp. *procera* (instead of *A. procera* subsp. *glabra*
    (F.N. Williams) J. Holub)
Minuartia glomerata subsp. *macedonica* (Degen & Dörfler)
    McNeill (instead of *M. glomerata* subsp. *velutina* (Boiss.
    & Orph.) Mattf.)
M. fastigiata (Sm.) Reichenb. (instead of *M. rubra* (Scop.)
    McNeill)
M. mutabilis (Lapeyr.) Schinz & Thell. ex Becherer
    (author's citation corrected)
M. setacea subsp. *bannatica* (Reichenb.) E.I. Nyár. (ortho-
    graphy and author's citation corrected)
M. anatolica (Boiss.) Woronow (author's citation corrected)
M. grigneensis (Reichenb.) Mattf. (original spelling of the
    specific epithet restored)
M. verna subsp. *collina* (Neilr.) Domin (author's citation
    corrected)
M. verna subsp. *paui* (Willk.) Rivas Goday & Borja (instead
    of *M. verna* subsp. *valentina* (Pau) Font Quer)
Stellaria uliginosa Murray (instead of *S. alsine* Grimm)

Cerastium banaticum subsp. *speciosum* (Boiss.) Jalas (instead of *C. banaticum* subsp. *alpinum* (Boiss.) Buschm.)

C. arvense subsp. *suffruticosum* (L.) Nyman (author's citation corrected)

C. arvense subsp. *molle* (Vill.) Arc. (instead of *C. arvense* subsp. *ciliatum* (Waldst. & Kit.) Hayek)

C. alpinum subsp. *squalidum* (Ramond) Hultén (author's citation corrected)

C. fontanum subsp. *macrocarpum* (Kotula) Jalas (author's citation corrected)

C. fontanum subsp. *vulgare* (Hartman) Greuter & Burdet (instead of *C. fontanum* subsp. *triviale* (Murb.) Jalas)

C. illyricum subsp. *brachiatum* (Lonsing) Jalas (instead of *C. illyricum* subsp. *prolixum* (Lonsing) P.D. Sell & Whitehead)

C. pumilum subsp. *glutinosum* (Fries) Jalas (instead of *C. pumilum* subsp. *pallens* (F.W. Schultz) Schinz & Thell.)

Sagina nivalis (Lindblad) Fries (instead of *S. intermedia* Fenzl)

Scleranthus perennis subsp. *marginatus* (Guss.) Nyman (author's citation corrected)

S. perennis subsp. *dichotomus* (Schur) Nyman (author's citation corrected)

S. annuus subsp. *collinus* (Hornung ex Opiz) Schübler & Martens (instead of *S. annuus* subsp. *verticillatus* (Tausch) Arc.)

S. annuus subsp. *delortii* (Gren.) Meikle (instead of *S. annuus* subsp. *ruscinonensis* (Gillot & Coste) P.D. Sell)

Spergularia melanocaulos Merino (instead of *S. australis* Samp.)

S. maritima (All.) Chiov. (instead of *S. media* (L.) C. Presl)

S. salina J. & C. Presl (instead of *S. marina* (L.) Griseb.)

S. echinosperma (Čelak.) Ascherson & Graebner (author's citation corrected)

ABBREVIATIONS AND SYMBOLS

Country and 'territory' abbreviations (in full accordance with Fl. Eur.)

Al Albania
Au Austria, with Liechtenstein
Az Açores (Azores)
Be Belgium, with Luxembourg
Bl Islas Baleares
Br Britain, excluding the Channel Islands and Northern Ireland
Bu Bulgaria
Co Corse
Cr Kriti (*Creta*), with Karpathos, Kasos and Gavdhos
Cz Czechoslovakia
Da Denmark (*Dania*)
Fa Færöer
Fe Finland (*Fennia*)
Ga France (*Gallia*), with the Channel Islands and Monaco; excluding Corse
Ge Germany (both the Federal Republic of Germany and the German Democratic Republic)
Gr Greece, excluding those islands included under Kriti and those which are outside Europe as defined for Fl. Eur.
Hb Ireland (*Hibernia*); both the republic and Northern Ireland
He Switzerland (*Helvetia*)
Ho Netherlands (*Hollandia*)
Hs Spain (*Hispania*), with Gibraltar and Andorra; excluding Islas Baleares
Hu Hungary
Is Iceland (*Islandia*)
It Italy, excluding Sardegna and Sicilia as defined below
Ju Jugoslavia
Lu Portugal (*Lusitania*), excluding Açores
No Norway, excluding Svalbard as defined below
Po Poland
Rm Romania

Rs U.S.S.R. (*Rossia*) (European part)
Rs(N) *Northern division*: Arctic Europe, Karelo-Lapland, Dvina-Pečora (including the whole of Karelian A.S.S.R.)
Rs(B) *Baltic division*: Estonia, Latvia, Lithuania, Kaliningradskaya oblast'
Rs(C) *Central division*: Ladoga-Ilmen, Upper Volga, Volga-Kama, Upper Dnepr, Volga-Don, Ural (including the whole of White Russia, and considered to include the entire Leningradskaya oblast')
Rs(W) *South-western division*: Moldavia, Middle Dnepr, Black Sea, Upper Dnestr (largely including Ukraine)
Rs(K) Krym (*Crimea*)
Rs(E) *South-eastern division*: Lower Don, Lower Volga, Transvolga (including the European part of Kazakhstan)
Sa Sardegna
Sb Svalbard, comprising Spitsbergen, Björnöya (Bear Island) and Jan Mayen
Si Sicilia, with Pantelleria, Isole Pelagie, Isole Lipari and Ustica; including Malta
Su Sweden (*Suecia*)
Tu Turkey (European part), including Imroz

The mapping symbols

● ▲ ■ ★ native occurrence (including archaeophytes)
○ △ □ introduction (established alien)
◒ status unknown or uncertain
+ extinct
× probably extinct, or, at least, not recorded since 1930
? record uncertain as regards identification or locality.

If the map gives the areas of two or more taxa, the special symbols (+, ×, ?, etc.) belong to the taxon marked by ●, unless otherwise stated.

10

Abbreviations for frequently quoted literature

Atlas Fl. Schweiz 1982 = M. Welten & R. Sutter, Verbreitungsatlas der Farn- und Blütenpflanzen der Schweiz. 1. — 716 pp. Basel 1982.

Atlas Nederl. Fl. 1980 = J. Mennema, A.J. Quene-Boterenbrood & C.L. Plate (eds.), Atlas van de Nederlandse Flora. 1. Uitgestorven en zeer zeldzame planten. — 226 pp. Amsterdam 1980.

Chaudhri 1968 = M.N. Chaudhri, A revision of the Paronychiinae. — Meded. Bot. Mus. Herb. Rijksuniv. Utrecht 285: 1—440. 1968.

Crit. Suppl. Atlas Brit. Fl. 1968 = F.H. Perring (ed.), Critical Supplement to the Atlas of the British Flora. — viii + 159 pp. London & Beccles 1968.

Duvigneaud 1979 = J. Duvigneaud, Catalogue provisoire de la flore des Baléares. — Soc. Échange Pl. Vasc. Eur. Occ. Bassin Médit. 17 (suppl.): 1—43 Liège 1979.

Ehrendorfer 1973 = F. Ehrendorfer, Liste der Gefässpflanzen Mitteleuropas. 2. Aufl. (von W. Gutermann & H. Niklfeld). — 318 pp. Stuttgart 1973.

Fl. Arct. URSS 1971 = A.I. Tolmachev (ed.), Flora Arctica URSS. 6. Caryophyllaceae — Ranunculaceae. — 247 pp. Leninopoli 1971.

Fl. Eur. = T.G. Tutin, V.H. Heywood et al. (eds.), Flora Europaea. 1. Lycopodiaceae to Platanaceae. — xxxiv + 464 pp. Cambridge 1964.

Fl. France 1973 = M. Guinochet & R. de Vilmorin, Flore de France. 1. — 366 pp. Paris 1973.

Fl. Mallorca 1978 = F. Bonafè Barceló, Flora de Mallorca. 2. — 378 pp. Palma de Mallorca 1978.

Fl. Reipubl. Pop. Bulg. 1966 = D. Jordanov & B. Kuzmanov (eds.), Flora Reipublicae Popularis Bulgaricae. 3. — 638 pp. Serdicae 1966.

Fl. Schweiz 1967 = H.E. Hess, E. Landolt & R. Hirzel, Flora der Schweiz. 1. — 858 pp. Basel 1967.

Fl. Turkey 1967 = P.H. Davis (ed.), Flora of Turkey and the East Aegean Islands. 2. — xii + 581 pp. Edinburgh 1967.

Gartner 1939 = H. Gartner, Zur systematischen Anordnung einiger Arten der Gattung Cerastium L. — Feddes Repert. Beih. 113: 1—96 + 7 Karten + Tab. I—XIX. 1939.

Hegi 1961 = K.H. Rechinger (ed.), G. Hegi, Illustrierte Flora von Mitteleuropa, 2. Aufl. 3(2), Lief. 4, Chenopodiaceae — Caryophyllaceae: 693—772. München 1961.

Hegi 1962 = K.H. Rechinger (ed.), G. Hegi, Illustrierte Flora von Mitteleuropa, 2. Aufl. 3(2), Lief. 5, Caryophyllaceae: 773—852. München 1962.

Hegi 1969 = K.H. Rechinger (ed.), G. Hegi, Illustrierte Flora von Mitteleuropa, 2. Aufl. 3(2), Lief. 6, Caryophyllaceae: 853—932. München 1969.

Hegi 1971 = K.H. Rechinger (ed.), G. Hegi, Illustrierte Flora von Mitteleuropa, 2. Aufl. 3(2), Lief. 7, Caryophyllaceae: 933—1012. München 1971.

Hultén AA 1958 = E. Hultén, The Amphi-Atlantic Plants. — Kungl. Svenska Vet.-Akad. Handl., Ser. 4, 7(1): 1—340. 1958.

Hultén Alaska 1968 = E. Hultén, Flora of Alaska and neighboring territories. — 1008 pp. Stanford 1968.

Hultén CP 1971 = E. Hultén, The Circumpolar Plants. II. Dicotyledons. — Kungl. Svenska Vet.-Akad. Handl., Ser. 4, 13(1): 1—463. 1971.

Mattfeld 1929 = J. Mattfeld, Minuartia (L.) Hiern. — Die Pflanzenareale. 2. Reihe 6: 43—57 + Karten 51—61. Jena 1929.

McNeill 1963 = J. McNeill, Taxonomic studies in the Alsinoideae. 2. A revision of the species in the Orient. — Notes Royal Bot. Garden Edinburgh 24: 241—404. 1963.

MJW 1965 = H. Meusel, E. Jäger & E. Weinert, Vergleichende Chorologie der zentraleuropäischen Flora. — Text 583 pp., Karten 258 pp. Jena 1965.

Mountain Fl. Greece = A. Strid (ed.), Mountain Flora of Greece. 1. — Cambridge (in print).

Nova Fl. Port. 1971 = J. do Amaral Franco, Nova Flora de Portugal (Continente e Açores). 1. Lycopodiaceae — Umbelliferae. — xxiv + 648 pp. Lisboa 1971.

Pignatti Fl. 1982 = S. Pignatti (ed.), Flora d'Italia. 1. — 790 pp. Bologna 1982.

Rubtsev 1972 = N.I. Rubtsev, Opredelitel' Vysshikh Rasteniy Kryma. — 552 pp. Leningrad 1972.

Smejkal 1965 = M. Smejkal, Taxonomická studie československých druhů rodu Scleranthus L. — Folia Fac. Sci. Nat. Univ. Purkyn. Brun. 6(4): 1—73 + 7 tab. 1965.

Soó Synopsis 1970 = R. Soó, A Magyar Flóra és Vegetáció rendszertani növényföldrajzi kézikönyve. IV. Synopsis Systematico-geobotanica Florae Vegetationisque Hungariae. IV. — 614 pp. Budapest 1970.

Webb 1966 = D.A. Webb, The Flora of European Turkey. — Proc. Royal Irish Acad. 65 Sect. B 1: 1—100. 1966.

World's Worst Weeds 1977 = L.G. Holm, D.L. Plucknett, J.V. Pancho & J.P. Herberger, World's Worst Weeds. — 609 pp. Honolulu 1977.

Zając 1975 = A. Zając, The genus Cerastium L. in Poland. Section Fugacia and Caespitosa. — Monogr. Bot. (Warszawa) 47: 1—100. 1975.

DICOTYLEDONES (cont.)

CARYOPHYLLACEAE
Subfam. ALSINOIDEAE

Arenaria rigida Bieb. — Map 669.

Total range. Possibly endemic to Europe.

Arenaria cephalotes Bieb. — Map 670.

Total range. Endemic to Europe.

Arenaria gypsophiloides L. — Map 671.

Taxonomy. The plant from Aitos is var. *gypsophiloides*, that from Rodopi Planina being referable to the endemic var. *rhodopaea* Velen. (Fl. Eur.). For the main Oriental population of the species, see McNeill 1963: 296—297.

Notes. Var. *rhodopaea* known only from material collected at the turn of the century.

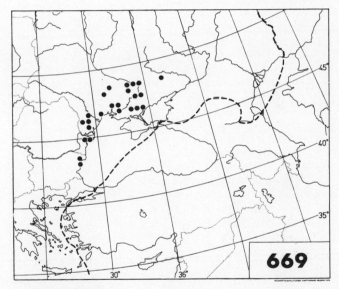

Arenaria rigida

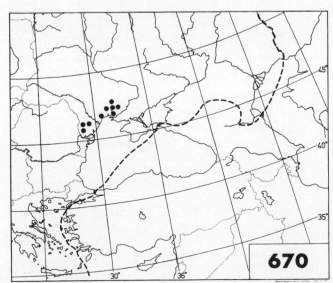

Arenaria cephalotes

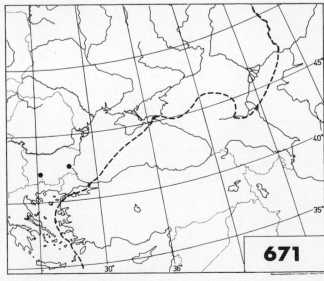

Arenaria gypsophiloides

Arenaria procera Sprengel

Arenaria biebersteinii Schlecht.; A. filifolia Bieb. non Forskål; A. graminifolia auct. non Ard.; A. koriniana Fischer; A. micradenia Smirnov; A. pineticola Klokov; A. polaris Schischkin; ? A. saxatilis L.; A. stenophylla Ledeb.; A. syreistschikowii Smirnov; A. ucranica Sprengel ex Klokov

Taxonomy, generic delimitation (of *Eremogone*), *and nomenclature.* E. Selivanova-Gorodkova, Spisok Rast. Gerb. SSSR 11: 104 (1949), and Areal I: 36—41 + maps 36—39 (Moskva—Leningrad 1952); J. Holub, Preslia (Praha) 28: 91—95 (1956), and Folia Geobot. Phytotax. (Praha) 9: 265, 273 (1974); S. Ikonnikov, Nov. Syst. Pl. Vasc. (Leningrad) 10: 136—137 (1973). *Arenaria procera* sensu Fl. Eur. was divided by Selivanova-Gorodkova 1952 into no less than 6 different taxa: *A. biebersteinii, A. koriniana, A. micradenia, A. procera* s. str., *A. stenophylla* and *A. stenophylla* subsp. *polaris*. All but the first are included in *A. procera* subsp. *glabra* sensu Fl. Eur. Although they evidently show a certain degree of independence, both morphologically and geographically (thus resembling weakly differentiated local races), closer studies were felt desirable before further splitting of the entities recognized in Fl. Eur. This was the case even as concerns *A. polaris*, which, according to Fl. Eur., "may merit subspecific rank". — Concerning the typification of *A. procera*, see under *A. procera* subsp. *pubescens* (= *A. procera* subsp. *procera* sensu Fl. Eur.).

Notes. Only casual in Ge (given as native in Fl. Eur.): Hegi 1962: 850.

Total range. MJW 1965: map 150c.

A. procera subsp. **pubescens** (Fenzl) Jalas — Map 672.

Arenaria biebersteinii Schlecht.; A. filifolia Bieb. non Forskål; A. graminifolia subsp. pubescens (Fenzl) Novák; A. graminifolia var. pubescens Fenzl; A. pineticola Klokov; A. procera subsp. procera sensu Fl. Eur., non A. procera Sprengel s.str. orig.; A. stenophylla var. pubescens (Fenzl) Schischkin; Eremogone biebersteinii (Schlecht.) J. Holub

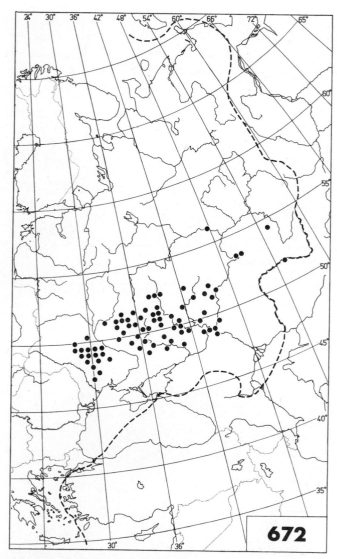

Arenaria procera subsp. **pubescens**

Nomenclature. According to the typification by J. Holub, Folia Geobot. Phytotax. (Praha) 9: 265 (1974), *Arenaria procera* Sprengel is to be synonymized with *A. saxatilis* L. sensu Ikonnikov, i.e. *A. stenophylla* Ledeb., rather than with *A. biebersteinii* (as in Fl. Eur.). J. Jalas, Ann. Bot. Fennici 20: 109 (1983).

Notes. ?Rm, Rs(C, W, E). "Ukraine and S. Russia" (Fl. Eur.).

Total range. E. Selivanova-Gorodkova, Areal I: map 36 (1952); MJW 1965: map 150c (as *Arenaria biebersteinii*).

A. procera subsp. **procera** — Map 673.

Arenaria graminifolia Schrader non Ard.; A. graminifolia subsp. glabra (F.N. Williams) Novák; A. graminifolia var. glabra F.N. Williams; A. graminifolia var. grandiflora Fenzl; A. graminifolia var. koriniana (Fischer ex Fenzl) Trautv.; A. graminifolia var. ostrina Schischkin; A. graminifolia var. parviflora Fenzl; A. koriniana Fischer ex Fenzl; A. micradenia Smirnov; A. polaris Schischkin; A. procera subsp. glabra (F.N. Williams) J. Holub; A. procera subsp. stenophylla (Ledeb.) J. Holub, nomen inval.; A. saxatilis sensu Ikonn., an L.?; A. stenophylla Ledeb.; A. stenophylla var. grandiflora (Fenzl) Schischkin; A. stenophylla subsp. polaris (Schischkin) E. Selivan.; A. syreistschikowii Smirnov; A. ucranica Sprengel ex Klokov; Eremogone graminifolia (Schrader) Fenzl; E. koriniana (Fischer ex Fenzl) Ikonn.; E. micradenia (Smirnov) Ikonn.; E. polaris (Schischkin) Ikonn.; E. procera (Sprengel) Reichenb.; E stenophylla (Ledeb.) Fischer ex C.A. Meyer; Sabulina procera (Sprengel) Reichenb.

Taxonomy and nomenclature. See above under the species and subsp. *pubescens.* Diploid with 2n = 22 (under *Arenaria micradenia* and *A. syreistschikowii*), tetraploid with 2n = 44 (under *A. koriniana*) and decaploid with 2n = 110 (under *A. polaris*): W. Titz, Österr. Bot. Zeitschr. 113: 189 (1966); C. Favarger, Bot. Not. 125: 474—475 (1972).

Notes. Au, Cz, Hu, Po, Rm, Rs(N, B, C, W, E). "Throughout the range of the species" (Fl. Eur., as subsp. *glabra*). The records for *Arenaria polaris* have been given a special symbol on the map.

Total range. E. Selivanova-Gorodkova, Areal I: maps 37—39 (Moskva—Leningrad 1952); MJW 1965: map 150c; Fl. Arct. URSS 1971: 77 (*Arenaria polaris*).

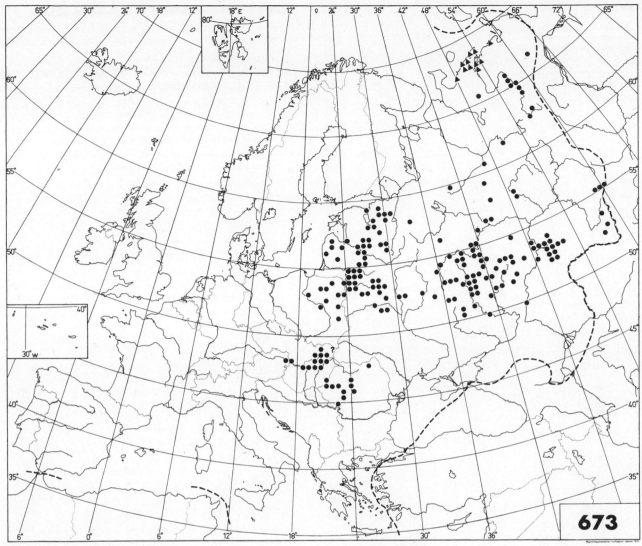

Arenaria procera subsp. **procera**   ▲ = "A. polaris"

Arenaria longifolia Bieb. — Map 674.

Arenaria purpurascens Ramond ex DC. — Map 675.

Taxonomy. Diploid with 2n = 46: J. Ritter, Caryologia 26: 188—189 (1973).

Notes. Also recorded from W. Préalpes (Vercors), S.E. France ("Pyrenees; Cordillera Cantábrica" in Fl. Eur.): J. Ritter, Caryologia 26: 188 (1973).

Total range. Endemic to Europe. E. Favarger, Lejeunea 77: 36—37 (1975).

Arenaria lithops Heywood ex McNeill — Map 676.

Arenaria pulvinata Huter non Edgew.; A. tetraquetra L. subsp. huteri Font Quer ex Laínz

Total range. Endemic to Europe.

Arenaria tetraquetra L. — Map 677.

Arenaria amabilis Bory; A. imbricata Lag. & Rodr.

Taxonomy. C. Favarger, Bot. Not. 125: 468—470 (1972).

Total range. Endemic to Europe.

A. tetraquetra subsp. **tetraquetra** — Map 677.

Arenaria tetraquetra var. pyrenaica Boiss.

Taxonomy. Hexaploid with 2n = 120. C. Favarger, Bot. Not. 125: 470 (1972). The species is not divided into subspecies in Fl. Eur.

Notes. Ga, Hs.

A. tetraquetra subsp. **amabilis** (Bory) H. Lindb. — 677.

Arenaria amabilis Bory; A. imbricata Lag. & Rodr.; A. tetraquetra var. granatensis Boiss.; A. tetraquetra subsp. imbricata (Lag. & Rodr.) Font Quer ex Laínz

Taxonomy and nomenclature. Diploid with 2n = 40: C. Favarger, Bot. Not. 125: 470 (1972). H. Lindberg, Acta Soc. Sci. Fenn. N.S. B. 1(2): 45 (1932); M. Laínz, Bol. Inst. Est. Astur. (Supl. Cienc.) 1(1): XI (1960).

Notes. Hs. Recognized in Fl. Eur. at varietal level only.

14

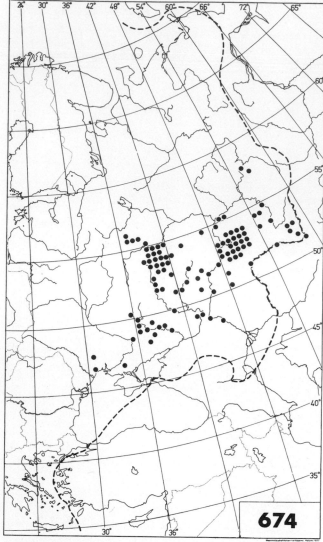

Arenaria longifolia

Arenaria tomentosa Willk. — Map 678.

Arenaria tetraquetra L. subsp. tomentosa (Willk.) Font Quer ex Laínz

Total range. Endemic to Europe.

Arenaria armerina Bory — Map 679.

Arenaria armeriastrum Boiss.; A. tetraquetra L. subsp. armerina (Bory) Font Quer ex Laínz

A. armerina subsp. **armerina** — Map 679.

Arenaria armeriastrum Boiss.; A. tetraquetra L. subsp. armerina (Bory) Font Quer ex Laínz

Taxonomy. Tetraploid with 2n = 60 (counted on garden material): C. Favarger, Bot. Not. 125: 470 (1972).

Notes. Hs. "S. Spain" (Fl. Eur., for the species).

A. armerina subsp. **echinosperma** Ginés López — Map 679.

Taxonomy. Diploid with 2n = 30. G. López Gonzáles, An. Jardin Bot. Madrid 39: 207—208 (1982).

Notes. Hs (prov. of Cuenca) (the taxon not mentioned in Fl. Eur.).

Total range. As far as is known, endemic to Europe.

Arenaria aggregata (L.) Loisel. — Map 680.

Arenaria capitata Lam., nomen illeg.; A. pseudarmeriastrum Boiss.; Gypsophila aggregata L. Incl. A. racemosa Willk. Excl. A. aggregata subsp. erinacea (Boiss.) Font Quer

Taxonomy. P. Montserrat, An. Jardin Bot. Madrid 37: 623—625 (1981); M.L. da Rocha Afonso, O grupo Arenaria aggregata na Península Ibérica, 15 pp. (Lisboa 1981); W. Greuter & T. Raus (eds.), Willdenowia 12 (Cahiers Optima Leaflets 127): 185—186 (1982). See M. Laínz, Bol. Inst. Est. Astur. (Supl. Cienc.) 1: X—XI (1960), and Taxon 11: 253 (1962).

Notes. Lu omitted (given in Fl. Eur.): the Lu plants erroneously identified as *Arenaria aggregata* subsp. *erinacea* in Fl. Eur., and as *A. aggregata* subsp. *aggregata* in Nova Fl. Port. 1971: 113, belong to *A. querioides* Willk.

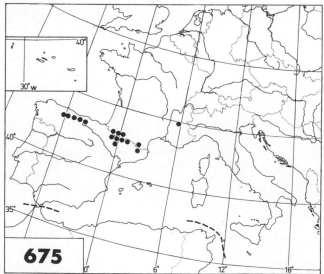

Arenaria purpurascens

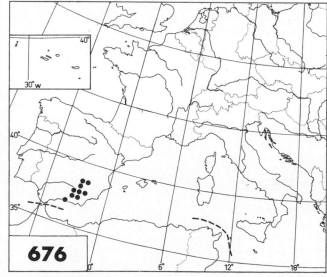

Arenaria lithops

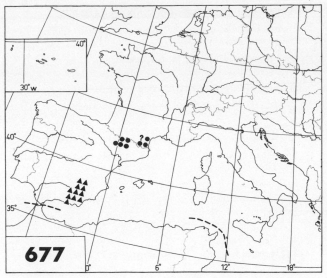

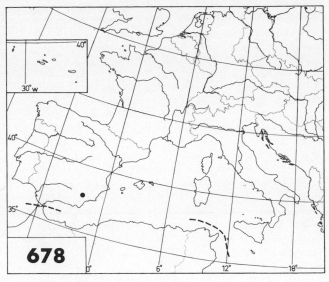

Arenaria tetraquetra   ● = subsp. **tetraquetra**
                            ▲ = subsp. **amabilis**

Arenaria tomentosa

A. aggregata subsp. **aggregata** — Map 680.

Arenaria pseudarmeriastrum Boiss.; A. tetraquetra L. subsp. capitata Laínz. Incl. A. aggregata subsp. oscensis (Pau) Greuter & Burdet; A. querioides Willk. subsp. oscensis (Pau) P. Monts.

Taxonomy. Although provisionally included here (in accordance with M.L. da Rocha Afonso, op. cit.), the plant given as *Arenaria querioides* subsp. *oscensis* (Pau) P. Montserrat, An. Jardin Bot. Madrid 37: 625 (1981), has been provided with a special symbol on the map, in order to preserve this information. See also W. Greuter & T. Raus (eds.), Willdenowia 12 (Cahiers Optima Leaflets 127): 186 (1982).

Notes. Ga, Hs, It. "Iberian peninsula; S. France; N.W. Italy (Alpi Marittime)" (Fl. Eur.).

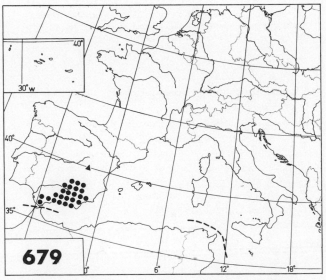

Arenaria armerina   ● = subsp. **armerina**
                         ▲ = subsp. **echinosperma**

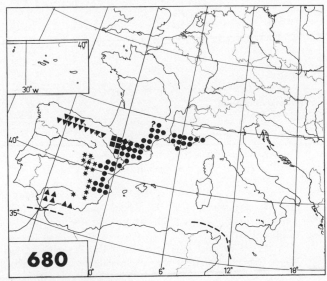

Arenaria aggregata
● = subsp. **aggregata**
■ = "subsp. **oscensis**"
◆ = subsp. **aggregata** + "subsp. **oscensis**"
▲ = subsp. **racemosa**
▼ = "subsp. **cantabrica**"
★ = "subsp. **cavanillesiana**"

A. aggregata subsp. **racemosa** (Willk.) Font Quer — Map 680.

Arenaria querioides Willk. subsp. racemosa (Willk.) P. Monts.; A. racemosa Willk.; A. tetraquetra subsp. racemosa (Willk.) Laínz. Incl. A. querioides subsp. cantabrica (Font Quer) P. Monts. & subsp. cavanillesiana (Font Quer & Rivas Goday) P. Monts.

Taxonomy. M.L. da Rocha Afonso, O grupo Arenaria aggregata na Península Ibérica, p. 12—14 (Lisboa 1981). According to Fl. Eur., *Arenaria racemosa* "may merit subspecific status under 11 [*A. aggregata*]". The treatment of P. Font Quer, Inst. Est. Catal. Arx. Sec. Ciènc. 14: 30—31 (1948), has been tentatively followed here. The recent conflicting proposals (P. Montserrat: to be split into three subspecies under *A. querioides*; M.L. da Rocha Afonso: to be treated as an independent species) stress the need for further study.

Notes. Hs. "S. Spain" (Fl. Eur.).

16

Arenaria querioides Willk. — Map 681.

Arenaria aggregata auct. non (L.) Loisel.; A. capitata auct. non Lam.; A. tetraquetra auct. non L.; A. tetraquetra L. subsp. querioides (Willk.) Font Quer ex Laínz

Taxonomy. P. Montserrat, An. Jardin Bot. Madrid 37: 623—625 (1981); M.L. da Rocha Afonso, O grupo Arenaria aggregata na Península Ibérica, p. 6—15 (Lisboa 1981). There is still considerable disagreement in the delimitation of the species; the plant from N. Spain known as *Arenaria aggregata* var. *willkommii* Font Quer was considered part of *A. querioides* subsp. *oscensis* (Pau) P. Monts. by P. Montserrat (op. cit., p. 625), whilst M.L. da Rocha Afonso (op. cit., p. 5) mentioned it under *A. aggregata* s. str. Concerning *A. racemosa* Willk. (*A. querioides* subsp. *racemosa* (Willk.) P. Monts.), see under *A. aggregata* (the taxon is mentioned in a note under *A. aggregata* in Fl. Eur., and given as an independent species by M.L. da Rocha Afonso, op. cit., p. 12—13).

Notes. Hs, Lu (the species not mentioned in Fl. Eur.).

A. querioides subsp. querioides — Map 681.

Arenaria aggregata (L.) Loisel. subsp. querioides (Willk.) Font Quer; A. aggregata var. nana P. Cout.; A. tetraquetra L. subsp. querioides (Willk.) Laínz; A. tetraquetra var. minor Brot.

Notes. Hs, Lu.

A. querioides subsp. fontiqueri (P. Silva) Rocha Afonso — Map 681.

Arenaria tetraquetra L. subsp. fontiqueri P. Silva

Taxonomy. A.R. Pinto da Silva, Collect. Bot. (Barcelona) 7: 945—946 (1968); M.L. da Rocha Afonso, O grupo Arenaria aggregata na Península Ibérica, p. 7, 11 (Lisboa 1981).

Notes. Lu (the taxon not mentioned in Fl. Eur.).

Total range. Endemic to Europe.

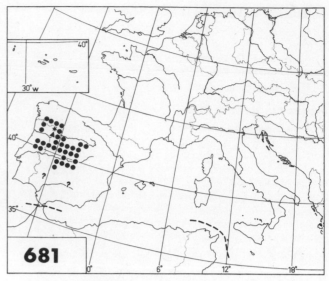

Arenaria querioides
● = subsp. **querioides**
▲ = subsp. **fontiqueri**
★ = subsp. **querioides** + subsp. **fontiqueri**

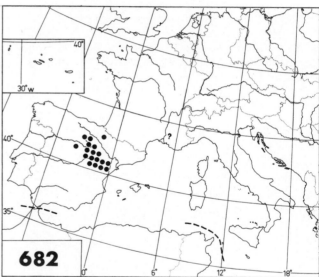

Arenaria erinacea

Arenaria erinacea Boiss. — Map 682.

Arenaria aggregata (L.) Loisel. subsp. erinacea (Boiss.) Font Quer; A. tetraquetra L. subsp. erinacea (Boiss.) Font Quer ex Laínz

Taxonomy. In Fl. Eur. given subspecific status under *Arenaria aggregata*. M.L. da Rocha Afonso, O grupo Arenaria aggregata na Península Ibérica, p. 12—13 (Lisboa 1981).

Notes. ?Ga, Hs. "E. Spain; S.E. France (Mont Ventoux); N. Portugal (Serra da Estrêla)" (Fl. Eur.). According to M.L. da Rocha Afonso (op. cit.), *Arenaria querioides* is the only species of this affinity in Lu; cf. under *A. aggregata*.

Total range. Endemic to Europe.

Arenaria pungens Clemente ex Lag. — Map 683.

Taxonomy. C. Favarger, Bot. Not. 125: 466—468 (1972).

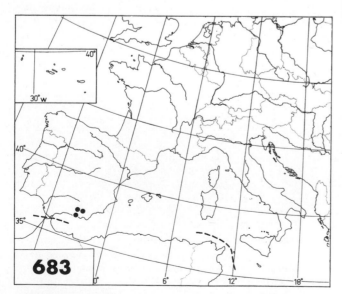

Arenaria pungens

Arenaria valentina Boiss. — Map 684.

Arenaria grandiflora L. subsp. valentina (Boiss.) Bolòs & Vigo

Nomenclature. O. Bolòs & J. Vigo, Butll. Inst. Catalana Hist. Nat. 38 (Sec. Bot. 1): 86 (1974).

Total range. Endemic to Europe.

Arenaria grandiflora L. — Map 685.

Arenaria galloprovincialis Pawł.; A. incrassata Lange; Cernohorskya grandiflora (L.) Löve & Löve

Taxonomy. The treatment of the subordinate taxa is according to P. Küpfer, Boissiera 23: 131—139 (1974). Cf. B. Pawłowski, Fragm. Fl. Geobot. 10: 493—497 (1964); Á. Löve & D. Löve, Preslia (Praha) 46: 126—127 (1974).

Notes. Ju omitted (given in Fl. Eur.). Lu omitted (given in Fl. Eur.): Nova Fl. Port. 1971: 113—114.

Total range. P. Küpfer, Boissiera 23: 132 (1974).

A. grandiflora subsp. grandiflora — Map 685.

Arenaria galloprovincialis Pawł.; A. incrassata var. glabrescens Willk.; Cernohorskya grandiflora (L.) Löve & Löve

Notes. Au, Bl, Cz, Ga, He, Hs, It, Si.

A. grandiflora subsp. incrassata (Lange) C. Vicioso — Map 685.

Arenaria incrassata Lange; A. grandiflora var. incrassata (Lange) Cosson; Cernohorskya incrassata (Lange) Löve & Löve

Taxonomy. It is uncertain whether this taxon really is worth recognition at subspecific level. Sympatric occurrence with subsp. *grandiflora* is said to be a common phenomenon in N. Spain.

Notes. Hs. "... occurs in S.W. Europe" (Fl. Eur.).

Total range. Endemic to Europe.

A. grandiflora subsp. bolosii (Cañigueral) Küpfer — Map 685.

Arenaria grandiflora var. bolosii Cañigueral

Taxonomy. P. Küpfer, Boissiera 23: 138—139 (1974).

Notes. Bl (the taxon not mentioned in Fl. Eur.).

Total range. Endemic to Islas Baleares (Mallorca).

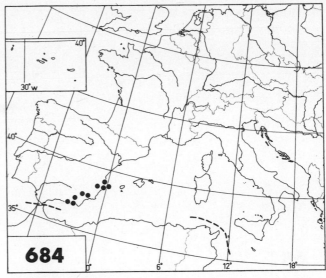

Arenaria valentina

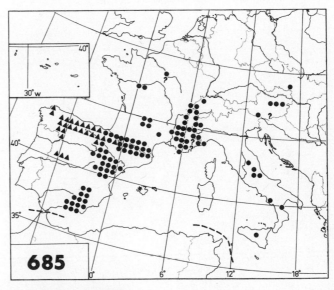

Arenaria grandiflora
● = subsp. **grandiflora**
▲ = subsp. **incrassata**
★ = subsp. **bolosii** + subsp. **grandiflora**

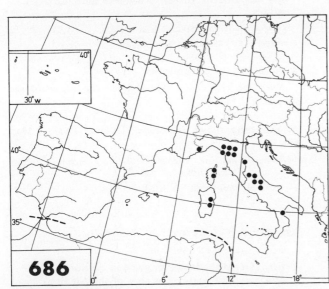

Arenaria bertolonii

Arenaria bertolonii Fiori — Map 686.

Arenaria saxifraga Fenzl

Notes. Si omitted (given in Fl. Eur.), although given from there ("segnalata anche nelle A. Maritt. e Sic.") in Pignatti Fl. 1982: 192.

Total range. Endemic to Europe.

18

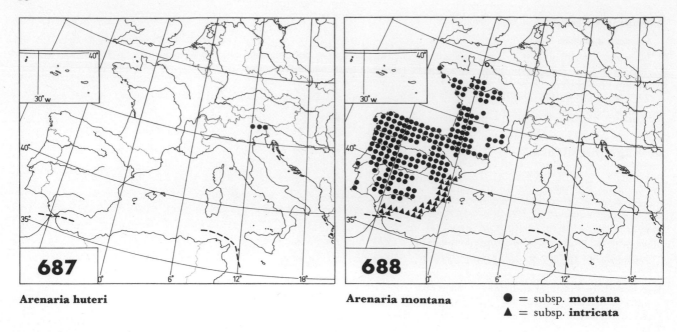

687

Arenaria huteri

688

Arenaria montana

● = subsp. **montana**
▲ = subsp. **intricata**

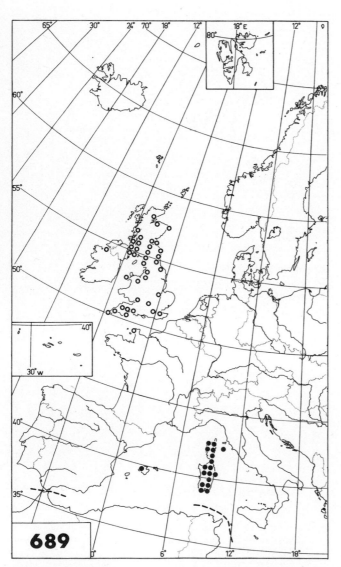

689

Arenaria balearica

Arenaria huteri Kerner — Map 687.

Total range. Endemic to Europe.

Arenaria montana L. — Map 688.

Arenaria intricata Dufour; Willwebera montana (L.) Löve & Löve

Generic delimitation and nomenclature. Á. Löve & E. Kjellqvist, Lagascalia 4: 8—9 (1974).

A. montana subsp. **montana** — Map 688.

Notes. Ga, Hs, Lu. "Throughout the range of the species" (Fl. Eur.).

A. montana subsp. **intricata** (Dufour) Pau — Map 688.

Arenaria intricata Dufour; Willwebera montana subsp. intricata (Dufour) Löve & Löve

Notes. Hs. "S. Spain" (Fl. Eur.).

Arenaria balearica L. — Map 689.

Arenaria gayana F.N. Williams

Notes. [Ga, Hb] added (not given in Fl. Eur.).
Total range. Endemic to islands of the Mediterranean westwards from Montecristo (It).

Arenaria biflora L. — Map 690.

Arenaria rotundifolia Bieb.

Taxonomy. Contrary to Fl. Eur., McNeill 1963: 262—265 considers *Arenaria rotundifolia* separate taxon from *A. biflora*. According to him, most of the Balkan material is referable to *A. rotundifolia* subsp. *pancicii* (Degen & Bald.) McNeill. See also Mountain Fl. Greece.

Notes. Ge and Rs(W) omitted (given in Fl. Eur.). Hs added (not given in Fl. Eur.): P. Montserrat, Congr. Int. E.E. Pirenaicos 2: 96 (Zaragoza 1962).

Arenaria humifusa Wahlenb. — Map 691.

Taxonomy. Generally given as tetraploid with 2n = 40, but the deviating chromosome number 2n = 44 was counted by G. Knaben & T. Engelskjön, Acta Borealia A Sci. 21: 22—23 (1967).

Total range. R. Nordhagen, Bergens Mus. Årbok 1935(1): 28; Blyttia 1: 69, map 26 (1943); N. Polunin, Nature 152: 452 (1943); J.A. Nannfeldt, K. Vetensk. Soc. Årsbok Uppsala 1947: 67, map 10; M. Raymond, Mem. Jardin Bot. Montréal 5: 18, map 10 (1950); H. Sjörs, Nordisk Växtgeografi, p. 194, map 106 (Stockholm 1956); Hultén AA 1958: map 169; Hultén Alaska 1968: 436; H. Walter & H. Straka, Arealkunde, Einführung Phytologie III(2): 351, map 322 (Stuttgart 1970); R. Kalliola, Suomen kasvimaantiede, p. 123, map 94 (Porvoo — Helsinki 1973); J.P. Kozhevnikov, Areali Rast. Fl. SSSR 3: 47 (1976).

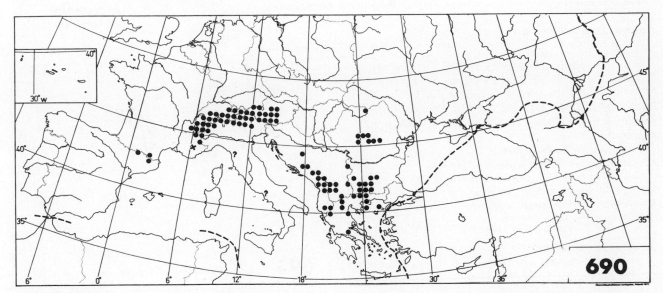

Arenaria biflora

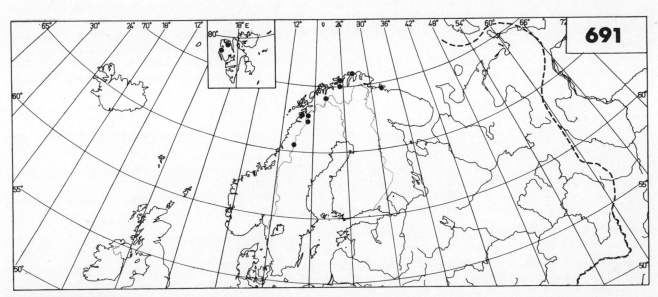

Arenaria humifusa

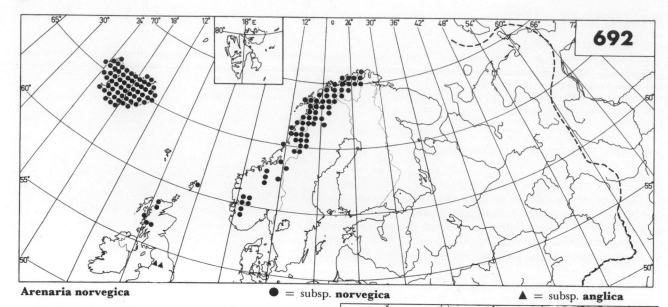

Arenaria norvegica   ● = subsp. **norvegica**   ▲ = subsp. **anglica**

Arenaria norvegica Gunnerus — Map 692.

Arenaria ciliata L. subsp. norvegica (Gunnerus) Hiitonen; A. gothica auct. non Fries

Notes. Fe added (not given in Fl. Eur.): I. Hiitonen, Luonnon Ystävä 48: 60 (1944). Contrary to Hultén CP 1971: map 719, the species is not present in Fa: K. Hansen, Dansk Bot. Arkiv 24(3) (1966). Presence in Hb doubtful (seen only once, c. 1960, never refound; given as present in Fl. Eur.).

Total range. Endemic to Europe.

A. norvegica subsp. norvegica — Map 692.

Notes. Br, Fe, ?Hb, Is, No, Su. "Scotland, W. Ireland, Iceland, Norway, Sweden" (Fl. Eur.).

A. norvegica subsp. anglica Halliday — Map 692.

Arenaria gothica auct. non Fries

Notes. Br. "N. England (W. Yorkshire)" (Fl. Eur.).

Arenaria multicaulis L. — Map 693.

Arenaria ciliata subsp. moehringioides (J. Murr) J. Murr; A. ciliata subsp. multicaulis (L.) Arc.; A. moehringioides J. Murr. Incl. A. ciliata subsp. polycarpoides (Rouy & Fouc.) Br.-Bl.; A. moehringioides subsp. polycarpoides (Rouy & Fouc.) Halliday

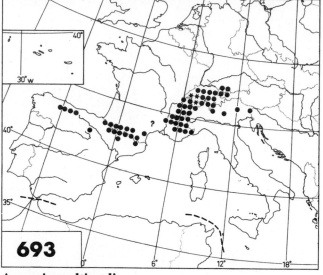

Arenaria multicaulis
★ = A. ciliata subsp. **bernensis** + A. **multicaulis**

Taxonomy and nomenclature. Diploid with 2n = 40. C. Favarger, Bot. Not. 118: 273—280 (1965); P. Küpfer & C. Favarger, C.R. Acad. Sci. Paris 264 D: 2463—2465 (1967); P. Font Quer, Collect. Bot. (Barcelona) 7: 335 (1968); W. Gutermann, Phyton (Austria) 17: 32—33 (1975). In Fl. Eur., treated as subspecies of *Arenaria ciliata.* See also under *A. ciliata* subsp. *bernensis.*

Notes. Au, Ga, Ge, He, Hs, It. "C. & N. Spain, Pyrenees, Jura, Alps eastwards to Vorarlberg, N. Appennini" (Fl. Eur., under *Arenaria ciliata* subsp. *moehringioides*). In the French Alps, the map is collective, including some records representing *A. ciliata* subsp. *ciliata.*

Total range. Endemic to Europe.

Arenaria ciliata L. — Map 694.

Arenaria pseudofrigida (Ostenf. & O.C. Dahl) Juz.; A. tenella Kit. Excl. Arenaria moehringioides J. Murr; A. ciliata subsp. moehringioides (J. Murr) J. Murr

Taxonomy. C. Favarger, Bot. Not. 118: 273—280 (1965).

Notes. Au, Cz, Fe, Ga, Hb, He, It, Ju, No, Po, Rm, Rs(N), Sb. "C. & E. Alps, Carpathians; Finland, N. Norway, arctic Russia and Svalbard; N.W. Ireland" (Fl. Eur.). For Ga, see under *Arenaria multicaulis.*

Total range. C.H. Ostenfeld & O. Dahl, Nyt Mag. Naturv. 55: 223 (1917); Hultén AA 1958: maps 65 and 66; P. Coker, Trans. Proc. Bot. Soc. Edinburgh 40: 561 (1970) (all including *Arenaria multicaulis*).

A. ciliata subsp. pseudofrigida Ostenf. & O.C. Dahl — Map 694.

Arenaria multicaulis L. subsp. pseudofrigida (Ostenf. & O.C. Dahl) Löve & Löve; A. pseudofrigida (Ostenf. & O.C. Dahl) Juz.

Taxonomy. Diploid with 2n = 40. Included in subsp. *ciliata* in Fl. Eur.

Notes. Fe, No, Rs(N), Sb. "Finland, N. Norway, arctic Russia and Svalbard" (Fl. Eur.).

Total range. C.H. Ostenfeld & O. Dahl, Nyt Mag. Naturv. 55: 223 (1917); P. Gelting, Medd. Grönl. 101(2): 269 (1934); R. Nordhagen, Bergens Mus. Årbok, Nat. Rekke 1: 49 (1935); A. Melderis in J.E. Lousley (ed.), The Changing Fl. Brit., p. 90

(Oxford 1953); Hultén AA 1958: map 65; E. Dahl, Blyttia 16: 108 (1958); E. Hadač, Preslia (Praha) 32: 250 (1960); V.N. Vasil'ev, Mat. Hist. Fl. Veget. USSR 4: 263 (1962).

A. ciliata subsp. **hibernica** Ostenf. & O.C. Dahl — Map 694.

Taxonomy. Diploid with 2n = 40. Included in subsp. *ciliata* in Fl. Eur.

Notes. Hb. "N.W. Ireland" (Fl. Eur.).

Total range. Endemic to Ireland.

A. ciliata subsp. **tenella** (Kit.) Br.-Bl. — Map 694.

Arenaria multicaulis var. tatrensis Zapał.; A. tenella Kit.

Taxonomy. Diploid with 2n = 40. C. Favarger, Bull. Soc. Bot. Suisse 73: 173—174, 176 (1963), Lejeunea 77: 22 (1975); see also B. Pawłowski, Fl. Tatr. Pl. Vasc. I: 232 (Varsoviae 1956).

Notes. Cz, Po (the taxon not mentioned in Fl. Eur.).

Total range. Endemic to Europe.

A. ciliata subsp. **ciliata** — Map 694.

Arenaria ciliata subsp. tenella sensu Br.-Bl., non A. tenella Kit. Excl. A. ciliata subsp. hibernica Ostenf. & O.C. Dahl and A. ciliata subsp. pseudofrigida Ostenf. & O.C. Dahl

Taxonomy. Tetraploid to octoploid, with 2n = 80, 120, 160.

Notes. Au, Ga, He, It, Ju, Rm. "C. & E. Alps, Carpathians (Fl. Eur.).

Total range. Endemic to Europe.

A. ciliata subsp. **bernensis** Favarger — Map 693.

Taxonomy. Decaploid to dodecaploid, with 2n = c. 200, c. 240. C. Favarger, Bull. Soc. Bot. Suisse 73: 165—172, 176 (1963). The identity and morphological delimitation is seemingly not fully cleared up, and so the taxon is mentioned in Atlas Fl. Schweiz 1982: 44 under *Arenaria multicaulis*.

Notes. ?Au, He. The taxon not recognized in Fl. Eur. The identity of the E. Austrian population is not completely cleared up, and the delimitation from adjacent races of the *Arenaria ciliata* complex also seems difficult (W. Gutermann, Wien; *in litt.*).

Total range. Endemic to Europe.

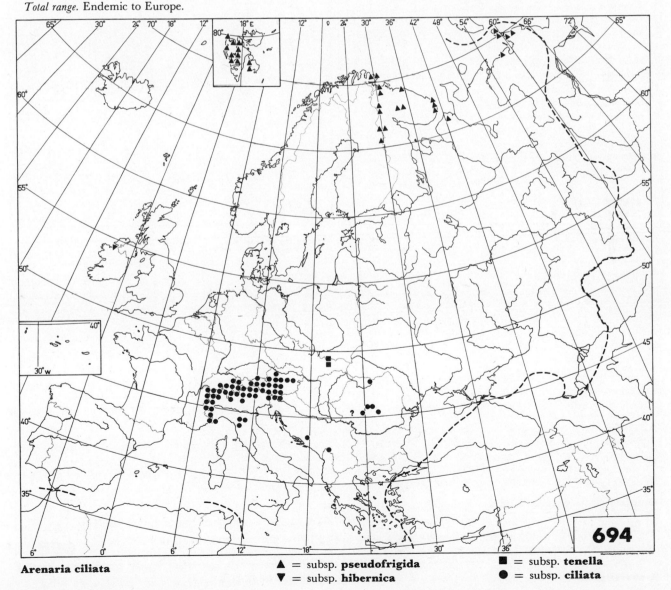

Arenaria ciliata

▲ = subsp. **pseudofrigida**
▼ = subsp. **hibernica**

■ = subsp. **tenella**
● = subsp. **ciliata**

694

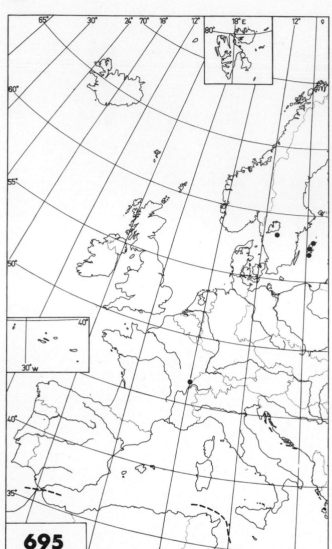

695

Arenaria gothica

Arenaria gothica Fries — Map 695.

Taxonomy. M.-M. Duckert-Henriod, Bull. Soc. Neuchâtel. Sci. Nat. 85: 97—101 (1962).
Total range. Endemic to Europe.

Arenaria gracilis Waldst. & Kit. — Map 696.

Taxonomy. McNeill 1963: 257—258.
Total range. Endemic to Europe.

Arenaria gionae L.-Å. Gustavsson — Map 697.

Taxonomy. L.-Å. Gustavsson, Bot. Not. 129: 276—277 (1976).
Notes. Gr (the taxon not mentioned in Fl. Eur.).
Total range. Endemic to Europe.

Arenaria rhodopaea Delip. — Map 698.

Taxonomy. D. Delipavlov, Comptes Rendus Acad. Bulg. Sci. 645—648 (1964).
Notes. Bu (the taxon not mentioned in Fl. Eur.).
Total range. Endemic to Europe.

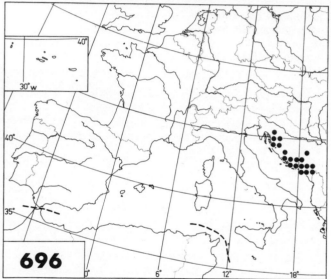

696

Arenaria gracilis

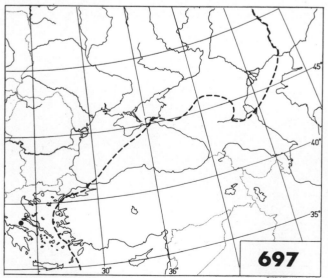

697

Arenaria gionae

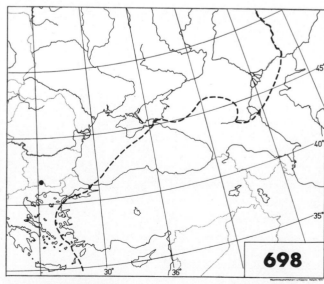

698

Arenaria rhodopaea

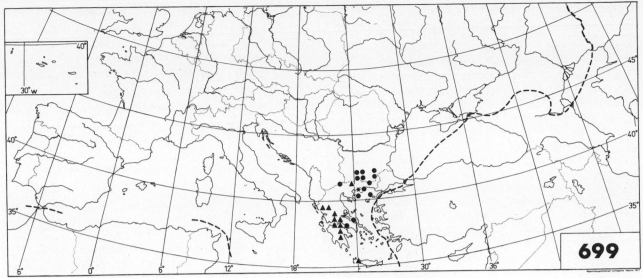

Arenaria filicaulis
● = subsp. **filicaulis**

▲ = subsp. **graeca**
★ = subsp. **teddii**

Arenaria filicaulis Fenzl — Map 699.

Arenaria graeca (Boiss.) Halácsy. Incl. Arenaria teddii Turrill

Taxonomy. McNeill 1963: 269—272; Mountain Fl. Greece.
Notes. Cr added (not given in Fl. Eur.): Mountain Fl. Greece.
Total range. Outside Europe, known only from Mt. Ida (Kaz Dağ) in N.W. Anatolia: McNeill 1963: 269.

A. filicaulis subsp. filicaulis — Map 699.

Incl. Arenaria filicaulis subsp. euboica McNeill

Notes. Bu, Gr, Ju. "Macedonia and S. Bulgaria" (Fl. Eur.).
Total range. McNeill 1963: 269.

A. filicaulis subsp. graeca (Boiss.) McNeill — Map 699.

Arenaria graeca (Boiss.) Halácsy; A. graveolens Schreber var. graeca Boiss.

Notes. Cr, Gr. "C. & S. Greece" (Fl. Eur.). Given from Cr in Mountain Fl. Greece, and from Bu by D. Delipavlov, Comptes Rendus Acad. Bulg. Sci. 17: 646 (with a question mark) and 648 (map) (1964).
Total range. Endemic to Europe. See, however, Fl. Turkey 1967: 24.

A. filicaulis subsp. teddii (Turrill) Strid — Map 699.

Arenaria teddii Turrill

Taxonomy. According to McNeill 1963: 272, *Arenaria teddii* is "very closely related to *A. filicaulis* subsp. *graeca*, but as it is much more readily distinguished macroscopically by having the lowest pair of bracts cordate or truncate at base than are the other two subspecies of *filicaulis*, it is retained at species rank". A. Strid, Ann. Bot. Fennici 20: 113 (1983); Mountain Fl. Greece.
Notes. Gr (the taxon mentioned in Fl. Eur. in a note under *Arenaria filicaulis*).
Total range. Endemic to Europe. See, however, Fl. Turkey 1967: 24.

Arenaria phitosiana Greuter & Burdet — Map 700.

Arenaria litoralis Phitos non Salisb.

Taxonomy. D. Phitos, Phyton (Austria) 12: 113 (1967); W. Greuter & T. Raus (eds.), Willldenowia 12 (Cahiers Optima Leaflets 126): 37 (1982).
Notes. Gr (the taxon not mentioned in Fl. Eur.).
Total range. Endemic to Sporádes islands.

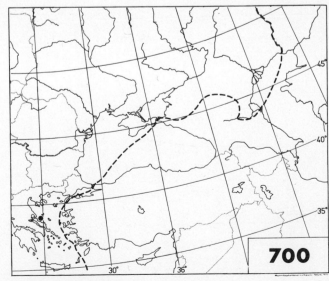

Arenaria phitosiana

24

Arenaria orbicularis Vis. — Map 701.

Arenaria deflexa sensu Fl. Eur., non Decne; A. graveolens auct. non Schreber; A. pubescens D'Urv. non (Haw.) Steudel

Taxonomy. Arenaria orbicularis is considered a member of sect. *Rotundifoliae,* together with *A. balearica* and *A. biflora,* by J. McNeill, Notes Royal Bot. Garden Edinburgh 24: 113 (1962), but is perhaps better placed, together with *A. fragillima,* near *A. muralis.* See also C. Favarger, Bull. Soc. Neuchâtel. Sci. Nat. 85: 72 (1962), and W. Greuter, Boissiera 13: 40 (1967).

Notes. "N.W. Jugoslavia (Velebit); S.E. Aegean region (Karpathos)" (Fl. Eur., as *Arenaria deflexa*). McNeill 1963: 275 gives for *A. deflexa* a range "from the Aegean Islands through the coastal mountains of the Levant to Sinai", without mentioning any European localities. However, according to W. Greuter (*in litt.*), the records from Karpathos (Cr) belong to *A. fragillima.*

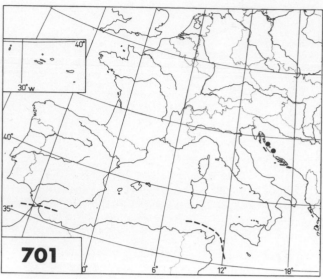

Arenaria orbicularis

Arenaria fragillima Rech. fil. — Map 702.

Arenaria pamphylica sensu Hayek

Taxonomy. McNeill 1963: 276.

Notes. Gr added (not given in Fl. Eur.): Mountain Fl. Greece.

Total range. Endemic to Kriti, Karpathos and Sirina islands.

Arenaria ligericina Lecoq & Lamotte — Map 703.

Taxonomy. C. Favarger, Bot. Not. 125: 470—472 (1972).
Total range. Endemic to Europe.

Arenaria cretica Sprengel — Map 703.

Incl. Arenaria pirinica Stoj.

Taxonomy. J. McNeill, Notes Royal Bot. Garden Edinburgh 24: 114 (1962); McNeill 1963: 256—258; Mountain Fl. Greece.

Notes. Bu added, as a result of the inclusion of *Arenaria pirinica* (mentioned in Fl. Eur. in a comment under *A. filicaulis* Fenzl).

Total range. Endemic to Europe, according to McNeill 1963: 256, 258 (not given as such in Fl. Eur.).

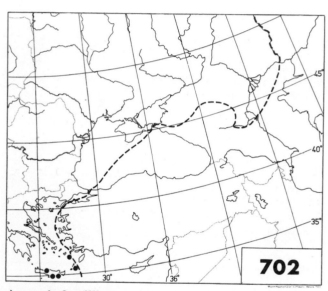

Arenaria fragillima

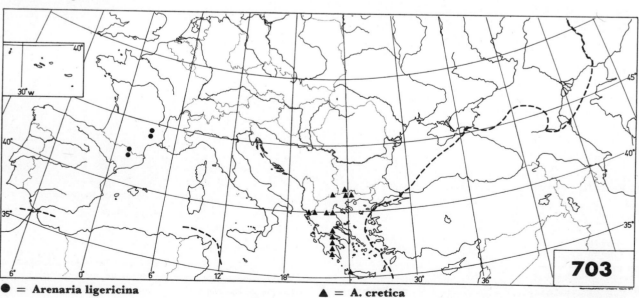

● = **Arenaria ligericina**   ▲ = **A. cretica**

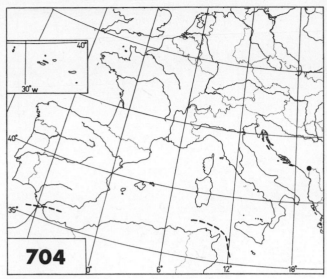

704

Arenaria halacsyi

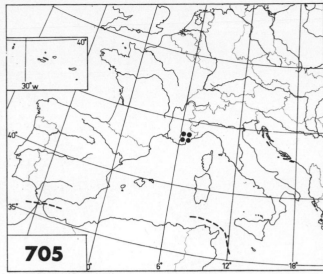

705

Arenaria cinerea

Arenaria halacsyi Bald. — Map 704.

Total range. Endemic to Europe.

Arenaria cinerea DC. — Map 705.

Total range. Endemic to Europe.

Arenaria hispida L. — Map 706.

Excl. Arenaria hispida subsp. guarensis (Pau) P. Monts.

Taxonomy. Tetraploid with 2n = 40. M.A. Cardona &
J.M. Martí, Biol.-Ecol. Médit. 8: 17 (1981).

Notes. Hs omitted (given in Fl. Eur.), the material
having been referred to *Arenaria fontqueri* (see below).

Total range. Endemic to Europe.

Arenaria fontqueri Cardona & Martí — Map 707.

Taxonomy. M.A. Cardona & J.M. Martí, Biol.-Ecol.
Médit. 8: 13—22 (1981).

Notes. Hs (the taxon not mentioned in Fl. Eur.).

Total range. Endemic to Europe.

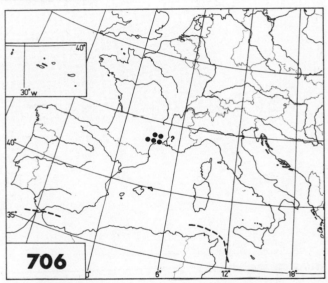

706

Arenaria hispida

A. fontqueri subsp. **fontqueri** — Map 707.

Arenaria hispida L. var. guarensis (Pau) Font Quer; A.
hispida subsp. guarensis (Pau) P. Monts.; A. modesta
Dufour var. guarensis Pau

Taxonomy. Hexaploid with 2n = 66: M.A. Cardona &
J.M. Martí, Biol.-Ecol. Médit. 8: 16, 19—21 (1981).

Notes. Hs (the taxon not mentioned in Fl. Eur.).

A. fontqueri subsp. **cavanillesiana** (Font Quer)
Cardona & Martí — Map 707.

Arenaria hispida L. var. cavanillesiana Font Quer; A.
modesta Dufour var. cavanillesiana (Font Quer) O. Bolòs &
Vigo

Taxonomy. Tetraploid with 2n = 44: M.A. Cardona &
J.M. Martí, Biol.-Ecol. Médit. 8: 16, 19—21 (1981).

Notes. Hs (the taxon not mentioned in Fl. Eur.).

A. fontqueri subsp. **hispanica** (Coste & Soulié)
Cardona & Martí — Map 707.

Arenaria hispida L. var. hispanica Coste & Soulié

Taxonomy. Tetraploid with 2n = 44: M.A. Cardona &
J.M. Martí, Biol.-Ecol. Médit. 8: 16, 19—21 (1981).

Notes. Hs (the taxon not mentioned in Fl. Eur.).

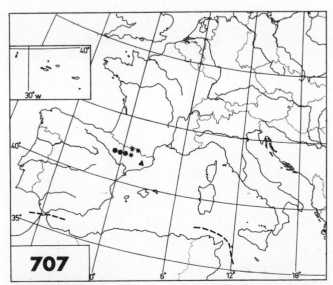

707

Arenaria fontqueri
● = subsp. **fontqueri**
▲ = subsp. **cavanillesiana**
★ = subsp. **hispanica**

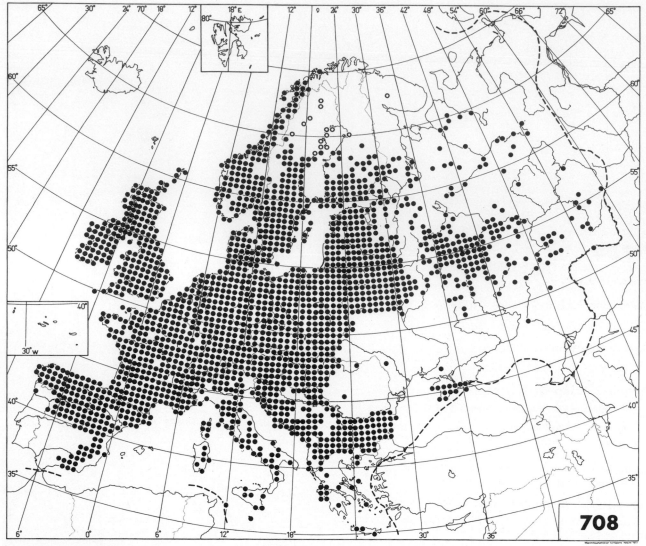

Arenaria serpyllifolia

Arenaria serpyllifolia L. — Map 708.

Arenaria lloydii Jordan; Minuartia olonensis (Bonnier) P. Fourn.

Taxonomy. Tetraploid with 2n = 40; see, however, Mountain Fl. Greece. The deviating plants of the Atlantic coast of Europe, mentioned as *Arenaria serpyllifolia* var. *macrocarpa* Lloyd in Hegi 1962: 847, and in Fl. Eur., were given subspecific status by F.H. Perring & P.D. Sell, Watsonia 6: 294 (1967), as *A. serpyllifolia* subsp. *macrocarpa* (Lloyd) Perring & Sell. However, closer study seems needed to clear up the taxonomical delimitation and range of this coastal ecotype. Furthermore, the varietal and subspecific names applied are illegitimate because of the existence of the earlier non-synonymous *A. serpyllifolia* β *macrocarpa* Godron (pointed out by W. Gutermann, Wien, *in litt.*).

Notes. Bl and Tu omitted (given indirectly in Fl. Eur.). The Tu records given in Webb 1966: 19 have not been confirmed as predicted in Fl. Turkey 1967: 28.

Total range. Hultén CP 1971: map 205 (northern hemisphere).

Arenaria leptoclados (Reichenb.) Guss.

Arenaria breviflora Gilib., nomen inval. (as "A. brevifolia" in Fl. Eur. and M.I. Kotov (ed.) Fl. URSR IV: 493 (Kiew 1952)); A. minutiflora Loscos; A. serpyllifolia L. var. leptoclados Reichenb.; ? A. uralensis Pallas ex Sprengel; A. zozii Kleopov. Excl. A. aegaea Rech. fil.

Taxonomy. Diploid with 2n = 20. McNeill 1963: 286—288. F.H. Perring & P.D. Sell, Watsonia 6: 294 (1967), prefer to treat the taxon as a subspecies under *Arenaria serpyllifolia*.

Notes. Native status in No doubtful (given as native in Fl. Eur.). Rs(K) added (not given in Fl. Eur.). Rs(?C) added (not given in Fl. Eur.): M.I. Kotov (ed.), Fl. URSR IV: 493 (Kiew 1952), under "*Arenaria brevifolia* Gilib.".

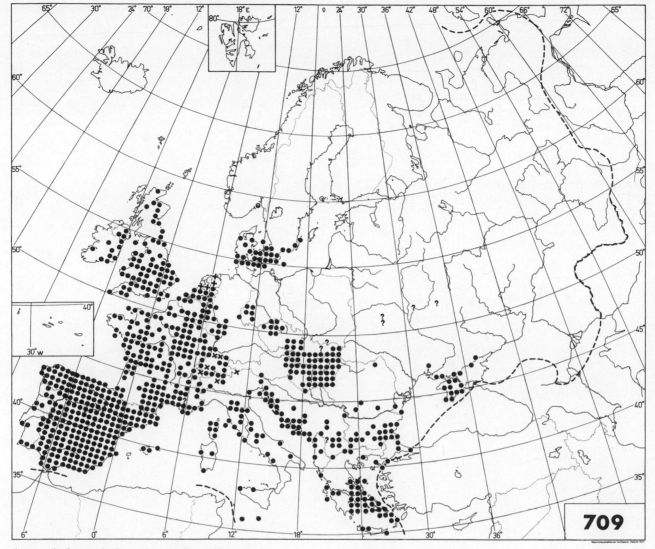

Arenaria leptoclados subsp. **leptoclados**

A. leptoclados subsp. leptoclados — Map 709.

Arenaria breviflora Gilib., nomen inval.; A. serpyllifolia L. subsp. leptoclados (Reichenb.) Nyman; A. serpyllifolia subsp. tenuior (Mertens & Koch) Arc.; A. serpyllifolia var. tenuior Mertens & Koch; A. tenuior (Mertens & Koch) Gürke; A. zozii Kleopov

Notes. Al, Au, Be, Bl, Br, Bu, Co, Cr, Cz, Da, Ga, Ge, Gr, Hb, He, Ho, Hs, Hu, It, Ju, Lu, *No, Rm, Rs(?C, W, K), Sa, Si, Su, Tu.

A. leptoclados subsp. minutiflora (Loscos) P. Monts. — Map 710.

Arenaria minutiflora Loscos; A. serpyllifolia subsp. minutiflora (Loscos) H. Lindb.; A tenuior d) minutiflora (Loscos) Gürke

Taxonomy and nomenclature. H. Lindberg, Acta Soc. Sci. Fenn. N.S. B 1(2): 44—45 (1932); P. Montserrat, An. Jardin Bot. Madrid 37: 625 (1980), and Bull. Soc. Échange Pl. Vasc. Eur. Bassin Médit. 18: 72 (1981).

Notes. Hs (the taxon not mentioned in Fl. Eur.). Occurrence in Ga not confirmed, although given in G. Rouy & J. Foucaud, Fl. France 3: 242 (1896) (as *Arenaria serpillifolia* subsp. *A. leptoclados γ minutiflora*); not mentioned in Fl. France 1973.

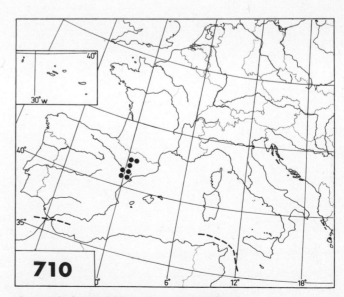

Arenaria leptoclados subsp. **minutiflora**

28

Arenaria aegaea Rech. fil. — Map 711.

Taxonomy. K.H. Rechinger, Feddes Repert. 47: 50 (1939); McNeill 1963: 288; H. Runemark, Bot. Not. 122: 120 (1969).

Notes. Cr, Gr (given only in the synonymy of *Arenaria leptoclados* in Fl. Eur.).

Total range. H. Runemark, Bot. Not. 122: 121 (1969).

Arenaria peloponnesiaca Rech. fil. — Map 711.

Taxonomy. K.H. Rechinger, Österr. Bot. Zeitschr. 112: 186 (1965).

Notes. Gr (the species not mentioned in Fl. Eur.).

Total range. Endemic to Europe.

Arenaria marschlinsii Koch — Map 712.

Arenaria alpina (Gaudin) Kerner; A. serpyllifolia subsp. marschlinsii (Koch) Nyman; A. serpyllifolia var. marschlinsii (Koch) Heer

Taxonomy. F. H. Perring & P.D. Sell, Watsonia 6:294 (1967), prefer subspecific status under *Arenaria serpyllifolia.* "... perhaps deserves specific status" (Fl. Eur.).

Notes. Au, Ga, He, Hs, It. "... in the Alps" (Fl. Eur.; mentioned only in a note under *Arenaria leptoclados*).

Total range. Apparently endemic to Europe.

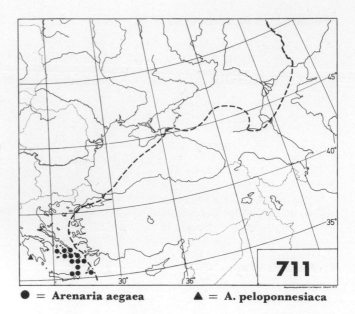

● = **Arenaria aegaea**   ▲ = **A. peloponnesiaca**

Arenaria conferta Boiss. — Map 713.

Incl. Arenaria serpentini A.K. Jackson

Taxonomy. L.-Å. Gustavsson, Bot. Not. 131: 14 (1978); Mountain Fl. Greece.

Total range. Endemic to Europe.

A. conferta subsp. **conferta** — Map 713.

Notes. Al, Gr, Ju. "Balkan peninsula from 39°30′ N. northwards, mainly in the west" (Fl. Eur.).

A. conferta subsp. **serpentini** (A.K. Jackson) Strid — Map 713.

Arenaria serpentini A.K. Jackson

Taxonomy. Treated as an independent species in Fl. Eur. A. Strid, Ann. Bot. Fennici 20: 113 (1983); Mountain Fl. Greece.

Notes. Al, Gr. "S. Albania (Moskopolë)" (Fl. Eur.). Gr added in accordance with P. Quézel & J. Contandriopoulos, Candollea 20: 54 (1965), and D. Phitos, Mem. Soc. Brot. 24: 586 (1975).

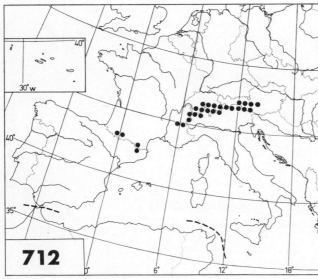

Arenaria marschlinsii

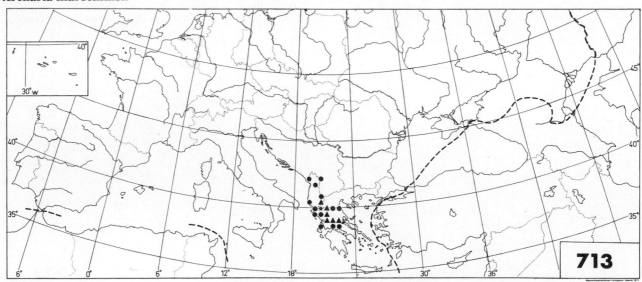

Arenaria conferta
● = subsp. **conferta**

▲ = subsp. **serpentini**
★ = subsp. **conferta** + subsp. **serpentini**

Arenaria nevadensis Boiss. & Reuter — Map 714.

Total range. Endemic to Europe.

Arenaria muralis (Link) Sieber ex Sprengel — Map 715.

?Arenaria graveolens Schreber; A. oxypetala auct. non Sm.; Stellaria muralis Link

Taxonomy and nomenclature. Diploid with 2n = 22 (H. Runemark, unpubl.). L.C. Treviranus, Bot. Zeitung (Leipzig) 22: 57—58 (1864); McNeill 1963: 277—278; W. Greuter, Boissiera 13: 39—40 (1967).

Notes. Gr added (not given in Fl. Eur.).

Total range. Outside Europe, *Arenaria muralis* is known only from the Greek islands of Samos, Khios and Kalimnos: McNeill 1963: 282; Fl. Turkey 1967: 26.

Arenaria oxypetala Sibth. & Sm. — Map 716.

Taxonomy. Tetraploid with 2n = 44 (H. Runemark, unpubl.). McNeill 1963: 277—278; W. Greuter, Boissiera 13: 40 (1967).

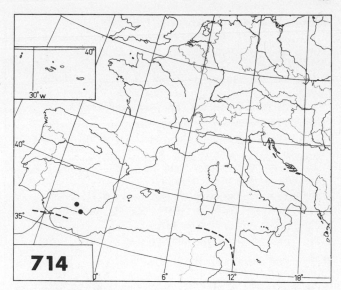

Arenaria nevadensis

Notes. The records from mainland Gr, including the type locality, need checking.

Total range. Also present in the Aegean islands of Ikaria and Samos, and in W. and SW. Turkey; see Fl. Turkey 1967: 26.

Arenaria saponarioides Boiss. & Balansa — Map 716.

Arenaria boissieri Pax; A. nana Boiss. & Heldr. non Willd.

Taxonomy. The European plant (from Kriti) is subsp. *boissieri* (Pax) McNeill, and the synonyms given refer to it. McNeill 1963: 289—290.

Total range. Subsp. *boissieri* is also known from Cyprus. Subsp. *saponarioides* is found in W. Anatolia.

Arenaria guicciardii Heldr. ex Boiss. — Map 717.

Notes. Cr added (not given in Fl. Eur.): W. Greuter, Ann. Mus. Goulandris 1: 31 (1973).

Total range. Outside Europe, known from Samos and Rodhos (although given as endemic to Europe in McNeill 1963: 291): Fl. Turkey 1967: 30.

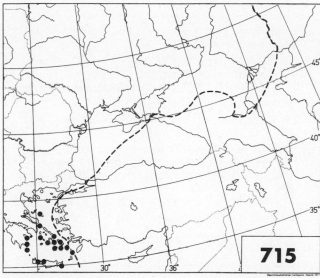

Arenaria muralis

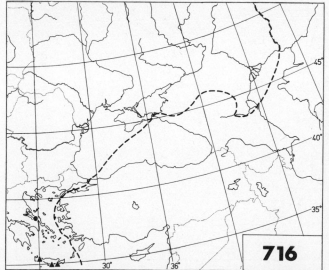

● = **Arenaria oxypetala**   ▲ = **A. saponarioides**

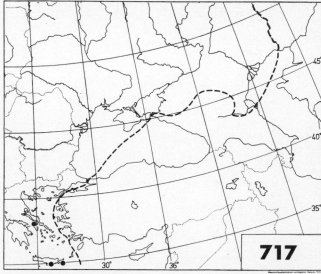

Arenaria guicciardii

30

Arenaria cerastioides Poiret — Map 718.

Arenaria spathulata Desf.

Arenaria pomelii Munby — Map 719.

Taxonomy. G. Munby, Bull. Soc. Bot. France 11: 45 (1864).

Notes. Hs (the species not mentioned in Fl. Eur.): B.E. Smythies, Lagascalia 6: 223 (1976).

Arenaria hispanica Sprengel — Map 720.

Arenaria baetica Pau; A. fallax Bartl.; A. cerastioides auct. non Poiret; A. cerastioides subsp. arenarioides Maire; A. spathulata auct. p.p., non Desf.; Stellaria arenaria L.

Taxonomy. J. McNeill, Notes Royal Bot. Garden Edinburgh 24: 116—117 (1962); E.F. Galiano & B. Valdés, Lagascalia 3: 72—74 (1973).

Notes. Hs (the species not mentioned in Fl. Eur.).

Arenaria emarginata Brot. — Map 721.

Arenaria algarbiensis Welw. ex Willk. — Map 722.

Total range. Endemic to Europe.

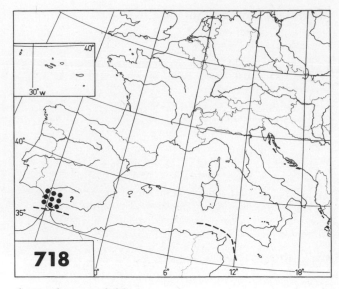

Arenaria cerastioides

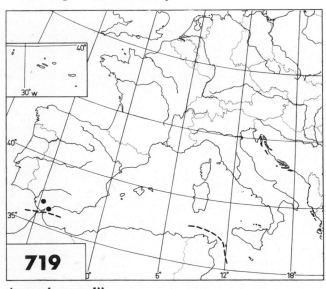

Arenaria pomelii

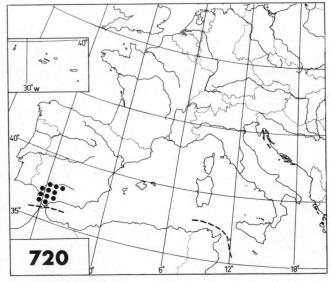

Arenaria hispanica

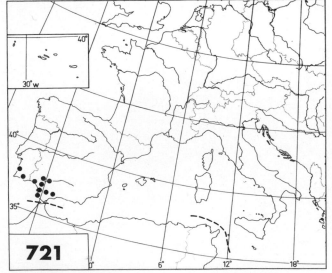

Arenaria emarginata

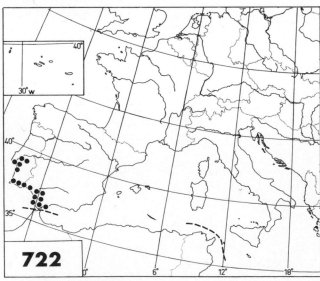

Arenaria algarbiensis

Arenaria conimbricensis Brot. — Map 723.

Arenaria loscosii Texidor; A. conimbricensis var. loscosii (Texidor) O. Bolòs & Vigo

Taxonomy. Diploid with 2n = 22: A. Fernandes & M.J. Leitao, Bol. Soc. Brot. 45: 151 (1971); M.A. Cardona & J.M. Martí, Biol.-Ecol. Médit. 8: 17, 20 (1981). The infraspecific variation, including the status of *Arenaria conimbricensis* subsp. *viridis* Font Quer, Flórula de Cardó, p. 82—83 (Barcelona 1950), needs further study.

Notes. The map is provisional and certainly incomplete, partly because of confusion with *Arenaria modesta* and/or *A. obtusiflora.*

Total range. Endemic to Europe.

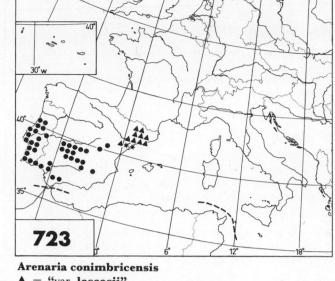

Arenaria conimbricensis
▲ = "var. **loscosii**"
★ = "subsp. **viridis**" + "var. **loscosii**"

Arenaria obtusiflora G. Kunze — Map 724.

Arenaria ciliaris Loscos

Total range. Endemic to Europe.

A. obtusiflora subsp. **obtusiflora** — Map 724.

Notes. Hs. "E., C. & S.E. Spain" (Fl. Eur.).

A. obtusiflora subsp. **ciliaris** (Loscos) Font Quer — Map 724.

Arenaria ciliaris Loscos

Notes. Hs. "E., C. & N.E. Spain" (Fl. Eur.).

Arenaria controversa Boiss. — Map 725.

Notes. Hs not confirmed (?Hs in Fl. Eur., with a remark "perhaps extinct").

Total range. Endemic to Europe.

Arenaria conica Boiss. — Map 726.

Total range. Endemic to Europe.

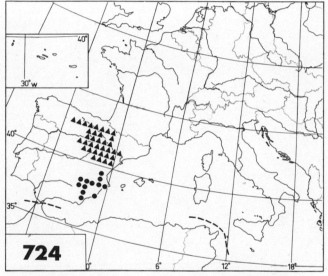

Arenaria obtusiflora

● = subsp. **obtusiflora**
▲ = subsp. **ciliaris**

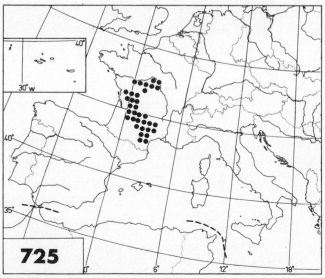

Arenaria controversa

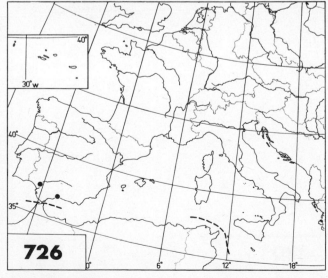

Arenaria conica

Arenaria modesta Dufour — Map 727.

Taxonomy. Diploid with 2n = 26: M.A. Cardona & J.M. Martí, Biol.-Ecol. Médit. 8: 17 (1981). The infraspecific variation, e.g. in seed coat texture, calls for further study: P. Montserrat, *in litt. Arenaria modesta* var. *purpurascens* Cuatrec. from S.E. Spain, with larger seeds and acute seed tubercles, "may merit subspecific status" (Fl. Eur.).

Arenaria retusa Boiss. — Map 728.

Total range. Endemic to Europe.

Arenaria capillipes (Boiss.) Boiss. — Map 729.

Alsine capillipes Boiss.

Nomenclature. Author's citation corrected according to J. McNeill, Notes Royal Bot. Garden Edinburgh 24: 116 (1962).

Total range. Endemic to Europe.

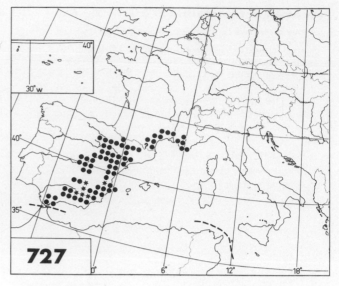

Arenaria modesta   ★ = also "var. **purpurascens**"

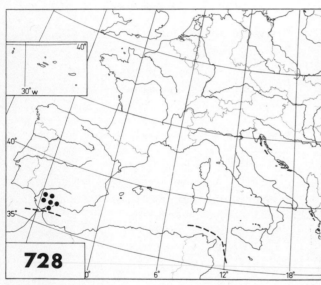

Arenaria retusa

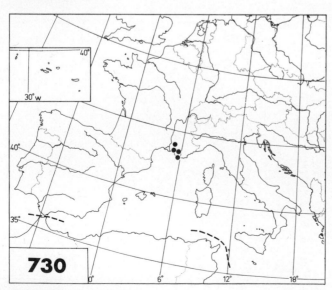

Arenaria provincialis

Arenaria capillipes

Arenaria provincialis Chater & Halliday — Map 730.

Arenaria gouffeia Chaub.; Gouffeia arenarioides Robill. & Cast. ex DC.

Taxonomy and nomenclature. A.O. Chater & G. Halliday, Feddes Repert. 69 (Fl. Eur. Notulae Syst. 3): 49—50 (1964).

Total range. Endemic to Europe.

Moehringia trinervia (L.) Clairv. — Map 731.

Arenaria trinervia L.; ? Moehringia thasia Stoj. & Kitanov

Notes. Cr omitted (given indirectly in Fl. Eur.): W. Greuter, Memór. Soc. Brot. 24: 139 (1974). No exact localities available from Sa.

Total range. MJW 1965: map 150b.

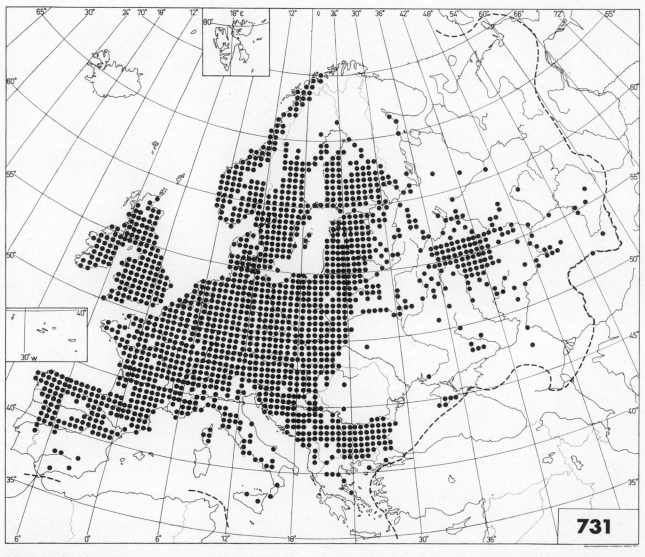

Moehringia trinervia

34

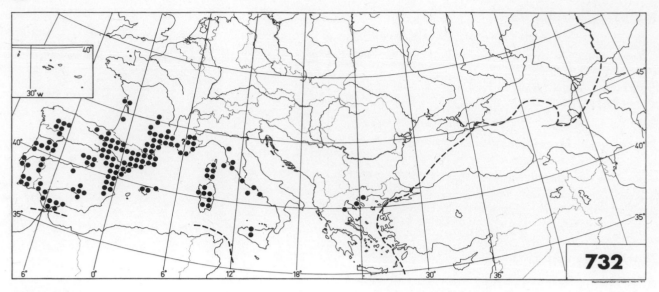

Moehringia pentandra

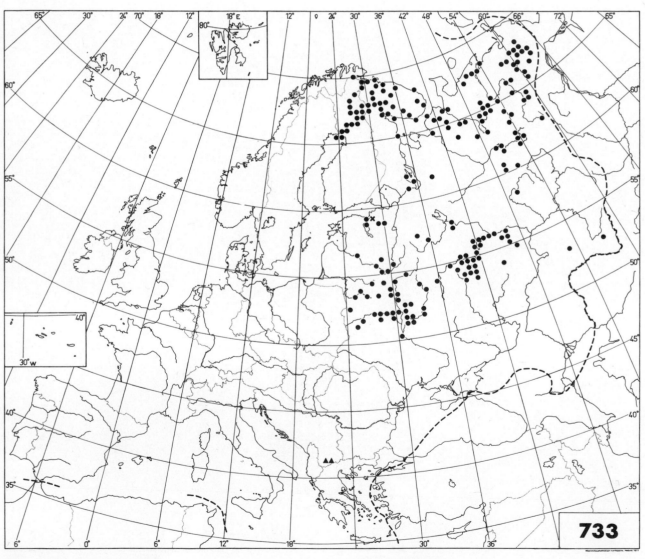

● = **Moehringia lateriflora**   ▲ = **M. minutiflora**

Moehringia pentandra Gay — Map 732.

Arenaria pentandra (Gay) Ard., non Wallr.; ? Moehringia thasia Stoj. & Kitanov; M. trinervia subsp. pentandra (Gay) Nyman

Taxonomy. McNeill 1963: 311.
Notes. Ju omitted (given in Fl. Eur.). Sa confirmed (?Sa in Fl. Eur.).

Moehringia lateriflora (L.) Fenzl — Map 733.

Arenaria lateriflora L.

Notes. Rs(W) omitted (given in Fl. Eur.).
Total range. MJW 1965: map 150b (Eurasian part); Hultén Alaska 1968: 437; Hultén CP 1971: map 88.

Moehringia minutiflora Bornm. — Map 733.

Total range. Endemic to Europe.

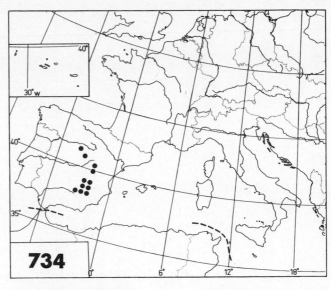

734

Moehringia intricata

Moehringia intricata Willk. — Map 734.

Total range. Endemic to Europe.

Moehringia fontqueri Pau — Map 735.

Total range. Endemic to Europe.

Moehringia tejedensis Huter, Porta & Rigo ex Willk. — Map 736.

Moehringia diversifolia Koch — Map 737.

Moehringia heterophylla Reichenb.

Nomenclature. Concerning the author's designation, see H. Schaeftlein & T. Wraber, Mitt. Naturw. Ver. Steiermark 100: 280—281 (1971).

Notes. Ju omitted, the records bei g erroneous (given in Fl. Eur.): H. Schaeftlein & T. Wraber, Mitt. Naturw. Ver. Steiermark 100: 273—287 (1971).

Total range. Endemic to Europe.

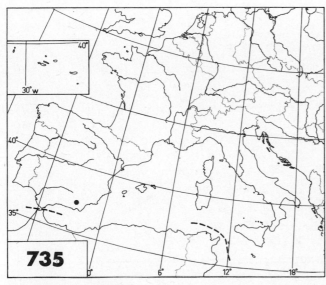

735

Moehringia fontqueri

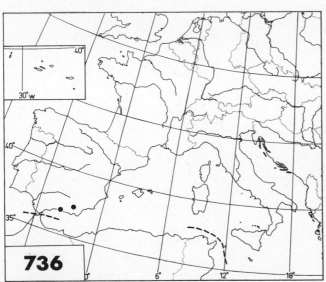

736

Moehringia tejedensis

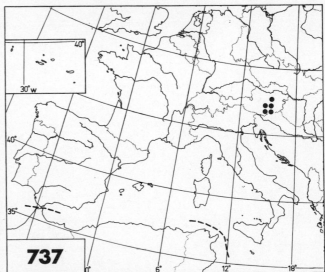

737

Moehringia diversifolia

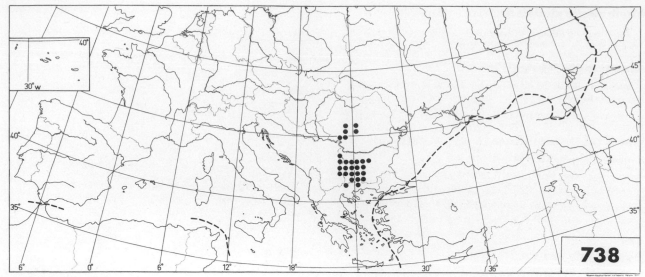

Moehringia pendula

Moehringia pendula (Waldst. & Kit.) Fenzl — Map 738.

Arenaria pendula Waldst. & Kit.

Notes. Gr added (not given in Fl. Eur.): A. Strid & K. Papanicolaou, Nordic J. Bot. 1: 68 (1981).

Total range. Endemic to Europe.

Moehringia villosa (Wulfen) Fenzl — Map 739.

Arenaria villosa Wulfen

Notes. Not found in It (?It in Fl. Eur.): Pignatti Fl. 1982: 198.

Total range. Endemic to Europe.

Moehringia jankae Griseb. ex Janka — Map 740.

Total range. Endemic to Europe.

Moehringia grisebachii Janka — Map 741.

Moehringia jankae var. grisebachii (Janka) Stoj. & Stefanov

Notes. Tu added (not given in Fl. Eur.): A. Baytop, J. Fac. Pharm. Istanbul 17: 53 (1981).

Total range. Endemic to Europe.

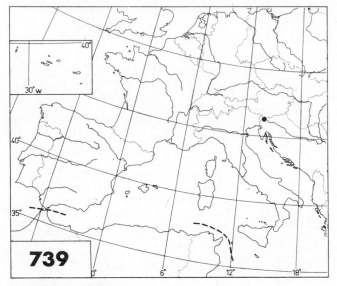

Moehringia villosa

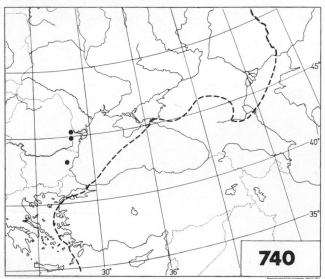

Moehringia jankae

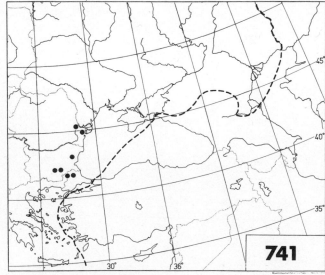

Moehringia grisebachii

Moehringia dielsiana Mattf. — Map 742.

Total range. Endemic to Europe.

Moehringia lebrunii Merxm. — Map 743.

Arenaria ponae auct. p.p. non Reichenb.; Moehringia dasyphylla auct. p.p.; M. papulosa auct. non Bertol.

Taxonomy. H. Merxmüller, Monde Pl. 60(347): 4—7 (1965).

Notes. Ga, It (the taxon not mentioned in Fl. Eur.).

Total range. Endemic to Europe.

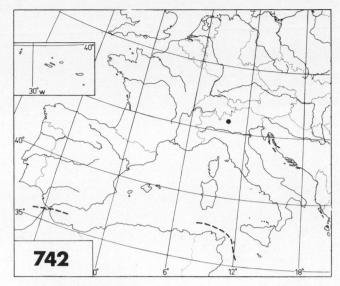

Moehringia dielsiana

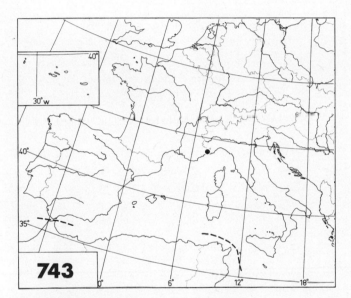

Moehringia lebrunii

Moehringia papulosa Bertol. — Map 744.

Excl. Moehringia lebrunii Merxm.

Taxonomy. H. Merxmüller, Monde Pl. 60(347): 4—7 (1965).

Notes. Ga (and "Maritime Alps") omitted (the plant belonging to *Moehringia lebrunii*). "Maritime Alps; S. & C. Appennini" (Fl. Eur.).

Total range. Endemic to Europe.

Moehringia provincialis Merxm. & Grau — Map 745.

Moehringia sedifolia Willd. p.p.

Taxonomy. H. Merxmüller & J. Grau, Mitt. Bot. Staatssamm. (München) 6: 257—273 (1967).

Notes. Ga (the taxon not mentioned in Fl. Eur.).

Total range. Endemic to Europe.

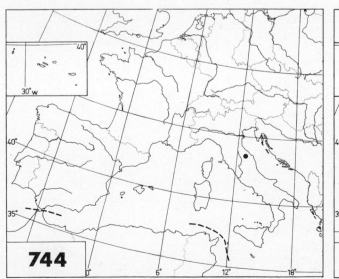

Moehringia papulosa

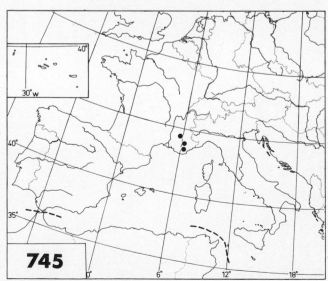

Moehringia provincialis

38

Moehringia tommasinii Marchesetti — Map 746.

Total range. Endemic to Europe.

Moehringia markgrafii Merxm. & Guterm. — Map 747.

Total range. Endemic to Europe.

Moehringia bavarica (L.) Gren. — Map 748.

Arenaria bavarica L.; A. ponae Reichenb.; Moehringia insubrica Degen; M. malyi Hayek

Taxonomy. W. Sauer, Bot. Jahrb. 84: 254—301 (1965).
Notes. The subspecies mapped, in part, according to W. Sauer, Bot. Jahrb. 84: 281—289 (1965).
Total range. Endemic to Europe.

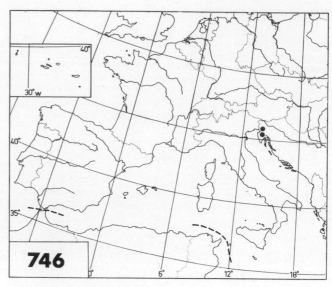

746

Moehringia tommasinii

M. bavarica subsp. **bavarica** — Map 748.

Arenaria ponae Reichenb.; Moehringia bavarica subsp. ponae (Reichenb.) Breistr.; M. malyi Hayek; M. ponae (Reichenb.) Fenzl; M. ponae subsp. malyi (Hayek) Hegi

Notes. Al, Au, It, Ju. "Almost throughout the range of the species (westwards to Monte Baldo)" (Fl. Eur.).

M. bavarica subsp. **insubrica** (Degen) Sauer — Map 748.

Moehringia insubrica Degen

Notes. It. "N. Italy (Alpi Bresciane)" (Fl. Eur.).

Moehringia sedifolia Willd. — Map 749.

Moehringia dasyphylla Bruno ex Gren. & Godron, nomen illeg.; M. frutescens Panizzi. Excl. M. provincialis Merxm. & Grau

Taxonomy. H. Merxmüller & J. Grau, Mitt. Bot. Staatssamm. (München) 6: 257—273 (1967).
Notes. Ga, It.
Total range. Endemic to Europe.

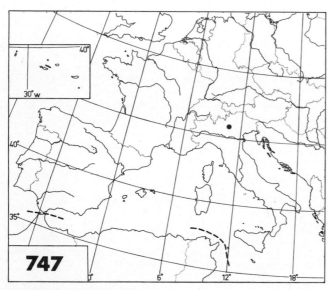

747

Moehringia markgrafii

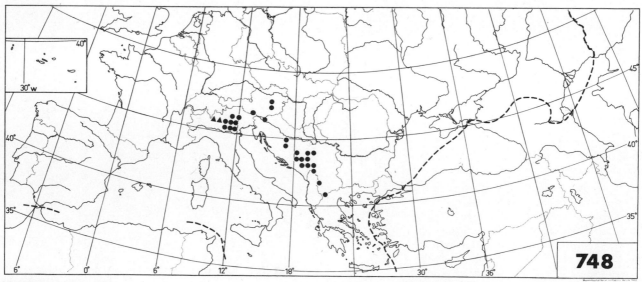

748

Moehringia bavarica

● = subsp. **bavarica**
▲ = subsp. **insubrica**

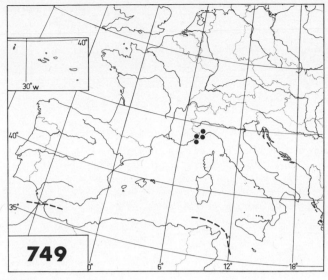

749

Moehringia sedifolia

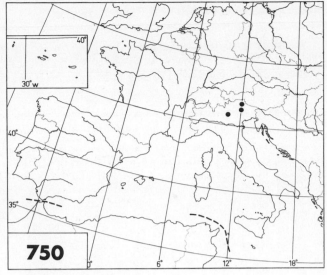

750

Moehringia glaucovirens

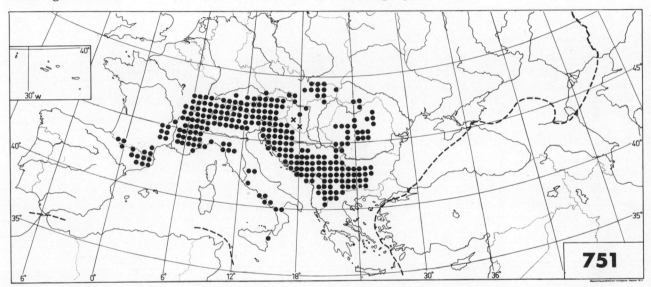

751

Moehringia muscosa   ★ = type locality of **M. pichleri**

Moehringia glaucovirens Bertol. — Map 750.

Total range. Endemic to Europe.

Moehringia muscosa L. — Map 751.

Incl. Moehringia pichleri Huter

Total range. Endemic to Europe.

Moehringia ciliata (Scop.) Dalla Torre — Map 752.

Arenaria obtusa All., A. polygonoides Wulfen; Moehringia obtusa (All.) Chiov.; M. polygonoides (Wulfen) Mertens & Koch; Stellaria ciliata Scop.

Taxonomy. The plant called *Moehringia ciliata* var. *nana* (St. Lager) Schinz & R. Keller has been included without according it taxonomical status.

Nomenclature. J.E. Dandy, Taxon 19: 619 (1970).

Notes. Presence in Hs doubtful (given in Fl. Eur.).

Total range. Endemic to Europe.

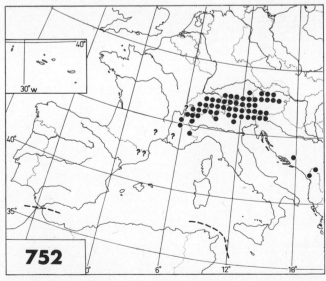

752

Moehringia ciliata

40

Minuartia thymifolia (Sibth. & Sm.) Bornm.

Alsine thymifolia (Sibth. & Sm.) Fenzl; Arenaria thymifolia Sibth. & Sm.

Notes. Cr not confirmed (?Cr in Fl. Eur.), and thus no European records available: W. Greuter, Memór. Soc. Brot. 24: 155 (1974); R.D. Meikle, Fl. Cyprus 1: 270 (Kew 1977).
Total range. Mattfeld 1929: map 54a.

Minuartia mesogitana (Boiss.) Hand.-Mazz. — Map 753.

Alsine mesogitana Boiss.; A. orphanidis Boiss.; Minuartia tenuifolia auct. p.p.; M. velenovskyi (Rohlena) Hayek

Taxonomy. The treatment here adopted for the difficult complex of taxa formerly known as *Minuartia tenuifolia* (L.) Hiern s. lato (roughly corresponding to *M. mesogitana* + *M. hybrida* in Fl. Eur.) is that presented in McNeill 1963: 386—401 (note especially the discussion on pp. 399—401) and Fl. Turkey 1967: 63—67. Compared with the treatment in Fl. Eur., the circumscription of the two species is slightly modified, with some additions and transfers at subspecific level.
Notes. Al, Bu, Cr, Gr, Ju, Rm, ?Rs(W). "S. & E. Bulgaria; S.E. Romania; Samothraki" (Fl. Eur.).
Total range. Mattfeld 1929: map 54a (out of date).

M. mesogitana subsp. mesogitana — Map 753.

Alsine tenuifolia var. mesogitana (Boiss.) Gürke; Minuartia tenuifolia subsp. mesogitana (Boiss.) Bornm.; M. viscosa subsp. mesogitana (Boiss.) Breistr.

Notes. Bu, Rm. Not mentioned from Bu in McNeill 1963: 388, but given in Fl. Reipubl. Pop. Bulg. 1966: 323—324.
Total range. McNeill 1963: 385 (extra-European part).

M. mesogitana subsp. kotschyana (Boiss.) McNeill — Map 753.

Alsine lydia var. kotschyana Boiss.; A. orphanidis Boiss.; A. tenuifolia subsp. kotschyana (Boiss.) Holmboe; Minuartia mesogitana subsp. lydia (Boiss.) McNeill var. kotschyana (Boiss.) McNeill; M. viscosa subsp. subtilis (Fenzl) Breistr. var. kotschyana (Boiss.) Breistr.

Taxonomy. J. McNeill, Notes Royal Bot. Garden Edinburgh 28: 19 (1967); Fl. Turkey 1967: 64.
Notes. ?Bu, Cr, Gr, ?Rs(W) (the taxon not mentioned in Fl. Eur.). See W. Greuter, Ann. Mus. Goulandris 1: 31 (1973).
Total range. McNeill 1963: 385.

M. mesogitana subsp. velenovskyi (Rohlena) McNeill — Map 753.

?Alsine orphanidis Boiss.; A. tenuifolia var. velenovskyi Rohlena; A. tenuifolia subsp. velenovskyi (Rohlena) Rohlena; Minuartia velenovskyi (Rohlena) Hayek; M. viscosa subsp. velenovskyi (Rohlena) Breistr.

Taxonomy. McNeill 1963: 389, 400.
Notes. Al, Ju. "Jugoslavia (Crna Gora), N. Albania" (Fl. Eur., under *Minuartia velenovskyi*).
Total range. Endemic to Europe.

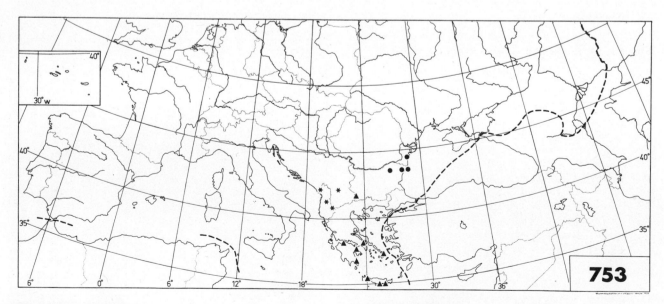

Minuartia mesogitana
● = subsp. **mesogitana**

▲ = subsp. **kotschyana**
★ = subsp. **velenovskyi**

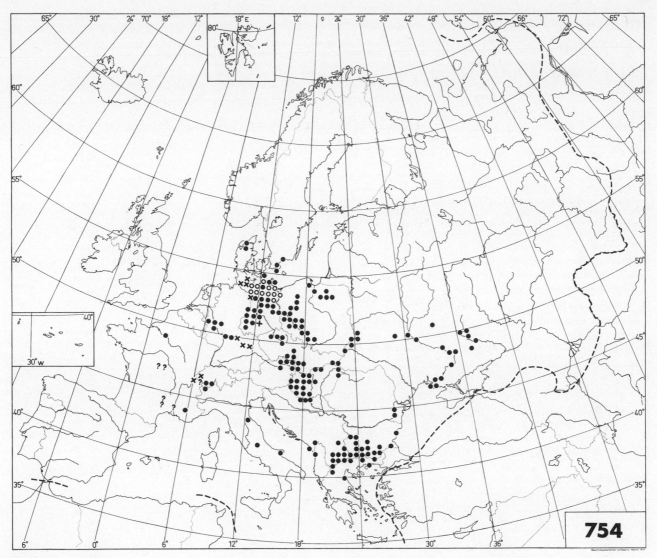

Minuartia viscosa

Minuartia viscosa (Schreber) Schinz & Thell. —
Map 754.

> Alsine viscosa Schreber; A. tenuifolia subsp. viscosa
> (Schreber) Nyman; Arenaria viscosa (Schreber) Fries;
> Minuartia piskunovii Klokov; M. tenuifolia subsp. viscosa
> (Schreber) Briq.

Taxonomy. McNeill 1963: 392—393, 399.

Notes. Al added (not given in Fl. Eur.). Gr confirmed
(?Gr in Fl. Eur.): R. Franzén, Bot. Not. 133: 530 (1980).
Recorded for Sa and Si by P. Zangheri, Fl. Ital. 1: 115
(Padova 1976), but no exact data available. Severely
declining and endangered in Su: NU A 1978 (9): 148—
149. Recorded from Tu (given in Fl. Eur.), "but almost
certainly through confusion with *M. hybrida* subsp.
hybrida" (Fl. Turkey 1967: 67).

Total range. Mattfeld 1929: map 54a, MJW 1965:
map 148d.

Minuartia bilykiana Klokov — Map 755.

> *Total range.* Endemic to Europe.

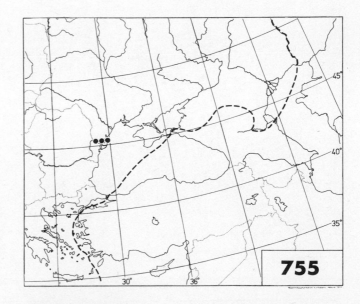

Minuartia bilykiana

42

Minuartia hybrida (Vill.) Schischkin — Map 756.

Alsine tenuifolia (L.) Crantz; Arenaria hybrida Vill.; A. tenuifolia L.; Cherleria tenuifolia (L.) Sampaio; Minuartia birjuczensis Klokov; ? M. hypanica Klokov; M. tenuifolia (L.) Hiern, non Nees ex C.F.P. Mart.; Sabulina hybrida (Vill.) Fourr.

Generic delimitation (of *Sabulina*). Á. Löve & E. Kjellqvist, Lagascalia 4: 10—11 (1974).

Taxonomy. The treatment proposed in McNeill 1963: 393—396, 399—401 includes the transfer of the main part of subsp. *lydia* (Boiss.) Rech. fil. sensu Fl. Eur. to *Minuartia mesogitana*; see under that species. On the other hand, one subspecies not recognized in Fl. Eur. is added.

Notes. Al added (not given in Fl. Eur.). Only casual in Au and Da ([Au, Da] in Fl. Eur.). Cz added (not given in Fl. Eur.): M. Smejkal, Preslia (Praha) 38: 249—250 (1966). Abruptly declining in Ho since 1950: Atlas Nederl. Fl. 1980: 147. Rs(C) omitted (given in Fl. Eur.). Rs(E) added (not given in Fl. Eur.).

Total range. MJW 1965: map 148b.

M. hybrida subsp. **hybrida** — Map 756.

Alsine tenuifolia var. hybrida (Vill.) Willk.; Arenaria tenuifolia var. hybrida (Vill.) Vill.; Minuartia birjuczensis Klokov; M. tenuifolia subsp. hybrida (Vill.) Mattf.; M. viscosa subsp. hybrida (Vill.) Breistr. Incl. M. tenuifolia subsp. lydia (Boiss.) Mattf., p.p.; M. hybrida subsp. lydia sensu Fl. Eur. p.p. (quoad M. hybrida subsp. hybrida var. parviflora McNeill) and M. hybrida subsp. vaillantiana (DC.) Friedrich; M. tenuifolia subsp. vaillantiana (DC.) Mattf.

Taxonomy. Hegi 1962: 795—796.

Notes. Al, Be, Bl, Br, Bu, Co, Cr, Cz, Ga, Ge, Gr, [Hb], He, Ho, Hs, It, Ju, Lu, Rm, Rs(W, K, E), Sa, Si, Tu. "Throughout the range of the species" (Fl. Eur.).

Total range. Mattfeld 1929: map 54a.

M. hybrida subsp. **turcica** McNeill — Map 756.

Minuartia mesogitana sensu Mattf., p.p.; M. tenuifolia subsp. hybrida sensu Mattf., p.p.

Taxonomy. McNeill 1963: 395—396, 400—401.

Notes. Gr, Rs(?W, ?K) (the taxon not mentioned in Fl. Eur.).

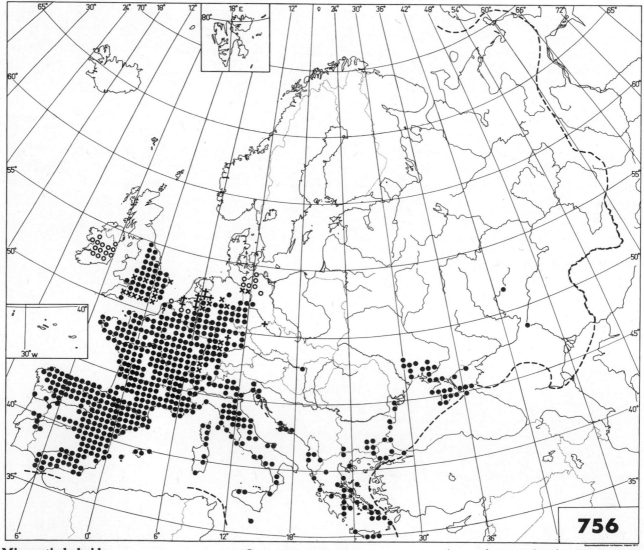

Minuartia hybrida ● = subsp. **hybrida** ★ = subsp. **turcica** + subsp. **hybrida**

Minuartia mediterranea (Ledeb.) K. Malý — Map 757.

Alsine conferta Jordan; A. mediterranea (Ledeb.) J. Maly; A. mucronata subsp. conferta (Jordan) Nyman; A. tenuifolia subsp. confertiflora (Bourg.) Murb.; A. tenuifolia var. maritima Boiss. & Heldr.; Arenaria mediterranea Ledeb.; Minuartia hybrida subsp. mediterranea (Ledeb.) O. Bolòs & Vigo; M. tenuifolia subsp. conferta (Jordan) Thell.; M. tenuifolia subsp. mediterranea (Ledeb.) Briq.; M. viscosa subsp. confertiflora (Bourg.) Breistr.

Nomenclature. O. Bolòs & J. Vigo, Butll. Inst. Catalana Hist. Nat. 38 (Sec. Bot. 1): 86 (1974). The author's citation corrected according to McNeill 1963: 396, and Fl. Turkey 1967: 67.

Taxonomy. McNeill 1963: 396—398. For the contradictory chromosome numbers counted, see Á. Löve & E. Kjellqvist, Lagascalia 4: 11 (1974).

Notes. Bu added (not given in Fl. Eur.): Fl. Reipubl. Pop. Bulg. 1966: 325—326; B.A. Kuzmanov, Candollea 34: 15 (1979). No exact data available from Sa (?Sa in Fl. Eur.), although given from there in Pignatti Fl. 1982: 201.

Total range. Mattfeld 1929: map 54a.

Minuartia regeliana (Trautv.) Mattf.

Alsine tenuifolia var. regeliana Trautv.

Notes. Rs(E) given in Fl. Eur.; no exact data available.

Minuartia hamata (Hausskn.) Mattf. — Map 758.

Alsine hispanica (L.) Fenzl; Queria hispanica L., non Minuartia hispanica L. ex Graebner; Scleranthus hamatus Hausskn.

Taxonomy and nomenclature. McNeill 1963: 364—365.

Notes. Lu omitted (given in Fl. Eur.; based on old erroneous records for *Ortegia hispanica* L.). ?Tu added (not given in Fl. Eur. or in Fl. Turkey 1967): Webb 1966: 18.

Total range. Mattfeld 1929: map 55a.

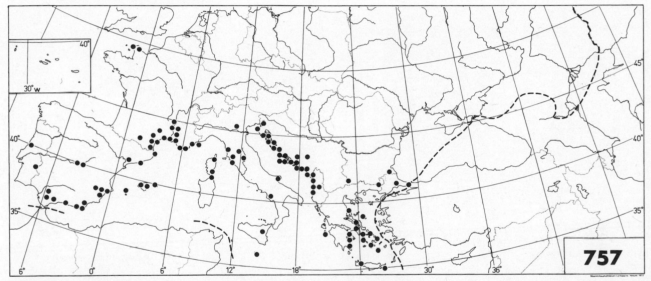

Minuartia mediterranea

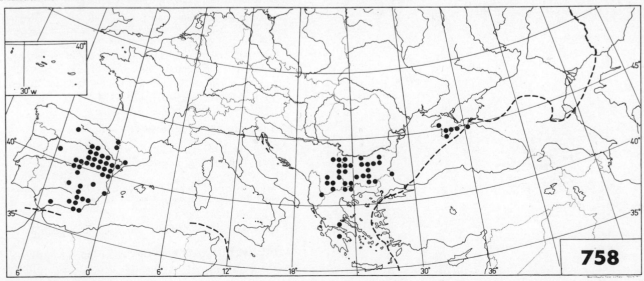

Minuartia hamata

Minuartia dichotoma L. — Map 759.

Alsine dichotoma (L.) Fenzl; Minuartia hispanica L. ex Graebner, nomen illeg.

Notes. Lu not confirmed (?Lu in Fl. Eur.).

Total range. In Mattfeld 1929: 49 and map 55a erroneously given as endemic to Europe.

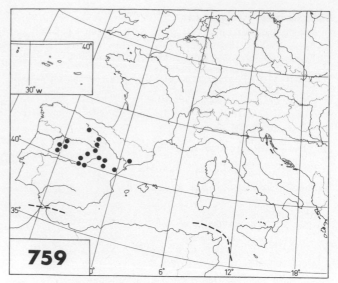

759

Minuartia dichotoma

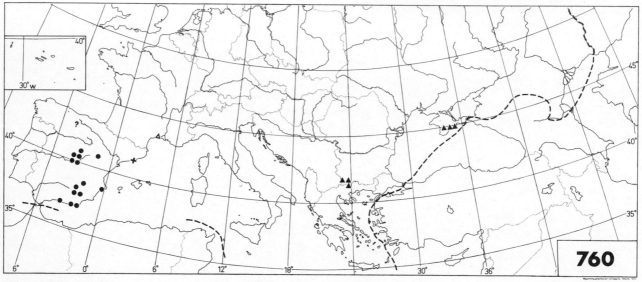

760

Minuartia montana   ● = subsp. **montana**   ▲ = subsp. **wiesneri**

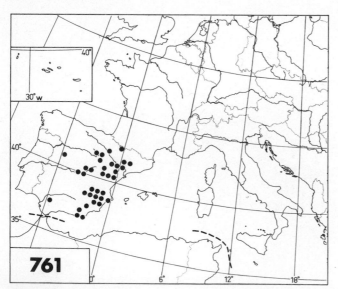

761

Minuartia campestris

Minuartia montana L. — Map 760.

Alsine caucasica Boiss. non Adams & Rupr.; A. montana (L.) Fenzl; A. wiesneri Stapf; Arenaria fasciculata L. s.str.; Minuartia wiesneri (Stapf) Schischkin

Taxonomy. Two subspecies recognized, in accordance with McNeill 1963: 359—361. Concerning typification of *Arenaria fasciculata* L., see J. McNeill, Feddes Repert. 68 (Fl. Eur. Notulae Syst. 2): 170—174 (1963).

Total range. Mattfeld 1929: map 54b.

M. montana subsp. **montana** — Map 760.

Notes. Hs.

M. montana subsp. **wiesneri** (Stapf) McNeill — Map 760.

Alsine caucasica Boiss. non Adams ex Rupr.; A. wiesneri Stapf; Minuartia wiesneri (Stapf) Schischkin

Notes. Bu, [Ga], Rs(K).

Total range. McNeill 1963: 360 (extra-European part).

Minuartia campestris L. — Map 761.

Alsine campestris (L.) Fenzl

Total range. Mattfeld 1929: map 55a.

Minuartia globulosa (Labill.) Schinz & Thell. — Map 762.

    Alsine globulosa (Labill.) C.A. Mey.; Arenaria globulosa Labill.

    Notes. McNeill 1963: 355 (map), 358 does not give the species from Cr (given in Fl. Eur.), although it is certainly present.

    Total range. Mattfeld 1929: map 54b; McNeill 1963: 355 (extra-European part).

Minuartia glomerata (Bieb.) Degen — Map 763.

    Alsine glomerata (Bieb.) Fenzl; A. velutina Boiss. & Orph.; Arenaria glomerata Bieb.; Minuartia velutina (Boiss. & Orph.) Graebner. Incl. Minuartia jordanovii Panov & M. rhodopaea (Degen) Kož. & Kuzm.

    Notes. Al added (not given in Fl. Eur.).

    Total range. Mattfeld 1929: map 55b.

M. glomerata subsp. **glomerata** — Map 763.

    Notes. ?Al, Bu, Cz, Gr, Hu, Ju, Rm, Rs(W, K), Tu. "Throughout the range of the species, except perhaps in Greece" (Fl. Eur.). Given from Gr in McNeill 1963: 384.

M. glomerata subsp. **macedonica** (Degen & Dörfler) McNeill — Map 763.

    Alsine anatolica subsp. macedonica Degen & Dörfler; A. glomerata var. velutina (Boiss. & Orph.) Boiss.; A. velutina Boiss. & Orph.; Minuartia glomerata subsp. velutina (Boiss. & Orph.) Mattf.; M. velutina (Boiss. & Orph.) Graebner. Incl. M. jordanovii Panov & M. rhodopaea (Degen) Kož. & Kuzm.

    Taxonomy and nomenclature. Name of subspecies corrected according to McNeill 1963: 384. The two S. Bulgarian taxa, *Minuartia jordanovii* and *M. rhodopaea* (neither mentioned in Fl. Eur.), are tentatively included here, although it has been claimed (S. Kožuharov, *in litt.*) that they should be placed in *M. velutina* to form a taxon specifically distinct from *M. glomerata*. They are apparently partly responsible for the "great centre of confusion" in East Macedonia and Thracia brought to notice in McNeill 1963: 384, and so this matter calls for further study.

    Notes. Al, Bu, Gr, Ju, Rm (according to McNeill 1963: 384). "N. Greece; S. Bulgaria" (Fl. Eur.).

    Total range. Endemic to Europe.

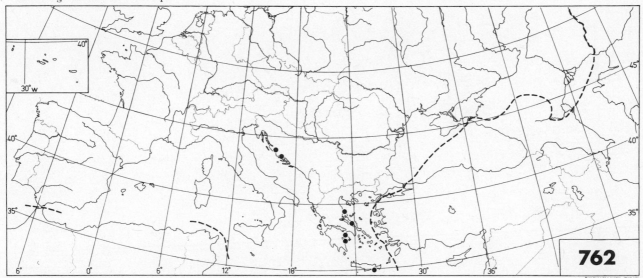

Minuartia globulosa

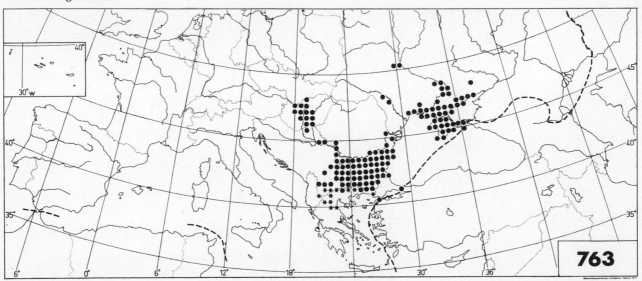

Minuartia glomerata   ● = subsp. **glomerata**   ★ = subsp. **macedonica**

46

Minuartia rumelica Panov — Map 764.

Incl. Minuartia diljanae Panov & M. kitanovii Panov

Taxonomy. The three taxa newly described by P. Panov, Comptes Rendus Acad. Bulg. Sci. 26(8): 1057—1059 (1973); 27(10): 1423—1426 (1974), are here treated as one entity for practical reasons only. P. Panov united them to form a new series *Fragilis* Panov, using the conical apex of the pedicels ("pedunculi") as the sole discriminating character. This special feature, resulting in easy shedding of the flowers/capsules, is remarkable in itself and has evidently not been demonstrated in these Minuartias before. What clearly needs to be checked on the basis of larger material is whether the character perhaps occurs irregularly simply as infraspecific deviation. See also the comment on the taxonomy under *Minuartia glomerata* subsp. *macedonica*.

Notes. Bu, Gr (the taxa not mentioned in Fl. Eur.). Mapped according to P. Panov 1973 and 1974 (see above).

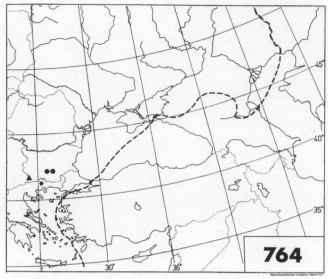

● = **Minuartia rumelica** ▲ = **M. diljanae**
★ = **M. kitanovii**

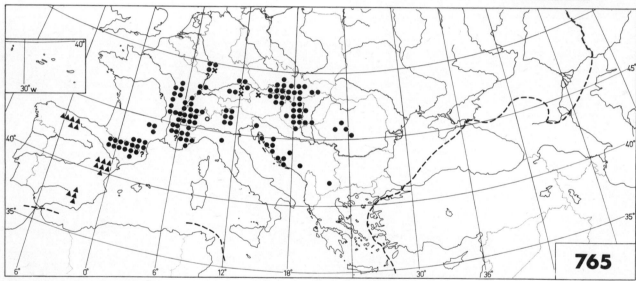

● = **Minuartia fastigiata** ▲ = **M. cymifera**

Minuartia fastigiata (Sm.) Reichenb. — Map 765.

Alsine fasciculata auct. non (L.) Wahlenb.; A. fastigiata (Sm.) Bab.; A. jacquinii Koch; Arenaria fasciculata sensu Jacq. non L. nec Gouan; A. fastigiata Sm.; Minuartia fasciculata auct. non (L.) Hiern; M. rubra sensu McNeill, non Stellaria rubra Scop.; Sabulina fastigiata (Sm.) Reichenb. — ?Incl. Alsine cymifera Rouy & Fouc.; A. fasciculata subsp. cymifera (Rouy & Fouc.) Cadevall; Minuartia cymifera (Rouy & Fouc.) Graebner; M. mutabilis (Lapeyr.) Schinz & Thell. ex Becherer subsp. cymifera (Rouy & Fouc.) P. Monts.; M. rubra subsp. cymifera (Rouy & Fouc.) P. Monts.

Taxonomy and nomenclature. J. McNeill, Feddes Repert. 68 (Fl. Eur. Notulae Syst. 2): 170—174 (1963); E. Janchen, Catal. Fl. Austriae I, Erg. Heft 2: 22 (1964); H. Merxmüller, Ber. Bayer. Bot. Ges. 38: 105 (1965); P. Montserrat, Soc. Échange Pl. Vasc. Eur. Occ. Bassin Médit. 17: 51 (1979), and in "Homenaje almeriense al botánico Rufino Sagredo", p. 71 (Almeria 1982).

Notes. See under *Minuartia funkii.*

Total range. Endemic to Europe.

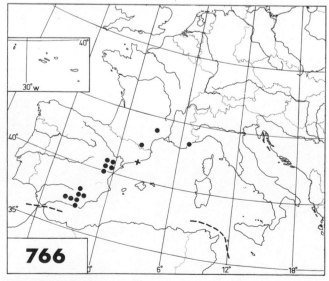

Minuartia funkii

Minuartia funkii (Jordan) Graebner — Map 766.

Alsine funkii Jordan; A. fasciculata subsp. funkii (Jordan), Cadevall; Minuartia fastigiata subsp. funkii (Jordan) Laínz; M. rubra subsp. funkii (Jordan) Laínz

Taxonomy and nomenclature. P. Montserrat, Soc. Échange Pl. Vasc. Eur. Occ. Bassin Médit. 17: 51 (1979), and Fl. France 1973: 271, give *Minuartia cymifera* in the synonymy of *M. rubra* (= *M. fastigiata*), retaining *M. funkii* s. stricto as a species on its own.

Notes. Minuartia cymifera and *M. funkii* s. stricto are here mapped as separate entities without taking a definite stand on their taxonomical status.

Total range. Mattfeld 1929: map 55b.

Minuartia mutabilis (Lapeyr.) Schinz & Thell. ex Becherer — Map 767.

Alsine mucronata auct. non L.; Arenaria mutabilis Lapeyr.; A. rostrata (Pers.) Fenzl; Minuartia fastigiata subsp. rostrata (Pers.) Laínz; M. lanuginosa (Coste) P. Fourn.; M. rostrata (Pers.) Reichenb.; M. rubra subsp. rostrata (Pers.) Laínz

Taxonomy and nomenclature. M. Laínz, Bol. Inst. Estud. Astur. (Supl. Ci.) 10: 180 (1964). The author's citation corrected according to W. Gutermann (Wien), *in litt.* See also P. Montserrat 1982, under *Minuartia fastigiata.*

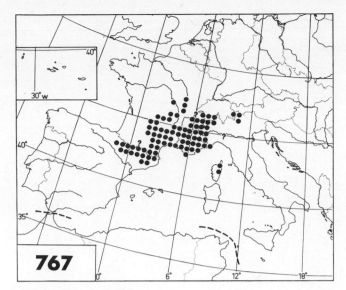

767

Minuartia mutabilis

Minuartia setacea (Thuill.) Hayek — Map 768.

Alsine setacea (Thuill.) Mert. & Koch; Arenaria setacea Thuill.; Minuartia aucta Klokov; M. leiosperma Klokov; M. thyraica Klokov; Sabulina bannatica Reichenb.; S. setacea (Thuill.) Reichenb. Incl. Minuartia stojanovii (Kitanov) Kož. & Kuzm.

Taxonomy. The material available does not appear to favour recognition of two subspecies (as in Fl. Eur.): Hegi 1962: 800; McNeill 1963: 366—368. See, however, Fl. Reipubl. Pop. Bulg. 1966: 311—312. A. Strid & R. Franzén, Willdenowia 12: 10 (1982); Mountain Fl. Greece.

Notes. Mapped as one entity.

Total range. Mattfeld 1929: map 56.

M. setacea subsp. setacea

Minuartia aucta Klokov; M. leiosperma Klokov; M. thyraica Klokov

Notes. "Throughout the range of the species" (Fl. Eur.).

M. setacea subsp. bannatica (Reichenb.) E.I. Nyár.

Minuartia setacea var. bannatica (Reichenb.) Hayek; Sabulina bannatica Reichenb.

Nomenclature. The orthography of the subspecific epithet, and author's citation corrected according to W. Gutermann (Wien), *in litt.*

Notes. "From C. Austria and C. Czechoslovakia to Bulgaria. ... The distribution ... is imperfectly known" (Fl. Eur.).

Total range. Endemic to Europe.

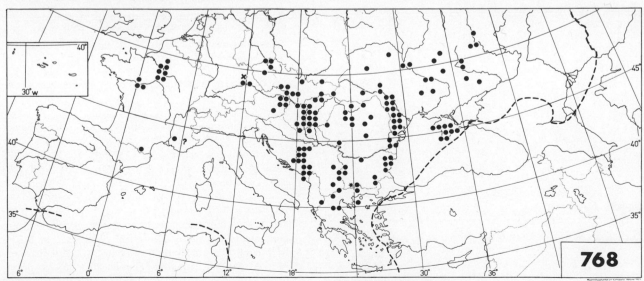

768

Minuartia setacea   ★ = "M. stojanovii"

48

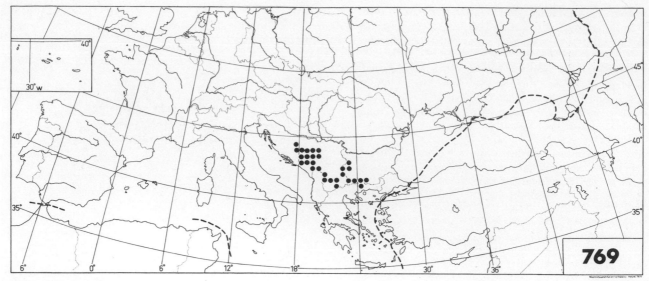

Minuartia bosniaca

Minuartia bosniaca (G. Beck) K. Malý — Map 769.

Alsine bosniaca G. Beck; ?A. rostrata sensu Velen., non (Pers.) Reichenb.

Taxonomy. Minuartia mutabilis (Lapeyr.) Schinz & Thell. subsp. *balcanica* P. Panov, Comptes Rendus Acad. Bulg. Sci. 26: 1227—1229 (1973), seems to belong here according to all the essential features, except that there are no bipartite glands at the base of the stamens.

Notes. Bu added (not given in Fl. Eur.): Fl. Reipubl. Pop. Bulg. 1966: 308. Gr added (not given in Fl. Eur.).

Total range. Endemic to Europe.

Minuartia krascheninnikovii Schischkin — Map 770.

Total range. Extends somewhat beyond the European border, according to P.L. Gorchakovsky, Mat. Hist. Fl. Veget. USSR 4: 311 (1962) (given as endemic to Europe in Fl. Eur.).

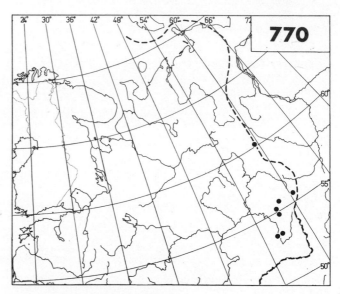

Minuartia krascheninnikovii

Minuartia adenotricha Schischkin — Map 771.

Notes. Reports from Bu (not given in Fl. Eur.) by P. Panov, Phytology (Sofia) 2: 70 (1975), and B.A. Kuzmanov, Candollea 34: 15 (1979), need confirmation.

Total range. Endemic to Europe.

Minuartia anatolica (Boiss.) Woronow — Map 772.

Alsine anatolica Boiss.; Arenaria anatolica (Boiss.) Fernald; Minuartia erythrosepala subsp. cappadocica sensu Bornm., non Alsine cappadocica Boiss.

Taxonomy and nomenclature. McNeill 1963: 370—376. Author's citation corrected according to McNeill 1963: 370. The European plant is var. *polymorpha* McNeill.

Notes. Bu added (not given in Fl. Eur.): the material referred to by P. Panov, Phytology (Sofia) 2: 69 (1975), and B.A. Kuzmanov, Candollea 34: 15 (1979), evidently does not belong here. However, occurrence in Bu has been confirmed through other records (S. Kožuharov, *in litt.*; A. Kurtto, Ann. Bot. Fennici 20 (1983, in print)). Tu added (not given in Fl. Eur.): A. Kurtto, Ann. Bot. Fennici 20 (1983, in print).

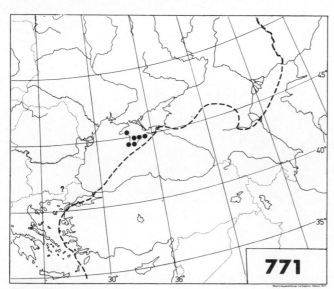

Minuartia adenotricha

Total range. Mattfeld 1929: map 56; McNeill 1963: 375 (the species and var. *polymorpha*; extra-European part).

Minuartia erythrosepala (Boiss.) Hand.-Mazz. — Map 772.

Alsine erythrosepala Boiss.; ?A. kabirarum Degen & Halácsy; ?Minuartia anatolica (Boiss.) Woronow subsp. kabirarum (Degen & Halácsy) Greuter & Burdet; ?M. kabirarum (Degen & Halácsy) Graebner

Taxonomy. The identity of *Minuartia kabirarum*, described from Samothraki, has not been settled: McNeill 1963: 378. W. Greuter & T. Raus (eds.), Willdenowia 12 (Cahiers Optima Leaflets 127): 128 (1982).

Notes. ?Gr, Tu. ”... reported from Samothraki, but the records are probably referable to 22 [*Minuartia anatolica*]” (Fl. Eur.). Tu according to A. Kurtto, Ann. Bot. Fennici 20 (1983, in print).

Total range. Mattfeld 1929: map 56.

Minuartia trichocalycina (Ten. & Guss.) Grande — Map 773.

Arenaria trichocalycina Ten. & Guss. Excl. Minuartia confusa (Heldr. & Sart.) Maire & Petitmengin

Taxonomy. Contrary to Fl. Eur., but in accordance with Pignatti Fl. 1982: 202, considered an Italian endemic specifically distinct from *Minuartia confusa*. McNeill 1963: 381.

Notes. It.

Total range. Endemic to Europe.

Minuartia confusa (Heldr. & Sart.) Maire & Petitmengin — Map 774.

Alsine confusa Heldr. & Sart.; Cherleria sedoides sensu Sm., non L.; Minuartia trichocalycina sensu Graebner et sensu Grande, non Arenaria trichocalycina Ten. & Guss.

Taxonomy and nomenclature. Included in *Minuartia trichocalycina* in Fl. Eur. McNeill 1963: 381.

Notes. Gr.

Total range. Endemic to Europe.

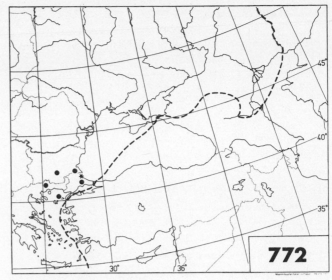

● = **Minuartia anatolica**
★ = **M. erythrosepala + M. anatolica**

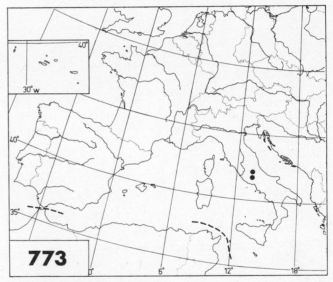

Minuartia trichocalycina

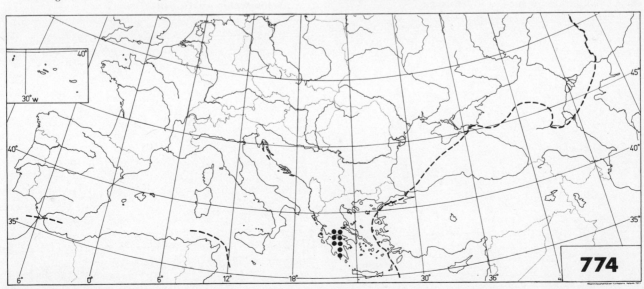

Minuartia confusa

Minuartia hirsuta (Bieb.) Hand.-Mazz.

Alsine falcata Griseb.; A. frutescens (Kit.) A. Kerner; A. hirsuta (Bieb.) Fenzl; Arenaria frutescens Kit.; A. hirsuta Bieb.; Minuartia falcata (Griseb.) Tuzson; M. frutescens (Kit.) Tuzson. Incl. M. cataractarum Janka and M. eurytanica (Boiss. & Heldr.) Hand.-Mazz.

Taxonomy. Mountain Fl. Greece.
Notes. ?Al and Tu added (not given in Fl. Eur.): McNeill 1963: 333; A. Kurtto, Ann. Bot. Fennici 20 (1983, in print).
Total range. Mattfeld 1929: map 57a.

M. hirsuta subsp. hirsuta — Map 775.

Alsine recurva (All.) Schinz & Thell. subsp. hirsuta (Bieb.) Tuzson; Minuartia hirsuta subsp. falcata var. vestita (Fenzl) Mattf.; M. recurva subsp. hirsuta (Bieb.) Stoj. & Stefanov

Notes. Rs(K). "Krym" (Fl. Eur.).
Total range. Endemic to Europe.

M. hirsuta subsp. falcata (Griseb.) Mattf. — Map 775.

Alsine falcata Griseb.; Minuartia falcata (Griseb.) Tuzson

Notes. ?Al, Bu, Gr, Ju, Tu. "Balkan peninsula" (Fl. Eur.).
Total range. Mattfeld 1929: map 57a; McNeill 1963: 335 (Gr and extra-European part).

M. hirsuta subsp. frutescens (Kit.) Hand.-Mazz. — Map 776.

Alsine frutescens (Kit.) A. Kerner; A. recurva (All.) Schinz & Thell. subsp. frutescens (Kit.) Tuzson; Arenaria frutescens Kit.; Minuartia cataractarum Janka; M. frutescens (Kit.) Tuzson
Notes. Bu, Cz, Hu, Ju, Rm. "N. Hungary; Carpathians; Bulgaria" (Fl. Eur.).
Total range. Endemic to Europe.

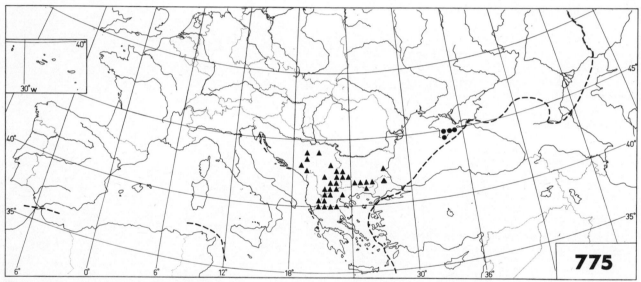

● = **Minuartia hirsuta** subsp. **hirsuta**　　　　▲ = **M. hirsuta** subsp. **falcata**

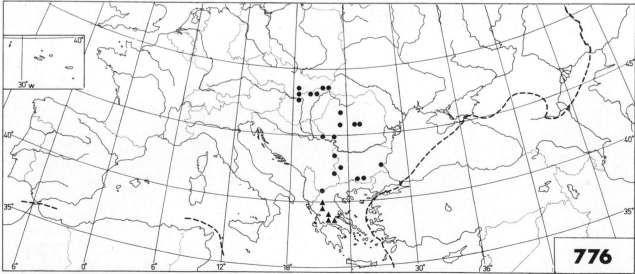

● = **Minuartia hirsuta** subsp. **frutescens**　　　　▲ = **M. hirsuta** subsp. **eurytanica**

M. hirsuta subsp. **eurytanica** (Boiss. & Heldr.) Strid — Map 776.

Alsine eurytanica Boiss. & Heldr.; A. recurva (All.) Schinz & Thell. var. eurytanica (Boiss. & Heldr.) Halácsy; Minuartia eurytanica (Boiss. & Heldr.) Hand.-Mazz.

Taxonomy. A. Strid, Ann. Bot. Fennici 20: 113 (1983); Mountain Fl. Greece.
Notes. Gr. "C. Greece" (Fl. Eur.).
Total range. Endemic to Europe.

Minuartia recurva (All.) Schinz & Thell. — Map 777.

Alsine condensata (J. & C. Presl) Fenzl; A. juressi (Willd. ex Schlecht.) Fenzl; A. pulvinaris Boiss.; A. recurva (All.) Wahlenb.; A. thevenaei Reuter; Arenaria condensata J. & C. Presl; A. juressi Willd. ex Schlecht.; A. pulvinaris (Boiss.) Fernald; A. recurva All.; Minuartia condensata (J. & C. Presl) Hand.-Mazz.; M. engleri Mattf.; M. juressi (Willd. ex Schlecht.) Lacaita

Taxonomy. McNeill 1963: 335—340; Fl. Reipubl. Pop. Bulg. 1966: 319—320. *Minuartia juressi* is considered conspecific with *M. recurva* (as in Fl. Eur. but contrary to McNeill 1963). Even their separation as subspecies (as in Fl. Eur.) has proved difficult and certainly needs closer study. This should include checking of the identity and status of *M. condensata*, given in Fl. Eur. as synonymous with *M. recurva* subsp. *juressi*.

Nomenclature. If the synonymy given in Fl. Eur. is accepted, *Minuartia recurva* subsp. *juressi* (Willd. ex Schlecht.) Mattf. is antedated by *Alsine recurva* subsp. *condensata* (J. & C. Presl) Nyman. A new nomenclatural combination at the level of sub-species and based on the latter was proposed in W. Greuter & T. Raus (eds.), Willdenowia 12 (Cahiers Optima Leaflets 127): 188 (1982), as *M. recurva* subsp. *condensata* (C. Presl) Greuter & Burdet.

Notes. Hb added (not given in Fl. Eur.): Crit. Suppl. Atlas Brit. Fl. 1968: 12. ?Tu added (not given in Fl. Eur.): A. Kurtto, Ann. Bot. Fennici 20 (1983, in print). Material identified down to subspecies is given individual symbols on the map.

Total range. Mattfeld 1929: map 57a; McNeill 1963: 335 (extra-European part).

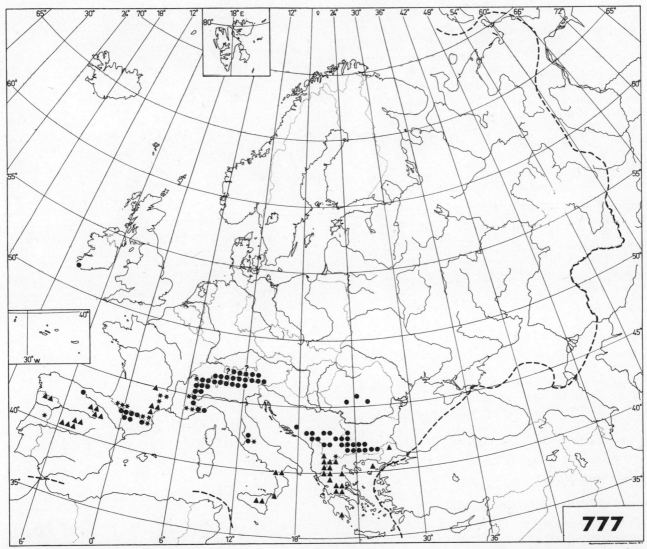

● = **Minuartia recurva** sensu stricto ▲ = **M. juressi** ★ = **M. recurva** sensu lato

52

Minuartia bulgarica (Velen.) Graebner — Map 778.

Alsine bulgarica Velen.; Minuartia recurva subsp. bulgarica (Velen.) Stoj. & Stefanov

Total range. Endemic to Europe.

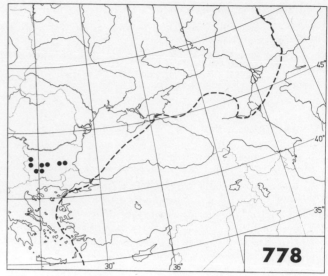

Minuartia bulgarica

Minuartia saxifraga (Friv.) Graebner — Map 779.

Alsine graminifolia subsp. saxifraga (Friv.) Nyman; A. saxifraga (Friv.) Boiss.; Arenaria saxifraga Friv.

Taxonomy. The European plant represents subsp. *saxifraga* (syn. *Minuartia saxifraga* subsp. *rumelica* Mattf.), which is endemic to Europe. Another subspecies occurs in W. Anatolia.

Notes. Gr added (not given in Fl. Eur.): A. Strid & R. Franzén, Willdenowia 12: 10 (1982).

Total range. Mattfeld 1929: map 57b; McNeill 1963: 341.

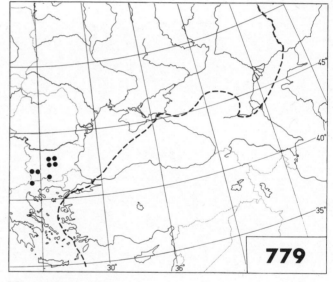

Minuartia saxifraga

Minuartia graminifolia (Ard.) Jáv. — Map 780.

Alsine graminifolia (Ard.) J.F. Gmelin; A. rosani (Ten.) Guss.; A. arduini Fenzl; Arenaria clandestina Portenschl.; A. graminifolia Ard.; A. rosani Ten.

Notes. Gr added (not given in Fl. Eur.): A. Strid & R. Franzén, Willdenowia 12: 11 (1982).
Total range. Endemic to Europe.

M. graminifolia subsp. graminifolia — Map 780.

Minuartia graminifolia subsp. hungarica Jáv.; M. graminifolia subsp. rosani (Ten.) Mattf.

Notes. Gr, It, Rm, Si. ''N. & C. Italy; S.W. Romania'' (Fl. Eur.).

M. graminifolia subsp. clandestina (Portenschl.) Mattf. — Map 780.

Arenaria clandestina Portenschl.

Notes. Al, Ju. ''C. & S. Italy; Sicilia; Albania; C. & S. Jugoslavia'' (Fl. Eur.). The records for It and Si are most probably erroneous: Pignatti Fl. 1982: 203.

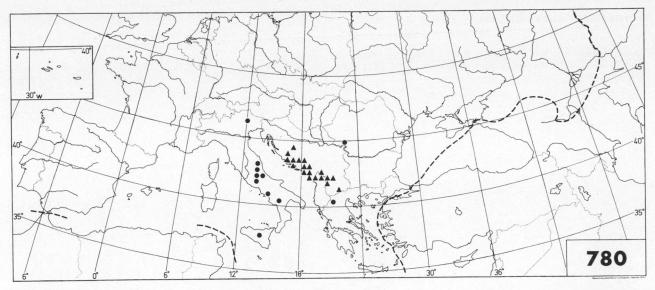

Minuartia graminifolia ● = subsp. **graminifolia** ▲ = subsp. **clandestina**

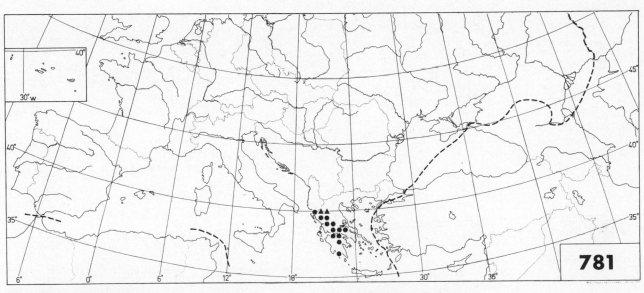

● = **Minuartia stellata** ▲ = **M. pseudosaxifraga**

Minuartia stellata (E.D. Clarke) Maire & Petitmengin — Map 781.

Alsine parnassica Boiss. & Spruner; A. stellata (E.D. Clarke) Halácsy; Arenaria stellata (E.D. Clarke) Fernald; Cherleria stellata E.D. Clarke. Excl. Minuartia stellata subsp. pseudosaxifraga Mattf.

Taxonomy. Mountain Fl. Greece.
Total range. Endemic to Europe.

Minuartia pseudosaxifraga (Mattf.) Greuter & Burdet — Map 781.

Minuartia stellata subsp. pseudosaxifraga Mattf.

Taxonomy. W. Greuter & T. Raus (eds.), Willdenowia 12 (Cahiers Optima Leaflets 127): 188 (1982); Mountain Fl. Greece.
Notes. Gr. "N. Greece (Pindhos)" (Fl. Eur.).
Total range. Endemic to Europe.

54

Minuartia cerastiifolia (Lam. & DC.) Graebner — Map 782.

Alsine cerastiifolia (Lam. & DC.) Fenzl; Arenaria cerastiifolia Lam. & DC.; Somerauera cerastiifolia (Lam. & DC.) Löve & Löve

Generic delimitation of *Somerauera*. Á. Löve & D. Löve, Preslia (Praha) 46: 127 (1974).
Total range. Endemic to Europe.

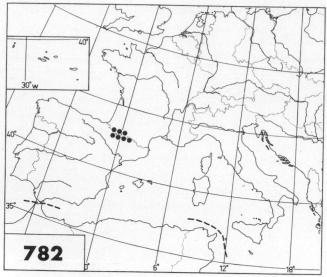

Minuartia cerastiifolia

Minuartia rupestris (Scop.) Schinz & Thell. — Map 783.

Alsine lanceolata (All.) Mert. & Koch; A. rupestris (Scop.) Fenzl; Arenaria lanceolata All.; Minuartia lanceolata (All.) Mattf.; Somerauera rupestris (Scop.) Löve & Löve; Stellaria rupestris Scop.

Taxonomy. In accordance with J. McNeill, Notes Royal Bot. Garden Edinburgh 24: 144 (1962) and Hegi 1962: 803 (but contrary to Fl. Eur. and Pignatti Fl. 1982: 203), *Minuartia rupestris* and *M. lanceolata* have been considered conspecific.
Notes. The available data do not allow separate mapping of the subspecies.
Total range. Endemic to Europe.

M. rupestris subsp. **rupestris**

Minuartia lanceolata subsp. rupestris (Scop.) Mattf.; M. rupestris sensu Fl. Eur.

Notes. Au, Ga, Ge, He, It, Ju. "Alps" (Fl. Eur.).

M. rupestris subsp. **clementei** (Huter) Halliday

Alsine clementei Huter; A. flaccida (All.) Chiov. var. clementei (Huter) Fiori; Minuartia lanceolata sensu Fl. Eur.; M. lanceolata subsp. clementei (Huter) Mattf.

Notes. Ga, It. "S.W. Alps (Cottian Alps)" (Fl. Eur.).

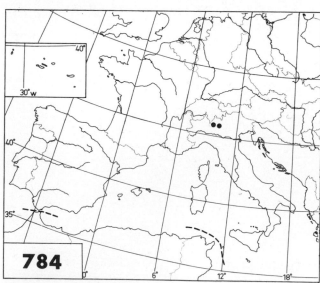

Minuartia rupestris

Minuartia grigneensis

Minuartia grigneensis (Reichenb.) Mattf. — Map 784.

Alsine flaccida (All.) Chiov. var. grigneensis (Reichenb.) Fiori; A. villarii var. grigneensis (Reichenb.) Tanfani; Arenaria grineensis Thomas, nomen nudum; Moehringia thomasiniana Gay; Somerauera grigneensis (Reichenb.) Löve & Löve; Triphane grigneensis Reichenb.

Nomenclature. The original spelling of the specific epithet is used, as given by J. McNeill, Notes Royal Bot. Garden Edinburgh 24: 144 (1962).
Total range. Endemic to Europe.

Minuartia cherlerioides (Hoppe) Becherer — Map 785.

Alsine aretioides (Sommer.) Mert. & Koch; A. octandra (Sieber) Kerner; Arenaria aretioides Sommer., nomen inval.; Minuartia aretioides (Sommer.) Schinz & Thell.; Siebera cherlerioides Hoppe; Somerauera cherlerioides (Hoppe) Löve & Löve

Nomenclature. J. McNeill, Notes Royal Bot. Garden Edinburgh 24: 144 (1962).
Total range. Endemic to Europe.

M. cherlerioides subsp. cherlerioides — Map 785.

Minuartia aretioides subsp. cherlerioides (Hoppe) Mattf.

Notes. Au, Ge, It, Ju. "Calcicole. E. Alps, westwards to c. 9° 30′ E." (Fl. Eur.).

M. cherlerioides subsp. rionii (Gremli) Friedrich — Map 785.

Alsine aretioides var. rionii Gremli; A. herniarioides Rion; Minuartia aretioides var. rionii (Gremli) Schinz & Thell.; M. aretioides subsp. rionii (Gremli) Mattf.

Nomenclature. H. Friedrich, Feddes Repert. 70 (Fl. Eur. Notulae Syst. 5): 5 (1965).
Notes. He, It. "Calcifuge. C. Alps, eastwards to c. 10°30′ E." (Fl. Eur.).

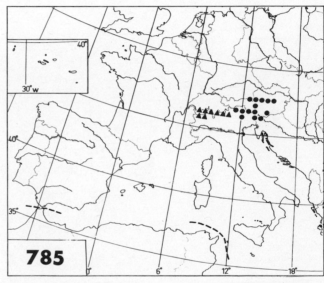

785

Minuartia cherlerioides   ● = subsp. **cherlerioides**
                               ▲ = subsp. **rionii**

Minuartia austriaca (Jacq.) Hayek — Map 786.

Alsine austriaca (Jacq.) Wahlenb.; A. flaccida (All.) Chiov. var. austriaca (Jacq.) Fiori; Arenaria austriaca Jacq. non All.

Total range. Endemic to Europe.

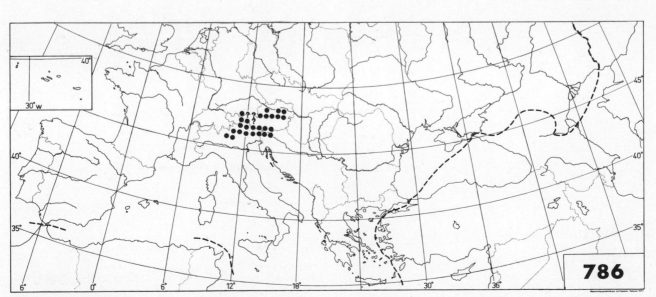

786

Minuartia austriaca

56

Minuartia helmii (Ser.) Schischkin — Map 787.

Notes. Rs(N) added (not given in Fl. Eur.). Rs(C) omitted (given in Fl. Eur.).

Total range. P.L. Gorchakovsky, Mat. Hist. Fl. Veget. USSR 4: 310 (1962). Also recorded somewhat beyond the E. border of Europe (given as endemic to Europe in Fl. Eur.).

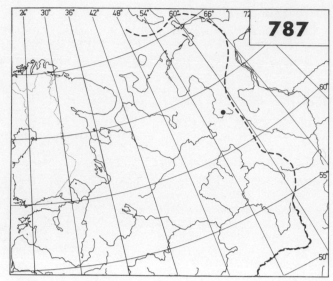

Minuartia helmii

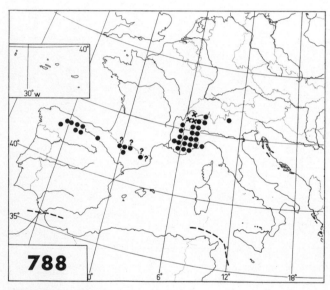

788

Minuartia villarii

Minuartia villarii (Balbis) Wilcz. & Chenevard ('villarsii') — Map 788.

Alsine flaccida (All.) Chiov.; A. villarii (Balbis) Mert. & Koch; Arenaria villarii Balbis; Minuartia flaccida auct. non (All.) Schinz & Thell.

Nomenclature. Fl. Schweiz 1967: 834; J.E. Dandy, Taxon 19: 619 (1970); M. Laínz, Bol. Inst. Est. Astur. (supl. Cienc.) 16: 168—169 (1973).

Total range. Endemic to Europe, contrary to Mattfeld 1929: map 58.

Minuartia taurica (Steven) Graebner — Map 789.

Alsine taurica Steven

Total range. Endemic to Europe.

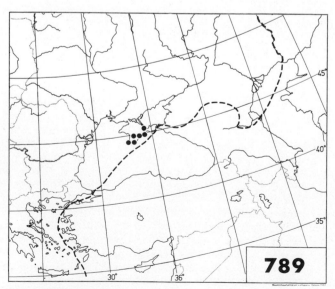

789

Minuartia taurica

57

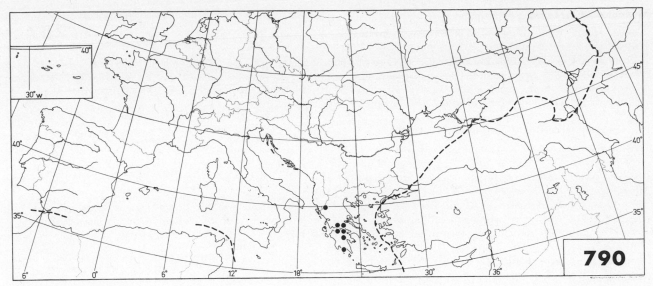

Minuartia juniperina

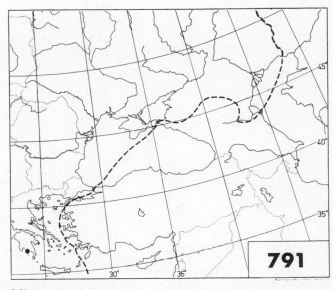

Minuartia pichleri

Minuartia juniperina (L.) Maire & Petitmengin
— Map 790.

Alsine juniperina (L.) Wahlenb.; Arenaria juniperina L.; A. nodosa Bory & Chaub.

Total range. Mattfeld 1929: map 58; McNeill 1963: 347.

Minuartia pichleri (Boiss.) Maire & Petitmengin
— Map 791.

Alsine pichleri Boiss.

Total range. Endemic to Europe.

Minuartia verna (L.) Hiern

Alsine attica Boiss. & Spruner; A. gerardi (Willd.) Wahlenb.; A. liniflora Hegetschw.; A. oxypetala Wołoszczak; A. paui Willk.; A. thessala Halácsy; A. valentina Pau; A. verna (L.) Wahlenb.; A. zarecznyi Zapał. ("zarencznyi"); Arenaria attica (Boiss. & Spruner) Fernald; A. gerardi Willd.; A. verna L.; Minuartia attica (Boiss. & Spruner) Vierh.; M. caespitosa (Ehrh.) Degen; M. gerardi (Willd.) Hayek; M. idaea (Halácsy) Pawł.; M. oxypetala (Wołoszczak) Kulcz.; M. zarecznyi (Zapał.) Klokov

Taxonomy. G. Halliday, Feddes Repert. 69 (Fl. Eur. Notulae Syst. 3): 8—14 (1964); S. Pignatti, Giorn. Bot. Ital. 108: 95—104 (1974). Diploid and tetraploid chromosome numbers (2n = 24 and 2n = 48) counted: C. Favarger, Biol. Rev. 42: 173—174 (1967); Mountain Fl. Greece. It is not evident from the scattered data available whether the variation in ploidy level accords with the present division into subspecies.

Notes. The remote dot, in N.E. Norway (Varanger Peninsula) in E. Hultén, Atlas Distr. Vasc. Pl. N.W. Europe, 2nd ed., map 714 (Stockholm 1971), is obviously a printing error.

Total range. Mattfeld 1929: map 59a; MJW 1965: map 149b; Hultén CP 1971: map 43.

58

M. verna subsp. **verna** — Map 792.

Alsine gerardi (Willd.) Wahlenb.; A. liniflora Hegetschw.; A. zarecznyi Zapał. ("zarecznyi"); Arenaria gerardi Willd.; Minuartia gerardi (Willd.) Hayek; M. verna subsp. gerardi (Willd.) Graebner; M. verna subsp. hercynica (Willk.) Schwarz; M. zarecznyi (Zapał.) Klokov

Taxonomy. Hegi 1962: 814, contrary to G. Halliday, Feddes Repert. 69 (Fl. Eur. Notulae Syst. 3): 8—14 (1964), considers *Minuartia verna* subsp. *collina* sensu Fl. Eur. the type subspecies, and gives subsp. *verna* sensu Fl. Eur. as *M. verna* subsp. *gerardi*.

Notes. Al, Au, Be, Br, Bu, Co, Cz, Ga, Ge, Gr, Hb, He, Hs, It, Ju, Po, Rm, Rs(N), Si. "Throughout the range of the species but only on mountains in the south" (Fl. Eur.).

M. verna subsp. **collina** (Neilr.) Domin — Map 793.

Alsine verna var. collina Neilr.; A. verna subsp. collina (Neilr.) Čelak.; Minuartia caespitosa "(Ehrh.) Degen"; M. verna subsp. montana (Fenzl) Hayek, pro max. parte

Taxonomy and nomenclature. Author's citation corrected according to J. Holub, Preslia (Praha) 38: 80 (1966). Cf. above under *Minuartia verna* subsp. *verna*.

Notes. Al, Au, Bu, Cz, Gr, Hu, It, Ju, Rm, Tu. "S. & C. Europe, from Italy and Czechoslovakia eastwards" (Fl. Eur.). In Hegi 1962: 812—813 given westwards to Be and Ga "bis in die Ardennen ..., in die Auvergne und in die Cevennen" (as subsp. *verna*), but the delimitation of the subspecies differs from that in Fl. Eur.

M. verna subsp. **grandiflora** (C. Presl) Hayek — Map 793.

Taxonomy. S. Pignatti, Giorn. Bot. Ital. 108: 102 (1974).

Notes. Si. "Sicilia" (Fl. Eur.; mentioned as a subspecies on which "further information is required").

Total range. Endemic to Sicilia.

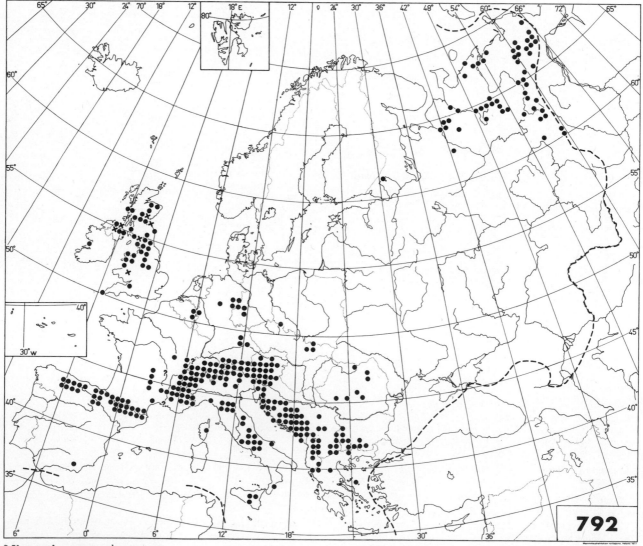

Minuartia verna subsp. **verna**

M. verna subsp. **paui** (Willk.) Rivas Goday & Borja — Map 793.

Alsine paui Willk.; A. valentina Pau; Minuartia verna subsp. valentina (Pau) Font Quer

Nomenclature. S. Rivas Goday & J. Borja Carbonell, An. Inst. Bot. Cavanilles 19: 331 (1961); G. Halliday, Feddes Repert. 69 (Fl. Eur. Notulae Syst. 3): 13 (1964).

Notes. Hs. "E. Spain (Serra Espadada, north of Valencia)" (Fl. Eur., as *Minuartia verna* subsp. *valentina*).

Total range. Endemic to Europe.

M. verna subsp. **oxypetala** (Wołoszczak) Halliday — Map 794.

Alsine oxypetala Wołoszczak; A. zarecznyi Zapał. var oxypetala (Wołoszczak) Zapał.; Minuartia oxypetala (Wołoszczak) Kulcz.

Taxonomy. B. Pawłowski, Acta Soc. Bot. Polon. 16: 153—166 (1939); V.I. Czopik, Visokog. Fl. Ukrainsk. Karpat, p. 39—40 (Kiev 1976).

Notes. Rm, Rs(W). "E. Carpathians" (Fl. Eur.).

Total range. Endemic to Europe.

M. verna subsp. **attica** (Boiss. & Spruner) Hayek — Map 794.

Alsine attica Boiss. & Spruner; A. thessala Halácsy; A. verna subsp. attica (Boiss. & Spruner) Nyman; A. verna var. mediterranea Unger; Arenaria attica (Boiss. & Spruner) Fernald; Minuartia attica (Boiss. & Spruner) Vierh. Incl. Minuartia verna subsp. idaea (Halácsy) Hayek; Alsine verna var. idaea Halácsy; M. idaea (Halácsy) Pawł.

Taxonomy. Treated as an independent species (also including *Minuartia verna* subsp. *idaea*) in McNeill 1963: 353—354. S. Pignatti, Giorn. Bot. Ital. 108: 103—104 (1974); Mountain Fl. Greece.

Notes. Bu, Cr, Gr, It, Ju. "Kriti, Greece; perhaps also in Sicilia and S. Italy" (Fl. Eur.; subsp. *attica*), "Kriti; N. Greece (Olimbos)" (Fl. Eur.; subsp. *idaea*). For Ju, see A. Kurtto, Ann. Bot. Fennici 20 (1983, in print).

Total range. Endemic to Europe.

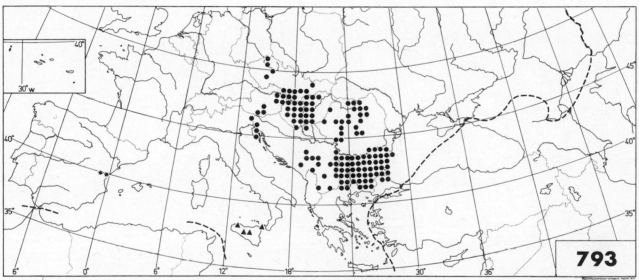

● = **Minuartia verna** subsp. **collina**   ▲ = **M. verna** subsp. **grandiflora**   ★ = **M. verna** subsp. **paui**

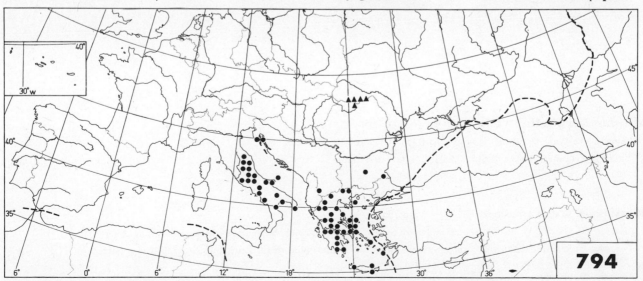

● = **Minuartia verna** subsp. **attica**   ▲ = **M. verna** subsp. **oxypetala**

60

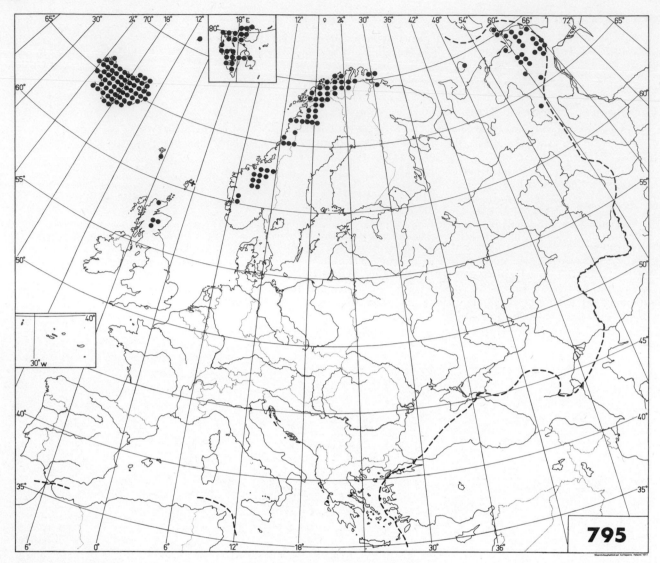

Minuartia rubella

Minuartia rubella (Wahlenb.) Hiern — Map 795.

    Alsine rubella Wahlenb.; Arenaria propinqua Richards.; A. rubella (Wahlenb.) Sm.

    Total range. Hultén Alaska 1968: 433; Hultén CP 1971: map 43.

Minuartia stricta (Swartz) Hiern — Map 796.

    Alsine stricta (Swartz) Wahlenb.; Arenaria uliginosa Schleich. ex Schlechtend.; Spergula stricta Swartz

    Taxonomy. The diploid chromosome numbers 2n = 22, 26 are given in Fl. Eur., but 2n = 30 was reported by T. Engelskjön & G. Knaben, Acta Borealia A Sci. 28: 15 (1971).

    Notes. Probably extinct in Ga (†Ga in Fl. Eur.), present in He (†He in Fl. Eur.).

    Total range. Mattfeld 1929: map 59b; Hultén Alaska 1968: 431; Hultén CP 1971: map 24.

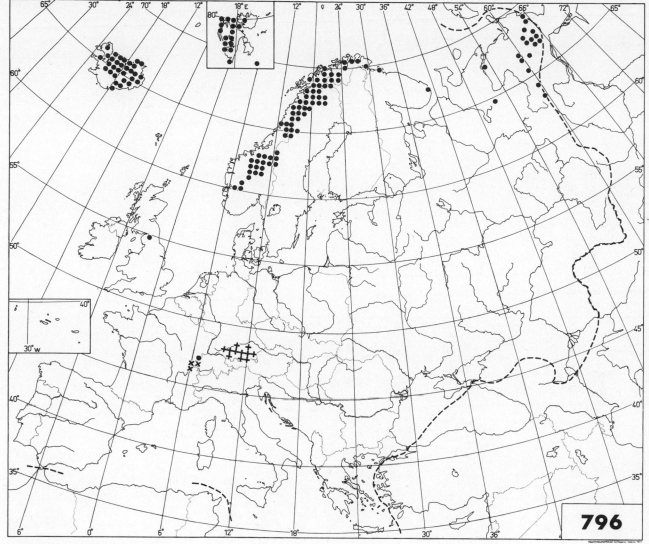

Minuartia stricta

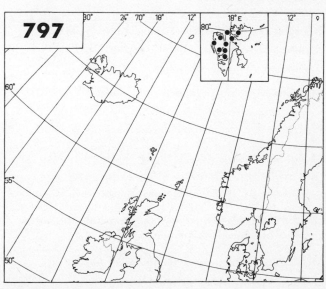

Minuartia rossii (R.Br. ex Richards.) Graebner
— Map 797.

Alsinanthe rossii (R.Br. ex Richards.) Löve & Löve; Alsine rossii (R.Br. ex Richards.) Fenzl; Alsinopsis rossii (R.Br. ex Richards.) Rydb.; Arenaria rossii R.Br. ex Richards.; Minuartia rolfii Nannf.

Taxonomy. S.J. Wolf, J.G. Packer & K.E. Denford, Canad. J. Bot. 57: 1673—1686 (1979).

Total range. Mattfeld 1929: map 59b; Hultén AA 1958: map 160; Hultén Alaska 1968: 433; J.P. Kozhevnikov, Areali Rast. Fl. SSSR 3: 28 (1976); S.J. Wolf, J.G. Packer & K.E. Denford, Canad. J. Bot. 57: 1683 (1979) (non-European part).

Minuartia rossii

62

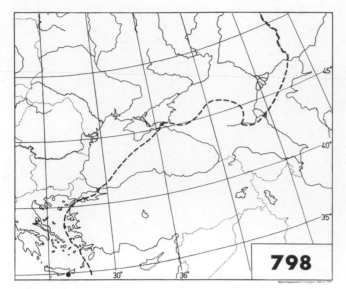

Minuartia wettsteinii

Minuartia wettsteinii Mattf. — Map 798.

Total range. Endemic to Kriti.

Minuartia capillacea (All.) Graebner — Map 799.

Alsine bauhinorum Gay; A. laricifolia (L.) Crantz var. liniflora (L.) Fiori; A. liniflora (L.) Hegetschw.; Arenaria capillacea All.; Minuartia liniflora (L.) Schinz & Thell.

Notes. Al added (not given in Fl. Eur.).
Total range. Endemic to Europe.

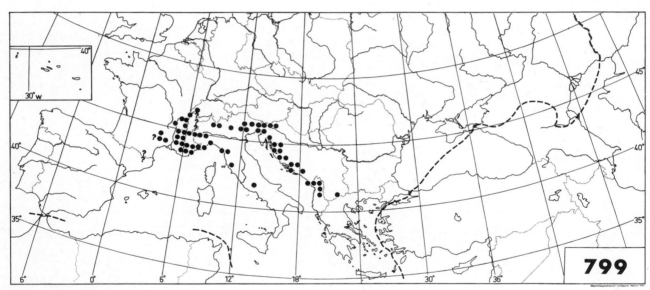

Minuartia capillacea

Minuartia baldaccii (Halácsy) Mattf. — Map 800.

Alsine baldaccii Halácsy; Minuartia doerfleri Hayek

Total range. Endemic to Europe.

M. baldaccii subsp. **baldaccii** — Map 800.

Alsine liniflora sensu Baldacci, non (L.) Hegetschw.

Notes. Al, Gr, Ju. "Albania; S. Jugoslavia; N.W. Greece" (Fl. Eur.).

M. baldaccii subsp. **doerfleri** (Hayek) Hayek — Map 800.

Minuartia doerfleri Hayek

Taxonomy. Treated as an independent species in Mountain Fl. Greece.
Notes. Al, Gr, ?Ju. "Albania; S.W. Jugoslavia" (Fl. Eur.). According to McNeill 1963: 332, subsp. *doerfleri* is represented only by its type gathering, from the summit of Mt. Koritnik (Al), the other plants so named being referable to subsp. *baldaccii*. Gr added according to Mountain Fl. Greece.

M. baldaccii subsp. **skutariensis** Hayek — Map 800.

Alsine liniflora var. glandulosissima Hayek

Notes. Al. "N.W. Albania" (Fl. Eur.).

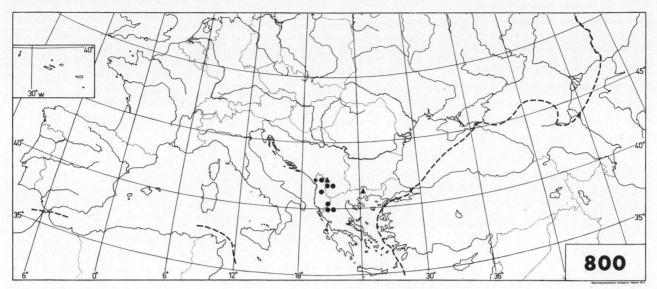

Minuartia baldaccii
● = subsp. **baldaccii**

▲ = subsp. **doerfleri**
★ = subsp. **skutariensis**

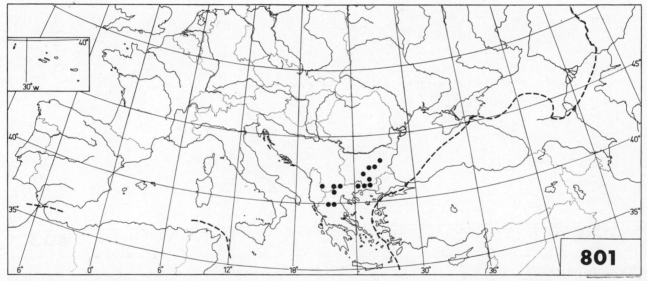

Minuartia garckeana

Minuartia garckeana (Ascherson & Sint. ex Boiss.) Mattf. — Map 801.

Alsine garckeana Ascherson & Sint. ex Boiss.; A. skorpilii Velen.; Minuartia skorpilii (Velen.) Graebner

Nomenclature. The author's citation corrected according to Fl. Turkey 1967: 45.

Total range. Outside Europe, found only from Kaz Dağ (Mt. Ida) of N.W. Anatolia, which is the type locality of the species (given as endemic to Europe in Fl. Eur.): McNeill 1963: 331; Fl. Turkey 1967: 46.

Minuartia handelii Mattf. — Map 802.

Total range. Endemic to Europe.

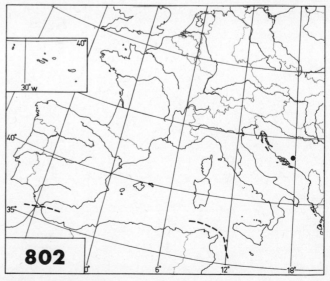

Minuartia handelii

64

Minuartia laricifolia (L.) Schinz & Thell. — Map 803.

Alsine langii Reuss; A. laricifolia (L.) Crantz; A. striata (L.) Gren.; Arenaria laricifolia L. s. str.; A. striata L.; Minuartia diomedis Br.-Bl.; M. kitaibelii (Nyman) Pawł.; M. langii (Reuss) J. Holub; M. striata (L.) Mattf.; Sabulina striata (L.) Reichenb.

Total range. Endemic to Europe.

M. laricifolia subsp. laricifolia — Map 803.

Minuartia laricifolia subsp. striata (L.) Mattf. Incl. Minuartia diomedis Br.-Bl.; M. laricifolia subsp. diomedis (Br.-Bl.) Mattf.

Notes. Au, Ga, He, Hs, It. "From Spain to N. Appennini and to c. 12° 30′ E. in Austria" (Fl. Eur.).

M. laricifolia subsp. ophiolitica Pignatti — Map 803.

Minuartia laricifolia subsp. diomedis auct. non (Br.-Bl.) Mattf.

Taxonomy. S. Pignatti, Giorn. Bot. Ital. 107: 208 (1973).
Notes. It (the subspecies not mentioned in Fl. Eur.).
Total range. Endemic to Europe.

M. laricifolia subsp. kitaibelii (Nyman) Mattf. — Map 803.

Alsine langii Reuss; A. laricifolia subsp. kitaibelii Nyman; Minuartia kitaibelii (Nyman) Pawł.: M. langii (Reuss) J. Holub; M. striata subsp. kitaibelii (Nyman) Mattf.

Nomenclature. J. Holub, Folia Geobot. Phytotax. (Praha) 9: 268, 273 (1974). The binomial *Minuartia kitaibelii* has been validly published by B. Pawłowski, Docum. Physiogr. Polon. 20:3 (1949), if not earlier.
Notes. Au, Cz, Po, Rm. "E. Austrian Alps; Carpathians" (Fl. Eur.).

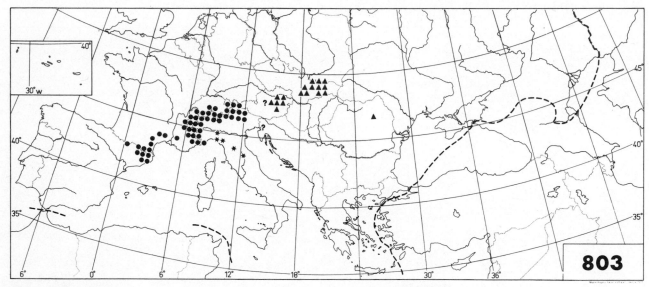

Minuartia laricifolia
● = subsp. **laricifolia**

▲ = subsp. **kitaibelii**
★ = subsp. **ophiolitica**

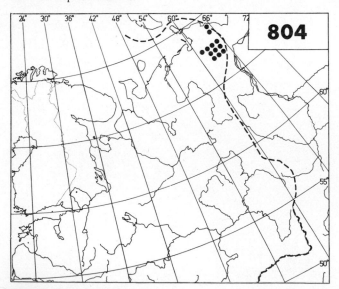

Minuartia macrocarpa

Minuartia macrocarpa (Pursh) Ostenf. — Map 804.

Alsine macrocarpa (Pursh) Fenzl; Arenaria macrocarpa Pursh

Total range. Mattfeld 1929: map 61; O.V. Rebristaya, Bot. Žur. 49: 847 (1964) (Eurasian part); Hultén Alaska 1968: 429; Fl. Arct. URSS 1971: 67 (Eurasian part).

Minuartia arctica (Steven ex Ser.) Graebner — Map 805.

> Alsine arctica (Steven ex Ser.) Fenzl; Arenaria arctica Steven ex Ser.

> *Total range.* Mattfeld 1929: map 61; Hultén Alaska 1968: 430; Fl. Arct. URSS 1971: 68 (N. Eurasian part).

Minuartia biflora (L.) Schinz & Thell. — Map 806.

> Alsine biflora (L.) Wahlenb.; Arenaria bavarica Pallas; A. scandinavica Sprengel; Stellaria biflora L.

> *Total range.* Mattfeld 1929: map 61; MJW 1965: map 149a; Hultén Alaska 1968: 431; Hultén CP 1971: map 59.

Minuartia olonensis (Bonnier) P. Fourn.

> *Taxonomy.* To be deleted as definitely belonging to *Arenaria serpyllifolia*; see M. Laínz, Candollea 24: 259 (1969). "The existence of this species is doubtful" (Fl. Eur.). Not mentioned by J. McNeill, Notes Royal Bot. Garden Edinburgh 24 (1962), nor in Fl. France 1973.

> *Notes.* Extinct, according to IUCN Red Data Book, p. 35 (Morges 1978), under *Asplenium jahandiezii*. "W. France (Vendée)" (Fl. Eur.).

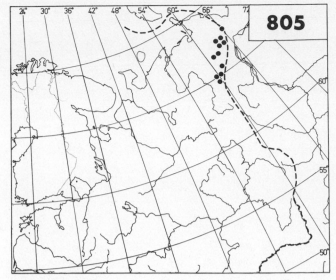

Minuartia arctica

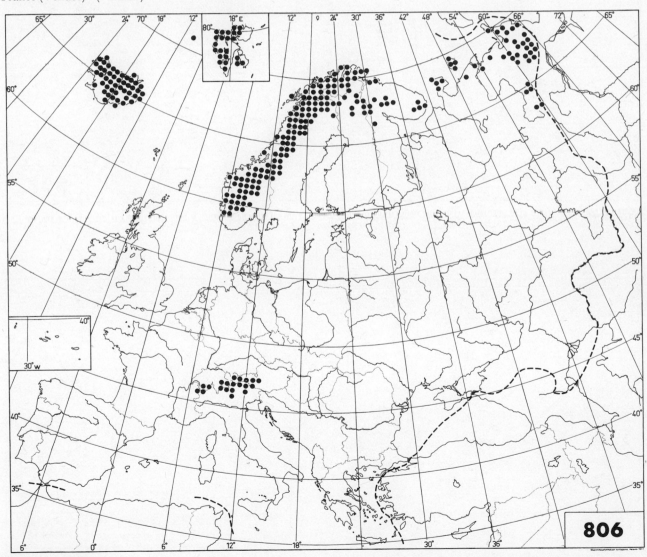

Minuartia biflora

66

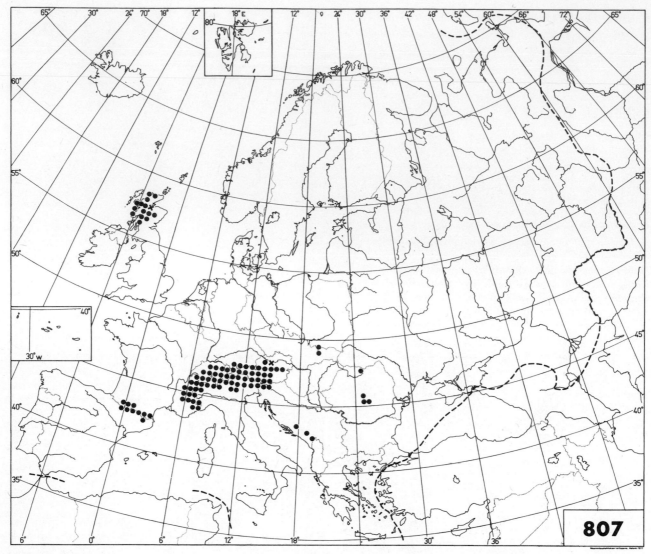

Minuartia sedoides

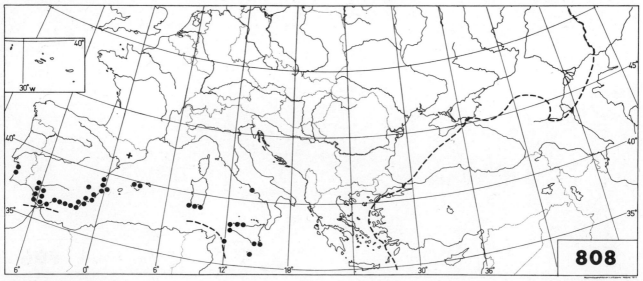

Minuartia geniculata

Minuartia sedoides (L.) Hiern — Map 807.

Alsine cherleri Fenzl; A. sedoides (L.) Kittel; Cherleria sedoides L.

Cytotaxonomy. P. Küpfer, Boissiera 23: 139—142 (1974).
Total range. Endemic to Europe.

Minuartia geniculata (Poiret) Thell. — Map 808.

Alsine geniculata (Poiret) Strobl; A. procumbens (Vahl) Fenzl; Arenaria geniculata Poiret; A. procumbens Vahl; Rhodalsine geniculata (Poiret) F.N. Williams; R. procumbens (Vahl) J. Gay

Notes. For Gr no exact records available (given in Fl. Eur.).
Total range. Mattfeld 1929: map 60b.

Honkenya peploides (L.) Ehrh. — Map 809.

Ammadenia peploides (L.) Rupr.; Arenaria peploides L.; Halianthus peploides (L.) Fries; Minuartia peploides (L.) Hiern. Incl. Honkenya diffusa (Hornem.) Á. Löve; Arenaria peploides var. diffusa Hornem.

Nomenclature. Concerning the orthography of the name of the genus, see H. Manitz, Taxon 24: 471 (1975); S. Rauschert, Feddes Repert. 88: 307 (1977).

Total range. Mattfeld 1929: map 52; Hegi 1962: 824; MJW 1965: map 150a; J. Kleinke, Natur Naturschutz Mecklenburg 5: 172 (1967) (Eurasia); Hultén Alaska 1968: 434; Hultén CP 1971: map 177.

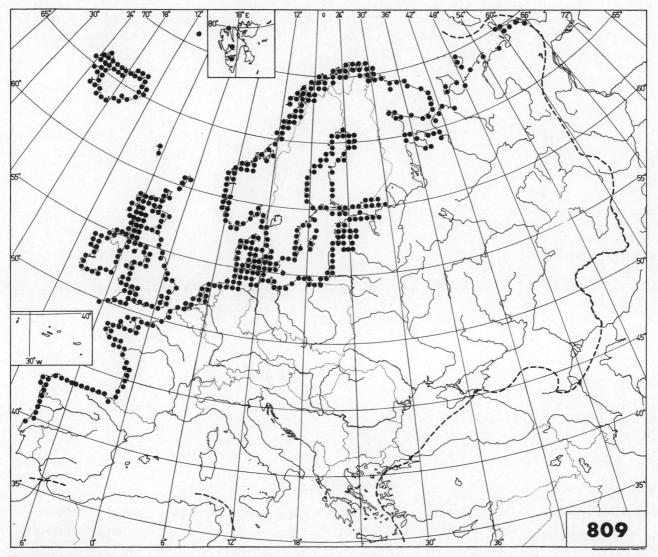

Honkenya peploides

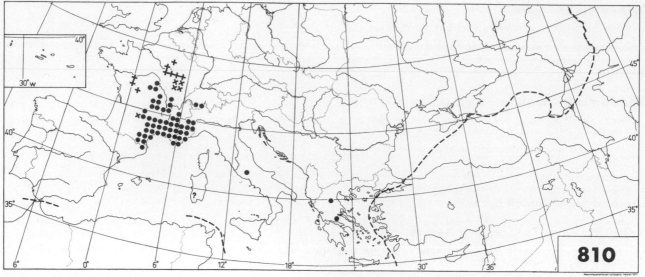

Bufonia paniculata

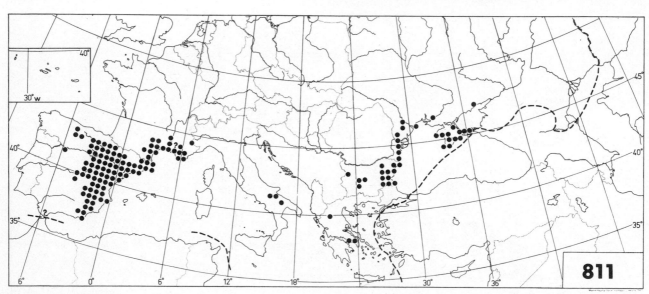

Bufonia tenuifolia

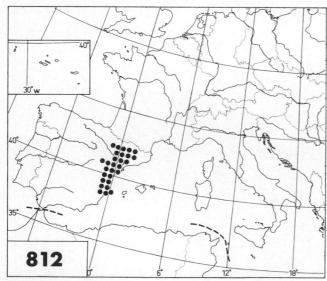

Bufonia tuberculata

Bufonia paniculata F. Dubois — Map 810.

Bufonia macrosperma Gay ex Mutel

Notes. Ju omitted (given in Fl. Eur.). The occurrence in Sa needs confirmation (given in Fl. Eur.).

Bufonia tenuifolia L. — Map 811.

Bufonia parviflora Griseb.

Taxonomy. "The plants from Ukraine include specimens intermediate between 1 [*Bufonia paniculata*] and 2 [*B. tenuifolia*]" (Fl. Eur.).

Notes. Ju omitted (given in Fl. Eur.).

Bufonia tuberculata Loscos — Map 812.

Taxonomy. The species "may prove to be only a perennial variant" of *Bufonia paniculata* (Fl. Eur.).

Total range. Endemic to Europe.

Bufonia macropetala Willk. — Map 813.

Total range. Endemic to Europe, with a close relative, *Bufonia strohlii* Emb. & Maire, in Morocco.

Bufonia willkommiana Boiss. — Map 814.

Total range. Endemic to Europe.

Bufonia perennis Pourret — Map 815.

Total range. Endemic to Europe.

Bufonia macropetala

Bufonia stricta (Sibth. & Sm.) Gürke — Map 816.

Bufonia brachyphylla Boiss. & Heldr., nomen illeg.; Moehringia stricta Sibth. & Sm.

Taxonomy. W. Greuter, Candollea 20: 180—184 (1965). *Total range.* Endemic to Europe.

B. stricta subsp. **stricta** — Map 816.

Notes. Cr, Gr (as given in Fl. Eur. for the species).

B. stricta subsp. **cecconiana** (Bald.) Rech. fil. — Map 816.

Bufonia brachyphylla var. cecconiana Bald.; B. stricta var. cecconiana (Bald.) Gürke

Taxonomy. H. Rechinger, Österr. Bot. Zeitschr. 94: 159 (1947); W. Greuter, Candollea 20: 180—184 (1965). *Notes.* Cr (the subspecies not mentioned in Fl. Eur.). *Total range.* Endemic to Kriti.

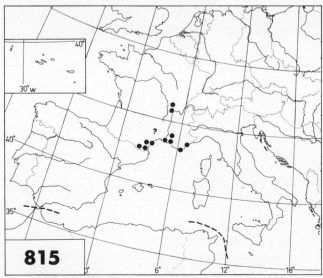

Bufonia willkommiana

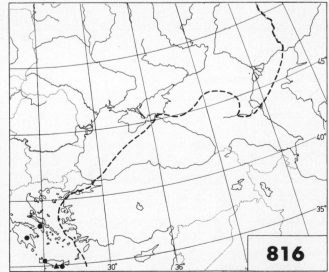

Bufonia perennis

Bufonia stricta

● = subsp. **stricta**
▲ = subsp. **cecconiana**

70

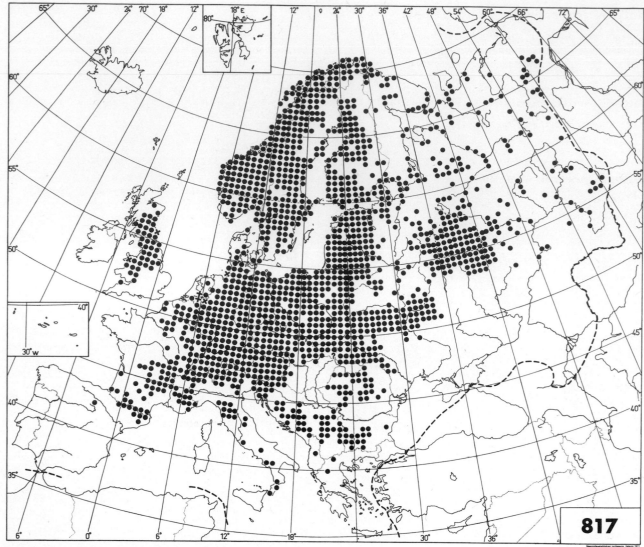

Stellaria nemorum subsp. **nemorum**

Stellaria nemorum L.

Stellaria glochidisperma (Murb.) Freyn; S. montana Pierrat; S. reichenbachii Wierzb.

Total range. MJW 1965: map 143c; J.P. Kozhevnikov & T.V. Plieva, Areali Rast. SSSR 3: 67 (1976).

S. nemorum subsp. **nemorum** — Map 817.

Stellaria nemorum subsp. montana sensu Murb., non S. montana Pierrat; S. reichenbachii Wierzb.

Notes. Al, Au, Be, Br, Bu, Cz, Da, Fe, Ga, Ge, Gr, He, Ho, Hs, Hu, It, Ju, No, Po, Rm, Rs(N, B, C, W, E), Su. "Throughout the range of the species" (Fl. Eur.).

S. nemorum subsp. **glochidisperma** Murb. — Map 818.

Stellaria glochidisperma (Murb.) Freyn; S. montana Pierrat; S. nemorum subsp. circaeoides (A. Schwarz) Hegi

Notes. Au, Be, Br, Co, Da, Ga, Ge, Gr, He, *Ho, Hs, It, Ju, Su. "Mainly in W. & C. Europe, extending from Britain (Wales) and C. Spain to S. Sweden, S.E. Austria and C. Jugoslavia" (Fl. Eur.). Gr added (not given in Fl. Eur.): A. Strid, Ann. Mus. Goulandris 4: 218 (1978), and A. Strid & R. Franzén, Willdenowia 12: 11 (1982). Native status doubtful in Ho: Atlas Nederl. Fl. 1980: 192.

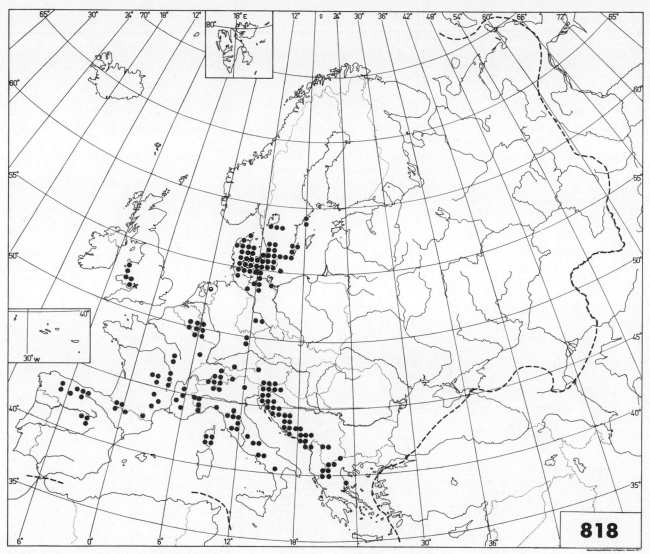

Stellaria nemorum subsp. **glochidisperma**

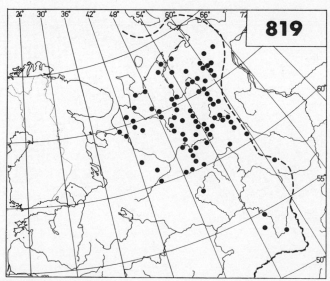

Stellaria bungeana Fenzl — Map 819.

Stellaria bungeana

72

Stellaria media (L.) Vill., s. lato — Map 820.

Stellaria media s. str. + S. cupaniana + S. neglecta + S. pallida

Taxonomy. D. Peterson, Bot. Not. 1936: 281—419; F.H. Whitehead & R.P. Sinha, New Phytol. 66: 769—784 (1967).
Total range. World's Worst Weeds 1977: 451 (as a weed).

Stellaria media (L.) Vill., s. stricto

Alsine media L.; Stellaria apetala Ucria; S. media subsp. glabra Raunk.; S. media subsp. romana Béguinot; S. media subsp. vulgaris Raunk. Excl. S. media subsp. cupaniana & subsp. postii

Generic delimitation, taxonomy and nomenclature. Tetraploid with 2n = 40, 42, 44. J. McNeill, Notes Royal Bot. Garden Edinburgh 24: 84—85 (1962); Á. Löve & D. Löve, Preslia (Praha) 46: 128 (1974).
Notes. Not mapped as a species because *Stellaria cupaniana, S. neglecta* and *S. pallida* have not been consistently separated from it. "Throughout Europe. Present in all territories, but probably only as an alien in the extreme north" (Fl. Eur.).
Total range. Hultén Alaska 1968: 412; Hultén CP 1971: map 243 (both: northern hemisphere).

Stellaria cupaniana (Jordan & Fourr.) Béguinot — Map 821.

Alsine cupaniana Jordan & Fourr.; S. media (L.) Vill. subsp. cupaniana (Jordan & Fourr.) Nyman; S. neglecta Weihe var. cupaniana auct. Incl. S. media subsp. postii Holmboe; S. media subsp. neglecta var. pubescens Post; S. neglecta Weihe subsp. postii (Holmboe) Rech. fil.

Taxonomy. The diploid chromosome number (2n = 22) counted in material from Gr: Mountain Fl. Greece (as *Stellaria media* subsp. *postii*). Subsp. *postii* is included, without formal recognition, because of largely overlapping characters evidently forming a cline-like pattern of distribution along a west-east gradient. The presence of intermediates between the two entities in the E.

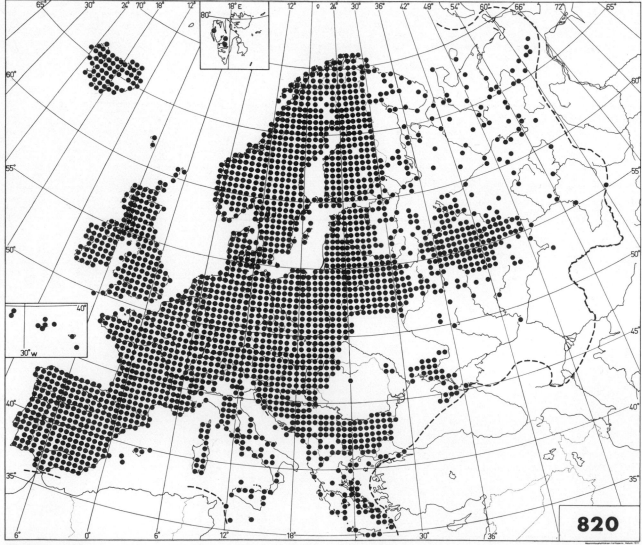

Stellaria media sensu lato

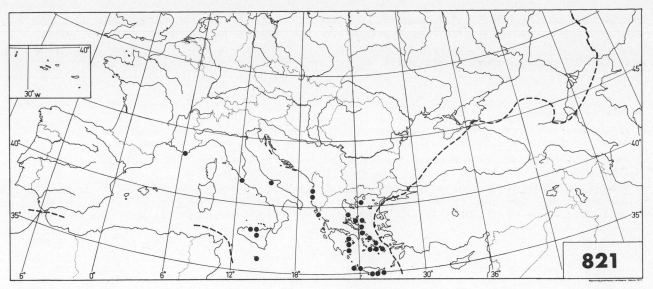

Stellaria cupaniana

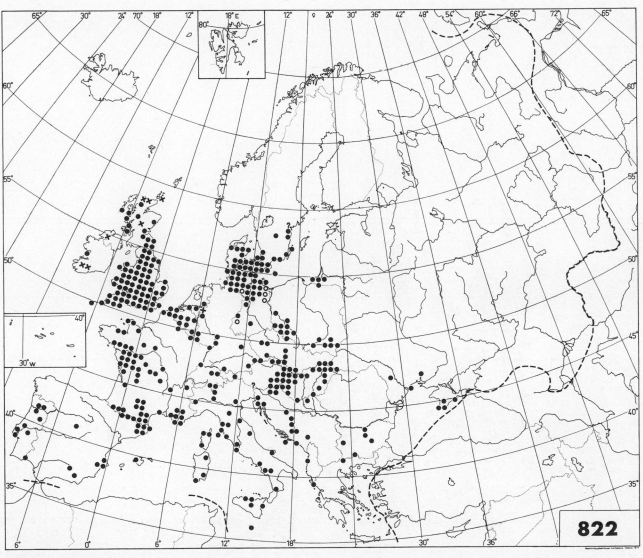

Stellaria neglecta

74

Mediterranean area is indicated in Fl. Eur., and the comments in Fl. Turkey 1967: 70 and by R.D. Meikle, Fl. Cyprus 1: 260 (Kew 1977), give further support to the present decision; however, see J. Chrtek & B. Slavík, Preslia (Praha) 53: 53 (1981).

Notes. Al, Cr, Ga, Gr, It, Si; probably elsewhere. "W. & C. Mediterranean region" (Fl. Eur.: *Stellaria media* subsp. *cupaniana*), "S. Balkan peninsula and Aegean region" (Fl. Eur.: subsp. *postii*).

Stellaria neglecta Weihe — Map 822.

Alsine neglecta (Weihe) Löve & Löve; Stellaria media (L.) Vill. subsp. major (Koch) Arc.; S. media subsp. neglecta (Weihe) Gremli; S. media var. neglecta (Weihe) C. Koch; S. neglecta subsp. gracilipes Raunk.; S. neglecta subsp. vernalis Raunk.

Taxonomy and nomenclature. Given as subspecies under *Stellaria media* in Fl. Turkey 1967: 70; F.H. Whitehead & R.P. Sinha, New Phytol. 66: 769—784 (1967); Á. Löve & D. Löve, Preslia (Praha) 46: 128 (1974).

Notes. Bl, Bu, Cr, Ga, Gr, Hu, Lu and Rs(B) added (not given in Fl. Eur.): Soó Synopsis 1970: 337; Fl. France 1973: 286; W. Greuter, Memór. Soc. Brot. 24: 140 (1974), no exact data available from Cr; Duvigneaud 1979: 15; A. Strid & R. Franzén, Willdenowia 12: 11 (1982). Because of confusion with *Stellaria cupaniana* and *S. media*, details of distribution imperfectly known.

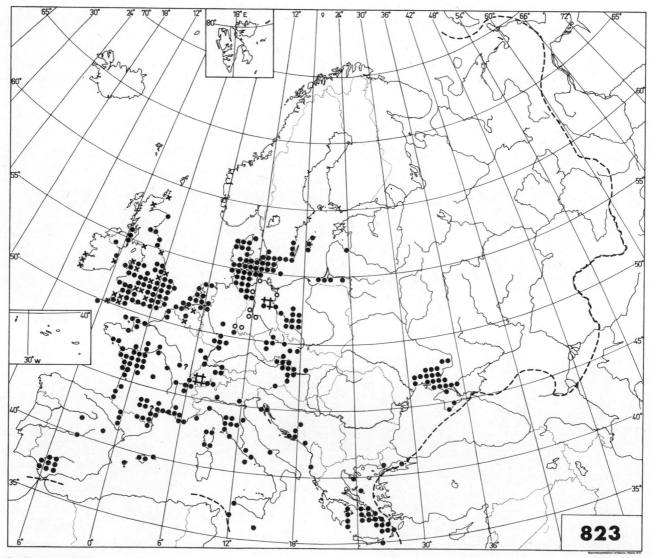

Stellaria pallida

Stellaria pallida (Dumort.) Piré — Map 823.

Alsine pallida Dumort.; Stellaria apetala auct. non Ucria; S. media (L.) Vill. subsp. apetala auct.; S. media var. apetala auct. non (Ucria) Gaudin; S. media subsp. humilis Arc.; S. media subsp. pallida (Dumort.) Ascherson & Graebner

Taxonomy. According to Fl. Turkey 1967: 70, there is considerable overlap in the characters used for distinguishing *Stellaria pallida* (treated as *S. media* subsp. *pallida* in Fl. Turkey) and *S. media* subsp. *media*. A large-scale study, including chromosome counts, is urgently needed, to complement the pioneer report on the group by D. Peterson, Bot. Not. 1936: 281—419. Cf. F.H. Whitehead & R.P. Sinha, New Phytol. 66: 769—784 (1967) (material from Great Britain).

Notes. For Bu, Rm and Sa no data available (given in Fl. Eur.). Tu added (not given in Fl. Eur.): Fl. Turkey 1967: 70. Not consistently kept apart from *Stellaria media*, and, consequently, details of distribution not well known.

Stellaria holostea L. — Map 824.

Notes. Rs(K) not confirmed (Rs(?K) in Fl. Eur.): not in Rubtsev 1972.
Total range. MJW 1965: map 143b; J.P. Kozhevnikov & T.V. Plieva, Areali Rast. SSSR 3: 68 (1976).

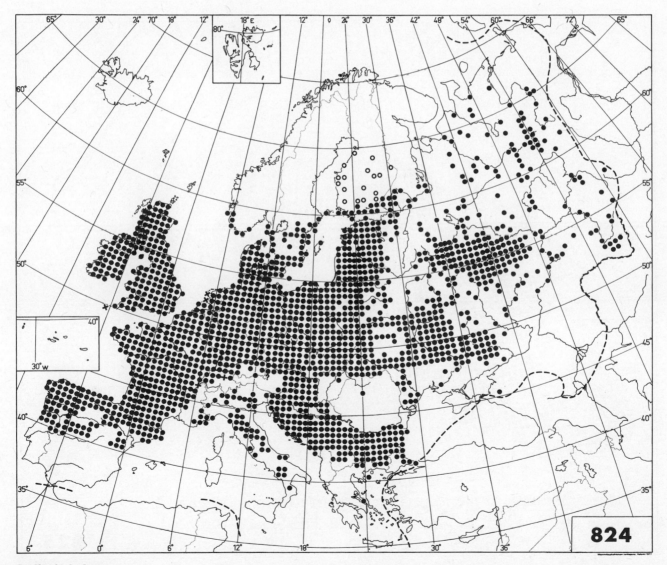

Stellaria holostea

Stellaria uliginosa Murray — Map 825.

Stellaria alsine Grimm, nomen inval.; S. alsine Hoffm.

Nomenclature. S. Rauschert, Feddes Repert. 83: 645—646 (1973); J. Lambinon & J. Duvigneaud, Lejeunea 101: 6 (1980).

Notes. No records available form Rs(W) (given in Fl. Eur.). Rs(E) added (not given in Fl. Eur.). For the isolated occurrence in E. Norway, see J. Lid, Blyttia 8: 52 (1950).

Total range. Hultén AA 1958: map 146; MJW 1965: map 144a.

Stellaria palustris Retz. — Map 826.

Stellaria barthiana Schur; S. dilleniana Moench; S. glauca With.

Notes. In Ga probably extinct in still more localities than given in the map. Hb added (not given in Fl. Eur.). Extinct in He (not collected since 1915) (given as present in Fl. Eur.).

Stellaria fennica (Murb.) Perf. — Map 827.

Stellaria palustris Retz. var. fennica Murb.

Taxonomy. Behaves more like an independent species than a subspecies of *Stellaria palustris*. Although the two taxa occur sympatrically in N.E. Europe, true hybrids between them are probably lacking or rare: L. Hämet-Ahti (verbal comm.). See also A. Kalela in J. Jalas (ed.), Suuri kasvikirja II: 214—218 (Keuruu 1965).

Notes. Fe, Rs(N), Su. "N. Fennoscandia" and "further east" (Fl. Eur., in comment under *Stellaria palustris*).

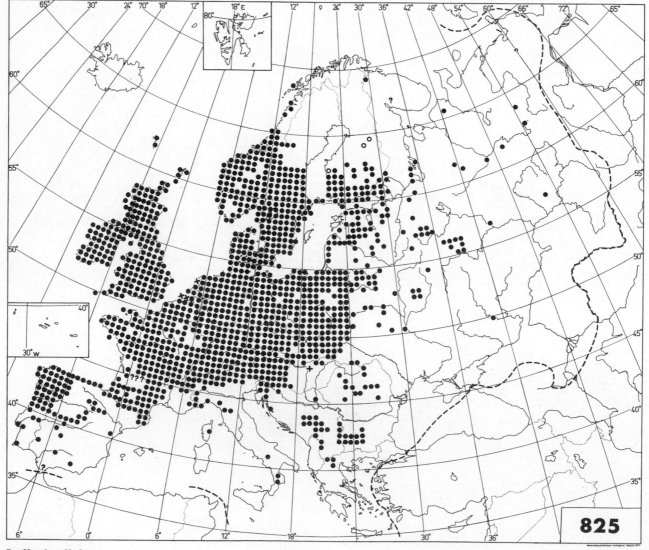

Stellaria uliginosa

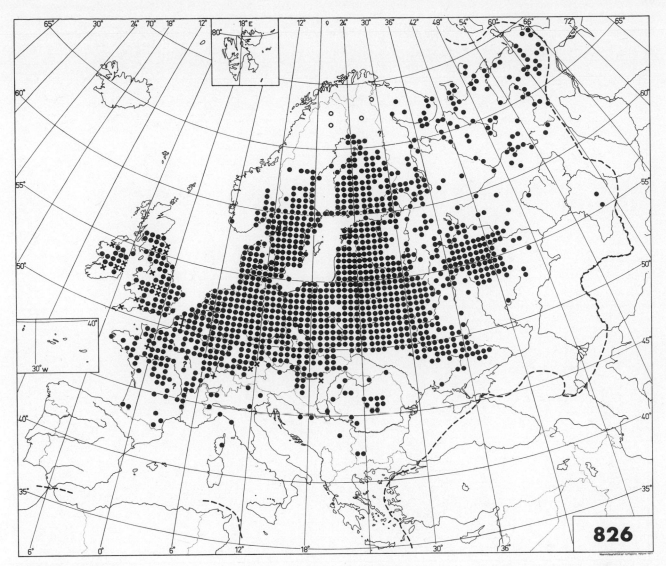

Stellaria palustris

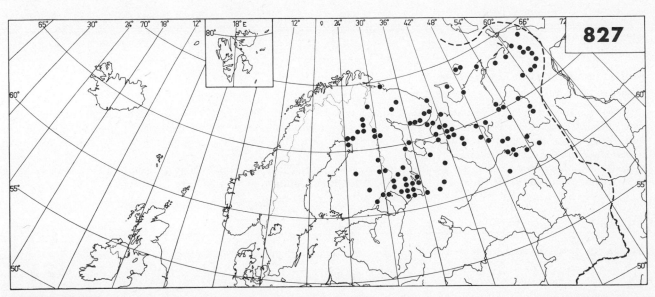

Stellaria fennica

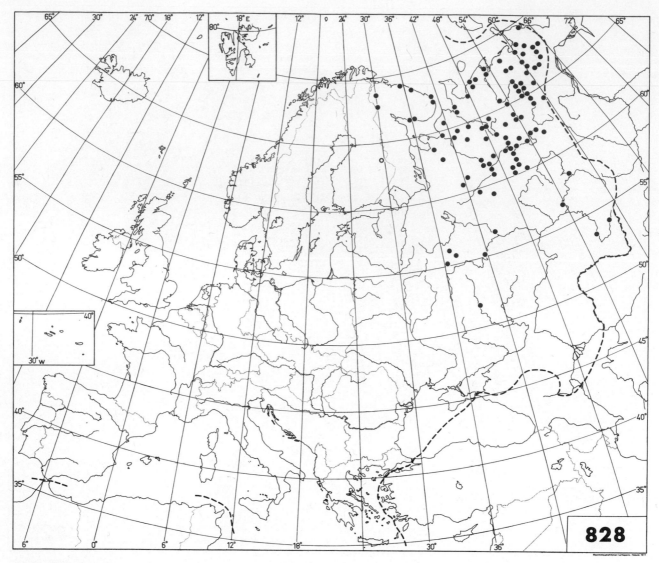

Stellaria hebecalyx

Stellaria hebecalyx Fenzl — Map 828.

Stellaria glauca With. var. lasiosepala Meinsh.; S. ponojensis A. Arrh.

Taxonomy. A. Kalela, Arch. Soc. Zool.-Bot. Fenn. Vanamo 9 (suppl.): 92—112 (1955). Although it is claimed in Fl. Eur. that *Stellaria hebecalyx* "can always be distinguished from any other allied species by the pubescence on the back of the sepals", A. Kalela, op. cit. p. 108—112, pointed out the existence in E. Fennoscandia of *S. graminea* f. *lasiosepala* Kalela, with sepals that are hairy on the back.

Notes. [Fe] added (not given in Fl. Eur.): A. Kalela, Arch. Soc. Zool.-Bot. Fenn. Vanamo 9 (suppl.): 98 (1955); L. Fager-ström, Memor. Soc. Fauna Fl. Fennica 32: 112—119 (1957). Rs(E) omitted (given in Fl. Eur.).

Stellaria graminea L. — Map 829.

Taxonomy. On the cryptic polyploidy (2n = 26, 39, 52) found, see T.W.J. Gadella, Proc. K. Nederl. Akad. Wetensch. Ser. C 80: 161—170 (1977).

Notes. Recent immigrant in Is (given indirectly as native in Fl. Eur.). Tu confirmed (?Tu in Fl. Eur.): Fl. Turkey 1967: 72.

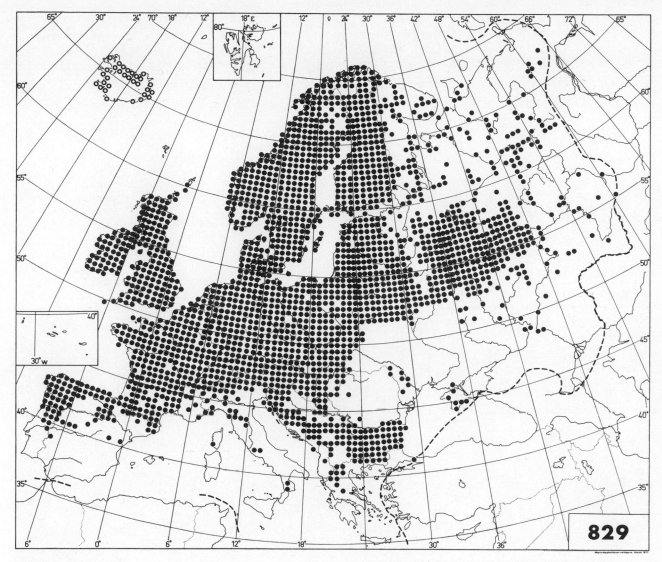

Stellaria graminea

Stellaria longipes Goldie, s. lato — Map 830.

Stellaria ciliatisepala + S. crassipes + S. longipes

Taxonomy. As noted by E. Hultén, Bot. Not. 126: 479—480 (1973), the treatment of the *Stellaria longipes* group in Fl. Arct. URSS 1971: 12—17 is "very different" from e.g. that presented in Fl. Eur., which makes a collective map unavoidable. However, of the four species recognized in the European areas in Fl. Arct. URSS (only three recognized in Fl. Eur.), *S. crassipes* evidently causes no problems and can be mapped separately. See also A.E. Porsild, Bull. Nat. Mus. Canada 186: 1—35 (1963), and C.C. Chinnappa & J.K. Morton, Rhodora 78: 488—502 (1976).

Notes. No, Rs(N), Sb, Su.

Stellaria longipes Goldie, s. stricto

?Stellaria peduncularis Bunge

Notes. Rs(N), Sb. "Spitsbergen and Kolguev" (Fl. Eur.). Not mapped separately.
Total range. E. Hultén, Bot. Not. 1943: 255; Hultén Alaska 1968: 419.

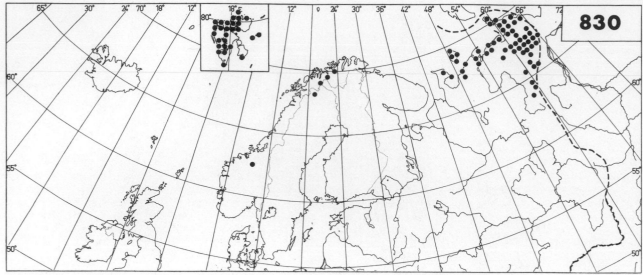

Stellaria longipes sensu lato

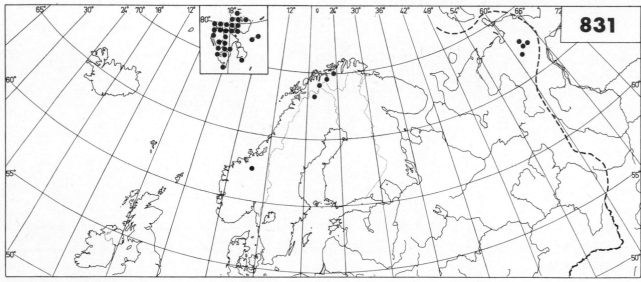

Stellaria crassipes

Stellaria crassipes Hultén — Map 831.

Stellaria longipes auct. p.p., non Goldie, S. longipes Goldie var. humilis Nordh. non Fenzl

Notes. Rs(N) added (not given in Fl. Eur.): the occurrences in the N. Ural area are within the European limits.

Total range. E. Hultén, Bot. Not. 1943: 258; T.W. Böcher, Bot. Tidsskr. 48: 417 (1951) (nearctic part); Hultén AA 1958: map 7; V.N. Vasil'ev, Mat. Hist. Fl. Veget. USSR 4: 259 (1962); Fl. Arct. URSS 1971: 16 (Eurasian part).

Stellaria ciliatisepala Trautv.

Stellaria arctica Schischkin; S. edwardsii auct. an R.Br.; S. longipes auct. p.p.

Notes. Rs(N), Sb. "Spitsbergen, and E. part of arctic Russia" (Fl. Eur.). Not mapped separately.

Total range. E. Hultén, Bot. Not. 1943: 258; T.W. Böcher, Bot. Tidsskr. 48: 417 (1951) (nearctic part); Hultén Alaska 1968: 420; Hultén CP 1971: map 11. See also Fl. Arct. URSS 1971: 12—17.

Stellaria longifolia Mühl. ex Willd. — Map 832.

Stellaria diffusa Schlecht.; S. friesiana Ser.

Total range. MJW 1965: map 143d; Hultén Alaska 1968: 414; Hultén CP 1971: map 94.

Stellaria calycantha (Ledeb.) Bong. — Map 833.

Stellaria borealis Bigelow

Notes. Rs(C) omitted (given in Fl. Eur.). Sb omitted (given in Fl. Eur.), the record being based on Bear Island material that proved to represent *Stellaria humifusa*: T. Engelskjön & H.-J. Schweitzer, Astarte 3: 4, 10, 11 (1970).

Total range. Hultén AA 1958: map 178; Hultén Alaska 1968: 414, 415.

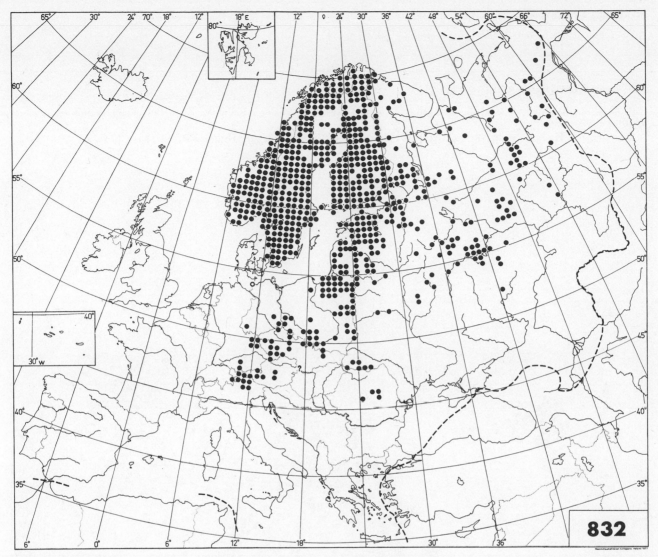

Stellaria longifolia

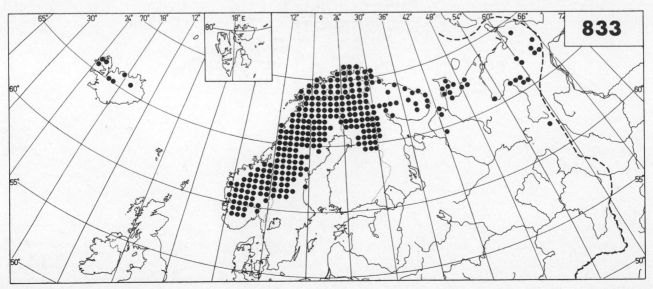

Stellaria calycantha

82

Stellaria crassifolia Ehrh. — Map 834.

Total range. Hultén Alaska 1968: 413; Hultén CP 1971: map 90.

Stellaria humifusa Rottb. — Map 835.

Notes. One station discovered in Fe (Hailuoto) in 1947 by J. Haapala, Arch. Soc. Zool.-Bot. Fenn. Vanamo 5: 23—25 (1950); not seen since.

Total range. E. Hadač, Preslia (Praha) 32: 240 (1960); Hultén Alaska 1968: 413; Hultén CP 1971: map 174.

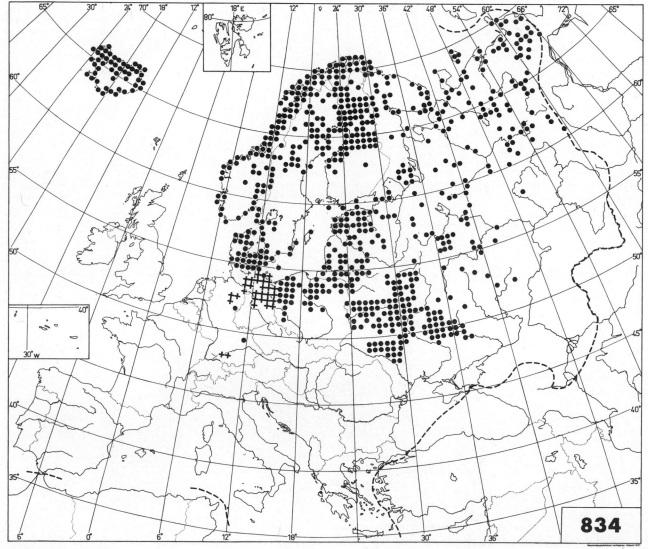

Stellaria crassifolia

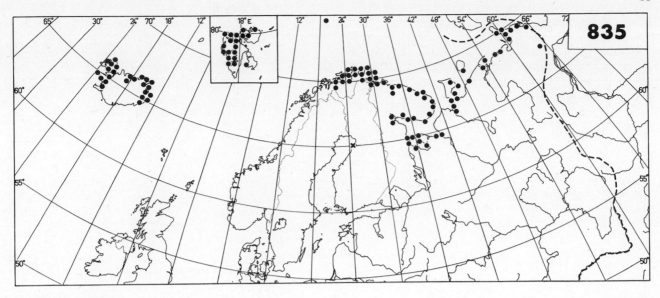

Stellaria humifusa

Pseudostellaria europaea Schaeftlein — Map 836.

Stellaria bulbosa Wulfen, non Pseudostellaria bulbosa (Nakai) Ohwi

Total range. Endemic to Europe.

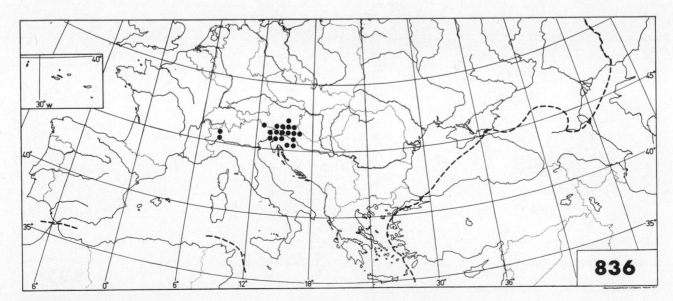

Pseudostellaria europaea

84

Holosteum umbellatum L. — Map 837.

Incl. Arenaria glutinosa Bieb.; Holosteum breistrofferi Greuter & Charpin; H. glutinosum (Bieb.) Fischer & C.A. Meyer; H. liniflorum Fisher & C.A. Meyer; H. syvaschicum Kleopov

Taxonomy. On the basis of Turkish material in contradiction with Fl. Eur., M.J.E. Coode, Notes Royal Bot. Garden Edinburgh 27: 211—213 (1967), recognizes only two varieties, var. *umbellatum* and var. *glutinosum*; cf. also R.D. Meikle, Fl. Cyprus 1: 253 (Kew 1977).

Notes. A collective species map is needed, since subsp. *glutinosum* has not been consistently kept apart from subsp. *umbellatum*. Al added (not given in Fl. Eur.). Extinct in Br (given as present in Fl. Eur.): F.H. Perring in The Flora of a Changing Britain (Bot. Soc. British Isles Conf. 11), p. 130 (1970). Co added (not given in Fl. Eur.): Fl. France 1973: 286. Present in Tu (as given in Fl. Eur., although not given from European Turkey in Fl. Turkey 1967: 86—87): A. Baytop, J. Fac. Pharm. Istanbul 17: 52 (1981).

Total range. MJW 1965: map 145d; E.J. Jäger, in D.H. Valentine (ed.), Taxonomy, Phytogeography and Evolution, p. 360 (London & New York 1972).

H. umbellatum subsp. umbellatum

Holosteum umbellatum var. oligandrum Fenzl

Notes. "Throughout the range of the species" (Fl. Eur.). Not mapped separately.

Total range. E.J. Jäger, in D.H. Valentine (ed.), Taxonomy, Phytogeography and Evolution, p. 360 (London & New York 1972).

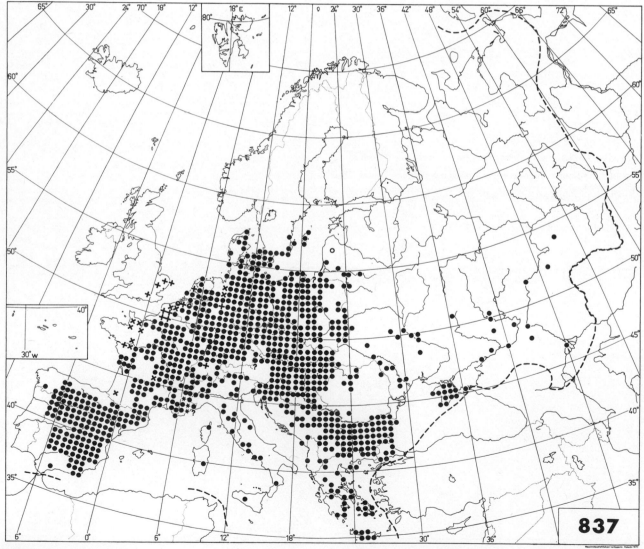

Holosteum umbellatum   ★ = also subsp. **hirsutum**

H. umbellatum subsp. **glutinosum** (Bieb.) Nyman

Arenaria glutinosa Bieb.; Holosteum glutinosum (Bieb.) Fischer & C.A. Meyer; H. liniflorum Fischer & C.A. Meyer; H. umbellatum var. glandulosum Vis.; H. umbellatum subsp. heuffelii (Wierzb.) Dostál; H. umbellatum var. glutinosum (Bieb.) Gay; H. umbellatum var. pleiandrum Fenzl

Notes. Given from Au, Cz, It, Po, Rs(K, E) at least. Described from Rs(E). "Mainly in S.E. Europe" (Fl. Eur.). Not mapped.

Total range. MJW 1965: map 145d; E.J. Jäger, in D.H. Valentine (ed.), Taxonomy, Phytogeography and Evolution, p. 360 (London & New York 1972).

H. umbellatum subsp. **hirsutum** (Vill. ex Mutel) Breistr. — Map 837.

Holosteum breistrofferi Greuter & Charpin; H. umbellatum var. hirsutum Vill. ex Mutel

Taxonomy. M. Breistroffer, A. Charpin & W. Greuter, Candollea 25: 95—97 (1970).
Notes. Ga (the taxon not mentioned in Fl. Eur.).
Total range. Endemic to Europe.

Cerastium cerastoides (L.) Britton — Map 838.

Arenaria trigyna (Vill.) Shinners; Cerastium lagascanum C. Vicioso; C. lapponicum Crantz; C. refractum All.; C. trigynum Vill.; Dichodon cerastoides (L.) Reichenb.; Stellaria cerastoides L.

Generic delimitation (of *Dichodon*). S.S. Ikonnikov, Nov. Syst. Pl. Vasc. (Leningrad) 10: 140—142 (1973); Á. Löve & E. Kjellqvist, Lagascalia 4: 11—12 (1974).
Notes. Rs(C) omitted (given in Fl. Eur.).
Total range. Hultén AA 1958: map 30; MJW 1965: map 144c.

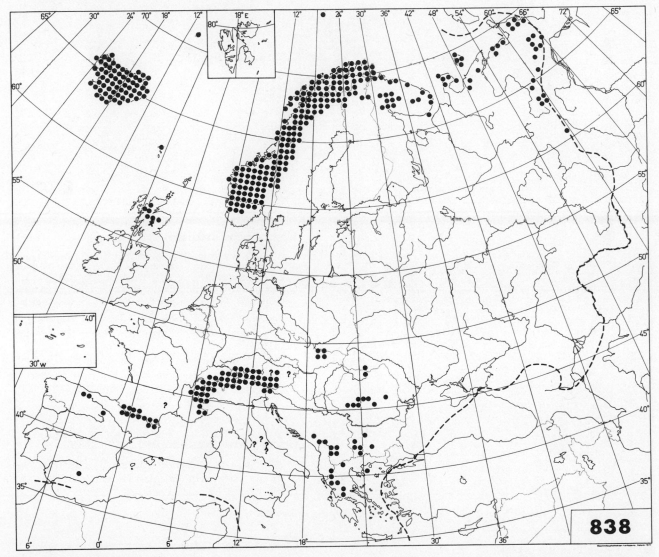

838

Cerastium cerastoides

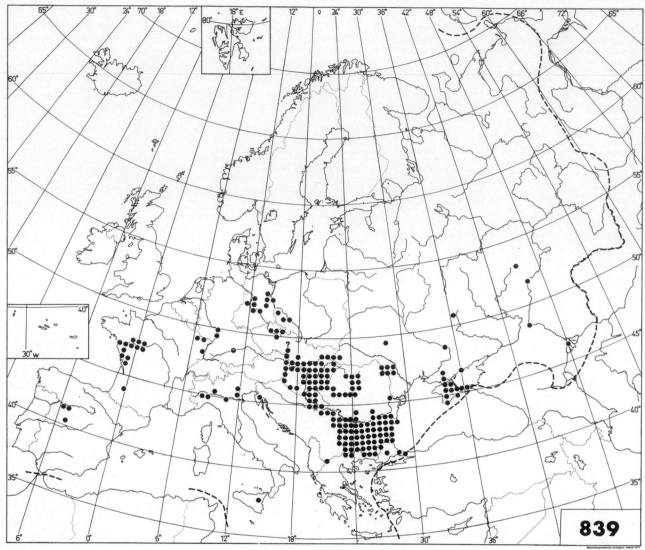

Cerastium dubium

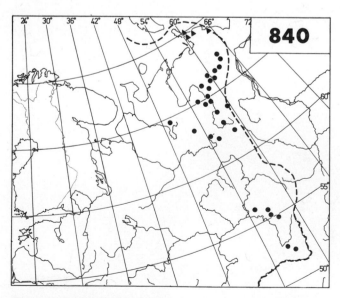

● = **Cerastium dahuricum**
▲ = **C. maximum**

Cerastium dubium (Bast.) Guépin — Map 839.

Arenaria anomala (Waldst. & Kit.) Shinners; Cerastium anomalum Waldst. & Kit. non Schrank; Dichodon anomalum (Waldst. & Kit.) Reichenb.; D. dubium (Bast.) Ikonn.; D. viscidum (Bieb.) J. Holub; Stellaria anomala (Waldst. & Kit.) Reichenb.; S. dubia Bast.; S. viscida Bieb.

Nomenclature. L.H. Shinners, Sida 1: 50 (1962); J. Holub, Folia Geobot. Phytotax. (Praha) 9: 264—265, 273 (1974).

Notes. From Gr no records available (given in Fl. Eur.). Hs added (not given in Fl. Eur.): P. Montserrat, Bol. Real Soc. Española Hist. Nat. (Biol.) 65: 119 (1967).

Cerastium maximum L. — Map 840.

Total range. O.V. Rebristaya, Bot. Žur. 49: 851 (1964) (Eurasian part); Hultén Alaska 1968: 421; Fl. Arct. URSS 1971: 51 (Eurasian part).

Cerastium dahuricum Fischer ex Sprengel — Map 840.

87

Cerastium nemorale Bieb. — Map 841.

Cerastium perfoliatum L. — Map 842.

Notes. *Hu added (not given in Fl. Eur.): W. Möschl, Sitz.-Ber. Akad. Wiss. Wien 175: 195 (1966), but no exact records available. Tu added (not given in Fl. Eur.): A. Baytop, J. Fac. Pharm. Istanbul 17: 52 (1981). From Rs(E) no records available (given in Fl. Eur.).

Cerastium dichotomum L. — Map 843.

Notes. Lu not confirmed, the material so named belonging to *Cerastium glomeratum* (?Lu in Fl. Eur.): W. Möschl, Agron. Lusit. 13: 64 (1951).

Cerastium vourinense Möschl & Rech. fil. — Map 843.

Taxonomy. P. Hartvig, Bot. Not. 132: 361 (1979). *Notes.* Gr (the species not mentioned in Fl. Eur.). *Total range.* Endemic to Europe.

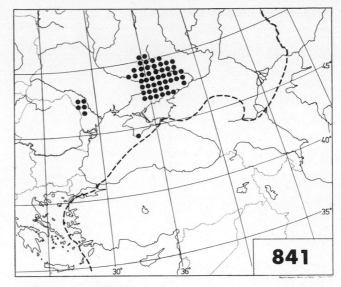

Cerastium nemorale

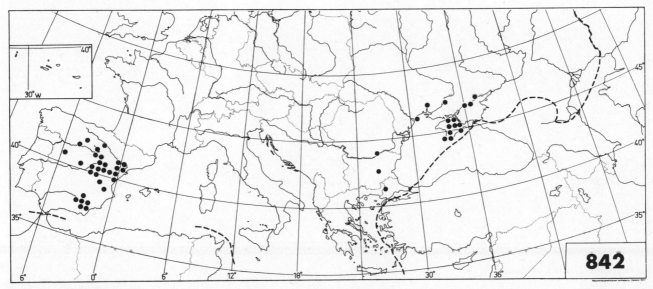

Cerastium perfoliatum

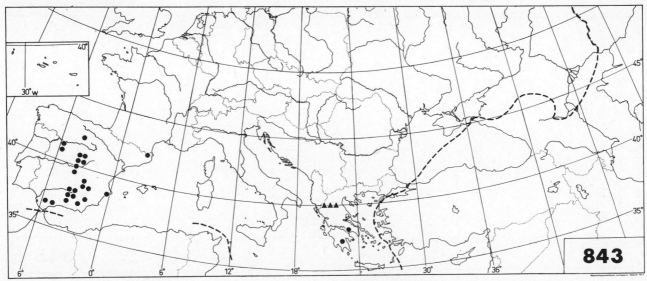

● = **Cerastium dichotomum**   ▲ = **C. vourinense**

88

Cerastium grandiflorum Waldst. & Kit. — Map 844.

Cerastium nodosum Buschm.

Total range. Endemic to Europe.

Cerastium candidissimum Correns — Map 845.

Cerastium tomentosum auct. non L.

Taxonomy. Diploid with 2n = 36: Mountain Fl. Greece.
Total range. Endemic to Europe.

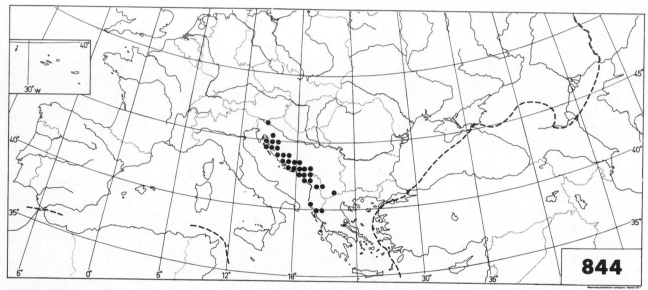

Cerastium grandiflorum

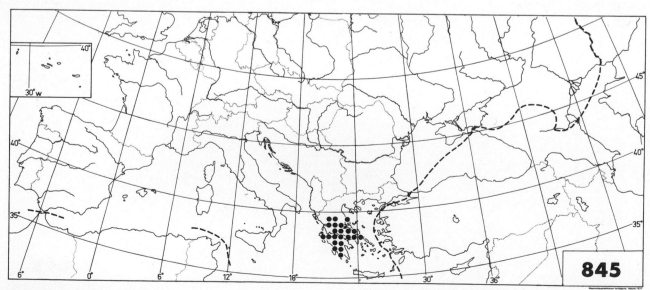

Cerastium candidissimum

Cerastium biebersteinii DC. — Map 846.

Taxonomy. Diploid with 2n = 36: K. Kaleva, Ann. Bot. Fennici 3: 100—109 (1966). *Cerastium stevenii* Schischkin (*C. villosum* Steven non Baumg.), given as endemic to Rs(K) (not in the text of Fl. Eur.), is considered to be the hybrid *C. biebersteinii* x *fontanum* subsp. *vulgare.*

Notes. For secondary occurrences, see under *Cerastium tomentosum.*

Total range. Endemic to Europe.

Cerastium tomentosum L. — Map 847.

Cerastium columnae Ten.; C. samnianum Ser. ex DC.; Myosotis lanata Moench. Incl. Cerastium tomentosum var. aetnaeum Jan

Taxonomy and nomenclature. Three cytotypes (2n = 36, 72, 108) exist: C. Favarger, Saussurea 3: 65—71 (1972), see also C. Favarger, Acta Bot. Croatica 28: 67, 71 (1969). A considerable part of the established occurrences of what has been called *Cerastium tomentosum* may belong to *C. arvense* x *tomentosum* (and *C. biebersteinii*): K. Kaleva, Ann. Bot. Fennici 3: 100—109 (1966); A. Nilsson, Svensk Bot. Tidskr. 71: 263—272 (1977). The author of *C. tomentosum* var. *aetnaeum* Jan was erroneously given as "Janka" in Fl. Eur.

Notes. Recorded as a naturalized alien from [Au, Br, Cz, Da, ?Ga, Ge, He, Ho, Su] at least (not given in Fl. Eur.), but only the native range mapped because of the uncertainty of identifications of cultivated and naturalized material (see above).

Total range. Endemic to Europe.

Cerastium moesiacum Friv. — Map 848.

Cerastium tomentosum auct. non L.

Taxonomy. Octoploid with 2n = c. 144. C. Favarger, Acta Bot. Croatica 28: 67, 72 (1969); J.C. van Loon, Taxon 29: 718 (1980).

Notes. Gr omitted (given in Fl. Eur.): Mountain Fl. Greece.

Total range. Endemic to Europe.

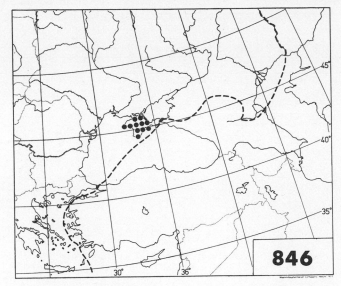

Cerastium biebersteinii

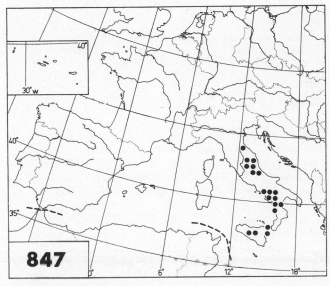

Cerastium tomentosum

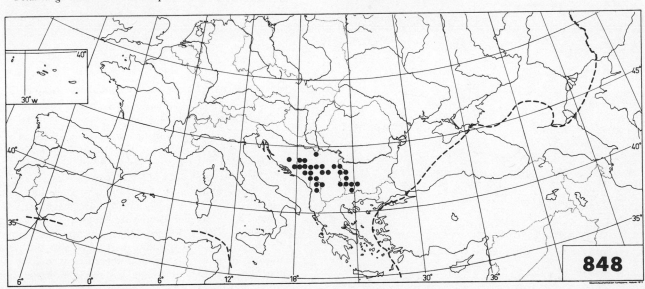

Cerastium moesiacum

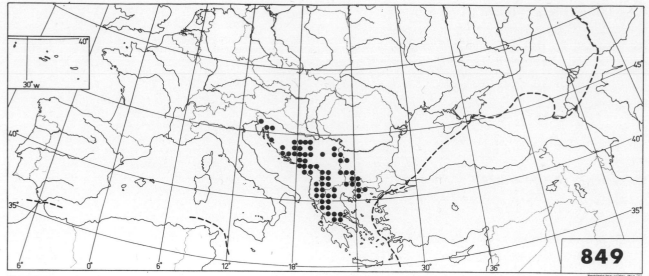

Cerastium decalvans

Cerastium decalvans Schlosser & Vuk. — Map 849.

Cerastium adamovicii (Velen.) T. Georgieff; C. banaticum (Rochel) Heuffel var. leontopodium Stoj. & Stefanov; C. grandiflorum auct. non Waldst. & Kit.; C. histrio Correns ex Prain; C. lanigerum G.C. Clementi non Desv.; C. leontopodium (Stoj. & Stefanov) Stoj. & Stefanov; C. macedonicum T. Georgieff; C. moesiacum Friv. var. adamovicii Velen.; C. orbelicum Velen.; C. tomentosum auct. non L.

Taxonomy. Diploid with 2n = 36. A. Strid, Taxon 32: 139 (1983), reports 2n = 126 for *Cerastium decalvans* subsp. *orbelicum* (see below). Four subspecies are recognized in Fl. Reipubl. Pop. Bulg. 1966: *C. decalvans* subsp. *decalvans*, subsp. *adamovicii* (Velen.) Stoj. & Stefanov, subsp. *orbelicum* (Velen.) Stoj. & Stefanov, and subsp. *macedonicum* (T. Georgieff) Stoj. & Stefanov. *C. histrio* is given subspecific rank, as *C. decalvans* subsp. *histrio* (Correns ex Prain) Greuter & Burdet, in W. Greuter & T. Raus (eds.), Willdenowia 12 (Cahiers Optima Leaflets 126): 37 (1982). The species is treated here (as in Fl. Eur.) as one undivided unit.

Total range. Endemic to Europe.

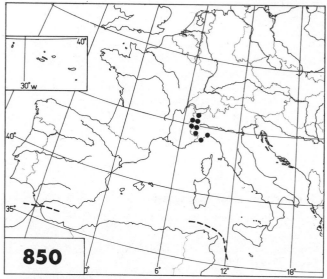

Cerastium lineare

Cerastium lineare All. — Map 850.

Cerastium arvense L. subsp. lineare (All.) Arc.

Taxonomy. Diploid with 2n = 36.

Notes. Ga confirmed (?Ga in Fl. Eur.).

Total range. Endemic to Europe.

Cerastium gibraltaricum Boiss. — Map 851.

Cerastium boissieri var. gibraltaricum (Boiss.) Gren. Incl. C. boissieri Gren.; C. gibraltaricum var. boissieri (Gren.) Pau

Taxonomy. Diploid with 2n = 36 (Hs and Morocco), tetraploid with 2n = 72 (Co, Hs) and hexaploid with 2n = 108 (Sa): C. Favarger, Compt. Rend. Soc. Biogéogr. 357: 37 (1964) and Acta Bot. Croatica 28: 65, 71 (1969); J. Contandriopoulos & C. Favarger, Colloques Int. C.N.R.S. 235: 175—194 (1975); C. Favarger, N. Galland & P. Küpfer, Naturalia Monspel. 29: 16—18, 49 (1980 ("1979")). Whether the ample variation found in indumentum, leaf size and shape, seed size and testa morphology is correlated with the three cytotypes, or otherwise warrants taxonomical recognition, is not settled, and for the present it seems necessary to include *Cerastium boissieri* in *C. gibraltaricum*; see P. Font Quer,

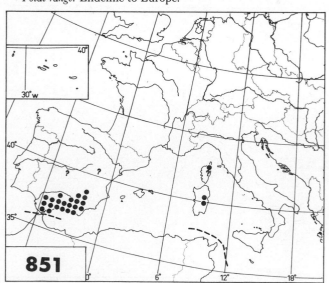

Cerastium gibraltaricum

Mem. Soc. Hist. Nat. Afrique Nord 2: 121—123 (1949); R. Maire, Fl. Afr. Nord 9: 202—204 (1963); W. Möschl, Mem. Soc. Brot. 17: 7—8, 56—60 (1964); P. Montserrat-Recoder, Bol. Real Soc. Española Hist. Nat. (Biol.) 65: 120 (1967); G. López González, An. Jardin Bot. Madrid 36: 277 (1979).

Notes. Co, Hs, Sa. "S. & E. Spain; Corse, Sardegna" (Fl. Eur.: *Cerastium boissieri*), "S. Spain (Gibraltar)" (Fl. Eur.: *C. gibraltaricum*).

Total range. A. Buschmann, Feddes Repert. 43: tab. 244, Karte 2 (1938).

Cerastium banaticum (Rochel) Heuffel

Cerastium adenotrichum Čelak.; C. balcanicum Vandas; C. grandiflorum sensu Boiss. pro p., non Waldst. & Kit.

Taxonomy. Tetraploid and octoploid, with 2n = c.72, c.144: C. Favarger, Acta Bot. Croatica 28: 65, 67, 71—72 (1969). Whether the two cytotypes really correspond (as indicated) with the two subspecies recognized remains to be studied.

Total range. A. Buschmann, Feddes Repert. 43: tab. 244, Karte 3 (1938); MJW 1965: map 145b. The range extends further east, according to Fl. Turkey 1967: 79.

C. banaticum subsp. banaticum — Map 852.

Cerastium grandiflorum Waldst. & Kit. var. banaticum Rochel

Notes. Bu, Gr, Ju, Rm. "Throughout the range of the species" (Fl. Eur.).

C. banaticum subsp. speciosum (Boiss.) Jalas — Map 853.

Cerastium adenotrichum Čelak.; C. balcanicum Vandas; C. banaticum subsp. alpinum (Boiss.) Buschm.; C. grandiflorum var. alpinum Boiss.; C. grandiflorum subsp. speciosum (Boiss.) Stoj. & Stefanov; C. grandiflorum var. speciosum Boiss.

Nomenclature. J. Jalas, Ann. Bot. Fennici 20: 109 (1983).

Notes. Al, Bu, Gr, Ju. "C. & N.E. Balkan peninsula" (Fl. Eur.).

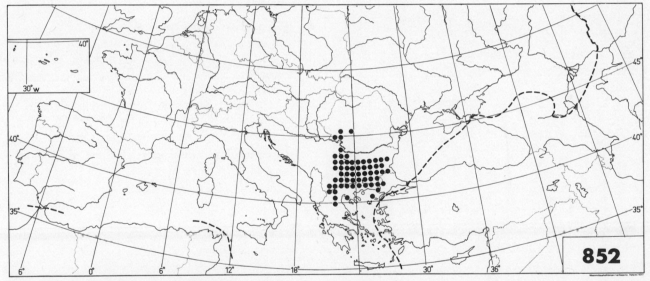

Cerastium banaticum subsp. banaticum

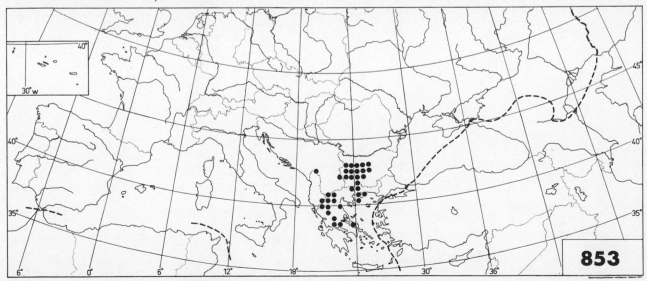

Cerastium banaticum subsp. speciosum

92

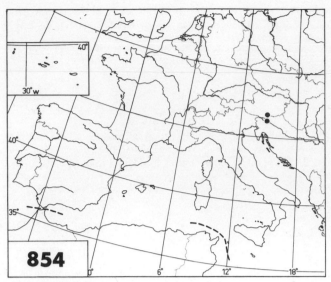

Cerastium julicum

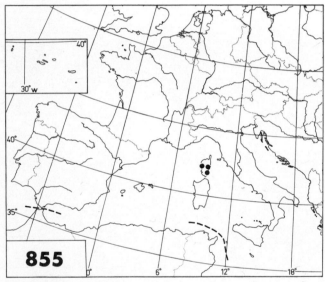

Cerastium soleirolii

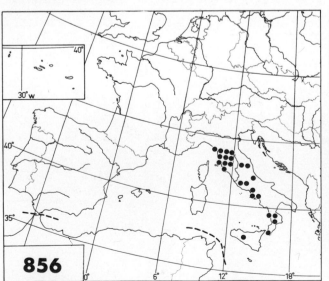

Cerastium scaranii

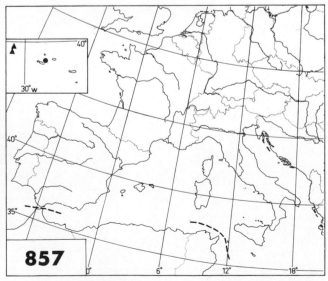

● = **Cerastium vagans**
▲ = **C. azoricum**

Cerastium julicum Schellm. — Map 854.

Cerastium arvense L. var. rupestre (Krašan) Gürke; C. rupestre Krašan

Taxonomy. Diploid with 2n = 36.
Total range. Endemic to Europe.

Cerastium soleirolii Ser. ex Duby — Map 855.

Cerastium arvense L. var. soleirolii (Ser. ex Duby) Arc.; S. thomasii Ten. subsp. soleirolii (Ser. ex Duby) Arc.; C. thomasii sensu Briq. non Ten. Incl. C. stenopetalum Fenzl; C. arvense var. stenopetalum (Fenzl) Arc.; C. soleirolii subsp. stenopetalum (Fenzl) Buschm.

Taxonomy. Tetraploid with 2n = 72.
Total range. Endemic to Corse.

Cerastium scaranii Ten. — Map 856.

Cerastium apuanum Parl.; C. arvense L. var. apuanum (Parl.) Fiori; C. arvense var. hirsutum Ten.; C. hirsutum auct. non Crantz

Taxonomy. Diploid with 2n = 36: C. Favarger, Acta Bot. Croatica 28: 67, 71 (1969). J. Jalas, Ann. Bot. Fennici 3: 131—133 (1966).

Total range. Endemic to Europe.

Cerastium vagans Lowe — Map 857.

Excl. Cerastium azoricum Hochst. ex Seubert

Taxonomy. J. Jalas, Ann. Bot. Fennici 3: 129—139 (1966).
Notes. Az (Saõ Jorge).
Total range. Represented in Az by the endemic var. *ciliatum* Tutin & E.F. Warburg, the type variety being confined to Madeira.

Cerastium azoricum Hochst. ex Seubert — Map 857.

Cerastium vagans auct. non Lowe

Taxonomy. J. Jalas, Ann. Bot. Fennici 3: 129—139 (1966).
Notes. Az (Flores and Corvo) (included in *Cerastium vagans* in Fl. Eur.).
Total range. Endemic to the Açores.

Cerastium arvense L. — Map 858.

Centunculus rigidus Scop.; Cerastium ciliatum Waldst. & Kit.; C. glandulosum (Kit.) Jáv.; C. lerchenfeldianum (Schur) Ascherson & Graebner; C. molle Vill.; C. pallasii Vest; C. raciborskii Zapał.; C. rigidum (Scop.) Vitm.; C. strictum Haenke; C. suffruticosum L.; C. tatrae Borbás; Stellaria glandulosa Kit. Excl. C. thomasii Ten.; C. viscatum (Montelucci) Jalas

Notes. A map for the species is necessary, because part of the information was not specified down to subspecies. A great deal of uncertainty also remains, especially concerning the delimitation of *Cerastium arvense* subsp. *arvense*, subsp. *molle* and subsp. *strictum.* — In lowland Ga probably extinct in still more localities than given in the map. Gr omitted (given in Fl. Eur.), the records probably being based on a Thasos plant referable to *C. decalvans*: Mountain Fl. Greece. Certainly native in parts of Rs(N) ([*Rs(N)] in Fl. Eur.). Rs(E) added (not given in Fl. Eur.).

Total range. MJW 1965: map 145b; Hultén Alaska 1968: 425; Hultén CP 1971: map 215 (all three: N. hemisphere).

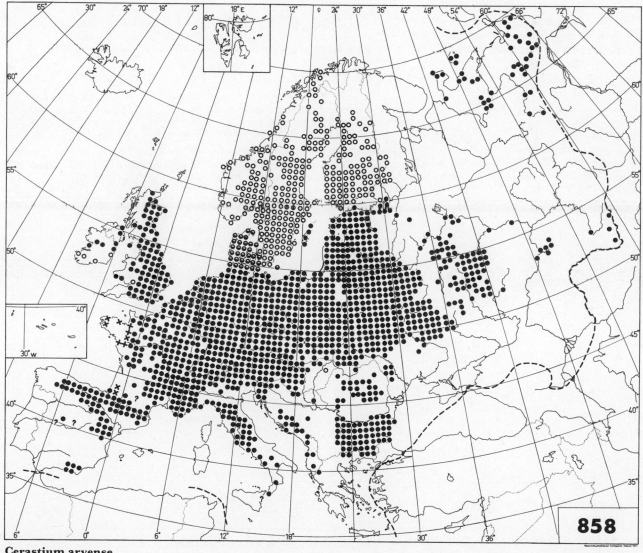

Cerastium arvense

858

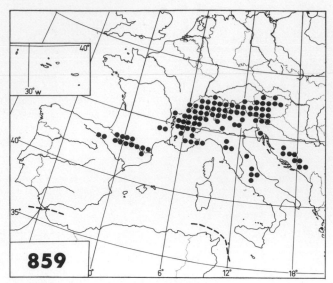

Cerastium arvense subsp. **strictum**

C. arvense subsp. **strictum** (Haenke) Gaudin — Map 859.

> Cerastium arvense var. alpicola Fenzl; C. arvense var. strictum (Haenke) Koch; C. strictum Haenke

> *Taxonomy.* Diploid with 2n = 36: P. Küpfer, Boissiera 23: 25, 257, 288 (1974); C. Favarger, Lejeunea 77: 7 (1975).
> *Notes.* Au, Ga, He, Hs, It, Ju. "Alps & S.W. Europe" (Fl. Eur.). The map is provisional because of considerable uncertainty concerning the delimitation from subsp. *arvense* and subsp. *molle.*

C. arvense subsp. **pallasii** (Vest) Walters

> Cerastium pallasii Vest

> *Taxonomy.* The late stage decision to delete this taxon from Fl. Eur. could not be carried into effect, for technical reasons.
> *Notes.* To be deleted. "W. Alps" (Fl. Eur.).

C. arvense subsp. **suffruticosum** (L.) Nyman — Map 860.

> Cerastium arvense var. suffruticosum (L.) Koch; C. suffruticosum L.

> *Taxonomy.* Diploid and hexaploid, with 2n = 36, 108: C. Favarger, Bull. Soc. Neuchâtel. Sci. Nat. 95: 21—23 (1972).
> *Nomenclature.* Author's citation corrected.
> *Notes.* Ga, He, It, ?Ju. "Alps, Appennini" (Fl. Eur.). Recently recorded for Au, but doubtful (W. Gutermann, *in litt.*).
> *Total range.* Endemic to Europe.

C. arvense subsp. **molle** (Vill.) Arc.

> Centunculus rigidus Scop.; Cerastium arvense subsp. calcicola (Schur) Borza; C. arvense subsp. ciliatum (Waldst. & Kit.) Hayek; C. arvense subsp. matrense (Kit.) Jáv.; C. arvense subsp. rigidum (Scop.) Hegi; C. arvense subsp. strictum var. molle (Vill.) Schellm.; C. ciliatum Waldst. & Kit.; C. molle Vill.; C. rigidum (Scop.) Vitm.; C. strictum subsp. ciliatum (Waldst. & Kit.) Janchen

> *Taxonomy.* Tetraploid with 2n = c. 72. The delimitation from subsp. *arvense* (and hence the synonymy) is confused; see e.g. Ehrendorfer 1973: 66. *Cerastium molle* was treated as another subspecies by W. Möschl, Mitt. Naturwiss. Ver. Steiermark 103: 145, 148 (1973), and in Ehrendorfer 1973: 66. Its synonymization with subsp. *ciliatum* is according to Hegi 1969: 914.
> *Notes.* Au, Bu, Cz, ?Ga, He, Hs, Hu, It, Ju, Rm. "E. (?W.) Alps; Balkan peninsula" (Fl. Eur.). For Cz, Hu and Rm, see J. Holub, Preslia (Praha) 38: 80 (1966). The delimitation of this subspecies is too uncertain and inconsistent to allow separate mapping.

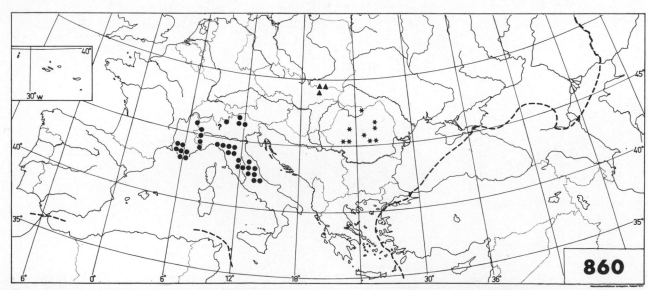

● = **Cerastium arvense** subsp. **suffruticosum.**   ▲ = **C. arvense** subsp. **glandulosum**
★ = **C. arvense** subsp. **lerchenfeldianum**

C. arvense subsp. **arvense**

Cerastium arvense subsp. arvum (Schur) Correns

Taxonomy. Mostly tetraploid with 2n = 72.
Notes. "Throughout the range of the species" (Fl. Eur.). Not mapped separately.

C. arvense subsp. **lerchenfeldianum** (Schur) Ascherson & Graebner — Map 860.

Cerastium coronense Schur; C. lerchenfeldianum Schur

Notes. Ju, Rm. "Carpathians, N.E. Jugoslavia" (Fl. Eur.). From Ju no exact records available.
Total range. Endemic to Europe.

C. arvense subsp. **glandulosum** (Kit.) Soó — Map 860.

Cerastium glandulosum (Kit.) Jáv.; C. raciborskii Zapał.; C. tatrae Borbás; Stellaria glandulosa Kit.

Taxonomy. Diploid with 2n = 36: C. Favarger, Acta Bot. Croatica 28: 65, 69 (1969); A. Uhríková & J. Májovský, Taxon 29: 725 (1980). Possibly not distinct from *Cerastium arvense* subsp. *lerchenfeldianum*: B. Pawłowski, Fl. Tatr. Pl. Vasc. I: 240 (Varsoviae 1956).
Notes. Cz, Po. "Tatra" (Fl. Eur.).
Total range. Endemic to Europe.

Cerastium thomasii Ten. — Map 861.

Cerastium arvense L. subsp. thomasii (Ten.) Rouy & Fouc. Incl. C. viscatum (Montelucci) Jalas; C. arvense var. viscatum Montelucci

Taxonomy. Diploid with 2n = 36: C. Favarger, Bull. Soc. Neuchâtel. Sci. Nat. 95: 22—25 (1972). J. Jalas, Arch. Soc. Zool.-Bot. Fenn. Vanamo 18: 57—59 (1963); Pignatti Fl. 1982: 211.
Notes. It. "C. Italy" (Fl. Eur.).
Total range. Endemic to Europe.

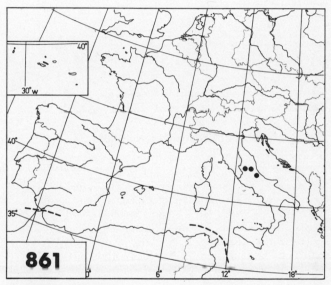

Cerastium thomasii

Cerastium alsinifolium Tausch — Map 862.

Cerastium arvense L. var. alsinifolium (Tausch) Wohlfarth; C. kablikianum Wolfner

Taxonomy. F.A. Novák, Preslia (Praha) 32: 6 (1960); J. Jalas, Arch. Soc. Zool.-Bot. Fenn. Vanamo 18: 59 (1963).
Total range. Endemic to Europe.

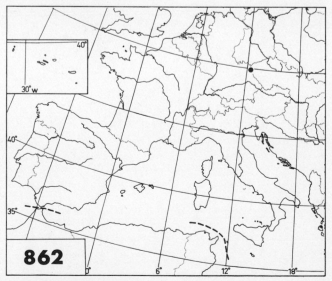

Cerastium alsinifolium

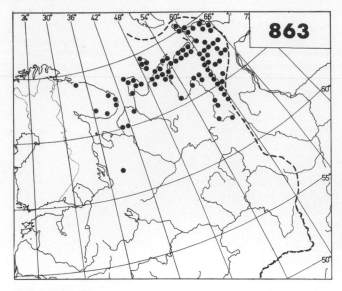

Cerastium jenisejense

Cerastium jenisejense Hultén — Map 863.

Cerastium beeringianum auct. non Cham. & Schlecht.; C. fischerianum auct. non Ser.; C. regelii auct. non Ostenf. Incl. C. gorodkovianum Schischkin

Total range. E. Hultén, Svensk Bot. Tidskr. 50: 474 (1956); Hultén Alaska 1968: 423; Fl. Arct. URSS 1971: 43 (Eurasian part).

Cerastium beeringianum Cham. & Schlecht.

Cerastium bialynickii Tolm.; C. beeringianum subsp. bialynickii (Tolm.) Tolm.; C. fischerianum auct. non Ser.; C. fischerianum var. beeringianum (Cham. & Schlecht.) Hultén

Notes. The only European record (from Poluostrov Kanin) not confirmed (given, with some hesitation, in Fl. Eur.).

Total range. E. Hultén, Svensk Bot. Tidskr. 50: 478 (1956); Hultén Alaska 1968: 421; Fl. Arct. URSS 1971: 46 (Eurasian part).

Cerastium regelii Ostenf. — Map 864.

Cerastium alpinum L. var. caespitosum Malmgren; C. alpinum subsp. caespitosum (Malmgren) Nyman; C. alpinum f. pulvinatum Simmons; C. edmondstonii (H.C. Watson) Murb. & Ostenf. var. caespitosum (Malmgren) G. Andersson & Hesselman

Taxonomy. Tetraploid with 2n = 72. According to Fl. Arct. URSS 1971: 39—42, the European plant belongs to *Cerastium regelii* subsp. *caespitosum* (Malmgren) Tolm. Nomenclaturally, this disagrees with the view presented by E. Hultén, Svensk Bot. Tidskr. 50: 471—472 (1956), that Ostenfeld, when publishing the name *C. regelii*, intended it as a substitute for *C. alpinum* γ *caespitosum* Malmgren. See also O.I. Rønning, Acta Borealia A Sci. 15: 24—26 (1959).

Total range. P. Gelting, Medd. Grønland 101(2): 43 (1934); E. Hultén, Svensk Bot. Tidskr. 50: 469 (1956); Hultén AA 1958: map 1; E. Dahl, Blyttia 16: 98 (1958); Hultén Alaska 1968: 423; Fl. Arct. URSS 1971: 42 (Eurasian part, excl. Sb); T.W. Böcher, Danmarks Natur 10: 296 (1971).

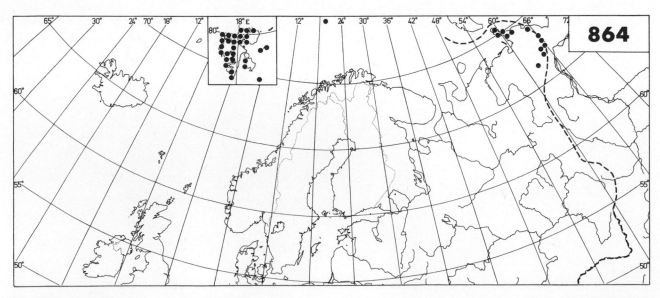

Cerastium regelii

Cerastium glabratum Hartman — Map 865.

Cerastium alpinum L. subsp. glabratum (Hartman) Löve & Löve; ? C. glaberrimum Lapeyr.

Taxonomy. Tetraploid with 2n = 72. *Cerastium glabratum* certainly merits the rank of an independent species: E. Hultén, Arch. Soc. Zool-Bot. Fenn. Vanamo 9 (suppl.): 62—69 (1955) and Svensk Bot. Tidskr. 50: 441—447 (1956); O. Rune, Svensk Bot. Tidskr. 51: 53—58 (1957). In Fl. Eur., it was given subspecific status under *C. alpinum*, chiefly because of the nomenclatural uncertainty prevailing at species level, *C. glabratum* being antedated by the probably conspecific *C. glaberrimum*: J. Jalas, Arch. Soc. Zool.-Bot. Fenn. Vanamo 18: 60 (1963).

Notes. Fe, Is, No, Rs(N), Su, and (*Cerastium glaberrimum*) Ga, Hs. "N. Russia, Fennoscandia, Iceland" (Fl. Eur.) (also a note on "a similar plant from E. Pyrenees").

Total range. Endemic to Europe (not mentioned as such in Fl. Eur.).

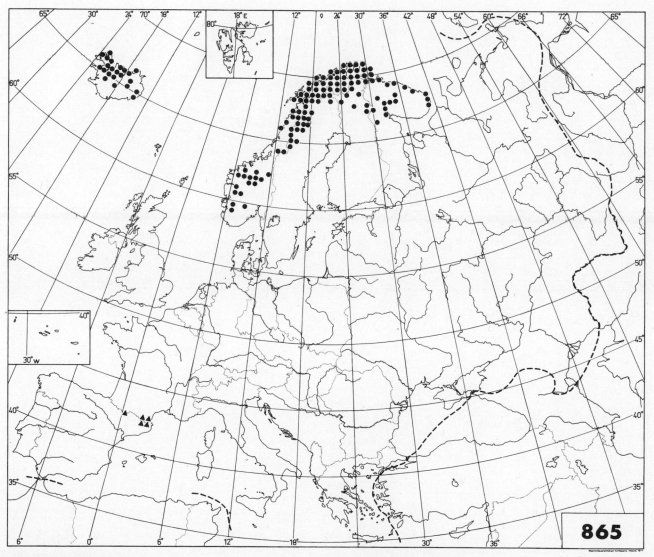

Cerastium glabratum   ▲ = "C. glaberrimum"

98

Cerastium alpinum L. — Map 866.

? Cerastium hekuravense Jáv.; C. lanatum Lam.; C. squalidum Ramond. Excl. C. glaberrimum Lapeyr.; C. glabratum Hartman; C. alpinum subsp. glabratum (Hartman) Löve & Löve

Taxonomy. Tetraploid with 2n = 72. *Cerastium alpinum* subsp. *glabratum* sensu Fl. Eur. is here treated as a species on its own. The remaining three subspecies are distinguished only by the characters of the indumentum. Not being clearly differentiated ecologically or spatially, they are certainly better treated as varieties than subspecies. Hence the species, as here delimited, is mapped as one unit. Cf. E. Hultén, Svensk Bot. Tidskr. 50: 427—438 (1956); Fl. France 1973: 290, footnote 2; R. Elven & K.-G. Vorren, Tromura Ser. Naturvid. 9: 34—35 (1980).

Notes. Gr omitted (given in Fl. Eur.), the records belonging to *Cerastium theophrasti.*

Total range. E. Hultén, Svensk Bot. Tidskr. 50: 431 (1956); Hultén AA 1958: map 22; MJW 1965: map 145c.

C. alpinum subsp. squalidum (Ramond) Hultén

Cerastium squalidum Ramond

Nomenclature. Author's citation corrected.
Notes. "Pyrenees" (Fl. Eur.). Records also exist from Massif Central, Ga.

C. alpinum subsp. lanatum (Lam.) Ascherson & Graebner

Cerastium lanatum Lam.

Notes. "Throughout the range of the species" (Fl. Eur.).

C. alpinum subsp. alpinum

Notes. "Almost throughout the range of the species, but absent from the extreme west" (Fl. Eur.).

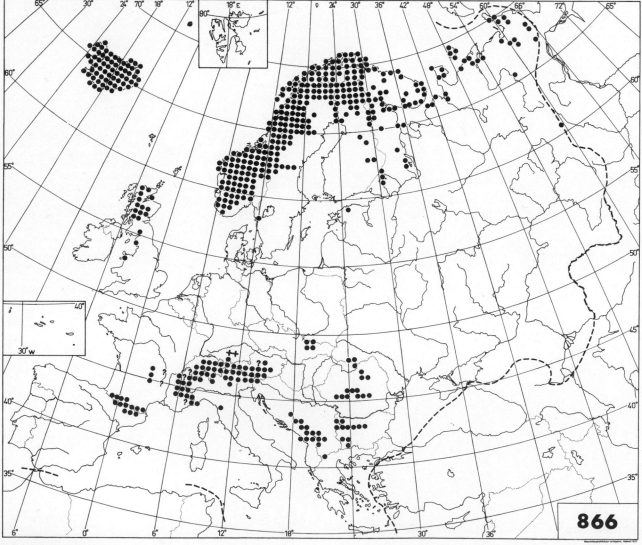

Cerastium alpinum

Cerastium arcticum Lange — Map 867.

Cerastium edmondstonii (H.C. Watson) Murb. & Ostenf.; C. hyperboreum Tolm.; C. nigrescens Edmondston

Taxonomy. Hexaploid with 2n = 108. E. Hultén, Svensk Bot. Tidskr. 50: 447—467 (1956); T.W. Böcher, Bot. Not. 130: 303—309 (1977).

Total range. E. Hultén, Svensk Bot. Tidskr. 50: 450, 455, 458 (1956); Hultén AA 1958: map 13; O. Gjaerevoll, Spitsbergen Symp., p. 41 (Groningen 1978).

C. arcticum subsp. **arcticum** — Map 867.

Cerastium arcticum subsp. hyperboreum (Tolm.) Böcher; C. arcticum subsp. procerum (Lange) Böcher; C. arcticum var. procerum (Lange) Hultén; C. edmondstonii auct. non (H.C. Watson) Murb. & Ostenf.; C. hyperboreum Tolm.; C. latifolium L. var. compactum Sowerby; C. latifolium var. pulvinatum Lindblom

Taxonomy. Three of the four varieties recognized by E. Hultén, Svensk Bot. Tidskr. 50: 447—467 (1956), are given subspecific rank by T.W. Böcher, Bot. Not. 130: 303—309 (1977), as *Cerastium arcticum* subsp. *arcticum*, subsp. *hyperboreum* and subsp. *procerum*. As they seem to be partly sympatric in areas outside continental Europe and the British Isles, closer studies are needed. Cf. also O.I. Rønning, Acta Borealia A Sci. 15: 22—23 (1959).

Notes. Br, Fa, Fe, Is, No, Sb, Su. "Throughout the range of the species" (Fl. Eur.).

C. arcticum subsp. **edmondstonii** (H.C. Watson) Löve & Löve — Map 867.

Cerastium alpinum L. var. edmondstonii (H.C. Watson) Hooker fil.; C. arcticum var. edmondstonii (H.C. Watson) Beeby; C. arcticum f. nigrescens (Edmondston) Druce; C. edmondstonii (H.C. Watson) Murb. & Ostenf.; C. latifolium L. var. edmondstonii H.C. Watson; C. latifolium var. nigrescens (Edmondston) H.C. Watson; C. nigrescens Edmondston

Notes. Br. "Zetland (Unst)" (Fl. Eur.). For particulars of the only population known at present, see D.R. Slingsby, Trans. Bot. Soc. Edinburgh 43: 297—306 (1981).

Total range. Endemic to the Zetland Islands.

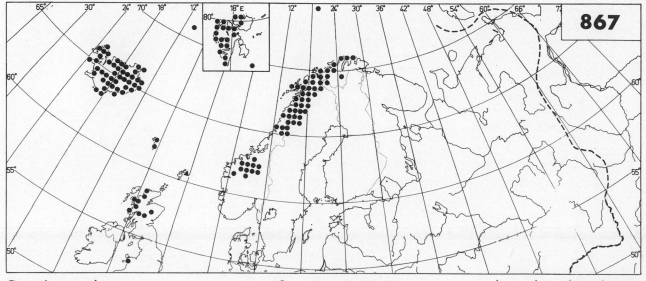

Cerastium arcticum   ● = subsp. **arcticum**   ▲ = subsp. **edmondstonii**

Cerastium uniflorum Clairv. — Map 868.

Cerastium glaciale Gaudin ex Ser.; C. latifolium L. var. glaciale (Gaudin ex Ser.) Koch; C. latifolium subsp. uniflorum (Clairv.) Dostál; C. obtusatum Kit.

Taxonomy. Diploid with 2n = 36.

Notes. Ge added (not given in Fl. Eur.): Hegi 1969: 924; H. Merxmüller & W. Lippert, Memór. Soc. Brot. 24(2): 507 (1975).

Total range. Endemic to Europe.

Cerastium uniflorum

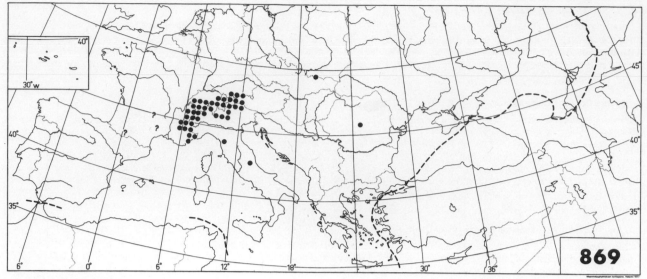

Cerastium latifolium

Cerastium latifolium L. — Map 869.

Cerastium alpinum L. var. latifolium (L.) Fiori

Taxonomy. Diploid with 2n = 36.

Notes. Cz, Po and Rm added (incorrectly given in Fl. Eur. under *Cerastium carinthiacum*): B. Pawłowski, Fl. Tatr. Pl. Vasc. I: 241 (Varsoviae 1956); S. Pawłowska in W. Szafer (ed.), Tatrzański Park Narod., p. 217 (Kraków 1962); T. Săvulescu (ed.), Fl. Reipubl. Pop. Romanicae 2: 58 (București 1953).

Total range. Endemic to Europe.

Cerastium pyrenaicum Gay — Map 870.

Cerastium latifolium L. subsp. pyrenaicum (Gay) Font Quer

Taxonomy. Diploid with 2n = 38: P. Küpfer & C. Favarger, C.R. Acad. Sci. Paris 264 D: 2463—2465 (1967); C. Favarger & P. Küpfer, Collect. Bot. (Barcelona) 7: 335—336 (1968). Evidently a species with no close European relatives.

Total range. Endemic to Europe.

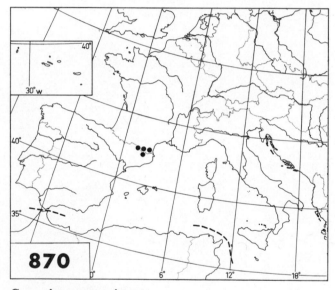

Cerastium pyrenaicum

Cerastium runemarkii

Cerastium runemarkii Möschl & Rech. fil. — Map 871.

Cerastium coronense Runemark non Schur

Taxonomy. Diploid with 2n = 36. H. Runemark, Bot. Not. 114: 453—456 (1961); W. Möschl & K.H. Rechinger, Anzeig. Akad. Wiss. (Wien) 1962: 231 (1962); J. Jalas, Arch. Soc. Zool.-Bot. Fenn. Vanamo 18: 60—61 (1963).

Notes. In addition to the type locality, "Kikhlades (Naxos)" (Fl. Eur.), recorded from the island of Evvia: W. Möschl & K.H. Rechinger, Anzeig. Akad. Wiss. (Wien) 1962: 232 (1962).

Total range. Endemic to the islands of Naxos and Evvia (Greece).

Cerastium theophrasti Merxm. & Strid — Map 872.

Cerastium alpinum auct. non L.; C. alpinum var. glanduliferum sensu Stoj. & Stefanov; C. uniflorum auct. non Clairv.; C. uniflorum var. mitkaënse Wagner

Taxonomy. Diploid with 2n = 36. H. Merxmüller & A. Strid, Bot. Not. 130: 469—472 (1977).

Notes. Gr (the taxon not mentioned in Fl. Eur.).

Total range. Endemic to Europe (summit of Mt. Olympus).

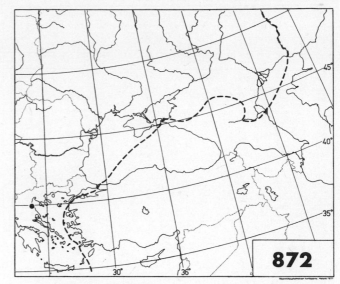

Cerastium theophrasti

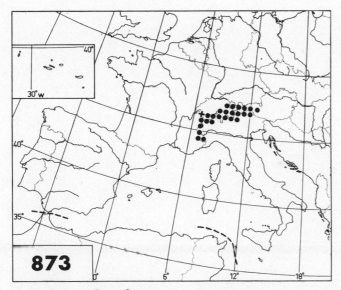

Cerastium pedunculatum

Cerastium pedunculatum Gaudin — Map 873.

Cerastium alpinum L. var. pedunculatum (Gaudin) Fiori & Paol.; C. latifolium L. var. pedunculatum (Gaudin) Koch

Taxonomy. Diploid with 2n = 36.

Notes. Ga and He added (not given in Fl. Eur.): Fl. France 1973: 291. Hs omitted (given, as a typographical error for He, in Fl. Eur.): P. Montserrat-Recoder, Bol. Real Soc. Española Hist. Nat. (Biol.) 65: 120 (1967).

Total range. Endemic to Europe.

Cerastium dinaricum G. Beck & Szysz. — Map 874.

Notes. Gr omitted (given in Fl. Eur.): Mountain Fl. Greece.

Total range. Endemic to Europe.

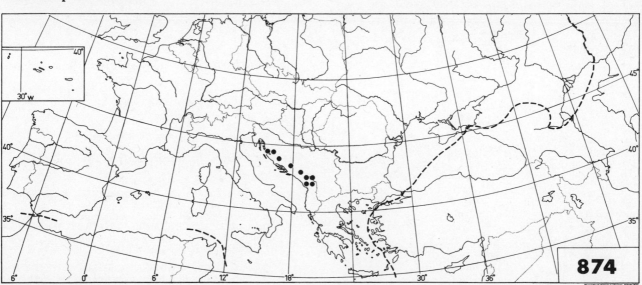

Cerastium dinaricum

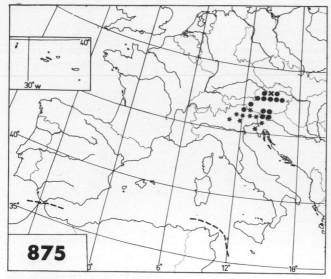

875

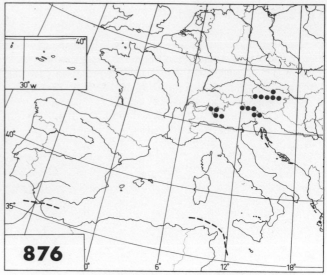

876

Cerastium carinthiacum subsp. **carinthiacum**
★ = subspecies not known

Cerastium carinthiacum subsp. **austroalpinum**

Cerastium carinthiacum Vest

Cerastium austroalpinum H. Kunz; C. ovatum Hoppe ex Willd.

Taxonomy. W. Möschl, Mitt. Naturwiss. Ver. Steiermark 103: 149—150 (1973).

Notes. Cz, Po and Rm omitted (given in Fl. Eur.): the data belonging to *Cerastium latifolium.*

Total range. Endemic to Europe.

C. carinthiacum subsp. carinthiacum — Map 875.

Cerastium alpinum L. var. carinthiacum (Vest) Fiori; C. latifolium L. subsp. baumgartenianum (Schur) Dostál

Taxonomy. Diploid with 2n = 36.

Notes. Au, It, Ju. "N. and C. parts of E. Alps; Carpathians" (Fl. Eur.).

C. carinthiacum subsp. austroalpinum (H. Kunz) H. Kunz — Map 876.

Cerastium austroalpinum H. Kunz; C. carinthiacum var. austroalpinum (H. Kunz) Möschl

Taxonomy. Diploid with 2n = 36.

Notes. Au, He, It, Ju. "S.E. Alps" (Fl. Eur.).

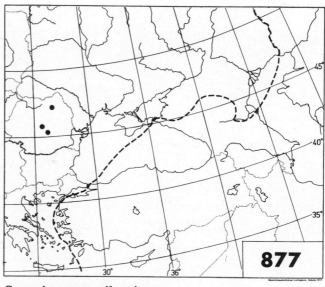

877

Cerastium transsilvanicum

Cerastium transsilvanicum Schur — Map 877.

Total range. Endemic to Europe.

Cerastium subtriflorum (Reichenb.) Pacher — Map 878.

Cerastium alpinum L. var. sonticum (G. Beck) Fiori; C. alpinum var. subtriflorum (Reichenb.) Fiori; C. lanuginosum Willd. var. subtriflorum Reichenb.; C. latifolium L. var. subtriflorum (Reichenb.) Reichenb.; C. sonticum G. Beck; C. sonticum subsp. savense H. Gartner; C. sonticum subsp. udinense H. Gartner

Taxonomy. Diploid with 2n = 36. Gartner 1939: 16—25.

Total range. Endemic to Europe.

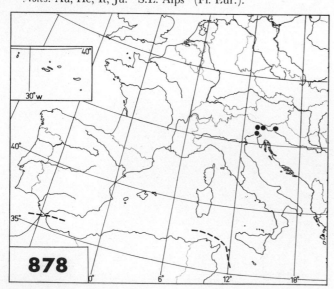

878

Cerastium subtriflorum

Cerastium sylvaticum Waldst. & Kit. — Map 879.

Cerastium microcarpum Kit.; C. sylvaticum subsp. umbrosum (Kit.) H. Gartner; C. umbrosum Kit.

Taxonomy. Diploid with 2n = 36. Gartner 1939: 25—36; Zając 1975: 8—14. The plant described as *Cerastium sylvaticum* subsp. *torneroi* by P. Montserrat, Bol. Real Soc. Española Hist. Nat. (Biol.) 65: 120 (1967), actually belongs to *C. fontanum*.

Notes. The southernmost Balkan record, from Gr (not given in Fl. Eur.), island of Levkás, cited in Gartner 1939: 26, 32, and Zając 1975: 11—12, is deleted as unreliable.

Total range. Endemic to Europe.

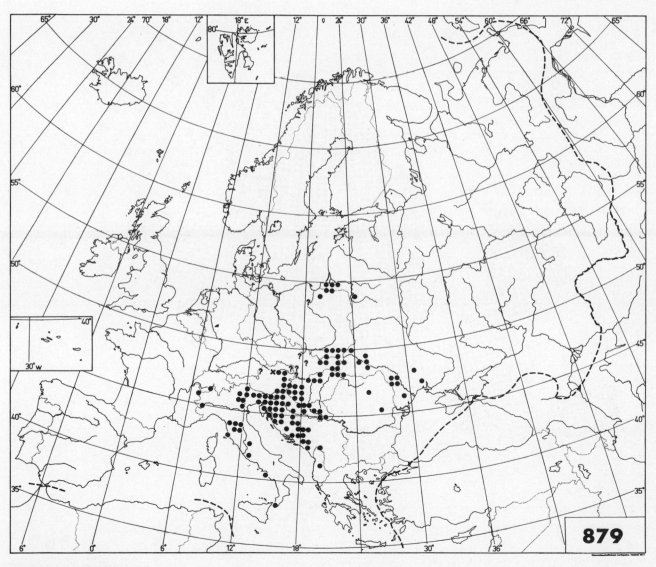

Cerastium sylvaticum

Cerastium fontanum Baumg. — Map 880.

Cerastium caespitosum Gilib., nomen illeg.; C. holosteoides Fries; C. longirostre Wichura; C. lucorum Schur; C. macrocarpum sensu H. Gartner; C. viscosum L. pro p., nomen ambig.; C. vulgare Hartman; C. vulgatum L. 1761 non L. 1755. Incl. Cerastium sylvaticum Waldst. & Kit. subsp. torneroi P. Monts.

Taxonomy. Gartner 1939: 44—50, 56—78; N. Hylander, Uppsala Univ. Årsskr. 1945(7): 150—151 (1945); J. Jalas, Arch. Soc. Zool.-Bot. Fenn. Vanamo 18: 61—64 (1963); Hegi 1969: 929—931; W. Möschl, Mitt. Naturwiss. Ver. Steiermark 103: 143, 152—153, 155, 157—159 (1973); Zając 1975: 14—47. See also under *Cerastium sylvaticum.*

Notes. Cr and Sa omitted (according to Fl. Eur. in "all territories, but only introduced in Sb"): at least not mapped in Cr in Zając 1975: 36. A species map is needed because of differences in taxonomical tradition and degrees of accuracy in identification.

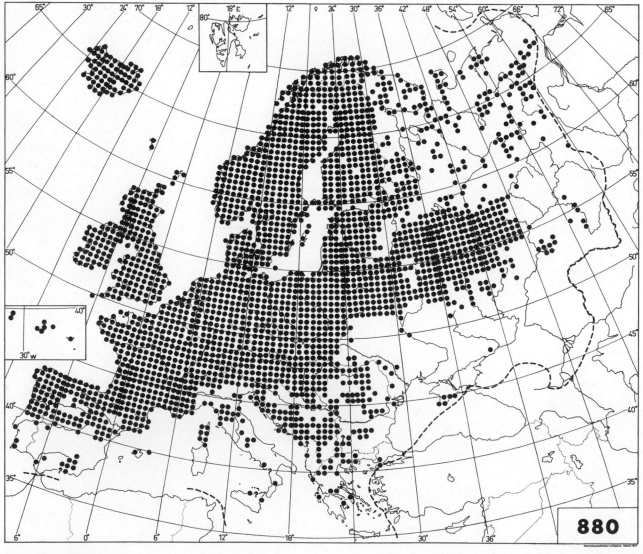

Cerastium fontanum

C. fontanum subsp. **macrocarpum** (Kotula) Jalas — Map 881.

? Cerastium caespitosum subsp. nemorale (Üchtr.) Ascherson & Graebner; C. fontanum subsp. schurii Borza; C. glanduliferum Koch var. lucorum Schur; C. longirostre sensu Schwarz, non Wichura; C. longirostre subsp. lucorum (Schur) Janchen; C. longirostre subsp. marcocarpum (Kotula) Schwarz; ? C. longirostre subsp. nemorale (Üchtr.) Schwarz; C. lucorum Schur; C. lucorum subsp. macrocarpum (Kotula) Laínz; C. macrocarpum sensu H. Gartner, non (Fenzl) Schur nec Steven ex Gren.; C. macrocarpum subsp. lucorum (Schur) H. Gartner; ? C. triviale Link var. nemorale Üchtr.; C. vulgatum L. subsp. lucorum (Schur) Soó; C. vulgatum subsp. macrocarpum Kotula

Nomenclature. The author's citation has been corrected.

Notes. Au, Cz, Ga, Ge, Hs, Hu, It, Ju, Po, Rm, Rs(B, ?C, W). "C. Europe" (Fl. Eur.). Badly undercollected, e.g. in Po. The records from outside C. Europe are according to E. Leroy & M. Laínz, Collectanea Bot. 4: 85—86 (1954), W. Möschl, Broteria 24(4): 1—17 (1955), M. Laínz, Bol. Inst. Estud. Astur. (Supl. Cienc.) 1: VIII—IX (1960), P. Montserrat-Recoder, Bol. Real Soc. Española Hist. Nat. (Biol.) 65: 121 (1967), and J. Vivant, Bull. Soc. Bot. France 121: 217—222 (1974). A specimen (det. J. Jalas) has been seen from the Latvian S.S.R., Rs(B). The map was compiled by Mr. R. Väisänen (Helsinki).

Total range. Endemic to Europe (although not mentioned as such in Fl. Eur.).

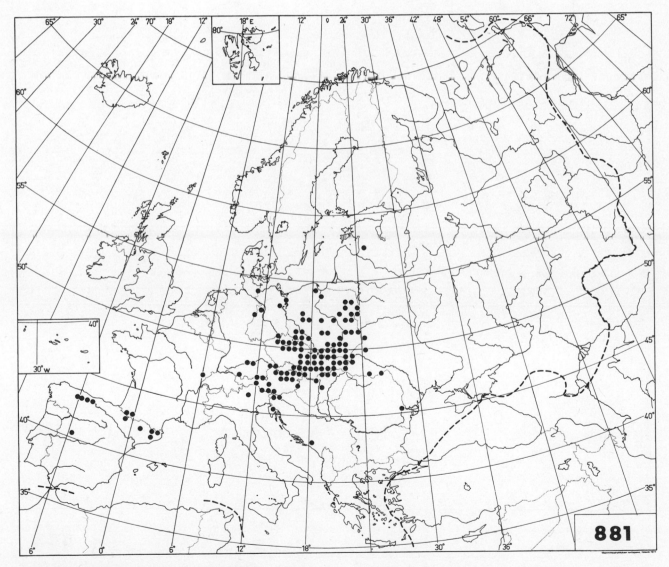

Cerastium fontanum subsp. **macrocarpum**

C. fontanum subsp. **scandicum** H. Gartner — Map 882.

Cerastium caespitosum subsp. alpestre (Lindblom ex Fries) Lindman; C. vulgare subsp. alpestre (Lindblom ex Fries) Murb., non C. fontanum subsp. alpestre (Hagetschw.) Janchen; C. vulgatum *alpestre (Lindblom ex Fries) C. Hartman; C. vulgatum var. alpestre Lindblom ex Fries

Notes. Fa, Fe, Is, No, Rs(N, C), Su (all given in Fl. Eur.).

Total range. Gartner 1939: Karte 7; Hultén AA 1958: map 69; MJW 1965: map 144d.

C. fontanum subsp. **fontanum** — Map 883.

Cerastium caespitosum subsp. alpinum (Mertens & Koch) Becherer; C. caespitosum subsp. fontanum (Baumg.) Schinz & R. Keller; C. fontanum subsp. alpicola (Hegetschw.) Schwarz; C. fontanum subsp. alpicum H. Gartner; C. fontanum subsp. alpinum (Mertens & Koch) Janchen; C. fontanum subsp. alpestre (Hegetschw.) Janchen; C. longirostre Wichura; C. triviale var. alpestre Hegetschw.; C. triviale var. alpigenum Schur; C. triviale var. alpinum Mertens & Koch; C. triviale var. subalpinum Schur; C. viscosum var. alpicolum Hegetschw.; C. vulgatum subsp. fontanum (Baumg.) Schinz & R. Keller

Taxonomy. Octoploid with 2n = 144.

Notes. ?Al, Au, Bu, Cz, Ge, He, It, Ju, Po, Rm, Rs(W). "Mountains of C. Europe; ? Balkan peninsula" (Fl. Eur.). Rs(W) according to V.I. Czopik, Vysokogir. Fl. Ukraj. Karpat, p. 35 (Kiev 1976).

Total range. Endemic to Europe (although not mentioned as such in Fl. Eur.).

C. fontanum subsp. **scoticum** Jalas & P.D. Sell — Map 882.

Cerastium triviale var. alpinum auct. non Mertens & Koch

Taxonomy. J. Jalas & P.D. Sell, Watsonia 6: 292—294 (1967).

Notes. Br (the subspecies not mentioned in Fl. Eur.).

Total range. Endemic to the British Isles.

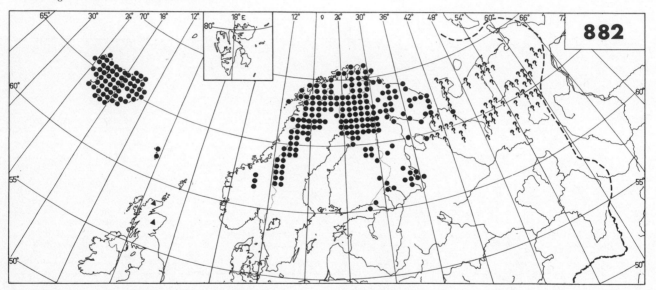

● = **Cerastium fontanum** subsp. **scandicum**   ▲ = **C. fontanum** subsp. **scoticum**

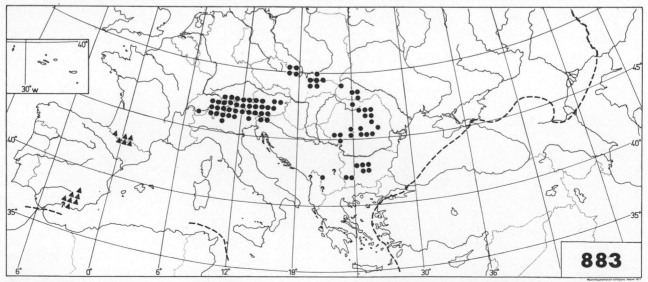

● = **Cerastium fontanum** subsp. **fontanum**   ▲ = **C. fontanum** subsp. **hispanicum**

C. fontanum subsp. **hispanicum** H. Gartner — Map 883.

Cerastium fontanum subsp. pyrenaeum H. Gartner

Taxonomy. Gartner 1939: 74—75, 77—78; J. Jalas, Arch. Soc. Zool.-Bot. Fenn. Vanamo 18: 62—63 (1963); P. Montserrat-Recoder, Bol. Real Soc. Española Hist. Nat. (Biol.) 65: 121 (1967).

Notes. Hs. "S. Spain, Pyrenees" (Fl. Eur.).

Total range. Apparently endemic to Europe (no mention in Fl. Eur.).

C. fontanum subsp. **vulgare** (Hartman) Greuter & Burdet — Map 884.

Cerastium caespitosum subsp. triviale (Murb.) Hiitonen; C. fontanum subsp. holosteoides (Fries) Salman, van Omm. & de Voogd; C. fontanum subsp. triviale (Murb.) Jalas; C. holosteoides Fries; C. holosteoides subsp. glabrescens (G.F.W. Meyer) Möschl; C. holosteoides subsp. pseudoholosteoides Möschl; C. triviale Link, nomen illeg. (superfl.); C. vulgare Hartman; C. vulgare subsp. triviale Murb.; C. vulgatum subsp. caespitosum Dostál; C. vulgatum subsp. glabrescens (G.F.W. Meyer) Janchen; C. vulgatum subsp. triviale (Murb.) Janchen

Taxonomy and nomenclature. Mainly octoploid with $2n = 144$, the enneaploid number with $2n = 162$ recorded from Co: C. Favarger, Acta Bot. Croatica 28: 66, 69—70 (1969). J. Jalas, Arch. Soc. Zool.-Bot. Fenn. Vanamo 18: 63—64 (1963); J. Jalas & P.D. Sell, Watsonia 6: 293 (1967); A.H.P.M. Salman, G. van Ommering & W.B. de Voogd, Gorteria 8: 99—108 (1977); W. Greuter & T. Raus (eds.), Willdenowia 12 (Cahiers Optima Leaflets 126): 37 (1982).

Notes. Al, Au, Az, Be, Bl, Br, Bu, Co, Cz, Da, Fa, Fe, Ga, Ge, Gr, Hb, He, Hs, Ho, Hu, It, Ju, Lu, No, Po, Rm, Rs(N, B, C, W, K, E), ?Si, Su, Tu. "Widespread" (Fl. Eur.).

Total range. Hultén Alaska 1968: 425; Hultén CP 1971: map 224 (both: northern hemisphere).

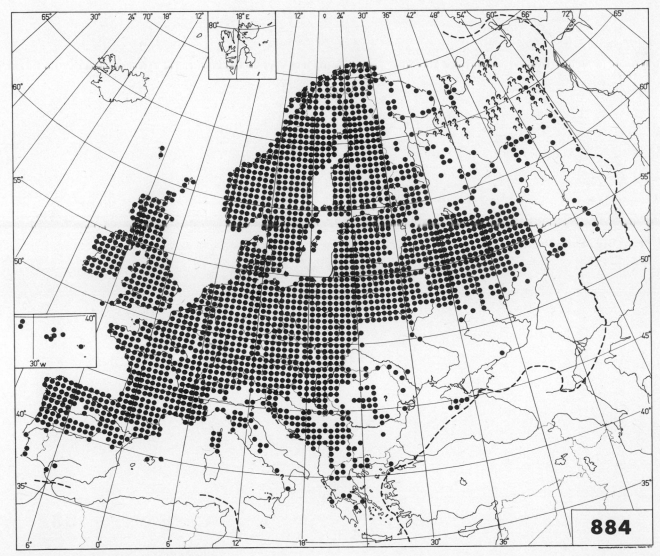

Cerastium fontanum subsp. **vulgare**

108

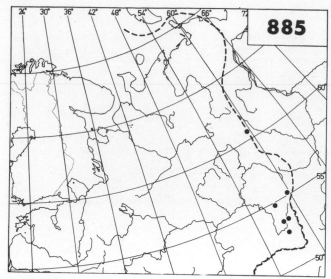

Cerastium pauciflorum

Cerastium pauciflorum Steven ex Ser. — Map 885.

Cerastium illyricum Ard.

Cerastium brachiatum Lonsing; C. comatum Desv.; C. crinitum Lonsing; C. decrescens (Lonsing) Greuter & Burdet; C. pelligerum Bornm. & Hayek; C. pilosum Sibth. & Sm., nomen illeg.

Taxonomy. P.D. Sell & F.H. Whitehead, Feddes Repert. 69 (Fl. Eur. Notulae Syst. 3): 15—17 (1964).

Notes. Co confirmed (?Co in Fl. Eur.): W. Möschl, Mem. Soc. Brot. 17: 51 (1964). Given (?erroneously) for Hs (not given in Fl. Eur.): A. Rigual, Fl. Veget. Prov. Alicante, p. 270 (Alicante 1972) (as *Cerastium comatum*).

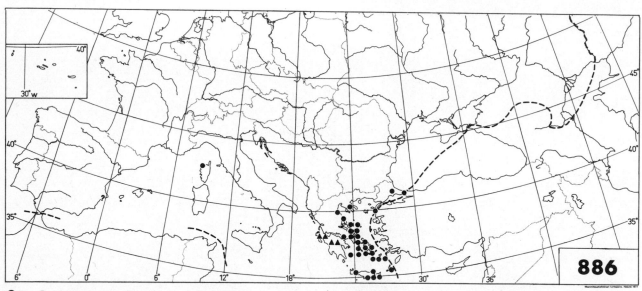

● = **Cerastium illyricum** subsp. **comatum**   ▲ = **C. illyricum** subsp. **decrescens**

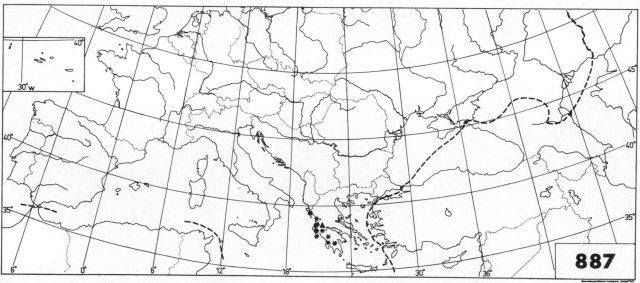

● = **Cerastium illyricum** subsp. **illyricum**
▲ = **C. illyricum** subsp. **crinitum**
★ = **C. illyricum** subsp. **brachiatum**

C. illyricum subsp. **comatum** (Desv.) P.D. Sell & Whitehead — Map 886.

Cerastium comatum Desv.; C. illyricum sensu Hayek, non Ard.; C. illyricum subsp. pilosum sensu Rouy & Fouc., non C. pilosum Sibth. & Sm.

Taxonomy. Diploid with 2n = 34 (not 2n = 68 as given in Fl. Eur.): C. Favarger, Acta Bot. Croatica 28: 67, 72, footnote (1969). Possibly deserving specific status.

Notes. Co, Cr, Gr, Tu. "Coastal regions and islands of E. Greece, Kriti, Turkey; ?Corse" (Fl. Eur.). Concerning Hs, see above.

Total range. A. Lonsing, Feddes Repert. 46: tab. 266 (1939).

C. illyricum subsp. **decrescens** (Lonsing) P.D. Sell & Whitehead — Map 886.

Cerastium brachiatum Lonsing subsp. decrescens Lonsing; C. decrescens (Lonsing) Greuter & Burdet; C. illyricum var. macropetalum Boiss.; C. pedunculare sensu Hayek p.p., non Bory & Chaub.

Nomenclature. W. Greuter & T. Raus (eds.), Willdenowia 12 (Cahiers Optima Leaflets 127): 186 (1982).

Notes. Gr. "S. Greece (Argolis, Arkadhia and Kefallinia)" (Fl. Eur.).

Total range. Endemic to Europe.

C. illyricum subsp. **brachiatum** (Lonsing) Jalas — Map 887.

Cerastium brachiatum Lonsing subsp. prolixum Lonsing; C. illyricum Bory non Ard.; C. illyricum subsp. prolixum (Lonsing) P.D. Sell & Whitehead; C. pedunculare sensu Hayek p.p., non Bory & Chaub.

Taxonomy and nomenclature. Diploid with 2n = 34: Mountain Fl. Greece. A. Lonsing, Feddes Repert. 46: 145 (1939), explicitly typifies *Cerastium brachiatum* with its subsp. *prolixum*. J. Jalas, Ann. Bot. Fennici 20: 110 (1983).

Notes. Gr. "S. Greece (Peloponnisos; Zakinthos)" (Fl. Eur.).

Total range. Endemic to Europe.

C. illyricum subsp. **illyricum** — Map 887.

Cerastium pelligerum Bornm. & Hayek; C. pilosum Sibth. & Sm., nomen illeg.

Taxonomy. Diploid with 2n = 34: J. Damboldt, Taxon 20: 787 (1971).

Notes. Gr. "W. Greece (islands of Kefallinia, Kerkira and Levkas)" (Fl. Eur.).

Total range. Endemic to Europe.

C. illyricum subsp. **crinitum** (Lonsing) P.D. Sell & Whitehead — Map 887.

Cerastium crinitum Lonsing

Notes. Gr. "W. Greece (Akarnanika)" (Fl. Eur.).

Total range. Endemic to Europe.

Cerastium pedunculare Bory & Chaub. — Map 888.

Cerastium laxum Boiss. & Heldr.

Total range. Evidently endemic to Europe. Records from "Anatolia" (Fl. Eur.) refer to *Cerastium illyricum* subsp. *comatum*: Fl. Turkey 1967: 85.

Cerastium scaposum Boiss. & Heldr. — Map 889.

Total range. Endemic to Kriti.

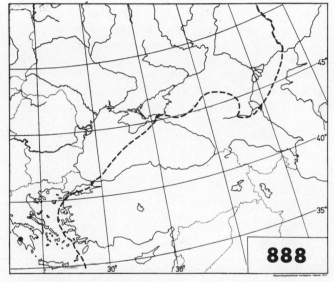

Cerastium pedunculare

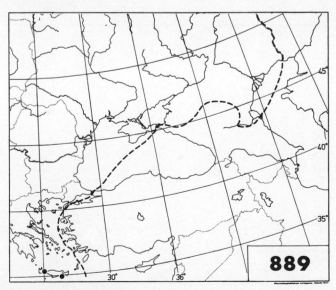

Cerastium scaposum

Cerastium brachypetalum Pers.

Cerastium atheniense Lonsing; C. corcyrense Möschl; C. doerfleri Halácsy ex Hayek; C. epiroticum Möschl & Rech. fil.; C. luridum Guss.; C. pindigenum Lonsing; C. roeseri Boiss. & Heldr.; C. strigosum Fries; C. tauricum Sprengel; C. tenoreanum Ser.

Taxonomy. P.D. Sell & F.H. Whitehead, Feddes Repert. 69 (Fl. Eur. Notulae Syst. 3): 17—20 (1964); Zając 1975: 48—49; C. Favarger, N. Galland & P. Küpfer, Naturalia Monspel. 29: 12—14 (1980 ("1979")). Although *Cerastium brachypetalum* Pers. sensu lato is certainly in need of a thorough revision, only two minor changes have been made to the treatment of Fl. Eur., viz. inclusion of *C. epiroticum* Möschl & Rech. fil. (not mentioned in Fl. Eur.) and merging of subsp. *tauricum* with subsp. *brachypetalum* (see below). Special attention should be given to the chromosome counts indicating the existence of different basic numbers within the species in its present delimitation.

Notes. Hb omitted (given indirectly as present in Fl. Eur.). Extinct in Ho (given indirectly as present in Fl. Eur.): Atlas Nederl. Fl. 1980: 82.

Total range. Zając 1975: 52 (includes only subsp. *brachypetalum* and subsp. *tauricum* sensu Fl. Eur.).

C. brachypetalum subsp. **pindigenum** (Lonsing) P.D. Sell & Whitehead — Map 890.

Cerastium pindigenum Lonsing

Taxonomy. W. Möschl, Bol. Soc. Brot. 36: 41—46 + Figs. 1—13 (1962).
Notes. Gr. "C. Greece (Pindhos, Aitolia)" (Fl. Eur.).
Total range. Endemic to Europe.

C. brachypetalum subsp. **corcyrense** (Möschl) P.D. Sell & Whitehead — Map 890.

Cerastium brachiatum Lonsing, pro parte; C. corcyrense Möschl; C. litigiosum Halácsy pro parte, non DeLens

Notes. Gr. "N.W. Greece (Kérkira)" (Fl. Eur.).
Total range. Endemic to the Island of Kérkira (Corfu); see, however, Mountain Fl. Greece.

C. brachypetalum subsp. **doerfleri** (Halácsy ex Hayek) P.D. Sell & Whitehead — Map 890.

Cerastium brachiatum Lonsing, pro parte; C. doerfleri Halácsy ex Hayek

Taxonomy. Of uncertain status, according to Mountain Fl. Greece.
Notes. Cr. "Kriti" (Fl. Eur.).
Total range. Endemic to Kriti.

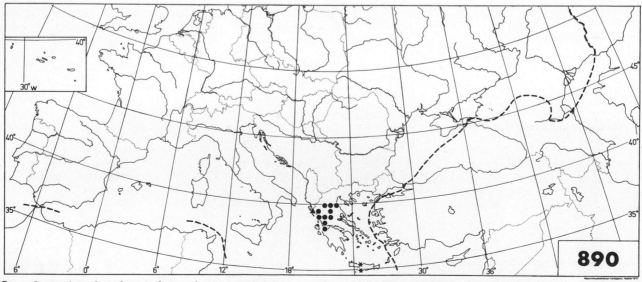

● = **Cerastium brachypetalum** subsp. **pindigenum**   ▲ = **C. brachypetalum** subsp. **corcyrense**
★ = **C. brachypetalum** subsp. **doerfleri**

C. brachypetalum subsp. **brachypetalum** — Map 891.

Cerastium brachypetalum subsp. strigosum (Fries) Lonsing; C. strigosum Fries. Incl. Cerastium brachypetalum subsp. tauricum (Sprengel) Murb.; C. brachypetalum subsp. luridum Arc.; C. luridum Guss., nomen illeg.; C. luridum subsp. mediterraneum Lonsing, nomen, non planta; C. tauricum Sprengel

Taxonomy and nomenclature. 2n = 90: C. Favarger, N. Galland & P. Küpfer, Naturalia Monspel. 29: 14 (1980 ("1979")). We follow Zając 1975: 48—49, who recognizes subsp. *tauricum* at varietal level only. It differs from subsp. *brachypetalum* (as in Fl. Eur.) merely in having both glandular and eglandular hairs (not only eglandular hairs). Contrary to the synonymy given in Fl. Eur., A. Lonsing, Feddes Repert. 46: 161 (1939), gives his *C. luridum* subsp. *mediterraneum* as the type subspecies of *C. luridum* which, as correctly stated by P.D. Sell & F.H. Whitehead, Feddes Repert. 69 (Fl. Eur. Notulae Syst. 3): 19 (1964), is a superfluous later synonym for *C. tauricum* Sprengel.

Notes. Al, Au, Be, Br, Bu, Co, Cz, Da, Ga, Ge, Gr, He, †Ho, Hs, Hu, It, Ju, Lu, No, Po, Rm, Rs(B, ?W, K), Su. "Mainly in C. Europe, but extending to Spain, N. Italy and Denmark" (Fl. Eur., for subsp. *brachypetalum*), "W. & C. Europe, extending to S. Sweden, Balkan peninsula and Krym" (Fl. Eur., for subsp. *tauricum*). Gr is included according to D. Phitos, Phyton (Austria) 12: 113 (1967) (as *Cerastium luridum*). For Ho, see Atlas Nederl. Fl. 1980: 82, for Lu, see A.R. Pinto da Silva, Agron. Lusit. 30: 197 (1970) (the latter as subsp. *tauricum*).

Total range. Zając 1975: 52.

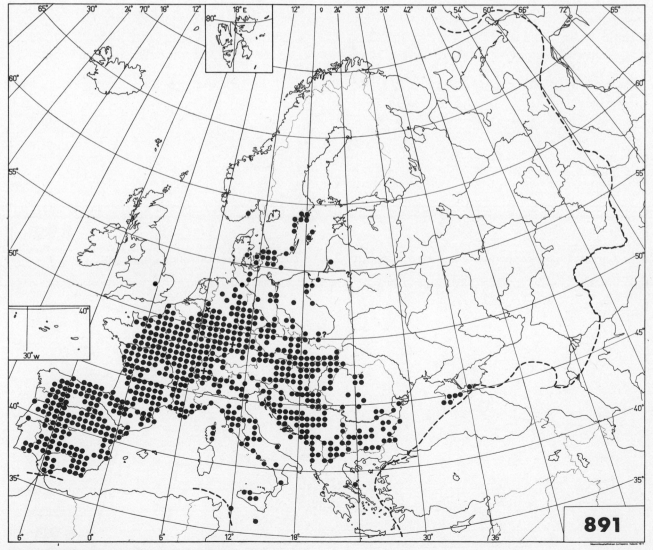

Cerastium brachypetalum subsp. **brachypetalum**

112

C. brachypetalum subsp. **tenoreanum** (Ser.) Soó — Map 892.

Cerastium brachypetalum auct. non Pers.; C. pilosum Ten. non Sibth. & Sm.; C. tenoreanum Ser. Incl. C. epiroticum Möschl & Rech. fil.

Taxonomy. Tetraploid with 2n = 52: C. Favarger, N. Galland & P. Küpfer, Naturalia Monspel. 29: 12—14 (1975). Perhaps deserving specific rank. In the original description of *Cerastium epiroticum*, in W. Möschl, Bol. Soc. Brot. 36: 41—46 (1962), the species was compared with *C. brachypetalum* subsp. *pindigenum*, from which it differs in having ascending-appressed enlandular hairs, in lacking glandular hairs, and in having the stamens ciliate at the base. The two first features are characteristic of *C. brachypetalum* subsp. *tenoreanum*, and so *C. epiroticum* is tentatively included in this subspecies, although the chromosome number is not known.

Notes. Al, Au, Bu, Cz, Ga, Gr, He, ?Hs, Hu, It, Ju, Rm. "Mainly in C. and S.E. Europe" (Fl. Eur.). Present in Ga and Rm (given in Fl. Eur.) but no records available. Hs given by E. Leroy & M. Laínz, Collectanea Bot. 4: 87—88 (1954). Not given from It in Fl. Eur. although described from there, and mentioned by P.D. Sell & F.H. Whitehead, Feddes Repert. 69 (Fl. Eur. Notulae Syst. 3): 19 (1964); see also the map (tab. CCLXVII) in A. Lonsing, Feddes Repert. 46 (1939).

Total range. Endemic to Europe.

C. brachypetalum subsp. **atheniense** (Lonsing) P.D. Sell & Whitehead — Map 892.

Cerastium atheniense Lonsing; C. brachypetalum sensu Halácsy non Pers. s. stricto

Taxonomy. Decaploid with 2n = c. 90.
Notes. Gr. "Greece (near Athinai)" (Fl. Eur.).
Total range. Endemic to Europe.

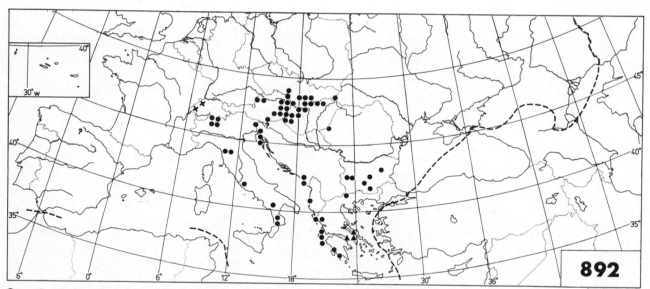

● = **Cerastium brachypetalum** subsp. **tenoreanum**   ▲ = **C. brachypetalum** subsp. **atheniense**

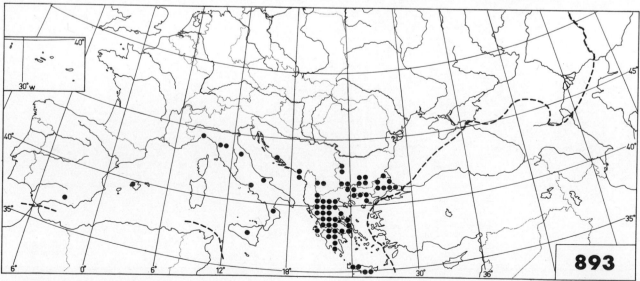

Cerastium brachypetalum subsp. **roeseri**

C. brachypetalum subsp. **roeseri** (Boiss. & Heldr.) Nyman — Map 893.

Cerastium luridum auct. non Guss.; ? C. luridum Guss. subsp. dobrogense Lonsing; C. roeseri Boiss. & Heldr.

Taxonomy. According to C. Favarger, N. Galland & P. Küpfer, Naturalia Monspel. 29: 12—14, 49 (1980 ("1979")), 2n = 76 (tetraploid with x = 19) is the correct and only chromosome number for this taxon. However, additional chromosome numbers recently reported include 2n = 52 (tetraploid with x = 13) from Hs (Sierra Nevada), and 2n = 72 (tetraploid with x = 18) from Gr (Mt. Olympus): I Björkqvist, R. von Bothmer, Ö. Nilsson & B. Nordenstam, Bot. Not. 122: 272 (1969); A. Strid & R. Franzén, Taxon 30: 832 (1981).

Nomenclature. For the typification of *Cerastium luridum* Guss. which is incorrectly given as synonymous with *C. roeseri* by A. Lonsing, Feddes Repert. 46: 159 (1939), and some subsequent authors, see under *C. brachypetalum* subsp. *brachypetalum*.

Notes. Al, Bl, Bu, Cr, Gr, Hs, It, Ju, ?Rm, Si, Tu. "S. Europe, from Balkan peninsula to Islas Baleares" (Fl. Eur.). Hs added (not given in Fl. Eur.): I. Björkqvist, R. von Bothmer, Ö. Nilsson & B. Nordenstam, Bot. Not. 122: 272, 278 (1969). One station in Rm given in the map (tab. CCLXIX) in A. Lonsing, Feddes Repert. 46 (1939) (not given for Rm in Fl. Eur.). The differentiation of subsp. *roeseri* from variants of subsp. *brachypetalum* having both glandular and eglandular hairs (subsp. *tauricum* in Fl. Eur.) appears difficult in several cases.

Total range. A. Lonsing, Feddes Repert. 46: tab. CCLXIX (1939) (as *Cerastium luridum* subsp. *mediterraneum*).

Cerastium glomeratum Thuill. — Map 894.

Cerastium viscosum L., nomen ambig.; C. vulgatum L., nomen ambig.

Taxonomy. Octoploid with 2n = 72.

Notes. The Estonian (Rs(B)) records date from between 1852 and 1914. Not seen since.

Total range. Hultén Alaska 1968: 424; Hultén CP 1971: map 197 (both: northern hemisphere); Zając 1975: 59 (Europe and surrounding areas).

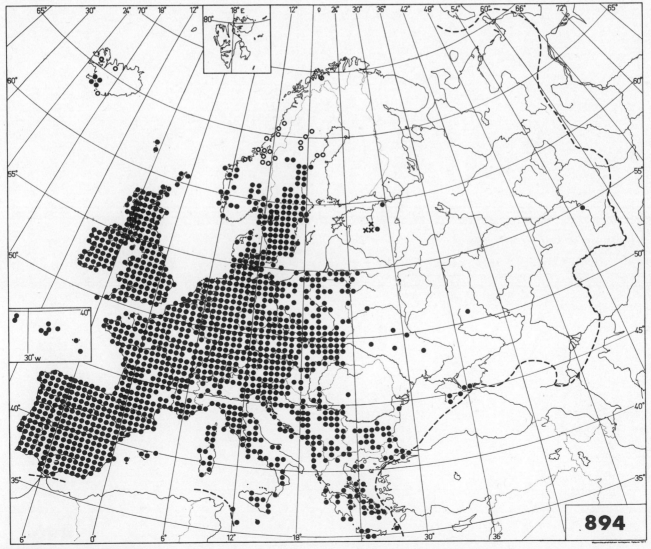

Cerastium glomeratum

8

114

Cerastium rectum Friv.

Cerastium petricola Pančić; C. ruderale Griseb.

Taxonomy. Mountain Fl. Greece considers varietal status most suitable for the infraspecific taxa treated here (as in Fl. Eur.) as subspecies.

Notes. Rm omitted (given in Fl. Eur.).

Total range. Endemic to Europe.

C. rectum subsp. rectum — Map 895.

Notes. Al, Bu, Ju. "Throughout the range of the species" (Fl. Eur.).

C. rectum subsp. petricola (Pančić) H. Gartner — Map 896.

Cerastium petricola Pančić; C. rectum var. petricola (Pančić) Bornm.

Taxonomy. Tetraploid with 2n = 36: A. Strid, Taxon 29: 709 (1980).

Notes. Bu, Gr, Ju. "Bulgaria; Greece; ? Jugoslavia" (Fl. Eur.). Ju confirmed: R. Franzén, Bot. Not. 133: 530 (1980).

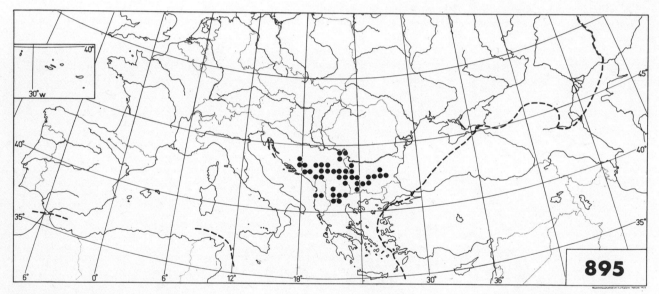

Cerastium rectum subsp. **rectum**

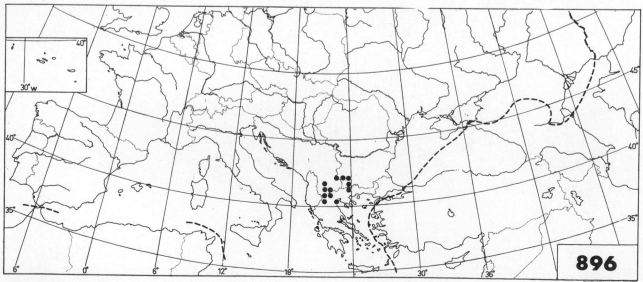

Cerastium rectum subsp. **petricola**

Cerastium ligusticum Viv.

Cerastium campanulatum Viv.; C. granulatum (Huter, Porta & Rigo ex Möschl) Chiov.; C. litigiosum De Lens; C. palustre Moris; C. trichogynum Möschl

Taxonomy. P.D. Sell & F.H. Whitehead, Feddes Repert. 69 (Fl. Eur. Notulae Syst. 3): 20—21 (1964); Pignatti Fl. 1982: 220—221.

Notes. Cr omitted (given in Fl. Eur.): W. Greuter, Memór. Soc. Brot. 24: 155 (1974). Ga added (not given in Fl. Eur.), although exact localities not available: Fl. France 1973: 296.

C. ligusticum subsp. ligusticum — Map 897.

Incl. Cerastium litigiosum De Lens; C. pumilum subsp. litigiosum (De Lens) P.D. Sell & Whitehead

Taxonomy. Diploid with 2n = 34.

Notes. Co, Ga, It, Si. "Almost throughout the range of the species, but apparently absent from Sardegna" (Fl. Eur.: *Cerastium ligusticum* subsp. *ligusticum*), and "C. Europe and N. Italy; Kriti" (Fl. Eur.: *C. pumilum* subsp. *litigiosum*). W. Möschl, Österr. Bot. Zeitschr. 82: 226—234 (1933). For Si, only one old literature record available.

C. ligusticum subsp. palustre (Moris) P.D. Sell & Whitehead — Map 898.

Cerastium campanulatum subsp. palustre (Moris) Nyman; C. palustre Moris; C. pumilum Curtis subsp. campanulatum sensu Briq., non C. campanulatum Viv.; C. semidecandrum L. var. palustre (Moris) Fiori

Taxonomy. Specific status restored by S. Diana-Corrias, Boll. Soc. Sarda Sci. Nat. 19 (Cahiers Optima Leaflets 111): 294—298 (1980).

Notes. Sa. "Sardegna" (Fl. Eur.).

Total range. Endemic to Sardegna.

C. ligusticum subsp. granulatum (Huter, Porta & Rigo ex Möschl) P.D. Sell & Whitehead — Map 898.

Cerastium campanulatum subsp. granulatum Huter, Porta & Rigo ex Möschl

Notes. It. "S. Italy" (Fl. Eur.).

Total range. Endemic to Europe.

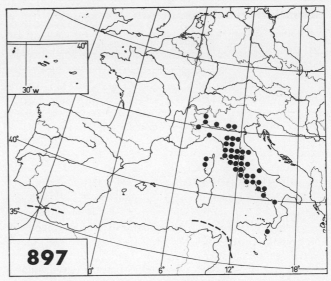

897

Cerastium ligusticum subsp. ligusticum

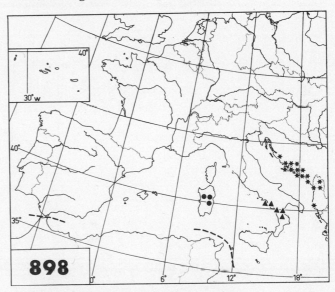

898

● = **Cerastium ligusticum** subsp. **palustre**
▲ = **C. ligusticum** subsp. **granulatum**
★ = **C. ligusticum** subsp. **trichogynum**

C. ligusticum subsp. trichogynum (Möschl) P.D. Sell & Whitehead — Map 898.

Cerastium trichogynum Möschl

Notes. Al, Ju. "Albania, Jugoslavia" (Fl. Eur.).

Total range. Endemic to Europe.

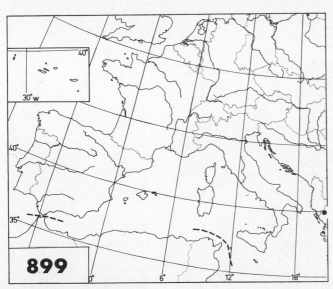

899

Cerastium smolikanum

Cerastium smolikanum Hartvig — Map 899.

Taxonomy. P. Hartvig, Bot. Not. 132: 359—361 (1979).

Notes. Gr (the species not mentioned in Fl. Eur.).

Total range. Endemic to Europe.

116

Cerastium semidecandrum L. — Map 900.

Cerastium balearicum F. Hermann; C. dentatum Möschl; C. fallax Guss.; C. heterotrichum Klokov; C. obscurum Chaub.; C. pentandrum L.; C. rotundatum Schur; C. semidecandrum subsp. balearicum (F. Hermann) Litard.; C. semidecandrum subsp. dentatum (Möschl) Maire & Weiller; C. semidecandrum subsp. fallax (Guss.) Nyman. Incl. C. macilentum Aspegren; C. semidecandrum subsp. macilentum (Aspegren) Möschl; C. semidecandrum f. macilentum (Aspegren) Wahlenb.

Taxonomy. W. Möschl, Mem. Soc. Brot. 5: 1—123 (1949), Sitz.-Ber. Akad. Wiss. Wien 175: 194 (under *Cerastium pentandrum*) and 200 (1966). *C. macilentum* is a local glabrous variant of *C. semidecandrum*, occurring sympatrically with it in S. Sweden (not seen for c. 40 years). It does not appear to deserve recognition at subspecific level (as in Fl. Eur.).

Total range. W. Möschl, Mem. Soc. Brot. 5: 58 (1949); MJW 1965: map 144b; Zając 1975: 70.

Cerastium pumilum Curtis — Map 901.

Cerastium atriusculum Klokov; C. glutinosum Fries; C. kioviense Klokov; C. pallens F.W. Schultz, nomen illeg.; C. subtetrandrum (Lange) Murb.; C. syvaschicum Kleopow; C. ucrainicum (Kleopow) Klokov; C. varians Cosson & Germ. Excl. C. litigiosum De Lens

Taxonomy. P.D. Sell & F.H. Whitehead, Feddes Repert. 69 (Fl. Eur. Notulae Syst. 3): 21—22 (1964); A. Zając, Acta Soc. Bot. Polon. 43: 369—376 (1974); Zając 1975: 75—80. *Cerastium pumilum* subsp. *litigiosum* is considered synonymous with *C. ligusticum* subsp. *ligusticum.*

Notes. Cr, Hb, Is, Rs(K), Sb and Si omitted (given indirectly in Fl. Eur.): W. Greuter, Memór. Soc. Brot. 24: 155 (1974). The data available do not allow separate mapping of the subspecies.

Total range. Zając 1975: 83 (the disjunct area in Afghanistan and Pakistan not included).

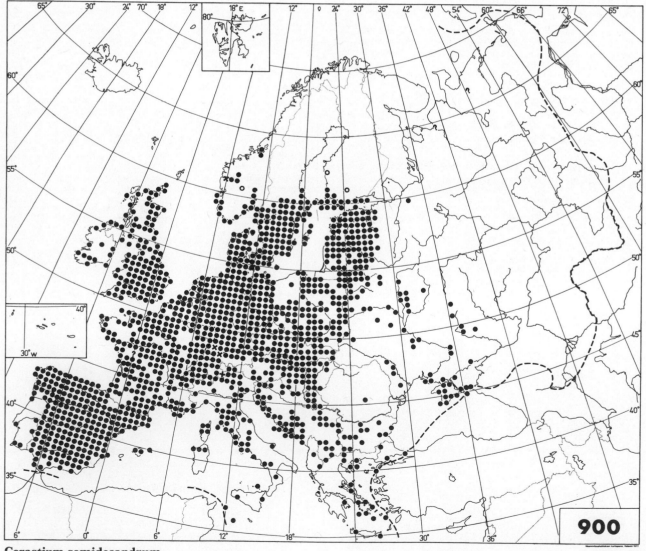

Cerastium semidecandrum

900

C. pumilum subsp. pumilum

Cerastium glutinosum auct. non Fries; C. pallens F.W. Schultz, non C. pumilum subsp. pallens sensu Fl. Eur. Incl. C. diffusum Pers. subsp. subtetrandrum (Lange) P.D. Sell & Whitehead; C. subtetrandrum (Lange) Murb.; C. pumilum f. subtetrandrum Lange

Taxonomy. Octoploid to decaploid with 2n = 72, 90(—100). A. Zając, Acta Soc. Bot. Polon. 43: 369—376 (1974).

Notes. Au, Bl, Br, Bu, Co, Cz, †Da, Ga, Ge, He, Hs, Hu, It, Ju, Lu, Po, Si, Su. "W. Europe; S. Sweden; possibly also in parts of C. & S. Europe", and for *Cerastium diffusum* subsp. *subtetrandrum*: "E.C. Europe, extending to S. Sweden" (Fl. Eur.).

C. pumilum subsp. glutinosum (Fries) Jalas

Cerastium glutinosum Fries; C. kioviense Klokov; C. semidecandrum L. subsp. glutinosum (Fries) Maire & Weiller; C. syvashicum Kleopow; C. pumilum subsp. pallens sensu Fl. Eur.

Taxonomy. Octoploid with 2n = 72.

Nomenclature. P.D. Sell & F.H. Whitehead, Feddes Repert. 69 (Fl. Eur. Notulae Syst. 3) 22 (1964): J. Jalas, Ann. Bot. Fennici 20: 110 (1983).

Notes. Au, Be, Bu, Cz, Da, Fe, Ga, Ge, Gr, He, Hs, Hu, It, Po, Rm, Rs(B), Sa, Si, Su, Tu. Certainly elsewhere. "Probably throughout the range of the species" (Fl. Eur.).

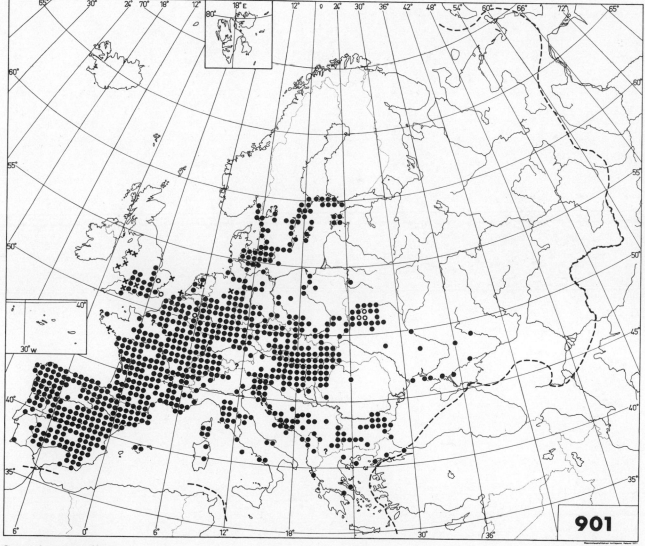

Cerastium pumilum

118

Cerastium diffusum Pers. — Map 902.

Cerastium atrovirens Bab.; C. gussonei Tod. ex Lojac.; C. tetrandrum Curtis, nomen illeg.; Sagina cerastoides Sm., non Cerastium cerastoides (L.) Britton

Taxonomy. P.D. Sell & F.H. Whitehead, Feddes Repert. 69 (Fl. Eur. Notulae Syst. 3) 22—24 (1964). *Cerastium diffusum* subsp. *subtetrandrum* has been included in *C. pumilum* subsp. *pumilum,* according to A. Zajac, Acta Soc. Bot. Polon. 43: 369—375 (1975). Moreover, W. Möschl, Mem. Soc. Brot. 17: 70 (1964), points out that *C. diffusum* subsp. *gussonei* may also be referable to *C. pumilum.* This stresses the urgent need of rechecking the characters differentiating *C. diffusum* and *C. pumilum,* if any.

Nomenclature. J.E. Dandy, Watsonia 7: 160—161 (1969); S. Rauschert, Feddes Repert. 83: 646 (1973).

Notes. Be, Bl, Br, Co, Da, Fa, Ga, Ge, Gr, Hb, Ho, Hs, It, Lu, No, Sa, Si, Su, Tu. "S., W. & C. Europe, extending northwards to S. Sweden and eastwards to Ukraine". The more eastern records in Fl. Eur., from Au, Cz, Hu, Ju, Po, Rs(W, K, ?E), omitted as evidently representing subsp. *subtetrandrum* sensu Fl. Eur., here included in *Cerastium pumilum*; see Hegi 1971: 940—941 (Au); the species *C. diffusum* not recognized in Soó 1970 (Hu) or in A. Zajac 1975 (Po). Tu included in accordance with Fl. Turkey 1967: 84. The map is necessarily provisional as concerns the S.E. part.

C. diffusum subsp. gussonei (Tod. ex Lojac.) P.D. Sell & Whitehead — Map 902.

Cerastium gussonei Tod. ex Lojac.; C. pentandrum L. subsp. gussonei (Tod. ex Lojac.) Maire & Weiller; C. pumilum Curtis subsp. gussonei (Tod. ex Lojac.) Maire

Taxonomy. Possibly referable to *Cerastium pumilum*; see above.

Notes. Si. "Sicilia" (Fl. Eur.). Given for It in Pignatti Fl. 1982: 221, but no exact data available.

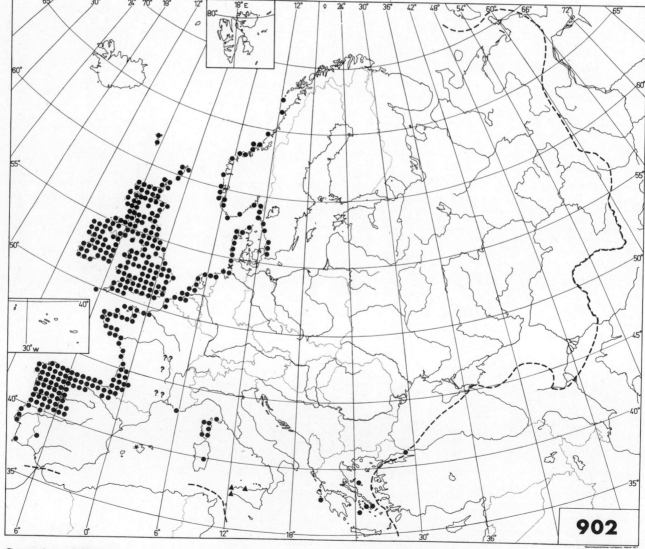

Cerastium diffusum
● = subsp. **diffusum**

▲ = subsp. **gussonei**
★ = var. **palaui**

C. diffusum subsp. **diffusum** — Map 902.

Cerastium atrovirens Bab. Incl. C. diffusum var. palaui O. Bolòs & Vigo

Taxonomy. Tetraploid and octoploid, with 2n = 36, 72.

Notes. Be, Bl, Br, Co, Da, Fa, Ga, Ge, Gr, Hb, Ho, Hs, It, Lu, No, Sa, Si, Su, Tu. "Mainly W. & C. Europe" (Fl. Eur.). Given for Si in Pignatti Fl. 1982: 222, but no exact data available.

Total range. A. Zając, Acta Soc. Bot. Polon. 43: 374 (1974) (as *Cerastium tetrandrum* Curtis).

Cerastium siculum Guss. — Map 903.

Cerastium pumilum Curtis subsp. siculum (Guss.) Maire

Notes. Bl and Sa added (not given in Fl. Eur.): J. Duvigneaud, Catal. Provis. Fl. Baléares, p. 12 (Univ. Liège Dept. Bot. 1974) and Soc. Échange Pl. Vasc. Eur. Occ. Bassin Médit. 17 (suppl.): 14 (1979); Pignatti Fl. 1982: 222. Presence in Hs doubtful (given as present in Fl. Eur.). Lu omitted (given in Fl. Eur.), the material belonging to *Cerastium semidecandrum*: W. Möschl, Agron. Lusit. 13: 61 (1951).

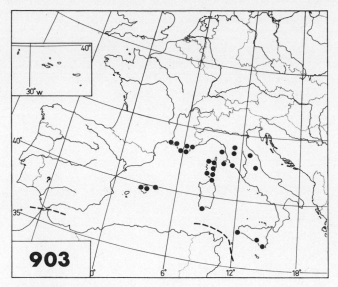

Cerastium siculum

Cerastium gracile Dufour — Map 904.

Cerastium bulgaricum Uechtr.; C. carpetanum Lomax; C. cavanillesianum Font Quer & Rivas Goday; C. durieui Desmoulins; C. gayanum Boiss.; C. lamottei Le Grand; C. pentandrum L. subsp. gracile (Dufour) Maire & Weiller; C. pseudobulgaricum Klokov; C. ramosissimum Boiss.; C. riaei Desmoulins; C. schmalhausenii Pacz.; C. velenovskyi Hayek

Taxonomy. P.D. Sell & F.H. Whitehead, Feddes Repert. 69 (Fl. Eur. Notulae Syst. 3): 23 (table 1) and 24 (1964); for a narrower circumscription of the species, see W. Möschl, Wiener Bot. Zeitschr. 92: 161—182 (1943) and Collect. Bot. (Barcelona) 2: 165—198 (1949). Three different chromosome numbers have been reported, 2n = 36, 44—46 (not 2n = 88—92 as given in Fl. Eur.), and 2n = 54: C. Favarger, Acta Bot. Croatica 28: 67, 72 (1969); C. Favarger, N. Galland & P. Küpfer, Naturalia Monspel. 29: 10—11 (1980 ("1979")).

Notes. Co omitted (given in Fl. Eur.). Tu added (not given in Fl. Eur. or, from Turkey-in-Europe, in Fl. Turkey 1967: 84): Al(E) Edirne, *Jalas 2191b* (H).

Total range. W. Möschl, Wiener Bot. Zeitschr. 92: 177 (1943) (*Cerastium bulgaricum* + *C. ramosissimum* + *C. schmalhausenii*).

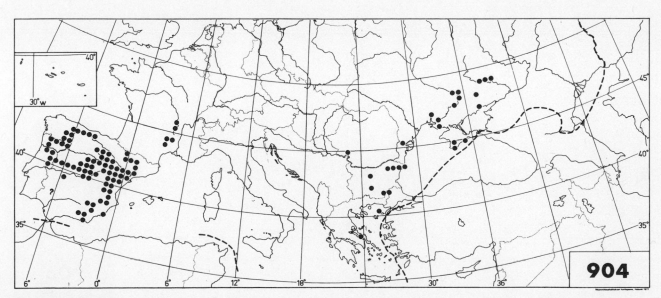

Cerastium gracile

120

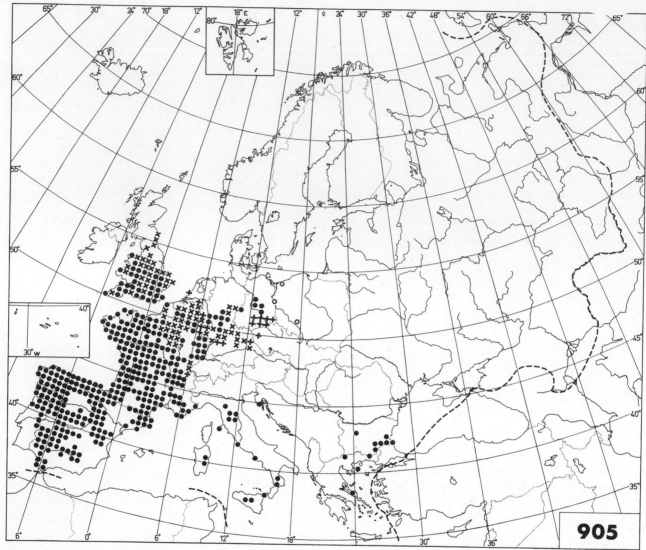

Moenchia erecta subsp. **erecta**

905

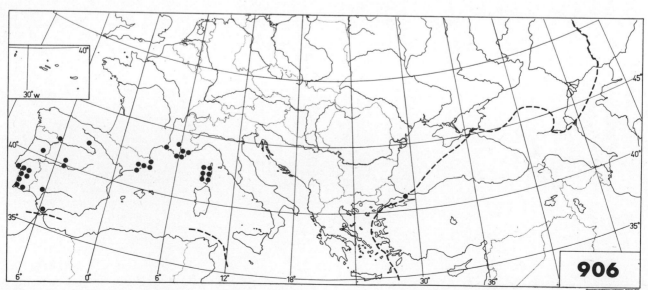

Moenchia erecta subsp. **octandra**

906

Moenchia erecta (L.) P. Gaertner, P. Meyer & Scherb.

Alsine erecta (L.) Crantz; Alsinella erecta (L.) Moench; Cerastium erectum (L.) Cosson & Germ.; C. quaternellum (Ehrh.) Fenzl; Malachium erectum (L.) Gren.; Moenchia glauca Pers.; M. octandra (Ziz ex Mert. & Koch) Gay; M. quaternella Ehrh., nomen illeg.; Sagina erecta L.; S. octandra Ziz ex Mert. & Koch

Notes. Extinct in Cz (given as present in Fl. Eur.). Probably extinct in Ho (given as present in Fl. Eur.): Atlas Nederl. Fl. 1980: 148. [Po] added (not given in Fl. Eur.).
Total range. MJW 1965: map 146a.

M. erecta subsp. erecta — Map 905.

Notes. Be, Br, Bu, †Cz, Ga, Ge, Gr, †Ho, Hs, It, Ju, Lu, [Po], Sa, Si. "Throughout the range of the species" (Fl. Eur.). Tu omitted (given in Fl. Eur.): only *Moenchia erecta* subsp. *octandra* (as *M. octandra*) is given from Tu in Fl. Turkey 1967: 87—88.

M. erecta subsp. octandra (Ziz ex Mert. & Koch) Coutinho — Map 906.

Moenchia octandra (Ziz ex Mert. & Koch) Gay; Sagina octandra Ziz ex Mert. & Koch

Nomenclature. The author's citation adjusted according to Fl. Turkey 1967: 87.
Notes. Co, Ga, Hs, Lu, Tu. "W. Mediterranean region, Portugal" (Fl. Eur.). Tu according to Fl. Turkey 1967: 87—88.

Moenchia graeca Boiss. & Heldr. — Map 907.

Notes. Bu added (not given in Fl. Eur.).

Moenchia mantica (L.) Bartl. — Map 908.

Cerastium caeruleum Boiss.; C. manticum L.; Malachium caeruleum (Boiss.) Jaub. & Spach; M. manticum (L.) Reichenb.; Moenchia caerulea (Boiss.) Boiss.; M. erecta (L.) P. Gaertner, P. Meyer & Scherb. subsp. mantica (L.) Thell.; Pentaple mantica (L.) Reichenb.

Notes. Cr, [Ge] and [Po] omitted (Cr, [Ge, Po] in Fl. Eur.): Ehrendorfer 1973: 178 (Ge not mentioned); W. Greuter, Memór. Soc. Brot. 24: 155 (1974). Probably only casual in Cz, and not found recently ([Cz] in Fl. Eur.). The subspecies cannot be mapped separately on the basis of the available data.
Total range. MJW 1965: map 146c.

M. mantica subsp. mantica

Incl. Moenchia mantica subsp. bulgarica Velen.; M. mantica var. bulgarica (Velen.) Beck

Notes. "Throughout the range of the species" (Fl. Eur.).

M. mantica subsp. caerulea (Boiss.) Clapham

Cerastium caeruleum Boiss.; Malachium caeruleum (Boiss.) Jaub. & Spach; Moenchia caerulea (Boiss.) Boiss.; M. mantica var. violascens Aznav.

Notes. "Balkan peninsula; perhaps introduced elsewhere" (Fl. Eur.).

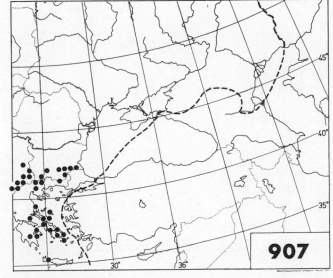

Moenchia graeca

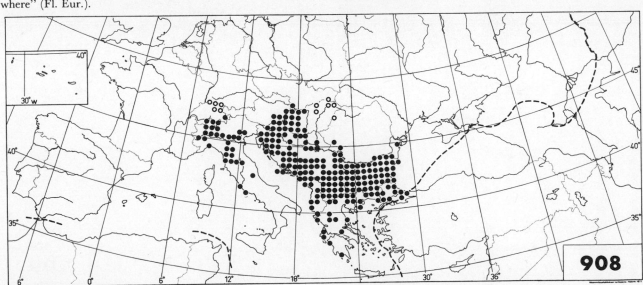

Moenchia mantica

Myosoton aquaticum (L.) Moench — Map 909.

Alsine uliginosa Vill.; Cerastium aquaticum L.; C. deflexum Ser. ex DC.; Malachium aquaticum (L.) Fries; ?Malachium calycinum Willk.; Myosanthus aquaticus (L.) Desv.; Stellaria aquatica (L.) Scop.; S. pallasiana Less.; S. pentagyna Gaud.

Taxonomy. *Malachium calycinum* Willk. is a poorly known taxon of uncertain status. It is even questionable whether it belongs to *Myosoton* at all. See the original diagnosis by M. Willkomm, Bot. Zeitung 5: 239—240 (1847). The plant is here mapped using a special symbol.

Notes. Cr omitted (given indirectly in Fl. Eur.): W. Greuter, Memór. Soc. Brot. 24: 155 (1974). No exact data available for Si, although given from there in Fl. Eur. and Pignatti Fl. 1982. Tu added (not given in Fl. Eur.): Fl. Turkey 1967: 73.

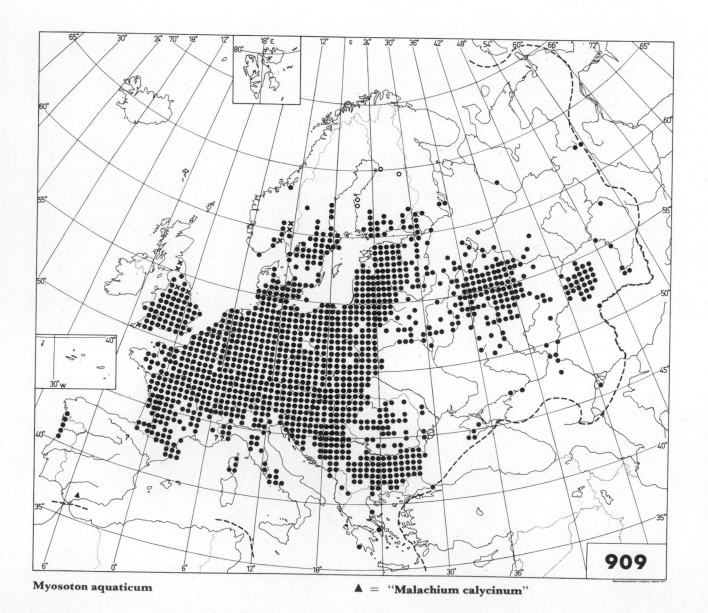

Myosoton aquaticum   ▲ = "Malachium calycinum"

909

123

Sagina nodosa (L.) Fenzl — Map 910.

Alsine nodosa (L.) Crantz; Arenaria nodosa (L.) Wallr.; Moehringia nodosa (L.) Crantz; Sagina merinoi Pau; Spergella nodosa (L.) Reichenb.; Spergula nodosa L. Incl. (without formal recognition) Sagina nodosa var. moniliformis (G.F. Meyer) Lange

Generic delimitation and nomenclature. Á. Löve & D. Löve, Bot. Not. 128: 507—508 (1975); G.E. Crow, Rhodora 80: 3, 21 (1978).

Taxonomy. Although Fl. Eur. gives it only in the synonymy of *Sagina nodosa*, the Galician endemic *S. merinoi* has been considered a good species, e.g. by M. Laínz, Brotéria 24: 116 (1955), and An. Inst. Forestal Invest. Exp. 37: 307—308 (1966). This taxon has been given a special symbol on the map.

Notes. Co omitted (given in Fl. Eur.). In Ga probably extinct in still more localities than given in the map. Probably extinct in It, the only reliable record being from 1847 (given as present in Fl. Eur.). Ju omitted (given in Fl. Eur.).

Total range. MJW 1965: map 147c; Hultén Alaska 1968: 428.

Sagina nivalis (Lindblad) Fries — Map 911.

Sagina intermedia Fenzl; Spergella intermedia (Fenzl) Löve & Löve; Spergula saginoides (L.) Karsten var. nivalis Lindblad

Taxonomy. G.E. Crow, Rhodora 80: 53—57 (1978).

Notes. The doubtful occurrences in C. Europe (?Au, ?He in Fl. Eur.) not confirmed: Hegi 1962: 836; Fl. Schweiz 1967: 829.

Total range. Hultén Alaska 1968: 427; Hultén CP 1971: map 23.

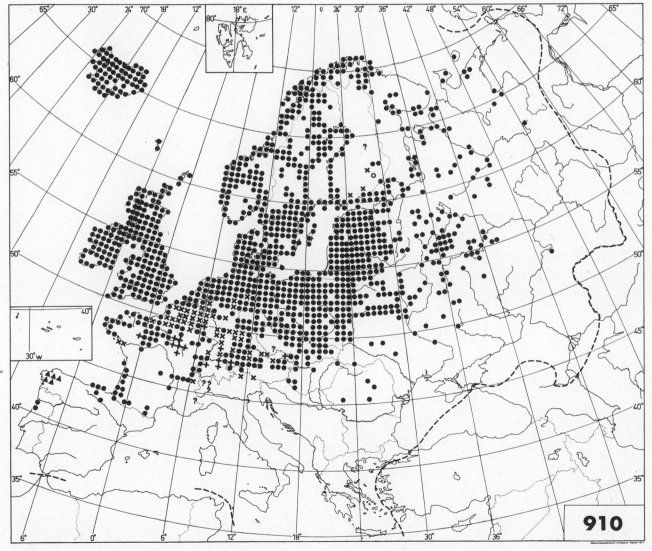

Sagina nodosa   ▲ = "S. merinoi"

910

124

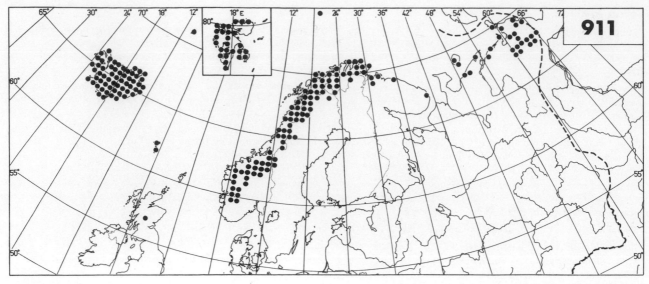

Sagina nivalis

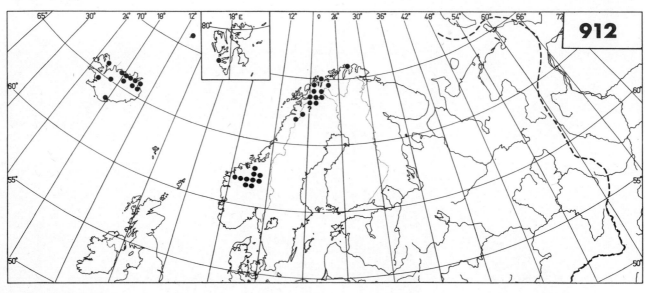

Sagina caespitosa

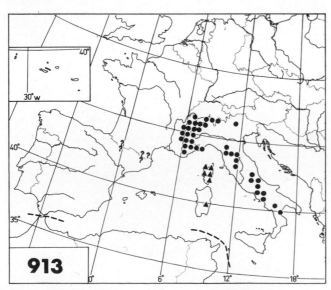

● = **Sagina glabra**   ▲ = **S. pilifera**

Sagina caespitosa (J. Vahl) Lange — Map 912.

Spergella caespitosa (J. Vahl) Löve & Löve

Total range. Given as endemic to Europe in Fl. Eur., contrary to H. Gams, Phyton (Austria) 5: 113 (1953), Hultén AA 1958: map 161, and G.E. Crow, Rhodora 80: 50 (1978). Actually, the taxon was originally described from Greenland.

Sagina glabra (Willd.) Fenzl — Map 913.

Sagina linnaei C. Presl var. glabra (Willd.) Fiori & Paol.; S. repens (Zumagl.) Burnat; Spergella glabra (Willd.) Reichenb.; Spergula glabra Willd.; S. repens Zumagl.; S. saginoides All. non L.

Notes. Au and Ju omitted, the data being considered old and unreliable (given in Fl. Eur.): W. Gutermann, *in litt.*

Sagina pilifera (DC.) Fenzl — Map 913.

Sagina saginoides (L.) Karsten var. pilifera (DC.) Fiori

Total range. Endemic to Corse and Sardegna.

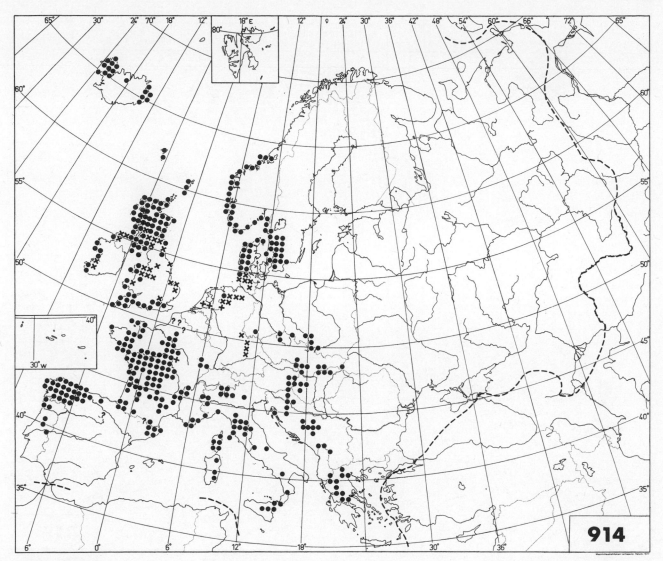

Sagina subulata

Sagina subulata (Swartz) C. Presl — Map 914.

Spergula subulata Swartz. Incl. Sagina revelieri Jordan & Fourr.; S. saginoides (L.) Karsten var. revelieri (Jordan & Fourr.) Fiori

Notes. Be omitted (given in Fl. Eur.). Presumably extinct in Ho (given as present in Fl. Eur.): Atlas Nederl. Fl. 1980: 176. The records listed by T. Săvulescu (ed.), Fl. Reipubl. Pop. Romanicae 2: 75 (București 1953), possibly belong to *Sagina nodosa*.

Sagina sabuletorum (Gay) Lange — Map 915.

Sagina loscosii Boiss.; Spergula sabuletorum Gay

Notes. Also recorded for Hu (not given in Fl. Eur.), as *Sagina saginoides* subsp. *macrocarpa* (Reichenb.) Soó var. *karolyiana* Soó, Bot. Közlem. 45: 264 (1954), the taxon being later synonymized with *S. sabuletorum* by A. Pénzes, Savaria 2: 52 (1964). Perhaps an alien in Hu, see Soó Synopsis 1970: 358.

Total range. Outside Europe, present in Morocco (given as endemic to Europe in Fl. Eur.): R. Maire, Fl. Afr. Nord 9: 239 (1963).

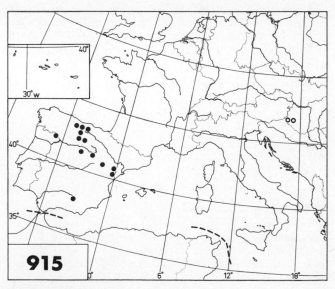

Sagina sabuletorum

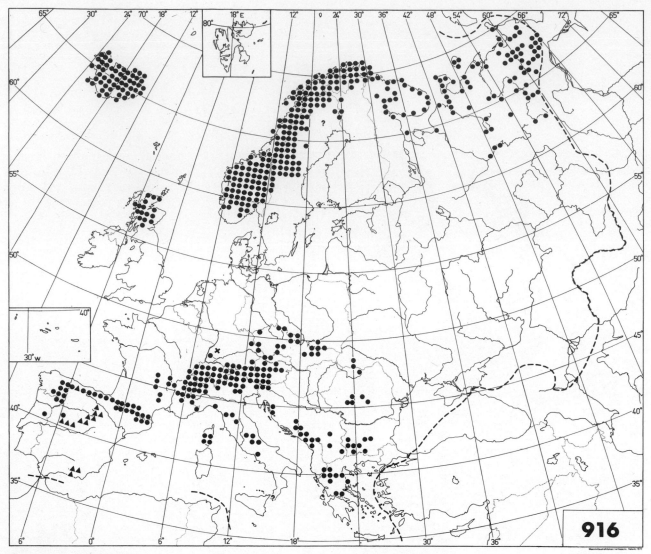

● = **Sagina saginoides**   ▲ = **S. nevadensis**

Sagina nevadensis Boiss. & Reuter — Map 916.

Sagina saginoides (L.) Karsten var. glandulosa (Lange) Rivas Martínez; S. saginoides var. nevadensis (Boiss. & Reuter) Briq.; S. saginoides subsp. nevadensis (Boiss. & Reuter) Greuter & Burdet

Nomenclature. W. Greuter & T. Raus (eds.), Willdenowia 12 (Cahiers Optima Leaflets 127): 189 (1982).

Notes. Lu added (not given in Fl. Eur.): S. Rivas Martínez & C. Saenz de Rivas, An. Real Acad. Farmacia 45: 595—596 (1979); S. Rivas Martínez, An. Jardin Bot. Madrid 36: 306 (1979).

Total range. Outside Europe, recorded from Grand Atlas in Morocco (given as endemic to Europe in Fl. Eur.): R. Maire, Fl. Afr. Nord 9: 237 (1963).

Sagina saginoides (L.) Karsten — Map 916.

Alsine linnaei (C. Presl) Jessen; A. saginoides (L.) Crantz; Arenaria frigida Rupr.; Sagina linnaei C. Presl; S. olympica Stoj. & Jordanov; S. rosonii Merino; S. saxatilis (Wimmer & Grab.) Wimmer; S. spergella Fenzl; Spergella saginoides (L.) Reichenb.; S. saxatilis (Wimmer & Grab.) Schur; Spergula saginoides L.; S. saxatilis Wimmer & Grab. Incl. Sagina macrocarpa (Reichenb.) J. Maly; S. saginoides subsp. macrocarpa (Reichenb.) Soó; S. saginoides var. macrocarpa (Reichenb.) Moss; Spergella macrocarpa Reichenb. Excl. Sagina x normaniana Lagerh.; S. procumbens x saginoides; S. saginoides subsp. scotica (Druce) Clapham

Taxonomy. G.E. Crow, Rhodora 80: 34—42 (1978).

Notes. Present in Sa according to Pignatti Fl. 1982: 224, but no exact data available (not given in Fl. Eur.).

Total range. Hultén Alaska 1968: 426; Hultén CP 1971: map 44.

Sagina procumbens L.

Alsine procumbens (L.) Crantz; Sagina corsica Jordan; S. fasciculata Poiret; S. muscosa Jordan; S. pyrenaica Rouy. Incl. S. boydii Buchanan-White

Notes. Bl omitted (given indirectly in Fl. Eur.): Fl. Mallorca 1978: 149—150; Duvigneaud 1979: 14. Presence in Cr doubtful (given indirectly as present in Fl. Eur.): W. Greuter, Memór. Soc. Brot. 24: 155 (1974). Present in Rm but no exact records available.

Total range. MJW 1965: 146b.

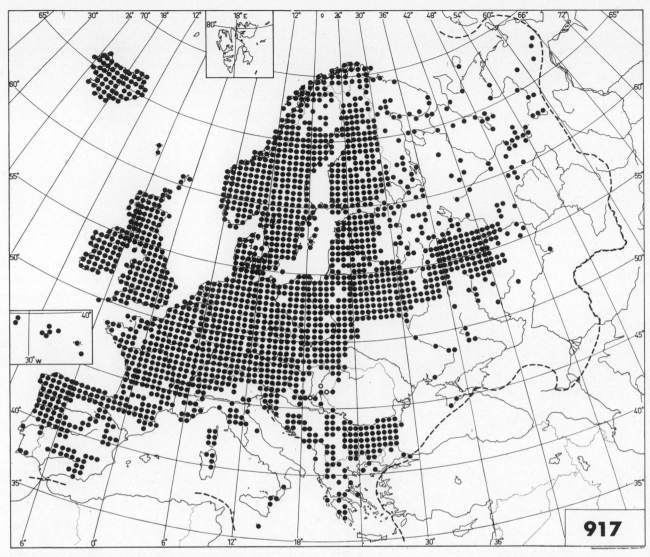

Sagina procumbens subsp. **procumbens**

S. procumbens subsp. **procumbens** — Map 917.

Sagina procumbens subsp. litoralis Natho

Notes. Al, Au, Az, Be, Br, Bu, Co, ?Cr, Cz, Da, Fa, Fe, Ga, Ge, Gr, Hb, He, Ho, Hs, Hu, Is, It, Ju, Lu, No, Po, Rm, Rs(N, B, C, W, K, E), Sa, Si, Su, Tu. "Throughout the range of the species" (Fl. Eur.).

S. procumbens subsp. **muscosa** (Jordan) Nyman — Map 918.

Sagina fasciculata Boiss. non Poiret; S. muscosa Jordan; S. procumbens var. muscosa (Jordan) Schinz & Keller; S. pyrenaica Rouy; S. saginoides (L.) Karsten subsp. pyrenaica (Rouy) Font Quer

Taxonomy. The synonymy needs checking, as concerns *Sagina fasciculata* Boiss. and *S. pyrenaica* Rouy (given in the index to Fl. Eur.).

Notes. Ga, Hs "France (E. Cévennes, Auvergne, E. Pyrenees)" (Fl. Eur.).

Total range. Endemic to Europe.

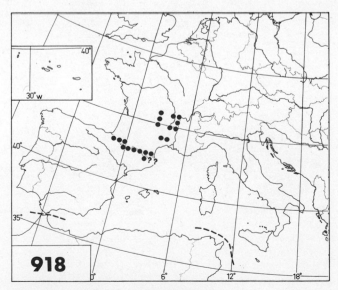

Sagina procumbens subsp. **muscosa**

128

Sagina apetala Ard. — Map 919.

Sagina ciliata Fries; S. erecta Murith; S. filicaulis Jordan; S. depressa C.F. Schultz; S. inconspicua Rossm.; S. micropetala Rauschert; S. patula Jordan; S. quaternella Schlosser; S. reuteri Boiss.

Taxonomy and nomenclature. The typification of *Sagina apetala* Ard. followed in Fl. Eur. differs from that in Hegi 1962: 831, 833, where, furthermore, the two subspecies are given the rank of independent species, as *S. ciliata* Fries (= subsp. *apetala* sensu Fl. Eur.) and *S. apetala* (= subsp. *erecta* sensu Fl. Eur.). According to Fl. Turkey 1967: 92, "the differences between *S. apetala* and *S. ciliata* are inconstant, and the two cannot be maintained as separate taxa". W. Greuter, Boissiera 13: 40 (1967), rejects *S. apetala* as nomen ambig. and uses the younger name *S. ciliata* Fries for the species instead.

Notes. The differences in the species concept and subspecific nomenclature necessitate joint mapping of the taxa involved and make separate maps for the subspecies unsuitable, if not impossible. No data available from Rs(B, C, K, E) (B, C, ?K, E, according to Fl. Eur.); given from Rs(B) in E. Hultén, Atlas Distr. Vasc. Pl. N.W. Europe, 2nd ed., map 701 (Stockholm 1971).

S. apetala subsp. apetala

Sagina ambigua auct. non Lloyd; S. apetala subsp. ciliata (Fries) Rouy; ?S. apetala subsp. lamyi (Boreau) Rouy; S. ciliata Fries; S. filicaulis Jordan; S. depressa C.F. Schultz; S. patula Jordan; S. reuteri Boiss. ?Incl. S. melitensis Gulia ex Duthie

Notes. "Throughout the range of the species" (Fl. Eur.).

S. apetala subsp. erecta (Hornem.) F. Hermann

Sagina apetala auct. (non subsp. apetala sensu Fl. Eur.); S. apetala var. erecta Hornem.; S. ciliata var. minor Rouy & Fouc.; S. erecta Murith; S. filicaulis auct. non Jordan; S. inconspicua Rossm.; S. micropetala Rauschert; S. quaternella Schlosser

Notes. "Almost throughout the range of the species, but rare in the Mediterranean region" (Fl. Eur.).

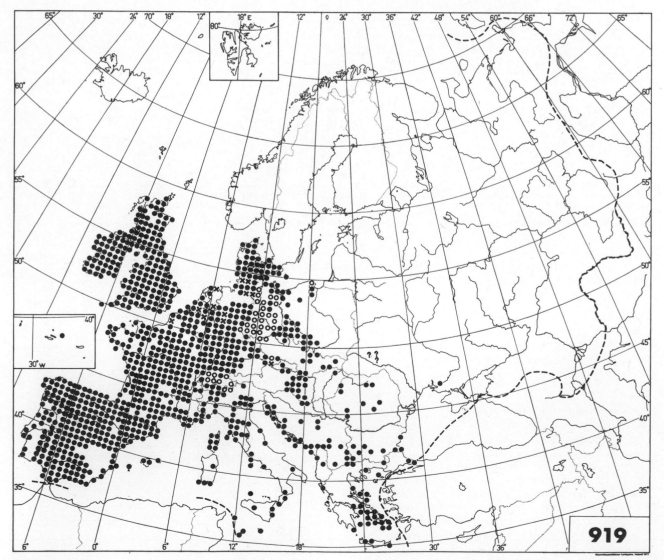

Sagina apetala

Sagina maritima G. Don — Map 920.

Alsine donii C.F.W. Meyer; A. maritima (G. Don) Jessen; Sagina apetala Ard. var. maritima (G. Don) Wahlenb.; S. filiformis Pourr.; S. rodriguesii Willk.; S. stricta Fries; S. urceolata Viv.

Notes. Az, Ge, Si and Tu added (not given in Fl. Eur.): Fl. Turkey 1967: 91; Pignatti Fl. 1982: 225.
Total range. MJW 1965: map 146d.

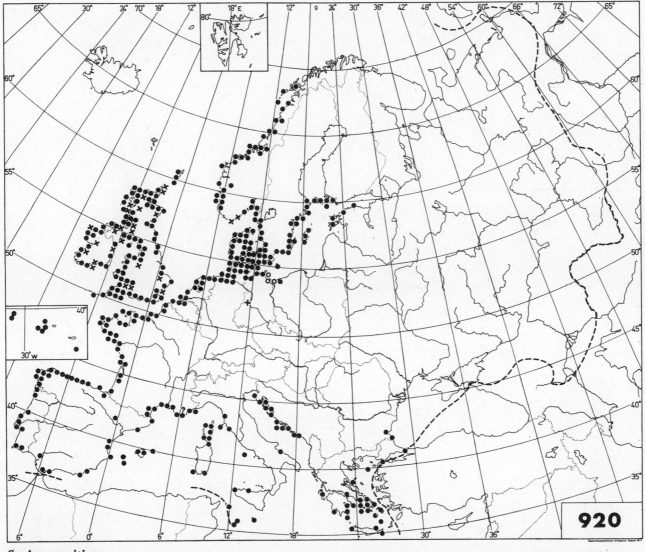

Sagina maritima

130

Scleranthus perennis L. — Map 921.

Scleranthus burnatii Briq.; S. dichotomus Schur; S. marginatus Guss.; S. neglectus Rochel ex Baumg.; S. polycnemoides Willk. & Costa; S. vulcanicus Strobl

Taxonomy. P.D. Sell, Feddes Repert. 68 (Fl. Eur. Notulae Syst. 2): 167—169 (1963).
Notes. [Fe] and Su added (not given in Fl. Eur.). Rs(E) and Sa omitted (given in Fl. Eur.).
Total range. MJW 1965: map 150d; Smejkal 1965: 29.

S. perennis subsp. perennis

Scleranthus dichotomus auct. non Schur

Notes. Al, Au, Be, Br, Bu, Co, Cz, Da, [Fe], Ga, Ge, Gr, He, Ho, Hs, Hu, It, Ju, No, Po, Rm, Rs(B, C, W, K), Su. "Throughout the range of the species" (Fl. Eur.). Not given from Tu in Fl. Turkey 1967: 263—264, although listed by W. Rössler, Österr. Bot. Zeitschr. 102: 69 (1955).
Total range. Smejkal 1965: 29.

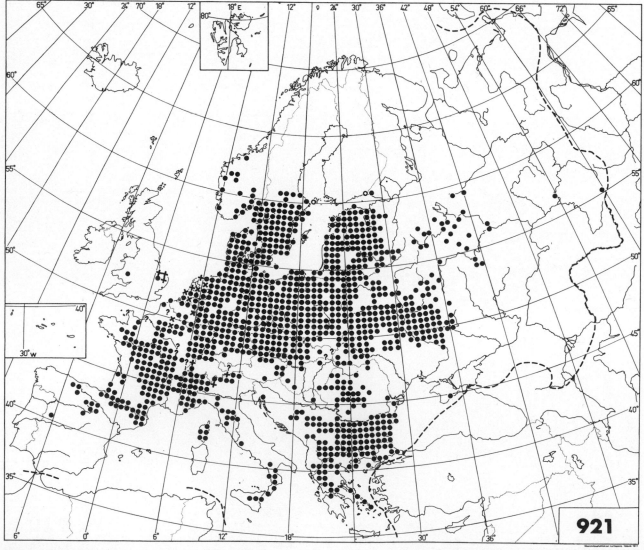

921

Scleranthus perennis

S. perennis subsp. **prostratus** P.D. Sell — Map 922.

Taxonomy. P.D. Sell, Feddes Repert. 68 (Fl. Eur. Notulae Syst. 2): 168 (1963).

Notes. Br. "E. England" (Fl. Eur.).

Total range. Endemic to the British Isles.

S. perennis subsp. **burnatii** (Briq.) P.D. Sell — Map 923.

Scleranthus burnatii Briq.

Taxonomy. P.D. Sell, Feddes Repert. 68 (Fl. Eur. Notulae Syst. 2): 168 (1963).

Notes. Co. "Corse" (Fl. Eur.).

Total range. Endemic to Corse.

S. perennis subsp. **polycnemoides** (Willk. & Costa) Font Quer — Map 924.

Scleranthus polycnemoides Willk. & Costa

Notes. Ga, Hs. "Pyrenees" (Fl. Eur.).

Total range. Endemic to Europe.

S. perennis subsp. **vulcanicus** (Strobl) Béguinot — Map 924.

Scleranthus vulcanicus Strobl

Notes. Si. "Sicilia (Etna)" (Fl. Eur.).

Total range. Endemic to Sicilia.

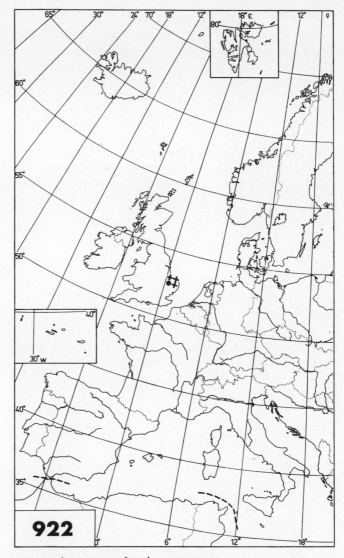

Scleranthus perennis subsp. **prostrat**

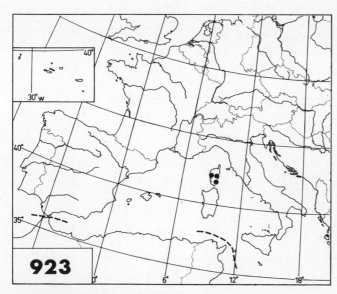

Scleranthus perennis subsp. **burnatii**

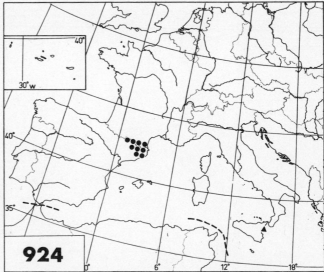

● = **Scleranthus perennis** subsp. **polycnemoides**
▲ = **S. perennis** subsp. **vulcanicus**

132

S. perennis subsp. **marginatus** (Guss.) Nyman — Map 925.

Scleranthus marginatus Guss.; S. neglectus Rochel ex Baumg.; S. perennis subsp. neglectus (Rochel ex Baumg.) Stoj. & Stefanov

Nomenclature. The author's citation corrected.

Notes. Al, Bu, ?Ga, Gr, It, Ju, Rm, Si, Tu. "S. France, S. Italy, Sicilia, Romania and Balkan peninsula" (Fl. Eur.).

Total range. Smejkal 1965: 64 (as *Scleranthus neglectus*; given as endemic to Europe in Fl. Eur.).

S. perennis subsp. **dichotomus** (Schur) Nyman — Map 926.

Scleranthus dichotomus Schur; S. marginatus Guss. subsp. dichotomus (Schur) Pignatti; S. perennis var. dichotomus (Schur) Richter & Gürke

Taxonomy and nomenclature. S. Pignatti, Giorn. Bot. Ital. 107: 207 (1973). It remains to be studied whether this taxon can really be distinguished, at the level of subspecies, from the largely sympatric subsp. *marginatus*; see Fl. Turkey 1967: 264. The author's citation corrected according to information from W. Gutermann, *in litt.*

Notes. ?Al, Bu, ?Cz, Gr, Hu, It, Ju, Rm, ?Rs(W), Tu. "E. Alps to Carpathians; Balkan peninsula" (Fl. Eur.). Reported from one locality in It (Wangen near Bolzano) but not seen in recent times (Pignatti Fl. 1982: 227).

Total range. Smejkal 1965: 64 (given as endemic to Europe in Fl. Eur.).

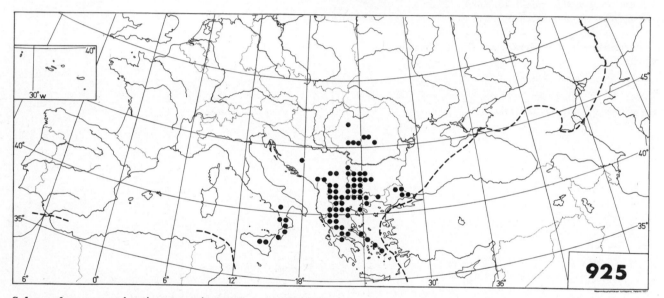

Scleranthus perennis subsp. **marginatus**

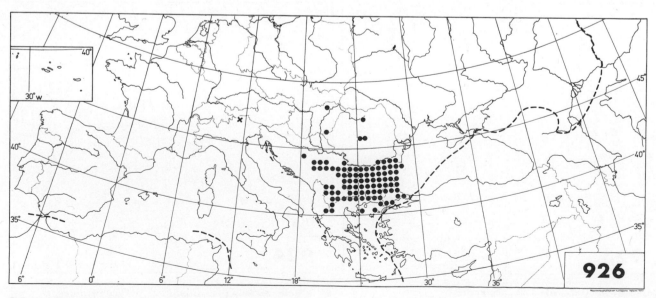

Scleranthus perennis subsp. **dichotomus**

Scleranthus annuus L. — Map 927.

Scleranthus aetnensis Strobl; S. alpestris Hayek; S. collinus Hornung ex Opiz; S. delortii Gren.; S. glaucovirens Halácsy; S. polycarpos L.; S. ruscinonensis (Gillot & Coste) Rössler; S. syvaschicus Kleopow; S. velebiticus Degen & Rossi; S. verticillatus Tausch

Taxonomy. P.D. Sell, Feddes Repert. 68 (Fl. Eur. Notulae Syst. 2): 169 (1963); S. Pignatti, Giorn. Bot. Ital. 107: 207—208 (1973). R.D. Meikle, Fl. Cyprus 1: 286 (Kew 1977), prefers to divide the species into only two subspecies, subsp. *annuus* and another comprising all the rest (as subsp. *delortii*; see below), because, according to him, it is not possible to draw "any satisfactory distinctions" between "*S. collinus, S. ruscinonensis, S. polycarpos* and the other segregates, into which the rather variable *S. annuus* has been subdivided".

Notes. Bl added (not given in Fl. Eur.): Fl. Mallorca 1978: 152. A collective map is needed for the species, because the different subspecies have not been recognized consistently.

Total range. A. Zając, Origin Archaeoph. Poland, p. 36 (Kraków 1979).

S. annuus subsp. annuus

Scleranthus glaucovirens Halácsy; S. velebiticus Degen & Rossi

Notes. "Throughout the range of the species" (Fl. Eur.). Not mapped separately.
Total range. Smejkal 1965: 38.

S. annuus subsp. aetnensis (Strobl) Pignatti — Map 928.

Scleranthus aetnensis Strobl; S. annuus var. aetnensis (Strobl) Fiori

Taxonomy and nomenclature. S. Pignatti, Giorn. Bot. Ital. 107: 207 (1973).
Notes. Si (the taxon not mentioned in Fl. Eur.).
Total range. Endemic to Sicilia.

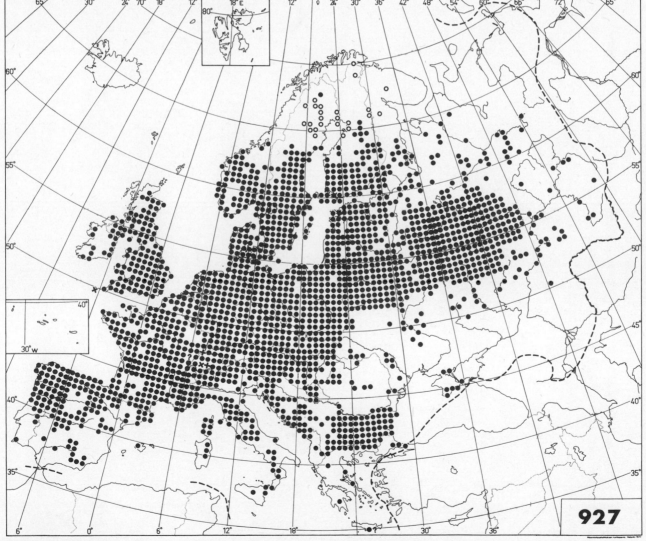

927

Scleranthus annuus

134

S. annuus subsp. **polycarpos** (L.) Thell. — Map 928.

Scleranthus alpestris Hayek; S. annuus subsp. alpestris (Hayek) Ascherson & Graebner; S. polycarpos L.

Notes. Al, Au, Be, Br, Bu, ?Co, Cz, Da, Fe, Ga, Ge, Gr, He, Ho, Hs, Hu, ?It, Ju, Lu, No, Po, Rm, Rs(N, B, K), Si, Su, Tu. "Most of Europe, but probably absent from some parts of U.S.S.R." (Fl. Eur.). The map for Fe compiled by J. Venäläinen. Given from Tu by Webb 1966: 18. The map is incomplete.

Total range. Smejkal 1965: 45 (evidently including subsp. *delortii*; see below).

S. annuus subsp. **collinus** (Hornung ex Opiz) Schübler & Martens — Map 929.

Scleranthus annuus subsp. verticillatus (Tausch) Arc; S. collinus Hornung ex Opiz; S. polycarpos L. subsp. collinus (Hornung ex Opiz) Pignatti; S. syvaschicus Kleopov; S. verticillatus Tausch

Nomenclature. M. Smejkal, Preslia (Praha) 36: 123—126 (1964); Smejkal 1965: 48—50; Hegi 1971: 944; S. Pignatti, Giorn. Bot. Ital. 107: 208 (1973).

Notes. Al, Au, Bu, Co, Cr, Cz, Ga, Ge, Gr, He, Hs, Hu, It, Ju, Rm, Rs(C, W, K), Sa, Tu. "S. & S.E. Europe" (Fl. Eur.). For Cr, see W. Greuter, Ann. Mus. Goulandris 1: 31 (1973). The map is incomplete.

Total range. Smejkal 1965: 52.

S. annuus subsp. **delortii** (Gren.) Meikle — Map 930.

Scleranthus annuus subsp. ruscinonensis (Gillot & Coste) P.D. Sell; S. candolleanus var. delortii subvar. ruscinonensis Gillot & Coste; S. delortii Gren.; S. polycarpos L. subsp. ruscinonensis (Gillot & Coste) Pignatti; S. ruscinonensis (Gillot & Coste) Rössler; S. verticillatus Tausch subsp. delortii (Gren.) Nyman

Taxonomy and nomenclature. P.D. Sell, Feddes Repert. 68 (Fl. Eur. Notulae Syst. 2) 169 (1963); S. Pignatti, Giorn. Bot. Ital. 107: 208 (1973). R.D. Meikle, Fl. Cyprus 1: 286, 806 (Kew 1977), includes *Scleranthus annuus* subsp. *polycarpos* and subsp. *collinus* in this subspecies; see above under the species.

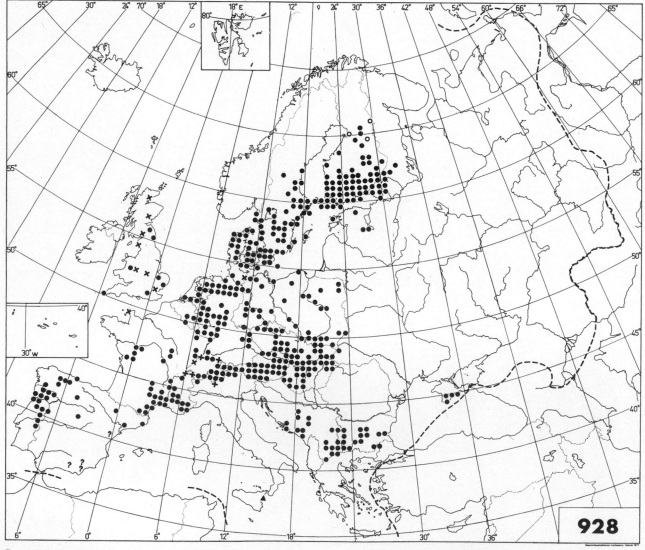

928

● = **Scleranthus annuus** subsp. **polycarpos**   ▲ = **S. annuus** subsp. **aetnensis**

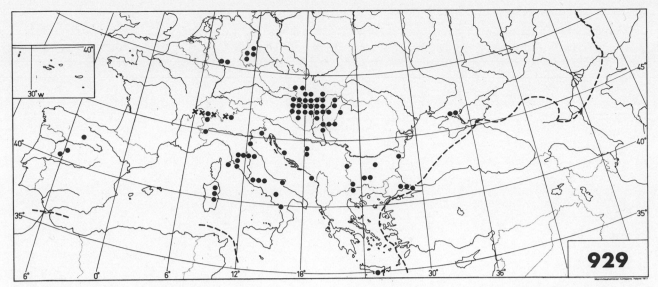

Scleranthus annuus subsp. **collinus**

Notes. Co, Ga, Hs, Lu. "S.E. France; Corse; Spain; N. Portugal" (Fl. Eur.).

Total range. Smejkal 1965: 64 (as *Scleranthus ruscino-nensis*; given as endemic to Europe in Fl. Eur.).

Scleranthus uncinatus Schur — Map 931.

Scleranthus annuus L. subsp. *uncinatus* (Schur) Stoj. & Stefanov

Notes. Cz and Gr omitted (given in Fl. Eur.). It added (not given in Fl. Eur.): Pignatti Fl. 1982: 227. Lu not confirmed (?Lu in Fl. Eur.): not recognized in Nova Fl. Port. 1971: 125—126. Rs(C) added (not given in Fl. Eur.). Tu given by W. Rössler, Österr. Bot. Zeitschr. 102: 69 (1955), but no exact localities available.

Total range. Smejkal 1965: 58.

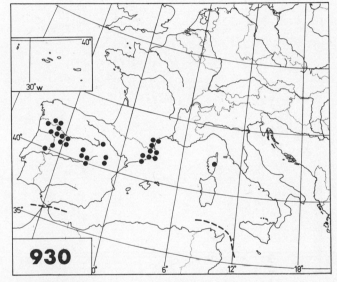

Scleranthus annuus subsp. **delortii**

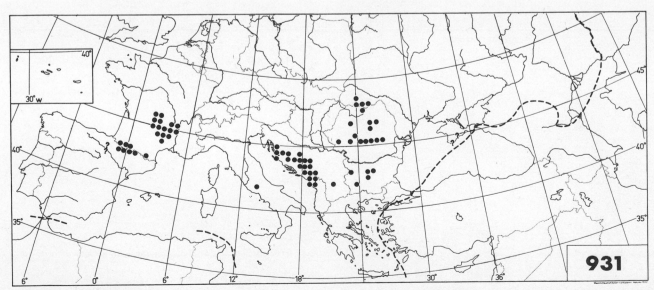

Scleranthus uncinatus

Subfam. PARONYCHIOIDEAE

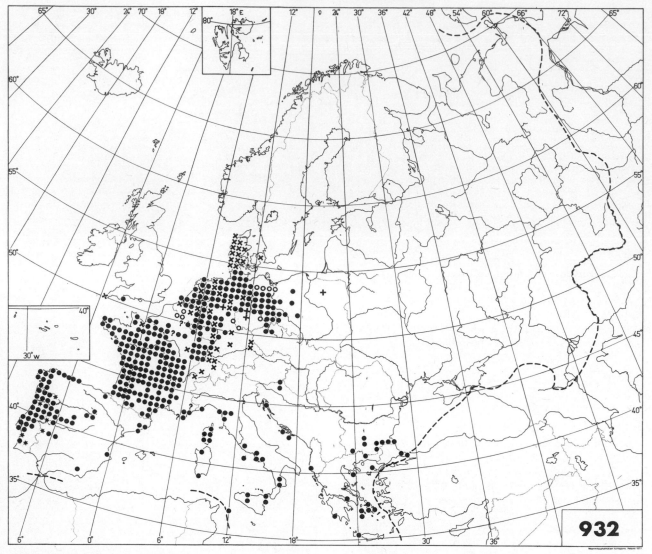

932

Corrigiola litoralis subsp. **litoralis**
★ = subspecies not known

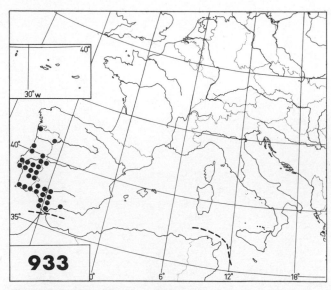

933

Corrigiola litoralis subsp. **foliosa**

Corrigiola litoralis L.

Taxonomy. Chaudhri 1968: 35—39.

Notes. Al added (not given in Fl. Eur. or in Chaudhri 1968). Au and Rs(W) omitted (given in Fl. Eur.). Probably extinct in Da (*Da in Fl. Eur.). Not truly established in He (given as native in Fl. Eur.): Hegi 1961: 753; Ehrendorfer 1973: 79.

Total range. MJW 1965: map 152c; E.J. Jäger, Feddes Repert. 81: 83 (1970).

C. litoralis subsp. **litoralis** — Map 932.

Notes. Al, Be, Br, Bu, Co, Cr, Cz, ?†Da, Ga, Ge, Gr, [He], Ho, Hs, It, Ju, Lu, Po, Sa, Si, Tu. "W., C. & S. Europe; occasional as a casual elsewhere" (Fl. Eur., for the species).

C. litoralis subsp. **foliosa** (Perez-Lara ex Willk.) Chaudhri — Map 933.

Corrigiola telephiifolia Pourret var. foliosa Perez-Lara ex Willk.

Taxonomy. Chaudhri 1968: 38—39.

Notes. Hs, Lu (the taxon not mentioned in Fl. Eur.).

Corrigiola telephiifolia Pourret — Map 934.

Corrigiola litoralis subsp. telephiifolia (Pourret) Briq.; C. telephiifolia subsp. paronychioides Emberger. Incl. C. imbricata Lapeyr.; C. telephiifolia subsp. imbricata (Lapeyr.) Greuter & Burdet; C. telephiifolia var. imbricata (Lapeyr.) DC.

Nomenclature. W. Greuter & T. Raus (eds.), Willdenowia 12 (Cahiers Optima Leaflets 127): 186 (1982).

Notes. Bl confirmed (?Bl in Fl. Eur.): Duvigneaud 1979: 14. Persisting since 1974 in [Br] (not given in Fl. Eur.): S.C. Holland & E.J. Clement, Watsonia 13: 55—57 (1980). [Be] and [Ge] omitted (given in Fl. Eur.): Hegi 1961: 751; Ehrendorfer 1973.

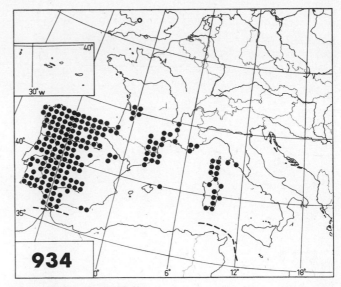

Corrigiola telephiifolia

Chaetonychia cymosa (L.) Sweet — Map 935.

Illecebrum cymosum L.; Paronychia cymosa (L.) DC.

Generic delimitation. Chaudhri 1968: 296. Included in *Paronychia* in Fl. Eur.

Paronychia echinulata Chater — Map 936.

Illecebrum cymosum sensu Sibth. & Sm. non L.; Chaetonychia echinata (Lam.) Sampaio; Paronychia echinata Lam., nomen illeg.

Taxonomy and nomenclature. A.O. Chater, Feddes Repert. 69 (Fl. Eur. Notulae Syst. 3): 52—53 (1964); Chaudhri 1968: 157.

Chaetonychia cymosa

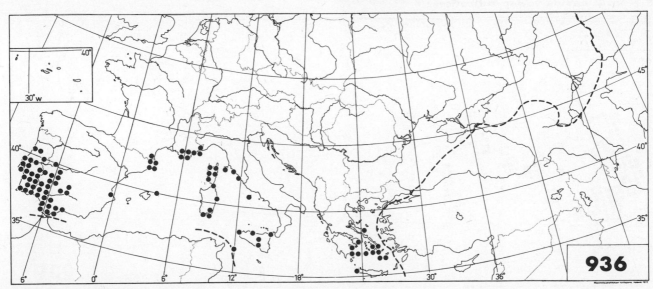

Paronychia echinulata

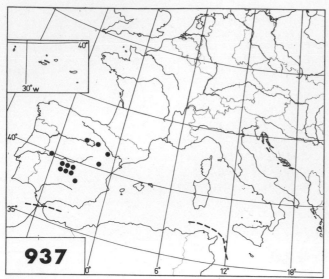

937

Paronychia rouyana

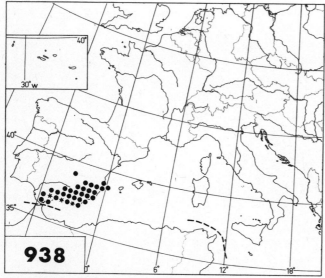

938

Paronychia suffruticosa
- ● = subsp. **suffruticosa**
- ★ = subsp. **hirsuta** + subsp. **suffruticosa**

Paronychia rouyana Coincy — Map 937.

Total range. Endemic to Europe (not given as such in Fl. Eur.).

Paronychia suffruticosa (L.) DC. — Map 938.

Herniaria paniculata Webb; H. polygonoides Cav.; H. suffruticosa (L.) Desf.; Illecebrum suffruticosum L.; Paronychia paniculata (Webb) Bentham & Hooker; P. polygonoides (Cav.) Gürke

Total range. Endemic to Europe (not given as such in Fl. Eur.).

P. suffruticosa subsp. **suffruticosa** — Map 938.

Notes. Hs.

P. suffruticosa subsp. **hirsuta** Chaudhri — Map 938.

Taxonomy. Chaudhri 1968: 119—120.
Notes. Hs (the taxon not mentioned in Fl. Eur.).

Paronychia argentea Lam. — Map 939.

Chaetonychia paronychia (L.) Sampaio; Illecebrum argenteum (Lam.) Pourr.; I. italicum Vill.; I. mauritanicum Willd. ex Schultes; I. paronychia L.; Paronychia glomerata Moench; P. italica (Vill.) Schultes; P. mauritanica (Willd. ex Schultes) Rothm. & P. Silva; P. nitida J. Gaertner

Taxonomy. Chaudhri 1968: 211—216.

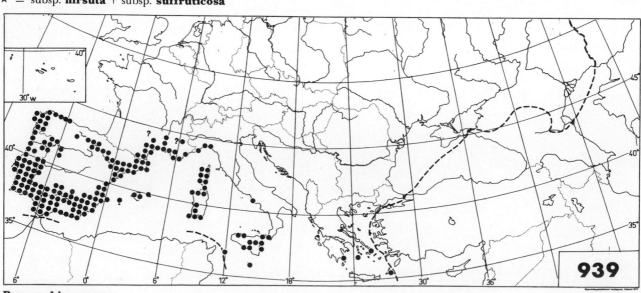

939

Paronychia argentea

Paronychia arabica (L.) DC. subsp. **cossoniana**
(J. Gay ex Cosson) Maire & Weiller — Map 940.

> Paronychia cossoniana J. Gay ex Cosson

> *Taxonomy.* Chaudhri 1968: 206.

> *Notes.* Hs (the taxon not mentioned in Fl. Eur.):
> Chaudhri 1968: 206.

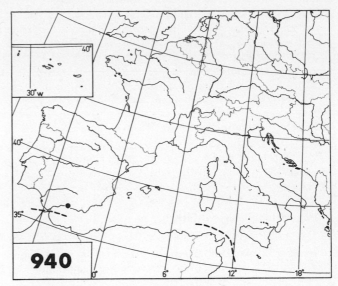

Paronychia arabica subsp. **cossoniana**

Paronychia polygonifolia (Vill.) DC. — Map
941.

> Chaetonychia polygonifolia (Vill.) Sampaio; Illecebrum
> polygonifolium Vill.

> *Notes.* Not given in Chaudhri 1968: 198 from Sa or Si,
> but Sa confirmed in Pignatti Fl. 1982: 228 (?Sa, Si in
> Fl. Eur.).

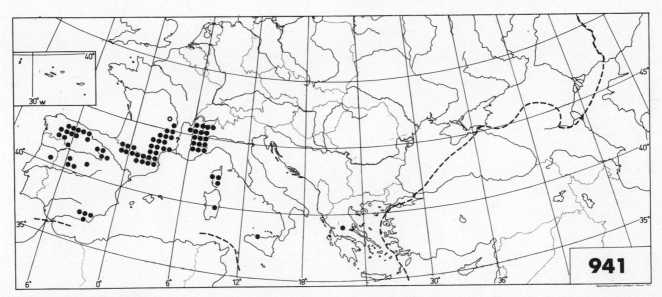

Paronychia polygonifolia

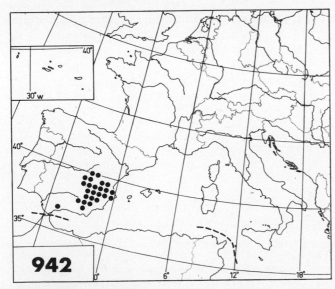

Paronychia aretioides

The following species of *Paronychia* (*P. aretioides* to *P. capitata*), representing the subgenus *Anoplonychia* (Fenzl) Chaudhri, are given in the same sequence as in Chaudhri 1968: 216—293, which is somewhat different from that in Fl. Eur.

Paronychia aretioides DC. — Map 942.

> Paronychia serpyllifolia (Chaix) DC. var. aretioides (DC.)
> Boiss.

> *Taxonomy.* Diploid with 2n = 18: J. Fernandes Casas,
> Saussurea 8: 33—55 (1977).

> *Total range.* Endemic to Europe.

Paronychia kapela (Hacq.) Kerner

Illecebrum kapela Hacq.; I. lugdunense Vill.; I. paronychia auct. non L.; I. serpyllifolium Chaix; Paronychia capitata DC. non (L.) Lam.; P. imbricata Reichenb. non Boiss. & Hausskn.; P. lugdunensis (Vill.) Ascherson & Graebner; ? P. pseudoaretioides Emberger & Maire; P. serpyllifolia (Chaix) DC. Excl. P. chionaea Boiss.; P. kapela subsp. chionaea (Boiss.) Borhidi

Taxonomy. Chaudhri 1968: 217—222; P. Küpfer, Boissiera 23: 143—151 (1974).

Notes. Au omitted (given in Fl. Eur.): W. Gutermann & H. Niklfeld, Memór. Soc. Brot. 24: 13 (1974). Cr and Gr omitted (given in Fl. Eur.): see under subsp. *kapela* and *Paronychia chionaea.* [Cz] added (not given in Fl. Eur.).

P. kapela subsp. kapela — Map 943.

Taxonomy. Diploid with 2n = 18: P. Küpfer, Boissiera 23: 143, 145 (1974).

Notes. Al, Bu, [Cz], Ga, Hs, It, Ju, Rm. "Throughout the range of the species, except Spain and the S. part of the Balkan peninsula" (Fl. Eur.). The Gr record ("Scardus") in Chaudhri 1968: 220 is from Ju. The Rm dot is reported by A. Borhidi (Budapest).

P. kapela subsp. serpyllifolia (Chaix) Graebner — Map 944.

Illecebrum serpyllifolium Chaix; Paronychia serpyllifolia (Chaix) DC.

Taxonomy. Diploid and tetraploid, with 2n = 18, 36: P. Küpfer, Boissiera 23: 143, 145—148 (1974).
Notes. Ga, Hs, It. "Spain and Pyrenees; Alps; Appennini" (Fl. Eur.).

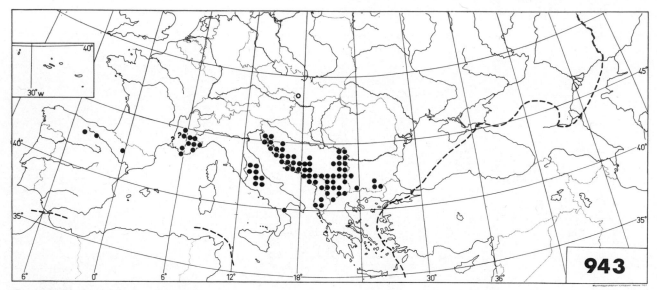

Paronychia kapela subsp. **kapela**

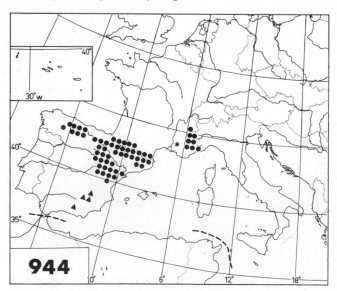

● = **Paronychia kapela** subsp. **serpyllifolia**
▲ = **P. kapela** subsp. **baetica**
★ = **P. kapela** subsp. **galloprovincialis**

P. kapela subsp. galloprovincialis Küpfer — Map 944.

Taxonomy. Hexaploid with 2n = 54: P. Küpfer, Boissiera 23: 143, 145, 148—149 (1974).
Notes. Ga (the taxon not mentioned in Fl. Eur.).
Total range. Endemic to Europe.

P. kapela subsp. baetica Küpfer — Map 944.

? Paronychia pseudoaretioides Emberger & Maire; P. kapela subsp. pseudoaretioides (Emberger & Maire) Maire; P. kapela var. pseudoaretioides (Emberger & Maire) Chaudhri

Taxonomy. Diploid with 2n = 18: P. Küpfer, Boissiera 23: 143, 145, 149—150 (1974).
Notes. Hs (the taxon not mentioned in Fl. Eur.).

Paronychia rechingeri Chaudhri — Map 945.

Paronychia kapela f. rotundifolia Beck

Taxonomy. Chaudhri 1968: 225—226.
Notes. Bu, Gr (the species not recognized in Fl. Eur.). The record from Bu is according to Fl. Reipubl. Pop. Bulg. 1966: 276 (as *Paronychia kapela* f. *rotundifolia*).
Total range. Endemic to Europe.

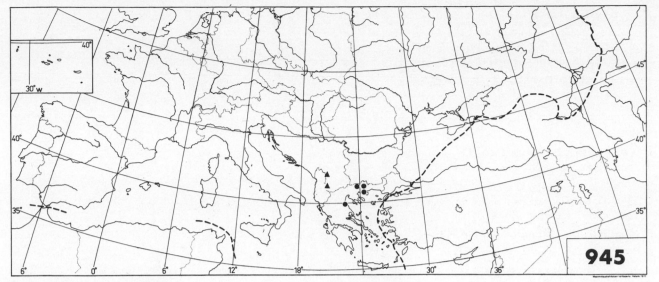

● = Paronychia rechingeri　　　　**▲ = P. chionaea**

Paronychia sintenisii Chaudhri

Taxonomy. M.N. Chaudhri, Acta Bot. Neerl. 15: 196—197 (1966); Chaudhri 1968: 236.

Notes. The species not mentioned in Fl. Eur., and not given from Gr in Chaudhri 1968; given from N. Greece by M.N. Chaudhri, Acta Bot. Neerl. 15: 197 (1966) and in Fl. Turkey 1967: 257.

Total range. Described from Mt. Ida (Kaz Daği), W. Turkey, which is the only locality mentioned in Chaudhri 1968: 236. Evidently does not belong to the flora of Europe.

Paronychia chionaea Boiss. — Map 945.

Paronychia capitata auct. non (L.) Lam.; P. kapela (Hacq.) Kerner subsp. chionaea (Boiss.) Borhidi; P. serpyllifolia DC. var. bithynica Griseb.

Taxonomy. A. Borhidi, Feddes Repert. 69 (Fl. Eur. Notulae Syst. 3): 53 (1964); Chaudhri 1968: 237—239.

Notes. Al, Ju. "Balkan peninsula and Aegean region" (Fl. Eur., under *Paronychia kapela* subsp. *chionaea*). The records from Cr are erroneous: W. Greuter, Candollea 20: 176 (1965), Memór. Soc. Brot. 24: 155 (1974).

Paronychia taurica Borhidi & Sikura — Map 946.

Taxonomy. A. Borhidi, Acta Bot. Acad. Sci. Hung. 12: 38 (1966); Chaudhri 1968: 239—240.

Notes. Al omitted (given in Fl. Eur.), the material having been referred to *Paronychia albanica* Chaudhri.

Total range. Recorded with hesitation from outside Europe: Fl. Turkey 1967: 262; Chaudhri 1968: 239—240.

Paronychia pontica (Borhidi) Chaudhri — Map 947.

Paronychia cephalotes (Bieb.) Besser subsp. pontica Borhidi

Taxonomy. Chaudhri 1968: 241—242. Included in *Paronychia cephalotes* in Fl. Turkey 1967: 261, as a "variant of *P. cephalotes*, which has Crimea as its centre".

Notes. Bu, Rs(W, K) (the taxon not recognized in Fl. Eur.). The map prepared by A. Borhidi (Budapest).

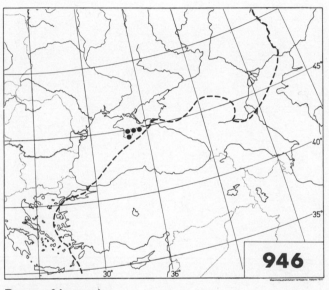

Paronychia taurica

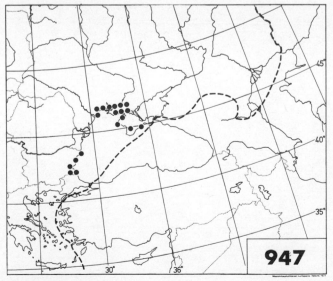

Paronychia pontica

142

Paronychia macedonica Chaudhri — Map 948.

Taxonomy. Chaudhri 1968: 248—250.
Notes. Gr, Ju (the species not mentioned in Fl. Eur.).
Total range. Endemic to Europe.

P. macedonica subsp. **macedonica** — Map 948.

Notes. Gr, Ju.

P. macedonica subsp. **tobolkana** Chaudhri — Map 948.

Notes. Ju.

Paronychia albanica Chaudhri — Map 949.

Paronychia taurica auct. non Borhidi & Sikura

Taxonomy. Chaudhri 1968: 250—252.
Notes. Al, Gr, Ju (the taxon not mentioned in Fl. Eur.; the Al plants were included in *Paronychia taurica* in Fl. Eur.).
Total range. Endemic to Europe.

P. albanica subsp. **albanica** — Map 949.

Paronychia taurica var. kuemmerlei Borhidi

Notes. Al, Ju. Chaudhri 1968: 251 gives the taxon from Al alone, but part of the collections cited are from Ju.

P. albanica subsp. **graeca** Chaudhri — Map 949.

Notes. Gr.

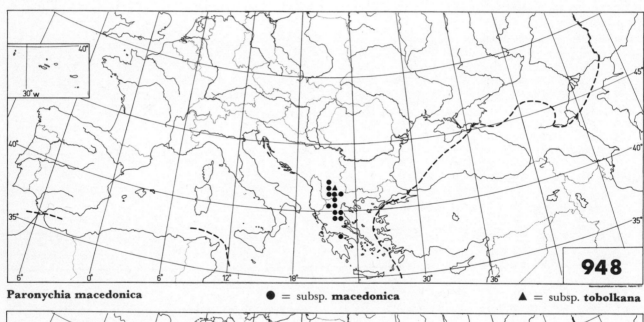

Paronychia macedonica   ● = subsp. **macedonica**   ▲ = subsp. **tobolkana**

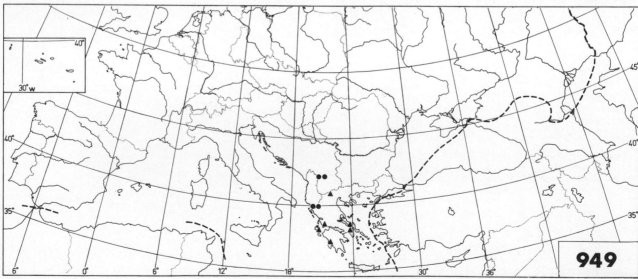

Paronychia albanica   ● = subsp. **albanica**   ▲ = subsp. **graeca**

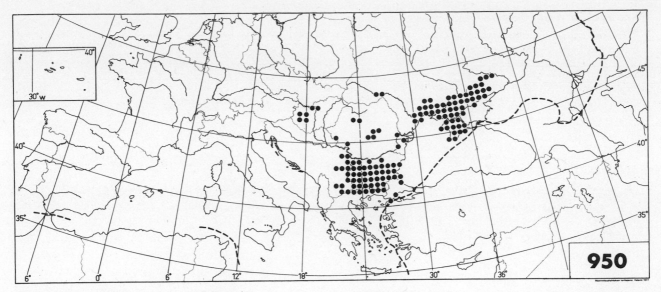

Paronychia cephalotes subsp. **cephalotes**

Paronychia cephalotes (Bieb.) Besser

Illecebrum capitatum Bieb. non L.; I. cephalotes Bieb.; Paronychia capitata auct. non (L.) Lam.; P. hungarica Griseb.

Taxonomy. A. Borhidi, Acta Bot. Acad. Sci. Hung. 12: 33—40 (1966); Chaudhri 1968: 255—259.

Notes. Al omitted (given in Fl. Eur.; the only record in Chaudhri 1968: 257 is from Ju). Cz omitted (given in Fl. Eur.), the material belonging to *Paronychia kapela*, according to J. Soják, Acta Mus. Nat. Pragae 27(B): 40 (1971). Part of the material from Rs(K) belongs to *P. pontica*.

P. cephalotes subsp. **cephalotes** — Map 950.

Notes. Bu, Gr, Hu, Ju, Rm, Rs(W), Tu.

P. cephalotes subsp. **bulgarica** Chaudhri — Map 951.

Notes. Bu (the taxon not mentioned in Fl. Eur.).
Total range. Endemic to Europe.

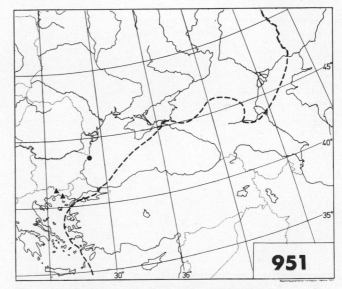

● = **Paronychia cephalotes** subsp. **bulgarica**
▲ = **P. cephalotes** subsp. **thracica**

P. cephalotes subsp. **thracica** Chaudhri — Map 951.

Notes. Gr (the taxon not mentioned in Fl. Eur.).
Total range. Endemic to Europe.

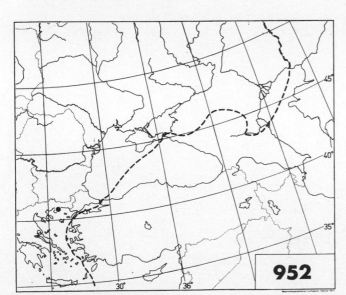

Paronychia **bornmuelleri**

Paronychia bornmuelleri Chaudhri — Map 952.

Taxonomy. Chaudhri 1968: 259—261.
Notes. Gr (the taxon not mentioned in Fl. Eur.).
Total range. Endemic to the Isle of Thasos.

144

Paronychia macrosepala Boiss. — Map 953.

Illecebrum capitatum sensu Sibth. & Sm. non L.; Paronychia capitata (L.) Lam. var. insularum (Gand.) W. Greuter; P. capitata subsp. macrosepala (Boiss.) Maire & Weiller; P. chionaea Boiss. var. insularum (Gand.) Hayek; P. euboea Beauverd & Topali; P. insularum Gand.

Taxonomy. W. Greuter, Candollea 20: 174—178 (1965); Chaudhri 1968: 277—280. Mentioned in Fl. Eur. in a note under *Paronychia capitata* (L.) Lam., and considered to require further investigation.

Notes. Cr, Gr, Tu. "E. Mediterranean region and Sicilia" (Fl. Eur.). Tu given in Chaudhri 1968: 279.

Paronychia capitata (L.) Lam. — Map 954.

Illecebrum capitatum L.; I. niveum (DC.) Pers.; Paronychia capitata subsp. nivea (DC.) Maire & Weiller; P. capitata subsp. rifea Sennen & Mauricio; P. nivea DC.

Taxonomy. W. Greuter, Candollea 20: 174—178 (1965); Fl. Turkey 1967: 254; Chaudhri 1968: 277—280, 282—288.

Notes. Co given in Fl. Eur. and Chaudhri 1968: 285, but no exact localities available. Cr and Sa omitted (given in Fl. Eur.): W. Greuter, Memór. Soc. Brot. 24: 155 (1974). Ju added (not given in Fl. Eur.): Chaudhri 1968: 285, but the record is old (1839) and perhaps not fully reliable.

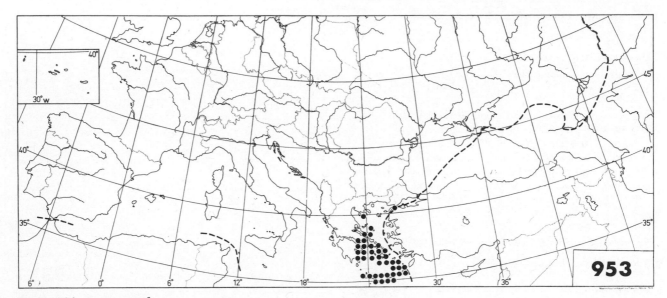

Paronychia macrosepala

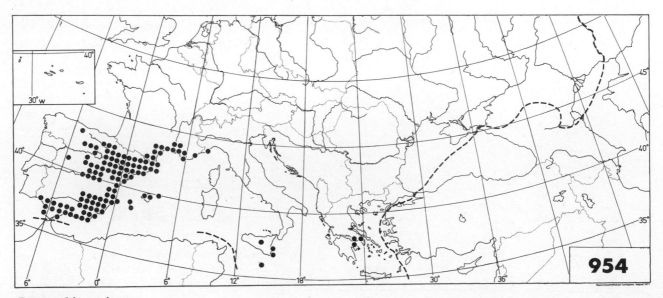

Paronychia capitata

The monographic treatment of the genus *Herniaria* in Chaudhri 1968: 306—398, which gives several taxa new to Europe, is mainly followed here as to the delimitation and sequence of the species.

Herniaria glabra L. — Map 955.

Herniaria ceretana Sennen; H. ceretanica Sennen; H. glabra subsp. ceretana Sennen; H. glabra subsp. microcarpos F. Hermann, non H. microcarpa C. Presl; H. glabra var. nebrodensis sensu F. Hermann, non H. nebrodensis Jan ex Guss.; H. glabra subsp. rotundifolia (Vis.) Trpin; H. kotovii Klokov; H. microcarpa auct. non C. Presl; H. rotundifolia Vis.; H. suavis Klokov; H. vulgaris Hill

Taxonomy. Herniaria glabra, as here delimited, seems to contain at least three different cytotypes, 2n = 18, 36, 72: Chaudhri 1968: 320. Contrary to the general opinion (incl. Fl. Eur.), the duration (annual vs. perennial) is of no taxonomic significance within the species: Chaudhri 1968: 315—320. Concerning *H. rotundifolia* Vis., see D. Trpin, Feddes Repert. 84: 295—301 (1973).

Notes. Co and [Rs(N)] added (not given in Fl. Eur.): R. Folch i Guillèn, Butll. Inst. Catalana Hist. Nat. 41 (Sec. Bot. 2): 42 (1977); J. Gamisans & M.-A. Thiébaut, Candollea 37: 529 (1982); A. Kytöniemi, Ann. Bot. Soc. Zool.-Bot. Fenn. Vanamo 20 (Notulae): 36 (1944). Considered an established alien in No (given indirectly as native in Fl. Eur.). The records for Sa, in Pignatti Fl. 1982: 230, without exact locality, are better considered doubtful (given as present in Fl. Eur.).

Total range. MJW 1965: map 152d.

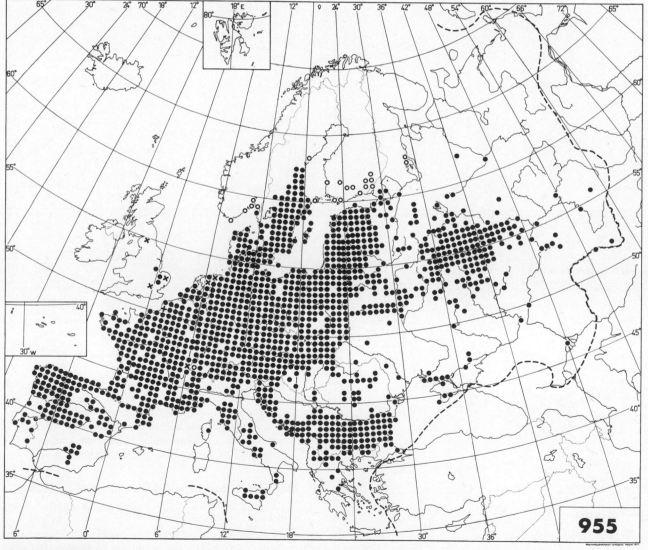

955

Herniaria glabra

146

Herniaria ciliolata Melderis — Map 956.

Herniaria ciliata Bab. non Clairv.

Taxonomy. Three different chromosome numbers counted, 2n = 72, 108, 126. The following three subspecies were recognized by Chaudhri 1968: 321—322.

Total range. Endemic to Europe.

H. ciliolata subsp. **ciliolata** — Map 956.

Herniaria glabra L. var. ciliata (Bab.) Williams

Notes. Br, Ga (the subspecies not mentioned in Fl. Eur.).

H. ciliolata subsp. **subciliata** (Bab.) Chaudhri — Map 956.

Herniaria ciliata Bab. var. angustifolia Pugsley; H. glabra L. var. subciliata Bab.

Notes. Ga (the subspecies not recognized in Fl. Eur.).

Total range. Endemic to the Isle of Jersey (Channel Islands).

H. ciliolata subsp. **robusta** Chaudhri — Map 956.

Notes. Ga, Hs, Lu (the subspecies not recognized in Fl. Eur.). Hs not given in Chaudhri 1968: 322.

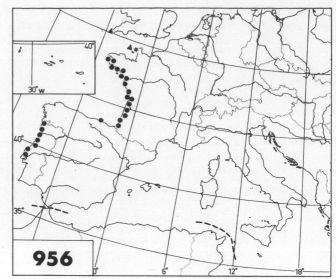

Herniaria ciliolata   ▲ = subsp. **ciliolata**
★ = subsp. **subciliata** + subsp. **ciliolata**
● = subsp. **robusta**

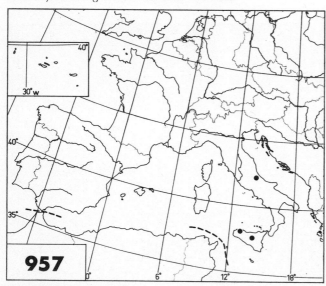

957

Herniaria microcarpa

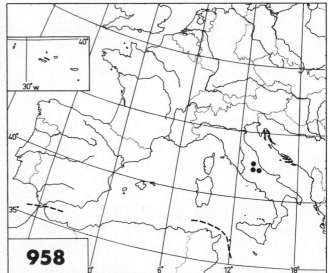

958

Herniaria bornmuelleri

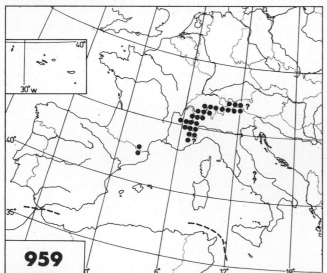

959

Herniaria alpina

Herniaria microcarpa C. Presl — Map 957.

? Herniaria corrigioloides Lojac.; H. glaberrima (Emberger) Maire; H. glabra L. subsp. nebrodensis (Jan ex Guss.) Nyman; H. glabra var. nebrodensis (Jan ex Guss.) Gürke; H. nebrodensis Jan ex Guss.; H. regnieri Br.-Bl. & Maire var. glaberrima Emberger

Taxonomy. The circumscription of *Herniaria microcarpa* sensu Fl. Eur. (as *H. glabra* L. subsp. *nebrodensis* Jan ex Nyman) is much wider and based on other criteria than here; see the synonymy and comments under *H. glabra*.

Notes. It, Si. "mountains of S. Europe and possibly elsewhere" (Fl. Eur., mentioned in a comment only).

Herniaria bornmuelleri Chaudhri — Map 958.

Herniaria parnassica sensu F. Hermann, non Heldr. & Sart. ex Boiss.

Taxonomy. Chaudhri 1968: 325—326.
Notes. It (the species not mentioned in Fl. Eur.).
Total range. Endemic to Europe.

Herniaria alpina Chaix — Map 959.

Herniaria alpestris Lam. non Aubry; H. ciliata Clairv. non Bab.

Notes. ?Hs added (not given in Fl. Eur.).

Total range. Endemic to Europe (given as doubtfully endemic in Fl. Eur.).

Herniaria olympica Gay — Map 960.

Taxonomy. Chaudhri 1968: 328—329. Given in Fl. Eur. only in a comment under *Herniaria alpina.*

Notes. Chaudhri 1968: 329 gives an old non-localized record from "Greece" (mentioned in Fl. Eur. only from "S.W. Bulgaria (Ali Botuš)").

Herniaria parnassica Heldr. & Sart. ex Boiss. — Map 961.

Taxonomy. Chaudhri 1968: 331—333.

Total range. Endemic to Europe.

H. parnassica subsp. parnassica — Map 961.

Herniaria hirsuta var. leiophylla Griseb.

Notes. Al, Gr (subspecies not recognized in Fl. Eur.).

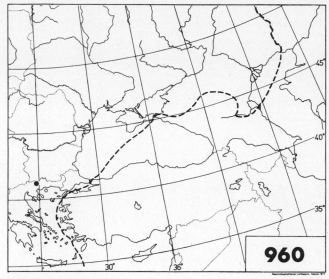

Herniaria olympica

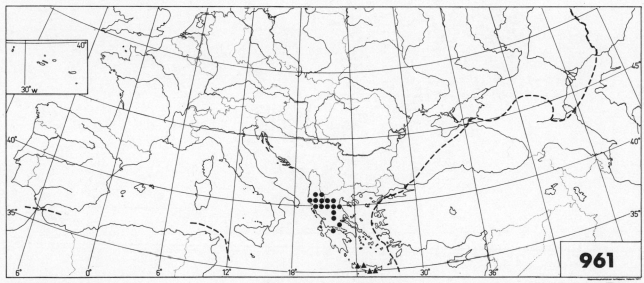

Herniaria parnassica   ● = subsp. **parnassica**   ▲ = subsp. **cretica**

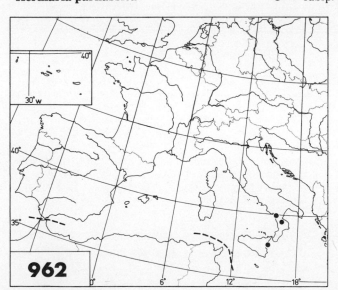

962

Herniaria permixta

H. parnassica subsp. cretica Chaudhri — Map 961.

Notes. Cr (subspecies not recognized in Fl. Eur.).
Total range. Endemic to Kriti.

Herniaria micrantha Jackson & Turrill

Taxonomy. A.K. Jackson & W.B. Turrill, Kew Bull. 1939: 478; Chaudhri 1968: 333—334.

Notes. Contrary to Chaudhri 1968: 334, not present in Tu (Turkey-in-Europe), and recorded only from non-European localities in Fl. Turkey 1967: 247 (the species not mentioned in Fl. Eur.). Not mapped.

Herniaria permixta Guss. — Map 962.

Herniaria glabra var. hirtocalyx Strobl; H. glabra var. permixta (Guss.) Tornab.; H. hebecarpa Gay ex Williams; H. incana Lam. subsp. permixta (Guss.) Maire; H. parnassica Heldr. & Sart. ex Boiss. subsp. permixta (Guss.) Nyman

Taxonomy. Included in *Herniaria hirsuta* in Fl. Eur. Chaudhri 1968: 334—336.

Notes. It, Si (the taxon mentioned only in synonymy in Fl. Eur.).

148

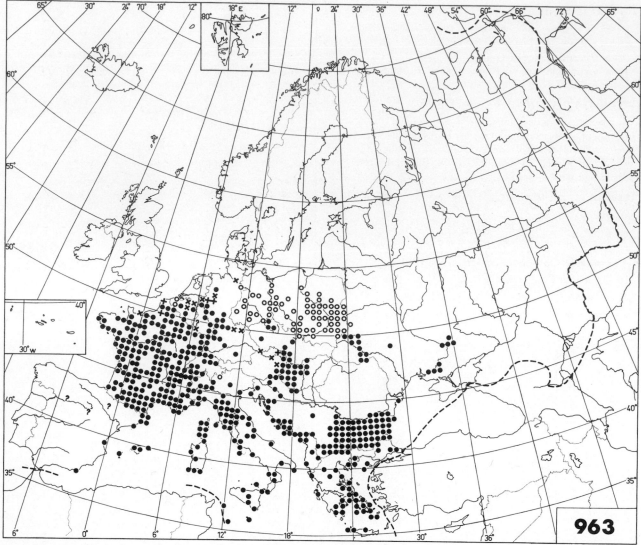

Herniaria hirsuta subsp. **hirsuta**

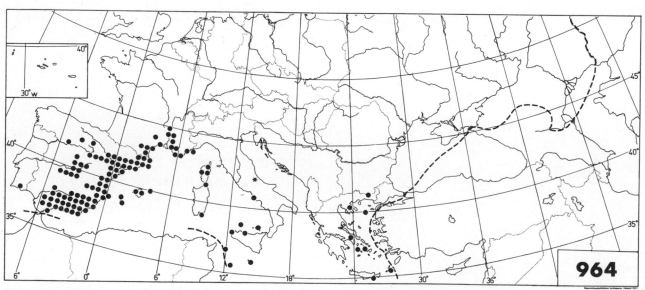

● = **Herniaria hirsuta** subsp. **cinerea**   ★ = **H. hirsuta** subsp. **aprutia**

Herniaria hirsuta L.

Herniaria vulgaris Sprengel, p.p. Incl. H. cinerea DC. Excl. H. permixta Guss.

Taxonomy. In the Mediterranean area *Herniaria cinerea* and *H. hirsuta* are almost sympatrically distributed, although showing a certain amount of ecological independence, and it has been noted that besides pure stands a considerable number of inter- mediates are found combining characters of the two taxa in different ways, and thus pointing to temporary breakdown of the prevailing autogamy. Consequently, the two taxa are here given subspecific rank under *H. hirsuta*, which deviates from the treatment in Chaudhri 1968: 337—353, and approaches that in Fl. Eur., and also in Hegi 1961: 758, Fl. Turkey 1967: 248, Ehrendorfer 1973: 133, and Pignatti Fl. 1982: 230.

Total range. A. Zajac, Origin Archaeoph. Poland, p. 37 (Kraków 1979).

H. hirsuta subsp. hirsuta — Map 963.

Herniaria glabra L. var. hirsuta (L.) O. Kuntze

Notes. Al, Au, Be, Bl, Bu, Co, Cr, Cz, Ga, Ge, Gr, He, Hs, Hu, It, Ju, [Po], Rm, Rs(W), Sa, Si, Tu. "C. & S. Europe; sometimes casual elsewhere" (Fl. Eur., for *Herniaria hirsuta*). Considered native in Be (*Be in Fl. Eur.). Only casual in Br and Ho ([Br, Ho] in Fl. Eur.). Lu omitted (given in Fl. Eur.), the material so named belonging to *H. lusitanica*: Nova Fl. Port. 1971: 627. Established alien in Po (given as native in Fl. Eur.).

H. hirsuta subsp. aprutia Chaudhri — Map 964.

Taxonomy. Chaudhri 1968: 340—341.

Notes. It (the taxon not mentioned in Fl. Eur. or in Pignatti Fl. 1982).

Total range. Endemic to Europe, and known only from the type collection.

H. hirsuta subsp. cinerea (DC.) Coutinho — Map 964.

Herniaria annua Lagasca; H. cinerea DC.; ? H. diandra Bunge; H. flavescens Lowe; H. hirsuta var. hamata F. Hermann; H. virescens Salzm. ex DC.

Notes. Bl, Co, Cr, Ga, Gr, Hs, It, Lu, Sa, Si. "...Medi- terranean region..." (Fl. Eur., as *Herniaria cinerea* in a note under *H. hirsuta*).

Herniaria lusitanica Chaudhri — Map 965.

Herniaria berlengiana (Chaudhri) Franco

Taxonomy. Chaudhri 1968: 341—345.
Notes. Hs, Lu (the species not mentioned in Fl. Eur.).
Total range. As far as is known, endemic to Europe.

H. lusitanica subsp. lusitanica — Map 965.

Notes. Hs, Lu.

H. lusitanica subsp. berlengiana Chaudhri — Map 965.

Herniaria berlengiana (Chaudhri) Franco

Taxonomy. Nova Fl. Port. 1971: 550.
Notes. Lu.
Total range. Endemic to islands off the coast of Estremadura.

H. lusitanica subsp. segurana Chaudhri — Map 965.

Taxonomy. According to Chaudhri 1968: 344, "probably a hybrid of *H. lusitanica* with *H. glabra* L.".
Notes. Hs.

Herniaria algarvica Chaudhri — Map 966.

Taxonomy. Chaudhri 1968: 346.
Notes. Lu (the species not mentioned in Fl. Eur.).
Total range. Endemic to Europe.

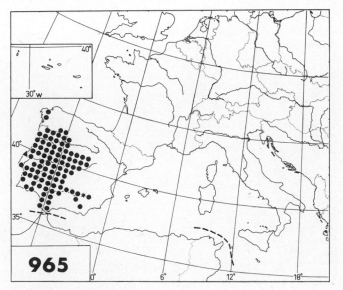

Herniaria lusitanica
● = subsp. **lusitanica**
▲ = subsp. **berlengiana**
★ = subsp. **segurana** + subsp. **lusitanica**

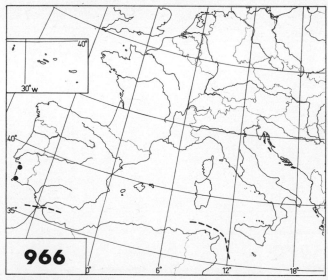

Herniaria algarvica

150

Herniaria regnieri Br.-Bl. & Maire — Map 967.

Herniaria incana Lam. subsp. regnieri (Br.-Bl. & Maire) Maire

Taxonomy. J. Braun-Blanquet & R. Maire, Bull. Soc. Hist. Nat. Afr. Nord 16: 28 (1925); Chaudhri 1968: 358—359.

Notes. Hs (the species not mentioned in Fl. Eur.).

Herniaria maritima Link — Map 968.

Herniaria ciliata sensu Willk. & Lange, non Bab. nec Clairv.; H. glabra L. var. maritima (Link) Williams

Total range. Endemic to Europe.

Herniaria scabrida Boiss. — Map 969.

Herniaria hybernonis Elias & Sennen; H. unomunoana Sennen

Taxonomy. Chaudhri 1968: 360—363.

Notes. Ga added (not given in Fl. Eur.): Chaudhri 1968: 361.

Total range. Endemic to Europe.

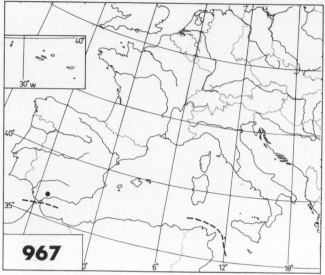

967

Herniaria regnieri

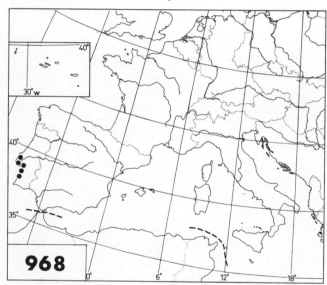

968

Herniaria maritima

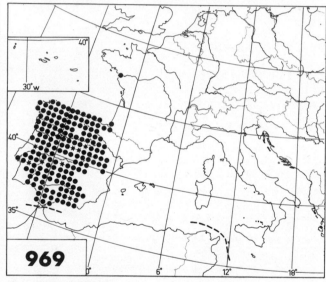

969

Herniaria scabrida
● = subsp. **scabrida**
★ = subsp. **guadarramica** + subsp. **scabrida**

H. scabrida subsp. **scabrida** — Map 969.

Herniaria glabra L. var. scabrescens R. de Roemer in Willk. & Lange; H. glabra var. scabrida (Boiss.) Coutinho; H. hybernonis Elias & Sennen; H. scabrida var. glabrescens Boiss.; H. scabrida var. unomunoana (Sennen) Chaudhri; H. unomunoana Sennen

Notes. Ga, Hs, Lu. "Spain, Portugal" (Fl. Eur. for the species, the subspecies not mentioned).

H. scabrida subsp. **guadarramica** Chaudhri — Map 969.

Notes. Hs, Lu (the taxon not mentioned in Fl. Eur. or in Nova Fl. Port. 1971). Lu mapped in accordance with Chaudhri 1968: 363.

Herniaria boissieri Gay — Map 970.

Herniaria alpina sensu Boiss. non Chaix

Taxonomy. The European plant represents subsp. *boissieri*, as defined in Chaudhri 1968: 366—367.

Total range. Herniaria boissieri subsp. *boissieri* is endemic to Europe, another subspecies occurring in N. Morocco.

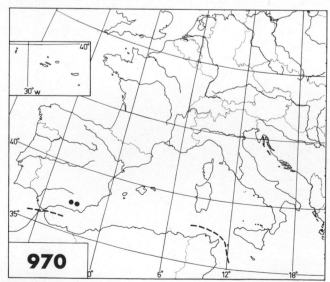

970

Herniaria boissieri

Herniaria baetica Boiss. & Reuter — Map 971.

Herniaria incana sensu Boiss. non Lam.; H. latifolia auct. non Lapeyr.

Total range. Endemic to Europe.

Herniaria incana Lam. — Map 972.

Herniaria alpina sensu Loisel. ex DC., non Chaix; H. besseri Fischer; H. densiflora F.N. Williams; H. fruticosa sensu Host, non L.; H. hirsuta sensu Bieb., non L.; H. lenticulata auct. non L.; H. macrocarpa Sibth. & Sm.; H. millegrana Besser; H. multicaulis Kit. ex Kanitz

Taxonomy. Chaudhri 1968: 369—373.

Notes. Au confirmed, as extinct (?Au in Fl. Eur.): Chaudhri 1968: 372; Ehrendorfer 1973: 133. †Ge added (not given in Fl. Eur.): Hegi 1961: 762; Ehrendorfer 1973: 133. Hs confirmed (?Hs in Fl. Eur.): Chaudhri 1968: 371. Presence in Po doubtful (given as present in Fl. Eur.).

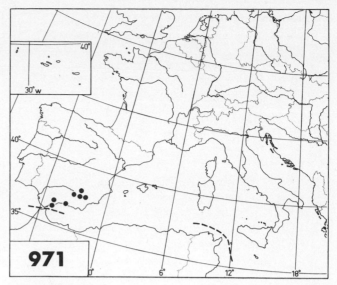

Herniaria baetica

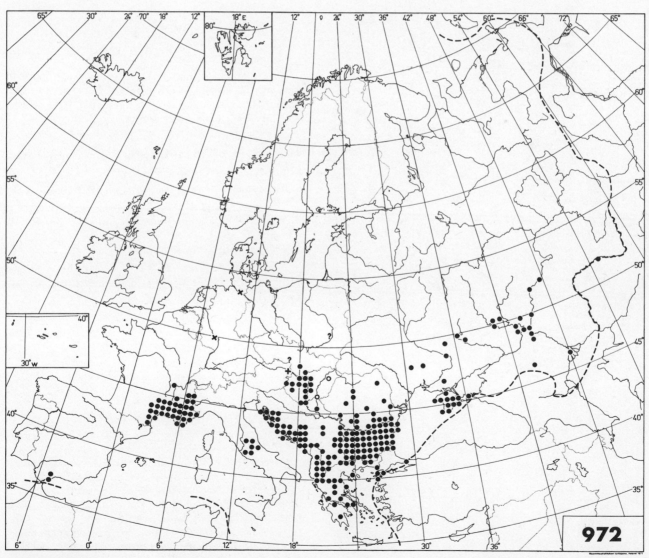

Herniaria incana

152

Herniaria latifolia Lapeyr. — Map 973.

Herniaria litardierei (Gamisans) Greuter & Burdet; H. pyrenaica Gay; Paronychia pubescens DC.

Taxonomy. J. Gamisans, Candollea 36: 6—8 (1981).
Notes. Co and Sa added (not given in Fl. Eur.): J. Gamisans, Candollea 36: 6 (1981).
Total range. A third subspecies possibly occurs in Morocco (the species given as endemic to Europe in Fl. Eur.): J. Gamisans, Candollea 36: 8 (1981).

H. latifolia subsp. latifolia — Map 973.

Notes. Ga, Hs. "Pyrenees; mountains of N. & C. Spain" (Fl. Eur.).
Total range. Endemic to Europe.

H. latifolia subsp. litardierei Gamisans — Map 973.

Herniaria litardierei (Gamisans) Greuter & Burdet

Taxonomy and nomenclature. J. Gamisans, Candollea 36: 6—8 (1981); W. Greuter & T. Raus (eds.), Willldenowia 12 (Cahiers Optima Leaflets 127): 188 (1982).
Notes. Co, Sa (the taxon not mentioned in Fl. Eur.).
Total range. Endemic to Corse and Sardegna.

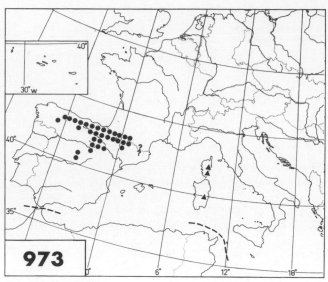

Herniaria latifolia
● = subsp. **latifolia**
▲ = subsp. **litardierei**

Herniaria polygama Gay — Map 974.

Herniaria euxina Klokov; H. odorata Andrz. (? nomen nudum)

Notes. ?Po added (not given in Fl. Eur.). Rm omitted (given in Fl. Eur.): not given by T. Săvulescu (ed.), Fl. Reipubl. Pop. Romanicae 2 (Bucuresti 1953); "probably Rumania" in Chaudhri 1968: 380.

Herniaria nigrimontium F. Hermann — Map 975.

Excl. Herniaria nigrimontium var. degenii F. Hermann

Taxonomy. Chaudhri 1968: 381—383.
Notes. The locality given in Chaudhri 1968: 381 for Al is in Ju.
Total range. Endemic to Europe.

Herniaria degenii (F. Hermann) Chaudhri — Map 976.

Herniaria nigrimontium F. Hermann var. degenii F. Hermann

Taxonomy. Chaudhri 1968: 382—383.
Notes. Gr (the taxon not mentioned in Fl. Eur.).
Total range. Endemic to the island of Samothraki.

Herniaria fruticosa L. — Map 977.

Herniaria verticillata Pourret ex Willk. & Lange; Heterochiton fruticosa (L.) Graebner & Mattf.

Taxonomy. R.K. Brummitt & V.H. Heywood, Feddes Repert. 69 (Fl. Eur. Notulae Syst. 3): 24—32 (1964). In conformity with Chaudhri 1968: 386—387, the two subspecies recognized in Fl. Eur., subsp. *fruticosa* and subsp. *erecta* (Willk.) Batt. (syn. *Herniaria fruticosa* var. *erecta* Willk., non *H. erecta* Desf.), are treated as varieties.
Total range. Endemic to Europe. The map by E.J. Jäger, Flora 160: 227, 242 (1971), includes the mainly N. African *Herniaria fontanesii* Gay.

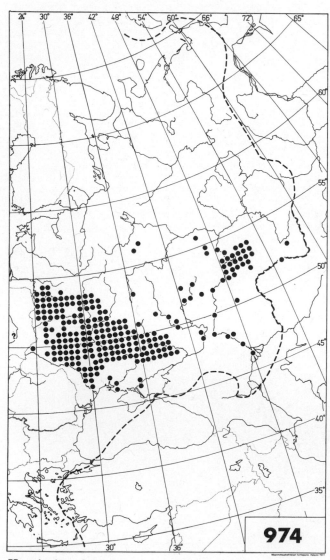

Herniaria polygama

153

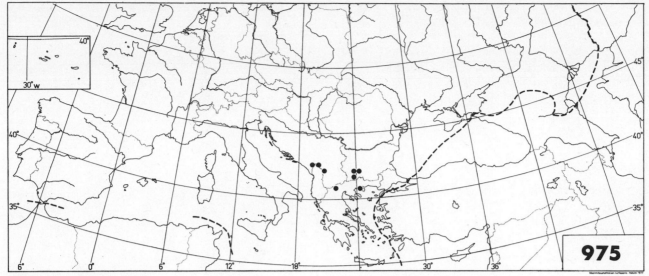

Herniaria nigrimontium

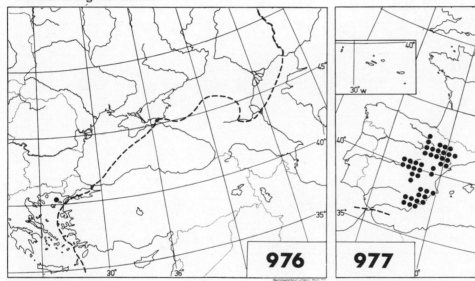

Herniaria degenii

Herniaria fruticosa

Herniaria fontanesii Gay — Map 978.

> Herniaria empedocleana Lojac.; H. fruticosa sensu Desf.,
> non L.; Heterochiton fontanesii (Gay) Graebner & Mattf.
> Excl. Herniaria fruticosa L. subsp. fontanesii sensu Batt.
>
> *Taxonomy.* R.K. Brummitt & V.H. Heywood, Feddes
> Repert. 69 (Fl. Eur. Notulae Syst. 3): 24—32 (1964);
> Chaudhri 1968: 388—392.

H. fontanesii subsp. **fontanesii** — Map 978.

> Herniaria empedocleana Lojac.
>
> *Taxonomy.* Fl. Eur. explicitly refers the Sicilian plant
> (i.e. *Herniaria empedocleana*) to this subspecies, despite an
> obvious misprint in the index under *H. empedocleana*.
> Chaudhri 1968: 388—389 synonymizes *H. empedocleana*
> with the species *H. fontanesii* without expressing any
> opinion on its identity at the level of subspecies.
>
> *Notes.* Si. "Sicilia (near Porto Empedocle)" (Fl. Eur.).

H. fontanesii subsp. **almeriana** Brummitt &
Heywood — Map 978.

> Herniaria fruticosa var. erecta auct. non Willk.
>
> *Taxonomy.* See under subsp. *fontanesii*.
>
> *Notes.* Hs. "Hills of S.E. Spain" (Fl. Eur.).
>
> *Total range.* Outside Europe, recorded from Morocco.

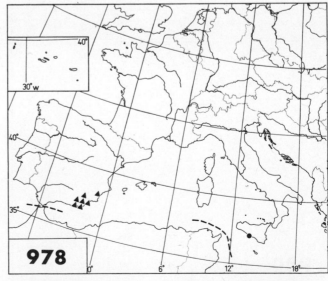

Herniaria fontanesii

● = subsp. **fontanesii**
▲ = subsp. **almeriana**

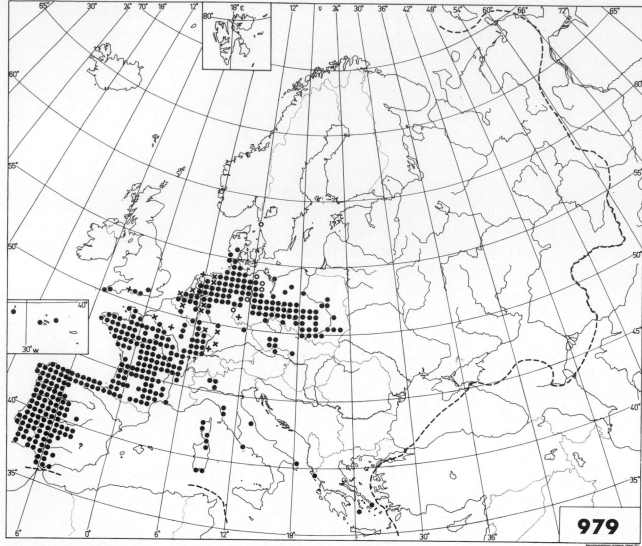

Illecebrum verticillatum

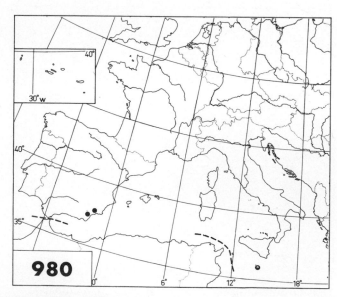

Pteranthus dichotomus

Illecebrum verticillatum L. — Map 979.

Illecebrum atrorubens Thuill. ex Steudel; Paronychia verticillata (L.) Lam.

Notes. Presumably still present at one station in Da, and considered endangered (†Da in Fl. Eur.): NUA 1978 (9): 144—145. Most probably extinct in He (given as such in Fl. Eur.), not seen since 1910. Rs(C) omitted (given in Fl. Eur.). [Su] added (not given in Fl. Eur.).

Total range. Hegi 1961: 762 (part); MJW 1965: map 152b.

Pteranthus dichotomus Forskål — Map 980.

Notes. Hs added (not given in Fl. Eur.): F. Esteve Chueca, Ars Pharmaceutica 9: 405—412 (1968).

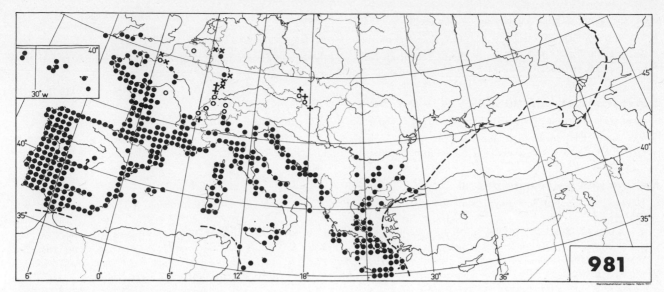

Polycarpon tetraphyllum sensu lato

Polycarpon tetraphyllum (L.) L., s. lato — Map 981.

Polycarpon alsinifolium + P. diphyllum + P. tetraphyllum s. str.

Taxonomy. There seems to be considerable support for recognizing only one variable species, *Polycarpon tetraphyllum* s. lato, instead of three as in Fl. Eur. and as given above. See especially the references under *P. alsinifolium*. Biosystematic studies on the group (and the genus as a whole) are badly needed.

Notes. The European ranges given for *Polycarpon diphyllum* and *P. alsinifolium* are essentially coastal and inside the total area of *P. tetraphyllum* s. str. In addition to the collective map, individual maps of the three taxa are given in order to preserve the distributional information, whether reliable or not.

Polycarpon tetraphyllum (L.) L., s. stricto — Map 982.

Alsine polycarpa Crantz; Mollugo tetraphylla L.; Polycarpon alsinifolium auct. an (Biv.) DC.?

Notes. Considered native in Br and Ge (*Br, *Ge in Fl. Eur.). [Be], He and Tu added (not given in Fl. Eur.): Hegi 1962: 773; Fl. Schweiz 1967: 845; Webb 1966: 18; Fl. Turkey 1967: 96. [Cz] added (not given in Fl. Eur.), but perhaps not fully established. Only casual in Hu (*Hu in Fl. Eur.): Soó Synopsis 1970: 376; Ehrendorfer 1973: 208.

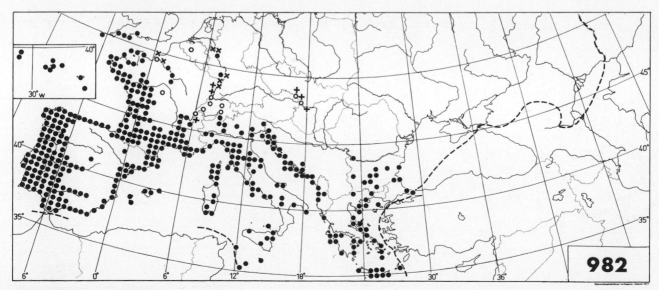

Polycarpon tetraphyllum sensu stricto

156

Polycarpon diphyllum Cav. — Map 983.

Polycarpon alsinifolium auct. non (Biv.) DC.; P. tetraphyllum (L.) L. subsp. diphyllum (Cav.) Font Quer & O. Bolós

Notes. Only casual in Br if present at all (*Br in Fl. Eur.). All the It and Si specimens checked have turned out to represent *Polycarpon tetraphyllum* (given for Si in Fl. Eur. and also for It and Sa in Pignatti Fl. 1982: 232).

Polycarpon alsinifolium (Biv.) DC. — Map 984.

Hagaea alsinifolia Biv.; Polycarpon bivonae Gay; P. rotundifolium Rouy; P. tetraphyllum (L.) L. subsp. alsinifolium (Biv.) Ball

Taxonomy. The status as an independent species is doubted by J. Cullen in Fl. Turkey 1967: 96, and according to R.D. Meikle, Fl. Cyprus 1: 278 (Kew 1977), it is "almost certainly just a maritime form of *P. [olycarpon] tetraphyllum*".

Polycarpon polycarpoides (Biv.) Zodda — Map 985.

Hagaea polycarpoides Biv.; Polycarpon alsinifolium auct. non (Biv.) DC.; P. colomense Porta; P. peploides DC.; P. peploides var. polycarpoides (Biv.) Fiori

Taxonomy. O. Bolós & J. Vigo, Butll. Inst. Catalana Hist. Nat. 38 (Sec. Bot. 1): 86 (1974), recognize two subspecies, *Polycarpon polycarpoides* subsp. *polycarpoides* and subsp. *catalaunicum* O. Bolós & Vigo (syn. *P. colomense*). R. Sagredo, Anal. Inst. Bot. Cavanilles 32(2): 319 (1975), identified a plant from Sierra de Gador (Hs) as *P. polycarpoides* subsp. *herniarioides* (Ball) Maire & Weiller (*P. herniarioides* Ball), which is given as a Moroccan endemic in R. Maire, Fl. Afr. Nord 9: 73—74 (1963).

Notes. The species is here mapped as one unit.

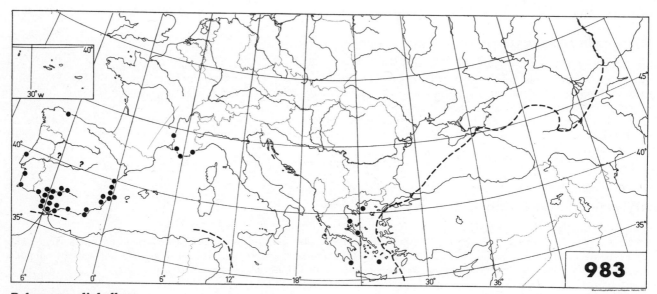

Polycarpon diphyllum

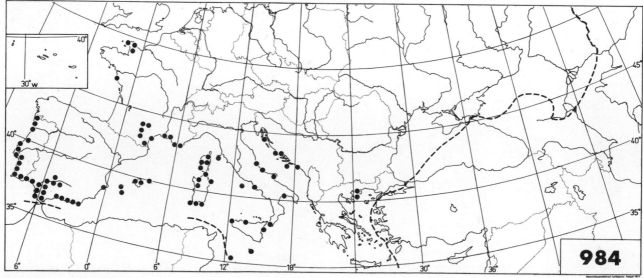

Polycarpon alsinifolium

157

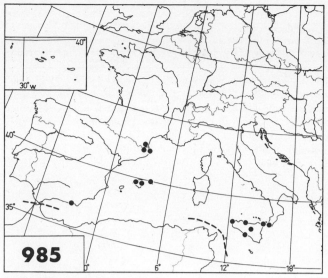

Polycarpon polycarpoides

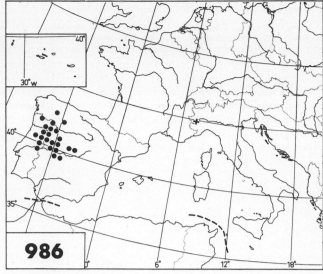

Ortegia hispanica

Ortegia hispanica L. — Map 986.

Ortegia dichotoma L.

Notes. In It not seen for about a century (†It in Fl. Eur.).

Loeflingia hispanica L. — Map 987.

Loeflingia hispanica var. pentandra sensu Coutinho; ? L. pentandra Cav.

Notes. Bl added (not given in Fl. Eur.): Duvigneaud 1979: 14.

Loeflingia baetica Lag. — Map 988.

Loeflingia gaditana Boiss. & Reuter; L. hispanica L. subsp. baetica (Lag.) Maire; L. hispanica var. micrantha (Boiss. & Reuter) Maire; L. micrantha Boiss. & Reuter

Total range. Outside Europe, present in Morocco (given as endemic to Europe in Fl. Eur.): R. Maire, Fl. Afr. Nord 9: 86—87 (1963).

Loeflingia tavaresiana Samp. — Map 989.

Total range. Endemic to Europe.

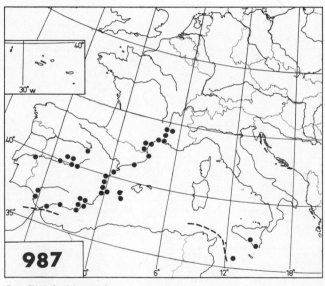

Loeflingia hispanica

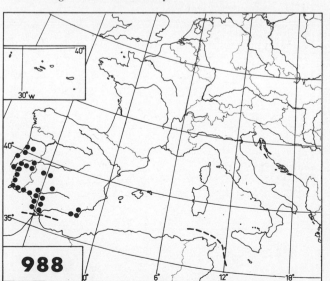

Loeflingia baetica

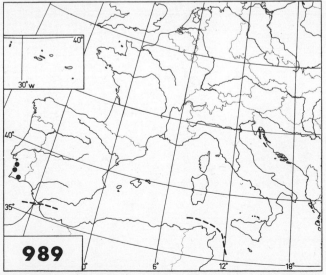

Loeflingia tavaresiana

158

Spergula arvensis L. — Map 990.

Spergula linicola Boreau; S. maxima Weihe; S. praevisa Zinger; S. sativa Boenn.; S. vulgaris Boenn.; S. arvensis subsp. linicola (Boreau) Janchen; S. arvensis subsp. maxima (Weihe) O. Schwarz; S. arvensis subsp. sativa (Boenn.) Čelak.; S. arvensis subsp. vulgaris (Boenn.) Čelak.; S. maxima subsp. linicola (Boreau) Dvořák; S. sativa subsp. linicola (Boreau) O. Schwarz. Incl. S. chieusseana Pomel; S. arvensis subsp. chieusseana (Pomel) Briq.

Taxonomy. J.K. New, Ann. Bot. N.S. 22: 457—477 (1958), 23: 23—33 (1959), Watsonia 12: 137—143 (1978); Hegi 1962: 778; F. Dvořák & F. Kühn, Scripta Fac. Sci. Nat. Univ. Purk. Brun. 10: 429—446 (1980); J.K. New & J. Herriot, Watsonia 13: 323—324 (1981). *Spergula chieusseana* is included without formal recognition, as it evidently is not understood well enough to be treated (or mapped) as a separate entity. It was mentioned under *S. arvensis* in Fl. Eur., with the comment that it "may merit specific rank".

Notes. Al added (not given in Fl. Eur.). Rs(K) omitted (given indirectly in Fl. Eur.): not given in Rubtsev 1972.

Total range. Hultén Alaska 1968: 438; Hultén CP 1971: map 250 (excl. *Spergula maxima*); World's Worst Weeds 1977: 442 (as a weed).

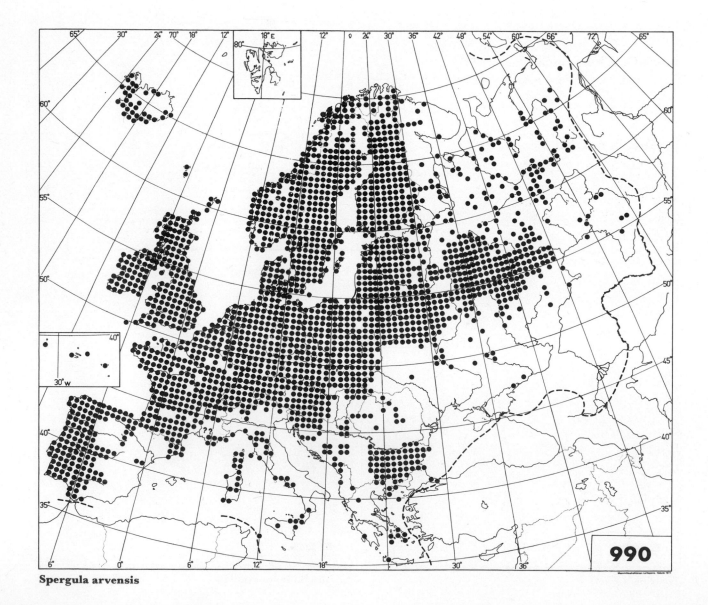

Spergula arvensis

Spergula morisonii Boreau — Map 991.

Arenaria pentandra Wallr.; Spergula pentandra (Wallr.) Reichenb., non L.; S. pentandra L. subsp. morisonii (Boreau) Čelak.; S. pentandra L. var. morisonii (Boreau) Döll; S. vernalis auct. non Willd.

Nomenclature. E. Janchen, Feddes Repert. 69: 65 (1964).

Notes. Au omitted (given in Fl. Eur.), the few records available being unreliable or referring to casual occurrence. Bu omitted (given in Fl. Eur.): Fl. Reipubl. Pop. Bulg. 1966: 287. Hu omitted (given in Fl. Eur.). It omitted (given in Fl. Eur.). Given for Si in Pignatti Fl. 1982: 233 (not given in Fl. Eur.), but the specimens checked belong to *Spergula pentandra*.

Total range. MJW 1965: map 151a (outside Europe, found only near Oran, Algérie).

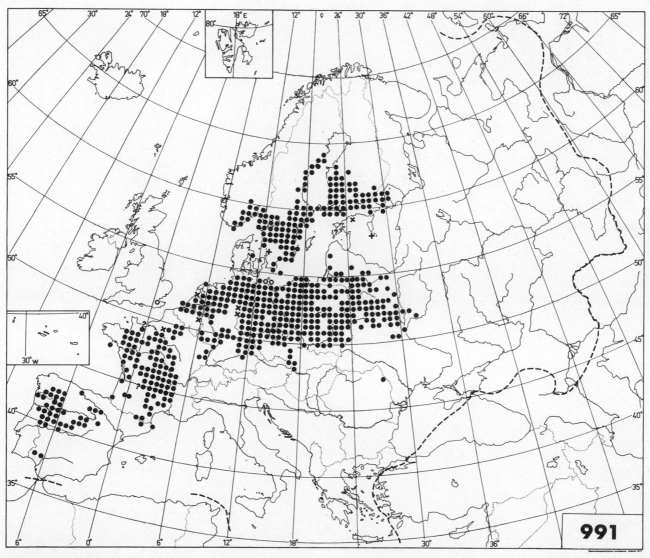

Spergula morisonii

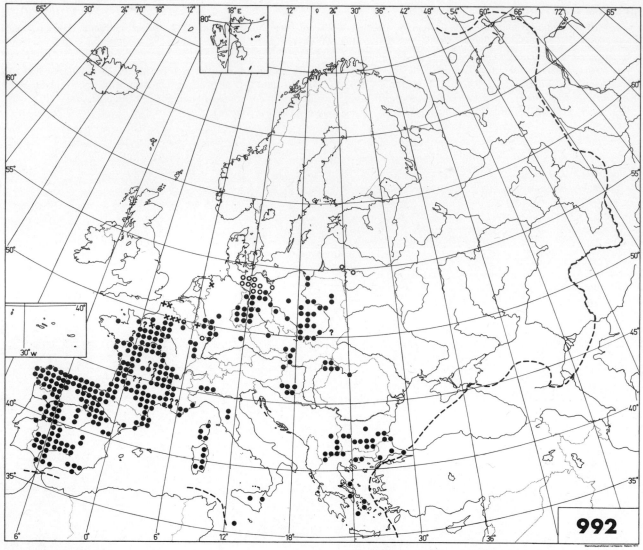

Spergula pentandra

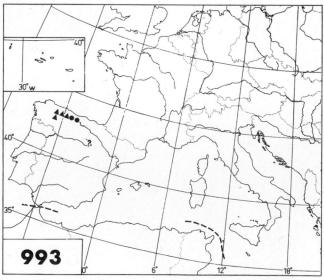

Spergula viscosa

● = subsp. **viscosa**
▲ = subsp. **pourretii**

Spergula pentandra L. — Map 992.

Alsine marginata Schreber; A. pentandra (L.) Crantz; Arenaria media Poll.; Spergula arvensis L. var. marginata (Schreber) Moris; S. morisonii auct. non Boreau; S. vernalis Willd., nomen illeg.

Notes. Au and [Rs(B)] added (not given in Fl. Eur.). Extinct in Be (given as present in Fl. Eur.).

Spergula viscosa Lag. — Map 993.

Spergula rimarum Gay & Durieu ex Lacaita
Notes. Endemic to Europe (not given as such in Fl. Eur.).

S. viscosa subsp. **viscosa** — Map 993.

Notes. Hs. "Spain" (Fl. Eur., for the species).

S. viscosa subsp. **pourretii** Laínz — Map 993.

Spergula rimarum Gay & Durieu ex Lacaita
Taxonomy. C. Lacaita, J. Bot. (London) 67: 326—327 (1929); M. Laínz, Bol. Inst. Estud. Astur. 15: 14—17 (1970).
Notes. Hs (the taxon not mentioned in Fl. Eur.).

Spergularia azorica (Kindb.) Lebel — Map 994.

Spergularia macrorhiza sensu Trelease, non (Req.) Heynh.
Total range. Endemic to Açores.

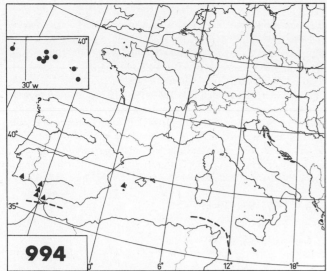

● = *Spergularia azorica*   ▲ = *S. fimbriata*

994

Spergularia fimbriata Boiss. — Map 994.

Notes. Bl added (not given in Fl. Eur.): Duvigneaud 1979: 15.

Spergularia rupicola Lebel ex Le Jolis — Map 995.

Spergularia lebeliana Rouy; *S. rupestris* Lebel

Spergularia macrorhiza (Req.) Heynh. — Map 996.

Notes. Gr not confirmed (?Gr in Fl. Eur.). It confirmed (?It in Fl. Eur.).

Spergularia melanocaulos Merino — Map 997.

Spergularia australis Samp. ex Monnier & Ratter in Fl. Eur.; *S. marina* (L.) Griseb. var. *melanocaulos* (Merino) Merino; *S. rupicola* Lebel ex Le Jolis var. *australis* Samp.

Taxonomy and nomenclature. Sampaio never validated his *Spergularia rupicola* var. *australis* at species level: M. Laínz, Aport. Conoc. Fl. Gallega 6: 15 (Madrid 1968). Included, as a variety, in *S. rupicola* in Nova Fl. Port. 1971: 136.

Notes. Hs confirmed (?Hs in Fl. Eur.): M. Laínz, Aport. Conoc. Fl. Gallega 6: 13 (Madrid 1968).

Total range. Evidently endemic to Europe (although not mentioned as such in Fl. Eur.).

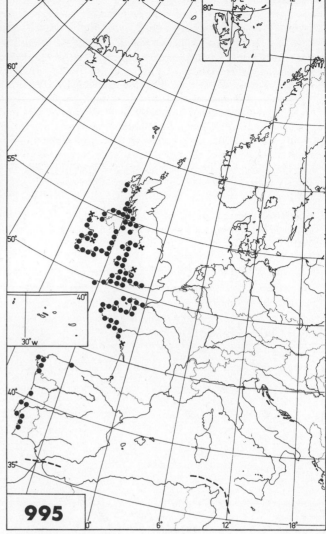

995

Spergularia rupicola

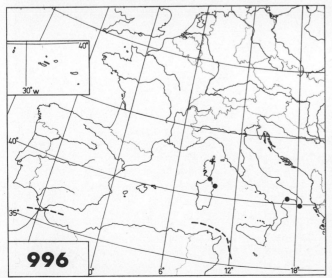

996

Spergularia macrorhiza

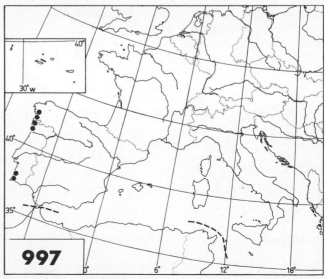

997

Spergularia melanocaulos

Spergularia maritima (All.) Chiov. — Map 998.

Arenaria marginata DC., nomen illeg.; A. marina All., non (L.) Pallas, nomen illeg.; A. maritima All.; A. media auct. vix L., nomen dubium & ambig.; Spergula marginata (Kittel) Murb.; Spergularia marginata Kittel; S. media auct. vix (L.) C. Presl

Taxonomy. V.I. Kozhanchikov, Bot. Žur. 53: 952—960 (1968); A.A. Sterk, Acta Bot. Neerl. 18: 639—650 (1969); J.A. Ratter, Notes Royal Bot. Garden Edinburgh 32: 291—296 (1972); P. Monnier, Candollea 30: 121—155 (1975).

Nomeclature. N. Hylander, Uppsala Univ. Årsskr. 1945(7): 156—157 (1945); J.E. Dandy, Taxon 19: 619 (1970); S. Rauschert, Feddes Repert. 83: 646 (1973), 88: 311—312 (1977); P. Monnier, Candollea 30: 124—126 (1975); W. Greuter & T. Raus (eds.), Willdenowia 12 (Cahiers Optima Leaflets 127): 190 (1982).

Notes. Cr omitted (given indirectly in Fl. Eur.): W. Greuter, Memór. Soc. Brot. 24: 155 (1974). Presence in Po doubtful (given as present in Fl. Eur.). Rs(B) added (not given in Fl. Eur.), although the record from the island of Vormsi/Wormsö by J. Gröntved, Dansk Bot. Arkiv 5(4): 37 (1927), mentioned in Eesti NSV Fl. 8: 232, 643 (Tallinn 1971) (as *Spergularia marginata*) is referable to *S. salina*; the new record of *S. maritima* is from the island of Saaremaa. Rs(C) omitted (given indirectly in Fl. Eur.). The subspecies listed below are still imperfectly known, especially the eastern part of the range of the species being so far largely unexamined as to the infraspecific taxonomy.

Total range. MJW 1965: map 151d; cf. V.I. Kozhanchikov, Bot. Žur. 53: 953, 959 (1968).

S. maritima subsp. **maritima**

Spergularia marginata var. vulgaris Clavaud; S. salina J. & C. Presl var. marginata (DC.) Čelak.

Notes. Bl, Co, Ga, Hs, It, Lu, Sa, Si, and ? eastwards. "Topodème nord-méditerranéen côtier": P. Monnier, Candollea 30: 147 (1975).

Total range. P. Monnier, Candollea 30: 150—151 (1975) (? western part only).

S. maritima subsp. **angustata** (Clavaud) Greuter & Burdet — Map 998.

Spergularia marginata var. angustata Clavaud; S. marginata subsp. angustata (Clavaud) P. Monnier

Taxonomy and nomenclature. P. Monnier, Candollea 30: 147, 150—152 (1975); W. Greuter & T. Raus (eds.), Willdenowia 12 (Cahiers Optima Leaflets 127): 190 (1982).

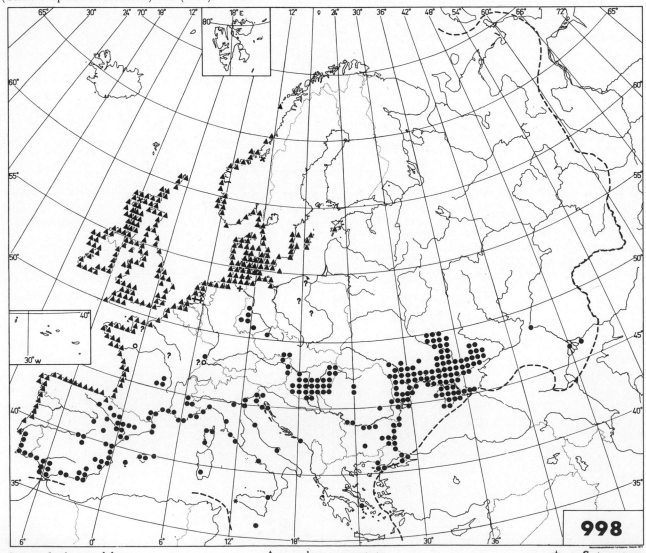

Spergularia maritima   ▲ = subsp. **angustata**   ★ = **S. tunetana**

Notes. Be, Br, Da, Ga, Ge, Hb, Ho, Hs, Lu, No, ?Po, Rs(B), Su. "Topodème nord-atlantique côtier": P. Monnier, Candollea 30: 147 (1975) (the taxon not mentioned in Fl. Eur.).

Total range. Evidently endemic to Europe.

Spergularia tunetana (Maire) Jalas — Map 998.

Spergula tunetana Maire; Spergularia marginata subsp. tunetana (Maire) P. Monnier; S. maritima (All.) Chiov. subsp. tunetana (Maire) Greuter & Burdet

Taxonomy and nomenclature. R. Maire, Fl. Afr. Nord 9: 102—104 (1963); P. Monnier, Candollea 30: 148—152 (1975). Behaves in crossing experiments like an indenpendent species: J.A. Ratter, Notes Royal Bot. Garden Edinburgh 32: 293—295 (1973). W. Greuter & T. Raus (eds.), Willdenowia 12 (Cahiers Optima Leaflets 127): 191 (1982); J. Jalas, Ann. Bot. Fennici 20: 110 (1983).

Notes. Si. "Topodème nord-tunisien" (of *Spergularia marginata*): P. Monnier, Candollea 30: 148 (1975) (the taxon not mentioned in Fl. Eur.).

Total range. P. Monnier, Candollea 30: 150—151 (1975).

Spergularia salina J. & C. Presl — Map 999.

Arenaria marina (L.) Pallas non All.; A. pubescens Steudel; A. rubra L. var. marina L.; A. salina (J. & C. Presl) Ser.; A. spergula Dufour; Lepigonium caninum Leffler; L. heterospermum Schur; L. neglectum Kindb.; L. salinum (J. & C. Presl) G. Don; Spergula canina (Leffler) Ahlfvengren; S. filipensis D. Dietr.; S. marina (L.) Bartl, nomen illeg.; S. salina (J. & C. Presl) D. Dietr.; Spergularia canina (Leffler) Leffler; S. dillenii Lebel; S. marina (L.) Griseb.; S. spergula (Dufour) G. Don

Taxonomy. V.I. Kozhanchikov, Bot. Žur. 53: 952—960 (1968); A.A. Sterk, Acta Bot. Neerl. 18: 639—650 (1969); J.A. Ratter, Notes Royal Bot. Garden Edinburgh 32: 291—296 (1973).

Nomenclature. N. Hylander, Uppsala Univ. Årsskr. 1945(7): 155—156; W. Greuter, Boissiera 13: 38—39 (1967); S. Rauschert, Feddes Repert. 83: 646 (1973).

Notes. Az added (not given in Fl. Eur.).

Total range. Hegi 1962: 788; MJW 1965: map 151b; V.I. Bistrova & N.A. Minjaev, Areali Rast. Fl. SSSR 2: 59 (1969) (Soviet part); Hultén CP 1971: map 183; cf. V.I. Kozhanchikov, Bot. Žur. 53: 954, 957 (1968).

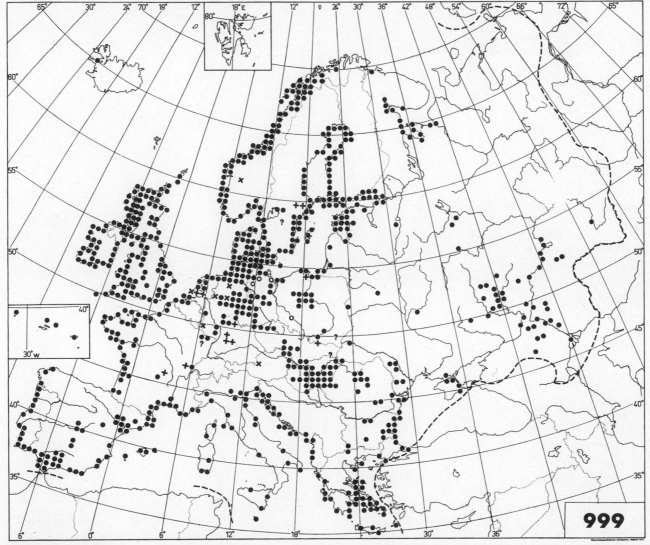

Spergularia salina

164

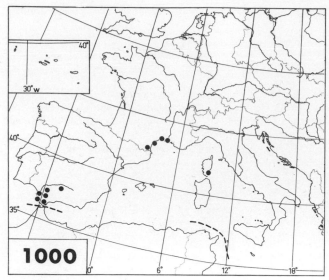

1000

Spergularia tangerina

Spergularia tangerina P. Monnier — Map 1000.

Taxonomy. P. Monnier, Feddes Repert. 69 (Fl. Eur. Notulae Syst. 3): 50 (1964), Naturalia Monspel. Sér. Bot. 19: 99, 111 (1968).

Notes. Co added (not given in Fl. Eur.). Lu not confirmed, and not given in Nova Fl. Port. 1971 (?Lu in Fl. Eur.).

Spergularia segetalis (L.) G. Don fil. — Map 1001.

Alsine segetalis L.; A. unilateralis Moench; Arenaria segetalis (L.) Lam.; A. unilateralis (Moench) Steudel; Delia segetalis (L.) Dumort.; Lepigonum segetale (L.) Koch; Spergula segetalis (L.) Vill.; Spergularia exilis Fenzl; S. semidecandra Kittel

Notes. Extinct in Be and Ho (given as present in Fl. Eur.). Rs(E) omitted (given in Fl. Eur.).

Spergularia diandra (Guss.) Boiss. — Map 1002.

Arenaria diandra Guss.; Spergularia salsuginea Fenzl

Notes. *Az added (not given in Fl. Eur.). Bl added (not given in Fl. Eur.): Fl. Mallorca 1978: 136—137. Co and Lu omitted (given in Fl. Eur.).

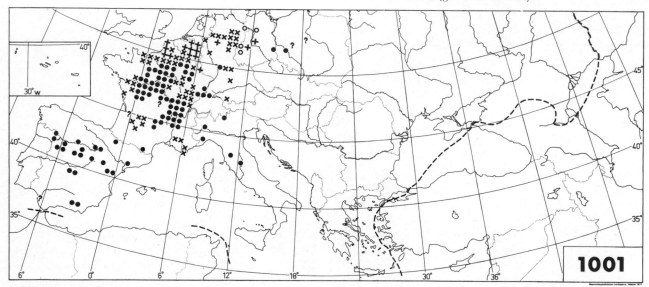

1001

Spergularia segetalis

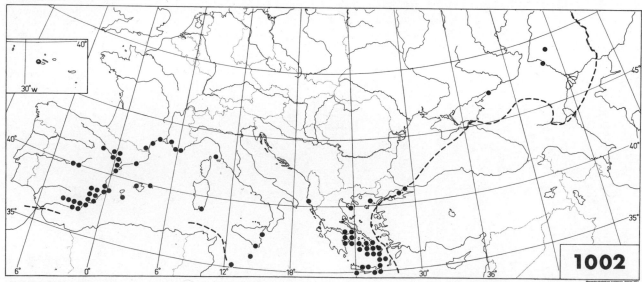

1002

Spergularia diandra

Spergularia purpurea (Pers.) G. Don fil. —Map 1003.

Arenaria purpurea Pers.; Spergularia longipes Rouy

Notes. Ga not confirmed, and not given from there by P. Monnier in Fl. France 1973 (?Ga in Fl. Eur.). It not confirmed (?It in Fl. Eur.): Pignatti Fl. 1982: 235.

Spergularia rubra (L.) J. & C. Presl — Map 1004.

Alsine rubra (L.) Crantz; Arenaria campestris (L.) All.; A. rubra L. var. campestris L.; Lepigonum rubrum (L.) Wahlenb.; Spergula rubra (L.) D. Dietr.; Spergularia campestris (L.) Ascherson; S. rubra subsp. campestris (L.) Rouy & Fouc.; Stellaria rubra Scop.

Taxonomy. P. Monnier, in Fl. France 1973: 262, recognizes an undescribed species "Spergularia cata-launica P. Monnier, nom. nud." from ?Ga and Hs ("Catalogne (et Prov.?)"), which is said to differ from *S. rubra* in being larger in all parts.

Notes. Az omitted (given indirectly in Fl. Eur.). Cr given in Fl. Eur., but no exact localities available. Rs(K) omitted (given indirectly in Fl. Eur.): Rubtsev 1972.

Total range. Hultén Alaska 1968: 439; Hultén CP 1971: map 249 (both: northern hemisphere).

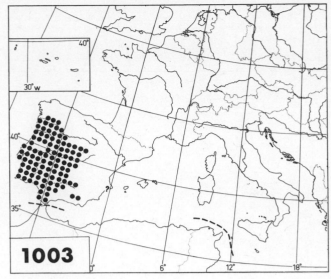

Spergularia purpurea

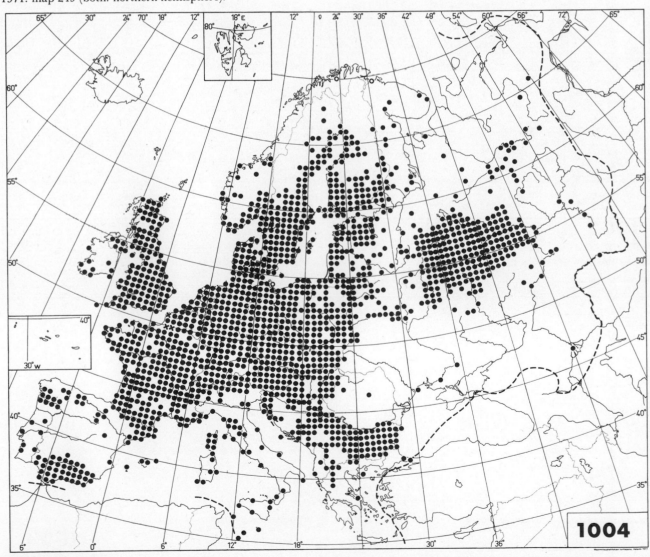

Spergularia rubra

166

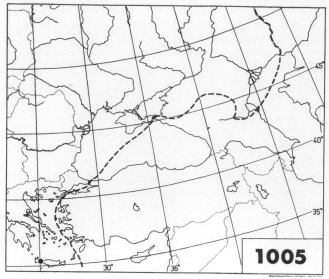

Spergularia lycia

Spergularia lycia P. Monnier & Quézel — Map 1005.

Taxonomy. P. Monnier in P. Quézel, J. Contandriopoulos & A. Pamukçuoğlu, Candollea 25: 359—360 (1970).

Notes. Cr (the taxon not mentioned in Fl. Eur.): W. Greuter, Ann. Mus. Goulandris 1: 30 (1973).

Spergularia nicaeensis Sarato ex Burnat — Map 1006.

Spergula rubra (L.) D. Dietr. subsp. nicaeensis (Sarato ex Burnat) Maire; Spergularia rubra subsp. nicaeensis (Sarato ex Burnat) Briq.

Notes. Gr not confirmed (?Gr in Fl. Eur.). No exact localities available from Sa (given in Fl. Eur. and Pignatti Fl. 1982: 235). Si not confirmed (?Si in Fl. Eur.): Pignatti Fl. 1982: 235.

Spergularia capillacea (Kindb. & Lange) Willk. — Map 1007.

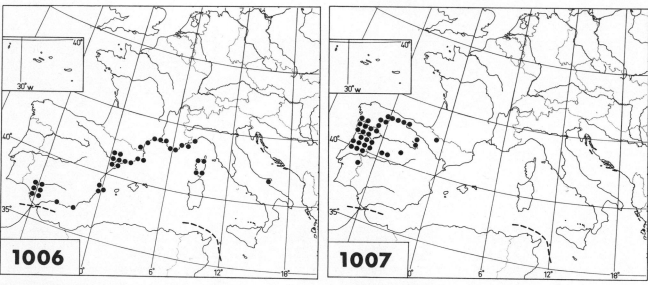

Spergularia nicaeensis

Spergularia capillacea

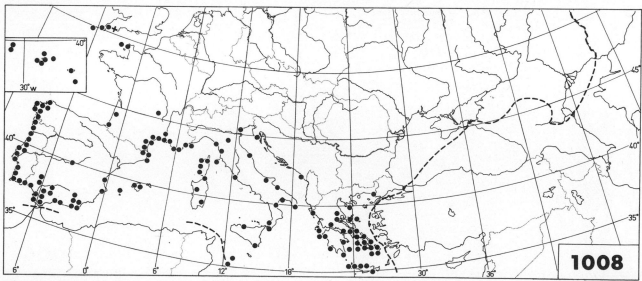

Spergularia bocconei

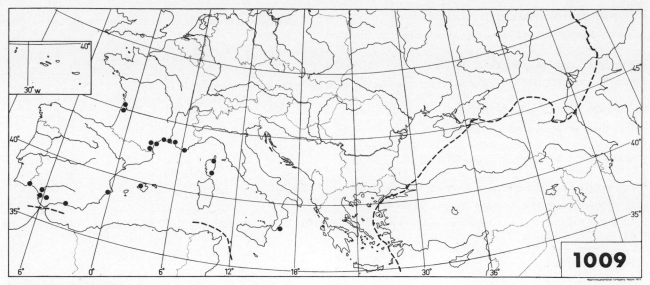

Spergularia heldreichii

Spergularia bocconei (Scheele) Ascherson & Graebner — Map 1008.

Alsine bocconei Scheele; Lepigonum campestre Kindb.; Spergularia atheniensis Ascherson; S. campestris sensu Willk. & Lange, non (L.) Ascherson; S. diandra (Guss.) Boiss. subsp. campestris (Kindb.) Nyman; S. rubra auct. azor., non (L.) J. & C. Presl; S. rubra (L.) J. & C. Presl subsp. atheniensis (Ascherson) Rouy

Notes. Az, Bl, Ju and Tu added (not given in Fl. Eur.): Webb 1966: 18; Fl. Turkey 1967: 95; A. Hansen, Anuario Soc. Brot. 37: 90 (1971), and Bol. Soc. Brot. 46: 227 (1972); Duvigneaud 1979: 15; A. Kurtto, Ann. Bot. Fennici 20 (1983, in print). Considered native in Br ([Br] in Fl. Eur.). Only casual in Ge and Ho ([Ge, Ho] in Fl. Eur.).

Spergularia heldreichii Fouc. ex E. Simon secundus & P. Monnier — Map 1009.

Spergularia rubra (L.) J. & C. Presl subsp. heldreichii (Fouc. ex E. Simon secundus & P. Monnier) O. Bolòs & Vigo

Taxonomy. E. Simon & P. Monnier, Bull. Soc. Bot. France 105: 256—264 (1958); O. Bolòs & J. Vigo, Butll. Inst. Catalana Hist. Nat. 38 (Sec. Bot. 1): 87 (1974).

Notes. Bl added (not given in Fl. Eur.): Fl. Mallorca 1978: 138; Duvigneaud 1979: 15. Co added (not given in Fl. Eur.). Gr omitted (given in Fl. Eur.).

Spergularia echinosperma (Čelak.) Ascherson & Graebner — Map 1010.

Spergula rubra (L.) D. Dietr. subsp. radiata Maire; Spergularia rubra (L.) J. & C. Presl subsp. echinosperma Čelak.

Nomenclature. The author's citation has been corrected according to J. Holub, Preslia 51: 239—245 (1979).

Notes. Au added (not given in Fl. Eur.). Hs added (not given in Fl. Eur.): I. Björkqvist et al., Bot. Not. 122: 272, 278 (1969). Po omitted (given in Fl. Eur.).

Total range. Outside Europe, reported from Morocco: P. Monnier, Naturalia Monspel. Sér. Bot. 19: 105 (1968).

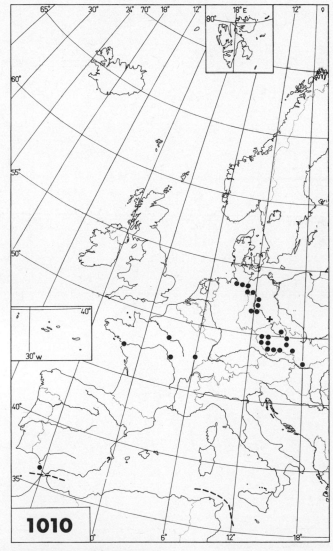

Spergularia echinosperma

Telephium imperati L. — Map 1011.

Telephium alternifolium Moench; T. orientale Boiss.; T. repens Lam.

T. imperati subsp. imperati — Map 1011.

Notes. Ga, He, Hs, It. "Spain and S. France; very locally in N. Italy and S.W. Switzerland" (Fl. Eur.).

T. imperati subsp. orientale (Boiss.) Nyman — Map 1011.

Telephium imperati var. orientale (Boiss.) Boiss.; T. orientale Boiss.

Taxonomy. W. Greuter, Candollea 20: 179—180 (1965).
Notes. Gr. "C. & S. Greece; Kriti" (Fl. Eur.).

T. imperati subsp. pauciflorum (Greuter) Greuter & Burdet — Map 1011.

Telephium imperati subsp. orientale var. pauciflorum Greuter

Taxonomy and nomenclature. W. Greuter, Candollea 20: 179—180 (1965); W. Greuter & T. Raus (eds.), Willdenowia 12 (Cahiers Optima Leaflets 127): 191 (1982).
Notes. Cr (the taxon not mentioned in Fl. Eur.).
Total range. Endemic to Kriti.

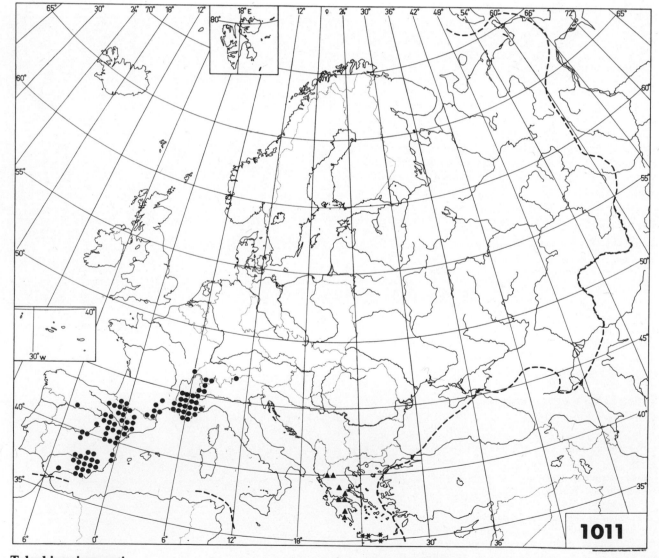

Telephium imperati
● = subsp. **imperati**

▲ = subsp. **orientale**
★ = subsp. **pauciflorum**

7
CARYOPHYLLACEAE (SILENOIDEAE)

CONTENTS

THE COMMITTEE FOR MAPPING THE FLORA OF EUROPE

SECRETARIAT, HELSINKI
J. JALAS (Chairman of the Committee)
J. SUOMINEN (Secretary)

ADVISERS
A.R. CLAPHAM, Arkholme
P. CRITOPOULOS, Athínai
H. ELLENBERG, Göttingen
K. FÆGRI, Bergen
W. GREUTER, Berlin
H. MEUSEL, Halle
G. MOGGI, Firenze
F.H. PERRING, Nettleham
A. TAKHTAJAN, Leningrad
D.A. WEBB, Dublin

COMMITTEE MEMBERS
ACTING AS REGIONAL COLLABORATORS

Albania (Al)
X. QOSJA, Tiranë

Austria (Au)
H. NIKLFELD, Wien
Assisted by collaborators in Mapping
the Flora of Central Europe

Belgium (Be, excl. Luxembourg)
L. DELVOSALLE, Bruxelles

British Isles (Br, Hb, Channel Islands)
C.D. PRESTON, Abbots Ripton

Bulgaria (Bu)
S. KOŽUHAROV, Sofia
A.V. PETROVA, Sofia

Czechoslovakia (Cz)
J. HOLUB, Průhonice
E. KMEŤOVÁ, Bratislava
Assisted by:
J. HOUFEK, Praha
F. MLADÝ, Průhonice
V. SKALICKÝ, Praha
M. ŠOURKOVÁ, Praha
J. VICHEREK, Brno

Denmark (Da, Fa)
A. HANSEN, København

Finland (Fe)
J. SUOMINEN, Helsinki
T. ULVINEN, Oulu
Assisted by:
A. KURTTO, Helsinki
P. UOTILA, Helsinki

France (Co, Ga)
P. DUPONT, Nantes
Assisted by collaborators in Mapping
the Flora of France

Federal Republic of Germany (Ge: BRD)
H. HAEUPLER, Bochum
P. SCHÖNFELDER, Regensburg
F. SCHUHWERK, Regensburg
Assisted by more than 1000 collaborators
in Mapping the Flora of Central Europe

German Democratic Republic (Ge: DDR)
E. WEINERT, Halle
Assisted by:
D. BENKERT, Berlin
F. FUKAREK, Greifswald
W. HEMPEL, Dresden
S. RAUSCHERT, Halle

Greece (Cr, Gr)
    D. Phitos, Patras
      Complementary material provided by:
    W. Greuter, Berlin (Cr)
    H. Runemark, Lund (Aegean area)
    A. Strid, København (mountains)

Hungary (Hu)
    A. Borhidi, Vácrátót
    A. Terpó, Budapest
      Assisted by:
    Z. Kereszty, Vácrátót
    Zs.B. Thury, Budapest
    J. Zotter, Budapest
      and by collaborators in Mapping the
      Flora of Central Europe

Iceland (Is)
    E. Einarsson, Reykjavík
      Assisted by:
    I. Davídsson, Reykjavík
    K. Egilsson, Reykjavík
    B. Jóhannsson, Reykjavík
    H. Kristinsson, Reykjavík
    J. Pálsson, Akureyri
    S. Steindórsson, Akureyri

Italy (It, Sa, Si)
    G. Moggi, Firenze
    E. Nardi, Firenze
    M. Raffaelli, Firenze
      Assisted by:
    B. Anzalone, Roma
    P.V. Arrigoni, Firenze
    A.J.B. Brilli-Cattarini, Pesaro
    V. La Valva, Napoli
    S. Marchiori, Padova
    F. Montacchini, Torino
    A. Pirola, Pavia
    L. Poldini, Trieste
    F.M. Raimondo, Palermo

Jugoslavia (Ju)
    E. Mayer, Ljubljana
    D. Trpin, Ljubljana

Luxembourg (Be, excl. Belgium)
    L. Reichling, Luxembourg

Netherlands (Ho)
    F. Adema, Leiden (—1985)
    J. Mennema, Leiden
    E.J. Weeda, Haarlem (1986—)

Norway (No, Sb)
    R.Y. Berg, Oslo
    K. Fægri, Bergen
      Assisted by:
    C. Bronger, Oslo
    R. Elven, Tromsø
    O.I. Rønning, Trondheim (Sb)
    S. Sivertsen, Trondheim

Poland (Po)
    J. Kornaś, Kraków
      Assisted by:
    M. Ciaciura, Wrocław
    D. Fijałkowski, Lublin
    J. Jasnowska, Szczecin
    K. Kępczyński, Toruń
    M. Kopij, Warszawa
    T. Krzaczek, Lublin
    J. Mądalski, Wrocław
    R. Olaczek, Łódź
    L. Olesiński, Olsztyn
    Z. Schwarz, Gdańsk
    A. Sokołowski, Białowieża
    R. Sowa, Łódź
    A. Zając, Kraków
    W. Żukowski, Poznań

Portugal (Az, Lu)
    J. do Amaral Franco, Lisboa
    M.L. da Rocha-Afonso, Lisboa

Romania (Rm)
(No data received during the preparation
of Vol. 7)

Spain (Bl, Hs)
    P. Montserrat, Jaca
    J.A. Devesa, Badajoz
    E. Rico, Salamanca
      Assisted by:
    J. Arroyo, Sevilla
    M. Laínz, Gijón
    S. Talavera, Sevilla

Sweden (Su)
    B. JONSELL, Stockholm
        Assisted by:
    S. ERICSSON, Umeå
    M. THULIN, Uppsala

Switzerland (He)
    O. HEGG, Bern
    E. LANDOLT, Zürich
    R. SUTTER (†), Bern
    M. WELTEN (†), Bern

Turkey (European part; Tu)
    A. BAYTOP, Istanbul
    H. DEMIRIZ, Istanbul

U.S.S.R. (Rs(N,B,C,W,K,E))
    V.I. CZOPIK, Kiev
    V.N. TIKHOMIROV, Moskva
        Assisted by:
    K.I. ALEKSANDROVA, Lipetsk
    J.E. ALEKSEEV, Moskva
    A.I. ALIUSHIN, Tula
    V.I. ARTEMENKO, Yaroslavl
    V.V. BLAGOVESHCHENSKY, Ulyanovsk
    A. BORODINA, Leningrad
    A.V. CZICZEV, Moskva
    A.V. DUBROVINA, Yaroslavl
    I.J. FATARE, Riga
    G. GAVRILOVA, Riga
    A. YA. GRIGOREVSKAYA, Voronezh
    JU.D. GUSEV, Leningrad
    E.G. GUSHCHINA, Ryazan
    O.S. IGNATENKO, Kursk
    R. JANKEVIČIENĖ, Vilnius
    M.V. KASAKOVA, Voronezh

K.F. KHMELEV, Voronezh
N.V. KOZLOVSKAYA, Minsk
L. LAASIMER, Tartu
A.N. LASCHENKOVA, Syktyvkar
A. LEKAVIČIUS, Vilnius
V.K. LEVIN, Saransk
E.V. LUKINA, Gorky
V.G. MALYSHEVA, Kalinin
A.E. MATSENKO, Moskva
V.I. MATVEEV, Kuybyshev
N.B. OKTYABREVA, Moskva
M.I. PADEREVSKAYA, Kursk
T.I. PLAKSINA, Kuybyshev
T. PLIEVA, Leningrad
V.I. RADYGINA, Orel
M.P. SHILOV, Ivanovo
N.K. SHVEDCHIKOVA, Moskva
T.B. SILAEVA, Saransk
A.D. SMIRNOVA, Gorky
D.I. TRETJAKOV, Minsk
Z.G. ULLE, Syktyvkar
V.V. VEKHOV, Moskva
A.M. VERENKO, Kiev
J.A. VOJTJUK, Kiev
G.V. VYNAEV, Minsk
A.G. YELENEVSKY, Moskva

FINNISH CONSULTATIVE COMMITTEE

T. AHTI, Helsinki
P. ISOVIITA, Helsinki
J. JALAS (Chairman), Helsinki
I. KUKKONEN, Helsinki
A. ROUSI, Turku
R. RUUHIJÄRVI, Helsinki
J. SUOMINEN (Secretary), Helsinki
T. ULVINEN, Oulu
P. UOTILA, Helsinki
Y. VASARI, Helsinki

PREFACE

In vols. 1 to 6 of the Atlas, scattered information on the ploidy level and/or the chromosome number(s) was included in the comments when considered relevant to the taxonomy. A proper survey of the cytogeography, which seems especially suitable for cartographical representation, had to wait until 1982, when D.M. Moore published the Flora Europaea check-list and chromosome index, listing the native origin and place of publication of the chromosome numbers given in Flora Europaea.

Now, beginning with the present vol. 7 of the Atlas, we have tried to give a country by country survey of the chromosome number data available. In doing this, special care has been taken to reproduce exactly the data on the origin and taxonomical identity of the material studied. To avoid accumulation of errors and inaccuracies, primary publications and minor country lists have been given preference over large-scale chromosome atlases, though these have, of course, frequently been consulted. Particular attention has been paid to chromosome counts reported after the publication of the first volume of Flora Europaea in 1964. Generally, one chromosome number record for a given taxon and country was considered enough when only one number is known to be present. Even so, the coverage is certainly far from complete. Nevertheless, the amount of data available proved large enough to require their presentation under a separate heading in the text.

In other respects, the principles of the textual presentation have remained unchanged. The continuing and strengthening increase in the amount of new data necessitating deviations from Flora Europaea is reflected in the increasing length of the texts and the lists of deviations that follow below.

The Committee deeply regrets to announce the death on 16.4.1984, at the age of 80 years, of Professor Max Welten, Member of the Committee and leading regional collaborator for Switzerland since 1965. Our Swiss collaborators suffered a second loss on 15.6.1985, with the death of Dr. h.c. Ruben Sutter, active in taking care of the country data for He since 1969. He was born on 4.10.1916.

Dr. I. Mitrushi, who had been responsible for the Albanian data ever since the early experimental stages of mapping the Flora of Europe, retired in 1984 on the grounds of poor health and age. The Committee wishes to express its deep gratitude for his valuable assistance. Throughout the years, his contributions have shown a scrupulous attention to accuracy and time schedules.

Volume 7, with its well beyond 200 pages and no less than 497 maps, is the largest volume of AFE published so far. This has meant a great deal of hard work of different kinds for our esteemed collaborators and their local teams — to say nothing of the Helsinki secretariat. Once again it is our pleasant duty to express our sincere thanks to all members of the team for their efforts to achieve our common goal in mapping the Flora of Europe.

Our special thanks are due to W. Greuter (Berlin), J. Holub (Průhonice) and S.M. Walters (Cambridge), who in many ways but especially within their special fields of expertise aided in completing the present volume. In addition, valuable information concerning certain minor groups of taxa was provided by V. Melzheimer (Marburg; some Balkan groups of *Silene*), H.C. Prentice (Southampton; *Silene* sect. *Elisanthe*) and F. Wrigley (Westerham; *Silene cyri* and *S. otites* groups). Needless to say the basic source of information for our mapping project will always be the data on the systematics and chorology of the taxa sent in by the regional collaborators in the different European countries.

This time as well, the coverage of the distributional data received was unfortunately somewhat uneven. The Secretariat has tried to fill the most disturbing gaps with data from the literature and, to some extent, from herbaria (mainly H and BP). Supplementary herbarium data were obtained for Rm by A. Kurtto.

Technical assistance in preparing this volume has been given by Miss Leena Helynranta, B.A., Mrs. Liisa Mäkelä, M.A., Mrs. Paula Oksanen, M.A., and Miss Kerttu Pellinen, B.A.

DEVIATIONS FROM FLORA EUROPAEA

(Several of the cases listed below could be given under more than one heading)

Additions

1. Previously described European taxa here included as species or subspecies, although not recognized or not recognized separately in Fl. Eur.

Petrocoptis lagascae (Willk.) Willk. (included in *P. glaucifolia* in Fl. Eur.)

Silene italica subsp. *sicula* (Ucria) Jeanmonod (given in Fl. Eur., as *S. sicula*, in a note under *S. hifacensis*)

S. sieberi Fenzl (given in Fl. Eur. in a note under *S. italica*)

S. syreistschikowii P. Smirnov

S. tomentosa Otth (given in Fl. Eur. in a note under *S. pseudovelutina*)

S. coutinhoi Rothm. & P. Silva (given in Fl. Eur. in a note under *S. italica*)

S. longicilia subsp. *cintrana* (Rothm.) Jeanmonod (given in Fl. Eur., as *S. cintrana*, in a note under *S. hifacensis*)

S. goulimyi Turrill (given in Fl. Eur. in a note under *S. cythnia*)

S. sennenii Pau

S. nutans subsp. *livida* (Willd.) Jeanmonod & Bocquet

S. radicosa subsp. *pseudoradicosa* Rech. fil. (given in Fl. Eur. in a note under *S. radicosa*)

S. oligantha Boiss. & Heldr. (given in Fl. Eur. in a note under *S. radicosa*)

S. uralensis subsp. *apetala* (L.) Bocquet (included in *S. wahlbergella* in Fl. Eur.)

S. furcata subsp. *angustiflora* (Rupr.) Walters (given in Fl. Eur. in a note under *S. furcata*)

S. cyri Schischkin (given in Fl. Eur. in a note under *S. hellmannii*)

S. velebitica (Degen) Wrigley (given in Fl. Eur., as *S. otites* subsp. *velebitica*, in a note under *S. otites*)

S. donetzica Kleopow (included in *S. densiflora* in Fl. Eur.)

S. chersonensis (Zapał.) Kleopow (included in *S. exaltata* in Fl. Eur.)

S. vulgaris subsp. *aetnensis* (Strobl) Pignatti

S. thebana Orph. ex Boiss. (given in Fl. Eur. in a note under *S. fabaria*)

S. ionica Halácsy (given in Fl. Eur. in a note under *S. fabaria*)

S. caesia subsp. *samothracica* (Rech. fil.) Melzh. (included in *S. variegata* in Fl. Eur.)

S. thessalonica Boiss. & Heldr. (included in *S. flavescens* in Fl. Eur.)

S. paeoniensis Bornm. (given in Fl. Eur. in a note under *S. cephallenia*)

S. boryi subsp. *tejedensis* (Boiss.) Rivas Martínez (given in Fl. Eur., as *S. boryi* var. *tejedensis*, in a note under *S. boryi*)

S. boryi subsp. *penyalarensis* (Pau) Rivas Martínez

S. succulenta subsp. *corsica* (DC.) Nyman (given in Fl. Eur. in a note under *S. succulenta*)

S. balcanica (Urum.) Hayek (given in Fl. Eur. in a note under *S. saxifraga*)

S. fruticulosa Sieber ex Otth (included in *S. saxifraga* in Fl. Eur.)

S. hayekiana Hand.-Mazz. & Janchen (included in *S. saxifraga* in Fl. Eur.)

S. parnassica Boiss. & Spruner (given in Fl. Eur. in a note under *S. saxifraga*)

S. taygetea Halácsy ex Vierh. (included in *S. saxifraga* in Fl. Eur.)

S. multicaulis subsp. *sporadum* (Halácsy) Greuter & Burdet (given in Fl. Eur., as *S. genistifolia*, in a note under *S. multicaulis*)

S. multicaulis subsp. *stenocalycina* (Rech. fil.) Melzh. (given in Fl. Eur., as *S. stenocalycina*, in a note under *S. multicaulis*)

S. dionysii Stoj. & Jordanov

S. latifolia subsp. *mariziana* (Gand.) Greuter & Burdet

S. astrachanica (Pacz.) Takht. (given in Fl. Eur., as *Melandrium astrachanicum*, in a note under *S. alba*)

S. marizii Samp. (given in Fl. Eur., as *Melandrium glutinosum*, in a note under *S. alba*)

S. vittata Stapf (given in Fl. Eur., as *S. rigidula*, in a note under *S. portensis*)

S. corinthiaca Boiss. & Heldr. (given in Fl. Eur. in a note under *S. portensis*)

S. reinholdii Heldr. (included in *S. behen* in Fl. Eur.)

S. crassipes Fenzl (given in Fl. Eur. in a note under *S. linicola*; not mapped)

S. cambessedesii Boiss. & Reuter (included in *S. littorea* in Fl. Eur.)

S. mariana Pau

S. colorata subsp. *morisiana* (Béguinot & Ravano) Pignatti

Bolanthus thymifolius (Sibth. & Sm.) Phitos (included in *B. graecus* in Fl. Eur., as *B. graecus* var. *thymifolius*)

Saponaria ocymoides subsp. *alsinoides* (Viv.) Arcangeli

Petrorhagia obcordata (Margot & Reuter) Greuter & Burdet (given in Fl. Eur., as *P. glumacea* var. *obcordata*, in a note under *P. glumacea*)

Dianthus furcatus subsp. *dissimilis* (Burnat) Pignatti

D. trifasciculatus subsp. *pseudoliburnicus* Stoj. & Acht.

D. guttatus subsp. *divaricatus* Prodan

D. simulans Stoj. & Stefanov

D. sylvestris subsp. *longicaulis* (Ten.) Greuter & Burdet (included in *D. sylvestris* subsp. *siculus* in Fl. Eur.)

D. arrostii C. Presl (given in Fl. Eur. in a note under *D. caryophyllus*)

D. subacaulis subsp. *cantabricus* (Font Quer) Laínz

D. laricifolius subsp. *marizii* (Samp.) Franco

D. serratifolius subsp. *abbreviatus* (Heldr. ex Halácsy) Strid

D. plumarius subsp. *praecox* (Kit. ex Schultes) Domin (given in Fl. Eur. in a note under *D. plumarius*, as *D. hungaricus* Pers.)

D. plumarius subsp. *lumnitzeri* (Wiesb.) Domin (given in Fl. Eur., as *D. lumnitzeri*, in a note under *D. plumarius*)

D. plumarius subsp. *regis-stephani* (Rapaics) Baksay

D. kapinaënsis Markgraf & Lindt.

D. tymphresteus (Boiss. & Spruner) Heldr. & Sart. ex Boiss. (included in *D. corymbosus* in Fl. Eur.)

D. aciphyllus Sieber ex Ser. (included in *D. juniperinus* in Fl. Eur.)

D. fruticosus subsp. *creticus* (Tausch) Runemark

D. balbisii Ser. (included in *D. ferrugineus* in Fl. Eur.)

D. androsaceus (Boiss. & Heldr.) Hayek (included in *D. pinifolius* in Fl. Eur.)

D. giganteus subsp. *subgiganteus* (Borbás ex Form.) Stoj. & Acht.

D. giganteus subsp. *vandasii* (Velen.) Stoj. & Acht. (given in Fl. Eur., as *D. vandasii*, in a note under *D. pontederae*)

D. carthusianorum subsp. *tenorei* (Lacaita) Pignatti

D. carthusianorum subsp. *polonicus* (Zapał.) Kovanda (given in Fl. Eur., as *D. polonicus*, in the synonymy of *D. carthusianorum*)

D. carthusianorum subsp. *latifolius* (Griseb. & Schenk) Hegi

D. carthusianorum subsp. *atrorubens* (All.) Pers. (given in Fl. Eur., as *D. atrorubens*, in the synonymy of *D. carthusianorum*)

D. carthusianorum subsp. *capillifrons* (Borbás) Neumayer (given in Fl. Eur., as *D. capillifrons*, in the synonymy of *D. carthusianorum*)

D. carthusianorum subsp. *sanguineus* (Vis.) Hegi (given in Fl. Eur., as *D. sanguineus*, in the synonymy of *D. carthusianorum*)

D. behriorum Bornm.

2. Taxonomical novelties described during or after the editing of Fl. Eur.

Petrocoptis pyrenaica subsp. *pseudoviscosa* (Fern.-Casas) Fern.-Casas

P. wiedmannii Merxm. & Grau

P. crassifolia subsp. *albaredae* P. Monts.

P. crassifolia subsp. *guinochetii* J.M. Monts.

P. pardoi subsp. *montsicciana* (O. Bolòs & Rivas Martínez) P. Monts.

P. pardoi subsp. *guarensis* (Fern.-Casas) P. Monts.

Silene damboldtiana Greuter & Melzh.

S. hicesiae Brullo & Signorello

S. rosulata Soyer-Willemet & Godron subsp. *sanctae-terasiae* (Jeanmonod) Jeanmonod

S. fernandesii Jeanmonod

S. radicosa subsp. *rechingeri* Melzh.

S. velenovskyana Jordanov & P. Panov

S. otites subsp. *hungarica* Wrigley

S. colpophylla Wrigley

S. vulgaris subsp. *suffrutescens* Greuter, Matthäs & Risse

S. congesta subsp. *moreana* Melzh.

S. adelphiae Runemark

S. cephallenia subsp. *epirotica* Melzh.

S. jailensis Rubtsev

S. sangaria Coode & Cullen

S. horvatii Micevski

S. conglomeratica Melzh.

S. parnassica subsp. *vourinensis* Greuter

S. stojanovii P. Panov

S. velcevii Jordanov & P. Panov

S. intonsa Greuter & Melzh.

S. greuteri Phitos

S. stockenii Chater

S. gaditana Talavera & Bocquet

Gypsophila montserratii Fern.-Casas

G. bermejoi G. López

Bolanthus intermedius Phitos

B. chelmicus Phitos

B. creutzburgii Greuter

Petrorhagia grandiflora Iatroú

Dianthus cintranus subsp. *barbatus* R. Fernandes & Franco

D. moravicus Kovanda

D. myrtinervius subsp. *caespitosus* Strid & Papanicolaou

D. juniperinus subsp. *heldreichii* Greuter

D. pulviniformis Greuter

D. fruticosus subsp. *occidentalis* Runemark

D. fruticosus subsp. *amorginus* Runemark

D. fruticosus subsp. *carpathus* Runemark

D. fruticosus subsp. *sitiacus* Runemark

D. stamatiadae Rech. fil.

D. carthusianorum subsp. *sudeticus* Kovanda

3. Floristic novelties (taxa not mentioned in Fl. Eur., and originally described on the basis of material from outside Europe)

Silene velutinoides Pomel

S. marschallii C.A. Meyer (given in Fl. Eur. in a comment under *S. guicciardii* Boiss. & Heldr. which is considered conspecific)

S. caryophylloides subsp. *eglandulosa* (Chowdhuri) Coode & Cullen

S. oropediorum Cosson

S. dichotoma subsp. *euxina* (Rupr.) Coode & Cullen

S. heldreichii Boiss. (*S. remotiflora* of Fl. Eur. is included)

?*S. corrugata* Ball (erroneously (?) given from Europe (Hs))

S. macrodonta Boiss.

Cyathophylla chlorifolia (Poiret) Bocquet & Strid (change of genus is included)

Dianthus monadelphus Vent. subsp. *monadelphus*

D. anatolicus Boiss.

D. rupicola subsp. *hermaeensis* (Cosson) O. Bolòs & Vigo

Exclusions

1. Species and subspecies deleted on taxonomical grounds

Agrostemma linicola Terechov (included in *A. githago*)

Silene brachypoda Rouy (included in *S. nutans* subsp. *nutans*)

Gypsophila achaia Bornm. (included in *G. nana*)

Dianthus seguieri subsp. *italicus* Tutin (included in *D. seguieri* subsp. *seguieri*)

D. petraeus subsp. *simonkaianus* (Péterfi) Tutin (included, together with *D. stefanoffii* Eig, in *D. petraeus* subsp. *orbelicus*)

D. aridus Griseb. ex Janka (included in *D. pallidiflorus*)

D. mercurii Heldr. (included in *D. biflorus*)

D. gracilis subsp. *xanthianus* (Davidov) Tutin (included in *D. gracilis* subsp. *gracilis*)

D. gracilis subsp. *friwaldskyanus* (Boiss.) Tutin (included in *D. gracilis* subsp. *gracilis*)

D. gracilis subsp. *achtarovii* (Stoj. & Kitanov) Tutin (included in *D. gracilis* subsp. *gracilis*)

D. arboreus sensu Fl. Eur., non L. (included in *D. fruticosus*; *D. arboreus* L., nomen ambig., is *D. aciphyllus* Sieber ex Ser.)

D. giganteus subsp. *italicus* Tutin (possibly to be included in *D. carthusianorum*)

D. quadrangulus Velen. (included in *D. cruentus* subsp. *turcicus*)

D. burgasensis Tutin (included in *D. moesiacus*)

2. No European occurrences confirmed, although given in Fl. Eur.

Silene falcata Sibth. & Sm.
Saponaria orientalis L.
Dianthus urumoffii Stoj. & Acht. (not seen in the wild since 1935)

Further deviations from Fl. Eur.

1. Change of genus or rank

Silene thessalonica subsp. *dictaea* (Rech. fil.) Melzh. (instead of *S. dictaea* Rech. fil.)

S. rubella subsp. *bergiana* (Lindman) Malagarriga (instead of *S. bergiana* Lindman)

S. littorea subsp. *adscendens* (Lag.) Rivas Goday (instead of *S. adscendens* Lag.)

Gypsophila struthium subsp. *hispanica* (Willk.) G. López (instead of *G. hispanica* Willk.)

Dianthus sternbergii Sieber ex Capelli (instead of *D. monspessulanus* subsp. *sternbergii* Hegi; includes correction of author's citation)

D. laricifolius subsp. *caespitosifolius* (Planellas) Laínz (instead of *D. planellae* Willk.)

D. serrulatus Desf. subsp. *barbatus* (Boiss.) Greuter & Burdet (instead of *D. malacitanus* Haenseler ex Boiss., nomen inval.)

D. cintranus subsp. *anticarius* (Boiss. & Reuter) Malagarriga (instead of *D. anticarius* Boiss. & Reuter)

D. petraeus subsp. *orbelicus* (Velen.) Greuter & Burdet (instead of *D. stefanoffii* Eig)

D. integer Vis. (instead of *D. petraeus* subsp. *integer* (Vis.) Tutin)

D. integer subsp. *minutiflorus* (Borbás) Bornm. (instead of *D. minutiflorus* (Borbás) Halácsy)

D. noëanus Boiss. (instead of *D. petraeus* subsp. *noëanus* (Boiss.) Tutin)

D. deltoides subsp. *degenii* (Bald.) Strid (instead of *D. degenii* Bald.)

D. monadelphus Vent. subsp. *pallens* (Sibth. & Sm.) Greuter & Burdet (instead of *D. pallens* Sibth. & Sm.)

D. gracilis subsp. *drenowskianus* (Rech. fil.) Strid (instead of *D. drenowskianus* Rech. fil.)

D. strictus subsp. *multipunctatus* (Ser.) Greuter & Burdet (a more accurate taxonomical status for the European plant, instead of *D. strictus*)

D. vulturius Guss. & Ten. (instead of *D. ferrugineus* subsp. *vulturius* (Guss. & Ten.) Tutin)

D. carthusianorum subsp. *puberulus* (Simkovics) Soó (instead of *D. puberulus* (Simkovics) Kerner)

D. carthusianorum subsp. *tenuifolius* (Schur) Hegi (instead of *D. tenuifolius* Schur)

D. leucophoeniceus Dörfler & Hayek (instead of *D. giganteus* subsp. *leucophoeniceus* (Dörfler & Hayek) Tutin)

2. Nomenclatural deviations from Fl. Eur.

Agrostemma gracile Boiss. (instead of *A. gracilis*)

Silene andryalifolia Pomel (instead of *S. pseudovelutina* Rothm.; includes a taxonomical revaluation)

S. tyrrhenia Jeanmonod & Bocquet (instead of *S. salzmannii* Badaro non Otth, in Fl. Eur. in a note under *S. pseudovelutina*)

S. longicilia (Brot.) Otth (instead of *S. patula* sensu Fl. Eur., non Desf.)

S. multiflora (Ehrh.) Pers. (author's citation corrected)

S. uralensis (Rupr.) Bocquet (instead of *S. wahlbergella* Chowdhuri)

S. wolgensis (Hornem.) Otth (author's citation corrected)

S. elisabethae Jan (instead of *S. elisabetha*)

S. herminii (Welw. ex Rouy) Welw. ex Rouy (instead of *S. macrorhiza* Gay & Durieu ex Lacaita

S. vulgaris subsp. *angustifolia* Hayek (author's citation corrected)

S. vulgaris subsp. *prostrata* (Gaudin) Schinz & Thell. (author's citation corrected)

S. uniflora Roth subsp. *uniflora* (instead of *S. vulgaris* subsp. *maritima* (With.) Á. Löve & D. Löve)

S. uniflora subsp. *thorei* (Duf.) Jalas (instead of *S. vulgaris* subsp. *thorei* (Duf.) Chater & Walters)

S. vallesia subsp. *graminea* (Vis. ex Reichenb.) Nyman (author's citation corrected)

S. dirphya Greuter & Burdet (instead of *S. smithii* Boiss. & Heldr., given in Fl. Eur. in a note under *S. saxifraga*)

S. borderei Jordan (orthography of the specific epithet checked)

S. acaulis subsp. *bryoides* (Jordan) Nyman (instead of *S. acaulis* subsp. *exscapa* (All.) J. Braun)

S. veselskyi (Janka) Neumayer (author's citation corrected)

S. retzdorffiana (K. Malý) Neumayer (author's citation corrected)

S. latifolia Poiret (instead of *S. alba* (Miller) E.H.L. Krause)

S. latifolia subsp. *alba* (Miller) Greuter & Burdet (instead of *S. alba* subsp. *alba*)

S. latifolia subsp. *latifolia* (instead of *S. alba* subsp. *divaricata* (Reichenb.) Walters)

S. latifolia subsp. *eriocalycina* (Boiss.) Greuter & Burdet (instead of *S. alba* subsp. *eriocalycina* (Boiss.) Walters)

S. pseudoatocion Desf. (orthography of the specific epithet checked)

S. gallinyi Heuffel ex Reichenb. (instead of *S. trinervia* Sebastiani & Mauri)

S. germana Gay (instead of *S. boissieri* Gay)

S. niceensis All. (orthography of the specific epithet corrected)

Gypsophila pallasii Ikonn. (instead of *G. glomerata* sensu Bieb., non Pallas ex Adam)

G. glomerata Pallas ex Adam (instead of *G. globulosa* Steven ex Boiss.)

Saponaria pumila Janchen (instead of *S. pumilio* (L.) Fenzl ex A. Braun)

Vaccaria hispanica (Miller) Rauschert (instead of *V. pyramidata* Medicus)

Dianthus collinus subsp. *glabriusculus* (Kit.) Thaisz (author's citation corrected)

D. pratensis subsp. *racovitae* (Prodan) Tutin (orthography of the subspecific epithet corrected)

D. furcatus subsp. *lereschii* (Burnat) Pignatti (instead of *D. furcatus* subsp. *tener* Tutin, non *D. tener* Balbis)

D. viridescens G.C. Clementi (author's citation corrected)

D. trifasciculatus subsp. *parviflorus* Stoj. & Acht. (instead of *D. trifasciculatus* subsp. *deserti* (Prodan) Tutin)

D. trifasciculatus subsp. *pseudobarbatus* (Schmalh.) Jalas (instead of *D. trifasciculatus* subsp. *euponticus* (Zapał.) Tutin, nomen inval.)

D. barbatus subsp. *compactus* (Kit.) Stoj. (author's citation corrected)

D. sternbergii subsp. *marsicus* (Ten.) Pignatti (instead of *D. monspessulanus* subsp. *marsicus* (Ten.) Novák)

D. xylorrhizus Boiss. & Heldr. (orthography of the specific epithet corrected)

D. arenarius subsp. *borussicus* Vierh. (author's citation corrected)

D. superbus subsp. *alpestris* Kablik ex Čelak. (instead of *D. superbus* subsp. *speciosus* (Reichenb.) Pawł.)

D. superbus subsp. *stenocalyx* (Trautv. ex Juz.) Kleopow (author's citation corrected)

D. haematocalyx subsp. *ventricosus* Maire & Petitmengin (instead of *D. haematocalyx* subsp. *sibthorpii* (Vierh.) Hayek)

D. balbisii subsp. *liburnicus* (Bartl.) Pignatti (instead of *D. ferrugineus* subsp. *liburnicus* (Bartl.) Tutin)

D. giganteiformis Borbás (instead of *D. pontederae* Kerner)

D. giganteiformis subsp. *giganteiformis* (instead of *D. pontederae* subsp. *giganteiformis* (Borbás) Soó)

D. giganteiformis subsp. *pontederae* (Kerner) Soó (instead of *D. pontederae* subsp. *pontederae*)

D. giganteiformis subsp. *kladovanus* (Degen) Soó (instead of *D. pontederae* subsp. *kladovanus* (Degen) Stoj. & Acht.)

ABBREVIATIONS AND SYMBOLS

Country and 'territory' abbreviations (in full accordance with Fl. Eur.)

Al Albania
Au Austria, with Liechtenstein
Az Açores (Azores)
Be Belgium, with Luxembourg
Bl Islas Baleares
Br Britain, excluding the Channel Islands and Northern Ireland
Bu Bulgaria
Co Corse
Cr Kriti (*Creta*), with Karpathos, Kasos and Gavdhos
Cz Czechoslovakia
Da Denmark (*Dania*)
Fa Færöer
Fe Finland (*Fennia*)
Ga France (*Gallia*), with the Channel Islands and Monaco; excluding Corse
Ge Germany (both the Federal Republic of Germany and the German Democratic Republic)
Gr Greece, excluding those islands included under Kriti and those which are outside Europe as defined for Fl. Eur.
Hb Ireland (*Hibernia*); both the republic and Northern Ireland
He Switzerland (*Helvetia*)
Ho Netherlands (*Hollandia*)
Hs Spain (*Hispania*), with Gibraltar and Andorra; excluding Islas Baleares
Hu Hungary
Is Iceland (*Islandia*)
It Italy, excluding Sardegna and Sicilia as defined below
Ju Jugoslavia
Lu Portugal (*Lusitania*), excluding Açores
No Norway, excluding Svalbard as defined below
Po Poland
Rm Romania

Rs U.S.S.R. (*Rossia*) (European part)
Rs(N) *Northern division*: Arctic Europe, Karelo-Lapland, Dvina-Pečora (including the whole of Karelian A.S.S.R.)
Rs(B) *Baltic division*: Estonia, Latvia, Lithuania, Kaliningradskaya oblast'
Rs(C) *Central division*: Ladoga-Ilmen, Upper Volga, Volga-Kama, Upper Dnepr, Volga-Don, Ural (including the whole of White Russia, and considered to include the entire Leningradskaya oblast')
Rs(W) *South-western division*: Moldavia, Middle Dnepr, Black Sea, Upper Dnestr (largely including Ukraine)
Rs(K) *Krym* (*Crimea*)
Rs(E) *South-eastern division*: Lower Don, Lower Volga, Transvolga (including the European part of Kazakhstan)
Sa Sardegna
Sb Svalbard, comprising Spitsbergen, Björnöya (Bear Island) and Jan Mayen
Si Sicilia, with Pantelleria, Isole Pelagie, Isole Lipari and Ustica; including Malta
Su Sweden (*Suecia*)
Tu Turkey (European part), including Imroz

The mapping symbols

● ▲ ■ ★ native occurrence (including archaeophytes)
○ △ □ introduction (established alien)
◖ status unknown or uncertain
+ extinct
× probably extinct, or, at least, not recorded since 1930
? record uncertain as regards identification or locality.

If the map gives the areas of two or more taxa, the special symbols (+, ×, ?, etc.) belong to the taxon marked by ●, unless otherwise stated.

12

Abbreviations for frequently quoted literature

Atlas Nederl. Fl. 1980 = J. Mennema et al. (eds.), Atlas van de Nederlandse Flora. 1. Uitgestorven en zeer zeldzame planten. — 226 pp. Amsterdam 1980.
Contandriopoulos 1962 = J. Contandriopoulos, Recherches sur la flore endémique de la Corse et sur ses origines. — Thèses Fac. Sci. Montpellier 254, 354 pp. Gap 1962.
Duvigneaud 1979 = J. Duvigneaud, Catalogue provisoire de la flore des Baléares. 2. éd. — Soc. Échange Pl. Vasc. Éur. Occ. Bassin Médit., fasc. 17 Suppl.: 1—43 (Liège 1979).
Ehrendorfer 1973 = F. Ehrendorfer, Liste der Gefässpflanzen Mitteleuropas. 2. Aufl. (von W. Gutermann & H. Niklfeld). — 318 pp. Stuttgart 1973.
Engelskjön 1979 = T. Engelskjøn, Chromosome numbers in vascular plants from Norway, including Svalbard. — Op. Bot. (Lund) 52: 1—38. 1979.
Fernandes & Leitao 1971 = A. Fernandes & M.T. Leitão, Contribution à la connaisance cytotaxinomique des Spermatophyta du Portugal. III. Caryophyllaceae. — Bol. Soc. Brot. 45: 143—176. 1971.
Fl. Arct. URSS 1971 = A.I. Tolmatchev (ed.), Flora Arctica URSS. 6. Caryophyllaceae — Ranunculaceae. — 247 pp. Leninopoli 1971.
Fl. Bor.-Or. Eur. URSS 1976 = A.I. Tolmatchev (ed.), Flora regionis boreali-orientalis territoriae Europaeae URSS. 2. Cyperaceae — Caryophyllaceae. — 316 pp. Leninopoli 1976.
Fl. Bulg. 1966 = D. Jordanov & B. Kuzmanov (eds.), Flora Reipublicae Popularis Bulgaricae. 3. — 638 pp. Serdicae 1966.
Fl. Eur. = T.G. Tutin et al. (eds.), Flora Europaea. 1. Lycopodiaceae to Platanaceae. — xxxiv + 464 pp. Cambridge 1964.
Fl. Eur. Check-list 1982 = D.M. Moore, Flora Europaea check-list and chromosome index. — x + 423 pp. Cambridge 1982.
Fl. France 1973 = M. Guinochet & R. de Vilmorin, Flore de France. 1. — 366 pp. Paris 1973.
Fl. Schweiz 1967 = H.E. Hess et al., Flora der Schweiz und angrenzender Gebiete. 1: Pteridophyta bis Caryophyllaceae. — 858 pp. Basel 1967.
Fl. Serbie 1970 = M. Josifović (ed.), Flore de la Republique Socialiste de Serbie. 2. — 295 pp. Beograd 1970.
Fl. Turkey 1967 = P.H. Davis (ed.), Flora of Turkey and the East Aegean Islands. 2. — xii + 581 pp. Edinburgh 1967.
Hegi 1971, 1978, 1979 = K.H. Rechinger (ed.), G. Hegi, Illustrierte Flora von Mitteleuropa. 2. Aufl. 3(2), Lief. 7, Caryophyllaceae: 933—1012 (1971), Lief. 8, Caryophyllaceae: 1013—1092 (1978), Lief. 9, Caryophyllaceae: 1093—1172 (1979).
Hultén AA 1958 = E. Hultén, The Amphi-Atlantic Plants. — K. Svenska Vet.-Akad. Handl., Ser. 4, 7(1): 1—340. 1958.
Hultén Alaska 1968 = E. Hultén, Flora of Alaska and neighboring territories. — 1008 pp. Stanford 1968.
Hultén CP 1971 = E. Hultén, The Circumpolar Plants. II. Dicotyledons. — K. Svenska Vet.-Akad. Handl., Ser. 4, 13(1): 1—463. 1971.
Küpfer 1974 = P. Küpfer, Recherches sur les liens de parenté entre la flore orophile des Alpes et celle des Pyrénées. — Boissiera 23: 1—322 + Pl. I—X. 1974.
Májovský et al. 1970a, 1970b, 1974a, 1974b, 1976, 1978 = J. Májovský et al., Index of chromosome numbers of Slovakian flora. 1—6. — Acta Fac. Rerum Nat. Univ. Comenianae, Bot. 16: 1—26 (1970 a); 18: 45—60 (1970 b); 22: 1—20 (1974 a); 23: 1—23 (1974 b); 25: 1—18 (1976); 26: 1—42 (1978).
Med-Checklist 1984 = W. Greuter et al. (eds.), Med-Checklist. 1. Pteridophyta (ed. 2), Gymnospermae, Dicotyledones (Acanthaceae — Cneoraceae). — 330 + c pp. Genève 1984.
Melzheimer 1977 = V. Melzheimer, Biosystematische Revision einiger Silene-Arten (Caryophyllaceae) der Balkan-Halbinsel (Griechenland). — Bot. Jahrb. Syst. 98: 1—92 (1977).
MJW 1965 = H. Meusel et al., Vergleichende Chorologie der zentraleuropäischen Flora. — Text 583 pp., Karten 258 pp. Jena 1965.
Mountain Fl. Greece 1986 = A. Strid (ed.), Mountain Flora of Greece. 1. — 822 pp. Cambridge 1986.
Nova Fl. Port. 1971 = J. do Amaral Franco, Nova Flora de Portugal (Continente e Açores). 1. Lycopodiaceae — Umbelliferae. — xxiv + 648 pp. Lisboa 1971.
Pignatti Fl. 1982 = S. Pignatti (ed.), Flora d'Italia. 1. — 790 pp. Bologna 1982.
Rubtsev 1972 = N.I. Rubtsev, Opredelitel' Vysshikh Rasteniy Kryma. — 552 pp. Leningrad 1972.
Soó Synopsis 1970 = R. Soó, A Magyar Flóra és Vegetáció rendszertani növényföldrajzi kézikönyve. IV. Synopsis Systematico-geobotanica Florae Vegetationisque Hungariae. IV. — 614 pp. Budapest 1970.
Talavera & Bocquet 1975, 1976 = S. Talavera & G. Bocquet, Notas sobre el genero Silene L. en España. I—II.— Lagascalia 5: 47—54 (1975), 6: 101-116 (1976).
Uotila & Pellinen 1985 = P. Uotila & K. Pellinen, Chromosome numbers in vascular plants from Finland. — Acta Bot. Fennica 130: 1—37.
Webb 1966 = D.A. Webb, The Flora of European Turkey. — Proc. Royal Irish Acad. 65, Sect. B 1: 1—100. 1966.

DICOTYLEDONES (cont.)
CARYOPHYLLACEAE
Subfam. SILENOIDEAE

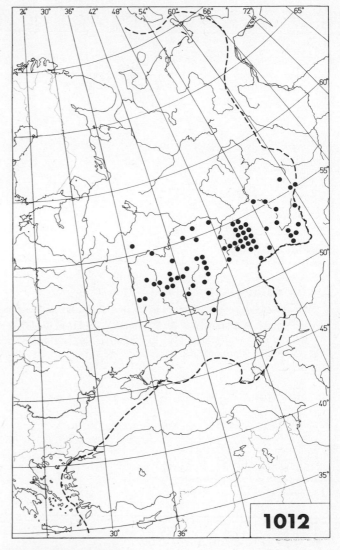

Lychnis chalcedonica

Lychnis chalcedonica L. — Map 1012.

Notes. Sporadic escapes from cultivation not considered.

Total range. Hegi 1979: 1164.

Lychnis coronaria (L.) Desr. — Map 1013.

Agrostemma coronaria L.; Coronaria coriacea (Moench) Schischkin ex Gorschk.; Lychnis coriacea Moench; Silene coronaria (L.) Clairv.

Diploid with 2n=24(Bu, Gr, Lu): Fernandes & Leitao 1971: 161, 167; J.C. van Loon, Taxon 29: 718 (1980); J.C. van Loon & A.K. van Setten, Taxon 31: 590 (1982).

Notes. No data available from Au ([Au] in Fl. Eur.). Considered native in Ga, He and Hs ([Ga, He, Hs] in Fl. Eur.). Of doubtful status in Lu ([Lu] in Fl. Eur.). Not truly established in Ge or Po ([Ge, Po] in Fl. Eur.).

Total range. H. Meusel & R. Schubert, Flora 160: 163 (1971); Hegi 1979: 1164.

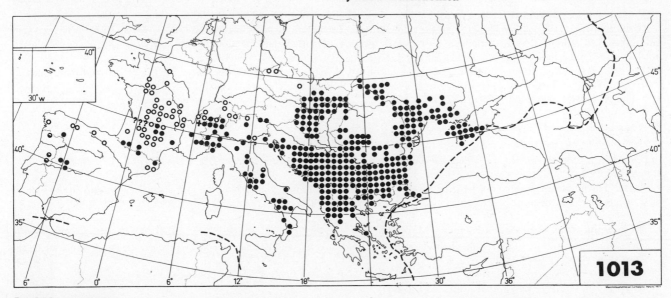

Lychnis coronaria

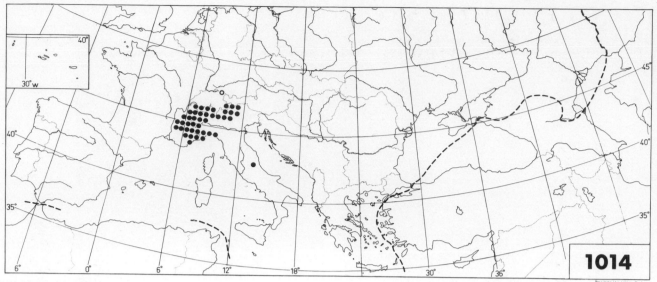

Lychnis flos-jovis

Lychnis flos-jovis (L.) Desr. — Map 1014.

Agrostemma flos-jovis L.; Coronaria flos-jovis (L.) A. Braun; Silene flos-jovis (L.) Greuter & Burdet

Nomenclature. W. Greuter & T. Raus (eds.), Willdenowia 12 (Optima Leafl. 127): 189 (1982).

Notes. Au not confirmed ([?Au] in Fl. Eur.). Not established in Cz ([Cz] in Fl. Eur.).

Total range. Endemic to Europe.

Lychnis flos-cuculi L. — Map 1015.

Agrostemma flos-cuculi (L.) G. Don fil.; Coronaria flos-cuculi (L.) A. Braun; Lychnis cyrilli Reichenb.; Silene flos-cuculi (L.) Greuter & Burdet

Nomenclature. W. Greuter & T. Raus (eds.), Willdenowia 12 (Optima Leafl. 127): 189 (1982).

Diploid with 2n=24(Cz, Fe, He, Ho, No, Po): Fl. Eur.; V. Sorsa, Ann. Acad. Scient. Fenn. A IV 58: 9 (1962); M.M. Laane, Blyttia 27: 145 (1969); T.W.J. Gadella & E. Kliphuis, Proc. K. Nederl. Akad. Wetensch., ser. C 76: 304 (1973); M. Skalińska et al., Acta Biol. Cracov., ser. Bot. 19: 111 (1976); J. Kirchner et al., Taxon 31: 574 (1982).

Notes. Cr, Rs(K) and Si omitted (indirectly given in Fl. Eur.): W. Greuter, Mem. Soc. Brot. 24: 139 (1974); not mentioned in Rubtsev 1972. Tu added (not given in Fl. Eur.): F. Sorger & P. Buchner, Phyton (Austria) 23: 228 (1983).

Total range. MJW 1965: map 139a; Hegi 1979: 1161.

L. flos-cuculi subsp. flos-cuculi

Lychnis cyrilli Richter; L. flos-cuculi subsp. cyrilli (Richter) Velen.; L. flos-cuculi var. cyrilli (Richter) Stoj. & Stefanov

Diploid with 2n=24(Gr, No, Lu): Fernandes & Leitao 1971: 126, 167; Engelskjön 1979: 17; A. Strid & I.A. Andersson, Bot. Jahrb. 107: 209 (1985).

Notes. "Throughout the range of the species" (Fl. Eur.). Because of some confusion in the infraspecific taxonomy in the Balkan area, a species map was preferred to a nearly identical map of this subspecies.

L. flos-cuculi subsp. subintegra Hayek — Map 1016.

Lychnis flos-cuculi subsp. vel var. cyrilli sensu Velen. et auct. Bulg., non L. cyrilli Reichenb., sensu orig.; Silene flos-cuculi subsp. subintegra (Hayek) Greuter & Burdet

Nomenclature. W. Greuter & T. Raus (eds.), Willdenowia 12 (Optima Leafl. 127): 189 (1982).

Notes. Al, Bu, Gr, Ju. "Balkan peninsula" (Fl. Eur.).

Total range. Evidently endemic to Europe (not given as such in Fl. Eur.).

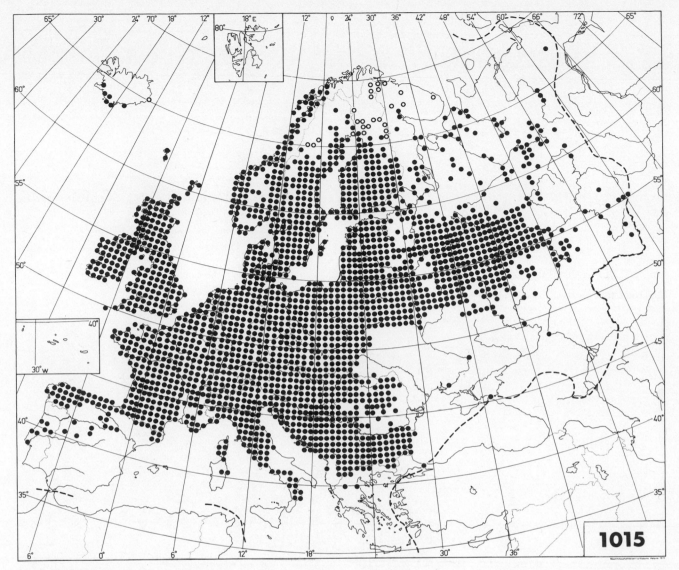

Lychnis flos-cuculi

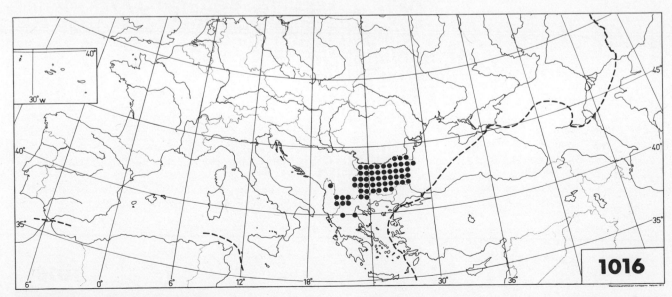

Lychnis flos-cuculi subsp. **subintegra**

16

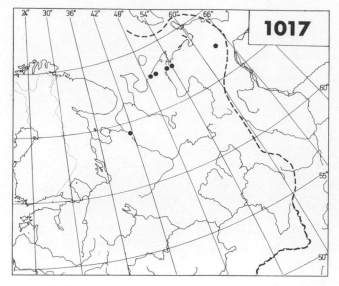

Lychnis sibirica subsp. **samojedorum**

Lychnis sibirica L. subsp. **samojedorum**
Sambuk — Map 1017.

Lychnis samojedorum (Sambuk) Sambuk ex Perf.

Taxonomy. The type race, subsp. *sibirica,* occurs in Siberia.

Total range. Fl. Arct. URSS 1971: 106.

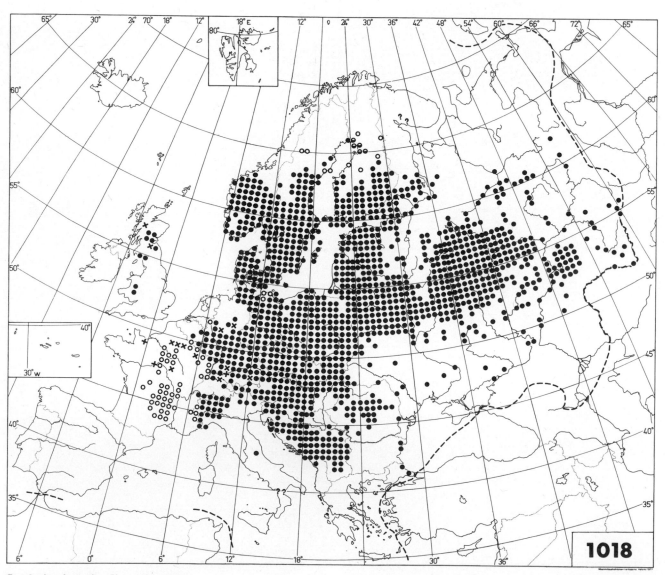

Lychnis viscaria subsp. **viscaria**

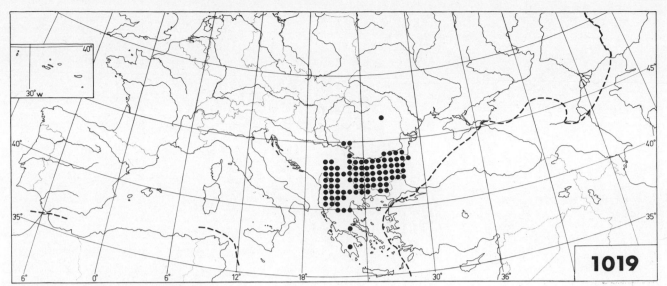

Lychnis viscaria subsp. **atropurpurea**

Lychnis viscaria L.

Lychnis atropurpurea (Griseb.) Nyman; L. sartorii (Boiss.) Hayek; Silene atropurpurea (Griseb.) Greuter & Burdet; S. viscaria (L.) Jessen; Steris atropurpurea (Griseb.) Holub; S. viscaria (L.) Rafin.; Viscaria atropurpurea Griseb.; V. sartorii Boiss.; V. viscosa (Scop.) Ascherson; V. vulgaris Röhling

Generic delimitation and nomenclature. M. Šourková, Novit. Bot. Inst. Bot. Univ. Carol. Pragensis 1973—75: 25—28 (1976).

Taxonomy. A.O. Chater, Feddes Repert. 69 (Fl. Eur. Notulae Syst. 3): 44—46 (1964).

Diploid with 2n=24(Bu, Cz, Fe, Hu, No, Po): L. Pólya, Ann. Biol. Univ. Debrecen. 1: 50 (1950); M.M. Laane, Blyttia 27: 145 (1969); Májovský et al. 1970 a: 25; A.V. Petrova, Taxon 24: 511 (1975); M. Skalińska et al., Acta Biol. Cracov., ser. Bot. 19: 111 (1976) (all as *Viscaria vulgaris*); T. Arohonka, Turun Yliop. Biol. Lait. Julk. 3: 7 (1982).

Notes. Fa, Hs and Rs(K) omitted (given in Fl. Eur.). Not native in Ga and only casual in Ho (given as native in Fl. Eur.). Lu not confirmed (?Lu in Fl. Eur.).

Total range. MJW 1965: map 136b (as *Viscaria vulgaris* + *V. atropurpurea* + *V. sartorii*); J.P. Kozhevnikov & T.V. Plieva, Arealy Rast. SSSR 3: 61 (1976) (as *Viscaria viscosa*; mainly the Soviet part); Hegi 1979: 1170.

L. viscaria subsp. **viscaria** — Map 1018.

Diploid with 2n=24(Ge, Su): Fl. Eur.

Notes. Al, Au, Be, Br, Bu, Cz, Da, Fe, [Ga], Ge, He, Hu, It, Ju, No, Po, Rm, Rs(N, B, C, W, E), Su, Tu. "Throughout the range of the species except Greece" (Fl. Eur.).

Total range. MJW 1965: map 136b (as *Viscaria vulgaris*); Hegi 1979: 1170. Cf. Kozhevnikov & Plieva 1976 (see above).

L. viscaria subsp. **atropurpurea** (Griseb.) Chater — Map 1019.

Lychnis atropurpurea (Griseb.) Nyman; L. sartorii (Boiss.) Hayek; Silene atropurpurea (Griseb.) Greuter & Burdet; Steris atropurpurea (Griseb.) Holub; Viscaria atropurpurea Griseb.; V. sartorii Boiss.; V. vulgaris Röhling subsp. atropurpurea (Griseb.) Stoj.

Nomenclature. J. Holub, Folia Geobot. Phytotax. (Praha) 12: 429 (1977); W. Greuter & T. Raus (eds.), Willdenowia 12 (Optima Leafl. 127): 189 (1982).

Diploid with 2n=24(Gr): A. Strid & R. Franzén, Taxon 32: 139 (1983).

Notes. Al, Bu, Gr, Ju, Rm. "Balkan peninsula and Romania" (Fl. Eur.).

Total range. MJW 1965: map 136b, evidently shows *Viscaria sartorii* in one N.W. Anatolian locality. Inspite of this (and Fl. Eur.), it is evidently endemic to Europe (not given from outside Europe in Fl. Turkey 1967).

Lychnis alpina L. — Map 1020.

Lychnis suecica Lodd.; Silene liponeura Neumayer; S. suecica (Lodd.) Greuter & Burdet; Steris alpina (L.) Šourková; Viscaria alpina (L.) G. Don fil.

Nomenclature. W. Greuter & T. Raus (eds.), Willdenowia 12 (Optima Leafl. 127): 190 (1982).

Taxonomy. T.W. Böcher, K. Danske Vidensk. Selsk. Biol. Skr. 11(6): 27 (1963), describes the Is plant, together with Fennoscandian ecotypes on serpentine (Fe, No, Su) and limestone (Su: Öland), as *Lychnis alpina* subsp. *borealis* Böcher; see also T.W. Böcher in D.H. Valentine (ed.), Taxonomy, Phytogeography and Evolution, pp. 106—107 (London and New York 1972), Bot. Tidsskr. 72: 31—44 (1977), and G. Knaben & T. Engelskjøn, Acta Borealia A. Sci. 21: 24—25 (1967). According to Böcher, the rest of the Fennoscandian populations together with the Alpine plant represent subsp. *alpina*. Whether this division into two subspecies is applicable throughout N. Europe, needs further checking.

Diploid with 2n=24(Fe, Hs, Is, No): Fl. Eur.; V. Sorsa, Ann. Acad. Scient. Fenn. A IV 68: 11 (1963) (as *Viscaria alpina*); Küpfer 1974: 24; Engelskjön 1979: 17 (as *V. alpina*).

Total range. Hultén AA 1958: map 49; MJW 1965: map 136d (both as *Viscaria alpina*).

18

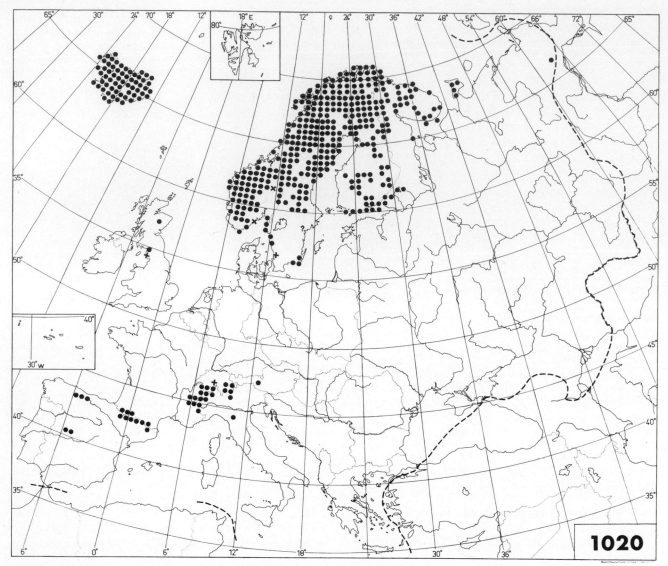

Lychnis alpina

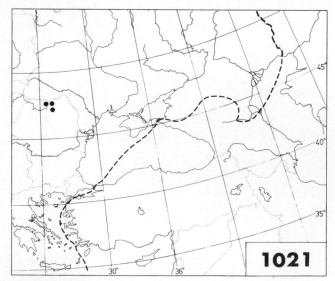

Lychnis nivalis

Lychnis nivalis Kit. — Map 1021.

Polyschemone nivalis (Kit.) Schott

Generic delimitation (of *Polyschemone*). T.I. Stefureac & A. Tăcină, Revue Roum. Biol., ser. Biol. Végét. 30: 7—10 (1985).

Diploid with 2n＝24(Rm): Stefureac & Tăcină op. cit., p. 10.

Total range. Endemic to Europe. Concerning details of the range, see Stefureac & Tăcină op. cit., pp. 12(map), 13.

Agrostemma githago L. — Map 1022.

Githago segetum Link; Lychnis githago (L.) Scop. Incl. Agrostemma linicola Terechov (A. githago var. linicola (Terechov) Hammer)

Taxonomy. K. Hammer et al., Kulturpflanze 30: 45—96 (1982).

Tetraploid with 2n=48(Cz, Ga, Gr, It, Lu, Po, Su): Fl. Eur.; T.W.J. Gadella & E. Kliphuis, Caryologia 23: 364 (1970); Májovský et al. 1970 b: 47; Fernandes & Leitao 1971: 162—163, 167; J.C. van Loon & H. de Jong, Taxon 27: 57 (1978); M. Skalińska et al., Acta Biol. Cracov., ser. Bot. 21: 33 (1978); A. Strid & R. Franzén, Taxon 30: 832 (1981).

Notes. In N. Europe many of the mapped records refer to casual immigrants; in Fe the plant, now extinct (indirectly given as present in Fl. Eur.), was a constant weed only in the extreme S.W.; see J. Suominen, Luonnon Tutkija 81: 97—103 (1977) (Fe), V.J. Brøndegaard, Carlsbergfond. Årsskr. 1980: 12—16 (1980) (Da), R. Svensson & M. Wigren, Svensk Bot. Tidskr. 77: 165—190 (1983) (Su). Abruptly declining in other countries also; see Svensson & Wigren op. cit., p. 171.

Total range. MJW 1965: map 136c; Hultén Alaska 1968: 439; Hultén CP 1971: map 268.

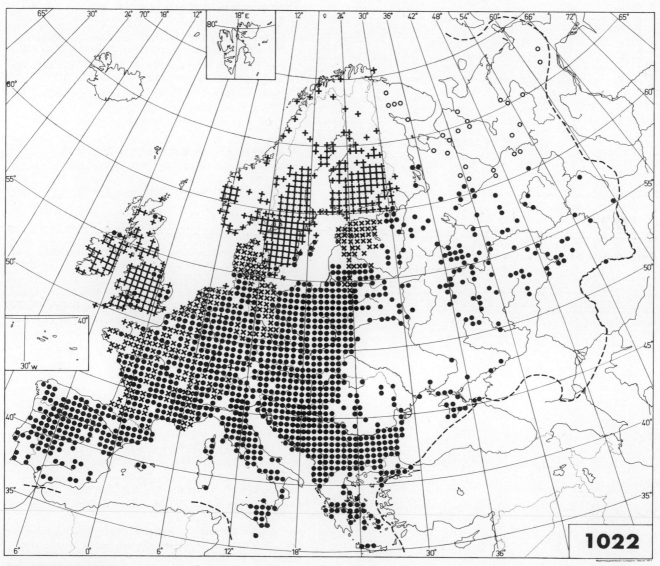

Agrostemma githago

20

Agrostemma gracile Boiss. — Map 1023.

Githago gracilis (Boiss.) Boiss.

Nomenclature. Agrostemma is better treated as neuter (feminine in Fl. Eur., hence A. "gracilis").

Total range. MJW 1965: map 136c.

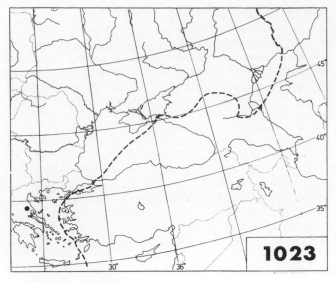

Agrostemma gracile

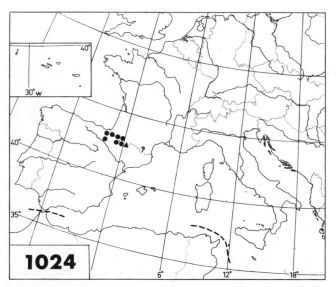

Petrocoptis pyrenaica • = subsp. **pyrenaica**
▲ = subsp. **pseudoviscosa**

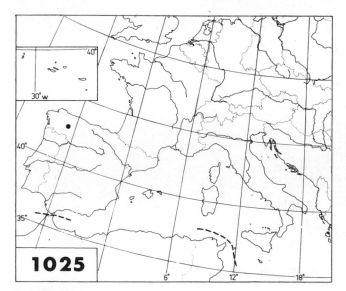

Petrocoptis viscosa

Petrocoptis pyrenaica (J.P. Bergeret) A. Braun — Map 1024.

Lychnis pyrenaica J.P. Bergeret; Petrocoptis glaucifolia (Lag.) Boiss.; P. pseudoviscosa Fern.-Casas; Silene glaucifolia Lag.

Taxonomy. H. Merxmüller & J. Grau, Collect. Bot. (Barcelona) 7: 787—797 (1968).

Diploid with 2n=24(Hs): S. Talavera, Lagascalia 7: 201 (1977) (as *Petrocoptis glaucifolia*).

Total range. Endemic to Europe.

P. pyrenaica subsp. **pyrenaica** — Map 1024.

Petrocoptis glaucifolia (Lag.) Boiss.; Silene glaucifolia Lag., s. str. orig.

Notes. Ga, Hs. "W. Pyrenees" (Fl. Eur., for the species).

P. pyrenaica subsp. **pseudoviscosa** (Fern.-Casas) Fern.-Casas — Map 1024.

Petrocoptis montsicciana O. Bolòs & Rivas Martínez subsp. pseudoviscosa (Fern.-Casas) P. Monts.; P. pseudoviscosa Fern.-Casas

Taxonomy and nomenclature. J. Fernández Casas, Quad. Ci. Biol. (Granada) 2: 43—45 (1973), Candollea 30: 286 (1975); P. Montserrat & J.M. Montserrat, Doc. Phytosoc. (Lille), N.S. 2: 322 (1978).

Notes. Hs (the taxon not mentioned in Fl. Eur.).

Petrocoptis viscosa Rothm. — Map 1025.

Petrocoptis glaucifolia (Lag.) Boiss. subsp. viscosa (Rothm.) Laínz

Taxonomy. C. Dendaletche, Bull. Soc. Hist. Nat. Toulouse 106: 17—21 (1970); M. Laínz, Collect. Bot. (Barcelona) 9: 191—194 (1974).

Notes. Erroneously given from Ga by C. Dendaletche, loc. cit., the plant in question belonging to *Petrocoptis pyrenaica* (fide P. Montserrat).

Total range. Endemic to Europe.

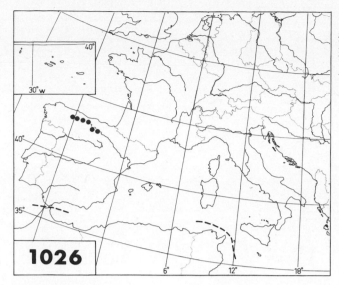

Petrocoptis lagascae

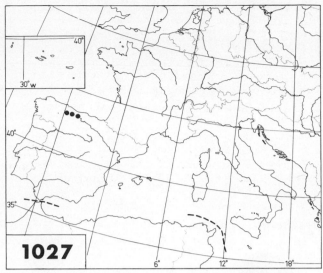

Petrocoptis wiedmannii

Petrocoptis lagascae (Willk.) Willk. — Map 1026.

> Petrocoptis glaucifolia auct. non (Lag.) Boiss.; Silene glaucifolia auct. non Lag.; Silenopsis lagascae Willk.
>
> *Taxonomy and nomenclature.* H. Merxmüller & J. Grau, Collect. Bot. (Barcelona) 7: 787—797 (1968); see also M. Laínz, Collect. Bot. (Barcelona) 9: 191—193 (1974).
>
> *Total range.* Endemic to Europe.

Petrocoptis wiedmannii Merxm. & Grau — Map 1027.

> Petrocoptis glaucifolia auct. non (Lag.) Boiss.
>
> *Taxonomy.* H. Merxmüller & J. Grau, Collect. Bot. (Barcelona) 7: 787—797 (1968); see M. Laínz, Collect. Bot. (Barcelona) 9: 192 (1974).
>
> *Notes.* Hs (the species not mentioned in Fl. Eur.).
>
> *Total range.* Endemic to Europe.

Petrocoptis grandiflora Rothm. — Map 1028.

> *Total range.* Endemic to Europe.

Petrocoptis hispanica (Willk.) Pau — Map 1029.

> Petrocoptis pyrenaica (J.P. Bergeret) A. Braun var. hispanica Willk.; P. pyrenaica subsp. hispanica (Willk.) P. Monts.
>
> *Taxonomy.* C. Dendaletche, Bull. Soc. Hist. Nat. Toulouse 106: 306—311 (1970).
>
> *Diploid* with 2n=24(Hs): M.A. Cardona, Lagascalia 7: 212—213 (1977).
>
> *Total range.* Endemic to Europe.

Petrocoptis crassifolia Rouy — Map 1030.

> Petrocoptis albaredae (P. Monts.) P. Monts.; P. montserratii Fern.-Casas
>
> *Taxonomy.* O. Bolòs & J. Vigo, Butll. Inst. Catalana Hist. Nat. 38 (Sec. Bot. 1): 87 (1974); P. Montserrat & J.M. Montserrat, Doc. Phytosoc. (Lille) N.S. 2: 321—328 (1978); P. Montserrat, Webbia 34: 523—527 (1979).
>
> *Total range.* Endemic to Europe.

P. crassifolia subsp. crassifolia — Map 1030.

> *Notes.* Hs. "Pyrenees (Bielsa region)" (Fl. Eur., treated as an undivided species).

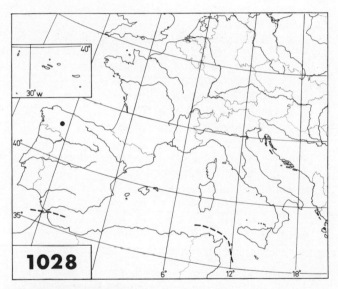

Petrocoptis grandiflora

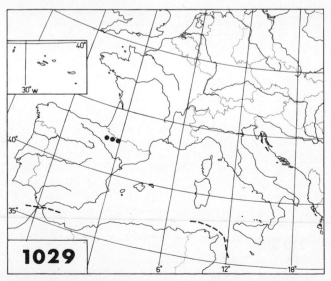

Petrocoptis hispanica

22

P. crassifolia subsp. **albaredae** P. Monts. — Map 1030.

Petrocoptis albaredae (P. Monts.) P. Monts.; P. montserratii Fern.-Casas

Nomenclature. J. Fernández Casas, Exsicc. quedam a nobis nuper distr. 2: 2 (Madrid 1979).

Notes. Hs (the taxon not mentioned in Fl. Eur.).

P. crassifolia subsp. **guinochetii** J.M. Monts. — Map 1030.

Petrocoptis albaredae (P. Monts.) P. Monts. subsp. guinochetii (J.M. Monts.) J.M. Monts.

Taxonomy. P. Montserrat & J.M. Montserrat, Doc. Phytosoc. (Lille) N.S. 2: 326 (1978); P. Montserrat, Webbia 34: 527 (1979).

Notes. Hs (the taxon not mentioned in Fl. Eur.).

Petrocoptis pardoi Pau — Map 1031.

Petrocoptis guarensis Fern.-Casas; P. montsicciana O. Bolòs & Rivas Martínez

Taxonomy and nomenclature. In addition to the literature given under *Petrocoptis crassifolia*, see J. Fernández Casas, Quad. Ci. Biol. (Granada) 2(1): 43—45 (1973), and Candollea 30: 286 (1975); P. Montserrat, Soc. Echange Pl. Vasc. Eur. Occid. Bassin Médit. 16: 72 (1976); P. Montserrat & J.M. Montserrat, Doc. Phytosoc. (Lille) N.S. 2: 322 (1978).

Diploid with 2n=24(Hs): J. Fernández Casas & M. Ruiz Rejón, Bol. Soc. Brot. 48: 100 (1974).

Total range. Endemic to Europe.

P. pardoi subsp. **pardoi** — Map 1031.

Petrocoptis crassifolia Rouy subsp. pardoi (Pau) O. Bolòs & Vigo

Notes. Hs "N.E. Spain (N.W. part of Castellón prov.)" (Fl. Eur., treated as an undivided species).

P. pardoi subsp. **montsicciana** (O. Bolòs & Rivas Martínez) P. Monts. — Map 1031.

Petrocoptis crassifolia Rouy subsp. montsicciana (O. Bolòs & Rivas Martínez) O. Bolòs & Vigo; P. montsicciana O. Bolòs & Rivas Martínez

Taxonomy. O. Bolòs & S. Rivas Martínez, An. Inst. Bot. Cavanilles 26: 53-59 (1970).

Notes. Hs (the taxon not mentioned in Fl. Eur.).

P. pardoi subsp. **guarensis** (Fern.-Casas) P. Monts. — Map 1031.

Petrocoptis crassifolia Rouy subsp. guarensis (Fern.-Casas) Fern.-Casas; P. guarensis Fern.-Casas; P. montsicciana O. Bolòs & Rivas Martínez subsp. guarensis (Fern.-Casas) P. Monts.

Notes. Hs (the taxon not mentioned in Fl. Eur.)

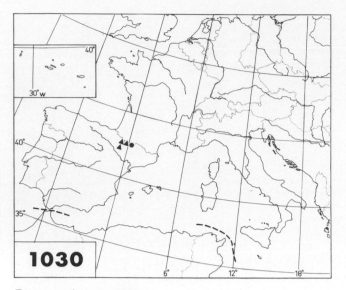

Petrocoptis crassifolia
• = subsp. **crassifolia** + subsp. **guinochetii**
▲ = subsp. **albaredae**

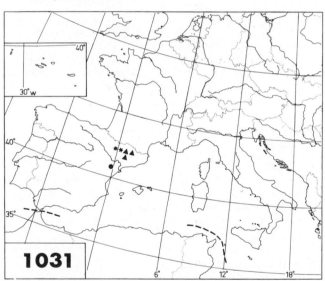

Petrocoptis pardoi   ▲ = subsp. **montsicciana**
• = subsp. **pardoi**   ★ = subsp. **guarensis**

Silene italica (L.) Pers. — Map 1032.

Cucubalus italicus L.; Silene crassicaulis Willk. & Costa; S. jundzillii Zapał.; S. nemoralis Waldst. & Kit. Incl. Silene sicula Ucria. — Excl. Silene coutinhoi Rothm. & P. Silva and S. sieberi Fenzl

Generic delimitation. J. McNeill, Canad. Jour. Bot. 56: 302—308 (1978).

Taxonomy. The taxonomic treatment of the species and also that of the entire sect. *Siphonomorpha* is undergoing radical revision. Accordingly, the picture that can be given at present, especially on a European scale, is far from well balanced and cannot be regarded as definitive. V. Melzheimer, Bot. Jahrb. 102: 285—295 (1981); D. Jeanmonod, Candollea 39: 549—639 (1984).

Diploid with 2n=24(Bu, Cr, Gr, Hs, Ju): T.W.J. Gadella & E. Kliphuis, Acta Bot. Croatica 31: 93 (1972); S.I. Kožuharov & A.V. Petrova, Taxon 23: 377 (1974); J. Fernández Casas, Taxon 26: 108 (1977); A. Strid & R. Franzén, Taxon 30: 833 (1981).

Notes. Co, Cr, Lu and Sa omitted (given in Fl. Eur.): D. Jeanmonod, Willdenowia 14 (Optima Leafl. 140): 46 (1984); Med-Checklist 1984: 261. Only as an unestablished alien in He (given as native in Fl. Eur.), many if not all the old records presumably belonging to *Silene nutans* subsp. *livida*: Fl. Schweiz 1967: 782.

S. italica subsp. **italica**

Diploid with 2n=24("S. Europe", Ga): Fl. Eur.; J.P. Labadie, Taxon 25: 638 (1976).

Notes. Al, Au, [Br], Bu, Ga, [Ge], Gr, Hs, It, Ju, Rs(K), Tu. See D. Jeanmonod, Willdenowia 14 (Optima Leafl. 140): 46 (1984).

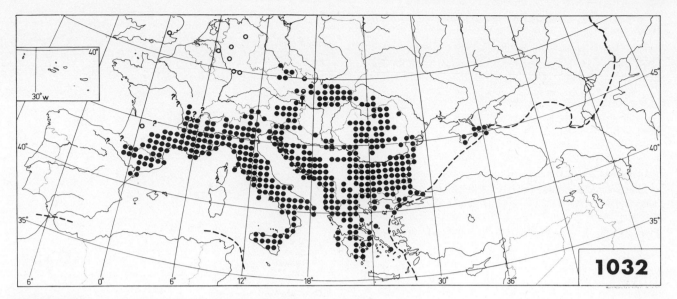

Silene italica

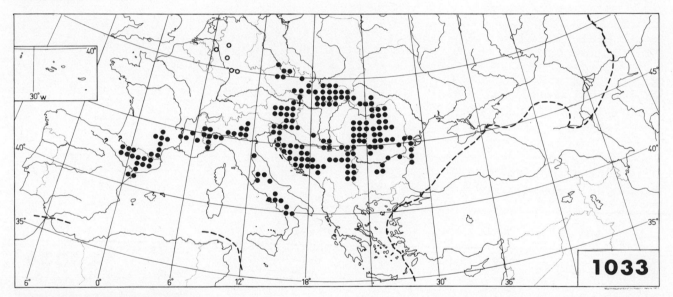

Silene italica subsp. **nemoralis**

S. italica subsp. **nemoralis** (Waldst. & Kit.) Nyman
—Map 1033.

Silene crassicaulis Willk. & Costa; S. jundzillii Zapał.; S. nemoralis Waldst. & Kit.

Taxonomy. According to M.J.E. Coode & J. Cullen, in Fl. Turkey 1967: 192, the taxon is "not worth recognition", but it is recognized as an independent species in Hegi 1978: 1077, and also by D. Jeanmonod, Willdenowia 14 (Optima Leafl. 140): 46 (1984).

Diploid with 2n=24(Au, Cz): Fl. Eur.; F. Dvořák & B. Dadáková, Taxon 27: 223 (1978) (as "Silene nemorosa W. & K.").

Notes. Au, Bu, Cz, Ga, Ge, Hs, Hu, It, Ju, Po, Rm, Rs(W). "C. Europe, and mountains in S. Europe" (Fl. Eur.). Not consistently kept apart from *Silene italica* subsp. *italica,* so that the distributional details are not well known. All data from Cz are referred to this subspecies, although subsp. *italica* was mentioned (from Moravia) in the old botanical literature.

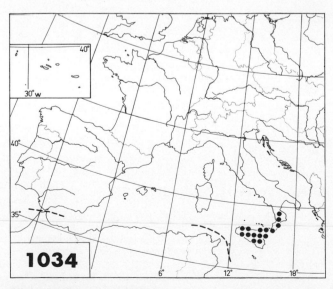

Silene italica subsp. **sicula**

24

S. italica subsp. **sicula** (Ucria) Jeanmonod — Map 1034.

Silene sicula Ucria

Taxonomy. D. Jeanmonod, Willdenowia 14 (Optima Leafl. 140): 46 (1984), Candollea 39: 603—605 (1984).

Notes. It, Si. "Such plants occur in Sicilia, S. Italy and Greece" (Fl. Eur., for *Silene sicula,* in a comment under *S. hifacensis*).

Total range. Endemic to Europe.

Silene sieberi Fenzl — Map 1035.

Taxonomy. Mountain Fl. Greece 1986: 141.

Diploid with 2n=24(Cr): V. Melzheimer, Pl. Syst. Evol. 130: 204 (1978).

Notes. Cr. "Kriti" (Fl. Eur.; in a comment under *Silene italica*).

Total range. "Apparently endemic to Crete": Mountain Fl. Greece 1986: 141.

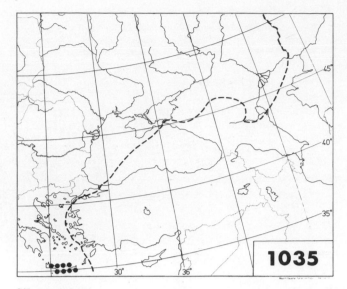

Silene sieberi

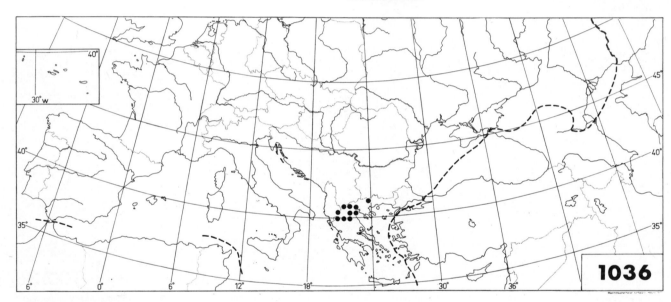

Silene damboldtiana

Silene damboldtiana Greuter & Melzh. — Map 1036.

Taxonomy. V. Melzheimer & W. Greuter, Willdenowia 8 (Optima Leafl. 88): 614—619 (1979).

Notes. Al, Gr, ?Ju (the species not mentioned in Fl. Eur.): Mountain Fl. Greece 1986: 141.

Total range. Endemic to Europe.

Silene syreistschikowii P. Smirnov — Map 1037.

Taxonomy. P. Smirnov, Bjull. Mosk. Obšč. Ispyt. Prir. N.S. 49(2): 87 (1940); Rubtsev 1972: 154. In Med-Checklist 1984: 275—276, given as a member of *Silene spergulifolia* aggr.

Notes. Rs(K) (the species not mentioned in Fl. Eur.).

Total range. Endemic to Europe.

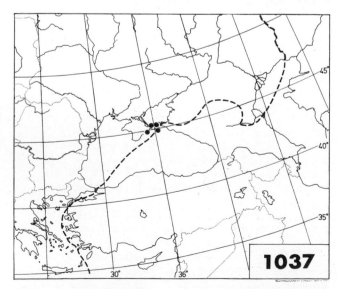

Silene syreistschikowii

Silene hifacensis Rouy ex Willk. — Map 1038.

Silene italica (L.) Pers. subsp. hifacensis (Rouy ex Willk.) O. Bolòs & Vigo

Taxonomy. D. Jeanmonod, Candollea 39: 250—256 (1984).

Diploid with 2n=24(Bl): M.-A. Cardona & J. Contandriopoulos, Taxon 32: 324 (1983).

Notes. In Hs, not collected since 1930, and possibly extinct (given as present in Fl. Eur.): D. Jeanmonod, Candollea 39: 253, 256 (1984).

Total range. Endemic to Europe.

Silene mollissima (L.) Pers. — Map 1039.

Cucubalus mollissimus L. Incl. Silene rothmaleri P. Silva

Taxonomy. D. Jeanmonod, Candollea 39: 228—232 (1984). The taxonomical position and status of *Silene rothmaleri* remain doubtful; see P.F. Parker, Bol. Soc. Brot. 53: 946 (1981), and D. Jeanmonod, Willdenowia 14 (Optima Leafl. 140): 48 (1984).

Notes. Hs omitted (given in Fl. Eur., from "Gibraltar"): D. Jeanmonod & G. Bocquet, Candollea 36: 280—282 (1981). The type (and only) locality of *Silene rothmaleri* (Lu; presumably extinct) is given a special symbol on the map.

Total range. Silene mollissima s. str. is endemic to Islas Baleares; for details, see D. Jeanmonod, Candollea 39: 222 (map) and 228, 230 (1984).

Silene velutina Pourret ex Loisel. — Map 1040.

Silene italica (L.) Pers. subsp. salzmannii (Otth) Arcangeli; S. mollissima (L.) Pers. subsp. velutina (Pourret ex Loisel.) Maire; S. salzmannii Otth

Taxonomy. H. Kiefer & G. Bocquet, Candollea 34: 469 (1979); D. Jeanmonod, Candollea 39: 246—250 (1984).

Notes. Extinct in its localities on mainland Corse; a single population known on an islet off Corse: H. Kiefer & G. Bocquet, Candollea 34: 465—468 (1979). Sa confirmed (?Sa in Fl. Eur.): W. Greuter & T. Raus (eds.), Willdenowia 14 (Optima Leafl. 140): 49 (1984).

Total range. Endemic to Corse and Sardegna.

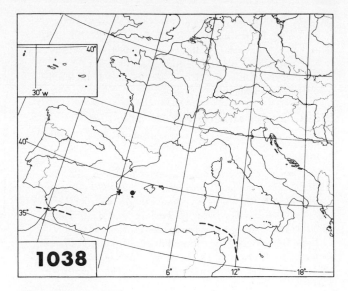

1038

Silene hifacensis

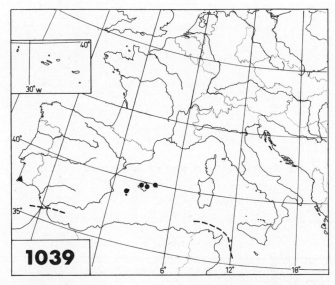

1039

Silene mollissima   ▲ = "S. rothmaleri"

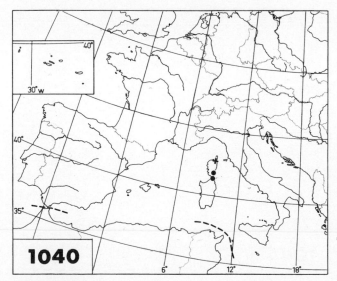

1040

Silene velutina

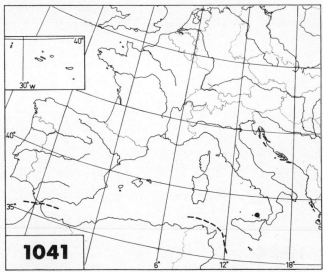

1041

Silene hicesiae

26

Silene hicesiae Brullo & Signorello — Map 1041.

Taxonomy. D. Jeanmonod, Candollea 39: 256 (1984); S. Brullo & P. Signorello, Willdenowia 14: 141—144 (1984).

Notes. Si (the taxon not mentioned in Fl. Eur.).

Total range. Endemic to Isole Eolie, and known only from the type collection.

Silene andryalifolia Pomel — Map 1042.

Silene mollissima (L.) Pers. subsp. pseudovelutina (Rothm.) Losa & Rivas Goday ex Fern.-Casas; S. pseudovelutina Rothm.

Taxonomy. J. Fernández Casas, Candollea 30: 286 (1975); D. Jeanmonod, Candollea 39: 232—239 (1984).

Diploid with 2n=24(Hs): Talavera & Bocquet 1976: 102 (as *Silene pseudovelutina*); J. Fernández Casas, Taxon 26: 108 (1977) (as *S. mollissima* subsp. *psedovelutina*).

Total range. Widely distributed in N. Africa (considered endemic to Europe in Fl. Eur., as *Silene pseudovelutina*): D. Jeanmonod, Candollea 39: 222—223 (1984).

Silene tomentosa Otth — Map 1043.

Silene gibraltarica Boiss.; S. mollissima sensu Fl. Eur. (quoad pl. gibraltaricam); S. mollissima (L.) Pers. subsp. gibraltarica (Boiss.) Maire; S. mollissima subsp. tomentosa (Otth) Losa & Rivas Goday

Taxonomy. D. Jeanmonod, Candollea 39: 244—246 (1984).

Notes. Hs (given in Fl. Eur. in a comment under *Silene pseudovelutina*).

Total range. Endemic to Europe ("widespread in N. Africa", according to Fl. Eur.): D. Jeanmonod & G. Bocquet, Candollea 36: 281—282 (1981).

Silene tyrrhenia Jeanmonod & Bocquet — Map 1044.

Silene salzmannii Badaro non Otth

Nomenclature. D. Jeanmonod & G. Bocquet, Candollea 38: 297—308 (1983).

Notes. Ga, It. "..., described from Italy (Ligurian coast)" (Fl. Eur., in a note under *Silene pseudovelutina*). D. Jeanmonod & G. Bocquet, Candollea 38: 302—305 (1983).

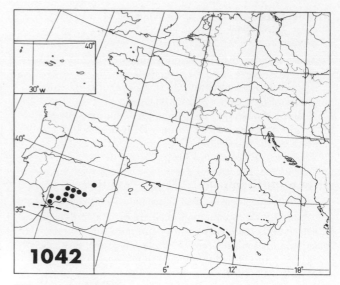

Silene andryalifolia

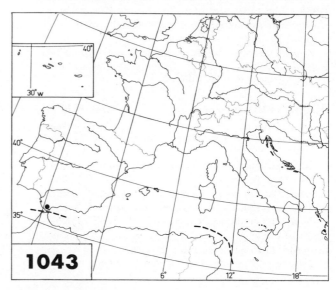

Silene tomentosa

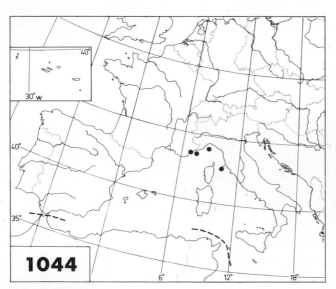

Silene tyrrhenia

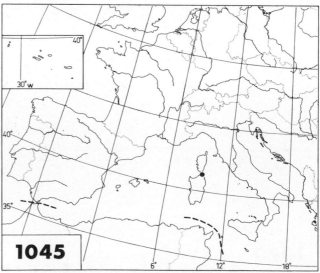

Silene rosulata subsp. **sanctae-terasiae**

Silene rosulata Soyer-Willemet & Godron subsp. **sanctae-terasiae** (Jeanmonod) Jeanmonod — Map 1045.

Silene paradoxa L. var. maritima Reverchon ex Williams; S. sanctae-terasiae Jeanmonod

Taxonomy and nomenclature. D. Jeanmonod, Candollea 38: 619—631 (1983), Willdenowia 14 (Optima Leafl. 140): 47 (1984).

Notes. Sa (the taxon not mentioned in Fl. Eur.).

Total range. Endemic to Sardegna, further subspecies (including the type subspecies) in N. Africa; see D. Jeanmonod, Candollea 39: 584 (map) (1984).

Silene fernandesii Jeanmonod — Map 1046.

Taxonomy. D. Jeanmonod, Candollea 39: 619—624 (1984).

Notes. Hs (the species not mentioned in Fl. Eur.).

Total range. Endemic to Europe.

Silene mellifera Boiss. & Reuter — Map 1047.

Silene italica (L.) Pers. var. nevadensis Boiss.; S. mellifera subsp. nevadensis (Boiss.) Losa & Rivas Goday; S. nevadensis (Boiss.) Boiss.

Nomenclature. T.M. Losa España & S. Rivas Goday, Arch. Inst. Aclimatacion 13: 147—148 (1974).

Taxonomy. D. Jeanmonod & G. Bocquet, Candollea 38: 388—392 (1983); D. Jeanmonod, Willdenowia 14 (Optima Leafl. 140): 46 (1984), and Candollea 39: 624—628 (1984).

Diploid with 2n=24(Hs): Talavera & Bocquet 1976: 103.

Notes. Records referred to Silene (*mellifera* subsp.) *nevadensis* are given a special symbol on the map.

Total range. Endemic to Europe (not given as such in Fl. Eur.).

Silene coutinhoi Rothm. & P. Silva — Map 1048.

Silene italica (L.) Pers. subsp. coutinhoi (Rothm. & P. Silva) Franco; S. italica subsp. puberula (Coutinho) Laínz; S. italica var. puberula Coutinho

Taxonomy and nomenclature. Nova Fl. Port. 1971: 143, 550; M. Laínz, Aport. Conoc. Fl. Gallega 7: 5 (Madrid 1971), 8 (Com. Inst. Nac. Invest. Agr. Ser. Rec. Natur. 2): 4 (footnote 6) (1974); D. Jeanmonod, Candollea 39: 633—635 (1984).

Notes. Hs, Lu. "Apparently replaces 1 [Silene italica] in Portugal and has been reported also from Spain (Aragón)" (Fl. Eur., in a comment under S. italica).

Total range. Endemic to Europe.

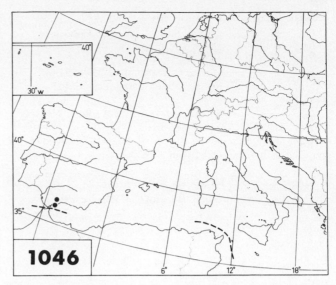

Silene fernandesii

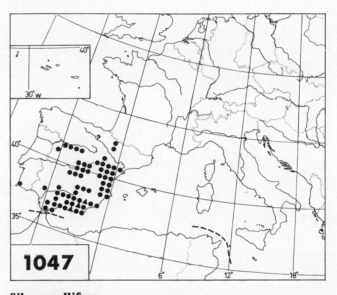

Silene mellifera
▲ = "S. nevadensis" + S. mellifera

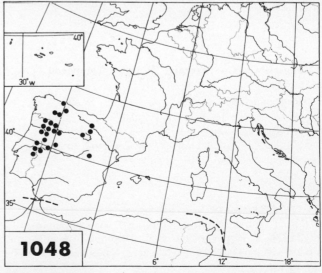

Silene coutinhoi

28

Silene longicilia (Brot.) Otth — Map 1049.

Cucubalus longicilius Brot.; Silene italica (L.) Pers. subsp. longicilia (Brot.) Maire; S. patula sensu Fl. Eur., non Desf. Incl. Silene cintrana Rothm.

Taxonomy and nomenclature. D. Jeanmonod, Willdenowia 14 (Optima Leafl. 140): 46 (1984), Candollea 39: 628—633 (1984).

Diploid with 2n=24(Lu): Fl. Eur.; E.A. Bari, New Phytol. 72: 835 (1973) (as *Silene patula*).

Total range. Endemic to Europe (but not when synonymized with *Silene patula*, as in Fl. Eur.).

S. longicilia subsp. longicilia — Map 1049.

Notes. Lu. "W. Portugal" (Fl. Eur., as *Silene patula*).

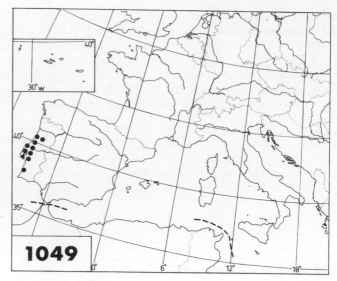

Silene longicilia
- ● = subsp. **longicilia**
- ▲ = subsp. **cintrana** + subsp. **longicilia**

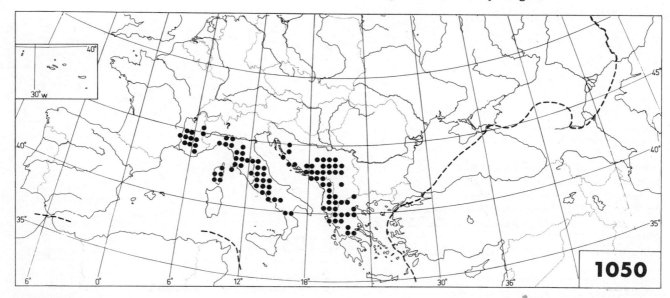

Silene paradoxa

S. longicilia subsp. cintrana (Rothm.) Jeanmonod — Map 1049.

Silene cintrana Rothm.

Nomenclature. D. Jeanmonod, Willdenowia 14 (Optima Leafl. 140): 46 (1984).

Notes. Lu. "Portugal (Cintra)" (Fl. Eur., in a comment under *Silene hifacensis*).

Silene paradoxa L. — Map 1050.

Diploid with 2n=24(Ga, Gr, Ju): Contandriopoulos 1962: 126; T.W.J. Gadella & E. Kliphuis, Acta Bot. Croatica 31: 93 (1972); V. Melzheimer, Candollea 29: 338 (1974).

Total range. Endemic to Europe.

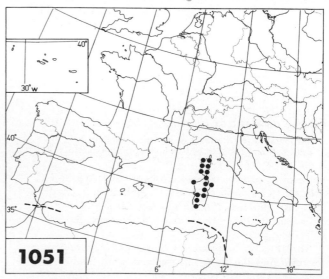

Silene nodulosa

29

Silene nodulosa Viv. — Map 1051.

Silene italica (L.) Pers. var. pauciflora (Salzm. ex Otth) Moris; S. pauciflora Salzm. ex Otth, non Ucria

Taxonomy. D. Jeanmonod, Candollea 39: 597—599 (1984).

Diploid with 2n=24(Co): Contandriopoulos 1962: 125—126 (as *Silene pauciflora*).

Notes. Presence in Ga doubtful (not given in Fl. Eur.): Fl. France 1973: 312; W. Greuter & T. Raus (eds.), Willdenowia 14 (Optima Leafl. 140): 47 (1984). For details of the distribution in Sa, see F. Valsecchi, Boll. Soc. Sarda Sci. Nat. 17 (Optima Leafl. 79): 310—312 (1978).

Total range. Endemic to Europe.

Silene cythnia (Halácsy) Walters — Map 1052.

Silene italica (L.) Pers. var. cythnia Halácsy

Taxonomy. S.M. Walters, Feddes Repert. 69 (Fl. Eur. Notulae Syst. 3): 46 (1964); W. Greuter, Candollea 31: 203—206 (1976).

Diploid with 2n=24(Gr): J. Damboldt & D. Phitos, Österr. Bot. Zeitschr. 113: 170 (1966).

Total range. Endemic to Central Aegean area, with one station (Psara) east of the European boundary (given as endemic to Europe in Fl. Eur.): W. Greuter, Candollea 31: 204 (1976).

Silene goulimyi Turrill — Map 1053.

Diploid with 2n=24(Gr): V. Melzheimer, Candollea 29: 338 (1974).

Notes. Gr. "..., described from S. Greece (Taïyetos)" (Fl. Eur., in a comment under *Silene cythnia*).

Total range. Endemic to Europe.

Silene sennenii Pau — Map 1054.

Silene italica (L.) Pers. subsp. sennenii (Pau) O. Bolòs & Vigo; S. saxifraga L. subsp. sennenii (Pau) Malagarriga

Taxonomy and nomenclature. O. Bolòs & J. Vigo, Butll. Inst. Catalana Hist. Nat. 38 (Sec. Bot. 1): 87 (1974); R.P. Malagarriga, Acta Phytotax. Barcinon. 18: 9 (1977). Considered a good species with a problematical taxonomic position: D. Jeanmonod, Candollea 39: 550 (1984).

Notes. Hs (the taxon not mentioned in Fl. Eur.).

Total range. Supposedly endemic to Europe.

Silene spinescens Sibth. & Sm. — Map 1055.

Diploid with 2n=24(Gr): V. Melzheimer, Candollea 29: 338 (1974).

Total range. Endemic to Europe.

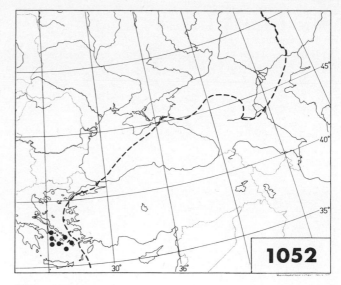

1052

Silene cythnia

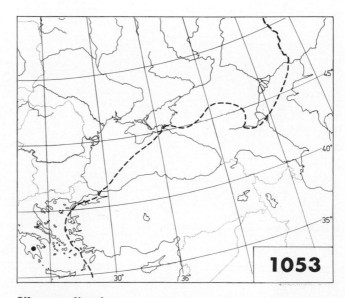

1053

Silene goulimyi

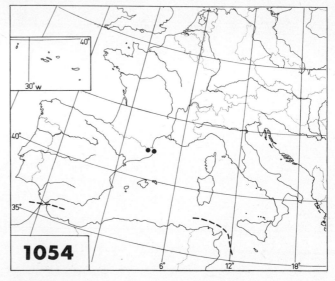

1054

Silene sennenii

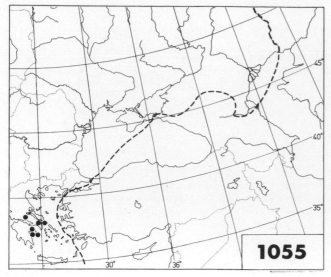

30

Silene spinescens

Silene fruticosa L. — Map 1056.

Diploid with 2n=24(Gr, Si:Malta): J. Damboldt & D. Phitos, Österr. Bot. Zeitschr. 113: 170 (1966); K.U. Kramer et al., Acta Bot. Neerl. 21: 57 (1972).

Notes. "New to Crete, but long known from Karpathos and the Southern Peloponnese": W. Greuter, Ann. Mus. Goulandris 1: 34 (1973). ?It added (not given in Fl. Eur.).

Silene gigantea L. — Map 1057.

Silene italica (L.) Pers. var. incana Griseb. (S. gigantea var. incana (Griseb.) Chowdhuri); S. rhodopaea Janka

Taxonomy. H. Runemark (in litt.) prefers to accord *Silene rhodopaea* the rank of subspecies, at least.

Diploid with 2n=24(Gr): A. Strid & I.A. Andersson, Bot. Jahrb. 107: 210 (1985) (as *Silene gigantea* var. *gigantea*).

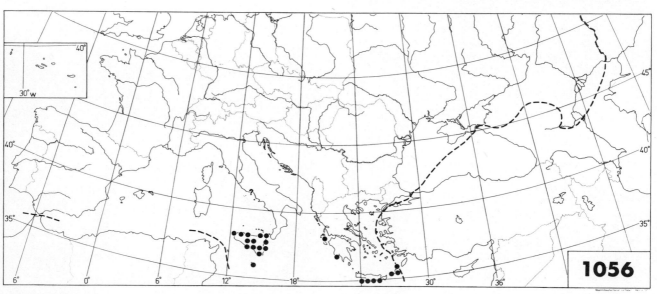

Silene fruticosa

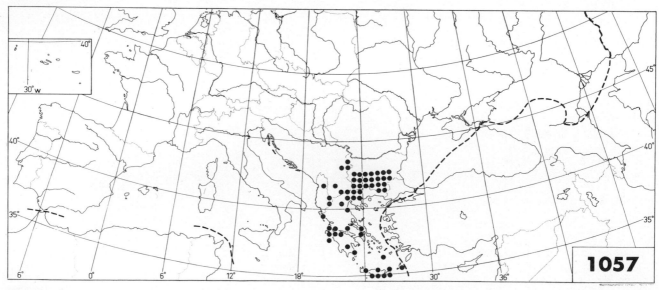

Silene gigantea

Silene nutans L. — Map 1058.

Silene dubia Herbich; S. glabra Schkuhr; S. grecescui Guşul.; S. infracta Kit.; S. insubrica Gaudin; S. livida Willd. Incl. Silene brachypoda Rouy

Taxonomy. D. Jeanmonod & G. Bocquet, Candollea 38: 267—295, 391—400 (1983).

Diploid with 2n=24(Po): M. Skalińska et al., Acta Biol. Cracov., ser. Bot. 19: 111 (1976).

Notes. Rs(K) omitted (given in Fl. Eur.): not mentioned in Rubtsev 1972. A considerable part of the material not identified down to subspecies; hence the species map.

Total range. MJW 1965: map 138b; P.M. Dobrjakov et al., Arealy Rast. SSSR 2: 77 (1969) (Soviet part); Hegi 1978: 1072.

S. nutans subsp. nutans

Silene glabra Schkuhr; S. infracta Kit.; S. nutans subsp. glabra (DC.) Rothm. Incl. Silene brachypoda Rouy and S. nutans subsp. smithiana (Moss) Jeanmonod & Bocquet

Taxonomy. G. Nieto-Feliner, Ruizia 2: 66 (1985).

Diploid with 2n=24(Br, Bu, Cz, Fe, Ga, He, Ho, Hs, It, Ju, Lu): Fl. Eur.; T.W.J. Gadella & E. Kliphuis, Proc. K. Nederl. Akad. Wetensch., ser. C 71: 169 (1968); J. Delay, Inf. Ann. Caryosyst. Cytogénét. 2: 13 (1968) (as *Silene nutans* subsp. *brachypoda*); Fernandes & Leitao 1971: 161, 167; S.I. Kožuharov & A.V. Petrova, Taxon 23: 377 (1974); Májovský et al. 1974 b: 19; Talavera & Bocquet 1976: 103; J.C. van Loon & B. Kieft, Taxon 29: 538 (1980); J.C. van Loon, Taxon 29: 718 (1980); Uotila & Pellinen 1985: 10. — Concerning Br, see under *S. nutans* subsp. *dubia*.

Notes. Au, Be, Br, Bu, Cz, Da, Fe, Ga, Ge, Gr, He, Ho, Hs, Hu, It, Ju, Lu, No, Po, Rm, Rs(N, B, C, W, K, E), Su. "Throughout the range of the species" (Fl. Eur.). Not mapped separately.

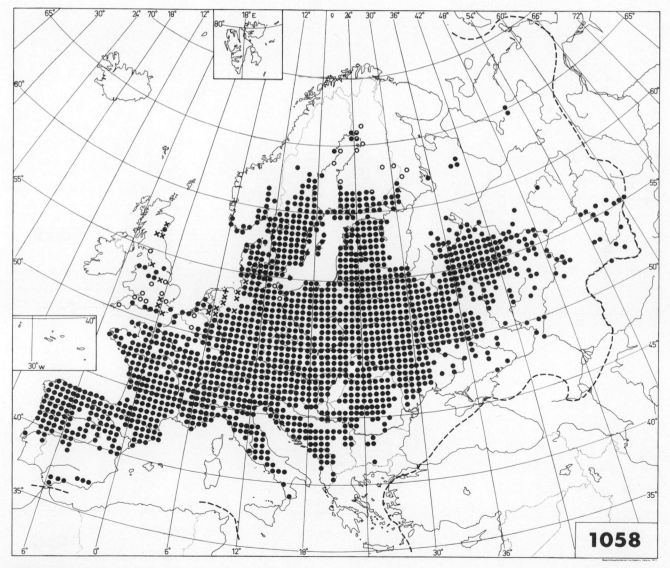

1058

Silene nutans

32

S. nutans subsp. **dubia** (Herbich) Zapał. — Map 1059.

Silene dubia Herbich

Diploid with 2n=24(Rm): K.P. Buttler, Revue Roum. Biol., ser. Bot. 14: 276—277 (1969); E. Kliphuis & J.H. Wieffering, Acta Bot. Neerl. 21: 599 (1972). The diploid number from Br, listed in Fl. Eur. Check-list 1982: 33 on the basis of K.B. Blackburn & J.K. Morton, New Phytol. 56: 345 (1957), is evidently referable to *Silene nutans* [subsp. *nutans*] var. *salmoniana* Hepper, mentioned in Fl. Eur.

Notes. Cz, Rm, Rs(W). "Carpathians" (Fl. Eur.). V.I. Czopyk, Vysokog. Fl. Ukrainsk. Karpat, pp. 41—42 (Kijiv 1976) (under *Silene dubia*).

Total range. Endemic to Europe.

S. nutans subsp. **livida** (Willd.) Jeanmonod & Bocquet — Map 1060.

Silene grecescui Guşul.; S. insubrica Gaudin; S. livida Willd.

Taxonomy. Given as a distinct species, *Silene insubrica*, by A. Becherer, Verh. Schweiz. Naturf. Ges. 142: 105 (1963, "1962"), Bauhinia 2: 125 (1963), and in Hegi 1978: 1073—1074. D. Jeanmonod & G. Bocquet, Candollea 38: 291—293 (1983), consider it a subspecies of *S. nutans*, resulting from ancient introgression with *S. viridiflora*.

Notes. Al, Au, Ga, He, ?Hu, It, Ju, Rm (the taxon not mentioned in Fl. Eur.): D. Jeanmonod & G. Bocquet, Candollea 38: 291—293 (1983). Reported from "Hongrie" by Jeanmonod & Bocquet, op. cit., p. 291, without giving exact localities; see Soó Synopsis 1970: 307.

Total range. Endemic to Europe.

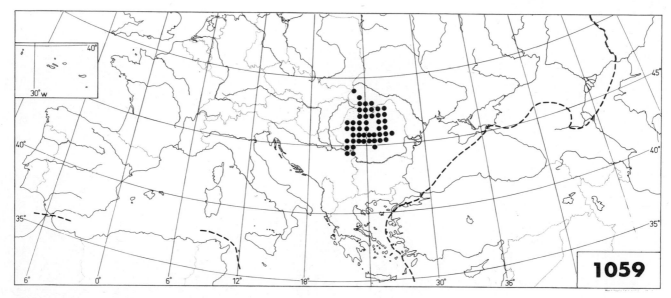

Silene nutans subsp. **dubia**

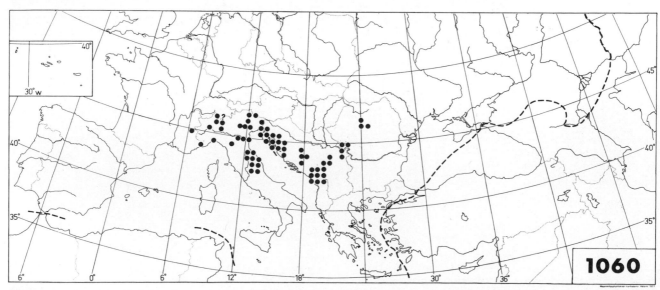

Silene nutans subsp. **livida**

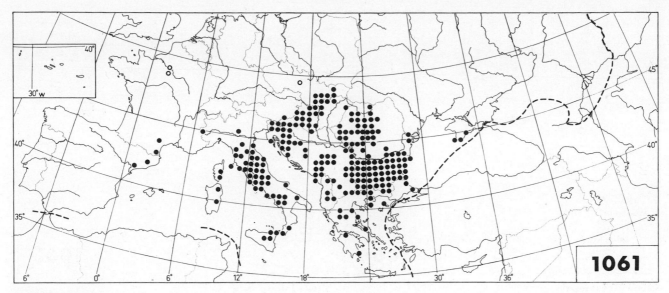

Silene viridiflora

Silene viridiflora L. — Map 1061.

Silene lesbiaca Candargy

Diploid with 2n=24(Al, Bu, Gr, Rm): K.P. Buttler, Revue Roum. Biol., ser. Bot. 14: 276 (1969); A. Strid, Bot. Not. 124: 492 (1971); S.I. Kožuharov & A.V. Petrova, Taxon 23: 377 (1974); V. Melzheimer, Candollea 29: 338 (1974).

Notes. Not given from Turkey-in-Europe in Fl. Turkey 1967, although recorded from there in Webb 1966: 21 (given in Fl. Eur.).

Silene velutinoides Pomel — Map 1062.

Taxonomy. B. Corrias & S.D. Corrias, Webbia 32 (Optima Leafl. 70): 147—153 (1977).

Notes. Sa (the taxon not mentioned in Fl. Eur.): B. Corrias & S.D. Corrias, Webbia 32 (Optima Leafl. 70): 150 (1977).

Total range. Corrias & Corrias, loc. cit.

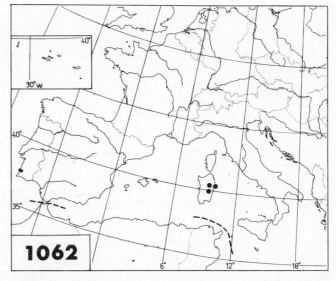

Silene velutinoides

Silene catholica (L.) Aiton fil. — Map 1063.

Cucubalus catholicus L.

Notes. [†Ga] added (not given in Fl. Eur.): "ancienne-ment subsp[ontané] à Sèvres et à Vincennes" (Fl. France 1973: 311).

Total range. Endemic to Europe.

Silene viscariopsis Bornm. — Map 1064.

Diploid with 2n=24(Ju): E.A. Bari, New Phytol. 72: 835 (1973).

Notes. Known from only three localities, and considered endangered or rare: H.C. Prentice, Biol. Conserv. 10: 15—30 (1976); TPC Red Data Sheets Europe (preprint Kew 1977); IUCN Plant Red Data Book, pp. 123—124 (Kew 1978); J.R. Akeroyd & C.D. Preston, Biol. Conserv. 19: 223—233 (1981).

Total range. Endemic to Europe.

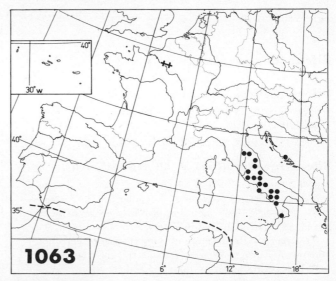

Silene catholica

34

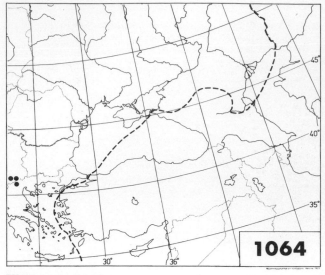

Silene viscariopsis

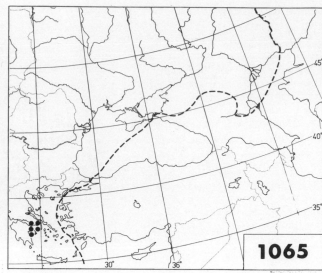

Silene longipetala

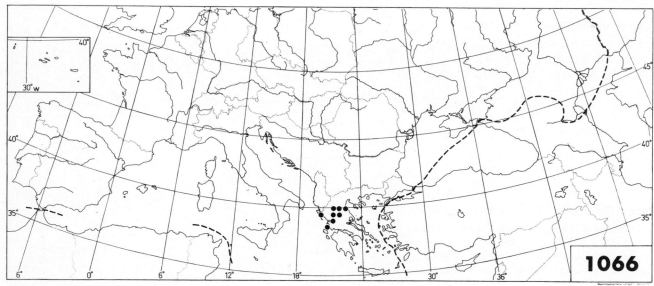

Silene niederi

Silene longipetala Vent. — Map 1065.

Silene niederi Heldr. ex Boiss. — Map 1066.
    Diploid with 2n=24(Gr): V. Melzheimer, Pl. Syst.
Evol. 130: 204 (1978).
    Total range. Endemic to Europe.

Silene marschallii C.A. Meyer — Map 1067.
    Incl. Silene guicciardii Boiss. & Heldr.
    Taxonomy. M.J.E. Coode & J. Cullen in Fl. Turkey
1967: 194—195. The inclusion of *Silene guicciardii* in *S.
marschallii* was anticipated in Fl. Eur.
    Total range. With the circumscription adopted here, not
endemic to Europe (*Silene guicciardii* s. str. given as endemic to Europe in Fl. Eur.).

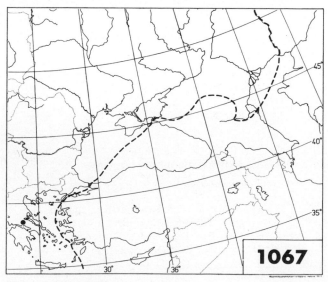

Silene marschallii

Silene bupleuroides L.

Silene longiflora Ehrh.; S. mariae Klokov; S. montifuga Klokov; S. odessana Klokov; S. regis-ferdinandii Degen & Urum.; S. staticifolia Sibth. & Sm.; S. ucrainica Klokov; S. urumovii Jáv.

Taxonomy. See Fl. Turkey 1967: 197; Hegi 1978: 1081.

Diploid with 2n=24(Bu, Gr): S.I. Kožuharov & A.V. Petrova, Taxon 23: 377 (1974); V. Melzheimer, Candollea 29: 338 (1974).

Notes. As concerns Al, not identified down to subspecies. Not truly established in Au ([Au] in Fl. Eur.): Ehrendorfer Liste 1973: 258; Hegi 1978: 1081. Rs(C) omitted (given in Fl. Eur.).

S. bupleuroides subsp. bupleuroides — Map 1068.

Silene bupleuroides var. urumovii (Jáv.) Hayek; S. longiflora Ehrh.; S. mariae Klokov; S. montifuga Klokov; S. odessana Klokov; S. ucrainica Klokov; S. urumovii Jáv.

Diploid with 2n=24(Cz): Fl. Eur.; Májovský et al. 1974 a: 16.

Notes. ?Al, Bu, Cz, Hu, Ju, Rm, Rs(W, K). "Throughout the range of the species except for S. part of the Balkan peninsula" (Fl. Eur.).

S. bupleuroides subsp. staticifolia (Sibth. & Sm.) Chowdhuri — Map 1069.

Silene longiflora Ehrh. var. regis-ferdinandii (Degen & Urum.) Novák; S. longiflora subsp. staticifolia (Sibth. & Sm.) Hayek; S. regis-ferdinandii Degen & Urum.; S. staticifolia Sibth. & Sm.

Notes. ?Al, Bu, Gr, Ju. "S. Albania, Greece, Bulgaria" (Fl. Eur.). Recorded from Ju in Fl. Serbie 1970: 224.

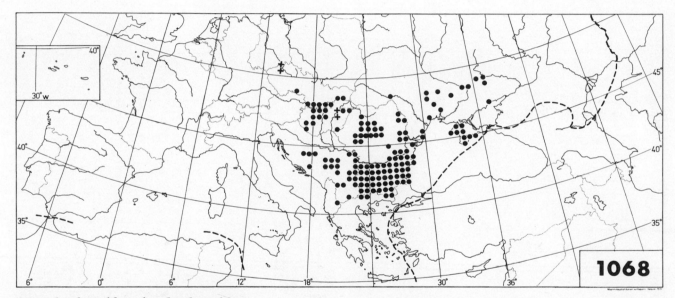

Silene bupleuroides subsp. **bupleuroides**

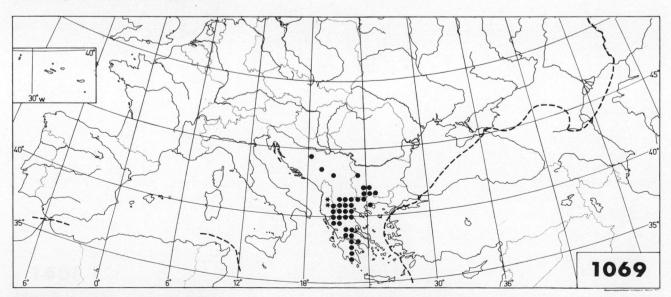

Silene bupleuroides subsp. **staticifolia**   * = subspecies not known

36

Silene chlorifolia Sm. — Map 1070.

Notes. Mentioned from "Greece" in Fl. Turkey 1967: 199 (not given in Fl. Eur.), and documented from Gr in accordance with A. Strid (in litt.). Contrary to the record in Fl. Eur. ("Turkey-in-Europe (near Tekirdağ)"), not given from Tu (European part) in Fl. Turkey 1967; see Webb 1966: 21.

Silene chlorantha (Willd.) Ehrh. — Map 1071.

Cucubalus chloranthus Willd.

Diploid with 2n=24(Bu, Ge): J. Damboldt & D. Phitos, Verh. Bot. Ver. Prov. Brandenburg 105: 44 (1968); J.C. van Loon & A.K. van Setten, Taxon 31: 590 (1982).

Notes. Hu omitted (given in Fl. Eur.). Ju added (not given in Fl. Eur.): Fl. Serbie 1970: 226.

Total range. MJW 1965: map 138a; P.M. Dobrjakov et al., Arealy Rast. SSSR 2: 75 (1969) (Soviet part).

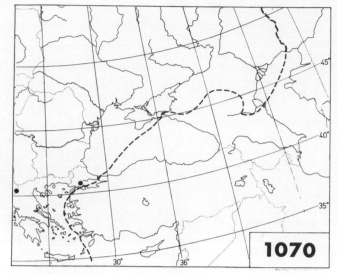

Silene chlorifolia

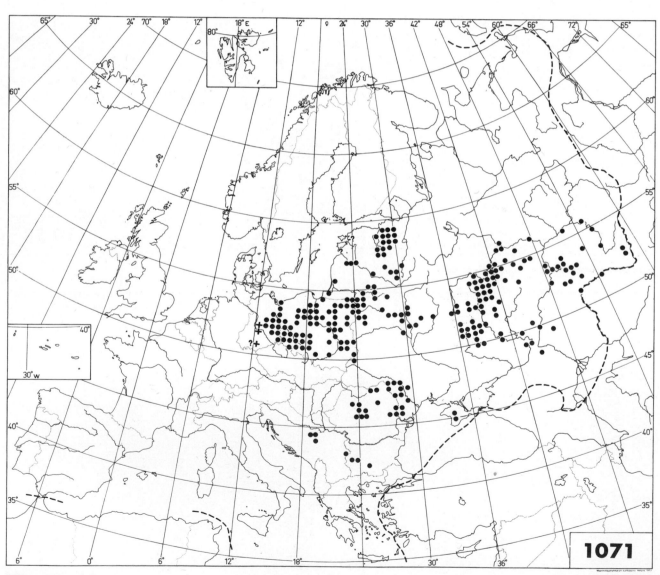

Silene chlorantha

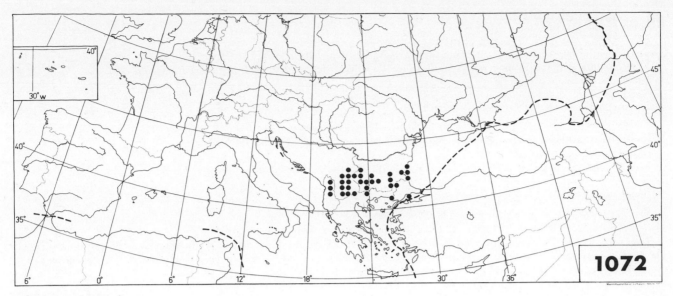

Silene frivaldszkyana

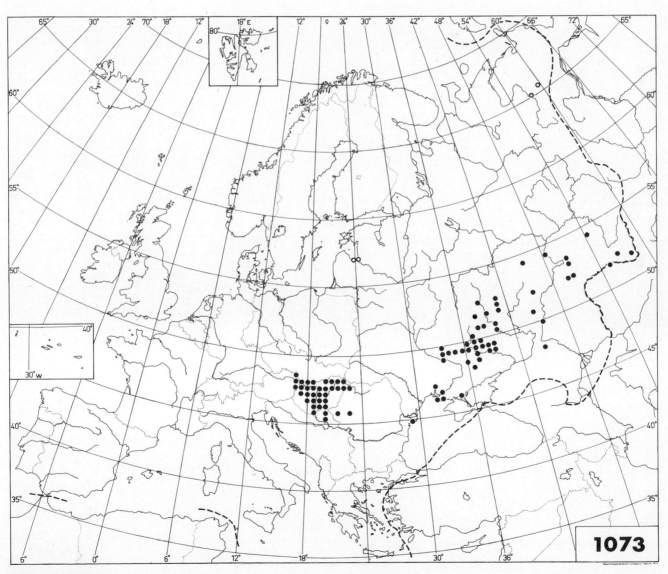

Silene multiflora

Silene frivaldszkyana Hampe — Map 1072.

Silene colorata Friv. non Poiret; S. tincta Griseb.

Diploid with 2n=24(Bu): S.I. Kožuharov & A.V. Petrova, Taxon 23: 377 (1974).
Notes. No data available from Gr (given in Fl. Eur.). Tu added (not given in Fl. Eur.): Fl. Turkey 1967: 201.
Total range. Endemic to Europe.

Silene multiflora (Ehrh.) Pers. — Map 1073.

Cucubalus multiflorus Ehrh.; Silene steppicola Kleopow; S. syvashica Kleopow

Nomenclature. Author's designation corrected in accordance with Med-Checklist 1984: 266.
Diploid with 2n=24(Au): Fl. Eur.
Notes. Ju added (not given in Fl. Eur.): Fl. Serbie 1970: 228. Rs([N, B]) added (not given in Fl. Eur.).

Silene viscosa (L.) Pers. — Map 1074.

Cucubalus viscosus L.; Elisanthe viscosa (L.) Rupr.; Melandrium viscosum (L.) Čelak.

Diploid with 2n=24(Cz, Su): Fl. Eur.; F. Dvořák & B. Dadáková, Taxon 25: 645 (1976).
Notes. Presence in Bu doubtful (given as present in Fl. Eur.): Fl. Bulg. 1966: 455—456; B.A. Kuzmanov, Candollea 34: 17 (1979). Not native in Ge (given as native in Fl. Eur.). Po omitted (given in Fl. Eur.). Only casual in Rs(N) (given as native in Fl. Eur.). Rs(K, E) added (not given in Fl. Eur.): Rubtsev 1972: 155.

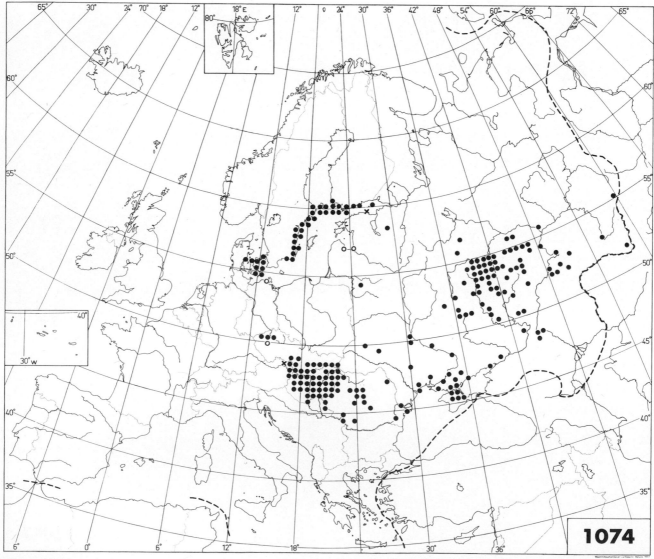

1074

Silene viscosa

Silene radicosa Boiss. & Heldr.

Taxonomy. Melzheimer 1977: 27—28.
Diploid with 2n=24(Gr): V. Melzheimer, Candollea 29: 338 (1974).
Total range. Endemic to Europe.

S. radicosa subsp. radicosa — Map 1075.

Silene oligantha Boiss. & Heldr. var. stenophylla Boiss. & Heldr.

Diploid with 2n=24(Gr): A. Strid & R. Franzén, Taxon 30: 833 (1981).
Notes. Al, Gr, Ju. "Mountains of S. part of Balkan peninsula" (Fl. Eur., for the species).

S. radicosa subsp. rechingeri Melzh. — Map 1076.

Taxonomy. Melzheimer 1977: 31.
Diploid with 2n=24(Gr): V. Melzheimer, Pl. Syst. Evol. 130: 204 (1978).
Notes. Gr (the taxon not mentioned in Fl. Eur.): Melzheimer 1977: 16, 31, 33.

S. radicosa subsp. pseudoradicosa Rech. fil. — Map 1076.

Taxonomy. K.H. Rechinger, Bot. Jahrb. 80: 320 (1961).
Diploid with 2n=24(Gr): V. Melzheimer, Candollea 29: 338 (1974).
Notes. Gr (in Fl. Eur., mentioned only in a comment under *Silene radicosa*): Melzheimer 1977: 33.
Total range. Endemic to the island of Evvia.

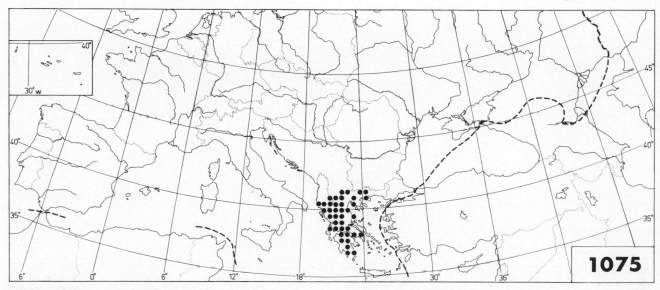

Silene radicosa subsp. **radicosa**

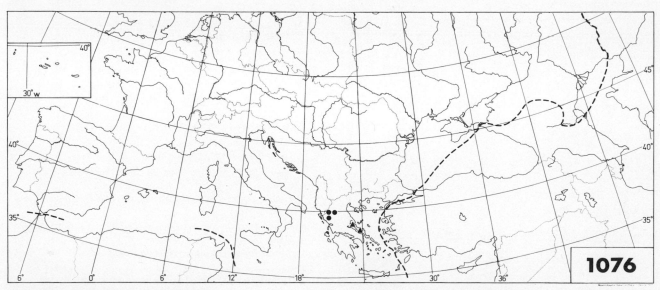

• = **Silene radicosa** subsp. **rechingeri**   ▲ = **S. radicosa** subsp. **pseudoradicosa**

40

Silene oligantha Boiss. & Heldr. — Map 1077.

Silene radicosa Boiss. & Heldr. var.Breviflora Boiss. s.str.orig.

Taxonomy. Melzheimer 1977: 38—39; A. Strid, Bull. Hellenic Soc. Protection Nature "Nature" 5(19—20): 44 (1979).

Diploid with 2n=24(Gr): A. Strid & R. Franzén, Taxon 30: 833 (1981).

Notes. Gr (Olimbos). "... described from N. Greece" (Fl. Eur., in a comment under *Silene radicosa*).

Total range. Endemic to Europe.

Silene reichenbachii Vis. — Map 1078.

Silene picta Reichenb. non Desf.

Diploid with 2n=24(Ju): V. Melzheimer, Candollea 29: 338 (1974).

Total range. Endemic to Europe.

Silene skorpilii Velen. — Map 1079.

Notes. Ju omitted (given in Fl. Eur.). Tu added (not given in Fl. Eur.): Fl. Turkey 1967: 203.

Diploid with 2n=24(Gr): V. Melzheimer, Pl. Syst. Evol. 130: 204 (1978).

Total range. Endemic to Europe.

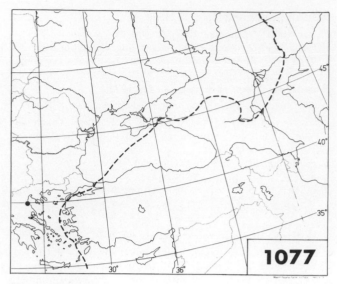

Silene oligantha

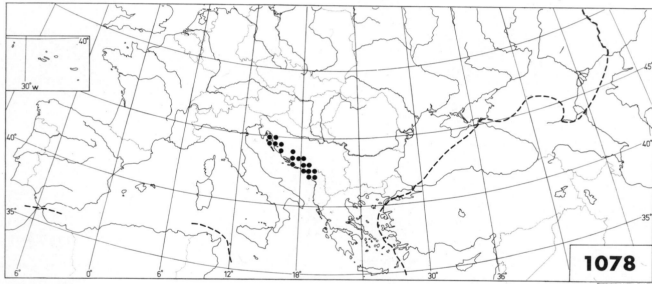

Silene reichenbachii

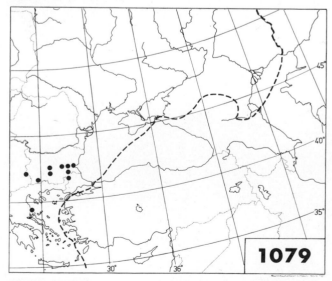

Silene skorpilii

Silene tatarica (L.) Pers. — Map 1080.

Cucubalus tataricus L.

Diploid with 2n=24(Ge): J. Damboldt & D. Phitos, Verh. Bot. Ver. Brandenb. 105: 45 (1968).

Total range. Hegi 1978: 1086.

Silene paucifolia Ledeb. — Map 1081.

Silene graminifolia auct. non Otth; S. tenuis Willd. subsp. paucifolia (Ledeb.) Kozhevnikov

Taxonomy and nomenclature. Ju. Kozhevnikov, Nov. Syst. Pl. Vasc. (Leningrad) 22: 105—110 (1985).

Diploid with 2n=24(Rs(N)): Á. Löve & D. Löve, Taxon 24: 506 (1975).

Notes. No data available from Rs(C) (given in Fl. Eur.).

Total range. Fl. Arct. URSS 1971: 89 (a few S. Ural localities lie outside the area mapped).

Silene graminifolia Otth — Map 1082.

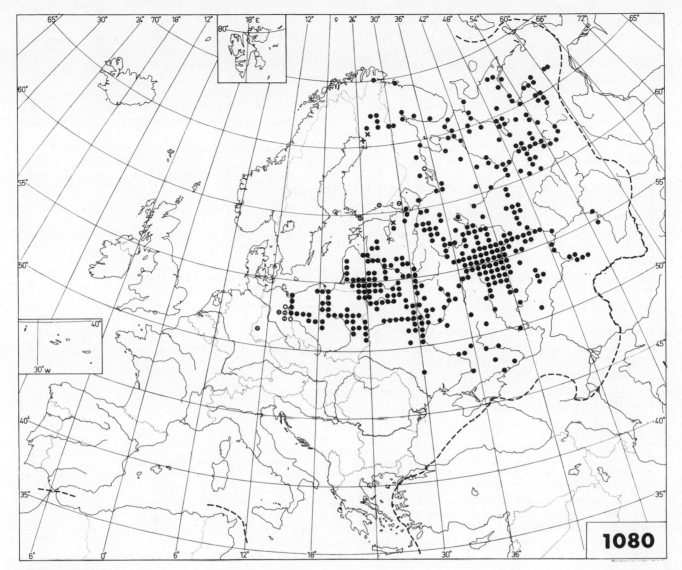

Silene tatarica

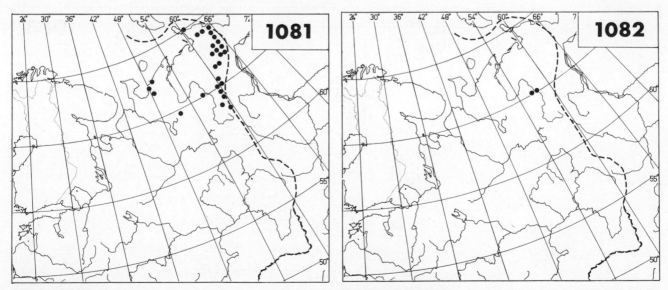

Silene paucifolia

Silene graminifolia

42

Silene uralensis (Rupr.) Bocquet — Map 1083.

Gastrolychnis apetala (L.) Tolm. & Kozh.; G. uralensis Rupr.; Lychnis apetala L.; Melandrium apetalum (L.) Fenzl; Silene wahlbergella Chowdhuri, nomen illeg.; Wahlbergella apetala (L.) Fries

Nomenclature. G. Bocquet, Candollea 22: 25—27 (1967), Phanerog. Monogr. 1: 157—158 (1969); J. McNeill, Canad. Jour. Bot. 56: 307 (1978).

Taxonomy. According to Hultén CP 1971: 325—326, the Fennoscandian population is subspecifically distinct from the circum-arctic taxon recognized by him as *Silene wahlbergella* subsp. *arctica.* This disagrees with the treatment proposed by G. Bocquet, Candollea 22: 25—27 (1967), Phanerog. Monogr. 1: 151—175 (1969), according to which the European material is divided between three subspecies. Hultén's classification is followed here.

Diploid with 2n=24(No, Su): Fl. Eur.; see G. Bocquet & C. Favarger, Naturaliste Canadien 98: 253 (1971).

Notes. Sb added (not given in Fl. Eur.).

Total range. A.I. Tolmachev, Trav. Mus. Bot. Acad. Sci. URSS (Leningrad) 24: 253 (1932) (Eurasian part); Hultén Alaska 1968: 445; Hultén CP 1971: map 54; Fl. Arct. URSS 1971: 114 (Soviet part).

S. uralensis subsp. uralensis — Map 1083.

Gastrolychnis uralensis Rupr.; Melandrium apetalum subsp. arcticum (Th. Fries) Hultén; Silene uralensis subsp. arctica (Th. Fries) Bocquet; S. wahlbergella subsp. arctica (Th. Fries) Hultén; Wahlbergella apetala var. arctica Th. Fries

Taxonomy. Hultén CP 1971: 325—326.

Diploid with 2n=24(Sb): Á. Löve & D. Löve, Taxon 24: 506 (1975) (as *Gastrolychnis apetala* subsp. *arctica*).

Notes. Rs(N, C), Sb (the subspecies not mentioned in Fl. Eur.).

Total range. Hultén CP 1971: map 54.

S. uralensis subsp. apetala (L.) Bocquet — Map 1083.

Gastrolychnis apetala (L.) Tolm. & Kozh.; Lychnis apetala L.; Melandrium apetalum (L.) Fenzl; Silene wahlbergella Chowdhuri subsp. wahlbergella; Wahlbergella apetala (L.) Fries

Diploid with 2n=24(No): Engelskjön 1979: 17 (as *Melandrium apetalum*).

Notes. Fe, No, Rs(N), Su (the subspecies not mentioned in Fl. Eur.).

Total range. Endemic to Europe.

Silene furcata Rafin.

Agrostemma involucrata (Cham. & Schlecht.) G. Don fil.; Gastrolychnis angustiflora Rupr.; G. involucrata (Cham. & Schlecht.) Rupr.; Lychnis affinis J. Vahl ex Fries; L. gilletii Boivin; L. involucrata Cham. & Schlecht.; Melandrium affine (J. Vahl ex Fries) J. Vahl; M. angustiflorum (Rupr.) Walpers; M. furcatum (Rafin.) Hadač; Silene involucrata (Cham. & Schlecht.) Bocquet; Wahlbergella affinis (Fries) Fries; W. angustiflora Rupr.; W. involucrata (Cham. & Schlecht.) Rupr.

Taxonomy and nomenclature. S.M. Walters, Feddes Repert. 69 (Fl. Eur. Notulae Syst. 3): 46 (1964); G. Bocquet, Candollea 22: 22—23 (1967), Phanerog. Monogr. 1: 131—150 (1969); Hultén CP 1971: 313; Fl. Arct. URSS 1971: 109—112.

Tetraploid with 2n=48(No, Su): Fl. Eur.; see G. Bocquet & C. Favarger, Naturaliste Canadien 98: 252—253 (1971).

Notes. Sb added (only mentioned in the comment on the subspecies in Fl. Eur.).

Total range. A.I. Tolmachev, Trav. Mus. Bot. Acad. Sci. URSS (Leningrad) 24: 261 (1932); Hultén CP 1971: map 10.

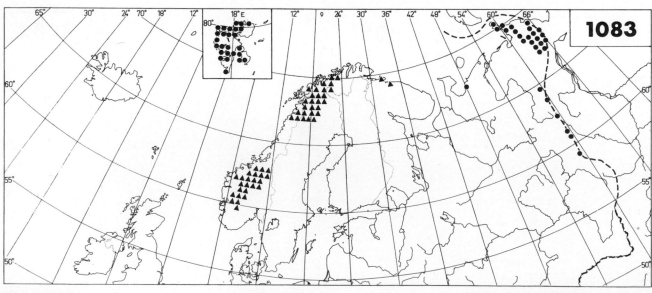

Silene uralensis   ● = subsp. **uralensis**   ▲ = subsp. **apetala**

S. furcata subsp. **furcata** — Map 1084.

Lychnis apetala L. var. involucrata Cham. & Schlecht.

Taxonomy. According to G. Bocquet, Phanerog. Monogr. 1: 137, 141 (1969), two subspecies are present in Sb, *Silene involucrata* subsp. *involucrata* and *S. involucrata* subsp. *elatior* (Regel) Bocquet.

Notes. Rs(N), Sb. "... reported from Spitsbergen, Vajgač and Arctic Ural" (Fl. Eur.).

Total range. E. Hadač, Preslia 32: 244 (1960) (as *Melandrium furcatum*); Hultén Alaska 1968: 446; Hultén CP 1971: map 10; Fl. Arct. URSS 1971: 112 (Soviet part; no European localities indicated).

S. furcata subsp. **angustiflora** (Rupr.) Walters — Map 1085.

Gastrolychnis angustiflora Rupr.; Melandrium affine subsp. angustiflorum (Rupr.) Tolm.; M. angustiflorum (Rupr.) Walpers; M. furcatum subsp. angustiflorum (Rupr.) Hultén; Silene involucrata subsp. angustiflora (Rupr.) Hultén; Wahlbergella angustiflora Rupr.

Tetraploid with 2n=48(No): Engelskjön 1979: 17 (as *Melandrium furcatum* subsp. *angustiflorum*).

Notes. Fe, No, Rs(N), Su (no details given in Fl. Eur.).

Total range. A.I. Tolmachev, Trav. Mus. Bot. Acad. Sci. URSS (Leningrad) 24: 261 (1932); E. Hadač, Preslia 32: 244 (1960) (as *Melandrium angustiflorum*); Hultén Alaska 1968: 446; Hultén CP 1971: map 10; Fl. Arct. URSS 1971: 110 (Soviet part, except Kola peninsula and Karel'skaya ASSR).

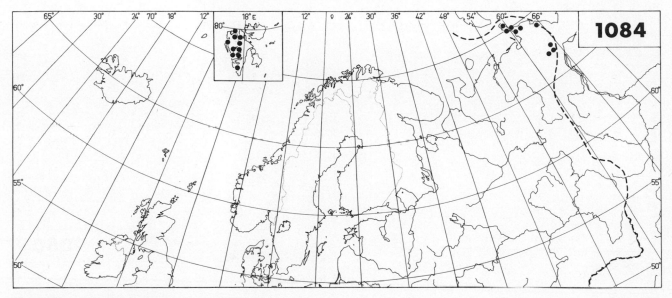

Silene furcata subsp. **furcata**

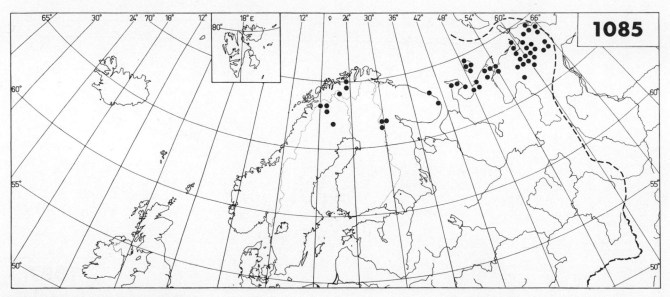

Silene furcata subsp. **angustiflora**

44

Silene sibirica (L.) Pers. — Map 1086.

Cucubalus sibiricus L.

Notes. [Rm] omitted (given in Fl. Eur.).

Silene roemeri Friv. — Map 1087.

Otites roemeri (Friv.) Holub

Generic delimitation (of *Otites*). J. Holub, Folia Geobot. Phytotax. (Praha) 12: 421 (1977).

Taxonomy and nomenclature. D. Jordanov & P. Panov in Fl. Bulg. 1966: 456—459, 592—593; J. Holub, Folia Geobot. Phytotax. (Praha) 5: 437 (1970), and 12: 427 (1977); V. Melzheimer in Mountain Fl. Greece 1986: 145—146. As noted in Fl. Eur., *Silene roemeri, S. sendtneri* and *S. ventricosa* "seem very similar and might be treated as subspecies of a single species, but there is insufficient information". In addition, *S. velenovskyana* certainly belongs to the same group of taxa.

Diploid with 2n=24(Bu, Gr, It, Ju): C. Favarger, Acta Bot. Acad. Sci. Hung. 18: 82 (1973); J.C. van Loon, Taxon 29: 718 (1980); A. Strid & R. Franzén, Taxon 30: 833 (1981); J.C. van Loon & A.K. van Setten, Taxon 31: 590 (1982).

Total range. Endemic to Europe.

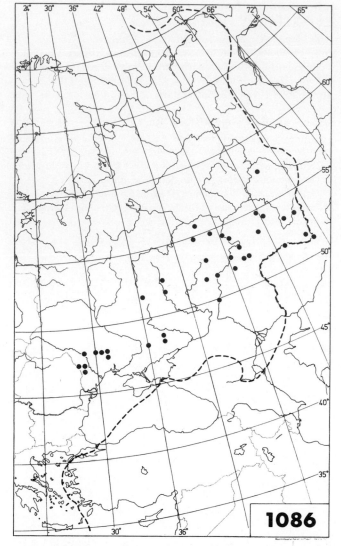

Silene sibirica

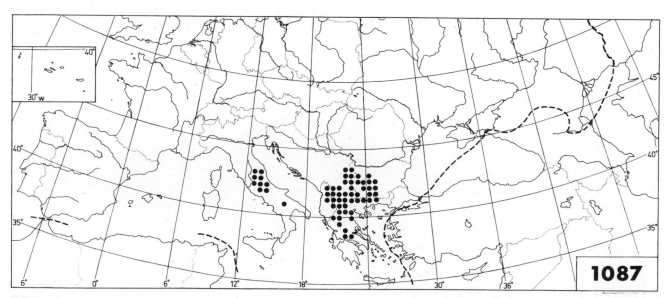

Silene roemeri

Silene sendtneri Boiss. — Map 1088.

Otites sendtneri (Boiss.) Holub; Silene roemeri Friv. subsp. sendtneri (Boiss.) Jordanov & P.Panov

Taxonomy and nomenclature. See under *Silene roemeri.*
Diploid with 2n=24(Ju): J.C. van Loon & B. Kieft, Taxon 29: 538 (1980).
Notes. Bu confirmed (?Bu in Fl. Eur.): Fl. Bulg. 1966: 458.
Total range. Endemic to Europe.

Silene velenovskyana Jordanov & P. Panov — Map 1089.

Otites velenovskyana (Jordanov & P. Panov) Holub; Silene roemeri var. orbelica Velen.; S. roemeri var. rhodopaea Podp., pro parte

Taxonomy. D. Jordanov & P. Panov in Fl. Bulg. 1966: 456—457, 459, 592—593. — See under *Silene roemeri.*
Notes. Bu (the taxon not mentioned in Fl. Eur.).
Total range. Endemic to Europe.

Silene ventricosa Adamović — Map 1089.

Otites ventricosa (Adamović) Holub

Nomenclature. J. Holub, Folia Geobot. Phytotax. (Praha) 5: 437 (1970).
Taxonomy. Distinction from *Silene roemeri* doubtful: V. Melzheimer in Mountain Fl. Greece 1986: 145—146; see also under that species.
Notes. No data available from Gr (given in Fl. Eur.); see Mountain Fl. Greece 1986: 146.
Total range. Endemic to Europe.

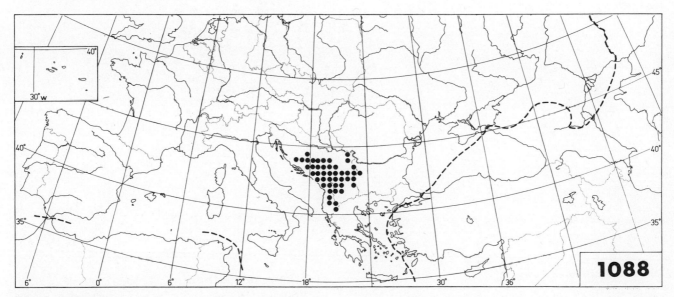

Silene sendtneri

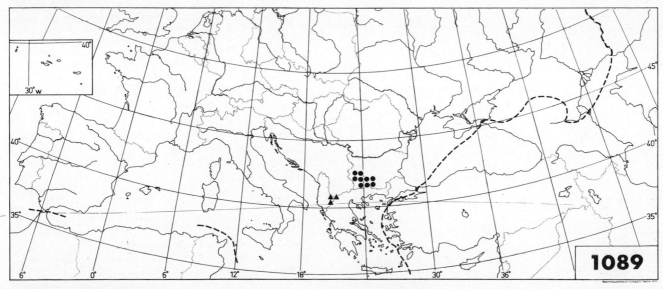

● = **Silene velenovskyana**   ▲ = **S. ventricosa**

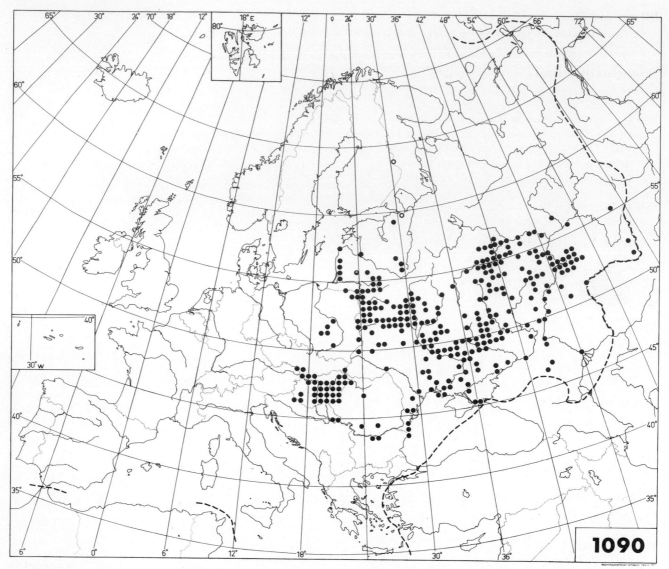

Silene borysthenica

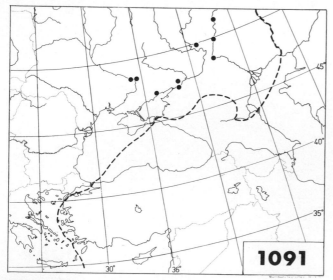

Silene media

Silene borysthenica (Gruner) Walters — Map 1090.

Cucubalus parviflorus Ehrh. non Lam.; Otites borysthenica (Gruner) Klokov; O. parviflora (Ehrh.) Grossh. (O. borysthenica subsp. parviflora (Ehrh.) Holub); Silene ehrhartiana Soó; S. otites (L.) Wibel var. borysthenica Gruner; S. otites subsp. parviflora (Ehrh.) Schmalh.; S. otites subsp. pubescens (Schur) Dostál; S. parviflora (Ehrh.) Pers. non Moench

Nomenclature. J. Holub, Folia Geobot. Phytotax. (Praha) 5: 437 (1970); J. Holub et al., Folia Geobot. Phytotax. (Praha) 6: 201—203 (1971); M. Šourková, Preslia 49: 12 (1977).

Taxonomy. S.M. Walters, Feddes Repert. 69 (Fl. Eur. Notulae Syst. 3): 47 (1964).

Diploid with 2n=24(Cz, Hu): Fl. Eur.; Májovský et al. 1970 b: 58.

Notes. Al omitted (given in Fl. Eur.). Not native in Rs(N) (given as native in Fl. Eur.). Rs(B) added (not given in Fl. Eur.): e.g. C. Regel (ed.), Fl. Lituana Exs. no. 45 (as *Silene otites*; H), and E.G. Bobrov (ed.), Gerb. Fl. SSSR no. 5172 (as *Otites borysthenica*; H) (both from Lithuanian S.S.R.); also documented from the Latvian S.S.R.

Total range. P.M. Dobrjakov et al., Arealy Rast. SSSR 2: 72 (1969) (Soviet part).

Silene media (Litv.) Kleopow — Map 1091.

Otites media (Litv.) Klokov; Silene otites (L.) Wibel var. media Litv.

Silene hellmannii Claus — Map 1092.

Otites graniticola Klokov; O. hellmannii (Claus) Klokov; Silene graniticola (Klokov) Šourková; S. otites (L.) Wibel subsp. hellmannii (Claus) Schmalh. — Excl. Otites dolichocarpa Klokov (Silene dolichocarpa (Klokov) Czerep.), S. cyri Schischkin (O. cyri (Schischkin) Grossh.) and S. cyri var. duriuscula (Velen.) Kleopow (S. otites var. duriuscula Velen.)

Taxonomy and nomenclature. M. Šourková, Preslia 49: 12 (1977). According to F. Wrigley, Ann. Bot. Fennici 23: 70 (1986), the type and only collection of *Silene krymensis* Kleopow (*Otites krymensis* (Kleopow) Klokov), referred to in Fl. Eur. under *S. wolgensis,* agrees well with the present species in all essential characters, except for having glabrous filaments; cf. A. Devjatov, Nov. Syst. Pl. Vasc. (Leningrad) 22: 115—117 (1985).

Notes. The only station for *Silene krymensis* (Rs(K)) has been given a special symbol on the map.

Total range. Endemic to Europe.

Silene cyri Schischkin — Map 1093.

Otites cyri (Schischkin) Grossh.; Silene turcomanica Kleopow non Schischkin. — Excl. Silene cyri var. duriuscula (Velen.) Kleopow (S. otites (L.) Wibel var. duriuscula Velen.)

Taxonomy. The treatment of *Silene cyri* as a separate species (as also in S.K. Czerepanov, Plantae Vasculares URSS, p. 169 (Leningrad 1981); in Fl. Eur. mentioned under *S. hellmannii*) accords with studies by F. Wrigley, Ann. Bot. Fennici 23: 70 (1986).

Notes. Rs(E). ”... recorded from Astrakhan’...” (Fl. Eur., in a comment under *Silene hellmannii*).

Silene velebitica (Degen) Wrigley — Map 1094.

Otites pseudotites (Besser ex Reichenb.) Klokov subsp. velebitica (Degen) Hołub; Silene otites (L.) Wibel subsp. velebitica Degen

Taxonomy. Degen, Fl. Veleb. 2: 83 (1937); F. Wrigley, Ann. Bot. Fennici 23: 70—71 (1986).

Notes. Ju. ”N.W. Jugoslavia” (Fl. Eur., as subsp. *velebitica,* in a comment under *Silene otites*).

Total range. Endemic to Europe.

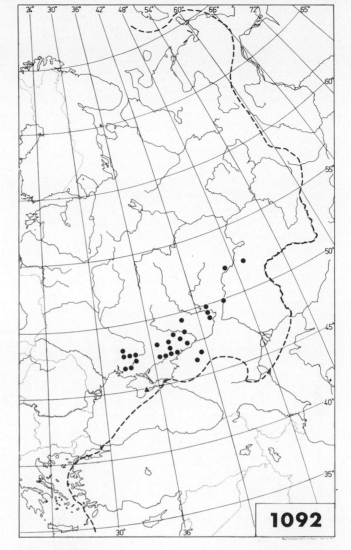

Silene hellmannii   ▲ = “S. krymensis”

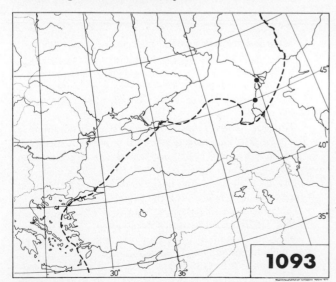

Silene cyri

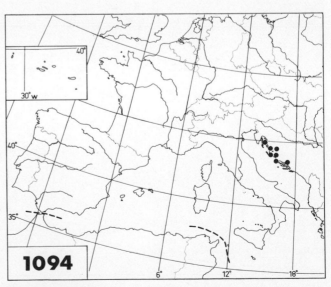

Silene velebitica

48

Silene wolgensis (Hornem.) Otth — Map 1095.

Otites orae-syvashicae Klokov; O. wolgensis (Hornem.) Grossh.; Silene densiflora D'Urv. subsp. wolgensis (Hornem.) Slavnić; S. densiflora vař. wolgensis (Hornem.) Jordanov & P. Panov; S. orae-syvashicae (Klokov) Czerep.; S. otites (L.) Wibel subsp. wolgensis (Hornem.) Schmalh.; Viscago wolgensis Hornem.

Nomenclature. F. Wrigley, Ann. Bot. Fennici 23: 71—73 (1986).

Taxonomy. There has been much confusion between the present species and those of the *Silene otites* group, especially earlier, and outside Russia. The three taxa mentioned in Fl. Eur. under *S. wolgensis* should be excluded, *Otites maeotica* Klokov as being of doubtful affinity and status, the two others as evidently not belonging here; see under *S. hellmannii* (concerning *S. krymensis* Kleopow) and *S. chersonensis* (concerning *O. moldavica* Klokov). F. Wrigley, Ann. Bot. Fennici 23: 71—73 (1986).

Diploid with 2n＝24(Rs): Fl. Eur.

Notes. Rs(C, W, ?K, E). According to F. Wrigley, op. cit., pp. 71—72, in Europe not native outside Rs (in Fl. Eur., given as present in Bu, Ju and Rm). The record from Rs(B) (not given in Fl. Eur.) by L.V. Tabaka et al.,

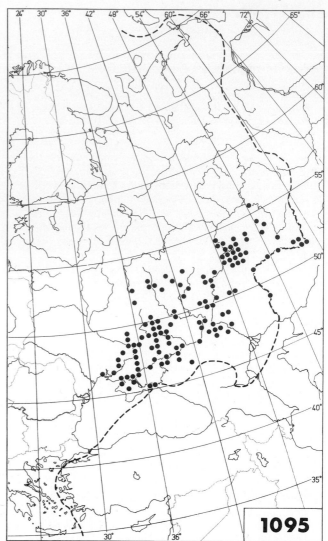

Silene wolgensis

Flora i Rastitel'nost' Latvijskoj S.S.R. Jugo-vost. Geobot. Rayon, p. 55, 153 (Riga 1982), may not belong here.

Total range. F. Wrigley, Ann. Bot. Fennici 23: 71 (1986).

Silene baschkirorum Janisch. — Map 1096.

Otites baschkirorum (Janisch.) Holub. Incl. Silene polaris Kleopow (Otites polaris (Kleopow) Holub; Silene otites (L.) Wibel subsp. polaris (Kleopow) Á. Löve & D. Löve)

Nomenclature. J. Holub, Folia Geobot. Phytotax. (Praha) 5: 437 (1970).

Taxonomy. Silene polaris was treated as a synonym of *S. otites* in Fl. Eur., considered an independent species in Fl. Arct. URSS 1971: 91 and treated as conspecific with *S. wolgensis* in Fl. Bor.-Or. Eur. URSS 1976: 233. We follow F. Wrigley, Ann. Bot. Fennici 23: 73 (1986) in synonymizing *S. polaris* with the present species.

Diploid with 2n＝24(Rs(N)): Á. Löve & D. Löve, Taxon 24: 506 (1975) (as *Silene otites* subsp. *polaris*).

Notes. Rs(N) added (in Fl. Eur. the respective material was included in *Silene otites*, as *S. polaris*).

Total range. P.L. Gorchakovsky & E.A. Shurova, Redkie i ischezayushchie rasteniya Urala i Priural'ya, p. 98 (Moskva 1982) (main part of the range).

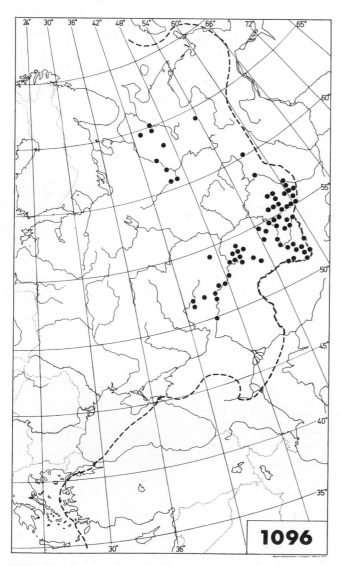

Silene baschkirorum

Silene otites group — Map 1097.

Silene chersonensis + S. colpophylla + S. densiflora + S. donetzica + S. exaltata + S. otites + S. × pseudotites

Taxonomy. The present taxonomic treatment of the *Silene otites* group, including the circumscription of the species concerned, was proposed by F. Wrigley, Ann. Bot. Fennici 23: 74—80 (1986). An alternative solution would be to give the taxa subspecific rank under one single species, *S. otites,* and this would have the advantage of reflecting the close relationships within the group, its members being much closer to each other than to the members of the *S. cyri* group (*S. borysthenica* to *S. baschkirorum,* see above). See also M.J.E. Coode & J. Cullen in Fl. Turkey 1967: 203.

Notes. Al, Au, Br, Bu, Cz, Da, Ga, Ge, Gr, He, Ho, Hs, Hu, It, Ju, Po, Rm, Rs(B, C, W, K, E), Tu.

Total range. MJW 1965: map 138c; Hegi 1978: 1089.

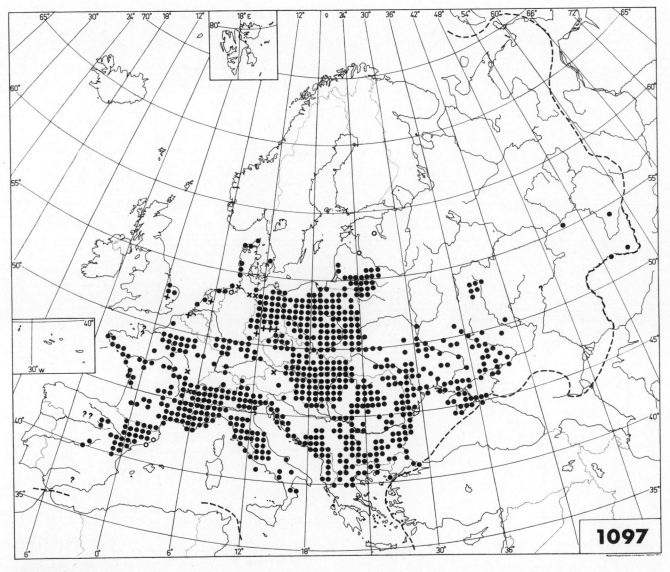

Silene otites group

Silene otites (L.) Wibel

Cucubalus otites L.; Otites cuneifolia Raf.; O. pseudotites (Besser ex Reichenb.) Klokov subsp. cuneifolia (Raf.) Holub. Incl. Silene cyri Schischkin var. duriuscula (Velen.) Kleopow (S. otites var. duriuscula Velen.). — Excl. Silene otites subsp. velebitica Degen, S. polaris Kleopow, and S. pseudotites Besser ex Reichenb.

Nomenclature. J. Holub, Folia Geobot. Phytotax. (Praha) 5: 437 (1970); J. Holub et al., Folia Geobot. Phytotax. (Praha) 6: 200—203 (1971); M. Šourková, Preslia 49: 12 (1977).

Taxonomy. For *Silene polaris*, see under *S. baschkirorum*. Inclusion of *S. cyri* var. *duriuscula* (in Fl. Eur. in a comment under *S. hellmannii*) is in accordance with Fl. Bulg. 1966: 462, and F. Wrigley, Ann. Bot. Fennici 23: 75 (1986).

Diploid with 2n=24(Bu, Cz, It, Rm): Fl. Eur.; T.W.J. Gadella & E. Kliphuis, Caryologia 23: 365 (1970); Májovský et al. 1970 a: 21; J. Holub et al., Folia Geobot. Phytotax. (Praha) 6: 200—201 (1971) (as *Otites pseudotites* subsp. *cuneifolia*); S.I. Kožuharov & A.V. Petrova, Taxon 23: 377 (1974). The counts from It and Rm may be referable to closely related taxa.

Notes. Only as an inconstant alien in Be and Fe ([Be, Fe] in Fl. Eur.). It, Rm and Rs(N, C, W) omitted (given in Fl. Eur.): material checked by F. Wrigley.

Total range. Endemic to Europe (but not when a wider circumscription of the species is applied. as in Fl. Eur.).

S. otites subsp. otites — Map 1098.

Otites cuneifolia Raf.; O. pseudotites (Besser ex Reichenb.) Klokov subsp. cuneifolia (Raf.) Holub; Silene cyri Schischkin var. duriuscula (Velen.) Kleopow; S. otites var. duriuscula Velen.

Notes. Al, Au, Br, Bu, Cz, Da, Ga, Ge, Gr, He, Ho, Hs, Hu, Ju, Po, Rs(B), ?Tu.

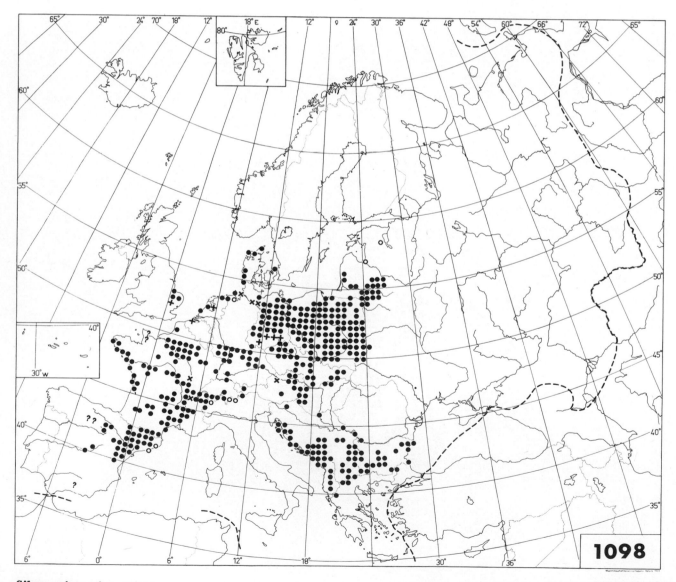

Silene otites subsp. **otites**

S. otites subsp. **hungarica** Wrigley — Map 1099.

Taxonomy. F. Wrigley, Ann. Bot. Fennici 23: 74—75 (1986).

Notes. Au, Cz, Hu (the taxon not mentioned in Fl. Eur.): F. Wrigley, op. cit., p. 75. The details of the area of distribution and its delimitation against *Silene otites* subsp. *otites* certainly need further study.

Silene donetzica Kleopow — Map 1100.

Otites donetzica (Kleopow) Klokov; O. donetzica subsp. sillingeri (Hendrych) Dostál; O. pseudotites (Besser ex Reichenb.) Klokov, pro parte; O. sillingeri (Hendrych) Holub; Silene densiflora D'Urv. subsp. sillingeri Hendrych (S. donetzica subsp. sillingeri (Hendrych) Sourková); S. eugeniae Kleopow; S. otites (L.) Wibel subsp. densiflora (D'Urv.) Graebner & Graebner fil., pro parte; S. otites subsp. pseudotites (Besser ex Reichenb.) Graebner & Graebner fil., pro parte; S. sillingeri Hendrych

Taxonomy and nomenclature. R. Hendrych, Studia Bot. Čech. (Praha) 9: 116—119 (1948), Preslia 53: 104—105 (1981); J. Holub, Folia Geobot. Phytotax. (Praha) 18: 204 (1983); J. Dostál, Folia Mus. Rerum Nat. Bohem. Occ., Bot. 21: 4 (1984); F. Wrigley, Ann. Bot. Fennici 23: 75—76 (1986).

Notes. Cz, Hu, Rm, Rs(W, E) (the taxon listed in the synonymy of *Silene densiflora* in Fl. Eur.). The material identified as *Silene sillingeri* has been given a special symbol on the map.

Total range. Endemic to Europe.

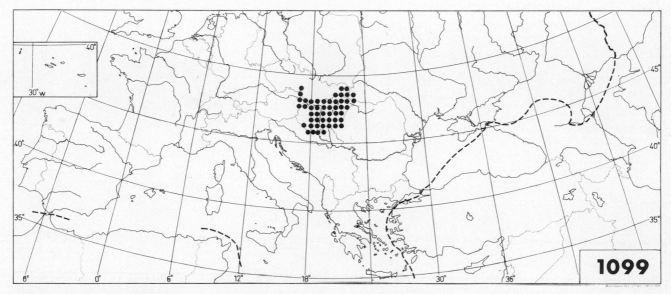

Silene otites subsp. **hungarica**

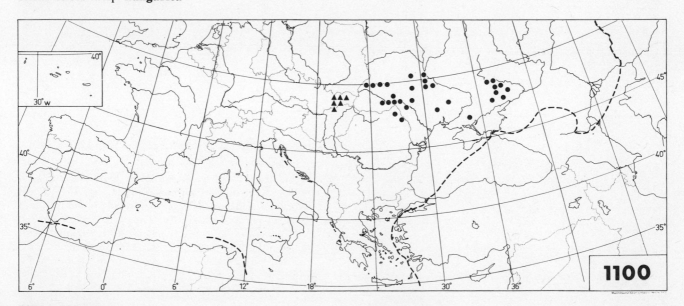

Silene donetzica   ▲ = "S. sillingeri"

52

Silene densiflora D'Urv. — Map 1101.

Otites densiflora (D'Urv.) Grossh.; O. dolichocarpa Klokov; S. dolichocarpa (Klokov) Czerep.; S. otites (L.) Wibel subsp. densiflora (D'Urv.) Graebner & Graebner fil. — Excl. Silene donetzica Kleopow (Otites donetzica (Kleopow) Klokov) and S. densiflora subsp. sillingeri Hendrych (O. sillingeri (Hendrych) Holub; S. donetzica subsp. sillingeri (Hendrych) Sourková)

Taxonomy. The present circumscription of the species, proposed by F. Wrigley, Ann. Bot. Fennici 23: 76—77 (1986), is noticeably narrower than that in Fl. Eur.

The *diploid* counts, 2n=24(Bu, Cz), made on "Silene densiflora" by S.I. Kožuharov & A.V. Petrova, Taxon 23: 377 (1974), and F. Dvořák & B. Dadáková, Taxon 26: 564 (1977), belong to other taxa of the *S. otites* group.

Notes. Bu, Cz, Gr, Ju and Rm omitted (given in Fl. Eur.). Rs(E) added (not given in Fl. Eur.).

Total range. R. Hendrych, Studia Bot. Čech. (Praha) 9: 118 (1948) (circumscription of the taxon different from the present one).

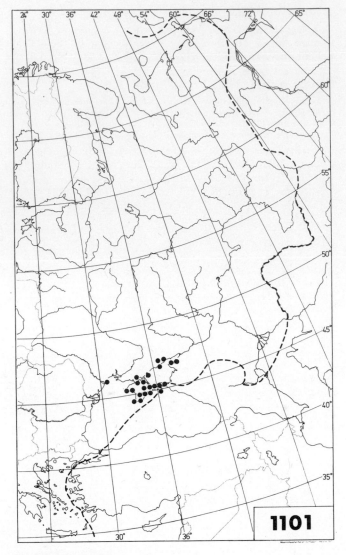

Silene densiflora

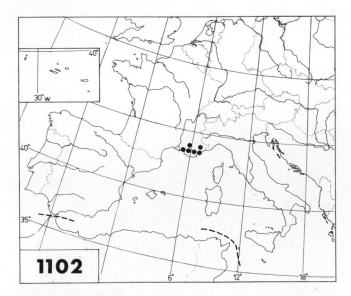

Silene colpophylla

Silene colpophylla Wrigley — Map 1102.

Silene otites sensu Fl. Eur., pro parte

Taxonomy. F. Wrigley, Ann. Bot. Fennici 23: 77—78 (1986). According to Wrigley, op. cit., pp. 78—79, the hybrid *Silene colpophylla* × *S. otites* is widespread in It and adjacent parts of Ga and Ju. The correct name for it is *S.* × *pseudotites* Besser ex Reichenb. (the binomial mentioned in Fl. Eur. in a comment under *S. otites*).

Notes. Ga (Provence) (the taxon not mentioned in Fl. Eur.).

Total range. Endemic to Europe.

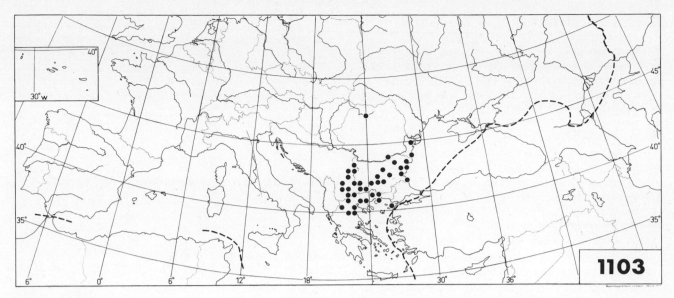

Silene exaltata

Silene exaltata Friv. — Map 1103.

Otites exaltata (Friv.) Holub; Silene densiflora auct. pro parte, non D'Urv. — Excl. Silene chersonensis (Zapał.) Kleopow (Otites chersonensis (Zapał.) Klokov)

Notes. Gr, Ju and Tu added (not given in Fl. Eur.). Hu and Rs(W, K) omitted (given in Fl. Eur.), the material representing other taxa of the *Silene otites* group.

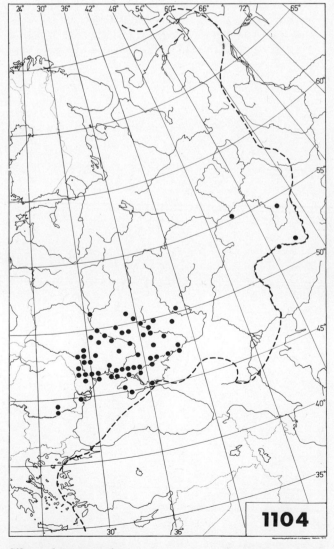

Silene chersonensis

Silene chersonensis (Zapał.) Kleopow — Map 1104.

Otites artemisetorum Klokov; O. chersonensis (Zapał.) Klokov; Silene artemisetorum (Klokov) Czerep.; S. chersonensis subsp. littoralis Kleopow; S. exaltata sensu Fl. Eur., pro parte. Incl. Otites moldavica Klokov

Taxonomy. The treatment of *Silene chersonensis* as a separate species (in Fl. Eur., included in *S. exaltata*) is in accordance with F. Wrigley, Ann. Bot. Fennici 23: 79—80 (1986).

Notes. Rm, Rs(W, K, E) (not recognized in Fl. Eur. as an independent taxon; see above).

Silene auriculata Sibth. & Sm. — Map 1105.

Melandrium auriculatum (Sibth. & Sm.) Rohrb.; Silene lanuginosa Bertol. (M. lanuginosum (Bertol.) Rohrb.; S. auriculata subsp. lanuginosa (Bertol.) Arcangeli)

Taxonomy. The plant of the Alpi Apuane (It) (*Silene lanuginosa*) is considered specifically distinct from the Greek *S. auriculata* proper in Contandriopoulos 1962: 219—223, Pignatti Fl. 1982: 245 and Mountain Fl. Greece 1986: 146.

Diploid with 2n=24(It): J. Damboldt & D. Phitos, Verh. Bot. Ver. Prov. Brandenburg 105: 44 (1968).

Total range. Endemic to Europe.

Silene zawadzkii Herbich — Map 1105.

Elisanthe zawadzkii (Herbich) Klokov; Melandrium zawadzkii (Herbich) A. Braun

Taxonomy. Contandriopoulos 1962: 219—223.

Notes. Erroneously given from Bu in Fl. Bulg. 1966: 465 (not given in Fl. Eur.): B.A. Kuzmanov, Candollea 34: 17 (1979).

Total range. Endemic to Europe.

Silene elisabethae Jan — Map 1105.

Melandrium elisabethae (Jan) Rohrb.

Nomenclature corrected in accordance with W. Greuter, Ber. Schweiz. Bot. Ges. 82: 178—179 (1972).

Taxonomy. Contandriopoulos 1962: 219—223.

Diploid with 2n=24(It): J. Damboldt, Ber. Deutschen Bot. Ges. 78: 374 (1966).

Notes. "... versant italien du Mont Viso, près de nos frontières" (Fl. France 1973: 325), but not reaching Ga.

Total range. Endemic to Europe.

Silene requienii Otth — Map 1105.

Melandrium requienii (Otth) Rohrb.

Taxonomy. Contandriopoulos 1962: 219—223.

Diploid with 2n=24(Co): Contandriopoulos 1962: 92, 221 (as *Melandrium requienii*).

Notes. Sa omitted (given in Fl. Eur.): W. Greuter & T. Raus (eds.), Willdenowia 14 (Optima Leafl. 140): 48 (1984).

Total range. Endemic to Corse.

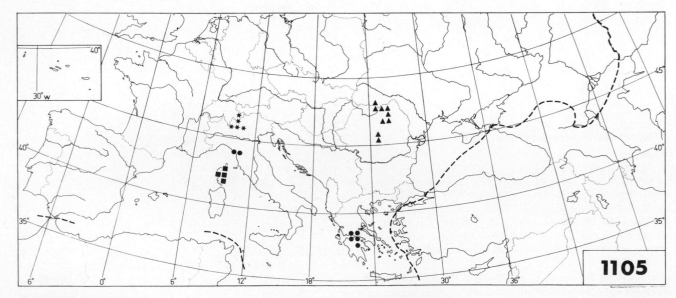

- • = **Silene auriculata**
- ▲ = **S. zawadzkii**

★ = **S. elisabethae**
■ = **S. requienii**

Silene cordifolia All. — Map 1106.

Diploid with 2n = 24(Ga): C. Favarger, Bull. Soc. Neuchâtel. Sci. Nat. 88: 8, 50 (1965).

Total range. Endemic to Europe.

Silene foetida Link ex Sprengel — Map 1107.

Silene acutifolia Link ex Rohrb.; S. melandrioides Lange

Diploid with 2n = 24(Hs, Lu): Fl. Eur.; Küpfer 1974: 32.

Total range. Endemic to Europe.

Silene herminii (Welw. ex Rouy) Welw. ex Rouy —
Map 1108.

Silene foetida auct. non Link ex Sprengel; S. foetida subsp. herminii Welw. ex Rouy; S. macrorhiza Gay ex Samp.

Nomenclature. M. Laínz, An. Inst. Forest. Invest. Exper. 12 (Aport. Conoc. Fl. Gallega 5): 14 (1967); G. Nieto-Feliner, Ruizia 2: 64—65 (1985).

Diploid with 2n = 24(Hs): Küpfer 1974: 32.

Total range. Endemic to Europe.

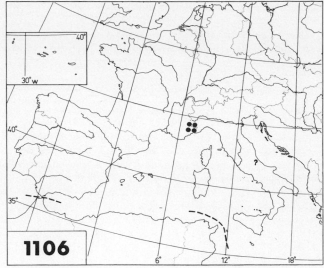

1106

Silene cordifolia

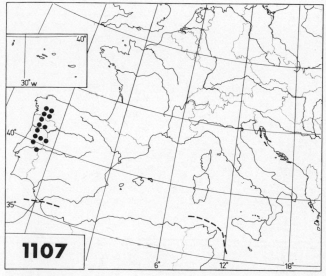

1107

Silene foetida

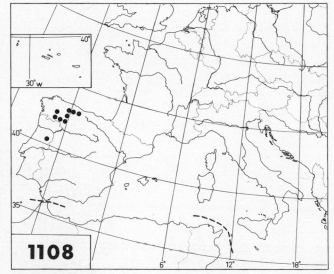

1108

Silene herminii

Silene vulgaris (Moench) Garcke — Map 1109.

Behen vulgaris Moench; Behenantha behen (L.) Ikonn.; B. inflata (Sm.) Schur; Cucubalus angustifolius Miller; C. antelopum Vest; C. behen L., non Silene behen L.; C. latifolius Miller; C. marginatus Kit.; C. montanus Vest; C. viridis Lam., non Silene viridis Greuter; Oberna angustifolia (Miller) Ikonn.; O. behen (L.) Ikonn.; O. carpatica (Zapał.) Czerep.; O. commutata (Guss.) Ikonn.; O. glareosa (Jordan) Ikonn.; O. littoralis (Rupr.) Ikonn.; O. macrocarpa (Turrill) Holub; O. marginata (Kit.) Holub; O. rupicola (Boreau) Ikonn.; Silene angustifolia Guss. non Poiret; S. boŝniaca (G. Beck) Hand.-Mazz.; S. carpatica (Zapał.) Czopyk; S. commutata Guss.; S. cucubalus Wibel; S. glareosa Jordan; S. inflata Sm.; S. latifolia (Miller) Britten & Rendle, non Poiret; S. rupicola Boreau; S. tenoreana Colla; S. venosa Ascherson; S. willdenowii Sweet. — Excl. Silene vulgaris subsp. maritima (With.) A. Löve & D. Löve (S. uniflora Roth) and subsp. thorei (Duf.) Chater & Walters

Generic delimitation (of *Oberna*) and nomenclature. M. Breistroffer, Bull. Soc. Bot. France 110, Sess. Extraord.: 120 (1963); A.O. Chater & S.M. Walters, Feddes Repert. 69 (Fl. Eur. Notulae Syst. 3): 47 (1964); S. Ikonnikov, Nov. Syst. Pl. Vasc. (Leningrad) 12: 196—200 (1975), 13: 119—120 (1976), 15: 147—148 (1979); J. Holub, Folia Geobot. Phytotax. (Praha) 12: 421—422 (1977). See also below under *Silene uniflora*.

Taxonomy. E.M. Marsden-Jones & W.B. Turrill, The Bladder Campions, 378 pp. + 44 plates (London 1957); V. Melzheimer & J. Damboldt, Willdenowia 7(1): 83—100 (1973); D. Aeschimann & G. Bocquet, Candollea 38: 203—209 (1983).

Diploid and tetraploid. 2n = 24(Au, Bu, Cr, Cz, Ga, Ge, Gr, It, Ju, No, Po, Su): J. Damboldt & D. Phitos, Verh. Bot. Ver. Brandenb. 105: 45 (1968); L. Frey, Fragm. Flor. Geobot. 17: 252 (1971) (as *Silene inflata*); V. Melzheimer & J. Damboldt, Willdenowia 7: 84 (1973); Engelskjön 1979: 17; J.C. van Loon & B. Kieft, Taxon 29: 538 (1980); J.C. van Loon & A.K. van Setten, Taxon 31: 590 (1982); B. de Montmollin, Bull. Soc. Neuchâtel. Sci. Nat. 105: 68 (1982); R. Franzén & L.-Å. Gustavsson, Willdenowia 13: 102 (1983). — 2n = 48(Gr, Lu): J. Damboldt & D. Phitos, Verh. Bot. Ver. Brandenb. 105: 45, 48—49 (1968) (the plants may perhaps be referred to subsp. *macrocarpa*; see below), Taxon 19: 265 (1970); Melzheimer & Damboldt, loc. cit. (1973). — The deviating chromosome number 2n = 12 reported by J. Miège & W. Greuter, Ann. Mus. Goulandris 1: 106—107 (1973). —

56

In addition to the above counts, which are not identified below the specific level, see under the individual subspecies.

Notes. Fa and Is omitted (indirectly given in Fl. Eur.).

Total range. A. Saxer, Beitr. Geobot. Landesaufn. Schweiz 36: 88 (1955); E.M. Marsden-Jones & W.B. Turrill, The Bladder Campions, p. 22 (London 1957); J. Jalas (ed.), Suuri kasvikirja II: 288 (Keuruu 1965); Hultén CP 1971: map 214.

S. vulgaris subsp. vulgaris

Behen vulgaris Moench; Behenantha behen (L.) Ikonn.; Cucubalus behen L., non Silene behen L.; C. latifolius Miller; Oberna behen (L.) Ikonn.; Silene cucubalus Wibel subsp. vulgaris (Moench) Becherer, nomen inval.; S. venosa Ascherson subsp. vulgaris (Moench) Graebner; S. willdenowii Sweet. Incl. Oberna littoralis (Rupr.) Ikonn. (Silene inflata var. littoralis Rupr.; S. vulgaris var. littoralis (Rupr.) Jalas) and Silene vulgaris subsp. humilis (Schubert) Rauschert (S. cucubalus subsp. humilis (Schubert) Rothm.; S. vulgaris var. humilis Schubert)

Nomenclature (of the two taxa included). S. Rauschert, Wiss. Zeitschr. Univ. Halle, Math.-nat. 15: 746 (1967); S. Ikonnikov, Nov. Syst. Pl. Vasc. (Leningrad) 13: 120 (1976); J. Jalas, Ann. Bot. Fennici 14: 191 (1977).

Taxonomy. The two taxa included represent less well differentiated local ecotypes in ecologically more or less extreme situations, *Oberna littoralis* on sea-shores of the Gulf of Finland (Fe, Rs(C)), *Silene vulgaris* subsp. *humilis* on heavy metal soils in parts of Central Europe (Be, Ga, Ge, similar plants on serpentine in Cz).

Diploid and tetraploid. 2n=24(Al, Au, Br, Bu, Cz, Fe, Ga, Hs): Fl. Eur.; E.M. Marsden-Jones & W.B. Turrill, The Bladder Campions, p. 260 (London 1957); Májovský et al. 1970 a: 21; A. Strid, Bot. Not. 124: 492 (1971); E.A. Bari, New Phytol. 72: 835 (1973); J. Delay, Inf. Ann. Caryosyst. Cytogénét. 5: 30 (1973) (as *Silene cucubalus* var. *humilis*; ?Ga, exact locality not given); Uotila & Pellinen 1985: 11. — 2n=48(Gr, Lu): J. Damboldt & D. Phitos, Österr. Bot. Zeitschr. 113: 170, 173—174 (1966); Fernandes & Leitao 1971: 158, 167.

Notes. Al, Au, Az, Be, Bl, Br, Bu, Co, Cz, Da, Fe, Ga, Ge, Gr, Hb, He, Ho, Hs, Hu, It, Ju, Lu, No, Po, Rm, Rs(N, B, C, W, K, E), Sa, Si, Su, Tu. "Throughout Europe, except for some northern islands" (Fl. Eur.). The record for Cr is erroneous: W. Greuter et al., Willdenowia 14 (Optima Leafl. 139): 33 (1984). Not mapped separately.

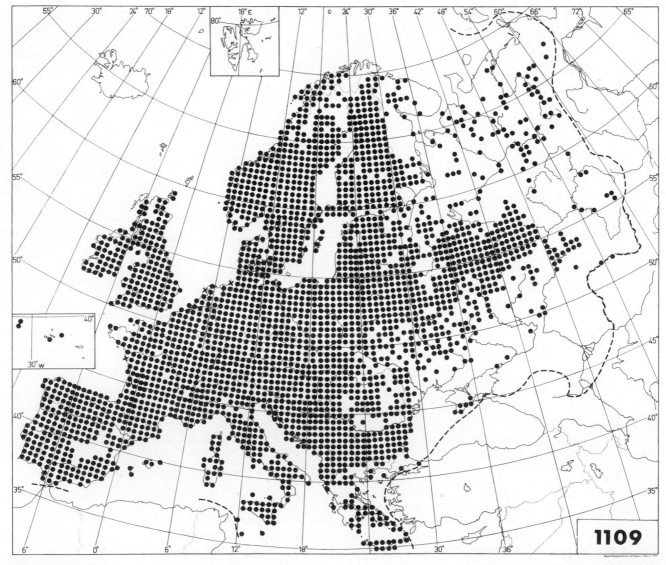

Silene vulgaris

S. vulgaris subsp. **angustifolia** Hayek — Map 1110.

Cucubalus angustifolius Miller; Oberna angustifolia (Miller) Ikonn.; Silene angustifolia Guss. non Poiret; S. cucubalus subsp. angustifolia (Hayek) Rech. fil.; S. tenoreana Colla

Nomenclature. Author's designation corrected in accordance with Med-Checklist 1984: 278.

Notes. Az, Co, Ga, Gr, Hs, It, Ju, Lu, Sa, Si, Tu. "Mediterranean region; Portugal" (Fl. Eur.). The record for Cr is erroneous: W. Greuter et al., Willldenowia 14 (Optima Leafl. 139): 33 (1984). The map is provisional.

S. vulgaris subsp. **commutata** (Guss.) Hayek — Map 1111.

Behenantha commutata (Guss.) Ikonn.; Cucubalus antelopum Vest; Oberna commutata (Guss.) Ikonn.; Silene bosniaca (G. Beck) Hand.-Mazz.; S. commutata Guss.; S. cucubalus subsp. bosniaca (G. Beck) Janchen, comb. inval.; S. cucubalus subsp. commutata (Guss.) Rech. fil.; S. vulgaris subsp. antelopum (Vest) Hayek; S. vulgaris subsp. bosniaca (G. Beck) Janchen; S. vulgaris var. commutata (Guss.) Coode & Cullen

Taxonomy. Ehrendorfer Liste 1973: 259, Hegi 1979: 1095, Pignatti Fl. 1982: 247, and Med-Checklist 1984: 278 (the last as *Silene vulgaris* subsp. *bosniaca*) consider that the submediterranean *S. vulgaris* subsp. *antelopum* is different from subsp. *commutata*, which is characterized (in Hegi loc. cit.) as Mediterranean and tetraploid.

Diploid and tetraploid. 2n=24([Fe]): L. Hämet-Ahti & V. Virrankoski, Ann. Bot. Fennici 7: 180 (1970); see below. The diploid number also counted by E.A. Bari, New Phytol. 72: 835 (1973), on material from Afghanistan. — 2n=48(Gr, It, Si): Fl. Eur.; V. Melzheimer & J. Damboldt, Willdenowia 7: 84, 99 (1973).

Notes. Al, Au, ?Bl, Bu, [?Fe], Ga, Gr, ?Hs, It, Ju, Rm, Rs(K), ?Sa, Si, Tu. "S. & S.C. Europe, from Spain to Krym" (Fl. Eur.). Records for Cr erroneous: W. Greuter et al., Willdenowia 14 (Optima Leafl. 139): 33 (1984). Concerning [Fe], see T. Ahti & L. Hämet-Ahti, Ann. Bot. Fennici 8: 52 (1971), and Y. Mäkinen et al., Rep. Kevo Subarctic Res. Stat. 18: 79 (1982) (identity doubtful). The map is provisional.

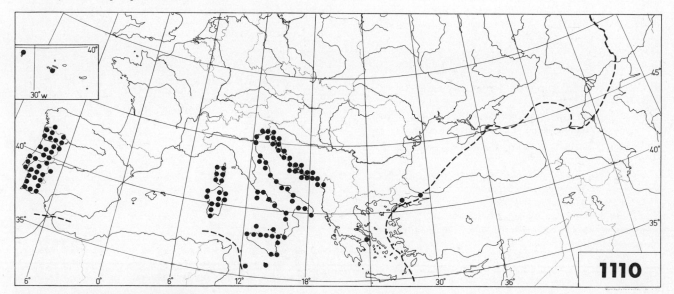

Silene vulgaris subsp. **angustifolia**

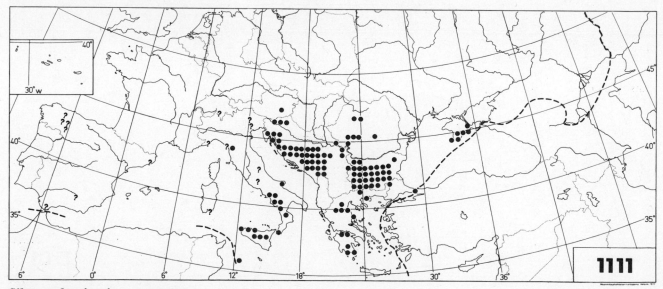

Silene vulgaris subsp. **commutata**

S. vulgaris subsp. **macrocarpa** Turrill

Oberna macrocarpa (Turrill) Holub; Silene angustifolia var. carneiflora sensu Clapham; S. vulgaris var. macrocarpa (Turrill) Coode & Cullen

Nomenclature. J. Holub, Folia Geobot. Phytotax. (Praha) 12: 427 (1977).

Taxonomy. J. Miège & W. Greuter, Ann. Mus. Goulandris 1: 106—107 (1973).

Tetraploid with 2n=48(Bl, Gr, Si(Malta)): E.A. Bari, New Phytol. 72: 835 (1973); V. Melzheimer & J. Damboldt, Willdenowia 7: 84, 99 (1973); see also under the species.

Notes. Bl, [Br], Cr, Gr, Hs, ?Lu, Si, Tu. "Introduced and long-established in S.W. England (Plymouth)" (Fl. Eur.). Cr added: W. Greuter et al., Willdenowia 13 (Optima Leafl. 131): 51 (1983), Willdenowia 14 (Optima Leafl. 139): 33—34 (1984). According to the latter authors (loc. cit.), the subspecies "occurs commonly throughout most if not all Mediterranean countries". Not mapped separately.

S. vulgaris subsp. **suffrutescens** Greuter, Matthäs & Risse — Map 1112.

Taxonomy. W. Greuter et al., Willdenowia 14 (Optima Leafl. 139): 34 (1984).

Diploid with 2n=24(Cr): J. Miège & W. Greuter, Ann. Mus. Goulandris 1: 106 (1973) (as *Silene vulgaris*), "on progeny of the type collection": W. Greuter et al., loc. cit.

Notes. Cr, Gr (the taxon not mentioned in Fl Eur.).

Total range. Endemic to Europe.

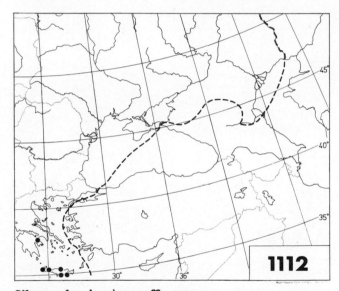

Silene vulgaris subsp. **suffrutescens**

S. vulgaris subsp. **glareosa** Jordan) Marsden-Jones & Turrill — Map 1113.

Behen alpinus Guşuleac, non Cucubalus alpinus Lam.; Oberna glareosa (Jordan) Ikonn.; Silene glareosa Jordan

Taxonomy. D. Aeschimann, Candollea 38: 155—202 (1983), 39: 399—415 (1984).

Diploid with 2n=24(Cz, Ga): Fl. Eur.; Májovský et al. 1974 b: 19 (as *Silene inflata* subsp. *alpina*).

Notes. Au, Cz, Ga, Ge, He, Hs, It, Ju, Po, Rm. "Jura, Alps, Pyrenees, Carpathians and Jugoslavia" (Fl. Eur.). Not consistently kept apart from *Silene vulgaris* subsp. *prostrata*.

Total range. ?Endemic to Europe (Fl. Eur.).

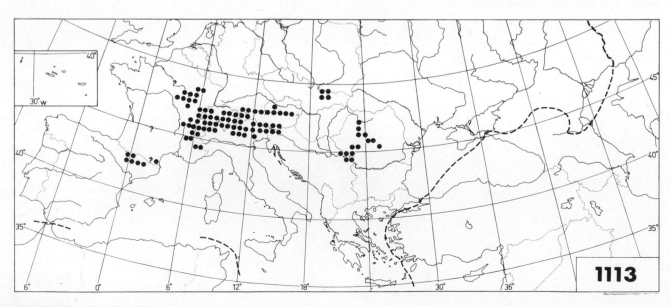

Silene vulgaris subsp. **glareosa**

S. vulgaris subsp. **prostrata** (Gaudin) Schinz & Thell. — Map 1114.

Cucubalus marginatus Kit.; C. montanus Vest; Oberna alpina auct., non Cucubalus alpinus Lam.; Oberna marginata (Kit.) Holub; Silene alpina auct. non Pallas; S. angustifolia subsp. prostrata (Gaudin) Briq.; S. cucubalus subsp. marginata (Kit.) Rech. fil.; S. cucubalus subsp. megalosperma (Sart.) Rech. fil.; S. cucubalus subsp. prostrata (Gaudin) Becherer; S. inflata var. vel subsp. prostrata Gaudin; S. willdenowii Sweet subsp. prostrata (Gaudin) O. Schwarz; S. vulgaris subsp. marginata (Kit.) Hayek; S. vulgaris subsp. megalosperma (Sart.) Hayek

Nomenclature. Author's citation corrected in accordance with Hegi 1979: 1096. According to the typification by D. Aeschimann & G. Bocquet, Candollea 38: 209 (1983), *Cucubalus alpinus* Lam. is synonymous with *Silene maritima* With., and thus to be rejected from the synonymy of *S. vulgaris* subsp. *prostrata*. D. Aeschimann, Candollea 39: 395—397 (1984).

Taxonomy. Aeschimann 1983 and 1984 (see above). In Fl. Eur., two of the seven Balkan taxa recognized as subspecies of *Silene vulgaris* in Hayek's Prodromus Fl. Penins. Balc. 1: 256—258 (1924), subsp. *megalosperma* and subsp. *marginata,* were included in the synonymy of subsp. *prostrata*. The subspecific status of subsp. *megalosperma* is restored, without further comment, in Med-Checklist 1984: 279, but the taxon (although mainly distributed in Gr) is not even mentioned in Mountain Fl. Greece 1986. *S. vulgaris* subsp. *marginata* is recognized in Fl. Serbie 1970: 219, and Aeschimann 1984 (see above), in a numerical analysis, demonstrates its emergence as a "natural group" of the Dinaric ranges (Ju) and Abruzzi (It). Until analyses of this kind have been made for all the S. European mountain ranges, it seems advisable to retain the treatment in Fl. Eur. — Fl. Schweiz 1967: 783—784 unites the taxa here recognized as *S. vulgaris* subsp. *glareosa* and subsp. *prostrata* under *S. willdenowii* (separating them from *S. vulgaris*). The designation "S. vulgaris subsp. montana (Vest) Aeschimann & Bocquet", used by I. Schoop-Brockmann & B. Egger, Ber. Geobot. Inst. Rübel (Zürich) 47: 50—74 (1980), evidently includes both subsp. *glareosa* and subsp. *prostrata*, as circumscribed here.

Diploid with 2n=24(Au, Gr): Fl. Eur.; K. Papanicolaou, Taxon 33: 130 (1984). The record from Au possibly belongs to *Silene vulgaris* subsp. *glareosa*.

Notes. ?Al, ?Au, Co, Ga, Gr, He, Hs, It, Ju, Sa. "Alps and S. Europe" (Fl. Eur.). Records for Cr erroneous: W. Greuter et al., Willdenowia 14 (Optima Leafl. 139): 33 (1984). Not consistently kept apart from *Silene vulgaris* subsp. *glareosa*.

Total range. ?Endemic to Europe (Fl. Eur.).

S. vulgaris subsp. **aetnensis** (Strobl) Pignatti — Map 1114.

Silene inflata var. aetnensis Strobl

Taxonomy. S. Pignatti, Gior. Bot. Ital. 107: 208 (1973).
Notes. Si (the taxon not mentioned in Fl. Eur.). Not collected in recent times: Pignatti Fl. 1982: 247.
Total range. Endemic to Sicilia.

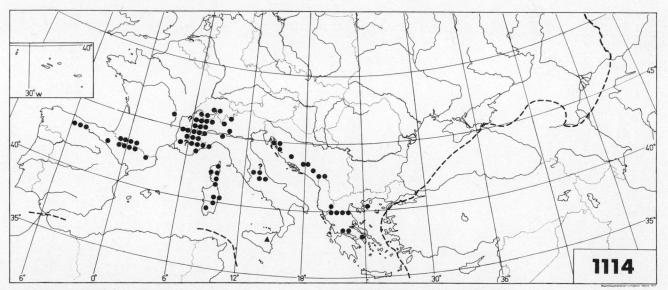

● = **Silene vulgaris** subsp. **prostrata**   ▲ = **S. vulgaris** subsp. **aetnensis**

Silene uniflora Roth

Behen alpinus (Lam.) Guşuleac; Behenantha uniflora (Roth) Ikonn.; Cucubalus alpinus Lam. (quoad typum); Oberna alpina (Lam.) Ikonn.; O. thorei (Duf.) Holub; O. uniflora (Roth) Ikonn.; Silene alpina (Lam.) Thomas, non Pallas; S. maritima With.; S. thorei Duf.

Taxonomy and nomenclature. The treatment by E.M. Marsden-Jones & W.B. Turrill, The Bladder Campions, 378 pp. + 44 plates (London 1957), according to which the plants of the Atlantic coasts (*Silene maritima*) are specifically distinct from *S. vulgaris* s.str., was chosen as the solution involving a minimum number of nomenclatural changes when account is taken of the fact that the binomial *S. uniflora* Roth 1794 antedates both *S. maritima* With. 1796 and *Behen vulgaris* Moench 1794. See A.O. Chater & S.M. Walters, Feddes Repert. 69 (Fl. Eur. Notulae Syst. 3): 47 (1964); Fl. Arct. URSS 1971: 93—94; Hegi 1979: 1097 (footnote). According to the typification by D. Aeschimann & G. Bocquet, Candollea 38: 209 (1983), *Cucubalus alpinus* Lam. 1786 also belongs here and this antedates all the other binomials in question. However, the corresponding combination in the genus *Silene*, *S. alpina* (Lam.) Thomas 1847, is not available because it is antedated by *S. alpina* Pallas 1776. — S. Ikonnikov, Nov. Syst. Pl. Vasc. (Leningrad) 12: 199 (1975), 13: 119—120 (1976).

Notes. Az, Br, Da, Fe, Ga, Hb, Hs, Is, Lu, No, Rs(N), Su. ''Coasts of W. Europe, from Açores and Spain to Murmansk'' (Fl. Eur., for *Silene vulgaris* subsp. *maritima*). Not present in Ge (not given in Fl. Eur.), although given by E. Hultén, Atlas of the distribution of vascular plants in northwestern Europe, 2nd ed., text to map 743 (Stockholm 1971).

Total range. Endemic to Europe (although not given as such in Fl. Eur.): E.M. Marsden-Jones & W.B. Turrill, The Bladder Campions, p. 22 (London 1957).

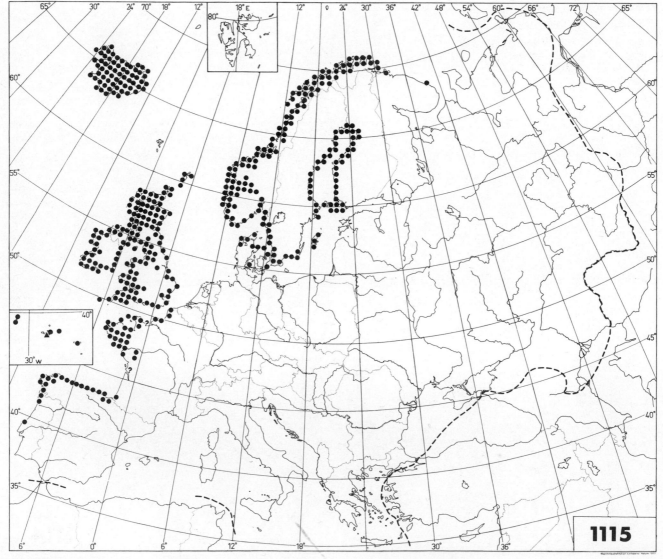

1115

● = **Silene uniflora** subsp. **uniflora**   ▲ = also ''subsp. **cratericola**''

S. uniflora subsp. **uniflora** — Map 1115.

Behen alpinus (Lam.) Guşuleac; Cucubalus alpinus Lam. (quoad typum); Oberna alpina (Lam.) Ikonn.; O. uniflora (Roth) Ikonn.; O. uniflora subsp. islandica (Á. Löve & D. Löve) Holub; Silene alpina (Lam.) Thomas, non Pallas; S. cucubalus subsp. alpina (Lam.) Dostál; Ş. inflata Sm. subsp. maritima (With.) Cajander; S. maritima With.; S. maritima subsp. alpina (Lam.) Nyman; S. maritima subsp. islandica Á. Löve & D. Löve; S. uniflora subsp. cratericola (Franco) Franco; S. vulgaris (Moench) Garcke subsp. alpina (Lam.) Schinz & Keller; S. vulgaris subsp. cratericola Franco; S. vulgaris subsp. maritima (With.) Á. Löve & D. Löve

Nomenclature. Á. Löve & D. Löve, Bot. Not. 114: 52 (1961); Nova Fl. Port. 1971: 550; J. Holub, Folia Geobot. Phytotax. (Praha) 12: 427 (1977); J. do Amaral Franco, Ann. Bot. Fennici 23: 91 (1986).

Taxonomy. Á. Löve, Bot. Not. 1950: 40 (1950); Á. Löve & D. Löve, Acta Horti Gothob. 20: 191 (1956); Nova Fl. Port. 1971: 145—146, 550. As the infraspecific variation of *Silene uniflora* as a whole is still insufficiently known, it seems safest to restrict the number of subspecies to the two recognized in Fl. Eur. The additional local (mainly inland) populations that show a certain degree of morphological and ecological differentiation from the bulk of *S. uniflora* subsp. *uniflora* include *S. maritima* subsp. *islandica* (*S. vulgaris* var. *islandica* (Á. Löve & D. Löve) Á. Löve & D. Löve; in Fl. Eur., in a comment under subsp. *maritima*), *S. maritima* var. *petraea* Fries (Su: Öland; see R. Sterner, Acta Phytogeogr. Suecica 9: 97 (1938)), and *S. uniflora* subsp. *cratericola* (*S. vulgaris* subsp. *cratericola*) (top of volcano on the island of Pico, Açores; see also E. Sjögren, Mem. Soc. Brot. 22: 146 (1973), as *S. vulgaris* subsp. *prostrata*).

Diploid with 2n = 24(Br, Fe, Ga, Is, Lu, No, Su): Fl. Eur.; Á. Löve & D. Löve, Acta Horti Gothob. 20: 183 (1956) (as *Silene maritima* subsp. *islandica*; exact localities not given); E.M. Marsden-Jones & W.B. Turrill, The Bladder Campions, p. 260 (London 1957) (as *S. maritima*); Á. Löve & D. Löve, Op. Bot. (Lund) 5: 367 (1961) (as *S. vulgaris* subsp. *maritima* var. *petraea*); Fernandes & Leitao 1971: 158, 167 (as *S. maritima*); E.A. Bari, New Phytol. 72: 835 (1973) (as *S. vulgaris* subsp. *maritima*); Engelskjön 1979: 17 (as *S. maritima*); T. Arohonka, Turun Yliop. Biol. Lait. Julk. 3: 10 (1982) (as *S. vulgaris* subsp. *maritima*).

Notes. Az, Br, Da, Fe, Ga, Hb, Hs, Is, Lu, No, Rs(N), Su. "Coasts of W. Europe, from Açores and Spain to Murmansk" (Fl. Eur., as *Silene vulgaris* subsp. *maritima*).

Total range. Apparently endemic to Europe, although given from Morocco by Á. Löve, Bot. Not. 1950: 39 (map) (1950) (rather incomplete in other details as well).

S. uniflora subsp. **thorei** (Duf.) Jalas — Map 1116.

Oberna thorei (Duf.) Holub; Silene cucubalus Wibel subsp. thorei (Duf.) Rouy & Fouc.; S. inflata Sm. subsp. thorei (Duf.) Coste; S. thorei Duf.; S. vulgaris (Moench) Garcke subsp. thorei (Duf.) Chater & Walters

Nomenclature. W. Greuter & T. Raus (eds.), Willdenowia 14 (Optima Leafl. 140): 48 (1984).

Diploid with 2n = 24(Ga): J. Delay, Inf. Ann. Caryosyst. Cytogénét. 5: 30 (1973) (as *Silene inflata* subsp. *thorei*).

Notes. Ga, Hs. "N. Spain and W. France, northwards to 45°30' N." (Fl. Eur.).

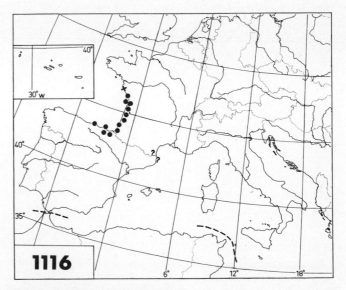

Silene uniflora subsp. **thorei**

Silene csereii Baumg. — Map 1117.

Behen csereii (Baumg.) Guşuleac; Behenantha csereii (Baumg.) Schur; Oberna csereii (Baumg.) Ikonn. Incl. Silene caliacrae Jordanov & P. Panov (Oberna caliacrae (Jordanov & P. Panov) Holub) and S. fabaria sensu Kotov, non (L.) Sibth. & Sm. (Behenantha crispata (Steven) Ikonn.; Oberna crispata (Steven) Ikonn.; Silene crispata Steven)

Taxonomy and nomenclature. D. Jordanov & P. Panov in Fl. Bulg. 3: 469—473, 593—594 (1966); S. Ikonnikov, Nov. Syst. Pl. Vasc. (Leningrad) 12: 198—199 (1975), 13: 119—120 (1976); J. Holub, Folia Geobot. Phytotax. (Praha) 12: 427 (1977); V. Melzheimer, Bot. Jahrb. 101: 164—167 (1980). The taxonomical status of the taxa included is in need of further study.

Diploid with 2n=24(Ge; see below): J. Damboldt & D. Phitos, Verh. Bot. Ver. Brandenb. 105: 45—46 (1968).

Notes. In Ge only as an unestablished alien (not mentioned in Fl. Eur.).

Silene fabaria (L.) Sibth. & Sm. — Map 1118.

Behenantha fabaria (L.) Ikonn.; Cucubalus fabarius L.; Oberna fabaria (L.) Raf.

Taxonomy and nomenclature. S. Ikonnikov, Nov. Syst. Pl. Vasc. (Leningrad) 12: 199 (1975); J. Holub, Folia Geobot. Phytotax. (Praha) 12: 427 (1977); V. Melzheimer, Bot. Jahrb. 101: 167—170 (1980).

Diploid with 2n=24(Gr): J. Damboldt & D. Phitos, Verh. Bot. Ver. Brandenb. 105: 45 (1968).

Notes. Cr added (not given in Fl. Eur.): W. Greuter & T. Raus (eds.), Willdenowia 14 (Optima Leafl. 140): 46 (1984). "Described from Sicily" (Fl. Turkey 1967: 214; not given from Si in Fl. Eur.). Given (? erroneously) from Rm in Fl. Turkey 1967: 214.

Total range. V. Melzheimer, Bot. Jahrb. 101: 184 (1980) (not endemic to Europe as stated in Fl. Eur.).

Silene thebana Orph. ex Boiss. — Map 1118.

Oberna thebana (Orph. ex Boiss.) Ikonn.

Taxonomy and nomenclature. S. Ikonnikov, Nov. Syst. Pl. Vasc. (Leningrad) 15: 149 (1979); V. Melzheimer, Bot. Jahrb. 101: 172—174 (1980). "Very doubtfully distinct from 58 [= *Silene fabaria*]" (Fl. Eur.).

Notes. Gr. "Described from C. Greece (Thivai)" (Fl. Eur., in a note under *Silene fabaria*).

Total range. Endemic to Europe.

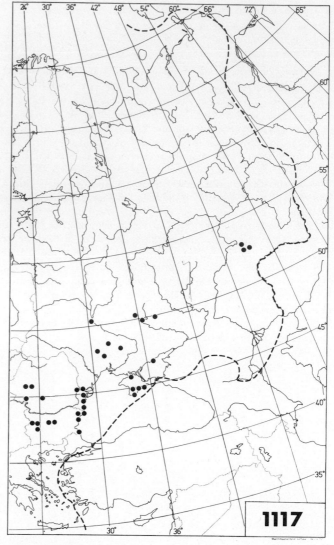

Silene csereii

1117

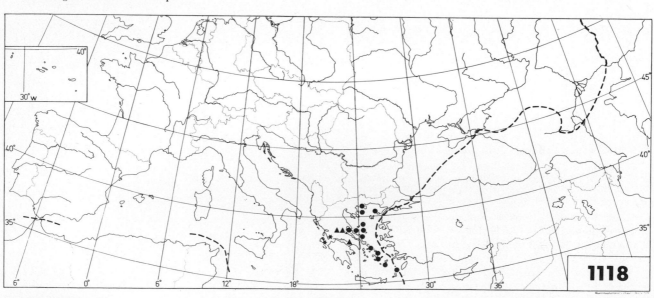

1118

● = **Silene fabaria**   ▲ = **S. thebana**   ★ = **S. ionica**

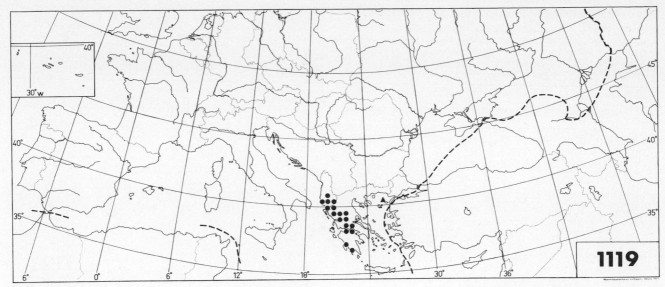

Silene caesia   ● = subsp. **caesia**   ▲ = subsp. **samothracica**

Silene ionica Halácsy — Map 1118.

Oberna ionica (Halácsy) Ikonn.

Taxonomy and nomenclature. S. Ikonnikov, Nov. Syst. Pl. Vasc. (Leningrad) 15: 148 (1979); V. Melzheimer, Bot. Jahrb. 101: 170—172 (1980). "Very doubtfully distinct from 58 [= *Silene fabaria*]" (Fl. Eur.).

Diploid with 2n=24(Gr): J. Damboldt & D. Phitos, Taxon 19: 265 (1970).

Notes. Gr. "Described from W. Greece (Kefallinia)" (Fl. Eur., in a note under *Silene fabaria*).

Total range. Endemic to Europe.

Silene caesia Sibth. & Sm. — Map 1119.

Oberna caesia (Sibth. & Sm.) Holub

Taxonomy and nomenclature. J. Holub, Folia Geobot. Phytotax. (Praha) 12: 427 (1977); V. Melzheimer, Bot. Jahrb. 101: 178—182 (1980).

Diploid with 2n=24(Gr): R. Franzén & L.-Å. Gustavsson, Willdenowia 13: 102 (1983).

Total range. Outside Europe, recorded from the island of Chios (given as endemic to Europe in Fl. Eur.): Fl. Turkey 1967: 214; V. Melzheimer, Bot. Jahrb. 101: 184 (1980).

S. caesia subsp. caesia — Map 1119.

Silene caesia var. pindica Halácsy

Notes. Al, Gr. "Greece and S. Albania" (Fl. Eur., for the species).

Total range. Endemic to Europe.

S. caesia subsp. samothracica (Rech. fil.) Melzh. — Map 1119.

Silene variegata (Desf.) Boiss. & Heldr. var. samothracica Rech. fil.

Taxonomy. V. Melzheimer, Bot. Jahrb. 101: 181—182 (1980).

Notes. Gr (the taxon not mentioned in Fl. Eur.).

Total range. V. Melzheimer, Bot. Jahrb. 101: 184 (1980).

Silene variegata (Desf.) Boiss. & Heldr. — Map 1120.

Lychnis variegata Desf.; Oberna variegata (Desf.) Holub. — Excl. Silene variegata var. samothracica Rech. fil.

Taxonomy and nomenclature. J. Holub, Folia Geobot. Phytotax. (Praha) 12: 427 (1977); V. Melzheimer, Bot. Jahrb. 101: 182—185 (1980).

Diploid with 2n=24(Cr): B. de Montmollin, Bull. Soc. Neuchâtel. Sci. Nat. 105: 68 (1982).

Notes. Gr omitted (given in Fl. Eur.), the Samothraki plant having been transferred, as a distinct subspecies, to *Silene caesia*: V. Melzheimer, Bot. Jahrb. 101: 181—182 (1980).

Total range. Endemic to Kriti.

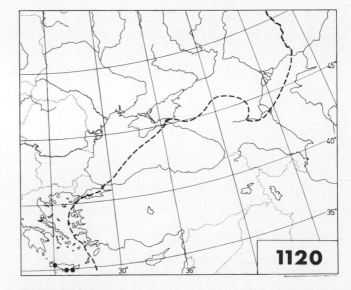

Silene variegata

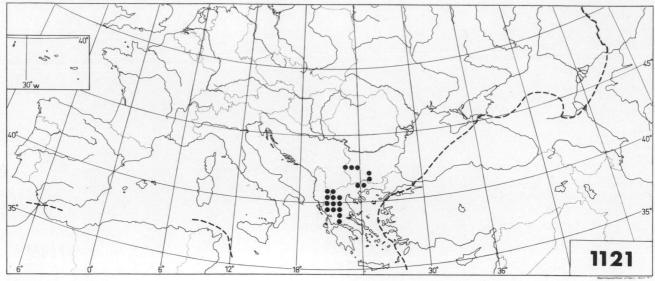

Silene fabarioides

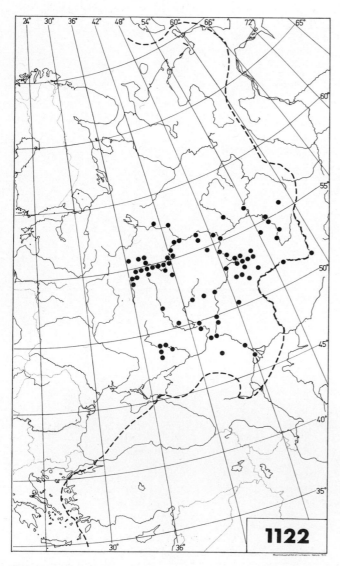

Silene procumbens

Silene fabarioides Hausskn. — Map 1121.

Oberna fabarioides (Hausskn.) Holub

Taxonomy and nomenclature. J. Holub, Folia Geobot. Phytotax. (Praha) 12: 427 (1977); V. Melzheimer, Bot. Jahrb. 101: 174—178 (1980).

Notes. Ju not confirmed (?Ju in Fl. Eur.).
Total range. Endemic to Europe.

Silene procumbens Murray — Map 1122.

Oberna procumbens (Murray) Ikonn.

Nomenclature. S. Ikonnikov, Nov. Syst. Pl. Vasc. (Leningrad) 13: 119—120 (1976).

Silene flavescens Waldst. & Kit. — Map 1123.

Silene subcorymbosa Adamović

Diploid with 2n=24(Bu, Ju): V. Melzheimer, Candollea 29: 339 (1974); A.V. Petrova, Taxon 24: 511 (1975).

Notes. Gr confirmed (as given in Fl. Eur.), although several earlier Greek records refer to *Silene thessalonica*: Melzheimer 1977: 46; A. Strid & K. Papanicolaou, Nordic Jour. Bot. 1: 68 (1981).

Total range. Endemic to Europe.

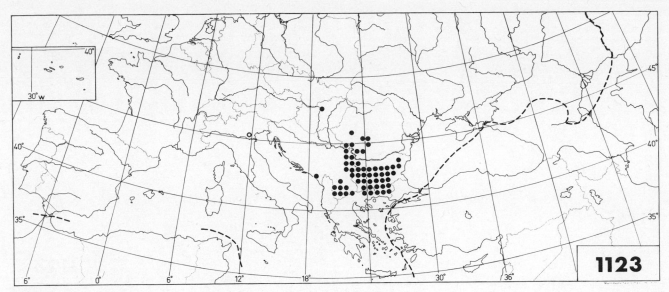

Silene flavescens

Silene thessalonica Boiss. & Heldr. — Map 1124.

Silene dictaea Rech. fil.; S. flavescens auct. non Waldst. & Kit.

Taxonomy. "... may merit subspecific rank [under *Silene flavescens*]" (Fl. Eur.); Melzheimer 1977: 43—47.
Notes. Al, Cr, Gr. "Balkan peninsula" (Fl. Eur.). See under *Silene flavescens*. Al in accordance with G. Ubrizsy & A. Pénzes, Acta Bot. Acad. Sci. Hung. 6: 157 (1960) (as *Silene flavescens* var. *thessalonica*).

S. thessalonica subsp. thessalonica — Map 1124.

Silene flavescens Waldst. & Kit. var. athoa Bornm.; S. flavescens var. thessalonica (Boiss. & Heldr.) Halácsy

Diploid with 2n=24(Gr): K. Papanicolaou, Taxon 33: 130 (1984).
Notes. Al, Gr.
Total range. Melzheimer 1977: 17.

S. thessalonica subsp. dictaea (Rech. fil.) Melzh. — Map 1124.

Silene dictaea Rech. fil.

Taxonomy. W. Greuter, Ann. Mus. Goulandris 1: 33 (1973); Melzheimer 1977: 45—57.
Notes. Cr. "Mountains of E. Kriti" (Fl. Eur., as *Silene dictaea*).
Total range. Endemic to Kriti.

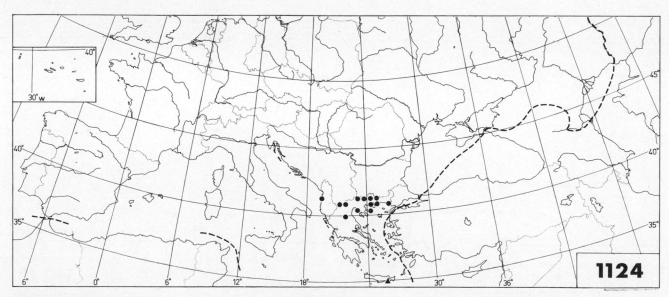

Silene thessalonica   • = subsp. **thessalonica**   ▲ = subsp. **dictaea**

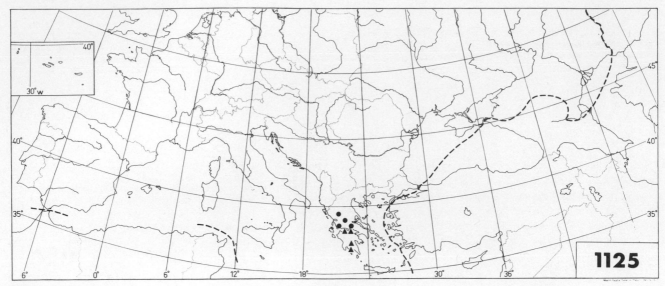

Silene congesta   ● = subsp. **congesta**   ▲ = subsp. **moreana**

Silene congesta Sibth. & Sm. — Map 1125.

    Silene delphica Boiss.

    Taxonomy. J. Damboldt & D. Phitos, Österr. Bot. Zeitschr. 118: 348 (1970); Melzheimer 1977: 47—50.

    Diploid with 2n=24(Gr): A. Strid, Taxon 29: 709 (1980).

    Total range. Endemic to Europe.

S. congesta subsp. **congesta** — Map 1125.

    Notes. Gr. "Mountains of Greece" (Fl. Eur., for the species).

S. congesta subsp. **moreana** Melzh. — Map 1125.

    Notes. Gr (the taxon not mentioned in Fl. Eur.).

Silene adelphiae Runemark — Map 1126.

    Taxonomy. H. Runemark in W. Greuter & T. Raus (eds.), Willdenowia 14 (Optima Leafl. 140): 45 (1984).

    Notes. Gr (the taxon not mentioned in Fl. Eur.).

    Total range. Endemic to three islets of the Kikladhes islands.

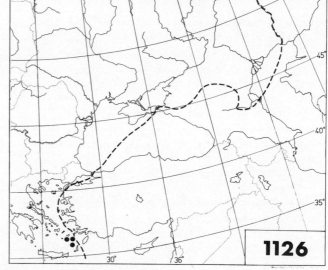

Silene adelphiae

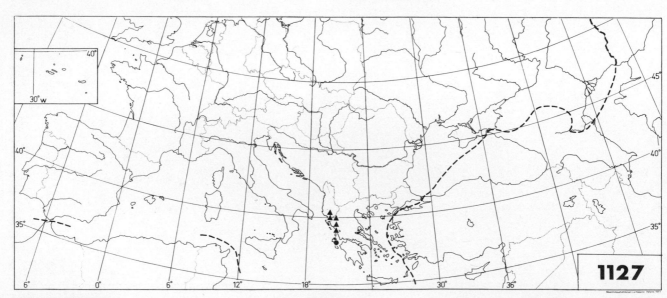

Silene cephallenia   ● = subsp. **cephallenia**   ▲ = subsp. **epirotica**

Silene cephallenia Heldr. — Map 1127.

Taxonomy. J. Damboldt & D. Phitos, Österr. Bot. Zeitschr. 118: 342—348 (1970); Melzheimer 1977: 50—53. Placed in Fl. Eur., together with *Silene paeoniensis* Bornm., next to *S. falcata* Sibth. & Sm.

Diploid with 2n=24(Gr): J. Damboldt & D. Phitos, Taxon 19: 265 (1970).

Total range. Endemic to Europe.

S. cephallenia subsp. cephallenia — Map 1127.

Silene linifolia Sibth. & Sm. subsp. cephallenia (Heldr.) Maire & Petitmengin

Notes. Gr.

Total range. Endemic to the isle of Kefallinia.

S. cephallenia subsp. epirotica Melzh. — Map 1127.

Notes. Al, Gr (the taxon not mentioned in Fl. Eur.).

Silene paeoniensis Bornm. — Map 1128.

Taxonomy. See under *Silene cephallenia.* Melzheimer 1977: 53—54, 57.

Notes. Ju. "Described from S.W. Jugoslavia (near Veles)" (Fl. Eur., in a comment under *Silene cephallenia*).

Total range. Endemic to Europe.

Silene vallesia L. — Map 1129.

Silene graminea Vis. ex Reichenb.

Taxonomy. Küpfer 1974: 113—117.

Total range. Endemic to Europe.

S. vallesia subsp. vallesia — Map 1129.

Diploid with 2n=24(Ga) and *tetraploid* with 2n=48(Ga, He, It): Küpfer 1974: 114 (as *Silene vallesia*).

Notes. Ga, He, It. "Alps to Appennini" (Fl. Eur.).

S. vallesia subsp. graminea (Vis. ex Reichenb.) Nyman — Map 1129.

Silene graminea Vis. ex Reichenb.

Nomenclature. Author's citation corrected.

Diploid with 2n=24(It) and *tetraploid* with 2n=48(Ga): Küpfer 1974: 114 (as *Silene graminea*).

Notes. Al, Ga, It, Ju. "Mountains of Jugoslavia and Albania; also in N.W. Italy (Piemont) and S. France (Dauphiné, Provence)" (Fl. Eur.).

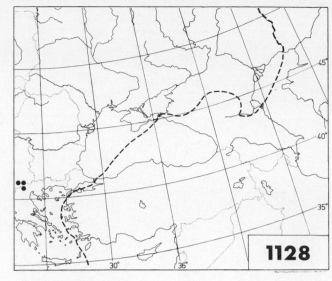

Silene paeoniensis

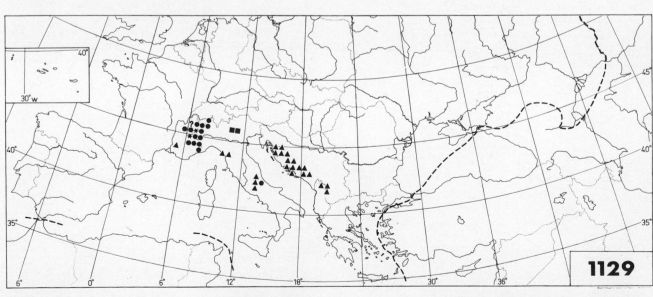

Silene vallesia

● = subsp. **vallesia**   ★ = subsp. **vallesia** + subsp. **graminea**

▲ = subsp. **graminea**   ■ = subspecies not known

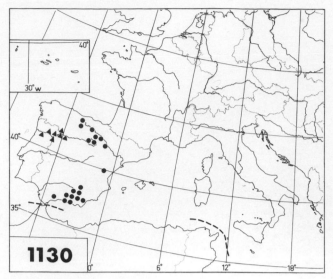

Silene boryi subsp. **boryi**
▲ = "subsp. **duriensis**"

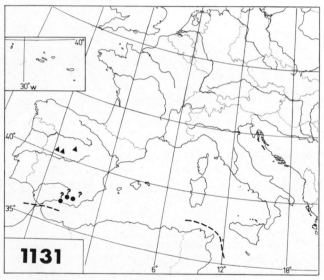

● = **Silene boryi** subsp. **tejedensis**
▲ = **S. boryi** subsp. **penyalarensis**

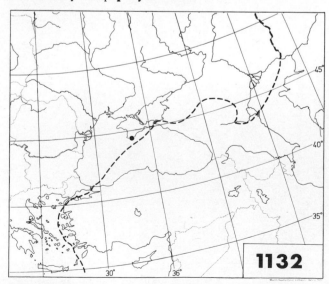

Silene jailensis

Silene boryi Boiss.

Silene duriensis Samp.; S. tejedensis Boiss.

Taxonomy. Küpfer 1974: 113—121; A.M. Romo, Folia Bot. Misc. (Barcelona) 3: 59—65 (1982). In Fl. Eur., *Silene boryi* was treated as an undivided entity, with a note on its var. *tejedensis,* and another local race, subsp. *penyalarensis,* was recognized in Küpfer 1974: 114. In contrast, A.M. Romo, loc. cit., split the Iberian material into no less than five subspecies, subsp. *boryi,* subsp. *barduliensis,* subsp. *duriensis,* subsp. *penyalarensis* and subsp. *tejedensis,* some of which are only weakly differentiated. We, like S. Rivas Martínez, An. Inst. Bot. Cavanilles 21: 214 (1963), tentatively propose a system with three taxa, representing two morphological extremes and a more variable type subspecies.

Total range. Küpfer 1974: 119; Hegi 1979: 1104.

S. boryi subsp. boryi — Map 1130.

Silene boryi subsp. barduliensis Romo; S. boryi race duriensis Samp.; S. boryi subsp. duriensis (Samp.) Coutinho; S. duriensis (Samp.) Samp.; S. vallesia L. subsp. boryi (Boiss.) Sagredo & Malagarriga

Nomenclature. R. Malagarriga, Nuevas comb. subespec. prov. de Almeria, p. 11 (Barcelona 1974).

Diploid to hexaploid, with 2n=24, 48 and 72 (all Hs): Küpfer 1974: 114, 119; P. Küpfer, Biol.-Ecol. Médit. 7: 38—39 (1980); C. Favarger et al., Naturalia Monspel., sér. Bot. 29: 25, 43 (1980 (''1979'')); E. Rico et al., An. Jardín Bot. Madrid 38: 265 (1981) (2n=24 for *Silene boryi* subsp. *duriensis).*

Notes. Hs, Lu. "S. Spain; N. Portugal" (Fl. Eur., for the species). Material referred to *Silene boryi* subsp. *duriensis* has been given a special symbol on the map.

S. boryi subsp. tejedensis (Boiss.) Rivas Martínez — Map 1131.

Silene boryi var. tejedensis (Boiss.) Willk.; S. tejedensis Boiss.

Nomenclature. S. Rivas Martínez, Publ. Inst. Biol. Aplic. 42: 114 (1967).

Diploid with 2n=24(Hs): Küpfer 1974: 114 (the Sierra Tejeda material under *Silene boryi* subsp. *boryi).*

Notes. Hs. "S. Spain (Sierra Tejeda)" (Fl. Eur., on var. *tejedensis* in a comment under *Silene boryi).*

Total range. Endemic to Europe. See R. Maire, Fl. Afr. Nord 10: 141—142 (1963); concerning closely related plants of Iran, see V. Melzheimer, Pl. Syst. Evol. 150: 311 (1985).

S. boryi subsp. penyalarensis (Pau) Rivas Martínez — Map 1131.

Silene boryi var. penyalarensis Pau

Nomenclature. S. Rivas Martínez, An. Inst. Bot. Cavanilles 21: 214 (1963).

Tetraploid with 2n=48(Hs): Küpfer 1974: 114.

Notes. Hs (the taxon not mentioned in Fl. Eur.).

Total range. Endemic to Europe.

Silene jailensis Rubtsev — Map 1132.

Taxonomy. N.I. Rubtsev, Bjull. Gosudarstv. Nikitsk. Bot. Sada 2(24): 5—8 (1974).

Notes. Rs(K) (the species not mentioned in Fl. Eur.).

Total range. Endemic to Europe.

Silene repens Patrin — Map 1133.

Cucubalus congestus Willd. ex Cham. & Schlecht.; Silene purpurata Greene

Diploid with 2n = 24(Rs(N)): Á Löve & D. Löve, Taxon 24: 506 (1975).

Notes. Rs(N) added (not given in Fl. Eur.): Fl. Arct. URSS 1971: 95 (map 42).

Total range. Hultén Alaska 1968: 442.

Silene succulenta Forskål — Map 1134.

Silene corsica DC.

Notes. † Ga added (not given in Fl. Eur. or in Fl. France 1973): P. Fournier, Les Quatre Fl. France, p. 326 (Paris 1961); Med-Checklist 1984: 276.

S. succulenta subsp. succulenta — Map 1134.

Notes. Cr.

S. succulenta subsp. corsica (DC.) Nyman — Map 1134.

Silene corsica DC.; S. succulenta var. corsica (DC.) Willk.; S. succulenta var. minor Moris

Diploid with 2n = 24(Co, Sa): Contandriopoulos 1962: 92, 125 (as *Silene succulenta* var. *minor*); A. Scrugli et al., Inf. Bot. Ital. 6: 312 (1974) (as *S. corsica*).

Notes. Co, †Ga, Sa (in Fl. Eur., the subspecies mentioned in a comment under the undivided succulenta).

Total range. Endemic to Europe.

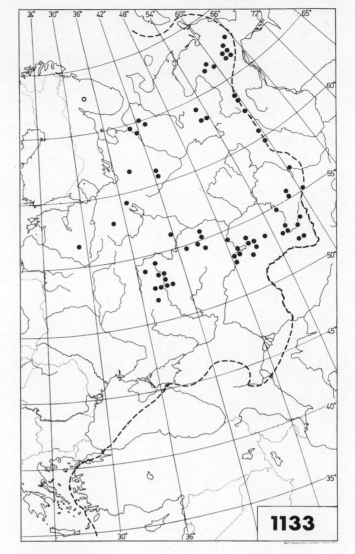

Silene repens

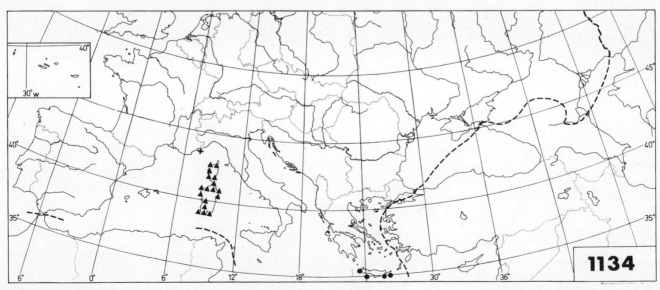

Silene succulenta   ● = subsp. **succulenta**   ▲ = subsp. **corsica**

70

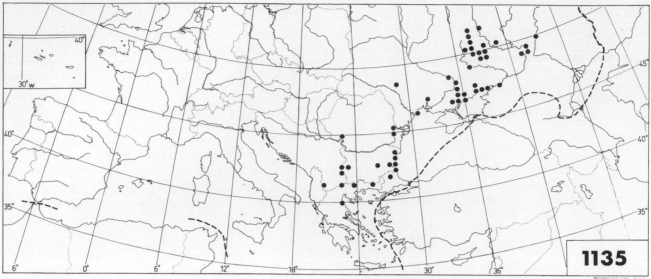

Silene supina

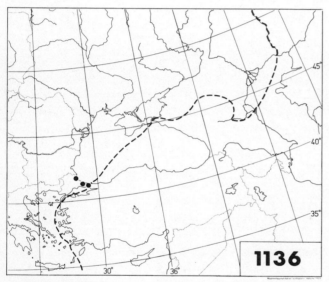

Silene sangaria

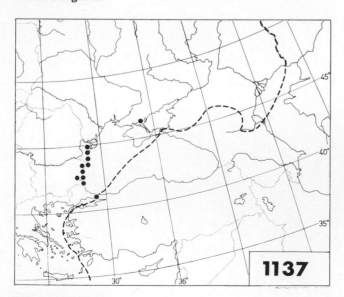

Silene thymifolia

Silene supina Bieb. — Map 1135.

Incl. Silene spergulifolia (Willd.) Bieb. (Cucubalus spergulifolius Willd.; Silene armeniaca Rohrb.; S. brotherana Sommier & Levier)

Taxonomy and nomenclature. V. Melzheimer & W. Greuter, Willdenowia 8: 619—622 (1979); A. Strid & K. Papanicolaou, Nordic Jour. Bot. 1: 68—69 (1981); V. Melzheimer in Mountain Fl. Greece 1986: 153.

Diploid and tetraploid. 2n=24(Rm): Fl. Eur. — 2n=48(Bu): A.V. Petrova, Taxon 24: 510 (1975).

Notes. Gr and Ju added (not given in Fl. Eur.): Mountain Fl. Greece 1986: 153. Rs(K) omitted (given in Fl. Eur.): not recorded in Rubtsev 1972. For Tu (given in Fl. Eur.), see A. Baytop, Jour. Fac. Pharm. Istanbul 17: 52 (1981).

Silene sangaria Coode & Cullen — Map 1136.

Taxonomy. M.J.E. Coode & J. Cullen, Notes Royal Bot. Garden Edinburgh 28: 2 (1967).

Notes. Tu (the species not mentioned in Fl. Eur.): Fl. Turkey 1967: 209.

Silene thymifolia Sibth. & Sm. — Map 1137.

Silene pontica Brandza (S. thymifolia subsp. pontica (Brandza) Prodan)

Taxonomy. D. Ivan, Acta Bot. Horti Bucurest. 1970—71: 515—518 (1972); A. Strid & K. Papanicolaou, Nordic Jour. Bot. 1: 69 (1981).

Tetraploid with 2n=48(Rm): Fl. Eur.

Notes. Mentioned from "Greece" in Fl. Turkey 1967: 210 (not given in Fl. Eur. or Med-Checklist 1984). Rs(W) added (not given in Fl. Eur.): D. Ivan, Acta Bot. Horti Bucurest. 1970—71: 517 (1972).

71

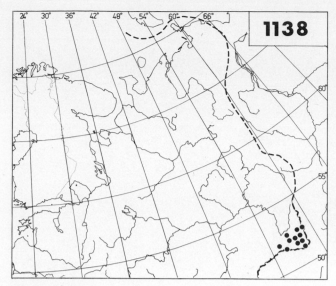

Silene altaica

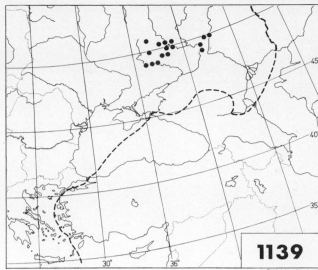

Silene cretacea

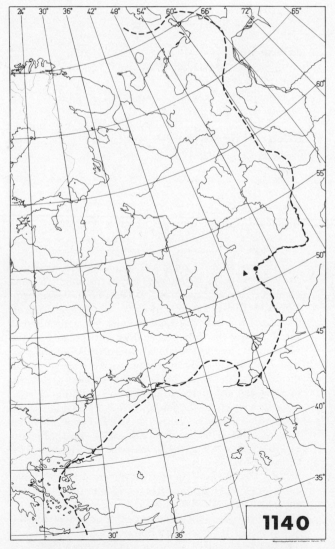

Silene altaica Pers. — Map 1138.

Notes. The range in the S. Ural area mapped by P.L. Gorchakovsky & E.A. Shurova, Redkie i ischezayusshchie rasteniya Urala i Priural'ya, p. 98 (Moskva 1982).

Silene cretacea Fischer ex Sprengel — Map 1139.

Notes. Rs(W) added (not given in Fl. Eur.): Kotov, Fl. RSS Ucr. 4: 540 (1952).

Total range. Endemic to Europe.

Silene suffrutescens Bieb. — Map 1140.

Silene taliewii Kleopow — Map 1140.

Silene linifolia Sibth. & Sm. — Map 1141.

Silene ceccariniana Boiss. & Heldr.; S. linoides Otth

Taxonomy. Melzheimer 1977: 63—64.

Diploid with 2n = 24(Gr): V. Melzheimer, Candollea 29: 339 (1974).

Total range. Endemic to Europe.

● = **Silene suffrutescens**   ▲ = **S. taliewii**

Silene linifolia

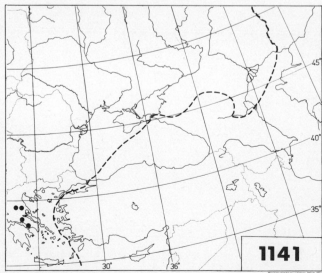

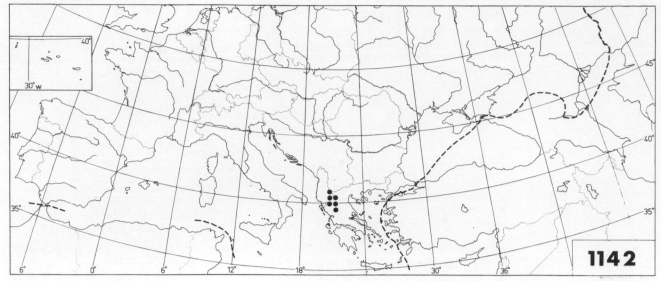

Silene schwarzenbergeri

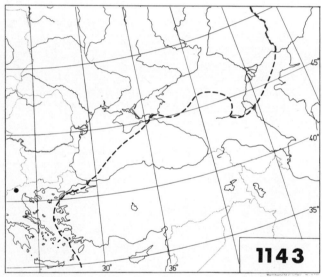

Silene horvatii

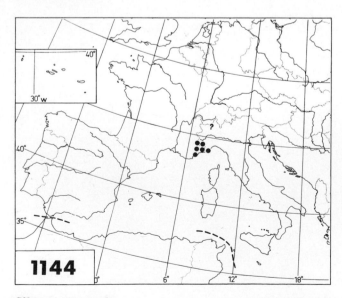

Silene campanula

Silene schwarzenbergeri Halácsy — Map 1142.
Diploid with 2n = 24(Gr): V. Melzheimer, Pl. Syst. Evol. 130: 204 (1978).
Total range. Endemic to Europe.

Silene horvatii Micevski — Map 1143.
Taxonomy. K. Micevski, Fragm. Balc. Mus. Maced. Sci. Nat. 10: 32—34 (1977).
Notes. Ju (the taxon not mentioned in Fl. Eur.).
Total range. Endemic to Europe.

Silene campanula Pers. — Map 1144.
Total range. Endemic to Europe.

Silene saxifraga L., s. lato — Map 1145.
Silene balcanica + S. conglomeratica + S. dirphya + S. fruticulosa + S. hayekiana + S. parnassica + S. saxifraga s. stricto + S. stojanovii + S. taygetea + S. velcevii

Taxonomy. In its taxonomical contents this corresponds to the species *Silene saxifraga* in Fl. Eur. (including the taxa mentioned in the notes under it). The species concept applied in Fl. Eur. is thus remarkably wide. At the moment, the use of a number of smaller units, all at the level of species, seems the only practical way of coping with the taxonomical and geobotanical heterogeneity of the concept. Later it may prove more appropriate to treat some of the units as subspecies. These smaller species (*S. balcanica* to *S. velcevii*) are presented in alphabetical order after *S. saxifraga* s. stricto. — D. Jordanov & P. Panov in Fl. Bulg. 1966: 481—483, 487—488, 594—595; P. Panov, Comptes Rendus Acad. Bulg. Sci. 26: 1228—1230 (1973); Pignatti Fl. 1982: 248—249; V. Melzheimer in Mountain Fl. Greece 1986: 154.
Notes. Co, Ho and Hu omitted (given in Fl. Eur.): not given for Co in Fl. France 1973 or in Pignatti Fl. 1982, not given for Hu in Soó Synopsis 1970.
Total range. Endemic to Europe (Fl. Eur.). However, the S.W. Anatolian *Silene oreades* Boiss. & Heldr. "should possibly also be included ...": Mountain Fl. Greece 1986: 154; included in Med-Checklist 1984: 273—274.

Silene saxifraga L., s. stricto — Map 1146.

Silene petraea Waldst. & Kit. (S. saxifraga subsp. petraea (Waldst. & Kit.) Guşuleac). — Excl. Silene balcanica (Urum.) Hayek, S. fruticulosa Sieber ex Otth, S. hayekiana Hand.-Mazz. & Janchen, S. parnassica Boiss. & Spruner, S. smithii (Ser.) Boiss. & Heldr. and S. taygetea Halácsy ex Vierh.

Taxonomy. The Sicilian *Silene saxifraga* var. *lojaconi* Lacaita perhaps deserves subspecific rank; see Pignatti Fl. 1982: 249.

Diploid with 2n=24(Ga, Hs, It, Ju): S. Puech, Naturalia Monspel., sér. Bot. 19: 121—122 (1968); C. Favarger & P. Küpfer, Collect. Bot. 7: 353 (1968); J.C. van Loon et al., Acta Bot. Neerl. 20: 158 (1971); Küpfer 1974: 24; V. Melzheimer, Candollea 29: 339 (1974); Á. Löve & D. Löve, Taxon 31: 584 (1982).

Notes. Al, Au, Bu, Ga, Gr, He, Hs, It, Ju, Rm, Si. See also under *Silene saxifraga* s. lato. Cr omitted (given in Fl. Eur.), as a result of the exclusion of *S. fruticulosa*; see below.

Total range. Endemic to Europe.

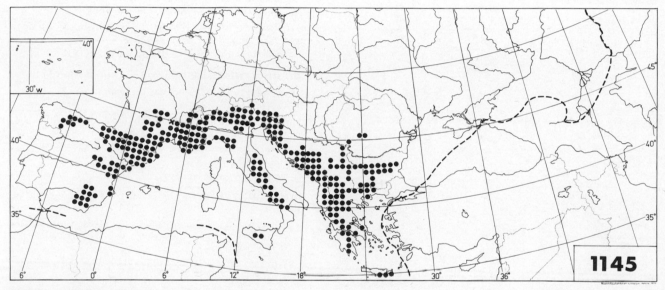

Silene saxifraga sensu lato

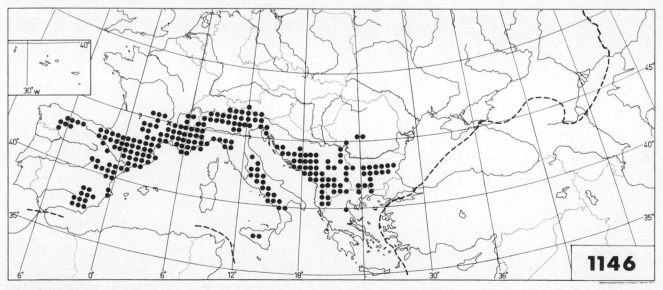

Silene saxifraga sensu stricto

74

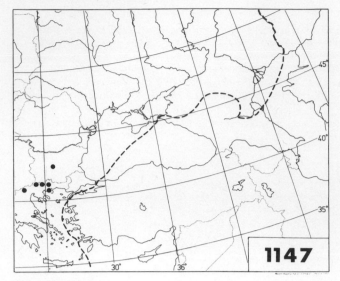

Silene balcanica

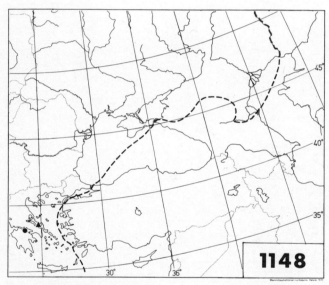

● = Silene conglomeratica   ▲ = S. dirphya

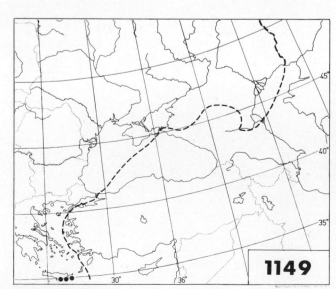

Silene fruticulosa

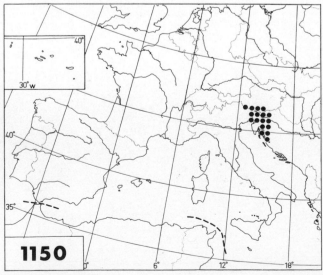

Silene hayekiana

Silene balcanica (Urum.) Hayek — Map 1147.

Silene saxifraga subsp. balcanica Urum.

Taxonomy. Mountain Fl. Greece 1986: 155.

Diploid with 2n=24(Gr): K. Papanicolaou, Taxon 33: 130 (1984).

Notes. Bu, Gr, Ju. "Bulgaria and Macedonia" (Fl. Eur., in a comment under *Silene saxifraga*).

Total range. Endemic to Europe.

Silene conglomeratica Melzh. — Map 1148.

Taxonomy. V. Melzheimer, Willdenowia 13: 123—127 (1983).

Notes. Gr (the taxon not mentioned in Fl. Eur.).

Total range. Endemic to Europe.

Silene dirphya Greuter & Burdet — Map 1148.

Saponaria caespitosa Sibth. & Sm., non DC.; S. smithii Ser.; Silene saxifraga L. var. smithii (Ser.) Rohrb.; S. smithii (Ser.) Boiss. & Heldr., non J.F. Gmelin

Taxonomy and nomenclature. W. Greuter & H.M. Burdet, Willdenowia 13 (Optima Leafl. 136): 281 (1983); V. Melzheimer in Mountain Fl. Greece 1986: 157.

Notes. Gr. "Greece (Evvoia)" (Fl. Eur., in a comment under *Silene saxifraga*, as *S. smithii*).

Total range. Endemic to the island of Evvia.

Silene fruticulosa Sieber ex Otth — Map 1149.

Taxonomy. V. Melzheimer in Mountain Fl. Greece 1986: 155—156.

Diploid with 2n=24(Cr): B. de Montmollin, Bull. Soc. Neuchâtel. Sci. Nat. 105: 68, 71 (1982).

Notes. Cr (the species given in the synonymy of *Silene saxifraga* in Fl. Eur.).

Total range. Endemic to Kriti.

Silene hayekiana Hand.-Mazz. & Janchen —Map 1150.

Silene saxifraga L. subsp. hayekiana (Hand.-Mazz. & Janchen) Graebner; S. saxifraga var. hayekiana (Hand.-Mazz. & Janchen) Hayek

Taxonomy. Hegi 1979: 1106—1109; Pignatti Fl. 1982: 249.

Notes. Au, It, Ju (in Fl. Eur., given in the synonymy of *Silene saxifraga*).

Total range. Endemic to Europe.

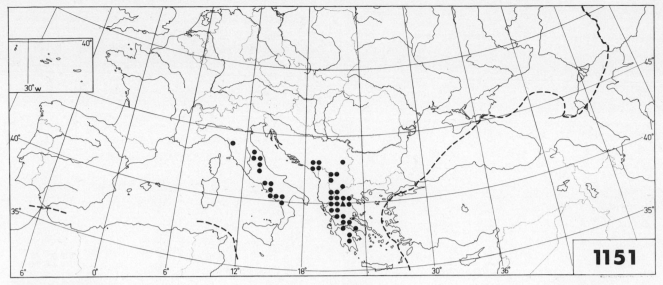

Silene parnassica ● = subsp. **parnassica** ▲ = subsp. **vourinensis**

Silene parnassica Boiss. & Spruner — Map 1151.

Silene fruticulosa sensu Boiss. non Sieber ex Otth

Taxonomy. V. Melzheimer in Mountain Fl. Greece 1986: 156—157.

Diploid with 2n=24(Gr, It): C. Favarger, Acta Bot. Acad. Sci. Hung. 19: 82 (1973) (as *Silene saxifraga* var. *parnassica*); R. Franzén & L.-Å. Gustavsson, Willdenowia 13: 102 (1983).

Notes. Al, Gr, It, Ju. "... described from mountains in Greece and known also from S. Albania and Italy (Appennini)" (Fl. Eur., under *Silene saxifraga*). No data available from Al. Listed from Ju in Med-Checklist 1984: 274.

Total range. Endemic to Europe.

S. parnassica subsp. parnassica — Map 1151.

Silene saxifraga L. subsp. parnassica (Boiss. & Spruner) Hayek

Notes. Al, Gr, It, Ju.

S. parnassica subsp. vourinensis Greuter — Map 1151.

Taxonomy. W. Greuter, Willdenowia 14 (Optima Leafl. 140): 47 (1984).

Notes. Gr (the taxon not mentioned in Fl. Eur.).

Silene stojanovii P. Panov — Map 1152.

Silene saxifraga L. var. pirinica Stoj. & Acht.

Taxonomy. P. Panov, Comptes Rendus Acad. Bulg. Sci. 26: 1229—1230 (1973).

Diploid with 2n=24(Bu): N. Andreev, Taxon 30: 74 (1981) (as *Silene saxifraga* var. *pirinica*).

Notes. Bu (the taxon not mentioned in Fl. Eur.).

Total range. Endemic to Europe.

Silene taygetea Halácsy ex Vierh. — Map 1153.

Silene fruticulosa Sieber ex Otth subsp. taygetea (Halácsy ex Vierh.) Hayek

Taxonomy. Mountain Fl. Greece 1986: 155.

Notes. Gr (the taxon given in the synonymy of *Silene saxifraga* in Fl. Eur.).

Total range. Endemic to Europe.

Silene velcevii Jordanov & P. Panov — Map 1153.

Taxonomy. D. Jordanov & P. Panov in Fl. Bulg. 1966: 483, 487—488, 594—595.

Notes. Bu (the taxon not mentioned in Fl. Eur.).

Total range. Endemic to Europe.

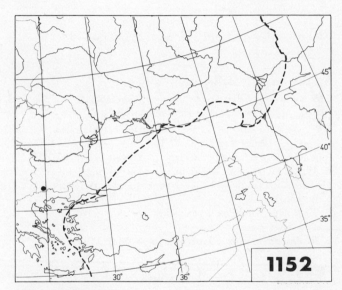

Silene stojanovii

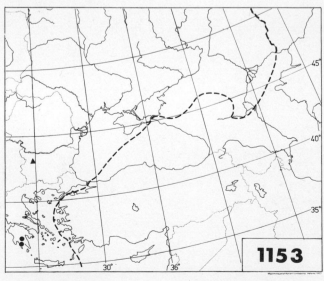

● = **Silene taygetea** ▲ = **S. velcevii**

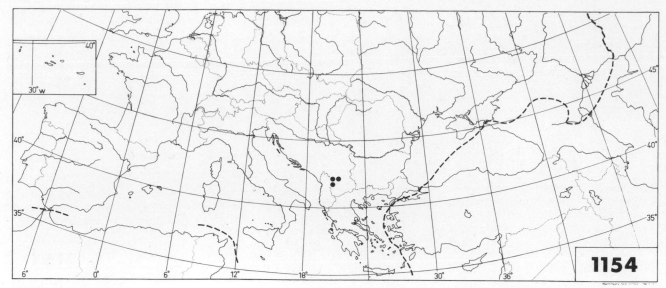

Silene schmuckeri

Silene schmuckeri Wettst. — Map 1154.

Total range. Endemic to Europe.

Silene multicaulis Guss.

Silene genistifolia Halácsy; S. inaperta sensu Sibth. & Sm., non L.; S. serbica Adamović & Vierh.; S. stenocalycina Rech. fil.

Taxonomy. Melzheimer 1977: 59—63; Mountain Fl. Greece 1986: 158—159.

Diploid with 2n=24(Gr): V. Melzheimer, Candollea 29: 339 (1974).

Notes. Co omitted (given in Fl. Eur.): W. Greuter & T. Raus (eds.), Willdenowia 13 (Optima Leafl. 136): 281 (1983). Cr added (not given in Fl. Eur.): V. Melzheimer, Phyton (Austria) 21: 131—136 (1981) (as *Silene multicaulis* subsp. *cretica* Melzh.). According to W. Greuter et al., Willdenowia 14 (Optima Leafl. 139): 33 (1984), it is doubtful whether *S. multicaulis* subsp. *cretica* can be distinguished from *S. fruticulosa*; consequently, the plant is not formally included here as a subspecies, but is given a special symbol n the map.

Total range. Endemic to Europe.

S. multicaulis subsp. multicaulis — Map 1155.

Silene multicaulis (Guss.) Fiori

Notes. Al, Gr, It, Ju. "Mountains of Balkan peninsula, Italy and Corse" (Fl. Eur., for the species).

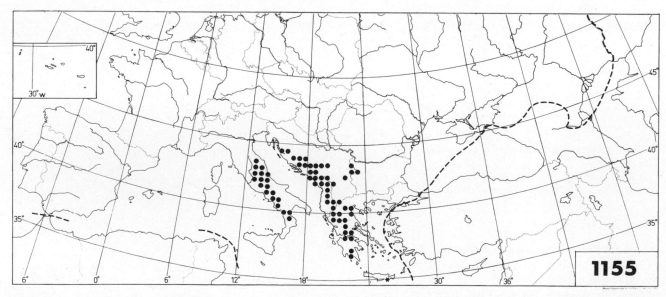

Silene multicaulis subsp. **multicaulis**   ▲ = "subsp. **cretica**"

S. multicaulis subsp. **sporadum** (Halácsy) Greuter & Burdet — Map 1156.

Silene genistifolia Halácsy; S. linifolia Sibth. & Sm. var. sporadum Halácsy; S. linifolia subsp. sporadum (Halácsy) Phitos; S. multicaulis subsp. genistifolia (Halácsy) Melzh.

Taxonomy and nomenclature. D. Phitos, Phyton (Austria) 12: 114 (1967); Melzheimer 1977: 59—63; W. Greuter & T. Raus (eds.), Willdenowia 12 (Optima Leafl. 127): 190 (1982).

Diploid with 2n=24(Gr): K. Papanicolaou, Taxon 33: 130 (1984) (as *Silene multicaulis* subsp. *genistifolia*).

Notes. Gr. "N. Greece (Athos)" (Fl. Eur., as *Silene genistifolia,* in a note under *S. multicaulis*).

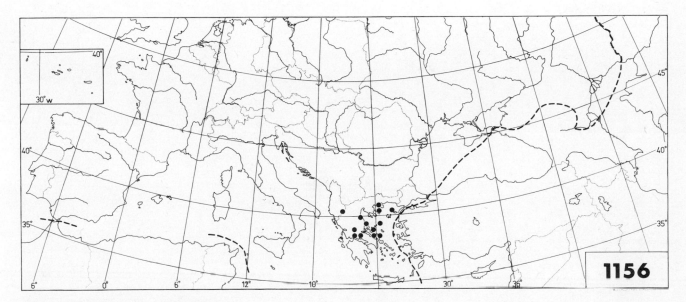

Silene multicaulis subsp. **sporadum**

S. multicaulis subsp. **stenocalycina** (Rech. fil.) Melzh. — Map 1157.

Silene stenocalycina Rech. fil.

Taxonomy. Melzheimer 1977: 60—63.

Diploid with 2n=24(Gr): J. Damboldt & D. Phitos, Verh. Bot. Ver. Brandenb. 105: 45 (1968).

Notes. Gr. "... described from E. Greece (N. Evvoia)" (Fl. Eur., as species in a comment under *Silene multicaulis*).

Total range. Endemic to the island of Evvia.

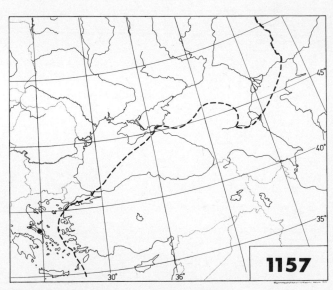

Silene multicaulis subsp. **stenocalycina**

78

Silene waldsteinii Griseb. — Map 1158.

Silene clavata (Hampe) Rohrb., non Moench; S. saxifraga L. var. clavata Hampe. Incl. Silene macropoda Velen.

Taxonomy. Silene regis-ferdinandii Degen & Urum., mentioned in Fl. Eur. in a note under *S. waldsteinii*, is considered synonymous with *S. bupleuroides* L. subsp. *staticifolia* (Sibth. & Sm.) Chowdhuri.

Tetraploid with 2n=48(Bu): M. Petrova, Taxon 24: 511 (1975).

Total range. Endemic to Europe.

Silene pindicola Hausskn. — Map 1159.

Taxonomy. "Closely related to *S[ilene] parnassica* ..., and possibly only a serpentine race of the latter": V. Melzheimer in Mountain Fl. Greece 1986: 157.

Diploid with 2n=24(Gr): K. Papanicolaou, Taxon 33: 130 (1984).

Notes. Al added (not given in Fl. Eur.).

Total range. Endemic to Europe.

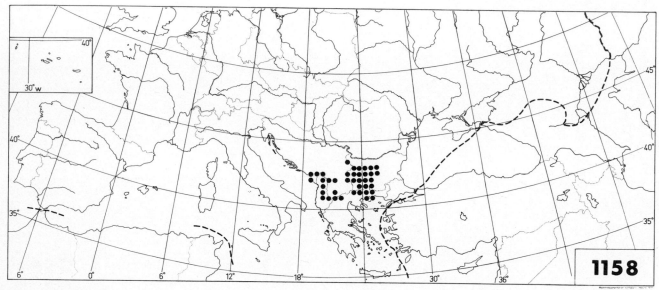

Silene waldsteinii

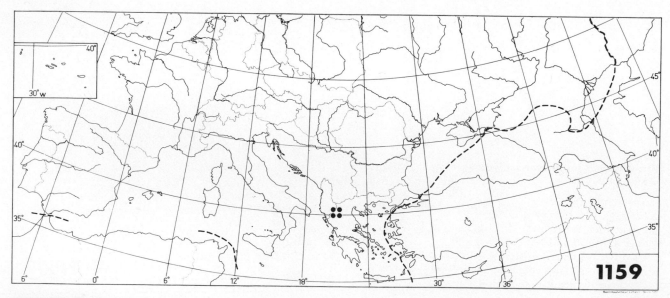

Silene pindicola

Silene dionysii Stoj. & Jordanov — Map 1160.

Taxonomy. N. Stojanov & D. Jordanov, Jahrb. Univ. Sofia, Phys.-Mat. Fak. 34(3): 175 (1938); A. Strid, Bull. Hellenic Soc. Protection Nature 5(19—20): 44 (1979); V. Melzheimer in Mountain Fl. Greece 1986: 160—162.

Diploid with 2n=24(Gr): A. Strid & I.A. Andersson, Bot. Jahrb. 107: 210 (1985).

Notes. Gr (Olimbos) (the taxon not mentioned in Fl. Eur.).

Total range. Endemic to Europe.

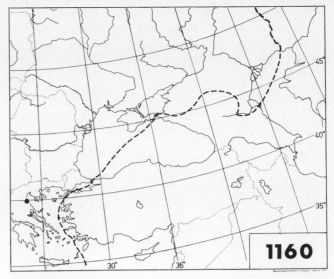

Silene dionysii

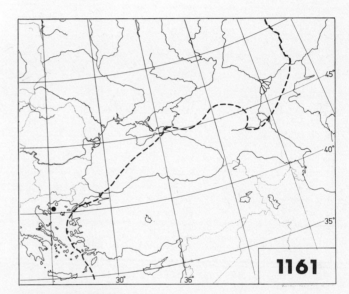

Silene orphanidis

Silene orphanidis Boiss. — Map 1161.

Diploid with 2n=24(Gr): Mountain Fl. Greece 1986: 162.

Total range. Endemic to Europe.

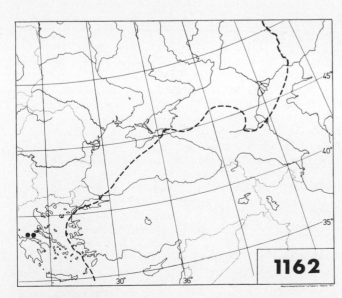

Silene barbeyana

Silene barbeyana Heldr. ex Boiss. — Map 1162.

Diploid with 2n=24(Gr): L.-Å. Gustavsson, Bot. Not. 131: 14 (1978).

Total range. Endemic to Europe.

[Silene falcata Sibth. & Sm.]

Notes. This W. Anatolian species has been erroneously reported from the Greek mountains of Athos and Olimbos; see V. Melzheimer in Mountain Fl. Greece 1986: 170. To be omitted from the European flora.

80

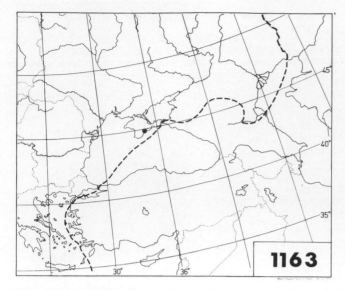

Silene caryophylloides subsp. **eglandulosa**

Silene caryophylloides (Poiret) Otth subsp. **eglandulosa** (Chowdhuri) Coode & Cullen — Map 1163.

Silene masmenaea Boiss. var. eglandulosa Chowdhuri

Taxonomy. M.J.E. Coode & J. Cullen, Notes Royal Bot. Garden Edinburgh 28: 6 (1967). A number of subspecies, including subsp. *caryophylloides,* in Anatolia and the Near East: Fl. Turkey 1967: 221—223.

Notes. Rs(K) (the taxon not mentioned in Fl. Eur. or Rubtsev 1972): Fl. Turkey 1967: 221.

Silene ciliata Pourret — Map 1164.

Silene arvatica Lag. (S. ciliata subsp. arvatica (Lag.) Rivas Goday); S. elegans Link ex Brot. (S. ciliata subsp. elegans (Link ex Brot.) Rivas Martínez); S. graefferi Guss. (S. ciliata var. graefferi (Guss.) Fiori); S. perinica Hayek; S. roeseri Boiss. & Heldr.

Taxonomy and nomenclature. S. Rivas Martínez, An. Inst. Bot. Cavanilles 21: 214 (1963), An. Jardín Bot. Madrid 36: 308 (1980); S. Rivas Goday, An. Jardín Bot. Cavanilles 32: 1551—1552 (1975); S. Rivas Martínez & C. Saenz de Rivas, An. Real Acad. Farmacia 45: 596 (1979). According to Küpfer 1974: 122—123, 127, 129—131, the Italian *Silene graefferi*, with 2n=48, is a species distinct from *S. ciliata* of Ga, Hs and Lu. The taxonomical position of the Balkan representatives of *S. ciliata* is less well known. The delimitation from *S. ciliata* s. stricto of the westernmost populations recognized as *S. elegans* (e.g. in Nova Fl. Port. 1971: 146) or *S. ciliata* subsp. *arvatica* is also problematical. Accordingly, the species is provisionally presented as an undivided entity; see Küpfer 1974: 129 and G. Nieto-Feliner, Ruizia 2: 63 (1985).

Diploid to icosaploid. 2n=24(Bu, Gr, Hs, Lu): Fl. Eur.; Küpfer 1974: 121—131; A.V. Petrova, Taxon 24: 511 (1975); A. Strid & R. Franzén, Taxon 30: 833 (1981); N. Andreev, Taxon 31: 576 (1982). — 2n=48(Hs, It): Fl. Eur.; F. Pedrotti & C. Cortini Pedrotti, Inf. Bot. Ital. 3: 47 (1971) (as *Silene ciliata* var. *graefferi*); Küpfer 1974: 122, as *S. ciliata* (Hs) and *S. graefferi* (It). —2n=168, 192 (both Ga), and 2n=216, 240 (both Hs): Küpfer 1974: 122. — For further counts referred to in Fl. Eur., see Küpfer 1974: 123 (footnote).

Notes. No data available from Ju (given in Fl. Eur.). The plants referred to *Silene graefferi* (Al, Bu, Gr, It, Ju according to Med-Checklist 1984: 253) and those designated *S. elegans* (?Hs, Lu) and *S. ciliata* subsp. *arvatica* (Hs) are given special symbols on the map.

Total range. Endemic to Europe.

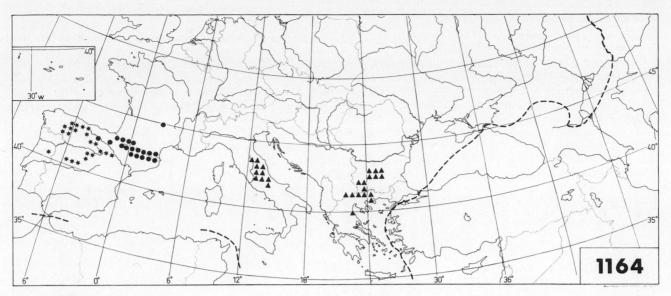

Silene ciliata
▲ = "**S. graefferi**"
★ = "**S. elegans**" + "**S. ciliata** subsp. **arvatica**"

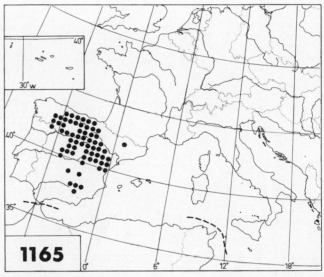

Silene legionensis

Silene legionensis Lag. — Map 1165.

Diploid and tetraploid, with 2n=24 and 2n=48(both Hs): Küpfer 1974: 122—124; Talavera & Bocquet 1976: 103—104.

Total range. Endemic to Europe.

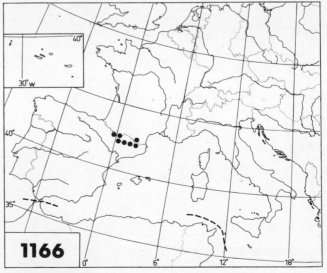

Silene borderei

Silene borderei Jordan — Map 1166.

Nomenclature. Orthography of the specific epithet corrected in accordance with Fl. France 1973: 315.

Total range. Endemic to Europe.

82

Silene acaulis (L.) Jacq. — Map 1167.

Cucubalus acaulis L.; Silene bryoides Jordan; S. cenisia Vierh.; S. elongata Bellardi; S. exscapa All.; S. norica (Vierh.) Dalla Torre & Sarnth.; S. pannonica (Vierh.) Dalla Torre & Sarnth.

Taxonomy. Á. Löve & D. Löve, Univ. Colorado Studies, ser. Biol. 17: 21—22 (1965); Fl. Arct. URSS 1971: 96—100; Hegi 1979: 1120—1122, 1125—1126. In C. and S. Europe, *Silene acaulis* subsp. *bryoides* (= subsp. *exscapa* in Fl. Eur.) seems to be fairly clearly distinguished from the rest of the species. The infraspecific taxonomy of the W. and N. European populations is more problematical, as are also their relations with the Alpine and the North American representatives of the species. Here, subsp. *acaulis* is understood as accomodating all the European variation outside subsp. *bryoides*.

Diploid with 2n=24(Au, Bu, Cz, Fe, Hb, Ju, No, Sb, Su): Fl. Eur.; Májovský et al. 1970 b: 58; F. Sušnik et al., Taxon 21: 345 (1972); J.N. Findley & J. McNeill, Taxon 23: 620 (1974); A.V. Petrova, Taxon 24: 510 (1975); J.C. van Loon & H. de Jong, Taxon 27: 57 (1978); Engelskjön 1979: 17; Uotila & Pellinen 1985: 10.

Notes. Rs(C) added (not given in Fl. Eur.): Fl. Arct. URSS 1971: 99.

Total range. Hultén AA 1958: map 180; MJW 1965: map 137b; Hultén Alaska 1968: 440 (as *Silene acaulis* subsp. *acaulis,* and including subsp. *bryoides*); Fl. Arct. URSS 1971: 99 (Soviet part); Strasburger Lehrb. Bot., 31. Aufl., p. 976 (1978); Hegi 1979: 1119.

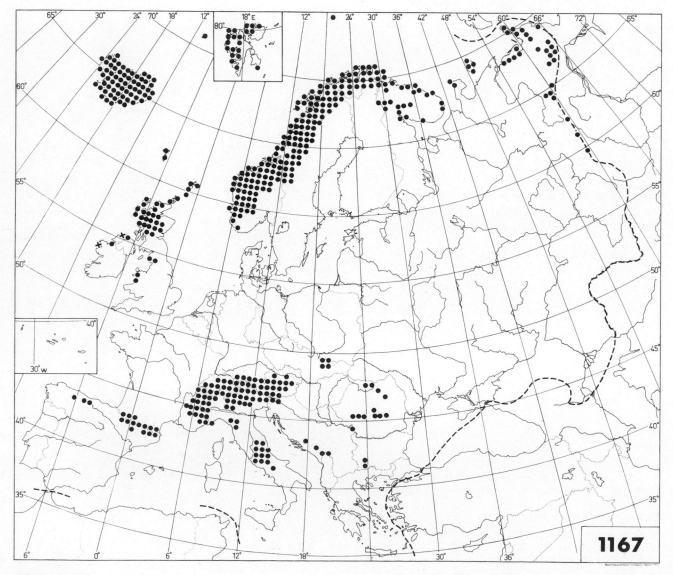

Silene acaulis

S. acaulis subsp. **acaulis**

Cucubalus acaulis L.; Silene acaulis subsp. arctica Á. Löve & D. Löve; S. acaulis subsp. cenisia (Vierh.) P. Fourn.; S. acaulis subsp. elongata (Bellardi) Ascherson & Graebner; S. acaulis subsp. longiscapa (Kerner ex Vierh.) Vierh.; S. acaulis subsp. pannonica Vierh.; S. acaulis subsp. norwegica Pers.; S. cenisia Vierh.; S. elongata Bellardi; S. pannonica (Vierh.) Dalla Torre & Sarnth.

Taxonomy. Silene acaulis subsp. *longiscapa*, as mentioned in Fl. Eur., covers only a part of the variation here included in subsp. *acaulis*; see under the species.

Diploid with 2n=24(Cz, Ga, Po): C. Favarger, Bull. Soc. Neuchâtel. Sci. Nat. 88: 8—9, 50 (1965); M. Skalińska et al., Acta Biol. Cracov. 9: 36—37 (1966) (as *Silene acaulis* subsp. *pannonica*); M. Váchová & L. Paclová, Taxon 27: 384 (1978) (as *Silene acaulis* subsp. *longiscapa*).

Notes. Au, Br, Cz, Fa, Fe, Ga, Ge, Hb, He, ?Hs, Is, It, ?Ju, No, Po, Rm, Rs(N, C), Sb, Su. Not mapped separately.

S. acaulis subsp. **bryoides** (Jordan) Nyman — Map 1168.

Silene acaulis subsp. exscapa (All.) J. Braun; S. acaulis subsp. norica Vierh.; S. bryoides Jordan; S. exscapa All.; S. exscapa subsp. norica (Vierh.) O. Schwarz; S. norica (Vierh.) Dalla Torre & Sarnth.

Diploid with 2n=24(Au, Cz, Po): C. Favarger, Bull. Soc. Neuchâtel. Sci. Nat. 88: 9, 50 (1965); M. Skalińska et al., Acta Biol. Cracov. 9: 36—37 (1966) (both as *Silene acaulis* subsp. *norica*); M. Váchová & L. Paclová, Taxon 27: 384 (1978) (as *S. acaulis* subsp. *exscapa*).

Notes. Au, Bu, Cz, Ga, He, ?Hs, It, ?Ju, Po, Rm. "... in the Alps ..." (Fl. Eur.).

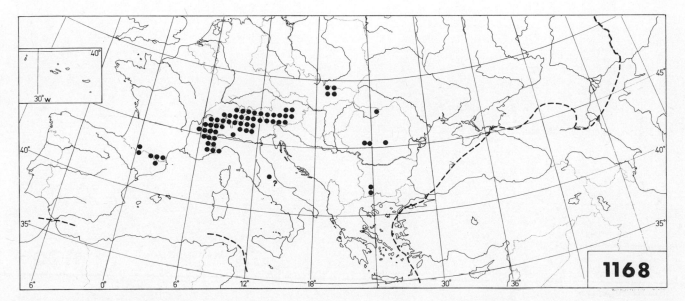

Silene acaulis subsp. **bryoides**

Silene dinarica Sprengel — Map 1169.

Total range. Endemic to Europe. For the detailed range, see E. Schneider-Binder & W. Volk, Linzer Biol. Beitr. 8: 23—39 (1976).

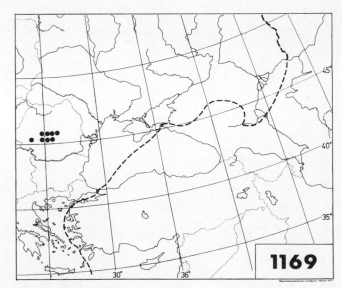

Silene dinarica

84

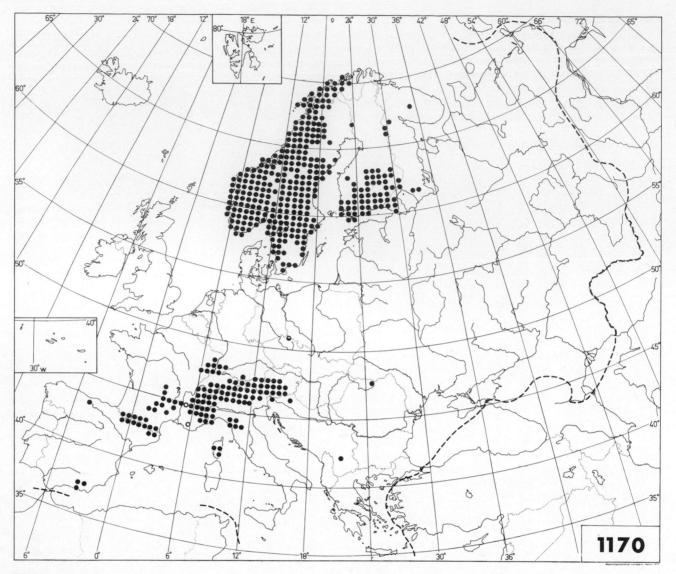

Silene rupestris

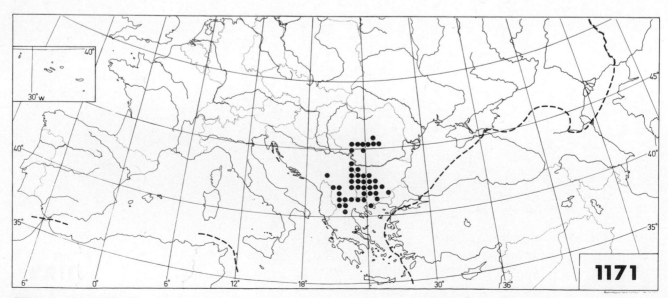

Silene lerchenfeldiana

Silene rupestris L. — Map 1170.

Diploid with 2n=24(Co, Fe, Ga, Hs, It, No): Fl. Eur.; J. Ritter, Revue Cytol. Biol. Végét. 35: 281: (1972); J. Contandriopoulos & J. Gamisans, Bull. Soc. Bot. France 121: 197 (1974); Küpfer 1974: 24; Engelskjön 1979: 17; Uotila & Pellinen 1985: 11.

Notes. *Cz added (not given in Fl. Eur.). Ju added (not given in Fl. Eur.): A. Martinčič & F. Sušnik, Mala Fl. Slovenije, p. 247 (Ljubljani 1969); V. Stefanović, Glasn. Prir. Muz. Beograd, ser. B 33: 173—174 (1978). Presence in Sa doubtful (given in Fl. Eur., but not in Pignatti Fl. 1982): see W. Greuter & T. Raus (eds.), Willdenowia 14 (Optima Leafl. 140): 48 (1984).

Total range. "Doubtfully recorded outside Europe at one station in W. Siberia" (Fl. Eur.); MJW 1965: map 137d. Endemic to Europe, with closely related species in N. America: Hegi 1978: 1061.

Silene lerchenfeldiana Baumg. — Map 1171.

Silene macedonica Form.

Diploid with 2n=24(Bu): J.C. van Loon & A.K. van Setten, Taxon 31: 590 (1982).
Total range. Endemic to Europe.

Silene pusilla Waldst. & Kit. — Map 1172.

Heliosperma albanicum K. Malý; H. carpaticum (Zapał.) Klokov; H. malyi (Neumayer) Degen; H. pudibundum (Hoffmanns.) Griseb.; H. pusillum (Waldst. & Kit.) Vis.; H. quadrifidum auct. non (L.) Reichenb.; H. quadrifidum subsp. carpaticum Zapał.; Ixoca albanica (K. Malý) Ikonn.; I. candavica (Neumayer) Ikonn.; I. carpatica (Zapał.) Ikonn.; I. malyi (Neumayer) Ikonn.; I. pudibunda (Hoffmanns.) Ikonn.; I. pusilla (Waldst. & Kit.) Soják; Silene pudibunda Hoffmanns. (S. pusilla var. pudibunda (Hoffmanns.) Jordanov & P. Panov); S. quadridentata auct. non (L.) Pers.; S. quadridentata subsp. albanica (K. Malý) Neumayer (S. pusilla subsp. albanica (K. Malý) Greuter & Burdet); S. quadridentata subsp. candavica Neumayer (S. pusilla subsp. candavica (Neumayer) Greuter & Burdet); S. quadridentata subsp. malyi Neumayer (S. pusilla subsp. malyi (Neumayer) Greuter & Burdet); S. quadridentata subsp. pusilla (Waldst. & Kit.) Neumayer; S. quadrifida auct. non (L.) L. Incl. Silene monachorum (Vis. & Pančić) Vis. & Pančić (Heliosperma monachorum Vis. & Pančić; Ixoca monachorum (Vis. & Pančić) Ikonn.; Silene pusilla var. monachorum (Vis. & Pančić) Jordanov & P. Panov; S. quadridentata subsp. monachorum (Vis. & Pančić) Neumayer)

Nomenclature. S.M. Walters, Feddes Repert. 69 (Fl. Eur. Notulae Syst. 3): 47 (1964); S. Rauschert, Feddes Repert. 79: 416—417 (1969); J. Soják, Časopis Národn. Muzea, odděl. přírod. (Praha) 140: 128 (1972); W. Greuter & T. Raus (eds.), Willdenowia 12 (Optima Leafl. 127): 190 (1982); S. Ikonnikov, Nov. Syst. Pl. Vasc. (Leningrad) 21: 61—64 (1984).

Diploid with 2n=24(Bu, Cz, Ga, Gr, It, Ju): Fl. Eur.; C. Favarger & P. Küpfer, Collect. Bot. 7: 353 (1968) (as *Heliosperma quadrifidum*); S.I. Kožuharov & A.V. Petrova, Taxon 23: 377 (1974); Küpfer 1974: 24; Májovský et al. 1974 a: 9 (as *Heliosperma quadridentatum*); J.C. van Loon & B. Kieft, Taxon 29: 538 (1980); R. Franzén & L.-Å. Gustavsson, Willdenowia 13: 102 (1983).

Notes. Co omitted (given in Fl. Eur., and, as *Silene quadridentata*, in Pignatti Fl. 1982: 250): not given in Fl. France 1973. Si confirmed (?Si in Fl. Eur., for *S. monachorum*, in a comment under *S. pusilla*): Pignatti Fl. 1982: 250. *S. pusilla* subsp. *candavica* from Albania and S. Jugoslavia and *S. pusilla* subsp. *malyi* from N.W. Jugoslavia, both mentioned in Fl. Eur. in a comment under *S. pusilla*, are given special symbols on the map.

Total range. Endemic to Europe.

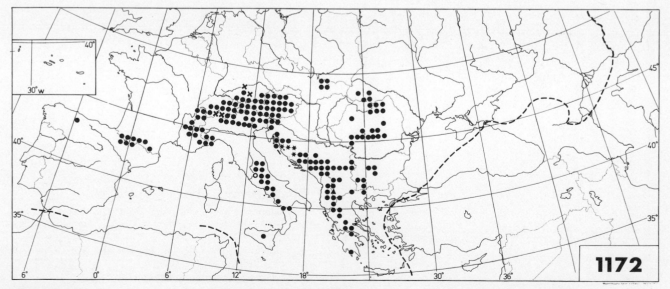

Silene pusilla   ▲ = also "subsp. **candavica**"   ★ = also "subsp. **malyi**"

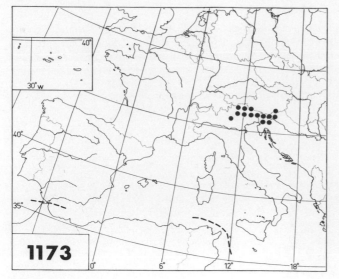

Silene veselskyi

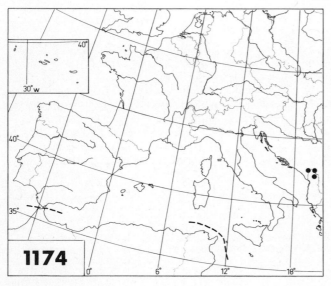

Silene macrantha

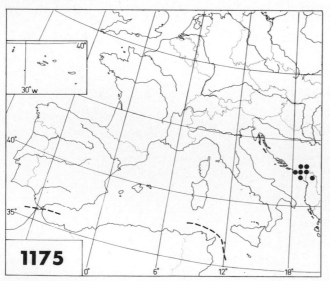

Silene tommasinii

Silene veselskyi (Janka) Neumayer — Map 1173.

Heliosperma eriophorum Juratzka; H. veselskyi Janka; Ixoca veselskyi (Janka) Soják; Silene glutinosa Zois non Pers. (Heliosperma veselskyi subsp. glutinosum (Neumayer) E. Mayer; Silene quadridentata subsp. glutinosa Neumayer); S. heufleri Haussmann (S. veselskyi subsp. heufleri (Haussmann) Neumayer); S. quadridentata subsp. veselskyi (Janka) Neumayer. Incl. Silene quadridentata subsp. marchesettii Neumayer (Heliosperma quadridentatum subsp. marchesettii (Neumayer) E. Mayer; Ixoca marchesettii (Neumayer) Ikonn.)

Nomenclature. Author's designation corrected in accordance with Hegi 1979: 1112. J. Soják, Časopis Národn. Muzea, odděl. přírod. (Praha) 140: 128 (1972); S. Ikonnikov, Nov. Syst. Pl. Vasc. (Leningrad) 21: 63 (1984).

Taxonomy. Silene quadridentata subsp. *marchesettii,* mentioned in Fl. Eur. in a note under *S. tommasinii,* is included here in accordance with Pignatti Fl. 1982: 251. See also E. Mayer, in "Ad annum Horti Bot. Labacensis solemnem", pp. 34—35 (Ljubljana 1960).

Notes. Ju confirmed (?Ju in Fl. Eur.): A. Martinčič & F. Sušnik, Mala Fl. Slovenije, p. 248 (Ljubljani 1969); Hegi 1979: 1113; Pignatti Fl. 1982: 251.

Silene macrantha (Pančić) Neumayer — Map 1174.

Heliosperma macranthum Pančić; Ixoca macrantha (Pančić) Soják

Nomenclature. J. Soják, Časopis Národn. Muzea, odděl. přírod. (Praha) 140: 128 (1972).

Total range. Endemic to Europe.

Silene tommasinii Vis. — Map 1175.

Heliosperma tommasinii (Vis.) Reichenb.; Ixoca tommasinii (Vis.) Soják; Silene quadridentata subsp. tommasinii (Vis.) Neumayer

Nomenclature. J. Soják, Časopis Národn. Muzea, odděl. přírod. (Praha) 140: 128 (1972).

Total range. Endemic to Europe.

Silene retzdorffiana (K. Malý) Neumayer — Map 1176.

Heliosperma retzdorffianum K. Malý; Ixoca retzdorffiana (K. Malý) Sóják; Silene quadridentata subsp. retzdorffiana (K. Malý) Neumayer

Nomenclature. Author's designation corrected in accordance with Med-Checklist 1984: 271. S.M. Walters, Feddes Repert. 69 (Fl. Eur. Notulae Syst. 3): 47 (1964); J. Soják, Časopis Národn. Muzea, odděl. přírod. (Praha) 140: 128 (1972).

Notes. The record from Gr (not in Fl. Eur.) given by P. Quézel & J. Contandriopoulos, Candollea 20: 55 (1965), is considered doubtful.

Total range. Endemic to Europe.

Silene intonsa Greuter & Melzh. — Map 1176.

Taxonomy. V. Melzheimer & W. Greuter, Willdenowia 12 (Optima Leafl. 125): 29—31 (1982).

Notes. Gr (the species not mentioned in Fl. Eur.).

Total range. Endemic to Europe.

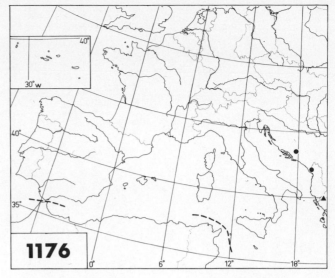

● = **Silene retzdorffiana**   ▲ = **S. intonsa**

Silene chromodonta Boiss. & Reuter — Map 1177.

Heliosperma chromatodontum (Boiss.) Juratzka; Ixoca chromodonta (Boiss. & Reuter) Soják; I. phyllitica (Neumayer) Ikonn.; Silene quadridentata subsp. chromodonta (Boiss. & Reuter) Neumayer; S. quadridentata subsp. phyllitica Neumayer. Incl. Silene moehringiifolia Uechtr. ex Pančić (S. quadridentata subsp. moehringiifolia (Uechtr. ex Pančić) Neumayer; Ixoca moehringiifolia (Uechtr. ex Pančić) Ikonn.) and S. trojanensis (Velen.) Jordanov & P. Panov (Heliosperma trojanense Velen.; Ixoca trojanensis (Velen.) Ikonn.)

Nomenclature. J. Soják, Časopis Národn. Muzea, odděl. přírod. (Praha) 140: 127 (1972); S. Ikonnikov, Nov. Syst. Pl. Vasc. (Leningrad) 21: 64—65 (1984).

Taxonomy. The inclusion of *Silene trojanensis* (the taxon not mentioned in Fl. Eur.) agrees with the views of H. Neumayer, in Prodr. Fl. Penins. Balcan. 1927: 266, who placed it, as a variety, under *S. quadridentata* subsp. *moehringiifolia*.

Notes. Bu added, as *Silene trojanensis* (not given in Fl. Eur.): Fl. Bulg. 1966: 492.

Total range. Endemic to Europe.

Silene alpestris Jacq. — Map 1178.

Cucubalus quadrifidus L. s. str. orig.; Heliosperma alpestre (Jacq.) Griseb.; H. quadrifidum (L.) Reichenb., nomen ambig.; Ixoca alpestris (Jacq.) Soják; I. quadrifida (L.) Soják; Silene quadridentata (L.) Pers., nomen illeg.; S. quadrifida (L.) L., nomen ambig. Incl. Heliosperma arcanum Zapał. (Ixoca arcana (Zapał.) Ikonn.)

Nomenclature. S.M. Walters, Feddes Repert. 69 (Fl. Eur. Notulae Syst. 3): 47 (1964); J. Soják, Časopis Národn. Muzea, odděl. přírod. (Praha) 140: 128 (1972); S. Ikonnikov, Nov. Syst. Pl. Vasc. (Leningrad) 21: 65 (1984).

Notes. Po not confirmed and presence in Cz doubtful: H. Neumayer, Österr. Bot. Zeitschr. 72: 277 (1923); Fl. Tatr. Pl. Vasc. 1: 256 (Varsoviae 1956); the old data from the "Polish Carpathians" mentioned in Fl. Eur. (in a comment under *Silene alpestris*) are from Cz (J. Holub, in litt.). Rs(W) added (given in Fl. Eur. in a note under *S. alpestris*, as *Heliosperma arcanum*).

Total range. Endemic to Europe.

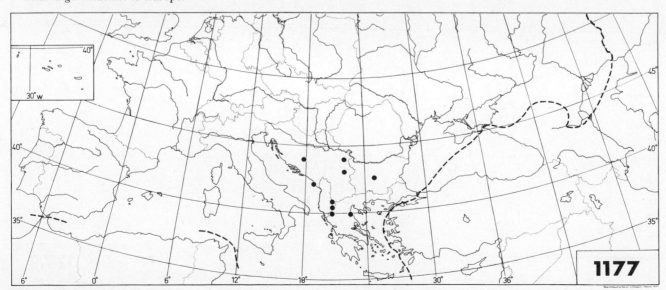

Silene chromodonta

88

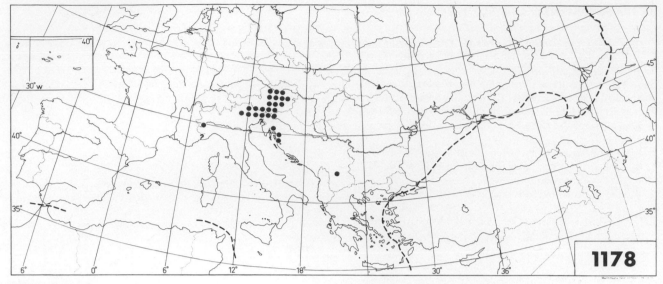

Silene alpestris

▲ = "Heliosperma arcanum"

1178

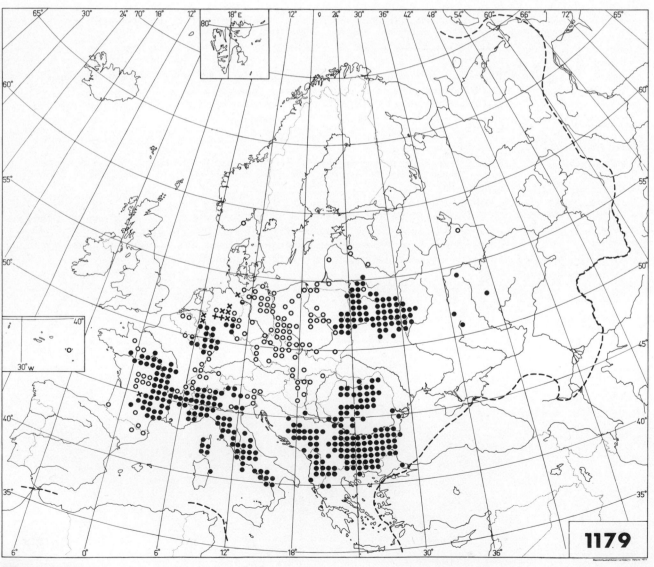

Silene armeria

1179

Silene armeria L. — Map 1179.

Incl. Silene lituanica Zapał.

Diploid with 2n=24(Bu, Gr, Rs(C)): A.V. Petrova, Taxon 24: 510 (1975); A. Strid & R. Franzén, Willdenowia 13: 329 (1983); L.V. Semerenko, Bot. Žur. 70: 131 (1985) (as *Silene lituanica*).

Notes. [Az] added (not given in Fl. Eur.): A. Hansen, Anuário Soc. Brot. 40: 16 (1974). Only an established alien in [Cz], [Hs] and [Hu] (given as native in Fl. Eur.): J. Holub, Preslia 38: 60 (1966); B.E. Smythies, Englera 3(1): 85 (1984). Not truly established in Au, Br, Da, Fe, Ho or Su (Au, [Br, Da, Fe, Ho, Su] in Fl. Eur.). Lu omitted (given in Fl. Eur.): not given in Nova Fl. Port. 1971). Rs(B) added (not given in Fl. Eur.). Si not confirmed (?Si in Fl. Eur.).

Total range. Endemic to Europe (Fl. Eur.). However, also recorded from N.E. Anatolia: Fl. Turkey 1967: 225.

Silene compacta Fischer — Map 1180.

Silene armeria L. subsp. compacta (Fischer) Schmalh. Incl. Silene hypanica Klokov

Diploid with 2n=24(Bu, Gr): A.V. Petrova, Taxon 24: 511 (1975); J.C. van Loon, Taxon 31: 764 (1982).

Silene asterias Griseb. — Map 1181.

Total range. Endemic to Europe.

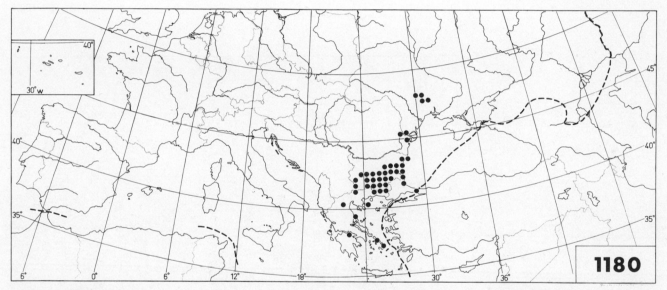

Silene compacta

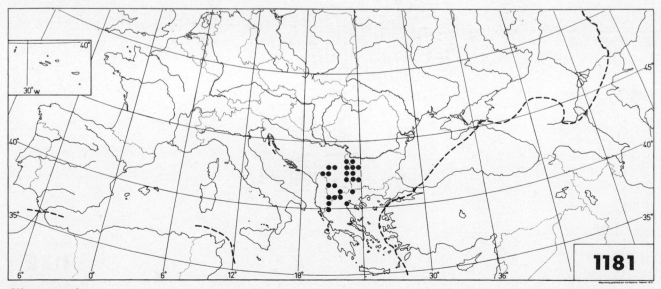

Silene asterias

90

Silene noctiflora L. — Map 1182.

Elisanthe noctiflora (L.) Rupr.; Melandrium noctiflorum (L.) Fries

Diploid with 2n=24(Cz, Su): Fl. Eur.; Májovský et al. 1970 a: 17; L. Frey, Fragm. Flor. Geobot. 17: 252 (1971) (both as *Melandrium noctiflorum*).

Notes. Cr and Hs omitted (given in Fl. Eur.): W. Greuter, Mem. Soc. Brot. 24: 155 (1974). Gr added (not given in Fl. Eur.). Only as a casual in Is ([Is] in Fl. Eur.). Not native in Rs(N) (given as native in Fl. Eur.).

Total range. MJW 1965: 140c; Hultén Alaska 1968: 444; A. Zając, Origin Archaeoph. Poland, p. 32 (Kraków 1980).

Silene latifolia Poiret — Map 1183.

Lychnis alba Miller; L. arvensis P. Gaertner, B. Meyer & Scherb.; L. divaricata Reichenb.; L. macrocarpa Boiss. & Reuter; L. pratensis Rafn; L. vespertina Sm.; Melandrium album (Miller) Garcke; M. balansae Boiss.; M. boissieri Schischkin; M. dioicum auct. pro parte, non Lychnis dioica L.; M. divaricatum (Reichenb.) Fenzl; M. eriocalycinum Boiss.; M. latifolium (Poiret) Maire; M. macrocarpum (Boiss.) Willk.; M. marizianum Gand.; M. pratense (Rafn) Röhling; M. vespertinum (Sm.) Fries; Silene alba (Miller) E.H.L. Krause, non Muhl. ex Britton; S. pratensis (Rafn) Godron & Gren. — Excl. Melandrium astrachanicum Pacz. and M. glutinosum Rouy

Generic delimitation. J. McNeill, Canad. Jour. Bot. 56: 297—308 (1978).

Nomenclature. J. McNeill & H.C. Prentice, Taxon 30: 27—32 (1981).

Taxonomy. Concerning infraspecific differentiation (pollen morphology), see H. C. Prentice et al., Canad. Jour. Bot. 62: 1259—1267 (1984).

Notes. [Az] added (not given in Fl. Eur.): A. Hansen, Anuário Soc. Brot. 41: 46 (1975). Cr omitted (indirectly given in Fl. Eur.): W. Greuter, Mem. Soc. Brot. 24: 139 (1974).

Total range. Hegi 1979: 1134.

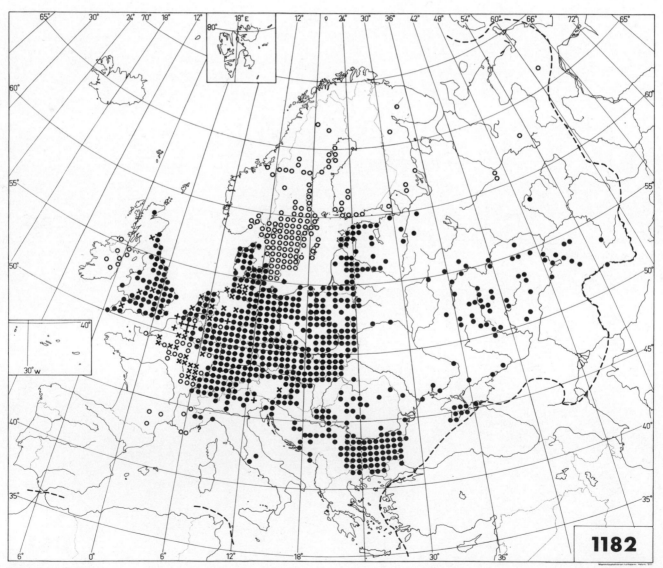

1182

Silene noctiflora

S. latifolia subsp. **alba** (Miller) Greuter & Burdet

Lychnis alba Miller; L. arvensis P. Gaertner, B. Meyer & Scherb.; L. pratensis Rafn; L. vespertina Sm.; Melandrium album (Miller) Garcke; M. dioicum (L.) Cosson & Germ. subsp. album (Miller) D. Löve; M. pratense (Rafn) Röhling; M. vespertinum (Sm.) Fries; Silene alba (Miller) E.H.L. Krause, non Muhl. ex Britton; S. pratensis (Rafn) Godron & Gren.

Nomenclature. W. Greuter & T. Raus (eds.), Willdenowia 12 (Optima Leafl. 127): 189 (1982).

Diploid with 2n＝24(Br, Bu, Cz, Fe, Ga, Ge, Gr, Ho, It, Ju, Po): Fl. Eur.; V. Sorsa, Ann. Acad. Scient. Fenn. A IV 58: 9 (1962); M. Skalińska et al., Acta Biol. Cracov., ser. Biol. 9: 37 (1966); Májovský et al. 1970 a: 17 (all three as *Melandrium album*); J.N. Findlay & J. McNeill, Taxon 22: 286 (1973) (as *Silene alba*); T.W.J. Gadella, Proc. K. Nederl. Akad. Wetensch., ser. C 76: 304 (1973); S.I. Kožuharov & A.V. Petrova, Taxon 23: 377 (1974) (as *S. alba*); B. Kieft & J.C. van Loon, Taxon 27: 524 (1978); J.C. van Loon & B. Kieft, Taxon 29: 538 (1980) (both as *S. alba* subsp. *alba*); G. Natarajan, Taxon 30: 698 (1981); A. Strid & R. Franzén, Taxon 30: 833 (1981) (both as *S. alba*); Uotila & Pellinen 1985: 10.

Notes. Al, Au, [Az], Be, Br, Bu, Co, Cz, Da, Fe, Ga, Ge, Gr, *Hb, He, Ho, Hs, Hu, It, Ju, Lu, No, Po, Rm, Rs(N, B, C, W, K, E), ?Sa, Si, Su. "Widespread" (Fl. Eur.). Presence in Sa doubtful, according to Pignatti Fl. 1982: 252, and W. Greuter & T. Raus (eds.), Willdenowia 14 (Optima Leafl. 140): 47 (1984). Not mapped separately.

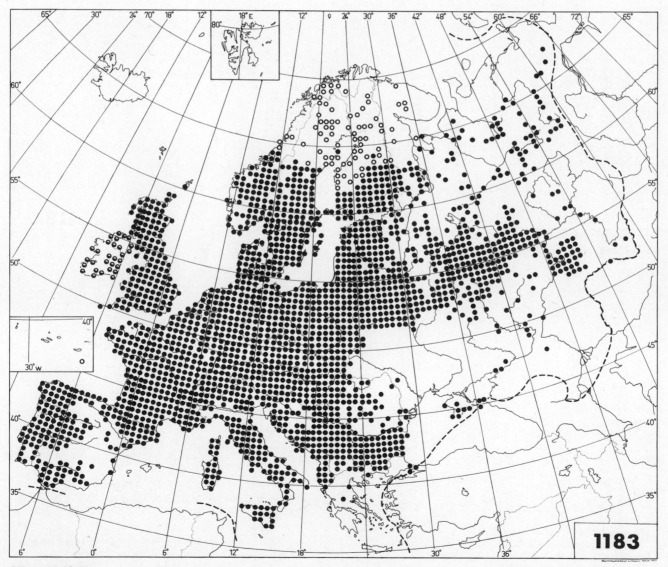

1183

Silene latifolia

S. latifolia subsp. **latifolia** — Map 1184.

Lychnis divaricata Reichenb.; L. macrocarpa Boiss. & Reuter; Melandrium album subsp. divaricatum (Reichenb.) Le Grande; M. balansae Boiss.; M. boissieri Schischkin; M. dioicum (L.) Cosson & Germ. subsp. divaricatum (Reichenb.) Á. Löve & D. Löve; M. latifolium (Poiret) Maire; M. macrocarpum (Boiss.) Willk.; Silene alba subsp. divaricata (Reichenb.) Walters; S. pratensis subsp. divaricata (Reichenb.) McNeill & Prentice

Nomenclature. Á. Löve & E. Kjellqvist, Lagascalia 4: 14—15 (1974).

Diploid with 2n=24(Al, Hs, Lu): Fl. Eur.; Fernandes & Leitao 1971: 161, 167 (as *Melandrium divaricatum*); A. Strid, Bot. Not. 124: 492 (1971); Talavera & Bocquet 1976: 104 (both as *Silene alba* subsp. *divaricata*).

Notes. ?Al, Bu, Co, Ga, Gr, Hs, It, Ju, Lu, Rs(K), Sa, Si, Tu. "Mediterranean region" (Fl. Eur.). No data available from Al.

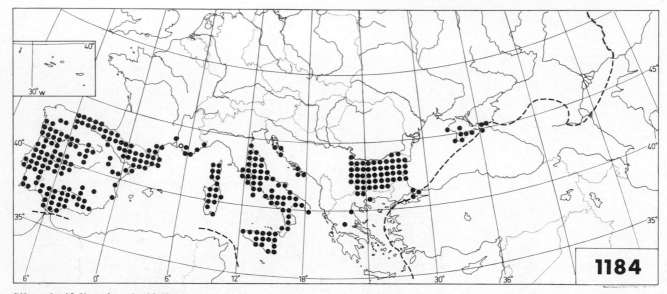

Silene latifolia subsp. **latifolia**

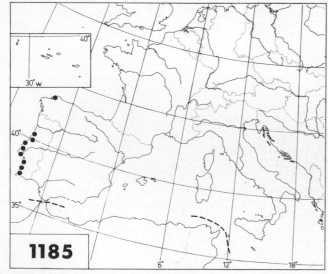

Silene latifolia subsp. **mariziana**

S. latifolia subsp. **mariziana** (Gand.) Greuter & Burdet — Map 1185.

Melandrium marizianum Gand.; Silene alba subsp. mariziana (Gand.) Franco; S. pratensis subsp. mariziana (Gand.) McNeill & Prentice

Taxonomy and nomenclature. M. Gandoger, Bull. Soc. Bot. France 56: 106 (1909); Nova Fl. Port. 1971: 147, 550; W. Greuter & T. Raus (eds.), Willdenowia 12 (Optima Leafl. 127): 189 (1982).

Notes. Hs, Lu (the taxon not mentioned in Fl. Eur.).

Total range. Apparently endemic to Europe.

93

S. latifolia subsp. **eriocalycina** (Boiss.) Greuter & Burdet — Map 1186.

Melandrium album subsp. eriocalycinum (Boiss.) Hayek; M. eriocalycinum Boiss.; Silene alba subsp. eriocalycina (Boiss.) Walters; S. pratensis subsp. eriocalycina (Boiss.) McNeill & Prentice

Nomenclature. W. Greuter & T. Raus (eds.), Willdenowia 12 (Optima Leafl. 127): 189 (1982).

Notes. Bu, Rm, Tu. "E. Mediterranean region" (Fl. Eur.).

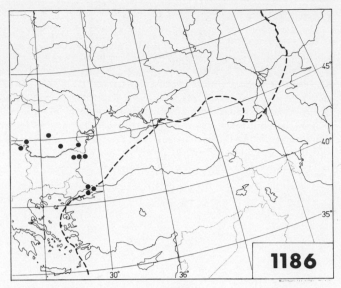

Silene latifolia subsp. **eriocalycina**

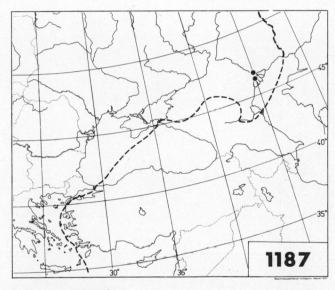

Silene astrachanica

Silene astrachanica (Pacz.) Takht. — Map 1187.

Melandrium astrachanicum Pacz.

Taxonomy and nomenclature. I.K. Paczoski, Mém. Soc. Nat. Kieff 12(1): 107 (1892); A. Takhtajan (ed.), Red Book — Native Plant species to be protected in the USSR, p. 48 (Leningrad 1975).

Notes. Rs(E). "… south-east Russia (Astrakhan')" (Fl. Eur., in a comment under *Silene alba*).

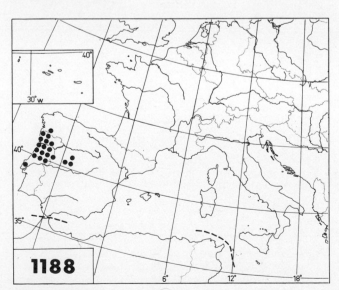

Silene marizii

Silene marizii Samp. — Map 1188.

Melandrium glutinosum Rouy; M. viscosum Mariz non (Pers.) Čelak.; Silene dioica (L.) Clairv. subsp. glutinosum (Rouy) Franco

Taxonomy and nomenclature. Nova Fl. Port. 1971: 550; H.C. Prentice, An. Inst. Bot. Cavanilles 34: 119—123 (1977).

Diploid with 2n=24(Lu): Fernandes & Leitao 1971: 161, 167 (as *Melandrium glutinosum*).

Notes. Hs, Lu. "… recorded from Portugal and Spain" (Fl. Eur., as *Melandrium glutinosum*, in a comment under *Silene alba*). H.C. Prentice, An. Inst. Bot. Cavanilles 34: 122—123 (1977).

Total range. Endemic to Europe.

Silene dioica (L.) Clairv. — Map 1189.

Lychnis dioica L.; L. diurna Sibth.; L. rubra (Weigel) Patze, E.H.F. Meyer & Elkan; L. sylvestris (Schkuhr) Hoppe; Melandrium dioicum (L.) Cosson & Germ.; M. dioicum subsp. rubrum (Weigel) D. Löve; M. diurnum (Sibth.) Fries; M. lapponicum (Simmons) Kuzen.; M. rubrum (Weigel) Garcke; M. sylvestre (Schkuhr) Röhling

Diploid with 2n=24(Br, Cz, Fe, Ge, Ju, No, Po, Rs(C), Su): Fl. Eur.; Májovský et al. 1970 b: 55 (as *Melandrium silvestre*); M. Skalińska et al., Acta Biol. Cracov. 14: 63 (1971) (as *M. rubrum*); F. Sušnik et al., Taxon 21: 345 (1972) (as *M. dioicum* subsp. *dioicum*); J.N. Findlay & J. McNeill, Taxon 22: 286 (1973); Engelskjön 1979: 17 (as *M. rubrum*); L.V. Semerenko, Bot. Žur. 70: 131 (1985) (as *M. dioicum*); Uotila & Pellinen 1985: 10.

Notes. Bu confirmed (as given in Fl. Eur.): P. Panov, Fitologia 2: 73 (1975), cf. B.A. Kuzmanov, Candollea 34: 17 (1979). An established alien in Is (given as native in Fl. Eur.). Lu omitted (given in Fl. Eur.), the material belonging to *Silene marizii*. Rs([K]) added (not given in Fl. Eur.): Rubtsev 1972: 155 (as *Melandrium sylvestre*).

Total range. MJW 1965: map 140a; Hegi 1979: 1128.

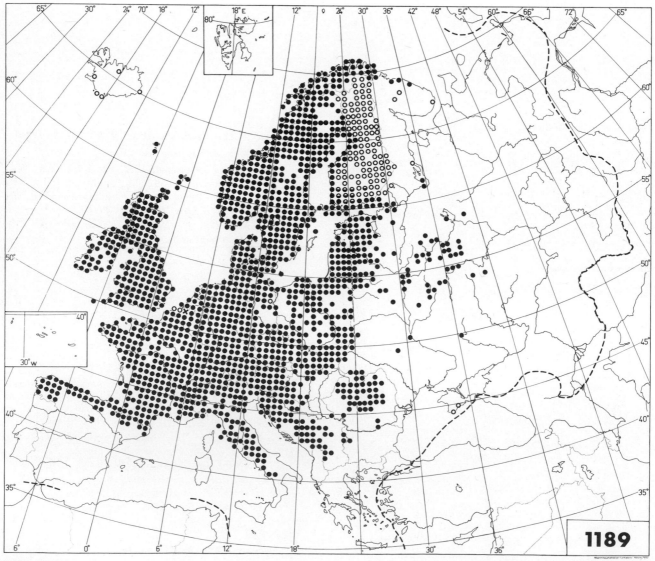

Silene dioica

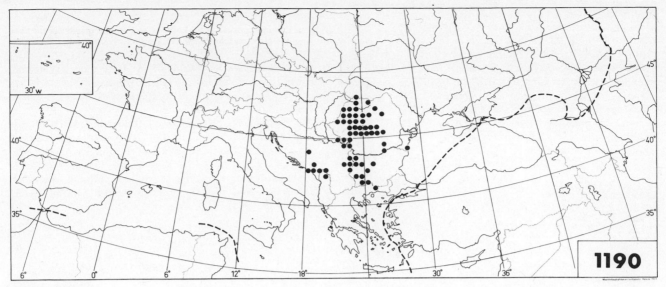

Silene heuffelii

Silene heuffelii Soó — Map 1190.

Lychnis nemoralis Heuffel ex Reichenb.; Melandrium nemorale (Heuffel ex Reichenb.) A. Braun

Diploid with 2n=24(Bu, Rm): P. Morisset & G.V. Bozman, New Phytol. 68: 1237 (1969); J.C. van Loon & A.K. van Setten, Taxon 31: 590 (1982).

Notes. Gr added (not given in Fl. Eur.).

Total range. Endemic to Europe.

Silene diclinis (Lag.) Laínz — Map 1191.

Lychnis diclinis Lag.; Melandrium dicline (Lag.) Willk.

Diploid with 2n=24(Hs): P. Morisset & G.V. Bozman, New Phytol. 68: 1237 (1969).

Notes. Considered vulnerable: H.C. Prentice, Biol. Conserv. 10(1): 15—30 (1976), and TPC Red Data Sheets Europe (preprint Kew 1977); IUCN Plant Red Data Book, pp. 119—120 (Kew 1978). J. Mansanet & G. Mateo, An. Jardín Bot. Madrid 36: 130, 133—134 (1979).

Total range. Endemic to Europe.

Silene portensis L. — Map 1192.

Excl. Silene corinthiaca Boiss. & Heldr. and S. rigidula Sibth. & Sm., non L.

Taxonomy. W. Greuter, Willdenowia 14 (Optima Leafl. 140): 49 (1984), under *Silene vittata*.

Diploid with 2n=24(Hs, Lu): Fernandes & Leitao 1971: 159, 167; Talavera & Bocquet 1976: 105.

Notes. Co not confirmed (?Co in Fl. Eur. and in Fl. France 1973: 314). Not collected in It in recent times and perhaps never established (given as present in Fl. Eur.): Pignatti Fl. 1982: 253.

Total range. Silene portensis subsp. *portensis* is endemic to Europe, subsp. *maura* Emberger & Maire representing the species in N. Africa: R. Maire, Fl. Afr. Nord 10: 221—222 (Paris 1963).

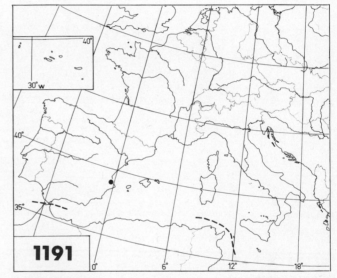

Silene diclinis

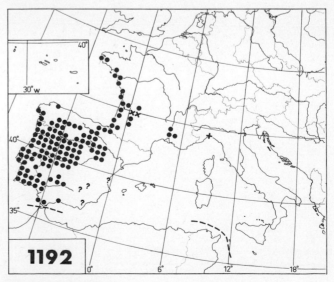

Silene portensis

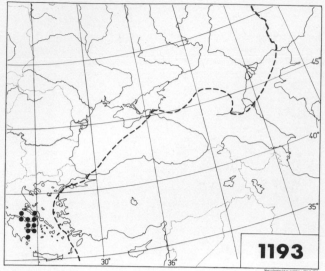

Silene vittata

Silene vittata Stapf — Map 1193.

Silene juncea Sibth. & Sm., non Roth; S. picta Pers. non Desf.; S. portensis L. subsp. rigidula Greuter & Burdet; S. rigidula Sibth. & Sm., non L.

Nomenclature. W. Greuter & T. Raus (eds.), Willdenowia 12 (Optima Leafl. 127): 190 (1982).

Taxonomy. W. Greuter, Willdenowia 14 (Optima Leafl. 140): 49 (1984).

Diploid with 2n=24(Gr): J. Damboldt & D. Phitos, Österr. Bot. Zeitschr. 113: 170 (1966) (as *Silene rigidula*).

Notes. Gr. "Greece and Kriti" (Fl. Eur., as *Silene rigidula*, in a comment under *S. portensis*). The Cr record "is obviously an error ... may be due to confusion with *S. pinetorum*": W. Greuter, Willdenowia 14 (Optima Leafl. 140): 49 (1984).

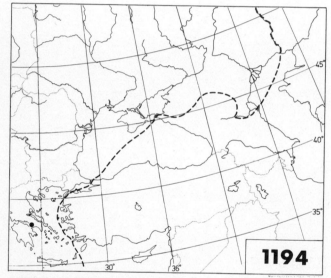

Silene corinthiaca

Silene corinthiaca Boiss. & Heldr. — Map 1194.

Notes. Gr. "S. Greece (Korinthos)" (Fl. Eur., in a comment under *Silene portensis*).

Total range. Endemic to Europe, and evidently known only from the type station.

Silene echinosperma Boiss. & Heldr. — Map 1195.

Total range. Endemic to Europe.

Silene pinetorum Boiss. & Heldr. — Map 1196.

Total range. Endemic to Kriti.

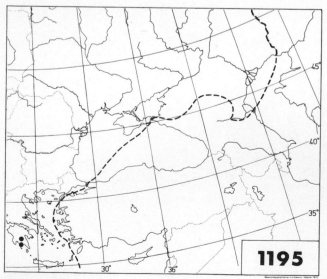

Silene echinosperma

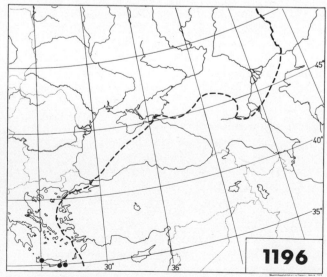

Silene pinetorum

Silene inaperta L. — Map 1197.

Diploid with 2n=24(Hs, Lu): Fernandes & Leitao 1971: 159, 167; J. Fernández Casas, Lagascalia 6: 92 (1976). — The deviating number 2n=30(Co) reported by Z. Afzal et al., Bull. Soc. Bot. France 121: 295—297 (1974).

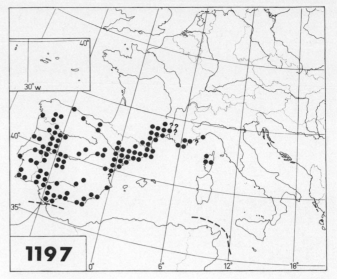

Silene inaperta

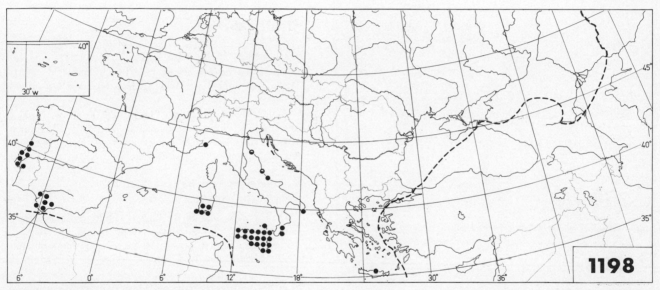

Silene fuscata

Silene fuscata Link — Map 1198.

Diploid with 2n=24(Hs, Lu): Fernandes & Leitao 1971: 159, 167; Talavera & Bocquet 1976: 105—107.

Notes. Cr added (not given in Fl. Eur.): W. Greuter, Mem. Soc. Brot. 24: 147 (1974). Gr not confirmed (?Gr in Fl. Eur.).

Silene pseudoatocion Desf. — Map 1199.

Nomenclature. Orthography of the specific epithet corrected.

Diploid with 2n=24(Bl): R. Dahlgren et al., Bot. Not. 124: 252 (1971).

Notes. An established alien in Bl and Hs (Bl, ?Hs in Fl. Eur.); see E.F. Galiano & S. Silvestre, Lagascalia 7: 31 (1977); Fl. Mallorca 1978: 162—163. Once reported from Sa (not given in Fl. Eur.): Pignatti Fl. 1982: 253; W. Greuter & T. Raus (eds.), Willdenowia 14 (Optima Leafl. 140): 48 (1984).

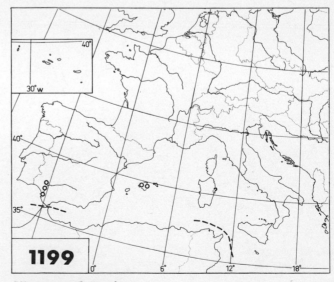

Silene pseudoatocion

7

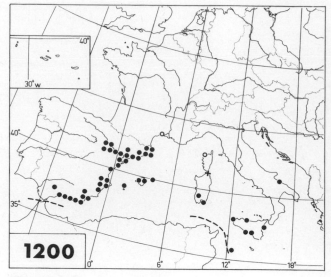

Silene rubella subsp. **rubella**

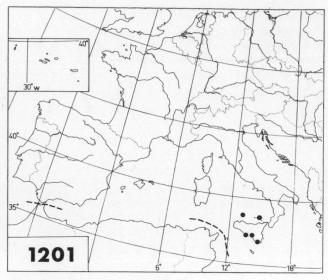

Silene rubella subsp. **turbinata**

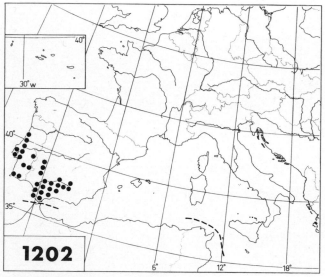

Silene rubella subsp. **bergiana**

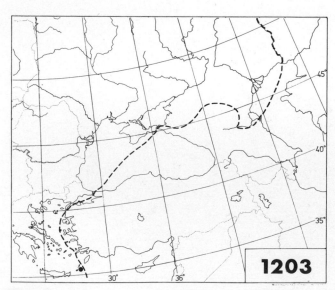

Silene insularis

Silene rubella L.

Silene segetalis Dufour; S. turbinata Guss. Incl. Silene bergiana Lindman

Taxonomy and nomenclature. A.O. Chater & S.M. Walters, Feddes Repert. 69 (Fl. Eur. Notulae Syst. 3): 48 (1964).

Notes. Extinct as native, but present as an established alien in Co (given as native in Fl. Eur.); cf. Fl. France 1973: 318. [Ga] added (not given in Fl. Eur.). No data available from Ju ([Ju] in Fl. Eur.).

S. rubella subsp. **rubella** — Map 1200.

Silene segetalis Dufour

Diploid with 2n=24(Bl, Hs): R. Dahlgren et al., Bot. Not. 124: 252 (1971); Talavera & Bocquet 1976: 107.

Notes. Bl, †Co, [Ga], Hs, It, Sa, Si. "Throughout the range of the species" (Fl. Eur.).

S. rubella subsp. **turbinata** (Guss.) Chater & Walters — Map 1201.

Silene rubella var. turbinata (Guss.) Fiori & Paol.; S. turbinata Guss.

Notes. Si. "Sicilia" (Fl. Eur.).

S. rubella subsp. **bergiana** (Lindman) Malagarriga — Map 1202.

Silene bergiana Lindman; S. rubella auct. lusit., non L. s. stricto

Taxonomy and nomenclature. R. Malagarriga, Sinopsis Fl. Iberica (Lab. Bot. Sennen 2): 295 (1975); M. Lidén, Lagascalia 9: 132 (1980). Treated as an independent species in Fl. Eur.

Diploid with 2n=24(Lu): Fernandes & Leitao 1971: 161, 167 (as *Silene* (?)*rubella*).

Notes. Hs added (not given in Fl. Eur.): M. Lidén, Lagascalia 9: 132 (1980). For Lu, see Nova Fl. Port. 1971: 148, 643.

Total range. Endemic to Europe (Fl. Eur.), although also given from Morocco: R. Maire, Fl. Afr. Nord 10: 209 (1963).

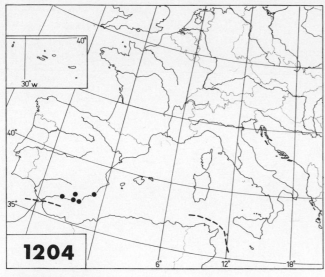

1204

Silene divaricata

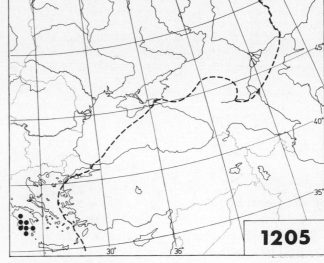

1205

Silene integripetala

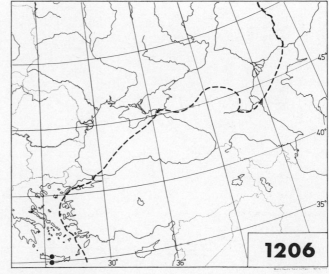

1206

Silene greuteri

Silene insularis W. Barbey — Map 1203.

Diploid with 2n=24(Cr): J. Damboldt & D. Phitos, Österr. Bot. Zeitschr. 113: 170 (1966).

Total range. Endemic to Karpathos.

Silene divaricata Clemente — Map 1204.

Silene ramosissima sensu Willk., non Desf.; S. willkommiana Gay

Diploid with 2n=24(Hs): Talavera & Bocquet 1976: 107.

Silene integripetala Bory & Chaub. — Map 1205.

Diploid with 2n=24(Gr): J. Damboldt & D. Phitos, Österr. Bot. Zeitschr. 113: 170 (1966).

Total range. Endemic to Europe.

Silene greuteri Phitos — Map 1206.

Taxonomy. D. Phitos, Bot. Chronika 2: 53—54 (1982).

Notes. Cr (the taxon not mentioned in Fl. Eur.).

Total range. Endemic to Kriti.

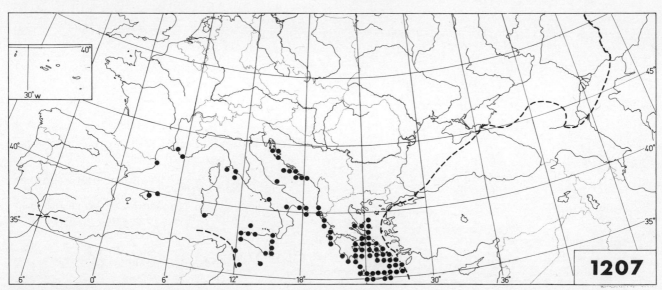

1207

Silene sedoides

Silene sedoides Poiret — Map 1207.

Diploid with 2n=24(Bl, Cr, Gr): J. Damboldt & D. Phitos, Österr. Bot. Zeitschr. 113: 170 (1966); E.A. Bari, New Phytol. 72: 835 (1973); B. de Montmollin, Bull. Soc. Neuchâtel. Sci. Nat. 105: 68 (1982).

Notes. Co not confirmed (?Co in Fl. Eur.): Fl. France 1973.

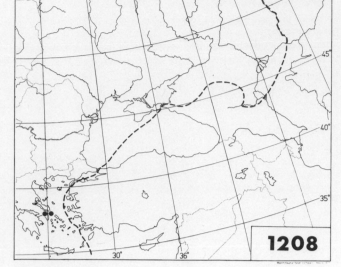

Silene pentelica Boiss. — Map 1208.

Silene sedoides Poiret subvar. pentelica (Boiss.) Hayek

Total range. Outside the Fl. Eur. area, found on the island of Ikaria (not mentioned in Fl. Turkey 1967).

Silene pentelica

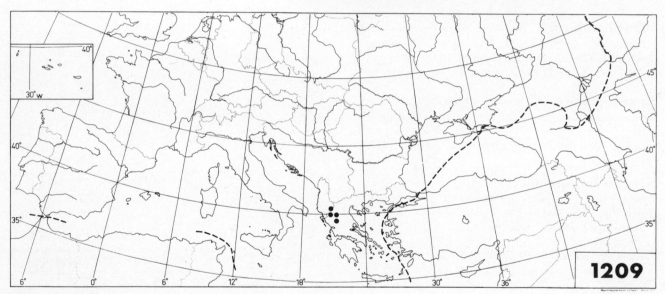

Silene haussknechtii

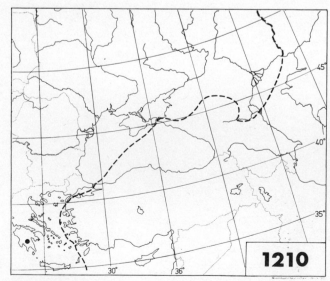

Silene laconica

Silene haussknechtii Heldr. ex Hausskn. — Map 1209.

Silene sedoides Poiret subsp. haussknechtii (Heldr. ex Hausskn.) Maire & Petitmengin

Total range. Endemic to Europe (although not mentioned as such in Fl. Eur.): Mountain Fl. Greece 1986: 169—170.

Silene laconica Boiss. & Orph. — Map 1210.

Total range. Endemic to Europe.

Silene cretica L. — Map 1211.

Silene annulata Thore (S. cretica subsp. annulata (Thore) Hayek); S. clandestina Jacq.; S. tenuiflora Guss. (S. cretica var. tenuiflora (Guss.) Rohrb.)

Taxonomy. Silene tenuiflora is treated as a distinct species in Fl. Turkey 1967: 232.

Diploid with 2n=24(Cr): B. de Montmollin, Bull. Soc. Neuchâtel. Sci. Nat. 105: 68 (1982).

Notes. Considered native in Al and Ju (*Al, [Ju] in Fl. Eur.): A. Martinčič & F. Sušnik, Mala Fl. Slovenije, p. 247 (Ljubljani 1969). Extinct in Co and Ga ([Co, Ga] in Fl. Eur.). [Cz] added (not given in Fl. Eur.): M. Šourková, Preslia 50: 93—95 (1978). An established alien in Hs and Lu (*Hs, *Lu in Fl. Eur.). Not truly established in Au, Ge, He or Sa ([Au, Ge, He, Sa] in Fl. Eur.).

Silene ungeri Fenzl — Map 1212.

Silene aetolica Heldr.

Notes. Presence in Al doubtful (given as present in Fl. Eur.): J. Damboldt & D. Phitos, Österr. Bot. Zeitschr. 118: 344 (map), 351 (1970).

Total range. Endemic to Europe.

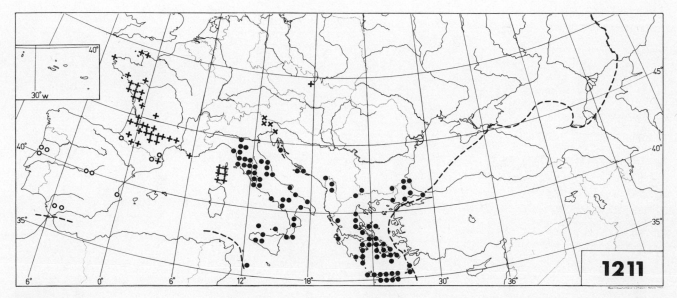

Silene cretica

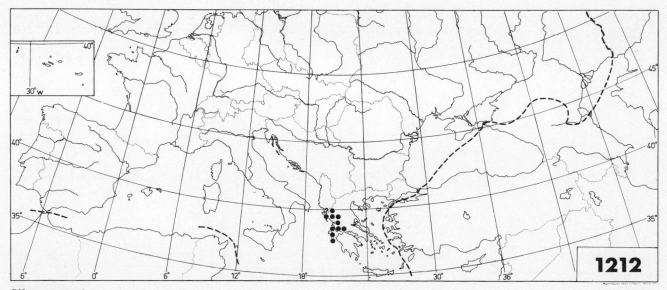

Silene ungeri

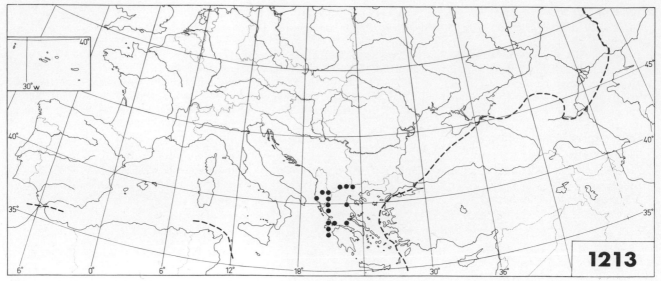

Silene graeca

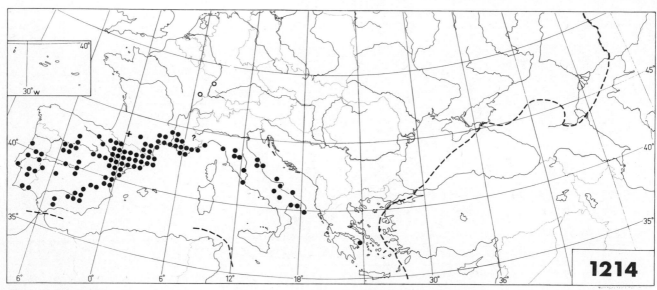

Silene muscipula

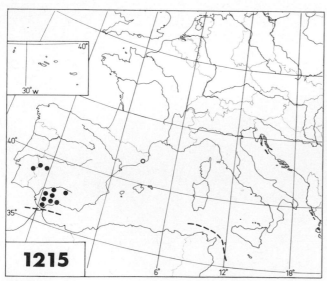

Silene stricta

Silene graeca Boiss. & Spruner — Map 1213.

Diploid with 2n=24(Gr): J. Damboldt & D. Phitos, Taxon 19: 265 (1970), Österr. Bot. Zeitschr. 118: 350 (1970).

Notes. Bu added (not given in Fl. Eur.): Fl. Bulg. 1966: 503—504.

Silene muscipula L. — Map 1214.

Silene arvensis Loscos non Salisb.; S. bracteosa Bertol. Incl. Silene corymbifera Bertol.

Diploid with 2n=24(Hs): Á. Löve & E. Kjellqvist, Lagascalia 4: 12 (1974).

Notes. The single dot in Gr is in accordance with Rech. fil., Fl. Aegaea, p. 171 (1943). Perhaps not truly native or constant in Si (given as native in Fl. Eur.): Pignatti Fl. 1982: 254.

Silene stricta L. — Map 1215.

Silene muscipula L. subsp. stricta (L.) Malagarriga

Nomenclature. R. Malagarriga, Sinopsis Fl. Iberica (Lab. Bot. Sennen 2): 297 (1975).

Diploid with 2n=24(Hs): Talavera & Bocquet 1976: 107—108.

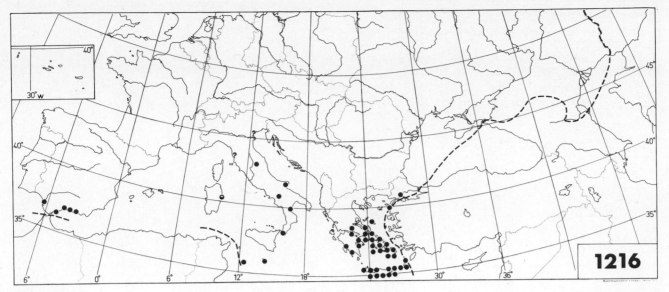

Silene behen

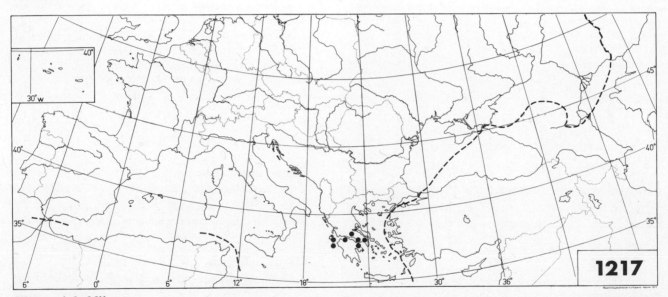

Silene reinholdii

Silene behen L. — Map 1216.

Excl. Silene reinholdii Heldr.

Taxonomy. J. Damboldt & D. Phitos, Österr. Bot. Zeitschr. 118: 348—350 (1970), consider *Silene reinholdii* specifically distinct from *S. behen*. W. Greuter, Saussurea 3: 157—166 (1972).

Diploid with 2n=24(Gr, Hs): J. Damboldt & D. Phitos, Österr. Bot. Zeitschr. 118: 350 (1970); Talavera & Bocquet 1976: 108.

Notes. Hs added (not given in Fl. Eur.): Talavera & Bocquet 1976: 108. Perhaps not truly native in Sa (given as native in Fl. Eur.): Pignatti Fl. 1982: 254.

Silene reinholdii Heldr. — Map 1217.

Taxonomy. J. Damboldt & D. Phitos, Österr. Bot. Zeitschr. 118: 348—350 (1970).

Diploid with 2n=24(Gr): J. Damboldt & D. Phitos, Taxon 19: 265 (1970).

Notes. Gr (included, as synonymous, in *Silene behen* in Fl. Eur.).

Total range. Endemic to Europe.

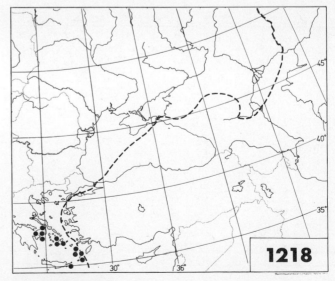

Silene holzmannii

104

Silene holzmannii Heldr. ex Boiss. — Map 1218.

Diploid with 2n=24(Gr): J. Damboldt & D. Phitos, Taxon 19: 265 (1970).

Notes. Cr added (not given in Fl. Eur.): W. Greuter, Ann. Mus. Goulandris 1: 33—34 (1973). Considered vulnerable: W. Greuter, Saussurea 3: 157—166 (1972); TPC Red Data Sheets Europe (preprint Kew 1977); IUCN Plant Red Data Book, pp. 121—122 (Kew 1978).

Total range. Outside the Fl. Eur. area, found on an islet N. of Leros (given as endemic to Eur. in Fl. Eur.): H. Runemark (in litt.).

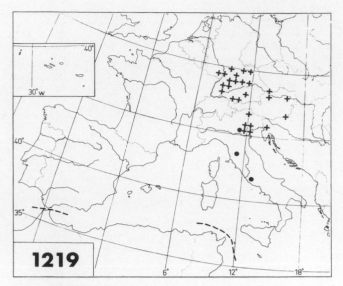

1219

Silene linicola

Silene linicola C.C. Gmelin — Map 1219.

Notes. Becoming very rare and largely extinct. See Hegi 1979: 1145. Extinct in Au and Ge, and records from Ga doubtful (given as present in Fl. Eur.). ?Ju added (not given in Fl. Eur.): Pignatti Fl. 1982: 254.

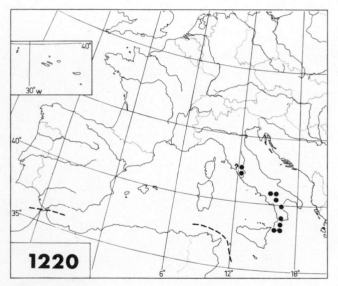

1220

Silene echinata

Silene crassipes Fenzl

Silene gonocalyx Boiss.

Notes. *Gr. "... reported from cultivated fields in Thrace" (Fl. Eur., in a comment under *Silene linicola*). No data available. Not mapped.

Silene echinata Otth — Map 1220.

Total range. Endemic to Europe.

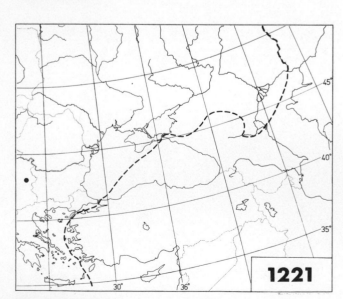

1221

Silene squamigera

Silene squamigera Boiss. — Map 1221.

Silene echinata Jaub. & Spach, non Otth

Notes. Ju added (not given in Fl. Eur.): Fl. Serbie 1970: 218. No data available from Gr (given in Fl. Eur.).

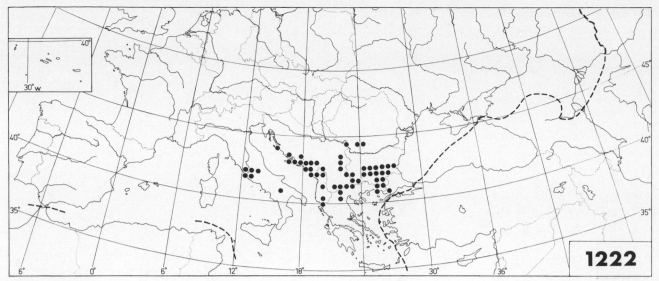

Silene gallinyi

Silene gallinyi Heuffel ex Reichenb. — Map 1222.

Silene trinervia Sebastiani & Mauri, non S. trinervis Banks &
Solander; S. viridis Greuter

Nomenclature. W. Greuter, Willdenowia 14 (Optima
Leafl. 140): 49 (1984).

Diploid with 2n=24(Gr): A. Strid & R. Franzén, Taxon
30: 833 (1981) (as *Silene trinervia*).

Notes. Cr omitted (given in Fl. Eur): W. Greuter, Mem.
Soc. Brot. 24: 155 (1974). Tu added (not given in Fl. Eur.
or in Fl. Turkey 1967): Webb 1966: 21.

Silene laeta (Aiton) Godron — Map 1223.

Agrostemma laetum (Aiton) G. Don fil.; Eudianthe corsica
(Loisel.) Fenzl; E. laeta (Aiton) Willk.; Lychnis corsica Loisel.;
L. laeta Aiton; Silene loiseleurii Godron (S. laeta var. loiseleu-
rii (Godron) Rouy & Fouc.)

Diploid with 2n=24(Hs, Lu): Fernandes & Leitao 1971:
161, 167 (as *Eudianthe laeta*); Talavera & Bocquet 1976:
108.

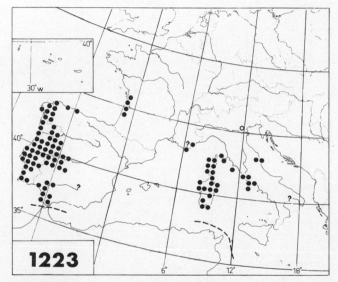

Silene laeta

Silene coeli-rosa (L.) Godron — Map 1224.

Agrostemma coeli-rosa L.; Eudianthe coeli-rosa (L.) Reichenb.; Lychnis coeli-rosa (L.) Desr.

Notes. No data available from Al, Au or Ju ([Al, Au, Ju]
in Fl. Eur.). [Hu] added (not given in Fl. Eur.). Lu omitted (given in Fl. Eur.): not mentioned in Nova Fl. Port.
1971, given as a casual alien in Med-Checklist 1984: 253.

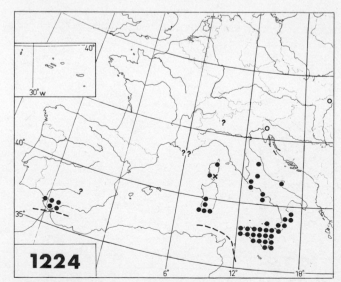

Silene coeli-rosa

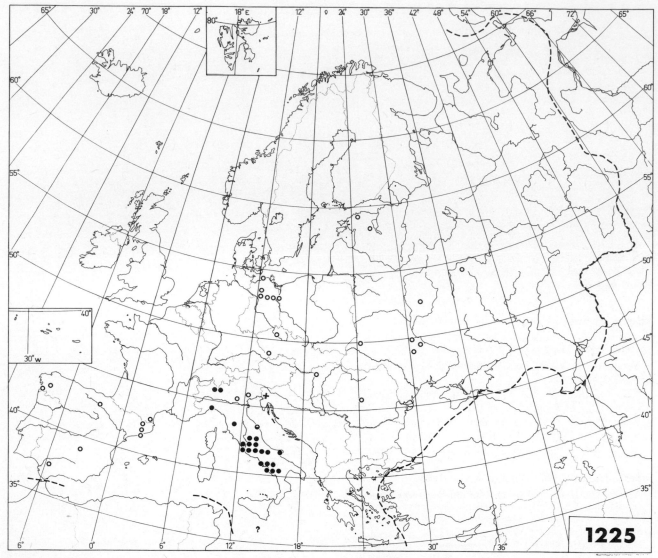

Silene pendula

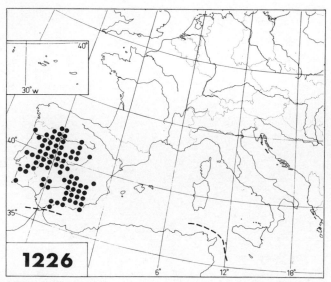

1226

Silene psammitis

Silene pendula L. — Map 1225.

Diploid with 2n=24(Ga): J.C. van Loon & H. de Jong, Taxon 27: 57 (1978).

Notes. No data available from Au or Ju ([Au, Ju] in Fl. Eur.). Only casual in Co (not given in Fl. Eur.); mentioned as native of Co by R.D. Meikle, Fl. Cyprus 1: 242 (Kew 1977). Cr omitted (given in Fl. Eur.): W. Greuter, Mem. Soc. Brot. 24: 155 (1974). [Ge, Hs, Hu, Rs(B)] added (not given in Fl. Eur.): S. Talavera, Lagascalia 8: 162—163 (1979 ("1978")). Presence in Si (Malta) doubtful (given as present in Fl. Eur.).

Silene psammitis Link ex Sprengel — Map 1226.

Silene agrostemma Boiss. & Reuter; S. lasiostyla Boiss. (S. psammitis subsp. lasiostyla (Boiss.) Rivas Goday); S. villosa Boiss. non Forskål

Taxonomy. S. Rivas Goday & F. Esteve Chueca, An. Acad. Farmacia (Madrid) 38: 461 (1972); S. Talavera, Lagascalia 8: 158—162 (1979 ("1978")).

Diploid with 2n=24(Hs): Talavera & Bocquet 1976: 109.

Total range. S. Talavera, Lagascalia 8: 159 (1979 ("1978")). Also present in Morocco (Tanger), though given as an "Iberian endemic" by Á. Löve & E. Kjellqvist, Lagascalia 4: 13 (1974).

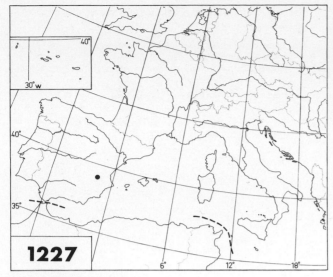

1227

Silene oropediorum

1228

Silene stockenii

Silene oropediorum Cosson — Map 1227.

Taxonomy. R. Maire, Fl. Afr. Nord 10: 87—89 (Paris 1963).

Notes. Hs (the taxon not mentioned in Fl. Eur.): J.P. Peris & G. Stübing, An. Jardín Bot. Madrid 41: 453 (1985).

Silene stockenii Chater — Map 1228.

Taxonomy. A.O. Chater, Lagascalia 3: 219—222 (1974); S. Talavera, Lagascalia 8: 144, 157—158 (1979 ("1978")).

Diploid with 2n=24(Hs): Talavera & Bocquet 1976: 110.

Notes. Hs (the species not mentioned in Fl. Eur.).

Total range. Endemic to Europe.

Silene littorea Brot.

Incl. Silene adscendens Lag.

Taxonomy. R. Maire, Fl. Afr. Nord 10: 107 (1963); S. Talavera, Lagascalia 8: 151—157 (1979 ("1978")).

Notes. Bl omitted (given in Fl. Eur.), the material belonging to *Silene cambessedesii* (see below).

Total range. S. Talavera, Lagascalia 8: 153 (1979 ("1978")).

S. littorea subsp. littorea — Map 1229.

Silene cambessedesii Boiss. & Reuter, pro parte (typo excluso)

Diploid with 2n=24(Hs, Lu): Fernandes & Leitao 1971: 158, 167; Talavera & Bocquet 1976: 109.

Notes. Hs, Lu. "S.W. Europe" (Fl. Eur., for the species).

Total range. S. Talavera, Lagascalia 8: 153 (1979 ("1978")).

S. littorea subsp. adscendens (Lag.) Rivas Goday — Map 1230.

Silene adscendens Lag.

Taxonomy. S. Rivas Goday, Publ. Inst. Biol. Apl. (Barcelona) 42: 114 (1967); S. Talavera, Lagascalia 8: 155 (1979 ("1978")).

Diploid with 2n=24(Hs): Talavera & Bocquet 1976: 109 (as *Silene adscendens*).

Notes. Hs. "S.E. Spain" (Fl. Eur., as a separate species).

Total range. Endemic to Europe.

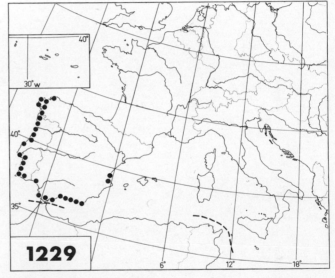

1229

Silene littorea subsp. **littorea**

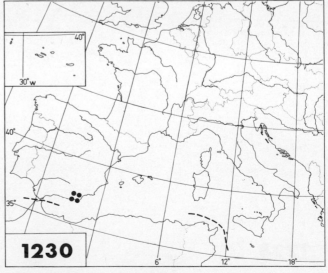

1230

Silene littorea subsp. **adscendens**

108

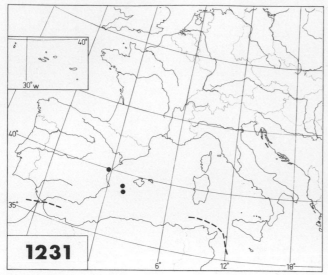

Silene cambessedesii

Silene cambessedesii Boiss. & Reuter — Map 1231.

Silene adscendens Lag. var. nana (Camb.) Pau; S. littorea auct. pro parte, non Brot.; S. littorea var. nana (Camb.) Knoche; S. nana (Camb.) Pau; S. villosa Boiss. non Forskål var. nana Camb.

Taxonomy. S. Talavera, Lagascalia 8: 155—157 (1979 ("1978")).

Notes. Bl, Hs (included in *Silene littorea* in Fl. Eur.).

Total range. Endemic to Europe.

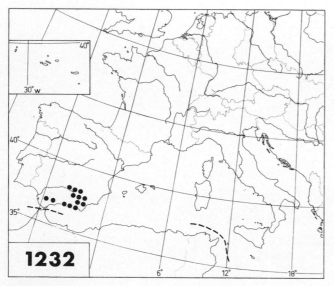

Silene germana

Silene germana Gay — Map 1232.

Silene boissieri Gay; S. almolae Gay subsp. boissieri (Gay) Sagredo & Malagarriga; S. ramosissima Boiss. non Desf.

Taxonomy and nomenclature. R. Malagarriga, Nuevas comb. subespec. Prov. Almeria, p. 11 (Barcelona 1974); S. Talavera, Lagascalia 8: 145—148 (1979 ("1978")); G. López González, An. Jardín Bot. Madrid 36: 277—278 (1980).

Diploid with 2n=24(Hs): Talavera & Bocquet 1976: 110 (as *Silene boissieri*).

Total range. Endemic to Europe.

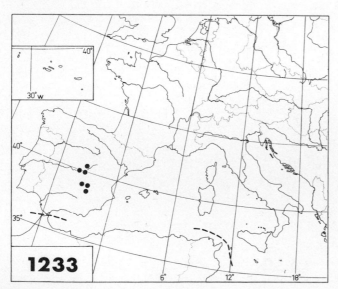

Silene almolae

Silene almolae Gay — Map 1233.

Silene laminiensis González-Albo

Taxonomy. S. Talavera, Lagascalia 8: 148—150 (1979 ("1978")).

Diploid with 2n=24(Hs): S. Talavera, Lagascalia 8: 148 (1979 ("1978")).

Total range. Endemic to Europe.

Silene dichotoma Ehrh.

Silene euxina (Rupr.) Hand.-Mazz.; S. mathei Pénzes; S. racemosa Otth; S. sibthorpiana Reichenb.; S. trinervis Banks & Solander

Diploid with 2n=24(Bu, Cz, Rm): Fl. Eur.; Májovský et al. 1970 a: 21; S.I. Kožuharov & A.V. Petrova, Taxon 23: 377 (1974).

Notes. [Be, Co, Cz, Hs, Rs(B)] and [Su] added (not given in Fl. Eur.); for [Cz], see J. Holub, Preslia 38: 80 (1966). Considered native in It ([It] in Fl. Eur.): Pignatti Fl. 1982: 256. Not native in Po or Rs(N) (given as native in Fl. Eur.).

S. dichotoma subsp. dichotoma — Map 1234.

Diploid with 2n=24(Ga, Ge, He): E.A. Bari, New Phytol. 72: 834 (1973).

Notes. [Be], Bu, [Co, Cz, Ga, Ge, He, Hs], Hu, It, Ju, [Po], Rm, Rs([N, B], C, W, K, E), [Su], Tu. "Throughout the range of the species, except Greece and the Aegean region" (Fl. Eur.).

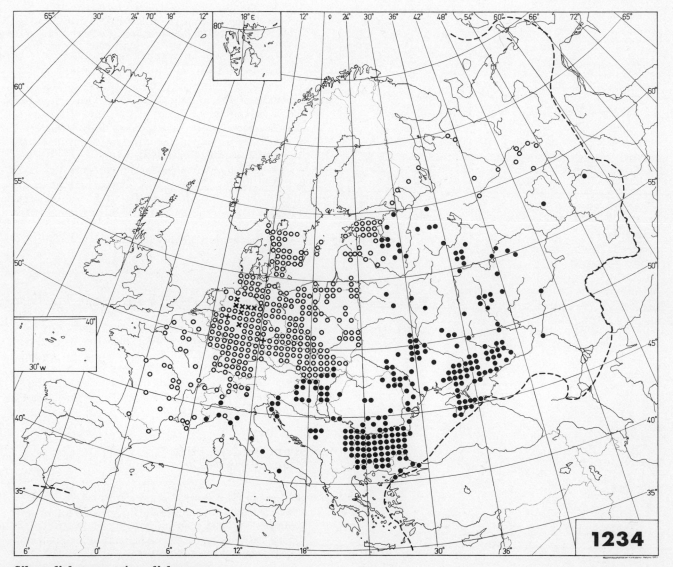

Silene dichotoma subsp. **dichotoma**

110

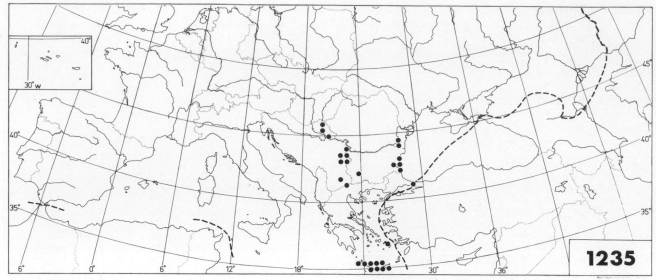

Silene dichotoma subsp. **racemosa**

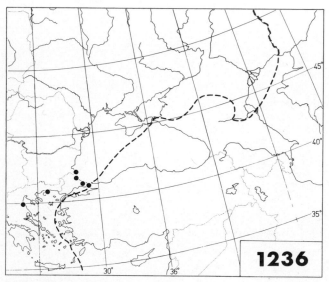

Silene dichotoma subsp. **euxina**

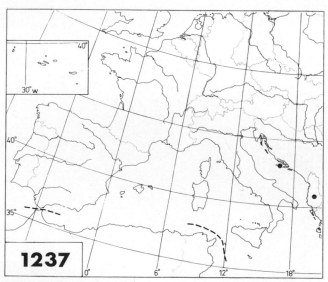

Silene heldreichii

S. dichotoma subsp. **racemosa** (Otth) Graebner —
Map 1235.

> Silene dichotoma subsp. praedichotoma (P. Candargy) Rech.
> fil.; S. dichotoma subsp. sibthorpiana (Reichenb.) Rech. fil.;
> S. racemosa Otth; S. racemosa subsp. rumelica Form.; S. sib-
> thorpiana Reichenb.; S. trinervis Banks & Solander

Nomenclature. When proposed in 1920 and at the time of
publication of Fl. Eur. in 1964, the nomenclatural combination *Silene dichotoma* subsp. *racemosa* (Otth) Graebner
had to be considered superfluous because of the much
older *S. racemosa* subsp. *rumelica* Form. 1898. However, it
became correct on adoption of the autonym rule by the
Botanical Congress, Sydney 1981.

Diploid chromosome number 2n=24 reported by E.A.
Bari, New Phytol. 72: 834 (1973), for material from Israel.

Notes. Bu, Cr, Gr, Ju, Rm, Tu. "S.E. Europe" (Fl.
Eur.).

S. dichotoma subsp. **euxina** (Rupr.) Coode & Cullen —
Map 1236.

> Silene dichotoma var. euxina Rupr.; S. euxina (Rupr.)
> Hand.—Mazz.

Taxonomy. D. Jordanov & P. Panov in Fl. Bulg. 1966:
506, 595—596; M.J.E. Coode & J. Cullen in Fl. Turkey
1967: 234—236; A. Huber-Morath et al., Notes Roy. Bot.
Garden Edinburgh 28: 8 (1967). Treated as an independent species by W. Greuter, Willdenowia 14 (Optima
Leafl. 140): 45 (1984).

Notes. Bu, Gr, Tu (the taxon not mentioned in Fl. Eur.).
For Gr, see W. Greuter & T. Raus (eds.), Willdenowia 14
(Optima Leafl. 140): 45 (1984).

Silene heldreichii Boiss. — Map 1237.

> Silene remotiflora Vis.

Taxonomy and nomenclature. M.J.E. Coode & J. Cullen in
Fl. Turkey 1967: 236—237.

Notes. No data available from Gr (given in Fl. Eur. and
Med-Checklist 1984: 259).

Total range. Owing to revision of its circumscription, the
species is not endemic to Europe, as given in Fl. Eur.

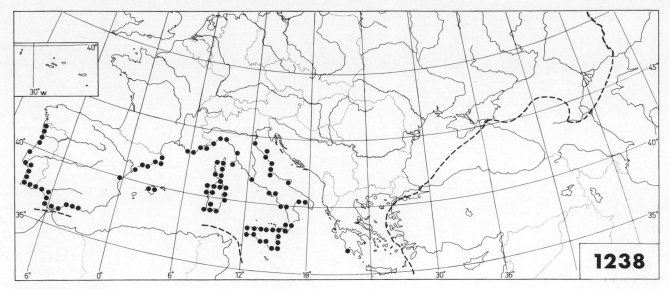

Silene niceensis

Silene niceensis All. — Map 1238.

    Silene arenicola C. Presl

    Nomenclature. Orthography corrected in accordance with J.E. Dandy, Taxon 19: 625 (1970).

    Diploid with 2n=24(Gr, Hs): J. Damboldt & D. Phitos, Österr. Bot. Zeitschr. 113: 171 (1966); Talavera & Bocquet 1975: 48.

Silene scabriflora Brot. — Map 1239.

    Silene hirsuta Lag. non Poiret; S. laxiflora Brot.; S. sabuletorum Link

    Diploid with 2n=24(Hs, Lu): Fernandes & Leitao 1971: 159, 167; Talavera & Bocquet 1975: 48—49.

    Total range. Endemic to Europe (Fl. Eur.). "*Silene laxiflora*", given from Morocco by R. Maire, Fl. Afr. Nord 10: 92—95 (1963), is referable to *S. micropetala*; see Med-Checklist 1984: 265.

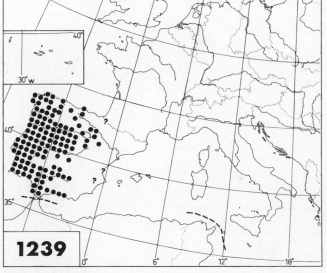

Silene scabrifolia

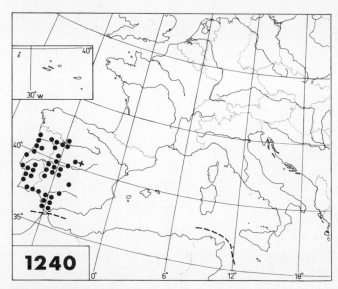

Silene micropetala Lag. — Map 1240.

    Silene laxiflora auct. non Brot.

    Diploid with 2n=24(Hs): Talavera & Bocquet 1975: 49.

Silene micropetala

112

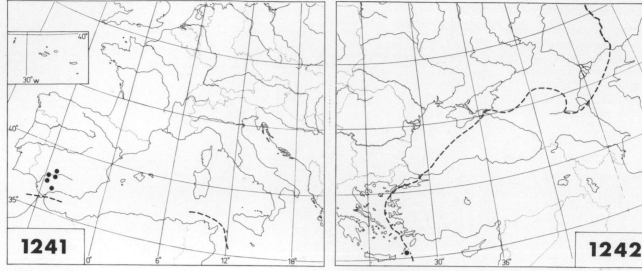

1241

Silene mariana

1242

Silene discolor

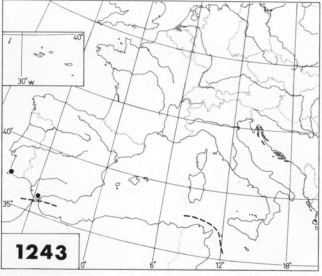

1243

Silene obtusifolia

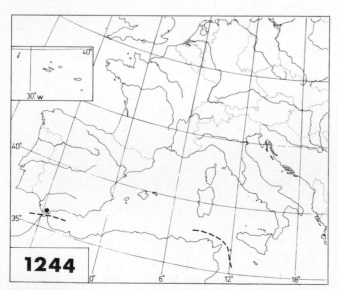

1244

Silene gaditana

Silene mariana Pau — Map 1241.

Taxonomy. S. Talavera, Lagascalia 7: 127—131 (1978). *Silene mariana* is closely related to *S. scabriflora* Brot., and possibly not specifically distinct from it.

Diploid with 2n=24(Hs): S. Talavera, Lagascalia 7: 201 (1977).

Notes. Hs (the taxon not mentioned in Fl. Eur.).

Total range. Endemic to Europe.

Silene discolor Sibth. & Sm. — Map 1242.

Silene pompeiopolitana Gay ex Boiss.

Taxonomy. Silene pompeiopolitana is considered a separate species in Fl. Turkey 1967: 238, and in Med-Checklist 1984: 257, 269.

Notes. Cr added (not given in Fl. Eur.): W. Greuter, Mem. Soc. Brot. 24: 147 (1974). Gr omitted (given in Fl. Eur. and Med-Checklist 1984: 257).

Silene obtusifolia Willd. — Map 1243.

Diploid with 2n=24(Hs): Talavera & Bocquet 1975: 49.

[Silene corrugata Ball]

Silene mogadorensis Cosson & Balansa

Notes. Given from Hs by E.F. Galiano & S. Silvestre, Lagascalia 7: 36 (1977) (not given in Fl. Eur. and not listed from Europe in Med-Checklist 1984: 255). Not mapped.

Native of Morocco.

Silene gaditana Talavera & Bocquet — Map 1244.

Taxonomy. Talavera & Bocquet 1975: 47—54.

Diploid with 2n=24(Hs): Talavera & Bocquet 1975: 50.

Notes. Hs (the species not mentioned in Fl. Eur.).

Total range. Known only from the type collection (Sierra Carbonara, prov. Cádiz).

Silene sericea All. — Map 1245.

Silene ambigua Camb. — Excl. Silene decumbens Biv.

Taxonomy. According to Med-Checklist 1984: 253, *Silene decumbens* Biv., in Fl. Eur. referred to the synonymy of this species, belongs to *S. colorata.*

Diploid with 2n=24(Bl): M.-A. Cardona & J. Contandriopoulos, Taxon 32: 324 (1983).

Notes. Bl confirmed (?Bl in Fl. Eur.). Ga not confirmed (?Ga in Fl. Eur.): Fl. France 1973: 330.

Silene nocturna L.

Silene boullui Jordan; S. brachypetala Robill. & Cast.; S. matutina C. Presl; S. neglecta Ten.; S. permixta Jordan; S. reflexa (L.) Aiton fil.

Diploid with 2n=24(Bl, Ga, Hs): R. Dahlgren et al., Bot. Not. 124: 252 (1971); E.A. Bari, New Phytol. 72: 835 (1973); Á. Löve & E. Kjellqvist, Lagascalia 4: 13 (1974).

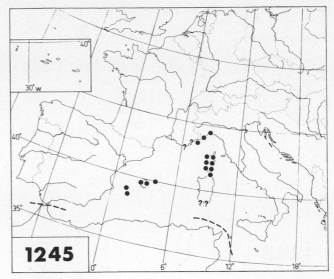

1245

Silene sericea

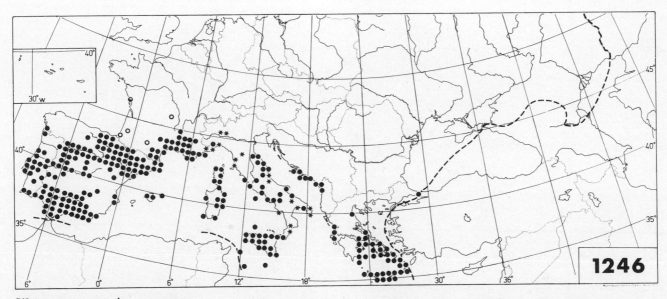

1246

Silene nocturna subsp. **nocturna**
★ = subspecies not known

S. nocturna subsp. **nocturna** — Map 1246.

Silene boullui Jordan; S. brachypetala Robill. & Cast.; S. matutina C. Presl; S. micropetala Lag. subsp. boullui (Jordan) Rouy & Fouc.; S. nocturna subsp. brachypetala (Robill. & Cast.) Arcangeli; S. nocturna subsp. decipiens Ball; S. permixta Jordan; S. reflexa (L.) Aiton fil.

Diploid with 2n=24(Gr, Lu, Si): J. Damboldt & D. Phitos, Österr. Bot. Zeitschr. 113: 171 (1966); Fernandes & Leitao 1971: 159, 167; K.U. Kramer et al., Acta Bot. Neerl. 21: 59 (1972) (as *Silene nocturna* var. *brachypetala*). — The deviating number 2n=36(Ga) reported by G. Natarajan, Taxon 27: 527 (1978).

Notes. Al, Bl, Co, Cr, Ga, Gr, Hs, It, Ju, Lu, Sa, Si, Tu. "Throughout the range of the species" (Fl. Eur.).

Silene nocturna subsp. **neglecta** (Ten.) Arcangeli — Map 1247.

Silene neglecta Ten.; S. reflexa auct., non (L.) Aiton nec Moench

Taxonomy. Considered a good species in Pignatti Fl. 1982: 256, and in Med-Checklist 1984: 267.

Notes. Ga, It, Si. "S. France, Italy, Sicilia" (Fl. Eur.).

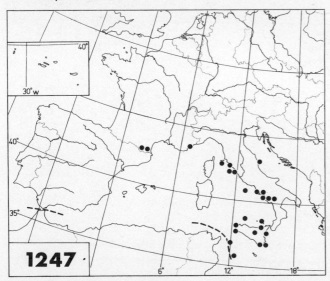

1247

Silene nocturna subsp. **neglecta**

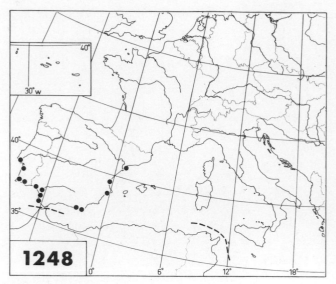

1248

Silene ramosissima

Silene ramosissima Desf. — Map 1248.

Diploid with 2n=24(Hs): Talavera & Bocquet 1976: 110.

Silene gallica L. — Map 1249.

Cucubalus sylvestris Lam.; Silene anglica L. (S. gallica subsp. anglica (L.) A. Löve & D. Löve); S. cerastoides auct. ital., non L.; S. linophila Rothm.; S. lusitanica L.; S. quinquevulnera L. (S. gallica subsp. quinquevulnera (L.) A. Löve & D. Löve; S. gallica var. quinquevulnera (L.) Koch)

Diploid with 2n=24(Bl, Br, Bu, Co, Cz, Ga, Gr, Hs, Lu): Fl. Eur.; J. Damboldt & D. Phitos, Verh. Bot. Ver. Brandenburg 105: 45 (1968); Májovský et al. 1970 b: 58; R. Dahlgren et al., Bot. Not. 124: 252 (1971); Fernandes & Leitao 1971: 158, 167; S.I. Kožuharov & A.V. Petrova, Taxon 23: 377 (1974); Talavera & Bocquet 1976: 110—112; J.C. van Loon & H. de Jong, Taxon 27: 57 (1978).

Notes. Considered an archaeophyte in many parts of C. Europe. Abruptly declining in Cz and Po, and, since 1950, in Ho: Atlas Nederl. Fl. 1980: 187. Considered casual in Da (given as native in Fl. Eur.). [Ge] added (not given in Fl. Eur.). Almost extinct in He.

Total range. A. Zając, Origin Archaeoph. Poland, p. 33 (Kraków 1979).

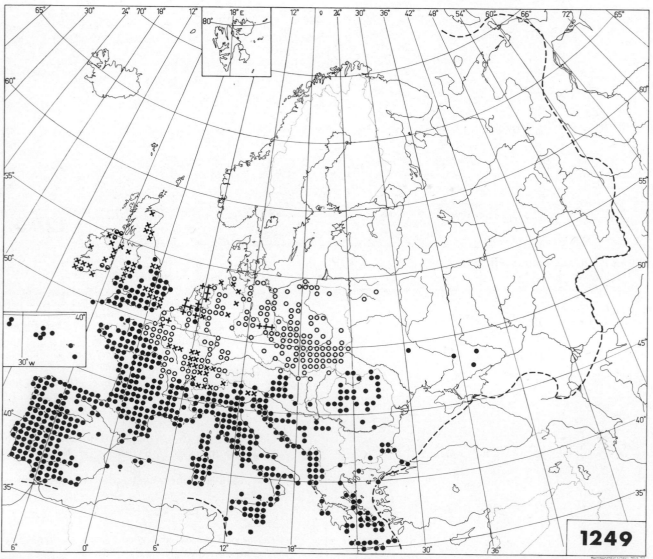

1249

Silene gallica

Silene giraldii Guss. — Map 1250.

Total range. Endemic to Europe.

Silene bellidifolia Juss. ex Jacq. — Map 1251.

Silene hirsuta Poir. non Lag.; S. hispida Desf.; S. vespertina Retz.

Diploid with 2n = 24(Bl, Gr): J. Damboldt & D. Phitos, Taxon 19: 265 (1970); E.A. Bari, New Phytol. 72: 834 (1973).

Notes. [Ju] added (not given in Fl. Eur.): Fl. Serbie 1970: 222.

Silene cerastoides L. — Map 1252.

Silene coarctata Lag.

Diploid with 2n = 24(Hs): Talavera & Bocquet 1976: 112.

Notes. Cr added (not given in Fl. Eur.): W. Greuter, Ann. Mus. Goulandris 1: 33 (1973); W. Greuter et al., Willdenowia 13 (Optima Leafl. 131): 50 (1983). The single dot in Gr is in accordance with Rech. fil., Fl. Aegaea, p. 167 (1943).

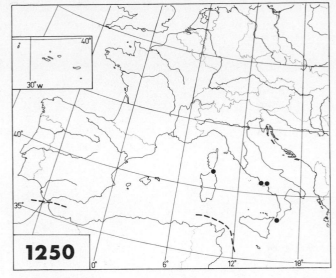

Silene giraldii

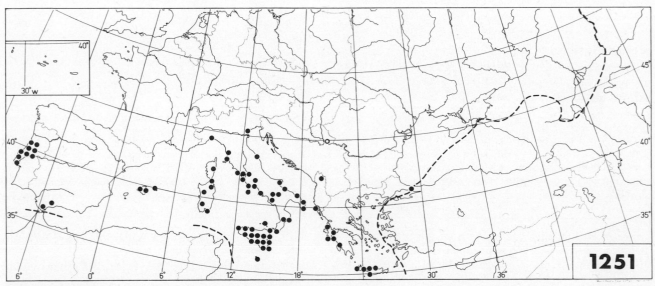

Silene bellidifolia

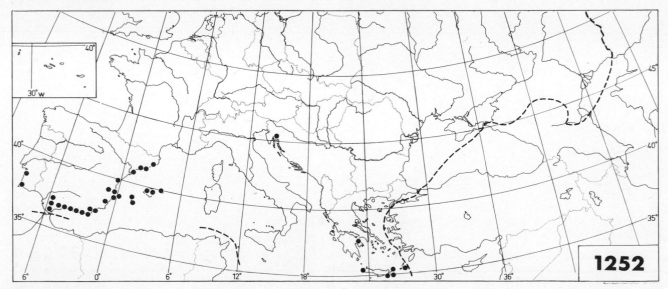

Silene cerastoides

116

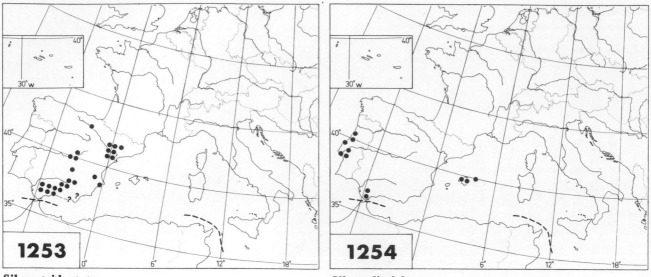

Silene tridentata

Silene disticha

Silene tridentata Desf. — Map 1253.

Silene cerastoides L. var. tridentata (Desf.) Lindman
Diploid with 2n=24(Hs): Talavera & Bocquet 1976: 112.

Silene disticha Willd. — Map 1254.

Diploid with 2n=24(Lu): Fernandes & Leitao 1971: 159, 167.
Notes. Hs added (not given in Fl. Eur.): E.F. Galiano & S. Silvestre, Lagascalia 7: 38 (1977).

Silene colorata Poiret — Map 1255.

Silene ambigua Camb.; S. bipartita Desf.; S. decumbens Biv.; S. morisiana Béguinot & Ravano; S. sericea auct. non All. Incl. Silene canescens Ten.

Taxonomy. The present stage of our knowledge does not allow definite treatment at subspecies level and subsp. *colorata* is still remarkably variable. The other subspecies recognized here evidently represents only one of the more pronounced morphological extremes. Plants with a short carpophore and capsule occur (? allopatrically from the rest) from S. Spain and S. Italy to Greece, at least. They have been called *Silene canescens* Ten., but the poorly delimited range of the taxon and the wide variation in its combination of taxonomical characters make treatment as another subspecies questionable. — Concerning the infraspecific variation, consult R. Maire, Fl. Afr. Nord 10: 112—119 (1963); S. Pignatti, Gior. Bot. Ital. 107: 208—209 (1973); Talavera & Bocquet 1976: 113—114; R.D. Meikle, Fl. Cyprus 1: 247—249 (Kew 1977).

Diploid with 2n=24(Gr, It, Si): J. Damboldt & D. Phitos, Österr. Bot. Zeitschr. 113: 171 (1966); E.A. Bari, New Phytol. 72: 834 (1973); A. Scrugli et al., Inf. Bot. Ital. 6: 312 (1974).

Notes. Bu omitted (given in Fl. Eur.): Fl. Bulg. 1966: 510; B.A. Kuzmanov, Candollea 34: 17 (1979). Present in Co as doubtfully native (not given in Fl. Eur.): J. Gamisans, Willdenowia 13 (Optima Leafl. 136): 281 (1983).

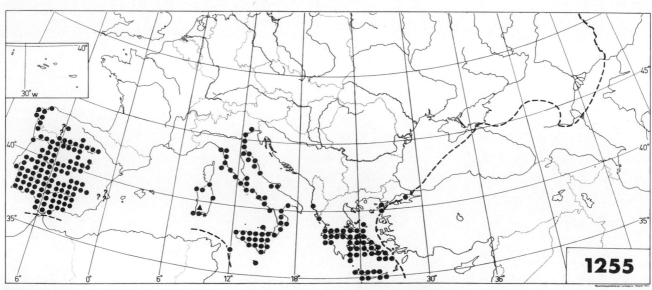

Silene colorata
• = subsp. **colorata**

▲ = subsp. **morisiana**
★ = subsp. **morisiana** + subsp. **colorata**

S. colorata subsp. **colorata** — Map 1255.

Silene ambigua Camb.; S. bipartita Desf.; S. colorata subsp. decumbens (Biv.) Holmboe; S. decumbens Biv.; S. sericea All. subsp. colorata (Poiret) F.N. Williams. Incl. Silene canescens Ten. (S. colorata subsp. canescens (Ten.) Ciferri & Giacomini, comb. inval.)

Diploid with 2n=24(Cr, Hs, Lu): Fernandes & Leitao, 1971: 159, 167 (as *Silene colorata*); A. Löve & E. Kjellqvist, Lagascalia 4: 13 (1974) (as *S. colorata* and its var. *pubicalycina*); Talavera & Bocquet 1976: 113—114 (as *S. colorata* var. *angustifolia*, var. *crassifolia*, var. *lasiocalyx* and var. *vulgaris*); B. de Montmollin, Bull. Soc. Neuchâtel. Sci. Nat. 105: 68 (1982) (as *S. colorata*).

Notes. Al, *Co, Cr, Gr, Hs, It, Lu, Sa, Si, Tu. ”S. Europe” (Fl. Eur., for the undivided species), and ”S. Italy, Sicilia and Greece” (Fl. Eur., for *Silene canescens*, in a note under *S. colorata*).

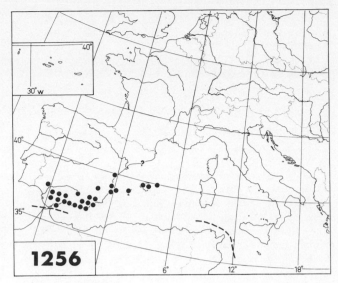

1256

Silene secundiflora

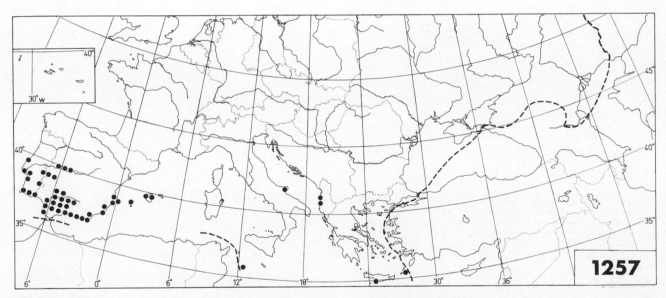

1257

Silene apetala

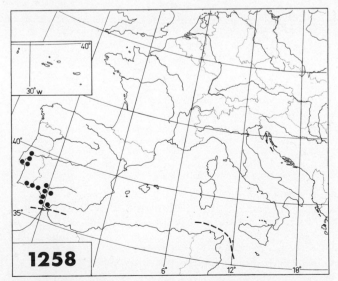

1258

Silene longicaulis

S. colorata subsp. **morisiana** (Béguinot & Ravano) Pignatti — Map 1255.

Silene morisiana Béguinot & Ravano
Taxonomy. S. Pignatti, Gior. Bot. Ital. 107: 208—209 (1973).
Notes. Sa (the taxon not mentioned in Fl. Eur.).
Total range. Evidently endemic to Sardegna.

Silene secundiflora Otth — Map 1256.

Silene colorata Poiret subsp. secundiflora (Otth) Sagredo & Malagarriga; S. glauca Pourret ex Lag., non Salisb.
Diploid with 2n=24(Bl, Hs): T.W.J. Gadella et al., Acta Bot. Neerl. 15: 485 (1966); R. Dahlgren et al., Bot. Not. 124: 252 (1971).
Notes. Lu not confirmed (?Lu in Fl. Eur.): Nova Fl. Port. 1971.

Silene apetala Willd. — Map 1257.

Silene decipiens Barc. non Ball
Diploid with 2n=24(Hs): Talavera & Bocquet 1976: 115.
Notes. No data available from Gr (given in Fl. Eur. and Med-Checklist 1984: 249). Presence in Sa doubtful (given

118

as present in Fl. Eur. and in Pignatti Fl. 1982: 258):
W. Greuter & T. Raus (eds.), Willdenowia 14 (Optima
Leafl. 140): 45 (1984).

Silene longicaulis Pourret ex Lag. — Map 1258.

Diploid with 2n=24(Hs): Talavera & Bocquet 1976:
115.

Silene ammophila Boiss. & Heldr. — Map 1259.

Pleconax ammophila (Boiss. & Heldr.) Šourková; P. carpathae (Chowdhuri) Ikonn.

Generic delimitation (Conosilene, Pleconax) and nomenclature.
M. Šourková, Österr. Bot. Zeitschr. 119: 577—581
(1972); Á. Löve & E. Kjellqvist, Jour. Ind. Bot. Soc. 50 A:
366—376 (1972), Lagascalia 4: 14 (1974); S.S. Ikonnikov,
Nov. Syst. Pl. Vasc. (Leningrad) 14: 76—78 (1977); J.
Holub, Folia Geobot. Phytotax. (Praha) 12: 421 (1977).

Total range. Endemic to the South Aegean islands (Kriti
to Karpathos).

S. ammophila subsp. **ammophila** — Map 1259.

Conosilene conica (L.) Á. Löve & Kjellqvist subsp. ammophi-
la (Boiss. & Heldr.) Á. Löve & Kjellqvist; Pleconax conica (L.)
Šourková subsp. ammophila (Boiss. & Heldr.) Á. Löve &
Kjellqvist

Notes. Cr. "E. Kriti and Gaidhouronisi" (Fl. Eur.).

S. ammophila subsp. **carpathae** Chowdhuri — Map
1259.

Conosilene conica subsp. ammophila var. carpathae (Chowdhuri) Á. Löve & Kjellqvist; Pleconax ammophila subsp. carpathae (Chowdhuri) Šourková; P. carpathae (Chowdhuri)
Ikonn.; P. conica subsp. ammophila var. carpathae (Chowdhuri) Á. Löve & Kjellqvist

Notes. Cr. "Karpathos" (Fl. Eur.).

Silene macrodonta Boiss. — Map 1260.

Pleconax conica (L.) Šourková subsp. macrodonta (Boiss.) Á.
Löve & Kjellqvist; P. macrodonta (Boiss.) Šourková; P. pam-
phylica (Boiss. & Heldr.) Ikonn.; Silene pamphylica Boiss. &
Heldr.

Notes. Cr (Karpathos) (the taxon not mentioned in Fl.
Eur.): W. Greuter, Mem. Soc. Brot. 24: 147 (1974).

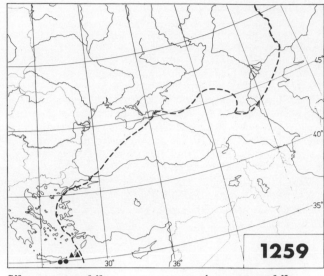

Silene ammophila   ● = subsp. **ammophila**
                            ▲ = subsp. **carpathae**

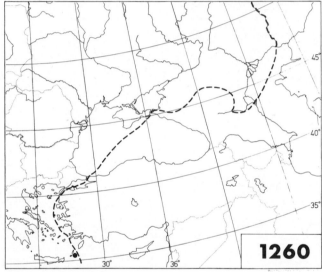

Silene macrodonta

Silene conica L. — Map 1261.

Conosilene conica (L.) Fourr.; Pleconax conica (L.) Šourková; P. juvenalis (Delile) Ikonn.; P. sartorii (Boiss. & Heldr.) Šourková; P. subconica
(Friv.) Šourková; P. tempskyana (Freyn & Sint.) Šourková; Silene juvenalis Delile; S. sartorii Boiss. & Heldr.; S. subconica Friv.; S.
tempskyana Freyn & Sint.

Nomenclature. M. Šourková, Österr. Bot. Zeitschr. 119: 579—580 (1972); Á. Löve & E. Kjellqvist, Jour. Ind. Bot. Soc. 50 A:
366—376 (1972), Lagascalia 4: 13—14 (1974); S.S. Ikonnikov, Nov. Syst. Pl. Vasc. (Leningrad) 14: 76 (1977).

Taxonomy. A.O. Chater & S.M. Walters, Feddes Repert. 69 (Fl. Eur. Notulae Syst. 3): 48—49 (1964).

Diploid with 2n=20(Cz, Ga, Ge, Gr, Hu): J. Damboldt & D. Phitos, Verh. Bot. Ver. Brandenburg 105: 44, 46 (1968); J.C. van
Loon & H.C.M. Snelders, Taxon 28: 632 (1979); F. Dvořák et al., Taxon 29: 544 (1980).

Notes. Be and Lu added (not given in Fl. Eur.): Nova Fl. Port. 1971: 154. [Po], [Rs(B)] and [Su] added (not given in Fl. Eur.): H.
Weimarck, Bot. Not. 119: 358—360 (1966).

Total range. MJW 1965: map 137a.

S. conica subsp. **conica**

Conosilene conica (L.) Fourr.; Pleconax conica (L.) Šourková. Incl. Silene conica subsp. conomaritima Jordanov & P. Panov

Diploid with 2n=20(Al, Br, Cz, Ga, Ge, Hs, Su): Fl. Eur.; S. Puech, Naturalia Monspel., sér. Bot. 19: 153—155, 159 (1968);
A. Strid, Bot. Not. 124: 492 (1971); J.C. van Loon et al., Acta Bot. Neerl. 20: 158, 163 (1971); Á. Löve & E. Kjellqvist, Lagascalia
4: 13 (1974) (as *Pleconax conica*); M. Váchová & V. Feráková, Taxon 27: 382 (1978). See also E.A. Bari, New Phytol. 72: 834
(1973).

Notes. Al, Au, Be, Br, Bu, Cr, Cz, [Da], Ga, Ge, Gr, [He], Ho, Hs, Hu, It, Ju, Lu, [Po], Rm, Rs([B], ?W, ?K), ?Si, [Su], Tu.
"Almost throughout the range of the species, but absent from most of S.E. Europe and Ukraine" (Fl. Eur.). Not mapped
separately.

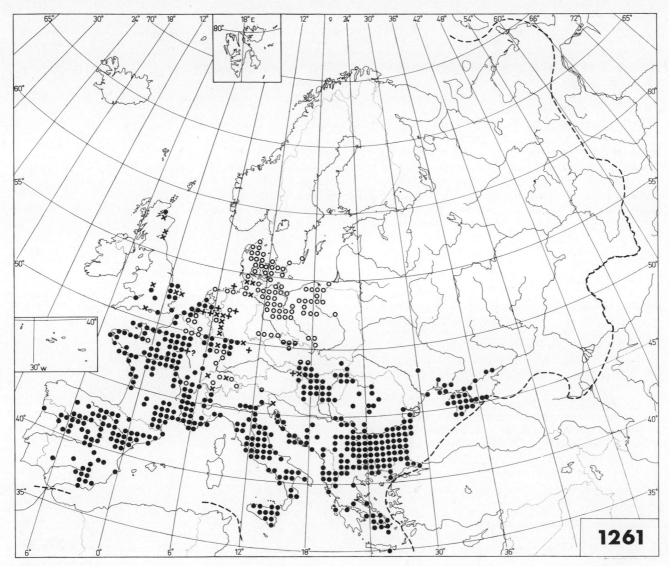

Silene conica

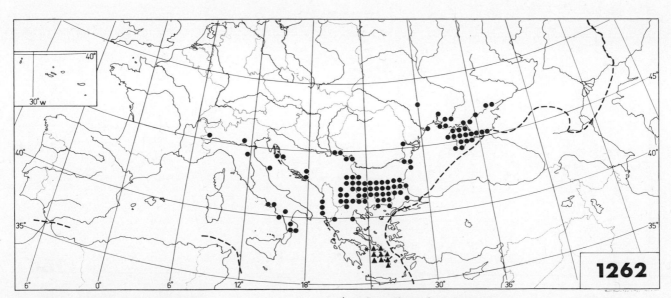

● = **Silene conica** subsp. **subconica**   ▲ = **S. conica** subsp. **sartorii**

120

S. conica subsp. **subconica** (Friv.) Gavioli — Map 1262.

Conosilene conica var. subconica (Friv.) Á. Löve & Kjellqvist; Pleconax conica var. subconica (Friv.) Á. Löve & Kjellqvist; P. juvenalis (Delile) Ikonn.; P. subconica (Friv.) Šourková; P. tempskyana (Freyn & Sint.) Šourková; Silene juvenalis Delile; S. subconica Friv.; S. subconica subsp. grisebachii (Davidov) Jordanov & P. Panov; S. tempskyana Freyn & Sint.

Taxonomy. D. Jordanov & P. Panov in Fl. Bulg. 1966: 511—512, 596—597; A. Strid, Bot. Not. 129: 251—252 (1967) (under *Silene tempskyana*).

Diploid with 2n=20(Bu, Gr, Tu): E.A. Bari, New Phytol. 72: 834 (1973); A. Strid & R. Franzén, Taxon 30: 833 (1981); J.C. van Loon & A.K. van Setten, Taxon 31: 590 (1982).

Notes. Al, Bu, Gr, It, Ju, Rm, Rs(W, K), Tu. "Most of S.E. Europe and Ukraine" (Fl. Eur.).

S. conica subsp. **sartorii** (Boiss. & Heldr.) Chater & Walters — Map 1262.

Conosilene conica var. sartorii (Boiss. & Heldr.) Á. Löve & Kjellqvist; Pleconax conica var. sartorii (Boiss. & Heldr.) Á. Löve & Kjellqvist; P. sartorii (Boiss. & Heldr.) Šourková; Silene sartorii Boiss. & Heldr.

Diploid with 2n=24(Gr): J. Damboldt & D. Phitos, Österr. Bot. Zeitschr. 113: 171, 174 (1966).

Notes. Gr. "S.W. part of Aegean region" (Fl. Eur.). Recorded (? erroneously) from Hs by T.M. Losa España & S. Rivas Goday, Arch. Inst. Aclimatacion 13: 148 (1974).

Silene lydia Boiss. — Map 1263.

Conosilene conica (L.) Fourr. subsp. lydia (Boiss.) Á. Löve & Kjellqvist; Pleconax conica (L.) Šourková subsp. lydia (Boiss.) Á. Löve & Kjellqvist; P. lydia (Boiss.) Šourková

Nomenclature. M. Šourková, Österr. Bot. Zeitschr. 119: 580 (1972); Á. Löve & E. Kjellqvist, Jour. Ind. Bot. Soc. 50 A: 366—376 (1972), Lagascalia 4: 14 (1974).

Notes. Bu added (not given in Fl. Eur.): A. Kurtto, Ann. Bot. Fennici 22: 49 (1985). No exact data available from Ju (given as present in Fl. Eur. and in Med-Checklist 1982: 264): given from "Ma[cedonia]" in Hayek, Prodr. Fl. Penins. Balcan. 1: 259—260 (1924). Tu confirmed (?Tu in Fl. Eur.): Fl. Turkey 1967: 241; see also Webb 1966: 21.

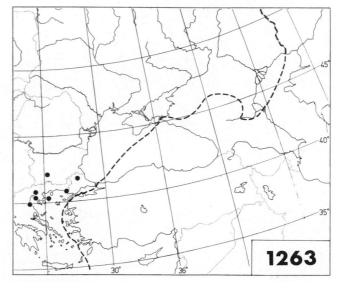

Silene lydia

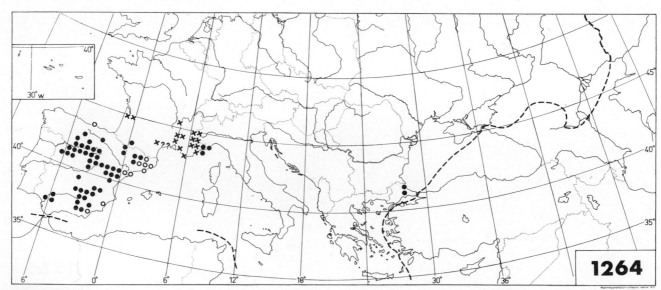

Silene conoidea

Silene conoidea L. — Map 1264.

Conosilene conica (L.) Fourr. subsp. conoidea (L.) Á. Löve & Kjellqvist; Pleconax conica (L.) Šourková subsp. conoidea (L.) Á. Löve & Kjellqvist; P. conoidea (L.) Šourková

Nomenclature. M. Šourková, Österr. Bot. Zeitschr. 119: 579 (1972); Á. Löve & E. Kjellqvist, Jour. Ind. Bot. Soc. 50 A: 366—376 (1972), Lagascalia 4: 14 (1974).

Taxonomy. The mention, in Fl. Turkey 1967: 241—242, of *Silene coniflora* Nees ex Otth in Europe ("Italy, Spain, Portugal, ...") is evidently due to some kind of confusion; see Med-Checklist 1984: 255.

Diploid with 2n=20(Hs): Talavera & Bocquet 1976: 115; see also J. Damboldt & D. Phitos, Verh. Bot. Ver. Brandenburg 105: 44 (1968).

Notes. Still present in Ga (†Ga in Fl. Eur.): Fl. France 1973: 308. Very rare and "forse scomparsa" in It (*It in Fl. Eur): Pignatti Fl. 1982: 258. Lu omitted (given in Fl. Eur.): Nova Fl. Port. 1971. For the occurrence as an alien, see P. Gerstberger, Göttinger Flor. Rundbriefe 10: 91—94 (1977).

Cucubalus baccifer L. — Map 1265.

Diploid with 2n=24(Bu, Cz, Ho, Ju, Lu, Po): Fl. Eur.; T.W.J. Gadella & E. Kliphuis, Proc. K. Nederl. Akad. Wetensch., ser. C 69: 543 (1966); Májovský et al. 1970 a: 9; Fernandes & Leitao 1971: 157—158, 167; I.V. Česmedjiev, Taxon 25: 643 (1976); M. Skalińska et al., Acta Biol. Cracov., ser. Bot. 21: 33 (1978); J.C. van Loon & B. Kieft, Taxon 29: 538 (1980).

Notes. For a discussion of the status of this plant in Br, see J.E. Lousley, Proc. Bot. Soc. British Isles 4: 262—268 (1961) (*Br in Fl. Eur.). The single Gr dot is based on a record 100 years old; see Rech. fil., Fl. Aegaea, p. 160 (1943).

Total range. MJW 1965: map 140b; Hegi 1978: 1040; B. Slavík, Preslia 52: 131 (1980).

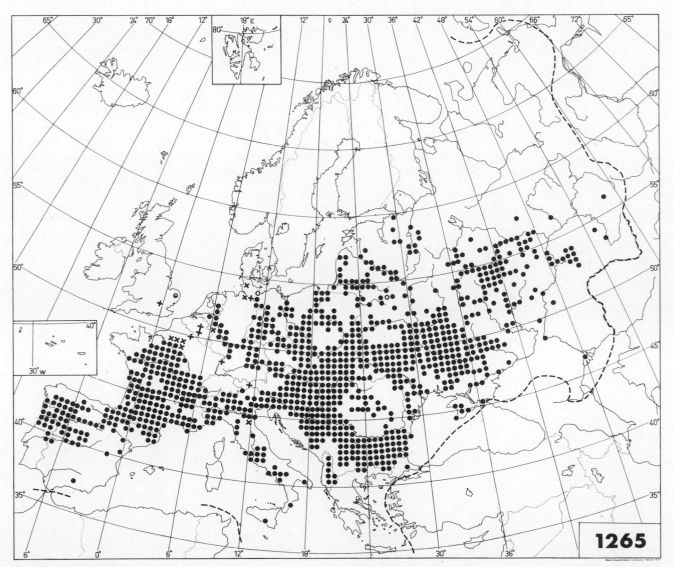

Cucubalus baccifer

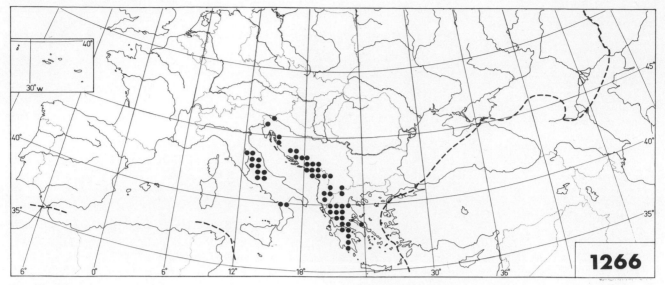

Drypis spinosa subsp. **spinosa**

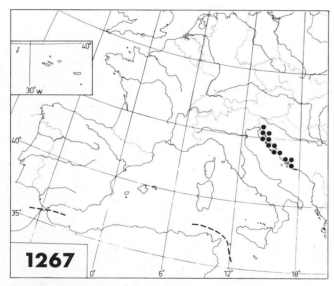

1267

Drypis spinosa subsp. *jacquiniana*

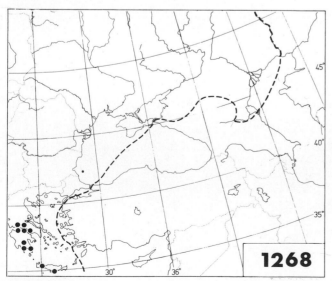

1268

Gypsophila nana

Drypis spinosa L.

Drypis jacquiniana (Murb. & Wettst. ex Murb.) Freyn

Taxonomy. Degen, Fl. Veleb. 2: 92—93 (1937).

Tetraploid with 2n=60("Bot. Gard."): Fl. Eur.

Total range. Endemic to Europe (although not given as such in Fl. Eur.).

D. spinosa subsp. **spinosa** — Map 1266.

Drypis spinosa subsp. linnaeana Murb. & Wettst.

Tetraploid with 2n=60(It): C. Favarger, Acta Bot. Acad. Sci. Hung. 19: 82 (1973) (as *Drypis spinosa* var. *linnaeana*).

Notes. Al, Gr, It, Ju. "Throughout the range of the species, except N.W. Jugoslavia and N.E. Italy" (Fl. Eur.).

D. spinosa subsp. **jacquiniana** Murb. & Wettst. ex Murb. — Map 1267.

Drypis jacquiniana (Murb. & Wettst. ex Murb.) Freyn

Notes. It, Ju. "N.E. Italy, N.W. & W. Jugoslavia" (Fl. Eur.).

Gypsophila nana Bory & Chaub. — Map 1268.

Incl. Gypsophila achaia Bornm.

Taxonomy. Mountain Fl. Greece 1986: 171—172.

Diploid with 2n=34(Cr, Gr): R. Franzén & L.-Å. Gustavsson, Willdenowia 13: 102 (1983); B. de Montmollin, Bot. Helvetica 94: 262, 264 (1985).

Total range. Endemic to Europe.

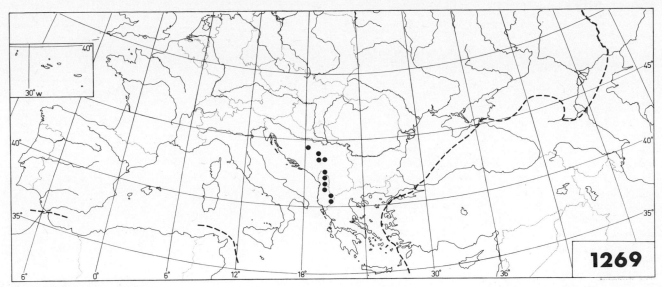

Gypsophila spergulifolia

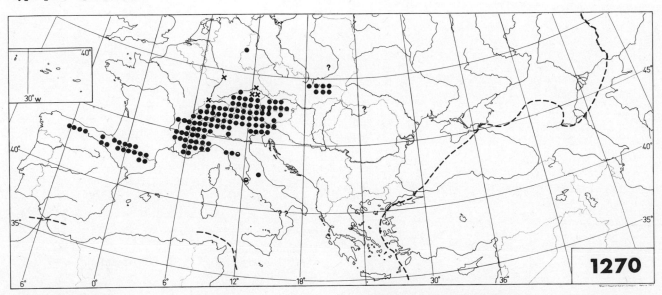

Gypsophila repens

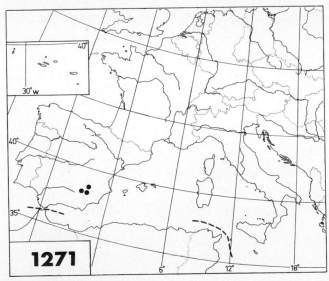

Gypsophila montserratii

Gypsophila spergulifolia Griseb. — Map 1269.

Gypsophila serbica (Griseb.) Degen

Total range. Endemic to Europe.

Gypsophila repens L. — Map 1270.

Diploid with 2n=34(Au, Po): Fl. Eur.; Ö. Nilsson & P. Lassen, Bot. Not. 124: 272 (1971). The same diploid number reported (on material from Su: Gotland) by J.N. Findlay & J. McNeill, Taxon 22: 286 (1973), perhaps owing to misidentification of *Gypsophila fastigiata*.

Total range. Endemic to Europe (see map in Hegi 1971: 960).

Gypsophila montserratii Fern.-Casas — Map 1271.

Taxonomy. J. Fernández Casas, Publ. Inst. Biol. Aplicada (Barcelona) 52: 121—123 (1972).

Diploid with 2n=26(Hs): J. Fernández Casas, Taxon 22: 647 (1973).

Notes. Hs (the taxon not mentioned in Fl. Eur.).

Total range. Endemic to Europe.

124

Gypsophila altissima L. — Map 1272.

Gypsophila ucrainica Kleopow

Taxonomy. Gypsophila juzepczukii Ikonn., *G. oligosperma* A.N. Krasn., *G. thyraica* A.N. Krasn., *G. volgensis* A.N. Krasn. and *G. zhegulensis* A.N. Krasn., all showing close affinity to *G. altissima*, were described by A.N. Krasnova, Ukr. Bot. Žur. 28: 92—98 (1971), Nov. Syst. Pl. Vasc. (Leningrad) 9: 156—158 (1972), and S. Ikonnikov, Nov. Syst. Pl. Vasc. (Leningrad) 15: 146 (1979), part of them on the basis of a single collection. A closer study of their taxonomical status is urgently needed, especially since at least some of the character combinations accorded diagnostic value seem to be present in the W. Siberian material of *G. altissima*.

Notes. The type localities of the above-mentioned newly described taxa have been marked with special symbols on the map.

Total range. R. Schubert et al., Wiss. Zeitschr. Univ. Halle 30: 108 (1981).

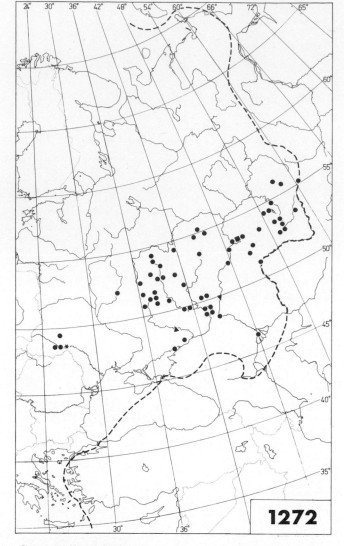

Gypsophila altissima
■ = "G. juzepczukii" + "G. zhegulensis"
▲ = "G. oligosperma"
▼ = "G. volgensis"
★ = "G. thyraica"

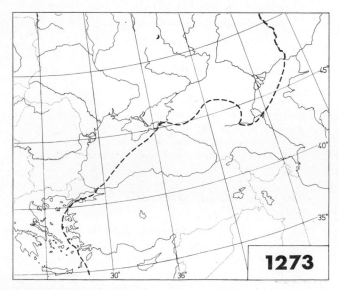

Gypsophila litwinowii

Gypsophila litwinowii Kos.-Pol. — Map 1273.

Taxonomy. "Possibly a hybrid between 5 [*Gypsophila altissima*] and 17 [*G. paniculata*]" (Fl. Eur.).

Total range. Endemic to Europe.

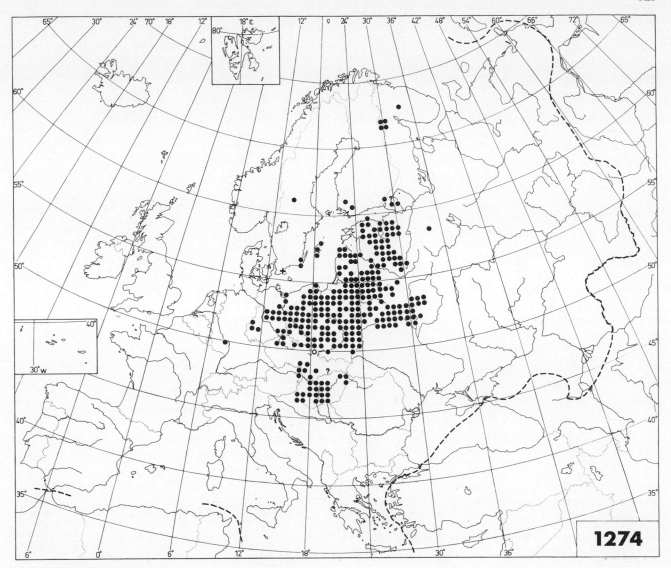

Gypsophila fastigiata

Gypsophila fastigiata L. — Map 1274.

Gypsophila arenaria Waldst. & Kit. ex Willd. (G. fastigiata subsp. arenaria (Waldst. & Kit. ex Willd.) Domin); ?G. dichotoma Besser

Taxonomy. J. Holub et al., Folia Geobot. Phytotax. (Praha) 6: 180—182 (1971). The status of *Gypsophila visianii* Béguinot (G. fastigiata subsp. visianii (Béguinot) Graebner & Graebner fil.) (not recognized in Fl. Eur.) remains to be checked; see J. Holub et al., op. cit. p. 182.

Diploid with 2n=34(Cz, Fe, Hu, Po): Fl. Eur.; J. Jalas, Ann. Bot. Zool.-Bot. Fenn. Vanamo 24(1): 16 (1950); M. Skalińska, Acta Soc. Bot. Polon. 20: 49 (1950); Májovský et al. 1970 a: 12. See also under *Gypsophila repens*.

Notes. Presence in Ju doubtful (given as present in Fl. Eur.); not recorded in recent times. Rm omitted and no data available from Rs(W) (both given in Fl. Eur.).

Total range. Endemic to Europe.

Gypsophila papillosa Porta — Map 1275.

Gypsophila fasciculata Margot & Reuter; G. fastigiata auct. ital., non L.; G. glandulosa Porta non Walpers

Total range. Endemic to Europe.

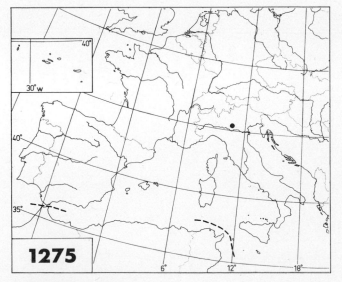

Gypsophila papillosa

126

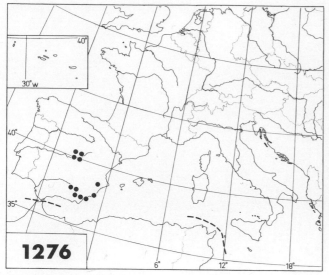

Gypsophila struthium subsp. **struthium**

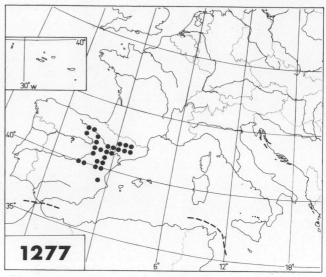

Gypsophila struthium subsp. **hispanica**

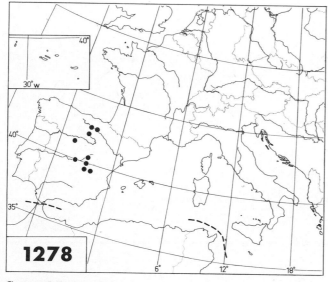

Gypsophila bermejoi

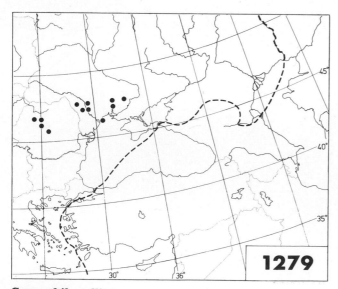

Gypsophila collina

Gypsophila struthium Loefl.

Gypsophila iberica Barkoudah. Incl. Gypsophila hispanica Willk.

Taxonomy. G. López González, An. Jardín Bot. Madrid 41: 36, 38 (1984).

Total range. Endemic to Europe.

G. struthium subsp. struthium — Map 1276.

Gypsophila iberica Barkoudah

Diploid with 2n=24(Hs): E. Valdés Bermejo & J. Gómez García, Acta Bot. Malacitana 2: 41 (1976) (as *Gypsophila struthium*).

Notes. Hs. "C. & S.E. Spain" (Fl. Eur., for *Gypsophila struthium* s. str.).

G. struthium subsp. hispanica (Willk.) G. López — Map 1277.

Gypsophila hispanica Willk.; G. struthium sensu Barkoudah, non Loefl.

Taxonomy and nomenclature. López González 1984 (see above).

Notes. Hs. "Gypsaceous soils. C., E. & S. Spain" (Fl. Eur., as *Gypsophila hispanica*).

Gypsophila bermejoi G. López — Map 1278.

Gypsophila × castellana auct. non Pau

Taxonomy. G. López González, An. Jardín Bot. Madrid 41: 35—37 (1984). Considered an alloploid derivative from hybridization between *Gypsophila struthium* and *G. tomentosa* L. (the primary hybrid having been described as *G. × castellana* Pau).

Tetraploid with 2n=68(Hs): López González 1984 (see above).

Notes. Hs (the species not mentioned in Fl. Eur.).

Total range. Endemic to Europe.

Gypsophila collina Steven ex Ser. — Map 1279.

Gypsophila arenaria Waldst. & Kit. ex Willd. var. leioclados Borbás; G. dichotoma auct. non Besser; G. fastigiata L. subsp. collina (Steven ex Ser.) Schmalh.

Taxonomy. J. Holub et al., Folia Geobot. Phytotax. (Praha) 6: 181—182 (1971).

Notes. Rs(K) omitted (given in Fl. Eur.): not mentioned in Rubtsev 1972.

Gypsophila patrinii Ser. — Map 1280.

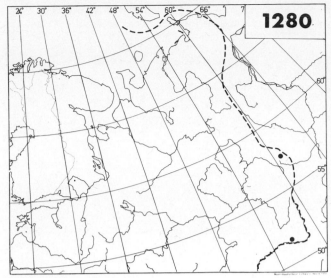

Gypsophila patrinii

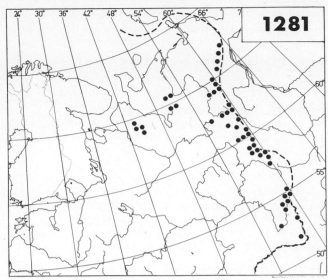

Gypsophila uralensis

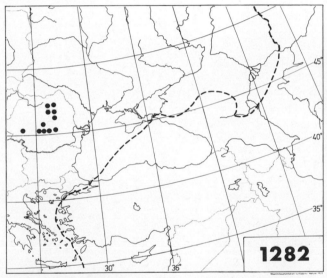

Gypsophila petraea

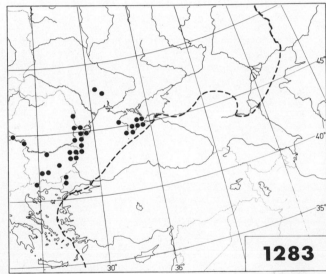

Gypsophila pallasii

Gypsophila uralensis Less. — Map 1281.

Gypsophila pinegensis Perf.

Total range. P.L. Gorchakovsky, Mat. Hist. Fl. Veget. USSR 4: 295 (1963); Fl. Arct. URSS 1971: 118; R. Schubert et al., Wiss. Zeitschr. Univ. Halle 30: 108 (1981); P.L. Gorchakovsky & E.A. Shurova, Redkie i ischezayushchie rasteniya Urala i Priural'ya, p. 102 (Moskva 1982).

Gypsophila petraea (Baumg.) Reichenb. — Map 1282.

Banffya petraea Baumg.; Gypsophila transsylvanica Sprengel

Notes. Bu omitted (given in Fl. Eur., Fl. Bulg. 1966: 393—394 and Med-Checklist 1984: 209), the record evidently being based on misidentification.

Total range. Endemic to Europe.

Gypsophila pallasii Ikonn. — Map 1283.

Gypsophila glomerata sensu Bieb., non Pallas ex Adam

Taxonomy and nomenclature. S. Ikonnikov, Nov. Syst. Pl. Vasc. (Leningrad) 13: 118—119 (1976).

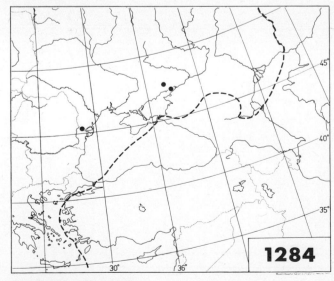

Gypsophila glomerata

Notes. Gr added (not given in Fl. Eur.): C. Zahariadi, Ann. Mus. Goulandris 1: 166—167 (1973); A. Strid & K. Papanicolaou, Nordic Jour. Bot. 1: 69 (1981). Tu added (not given in Fl. Eur.): N. Özhatay & K. Alpinar, Jour. Fac. Pharm. Istanbul 16: 10—13 (1980).

Gypsophila glomerata Pallas ex Adam — Map 1284.

Gypsophila globulosa Steven ex Boiss.; G. glomerata subsp. globulosa (Steven ex Boiss.) Schmalh.
Taxonomy and nomenclature. S. Ikonnikov, Nov. Syst. Pl. Vasc. (Leningrad) 13: 118—119 (1976).

Gypsophila paniculata L. — Map 1285.

Notes. Not established in Be or He ([Be, He] in Fl. Eur.). Considered native in Po (both Po and [Po] in Fl. Eur.). Rs(K) added (not given in Fl. Eur.): Rubtsev 1972: 157.

Gypsophila arrostii Guss. — Map 1286.

Arrostia dichotoma Rafin., non Gypsophila dichotoma Bess. Incl. Gypsophila nebulosa Boiss. & Heldr.
Nomenclature. W. Greuter & T. Raus (eds.), Willdenowia 12 (Optima Leafl. 127): 188 (1982).
Taxonomy. Y.I. Barkoudah, Wentia 9: 98 (1962); Fl. Turkey 1967: 157.
Notes. Gr not confirmed (?Gr in Fl. Eur.).
Total range. The European endemic is *Gypsophila arrostii* subsp. *arrostii*, the species being represented in Anatolia by subsp. *nebulosa* (Boiss. & Heldr.) Greuter & Burdet.

Gypsophila belorossica Barkoudah — Map 1287.

Total range. Endemic to Europe, and known only from the type collection.

Gypsophila acutifolia Steven ex Sprengel — Map 1288.

Notes. No data available from Rm ([Rm] in Fl. Eur.). Rs(W) confirmed (?Rs(W) in Fl. Eur.).

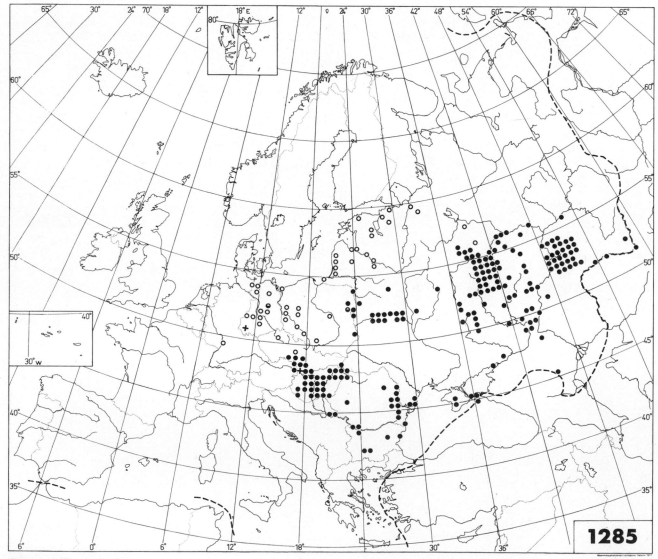

1285

Gypsophila paniculata

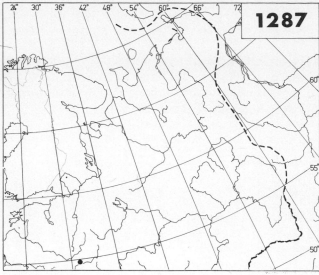

Gypsophila belorossica

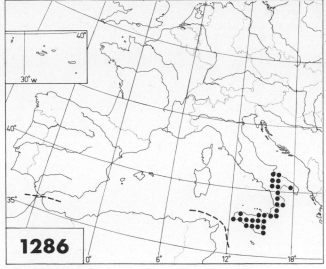

1286

Gypsophila arrostii

[**Gypsophila scariosa** Tausch]

Notes. "... has not been collected since 1866 and is probably extinct" (Fl. Eur., in a note under *Gypsophila acutifolia*). According to W. Becherer, Ber. Schweiz. Bot. Ges. 74: 186—187 (1964), and Fl. Schweiz 1967: 787, the report that the species originated in He is erroneous, and consequently it must be excluded from the European flora.

Gypsophila scorzonerifolia Ser. — Map 1289.

Gypsophila acutifolia sensu Graebner, non Steven ex Sprengel

The unexpected *chromosome number* 2n=58(Cz, see below under "Notes") reported by F. Dvořák & Dadaková, Taxon 23: 804 (1974). — The report of 2n=34 by O. Sz.-Borsos, Acta Bot. Acad. Scient. Hung. 16: 256 (1970), is based on Botanical Garden material of unknown origin.

Notes. [Cz] and [Ge] added (not given in Fl. Eur.): F. Grüll & M. Smejkal, Preslia 38: 202—204 (1966); S. Rauschert, Mitt. Flor. Kart. Halle 3: 23—27 (1977).

Total range. S. Rauschert, Mitt. Flor. Kart. Halle 3: 19 (1977).

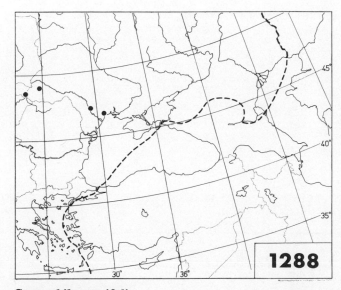

1288

Gypsophila acutifolia

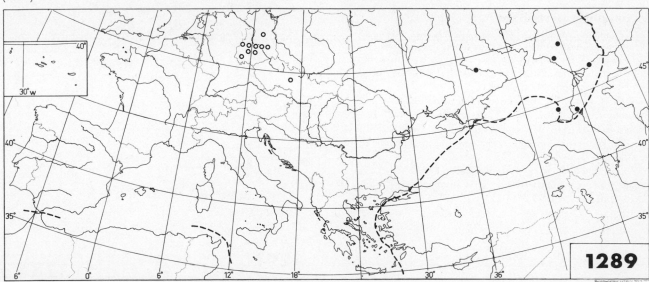

1289

Gypsophila scorzonerifolia

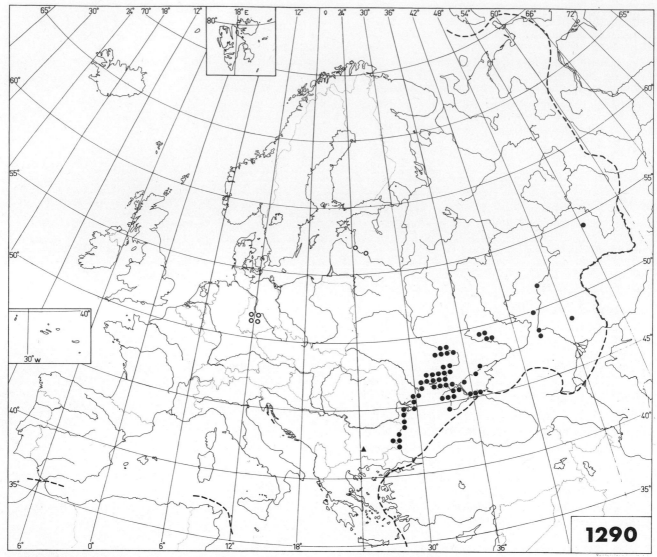

Gypsophila perfoliata   ▲ = "G. tekirae"

Gypsophila perfoliata L. — Map 1290.

Gypsophila paulii Klokov; G. scorzonerifolia sensu Graebner, non Ser.; G. tekirae Stefanov; G. trichotoma Wenderoth

Taxonomy. Gypsophila tekirae has been retained as a distinct species in Fl. Bulg. 1966: 390, 393, and has been given a special symbol on the map.

Notes. [Ge] and [Rs(B)] added (not given in Fl. Eur.): S. Rauschert, Mitt. Flor. Kart. Halle 3: 27—29 (1977). Reported from [Po] by M. Kuc, Fragm. Flor. Geobot. 3(2): 29—33 (1958) (as *Gypsophila trichotoma*) but not considered established.

Total range. M. Kuc, Fragm. Flor. Geobot. 3(2): 31 (1958) (as *Gypsophila trichotoma*); S. Rauschert, Mitt. Flor. Kart. Halle 3: 19 (1977).

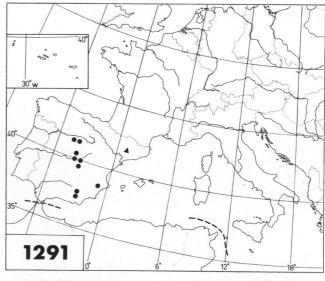

Gypsophila tomentosa   ▲ = var. **ilerdensis**

Gypsophila tomentosa L. — Map 1291.

Gypsophila perfoliata auct. hisp., non L.; G. perfoliata L. subsp. ilerdensis (Sennen & Pau) O. Bolòs & Vigo (G. tomentosa var. ilerdensis Sennen & Pau); G. perfoliata var. tomentosa (L.) Murray; G. perfoliata subsp. tomentosa (L.) Malagarriga

Nomenclature. O. Bolòs & J. Vigo, Butll. Inst. Catalana Hist. Nat. 38 (Sec. Bot. 1): 87 (1974); G. López González, An. Jardín Bot. Madrid 41: 38 (1984).

Notes. Gypsophila tomentosa var. *ilerdensis* has been given a special symbol on the map.

Total range. Endemic to Europe.

Gypsophila linearifolia (Fischer & C.A. Meyer) Boiss. — Map 1292.

Dichoglottis linearifolia Fischer & C.A. Meyer

Gypsophila elegans Bieb. — Map 1292.

Gypsophila ceballosii Pau & C. Vicioso

Taxonomy. Gypsophila ceballosii was apparently described on the basis of a plant found as a casual in Hs.

Diploid chromosome number 2n=26 recorded for material from Armenia by M. Wenger-Razine, Taxon 18: 562 (1969), Bull. Soc. Neuchâtel. Sci. Nat. 93: 181 (1970).

Notes. No data available from Au ([Au] in Fl. Eur.). [Cz], [Ge] and [Rs(B)] added (not given in Fl. Eur.). In addition, reported as an alien in It, but not seen for 50 years or more.

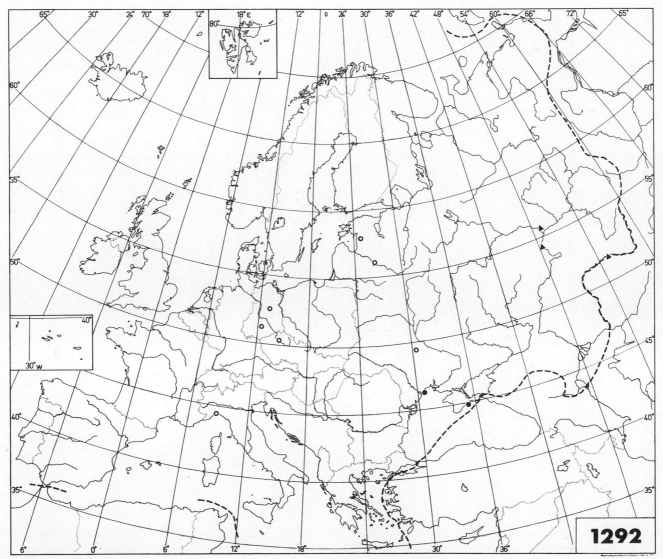

• = **Gypsophila elegans**   ▲ = **G. linearifolia**

Gypsophila muralis L. — Map 1293.

Gypsophila agrestis Pers.; G. stepposa Klokov (G. muralis var. stepposa (Klokov) Schischkin); Psammophiliella muralis (L.) Ikonn.; P. stepposa (Klokov) Ikonn.; Saponaria muralis (L.) Lam.

Generic delimitation (of *Psammophiliella*) *and nomenclature.* S. Ikonnikov, Nov. Syst. Pl. Vasc. (Leningrad) 13: 116 (1976).

Diploid with 2n=34(Cz): M. Váchová & V. Feráková, Taxon 27: 382 (1978).

Notes. Not truly established in Da, and not seen since 1927 (*Da in Fl. Eur.). Becoming very rare in Ho: Atlas Nederl. Fl. 1980: 122. Reported from Sa in Pignatti Fl. 1982: 261 (not given in Fl. Eur.), but most probably an ephemeral alien; see W. Greuter & T. Raus (eds.), Willdenowia 14 (Optima Leafl. 140): 43 (1984).

Total range. MJW 1965: map 140d; Hegi 1971: 967.

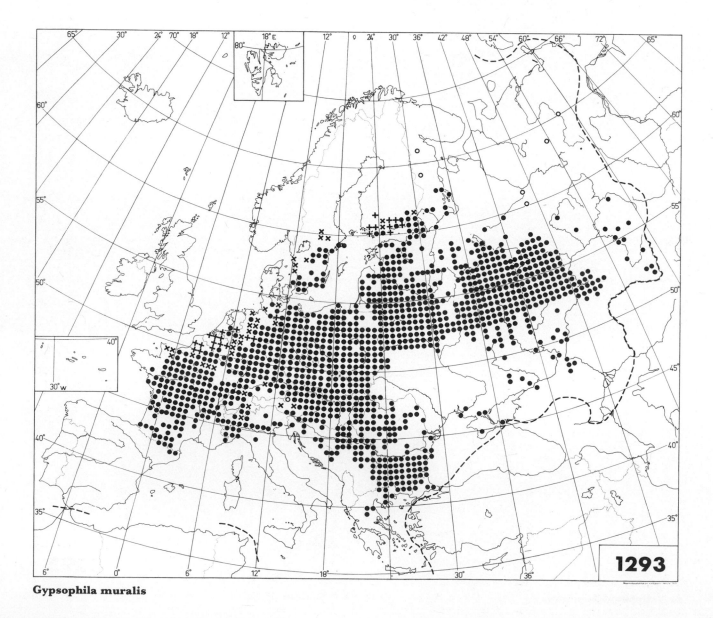

Gypsophila muralis

Gypsophila macedonica Vandas — Map 1294.

Notes. Gr added (not given in Fl. Eur. and not listed in Med-Checklist 1984): C.N. Goulimis, New additions to the Greek flora, 2nd ser., p. 14 (Athens 1960).

Total range. Endemic to Europe.

Gypsophila pilosa Hudson — Map 1295.

Gypsophila porrigens (L.) Boiss.; Hagenia filiformis Moench; Pseudosaponaria pilosa (Hudson) Ikonn.; Saponaria porrigens (L.) L.; Silene porrigens L.

Generic delimitation (of *Pseudosaponaria*) *and nomenclature.* S. Ikonnikov, Nov. Syst. Pl. Vasc. (Leningrad) 15: 144—145 (1979 ("1978")).

Diploid (?) chromosome number 2n=36 counted on material from "Turkey" by M. Wenger-Razine, Taxon 18: 562 (1969), Bull. Soc. Neuchâtel. Sci. Nat. 93: 181 (1970).

Notes. [Bl] confirmed ([?Bl] in Fl. Eur. and Fl. Mallorca 1978: 166). [Hs] added (not given in Fl. Eur.): J. Alcober Bosch & M. Guara Requena, An. Jardín Bot. Madrid 41: 452—453 (1985). *Tu added (not given in Fl. Eur.): Webb 1966: 20 ("perhaps only casual"); Fl. Turkey 1967: 170 (given as present, without any further comments on the status). In addition, reported as an alien from It, but not confirmed in recent times.

Native of W. Asia: V.A. Shultz, Bot. Žur. 68: 217 (1983).

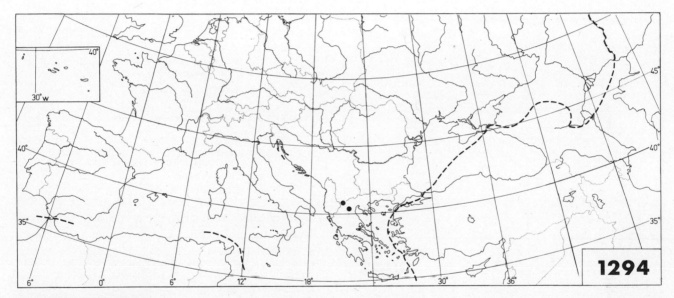

Gypsophila macedonica

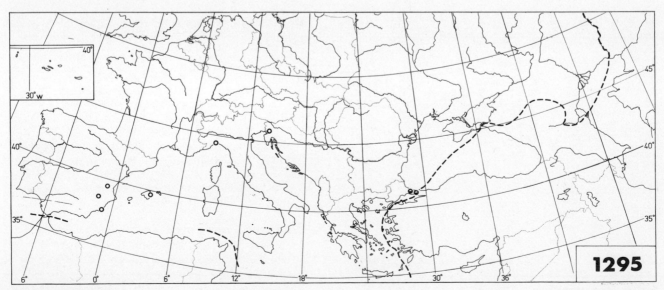

Gypsophila pilosa

134

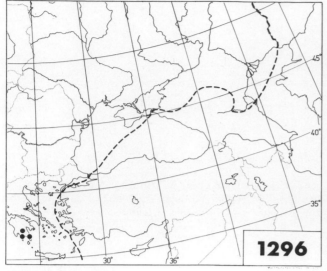

Bolanthus laconicus

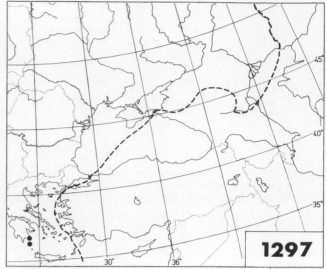

Bolanthus fruticulosus

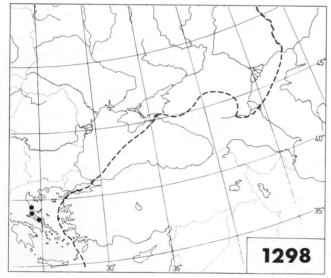

Bolanthus thessalus

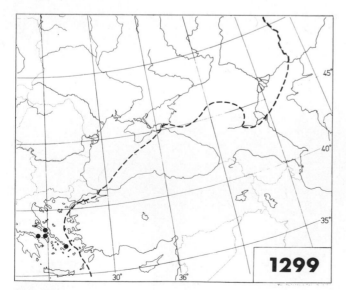

Bolanthus graecus

Bolanthus laconicus (Boiss.) Barkoudah — Map 1296.

> Gypsophila fasciculata Margot & Reuter var. laconica Boiss.; G. laconica (Boiss.) Boiss. & Heldr.
>
> *Total range.* Endemic to Europe.

Bolanthus fruticulosus (Bory & Chaub.) Barkoudah — Map 1297.

> Gypsophila fruticulosa (Bory & Chaub.) Boiss.; Saponaria fruticulosa Bory & Chaub.; Petrorhagia suffruticosa Rech. fil. & Phitos
>
> *Total range.* Endemic to Europe.

Bolanthus thessalus (Jaub. & Spach) Barkoudah — Map 1298.

> ?Gypsophila hirsuta (Labill.) Boiss.; G. polygonoides (Willd.) Halácsy subsp. thessala (Jaub. & Spach) Hayek; G. thessala (Jaub. & Spach) Halácsy; Saponaria thessala Jaub. & Spach
>
> *Total range.* Endemic to Europe.

Bolanthus graecus (Schreber) Barkoudah — Map 1299.

> Cucubalus polygonoides Willd.; ?Gypsophila hirsuta (Labill.) Boiss.; G. ocellata Sibth. & Sm.; G. polygonoides (Willd.) Halácsy; G. polygonoides subsp. ocellata (Sibth. & Sm.) Hayek; Saponaria graeca Schreber; S. polygonoides (Willd.) Jaub. & Spach; Silene polygonoides (Willd.) Poiret ex DC.
>
> *Diploid* with 2n=30(Gr): D. Phitos & C. Kamari, Bot. Not. 127: 303—305 (1974).
>
> *Notes.* Bu omitted (given in Fl. Eur.): D. Phitos, Bot. Chronika 1: 35 (1981), gives all European species of *Bolanthus* as endemic to Greece (including Cr). The record from Bu is evidently referable to *B. thymifolius* (see below).
>
> *Total range.* Endemic to Europe.

Bolanthus intermedius Phitos — Map 1300.

> *Taxonomy.* D. Phitos, Bot. Chronika 1: 39 (1981).
> *Notes.* Gr (the species not mentioned in Fl. Eur.).
> *Total range.* Endemic to the island of Evvia (Euboea).

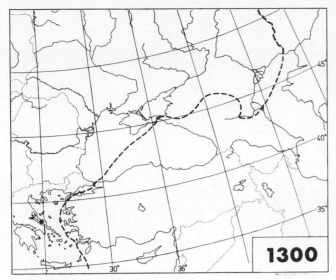

Bolanthus intermedius

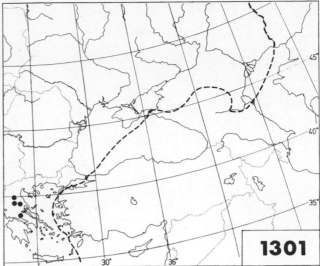

Bolanthus thymifolius

Bolanthus thymifolius (Sibth. & Sm.) Phitos — Map 1301.

Bolanthus graecus (Schreber) Barkoudah var. thymifolius (Sibth. & Sm.) Barkoudah; Gypsophila polygonoides (Willd.) Halácsy subsp. thymifolia (Sibth. & Sm.) Hayek; G. thymifolia Sibth. & Sm.; Saponaria thymifolia (Sibth. & Sm.) Boiss.

Taxonomy. D. Phitos, Bot. Chronika 1: 39 (1981).

Notes. Gr (given in Fl. Eur. only as a variety under *Bolanthus graecus*). Given from Bu in Fl. Bulg. 1966: 389, on the basis of an old record by F. Formanek (as *Gypsophila thymifolia*). See under *B. graecus*.

Total range. Endemic to Europe.

Bolanthus chelmicus Phitos — Map 1302.

Taxonomy. D. Phitos, Bot. Chronika 1: 39 (1981).
Notes. Gr (the species not mentioned in Fl. Eur.).
Total range. Endemic to Europe.

Bolanthus creutzburgii Greuter — Map 1303.

Taxonomy. W. Greuter, Candollea 20: 210—211 (1965).
Diploid with 2n=30(Cr): D. Phitos & G. Kamari, Bot. Not. 127: 303, 305 (1974).

Notes. Cr (the genus not recorded from Cr in Fl. Eur.): W. Greuter, Ann. Mus. Goulandris 1: 32 (1973).
Total range. Endemic to Kriti.

Saponaria bellidifolia Sm. — Map 1304.
Diploid with 2n=28(Bu, Gr): N. Andreev, Taxon 31: 576 (1982); A. Strid & R. Franzén, Taxon 32: 139 (1983).
Total range. Endemic to Europe.

Saponaria lutea L. — Map 1305.
Total range. Endemic to Europe.

Saponaria caespitosa DC. — Map 1306.
Total range. Endemic to Europe.

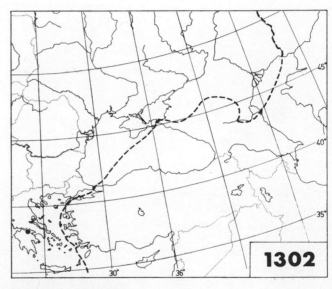

Bolanthus chelmicus

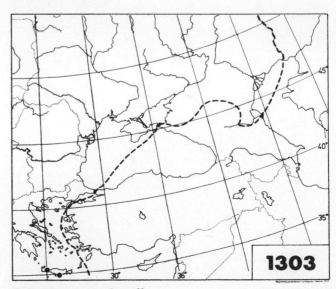

Bolanthus creutzburgii

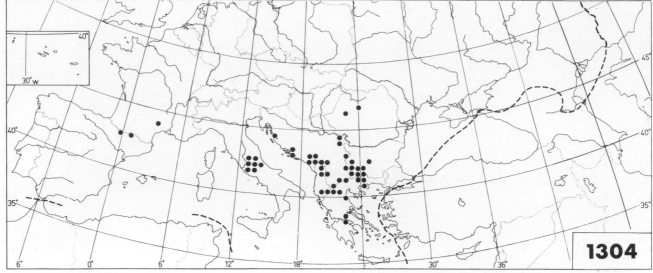

Saponaria bellidifolia

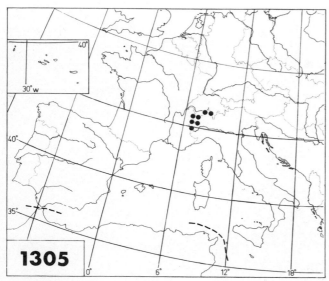

Saponaria lutea

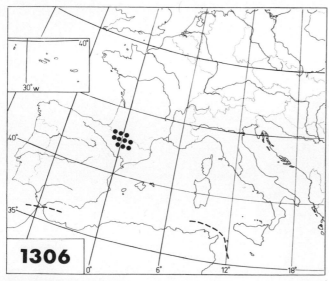

Saponaria caespitosa

Saponaria pumila Janchen — Map 1307.

Lychnis pumilio (L.) Scop.; Saponaria nana Fritsch; S. pumilio (L.) Fenzl ex A. Braun, non Boiss.; Silene pumilio (L.) Wulfen

Nomenclature. Hegi 1971: 972; W. Gutermann, Phyton (Austria) 17: 44—45 (1975).

Total range. Endemic to Europe.

Saponaria glutinosa Bieb. — Map 1308.

Saponaria zapateri Pau

Notes. For the occurrence in Cr, see W. Greuter, Ann. Mus. Goulandris 1: 31—32 (1973). Recorded from Tu by I.C. Hedge, Notes Roy. Bot. Garden Edinburgh 23: 554 (1961), evidently erroneously, since not listed from Turkey-in-Europe in Fl. Turkey 1967: 140 (not given in Fl. Eur.).

Saponaria sicula Rafin. — Map 1309.

Saponaria depressa Biv.; S. haussknechtii Simmler; S. intermedia Simmler; S. stranjensis Jordanov

Taxonomy. A.O. Chater, Feddes Repert. 69 (Fl. Eur. Notulae Syst. 3): 50—52 (1964). E. Mayer, Acta Bot. Croatica 35: 239—244 (1976), considers the two Balkan taxa separate species rather than subspecies.

Notes. Ju and Sa added (not given in Fl. Eur): V. Blečić et al., Bull. Inst. Bot. Univ. Beograd N.S. 3: 227 (1968); P.V. Arrigoni, Gior. Bot. Ital. 111: 359—360 (1977).

S. sicula subsp. **sicula** — Map 1309.

Saponaria depressa Biv.

Diploid with 2n=28(Si): C. Favarger, Taxon 18: 560 (1969).

Notes. Sa, Si. "Sicilia" (Fl. Eur.).

S. sicula subsp. **intermedia** (Simmler) Chater — Map 1309.

Saponaria intermedia Simmler. Incl. Saponaria haussknechtii Simmler

Notes. Al, Gr, Ju. "N. Greece and Albania" (Fl. Eur.). For Ju, see E. Mayer, Acta Bot. Croatica 35: 240—242 (map) (1976); A. Kurtto, Ann. Bot. Fennici 22: 49 (1985).

S. sicula subsp. **stranjensis** (Jordanov) Chater — Map 1309.

Saponaria stranjensis Jordanov

Notes. Bu. "S.E. Bulgaria (Strandža Planina and E. Rodopi)" (Fl. Eur.).

Total range. Endemic to Europe.

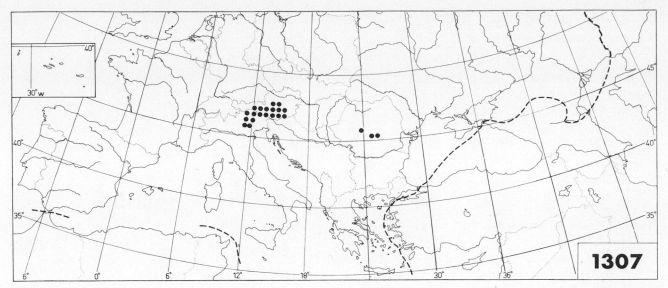

Saponaria pumila

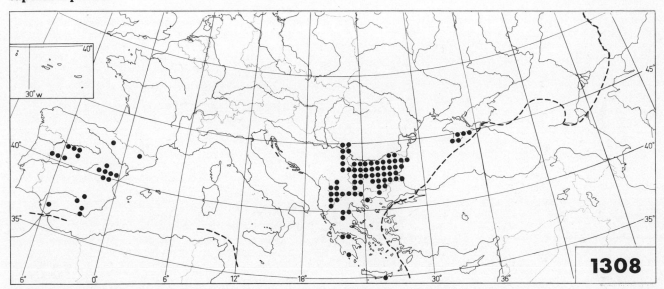

Saponaria glutinosa

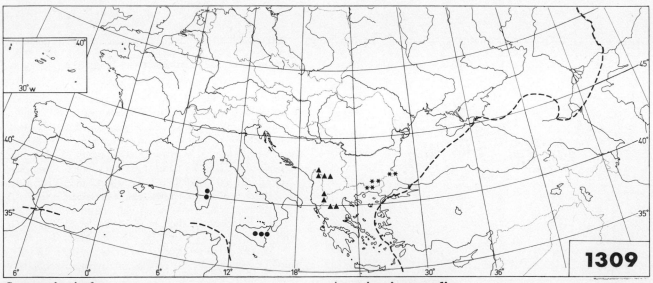

Saponaria sicula
● = subsp. **sicula**

▲ = subsp. **intermedia**
★ = subsp. **stranjensis**

137

Saponaria calabrica Guss. — Map 1310.

Saponaria aenesia Heldr.; S. graeca Boiss.

Notes. ?Si added (not given in Fl. Eur.): A. Kurtto, Ann. Bot. Fennici 22: 50 (1985).

Saponaria ocymoides L. — Map 1311.

Silene alsinoides Viv.

Diploid with 2n=28(He): Fl. Eur.
Notes. Only as an unestablished alien in Br and Da ([Br, Da] in Fl. Eur.).
Total range. Endemic to Europe.

S. ocymoides subsp. **ocymoides** — Map 1311.

Notes. Au, [Cz], Ga, Ge, He, Hs, It, Ju. "S.W. & S.C. Europe; Italy" (Fl. Eur., for the undivided species).

S. ocymoides subsp. **alsinoides** (Viv.) Arcangeli — Map 1311.

Silene alsinoides Viv.

Taxonomy. J. Gamisans, Candollea 32 (Optima Leafl. 39): 58 (1977).
Notes. Co, Sa (the taxon not mentioned in Fl. Eur.).
Total range. Endemic to Corse and Sardegna.

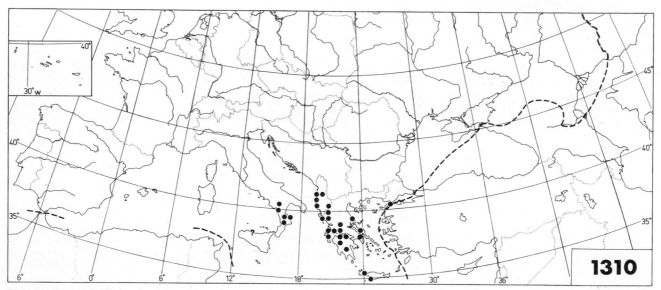

Saponaria calabrica

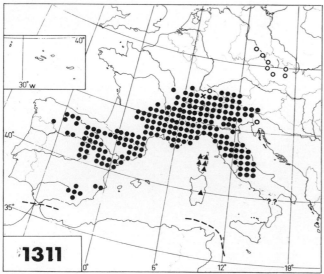

Saponaria ocymoides   ● = subsp. **ocymoides**
                            ▲ = subsp. **alsinoides**

Saponaria officinalis L. — Map 1312.

Silene saponaria Fries

Diploid with 2n=28(Bu, Cz, He, Ho, It, Lu, Po): Fl. Eur.; T.W.J. Gadella & E. Kliphuis, Proc. K. Nederl. Akad. Wetensch., ser. C 69: 543 (1966); Májovský et al. 1970 a: 20; Fernandes & Leitao 1971: 155, 166 (as *Saponaria officinalis* var. *glaberrima*); F. Garbari et al., Inf. Bot. Ital. 5: 161 (1973); E. Pogan et al., Acta Biol. Cracov., ser. Bot. 22: 38—40 (1980); Á. Löve & D. Löve, Taxon 31: 584 (1982); J.C. van Loon & A.K. van Setten, Taxon 31: 590 (1982).

Notes. Established alien in Br ([*Br] in Fl. Eur.). Cr omitted (given in Fl. Eur.): W. Greuter, Mem. Soc. Brot. 24: 139 (1974). Considered native in Rs(B) ([*Rs(B)] in Fl. Eur.). Especially in C. Europe, native and secondary ranges hardly separable.

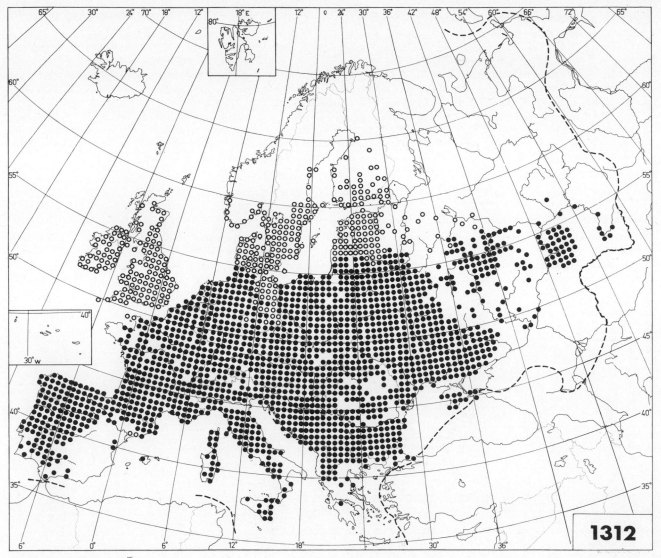

Saponaria officinalis

[Saponaria orientalis L.]

Notes. No data available from Gr (?Gr in Fl. Eur. and Med-Checklist 1984: 246).

Native of S.W. Asia.

Cyathophylla chlorifolia (Poiret) Bocquet & Strid — Map 1313.

Cucubalus chlorifolius Poiret; Saponaria chlorifolia (Poiret) G. Kunze; Silene perfoliata Otth

Taxonomy. G. Bocquet & A. Strid in Mountain Fl. Greece 1986: 175. Listed as *Saponaria chlorifolia* in Med-Checklist 1984: 245.

Diploid with 2n=30(Gr): Mountain Fl. Greece 1986: 175.

Notes. Gr (the genus not mentioned in Fl. Eur.).

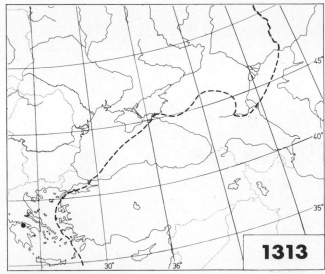

Cyathophylla chlorifolia

140

Vaccaria hispanica (Miller) Rauschert — Map 1314.

Gypsophila vaccaria (L.) Sibth. & Sm.; Saponaria hispanica Miller; S. vaccaria L.; Vaccaria grandiflora (Fischer ex Ser.) Jaub. & Spach (V. hispanica subsp. grandiflora (Fischer ex Ser.) Holub; V. hispanica var. grandiflora (Fischer ex Ser.) Meusel & Mühlberg); V. parviflora Moench; V. pyramidata Medicus; V. pyramidata subsp. grandiflora (Fischer ex Ser.) Hayek; V. segetalis Ascherson; V. vulgaris Host

Nomenclature. S. Rauschert, Wiss. Zeitschr. Univ. Halle, Math.-Nat. 14: 496 (1965) and Feddes Repert. 73: 52 (1966); J. Cullen, Notes Roy. Bot. Garden Edinburgh 27: 214 (1967); Hegi 1971: 978; J. Holub, Folia Geobot. Phytotax. (Praha) 11: 83 (1976).

Diploid with 2n=30(He, Hs): Fl. Eur.; S. Talavera, Lagascalia 7: 202 (1977).

Notes. Presumably extinct in Au and Co (given as present in Fl. Eur., not given from Co in Fl. France 1973): J. Gamisans, Willdenowia 13 (Optima Leafl. 132): 81 (1983). Bl added (not given in Fl. Eur.): Duvigneaud 1979: 15. Becoming rare and locally ephemeral in Cz (given as native in Fl. Eur.). Almost extinct as naturalized in Ho ([Ho] in Fl. Eur.): Atlas Nederl. Fl. 1980: 201. [Po] and Rs([N, B]) added (not given in Fl. Eur.). Of doubtful status in Sa (given as native in Fl. Eur.).

Total range. Hultén Alaska 1968: 448 (northern hemisphere).

Petrorhagia illyrica (Ard.) P.W. Ball & Heywood

Gypsophila haynaldiana Janka; Saponaria illyrica Ard.; Tunica cretica sensu Hayek pro parte, non (L.) Fischer & C.A. Meyer; T. haynaldiana (Janka) Borbás; T. illyrica (Ard.) Fischer & C.A. Meyer; T. rhodopaea Velen.; T. taygetea (Boiss.) P.H. Davis

Nomenclature. Author's citation corrected according to P.W. Ball & V.H. Heywood, Bull. Brit. Mus. (Bot.) 3: 133 (1964).

Notes. Cr confirmed (?Cr in Fl. Eur.): P.W. Ball & V.H. Heywood, Bull. Brit. Mus. (Bot.) 3: 133, 142 (1964); C. Favarger, Bull. Soc. Bot. Suisse 76: 271 (1966); W. Greuter, Ann. Mus. Goulandris 1: 32 (1973).

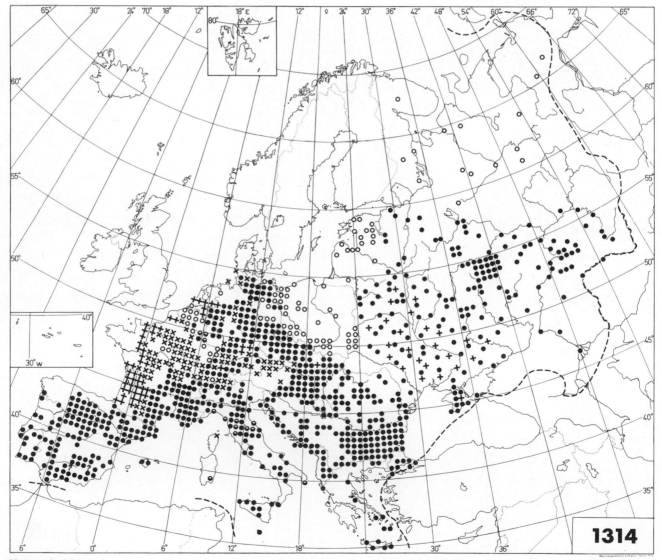

Vaccaria hispanica

P. illyrica subsp. **illyrica** — Map 1315.

Saponaria illyrica Ard.; Tunica illyrica (Ard.) Fischer & C.A. Meyer

Notes. Gr, Ju. "C. Greece and N. Peloponnisos; very doubtfully in Kriti" (Fl. Eur.). Concerning Cr, see P.W. Ball & V.H. Heywood, Bull. Brit. Mus. (Bot.) 3: 133, 142 (1964), and C. Favarger, Bull. Soc. Bot. Suisse 76: 273 (1966).

Total range. Endemic to Europe.

P. illyrica subsp. **haynaldiana** (Janka) P.W. Ball & Heywood — Map 1316.

Gypsophila haynaldiana Janka; Tunica haynaldiana (Janka) Borbás; T. illyrica subsp. haynaldiana (Janka) Prodan; T. rhodopaea Velen.

Diploid with 2n=26(Bu): C. Favarger, Bull. Soc. Bot. Suisse 76: 270—271 (1966).

Notes. Al, Bu, Gr, It, Ju, Rm, Si. "Romania, Balkan peninsula southwards to N. Greece; Calabria, Sicilia" (Fl. Eur.).

Total range. Presence outside Europe doubtful; closely related to the N. African *Petrorhagia illyrica* subsp. *angustifolia* (Poiret) P.W. Ball & V.H. Heywood, Bull. Brit. Mus. (Bot.) 3: 136—137 (1964).

P. illyrica subsp. **taygetea** (Boiss.) P.W. Ball & Heywood — Map 1316.

Tunica cretica sensu Hayek pro parte; T. illyrica var. taygetea Boiss.; T. taygetea (Boiss.) P.H. Davis

Nomenclature. P.H. Davis, Notes Roy. Bot. Garden Edinburgh 22: 165 (1957).

Diploid with 2n=c.26(Cr): C. Favarger, Bull. Soc. Bot. Suisse 76: 271 (1966).

Notes. Cr, Gr. "S. Greece (Taïyetos)" (Fl. Eur.). Concerning Cr, see P.W. Ball & V.H. Heywood, Bull. Brit. Mus. (Bot.) 3: 137—138 (1964); C. Favarger, Bull. Soc. Bot. Suisse 76: 271 (1966); W. Greuter, Ann. Mus. Goulandris 1: 32 (1973).

Total range. Endemic to Europe.

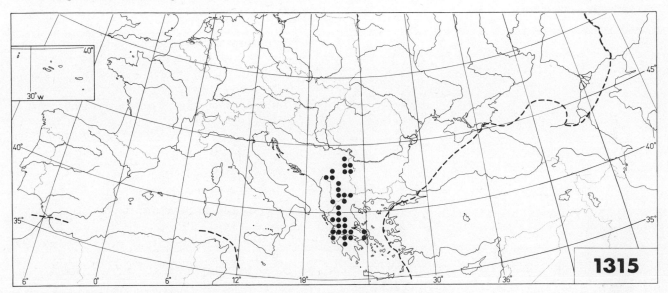

Petrorhagia illyrica subsp. **illyrica**

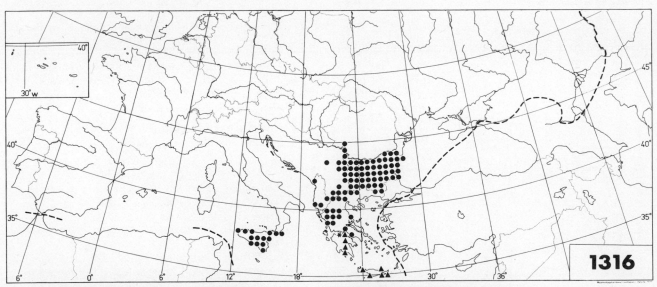

● = **Petrorhagia illyrica** subsp. **haynaldiana**

▲ = **P. illyrica** subsp. **taygetea**

★ = subsp. **haynaldiana** + **taygetea**

142

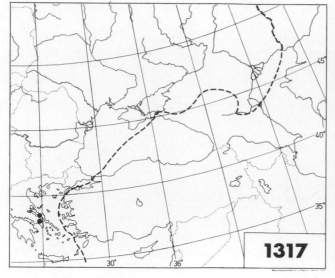

Petrorhagia ochroleuca

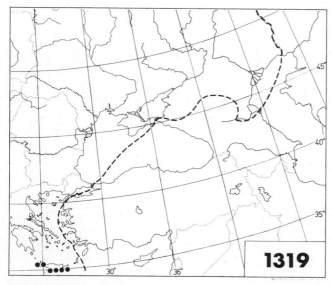

Petrorhagia candica

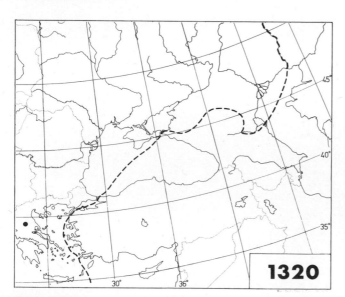

Petrorhagia cretica

Petrorhagia armerioides

Petrorhagia ochroleuca (Sibth. & Sm.) P.W. Ball & Heywood — Map 1317.

Gypsophila ochroleuca Sibth. & Sm.; Tunica ochroleuca (Sibth. & Sm.) Fischer & C.A. Meyer

Taxonomy. "*Petrorhagia ochroleuca* is very similar to *P. illyrica* and is only doubtfully retained as a distinct species": P.W. Ball & V.H. Heywood, Bull. Brit. Mus. (Bot.) 3: 138 (1964).

Diploid with 2n=30(Gr): J. Damboldt & D. Phitos, Candollea 27: 28—30 (1972).

Total range. Endemic to Europe.

Petrorhagia armerioides (Ser.) P.W. Ball & Heywood — Map 1318.

Gypsophila armerioides Ser.; Tunica armerioides (Ser.) Halácsy

Diploid with 2n=26(Gr): C. Favarger, Bull. Soc. Bot. Suisse 76: 271—272 (1966).

Petrorhagia candica P.W. Ball & Heywood — Map 1319.

Tunica cretica auct. pro parte, non Petrorhagia cretica (L.) P.W. Ball & Heywood; T. taygetea auct. pro parte, non (Boiss.) P.H. Davis, sensu stricto

Taxonomy and nomenclature. P.W. Ball & V.H. Heywood, Bull. Brit. Mus. (Bot.) 3: 141 (1964); W. Greuter, Ann. Mus. Goulandris 1: 32—33 (1973).

Total range. Endemic to Kriti.

Petrorhagia cretica (L.) P.W. Ball & Heywood — Map 1320.

Saponaria cretica L.; Tunica cretica (L.) Fischer & C.A. Meyer; T. pachygona Fischer & C.A. Meyer

Nomenclature. R.D. Meikle, Fl. Cyprus 1: 220 (Kew 1977) ("Notes" under *Petrorhagia cretica*).

Diploid chromosome number 2n=26 reported by C. Favarger, Bull. Soc. Bot. Suisse 76: 273 (1966), for material from Armenia.

Notes. Given from Al in Fl. Turkey 1967: 133 (not given in Fl. Eur. or in Med-Checklist 1984). Not present in Cr although claimed to have been described from there; see P.H. Davis, Notes Roy. Bot. Garden Edinburgh 22: 164 (1957); Meikle 1977, loc. cit.

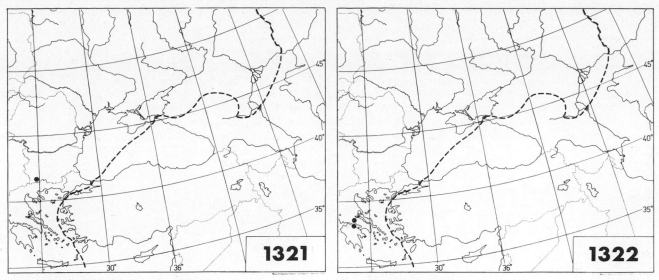

Petrorhagia alpina subsp. **olympica** **Petrorhagia phthiotica**

Petrorhagia alpina (Habl.) P.W. Ball & Heywood subsp. **olympica** (Boiss.) P.W. Ball & Heywood — Map 1321.

Tunica olympica Boiss.

Diploid chromosome number 2n=30 reported for the species by A. Aryavand & C. Favarger, Revue Biol.-Ecol. Médit. 7: 16, 18 (1980), for material from Iran.

Total range. The European exclave of the subspecies is the only one outside Anatolia. The type subspecies, *Petrorhagia alpina* subsp. *alpina* (*Gypsophila alpina* Habl., *Tunica stricta* (Ledeb.) Fischer & C.A. Meyer), "is widespread in the mountains of W. and C. Asia" (Fl. Eur.).

Petrorhagia phthiotica (Boiss. & Heldr.) P.W. Ball & Heywood — Map 1322.

Tunica ochroleuca (Sibth. & Sm.) Fischer & C.A. Meyer var. phthiotica (Boiss. & Heldr.) Hayek; T. phthiotica Boiss. & Heldr.

Diploid with 2n=28(Gr): R. Franzén & L.-Å. Gustavsson, Willdenowia 13: 102 (1983).

Total range. Endemic to Europe.

Petrorhagia fasciculata (Margot & Reuter) P.W. Ball & Heywood — Map 1323.

Gypsophila fasciculata Margot & Reuter; Tunica fasciculata (Margot & Reuter) Boiss.

Diploid with 2n=30(Gr): J. Damboldt & D. Phitos, Candollea 27: 30—38 (1972).

Total range. Endemic to Europe.

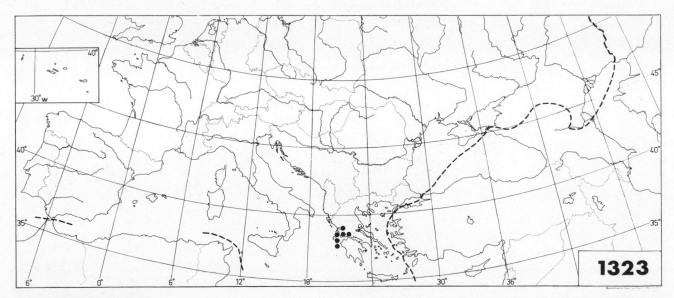

Petrorhagia fasciculata

144

Petrorhagia saxifraga (L.) Link — Map 1324.

Dianthus saxifragus L.; Gypsophila gasparrinii Guss. (Petrorhagia saxifraga subsp. gasparrinii (Guss.) Greuter & Burdet); G. rigida L.; Kohlrauschia saxifraga (L.) Dandy; Tunica gasparrinii (Guss.) Nyman; T. rigida (L.) Reichenb.; T. saxifraga (L.) Scop.

Nomenclature. W. Greuter & T. Raus (eds.), Willdenowia 14 (Optima Leafl. 140): 44 (1984).

Taxonomy. P.W. Ball & V.H. Heywood, Bull. Brit. Mus. (Bot.) 3: 151—155 (1964); Pignatti Fl. 1982: 263—264.

Diploids (southern) *and tetraploids* (widespread) reported. 2n=30(Bu, Co, Gr, Ju, Sa): C. Favarger, Bull. Soc. Bot. Suisse 76: 273 (1966), Boissiera 19: 151—153 (1971); T. Gadella & E. Kliphuis, Acta Bot. Croatica 31: 93 (1972); J.C. van Loon & H.C.M. Snelders, Taxon 28: 632 (1979); J.C. van Loon & A.K. van Setten, Taxon 31: 590 (1982). — 2n=60 or c.60(Al, Au, Cz, Ga, Gr, He, Ho, It, Ju, Lu, Su): Fl. Eur.; C. Favarger, Bull. Soc. Bot. Suisse 76: 274, 277 (1966); Májovský et al. 1970 b: 59; A. Strid, Bot. Not. 124: 492 (1971), Taxon 29: 709 (1980); Fernandes & Leitao 1971: 155, 166; M. Váchová & J. Májovský, Taxon 25: 489 (1976).

Notes. Only casual in Ho ([Ho] in Fl. Eur.). Possibly only as an unestablished alien in Po (given as native in Fl. Eur.). An established alien in Rs(B) and Su (not given in Fl. Eur.). Tu not confirmed (?Tu in Fl. Eur.).

Total range. MJW 1965: map 141c.

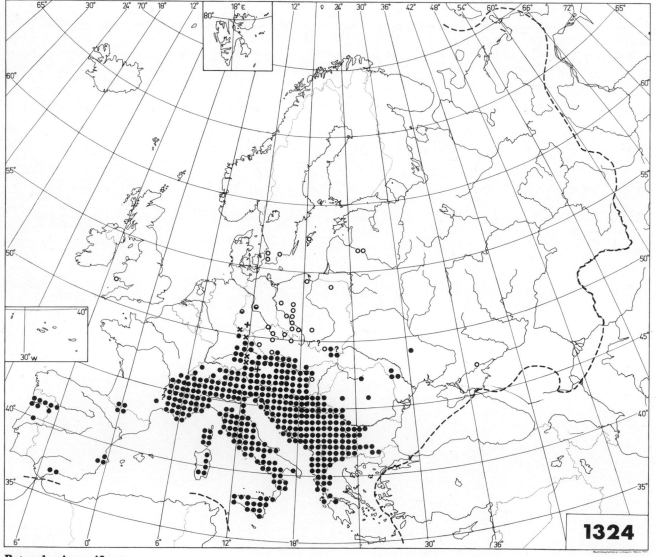

Petrorhagia saxifraga

Petrorhagia graminea (Sibth. & Sm.) P.W. Ball & Heywood — Map 1325.

Gypsophila graminea Sibth. & Sm.; Tunica graminea (Sibth. & Sm.) Boiss.

Tetraploid with 2n=60(Gr): J. Damboldt & D. Phitos, Candollea 27: 30 (1972).

Total range. Endemic to Europe.

Petrorhagia thessala (Boiss.) P.W. Ball & Heywood — Map 1326.

Gypsophila thessala (Boiss.) Nyman, non (Jaub. & Spach) Halácsy; Tunica thessala Boiss.

Diploid with 2n=30(Gr): G. Iatroú, Nordic Jour. Bot. 5: 443 (1985).

Notes. Bu and Ju added (not given in Fl. Eur.): Fl. Bulg. 1966: 407—408; B.A. Kuzmanov, Candollea 34: 16 (1979); A. Strid & K. Papanicolaou, Nordic Jour. Bot. 1: 69 (1981); A. Kurtto, Ann. Bot. Fennici 22: 50 (1985).

Total range. Endemic to Europe.

Petrorhagia dianthoides (Sibth. & Sm.) P.W. Ball & Heywood — Map 1327.

Gypsophila dianthoides Sibth. & Sm.; Tunica dianthoides (Sibth. & Sm.) Fischer & C.A. Meyer

Diploid with 2n=30(Cr): G. Iatroú, Nordic Jour. Bot. 5: 443 (1985).

Total range. Endemic to Kriti.

Petrorhagia grandiflora Iatroú — Map 1328.

Taxonomy. G. Iatroú, Nordic Jour. Bot. 5: 441—445 (1985).

Diploid with 2n=30(Gr): G. Iatroú, op. cit., p. 443.

Notes. Gr (the taxon not mentioned in Fl. Eur.).

Total range. Endemic to Europe.

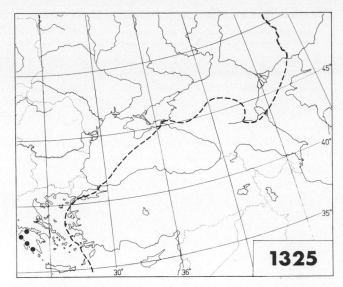

Petrorhagia graminea

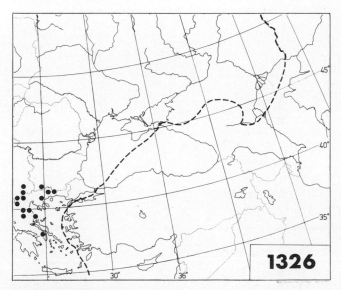

Petrorhagia thessala

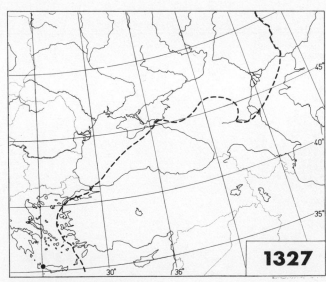

Petrorhagia dianthoides

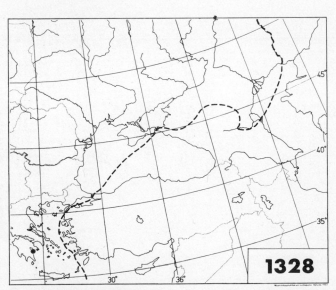

Petrorhagia grandiflora

Petrorhagia prolifera (L.) P.W. Ball & Heywood — Map 1329.

Dianthus prolifer L.; Kohlrauschia prolifera (L.) Kunth; Tunica prolifera (L.) Scop.

Generic delimitation. J. Holub et al., Folia Geobot. Phytotax. (Praha) 7: 174 (1972).

Taxonomy. S.M. Thomas, Bot. Jour. Linn. Soc. 87: 55—75 (1983).

Diploid with 2n=30(Cz, Ga, Gr, Hs, Hu, It, Ju, Po): Fl. Eur.; J. Holub et al., Folia Geobot. Phytotax. (Praha) 7: 173—174 (1972); E. Kliphuis, Taxon 26: 267 (1977); J. Fernández Casas & A. Ortíz, Taxon 27: 55 (1978); J.C. van Loon & B. Kieft, Taxon 29: 538 (1980); A. Strid, Taxon 29: 709 (1980); Á. Löve & D. Löve, Taxon 31: 584 (1982); E. Pogan et al., Acta Biol. Cracov., ser. Bot. 24: 97—98 (1982). — The tetraploid number 2n=60 reported for Macaronesian material by J.C. van Loon, Acta Bot. Neerl. 23: 115 (1974).

Notes. Badly declining in Ho: Atlas Nederl. Fl. 1980: 162. In southern It, *Petrorhagia prolifera* is presumably more rare and *P. velutina* more frequent than shown in the maps. Rs([B], C) and Sa added (not given in Fl. Eur.): Pignatti Fl. 1982: 264.

Total range. MJW 1965: map 141c.

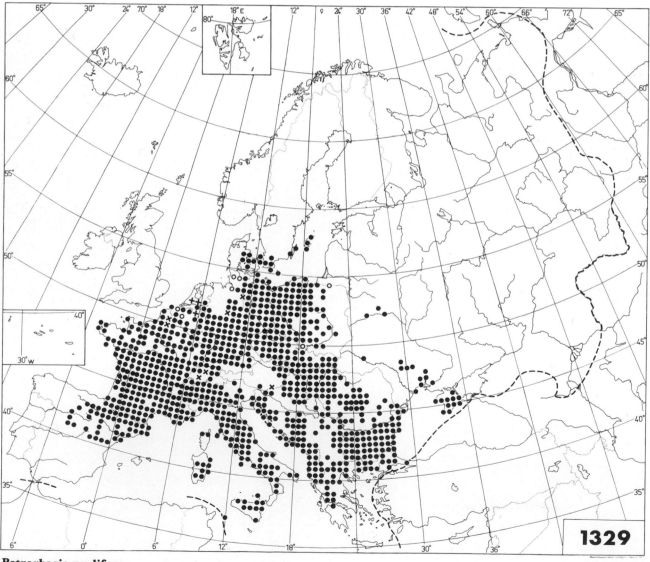

Petrorhagia prolifera

1329

Petrorhagia nanteuilii (Burnat) P.W. Ball & Heywood — Map 1330.

Dianthus nanteuilii Burnat; Kohlrauschia nanteuilii (Burnat) P.W. Ball & Heywood; K. prolifera auct. eur. occident. pro parte, non (L.) Kunth; K. prolifera (L.) Kunth subsp. nanteuilii (Burnat) Laínz; Petrorhagia prolifera (L.) P.W. Ball & Heywood subsp. nanteuilii (Burnat) O. Bolòs & Vigo; Tunica nanteuilii (Burnat) Rouy & Fouc.; T. prolifera auct. eur. occident. pro parte, non (L.) Scop.; T. prolifera (L.) Scop. subsp. nanteuilii (Burnat) Graebner

Nomenclature. O. Bolòs & J. Vigo, Butll. Inst. Catalana Hist. Nat. 38 (Sec. Bot. 1): 87 (1974).

Tetraploid with 2n=60(Hs, Lu): Fl. Eur.; T.W.J. Gadella et al., Acta Bot. Neerl. 15: 485 (1966) (as *Tunica prolifera*); Fernandes & Leitao 1971: 155, 166. — Deviating numbers reported for Macaronesian material by L. Borgen, Norwegian Jour. Bot. 21: 197 (1974).

Notes. Bl confirmed (?Bl in Fl. Eur.): Duvigneaud 1979: 14. It added (not given in Fl. Eur.): Pignatti Fl. 1982: 264; probably underrepresented in the map.

Petrorhagia velutina (Guss.) P.W. Ball & Heywood — Map 1331.

Dianthus velutinus Guss.; Gypsophila velutina (Guss.) D. Dietr.; Kohlrauschia velutina (Guss.) Reichenb.; Petrorhagia prolifera (L.) P.W. Ball & Heywood subsp. velutina (Guss.) O. Bolòs & Vigo; Tunica prolifera (L.) Scop. subsp. velutina (Guss.) Briq.; T. velutina (Guss.) Fischer & C.A. Meyer

Nomenclature. O. Bolòs & J. Vigo, Butll. Inst. Catalana Hist. Nat. 38 (Sec. Bot. 1): 87 (1974).

Diploid with 2n=30(Cr, Lu): Fl. Eur.; B. de Montmollin, Bull. Soc. Neuchâtel. Sci. Nat. 105: 68 (1982).

Notes. Bl not confirmed (?Bl in Fl. Eur.): Duvigneaud 1979: 14.

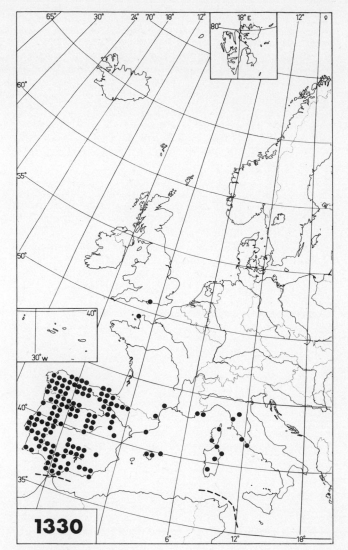

1330

Petrorhagia nanteuilii

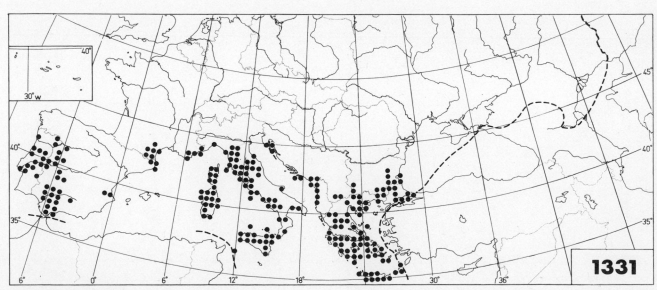

1331

Petrorhagia velutina

Petrorhagia glumacea (Chaub. & Bory) P.W. Ball & Heywood — Map 1332.

Dianthus glumaceus Chaub. & Bory; Kohlrauschia glumacea (Chaub. & Bory) Hayek; Tunica glumacea (Chaub. & Bory) Boiss. — Excl. Petrorhagia glumacea var. obcordata (Margot & Reuter) P.W. Ball & Heywood

Nomenclature. J. Holub, Folia Geobot. Phytotax. (Praha) 5: 436 (1970).

Taxonomy. S.M. Thomas & B.G. Murray, Pl. Syst. Evol. 139: 77—94 (1981); S.M. Thomas, Bot. Jour. Linn. Soc. 87: 55—75 (1983).

Diploid with 2n=30(Gr): A. Strid & R. Franzén, Taxon 30: 833 (1981); R. Franzén & L.-Å. Gustavsson, Willdenowia 13: 102 (1983).

Notes. Al and [It] omitted (given in Fl. Eur.), the material belonging to *Petrorhagia obcordata*. Bu not confirmed (?Bu in Fl. Eur.): P.W. Ball & V.H. Heywood, Bull. Brit. Mus. (Bot.) 3: 170 (1964). Cr omitted (given in Fl. Eur.): W. Greuter, Mem. Soc. Brot. 24: 155 (1974). The map must be considered provisional.

Total range. Endemic to Europe.

Petrorhagia obcordata (Margot & Reuter) Greuter & Burdet — Map 1333.

Dianthus obcordatus Margot & Reuter; Kohlrauschia glumacea (Chaub. & Bory) P.W. Ball & Heywood subsp. obcordata (Margot & Reuter) Holub; Petrorhagia glumacea var. obcordata (Margot & Reuter) P.W. Ball & Heywood

Nomenclature. J. Holub, Folia Geobot. Phytotax. (Praha) 5: 436 (1970); W. Greuter & T. Raus (eds.), Willdenowia 12 (Optima Leafl. 127): 188 (1982).

Taxonomy. S.M. Thomas & B.G. Murray, Pl. Syst. Evol. 139: 77—94 (1981) (as "large-flowered *Petrorhagia prolifera*"); S.M. Thomas, Bot. Jour. Linn. Soc. 87: 55—75 (1983).

Notes. Al, ?Gr, [It], Ju, Tu (the taxon mentioned in Fl. Eur. in a comment under *Petrorhagia glumacea,* as var. *obcordata*). The records from Al received as *P. glumacea* (? coll.). Concerning [It], see Pignatti Fl. 1982: 264 (as *P. glumacea,* in a comment under *P. nanteuilii*): not seen in present times.

Total range. Endemic to Europe.

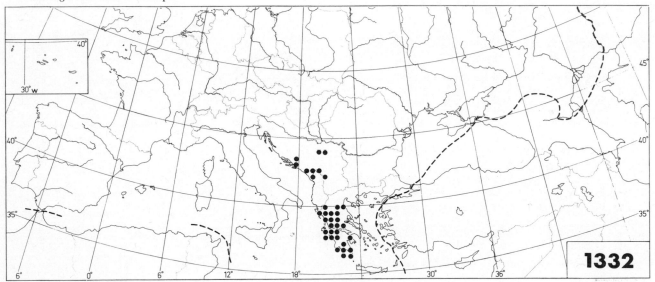

Petrorhagia glumacea

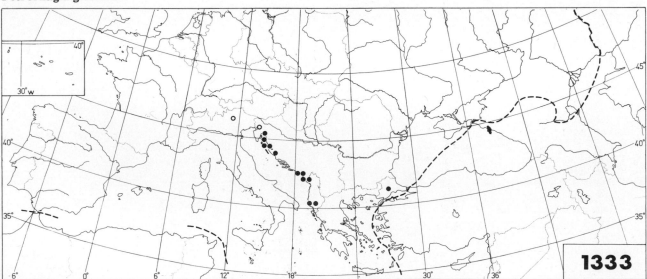

Petrorhagia obcordata

Dianthus seguieri Vill.

Dianthus asper Willd.; D. cadevallii Sennen & Pau; D. carthusianorum auct. non L.; D. collinus auct. non Waldst. & Kit.; D. gautieri Sennen; D. gerundensis Sennen & Pau; D. neglectus Loisel.; D. queraltii Sennen; D. scaber auct. non Chaix; D. sylvaticus Hoppe ex Willd.

Notes. He added (not given in Fl. Eur.): Ehrendorfer 1973: 92.
Total range. Endemic to Europe.

D. seguieri subsp. seguieri — Map 1334.

Dianthus chinensis L. ("sinensis") subsp. seguieri (Vill.) Schmalh.; D. seguieri subsp. cadevallii (Sennen & Pau) O. Bolòs & Vigo. Incl. D. seguieri subsp. italicus Tutin

Nomenclature. O. Bolòs & J. Vigo, Butll. Inst. Catalana Hist. Nat. 38 (Sec. Bot. 1): 88 (1974).
Taxonomy. T.G. Tutin, Feddes Repert. 68 (Fl. Eur. Notulae Syst. 2): 189 (1963); Pignatti Fl. 1982: 268.
Hexaploid with 2n=90(Alps): Fl. Eur.
Notes. Ga, He, ?Hs, It. "W.C. Europe, S. France and N. Italy" (Fl. Eur.). Hs is due to tentative inclusion of *Dianthus seguieri* subsp. *cadevallii* (not mapped). The only locality for *D. seguieri* subsp. *italicus* has been given a special symbol on the map.

D. seguieri subsp. gautieri (Sennen) Tutin — Map 1335.

Dianthus gautieri Sennen; D. gerundensis Sennen & Pau; D. neglectus Loisel.; D. queraltii Sennen

Taxonomy and nomenclature. T.G. Tutin, Feddes Repert. 68 (Fl. Eur. Notulae Syst. 2): 189 (1963); O. Bolòs & J. Vigo, Butll. Inst. Catalana Hist. Nat. 38 (Sec. Bot. 1): 88 (1974).
Notes. Ga, Hs. "N.E. Spain" (Fl. Eur.).

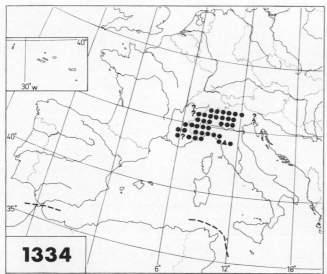

Dianthus seguieri subsp. **seguieri**
▲ = "subsp. **italicus**"

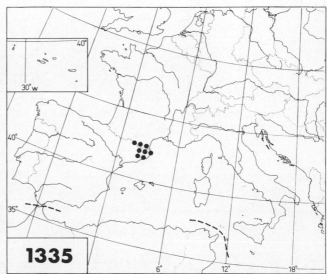

Dianthus seguieri subsp. **gautieri**

D. seguieri subsp. glaber Čelak. — Map 1336.

Dianthus seguieri subsp. sylvaticus (Hoppe ex Willd.) Hegi; D. sylvaticus Hoppe ex Willd.

Tetraploid with 2n=60(Cz): M. Kovanda, Preslia 56: 290 (1984).
Notes. Cz, Ga, Ge. "Czechoslovakia and S. Germany" (Fl. Eur.).

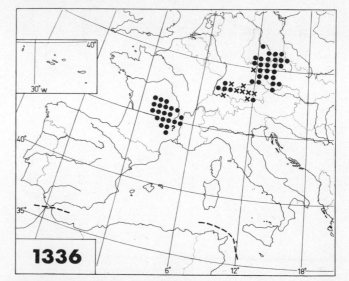

Dianthus seguieri subsp. **glaber**

Dianthus collinus Waldst. & Kit.

Dianthus corymbosus Fleischmann non Sibth. & Sm.; D. glabriusculus (Kit.) Borbás; D. piatra-neamtzui Prodan; D. seguieri Neilr. non Vill.; D. umbellatus DC.

Notes. Rs(W) added (not given in Fl. Eur.): Kotov, Fl. RSS Ucr. 4: 612 (Kiev 1952), as *Dianthus glabriusculus.*

Total range. Endemic to Europe.

D. collinus subsp. collinus — Map 1337.

Dianthus carthusianorum L. subsp. collinus (Waldst. & Kit.) Pers.; D. chinensis L. ("sinensis") subsp. collinus (Waldst. & Kit.) Schmalh.; D. seguieri Vill. subsp. collinus (Waldst. & Kit.) Arcangeli; D. seguieri subsp. scaber Čelak.

Hexaploid with 2n=90(Cz): Májovský et al. 1970 b: 52 (as *Dianthus seguieri* subsp. *collinus*); M. Kovanda, Preslia 56: 290 (1984).

Notes. Au, Cz, Hu, Ju. "E. Austria, Hungary, N. Jugoslavia" (Fl. Eur.).

D. collinus subsp. glabriusculus (Kit.) Thaisz — Map 1338.

Dianthus collinus var. glabriusculus Kit.; D. collinus subsp. moldavicus (Prodan) Soó; D. glabriusculus (Kit.) Borbás; D. glabriusculus subsp. moldavicus Prodan; D. piatra-neamtzui Prodan

Nomenclature. Author's citation corrected in accordance with J. Holub, Preslia 38: 80 (1966), and R. Soó, Feddes Repert. 83: 162 (1972).

Taxonomy. I. Prodan in Savŭl., Fl. Rep. Pop. Române 2: 233—237 (1953); V. Sanda, Studii Comun. Muz. Brukenthal, Ştiinţe Nat. 17: 154, 157 (1972).

Hexaploid with 2n=90(Cz): E. Kmeťová, Acta Bot. Slov. Acad. Sci. Slov., ser. A 5: 135—136, 151 (1979).

Notes. Cz, Hu, Ju, Po, Rm, Rs(W). "From Poland to Hungary and Romania" (Fl. Eur.). A few localities listed by L. Szücs, Acta Geobot. Hung. 5: 199, 201 (1943), are just on the Ju side of the border.

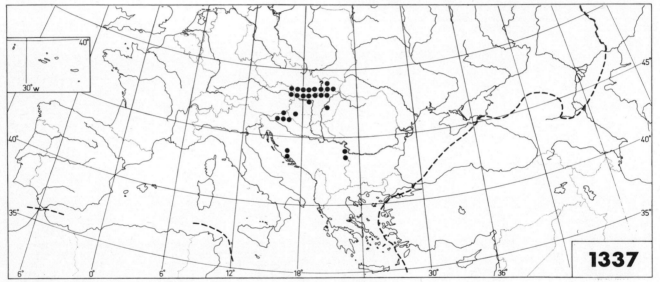

Dianthus collinus subsp. **collinus**

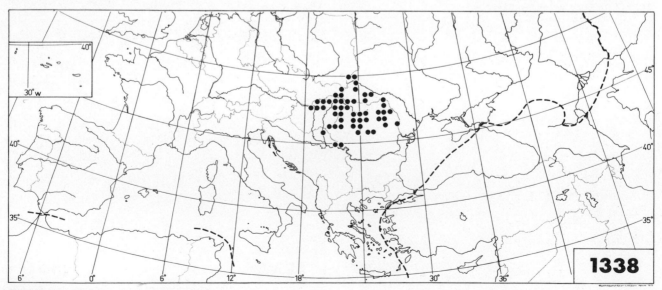

Dianthus collinus subsp. **glabriusculus**

151

Dianthus fischeri Sprengel — Map 1339.

Dianthus guttatus Bieb. subsp. mariae Kleopow; D. mariae (Kleopow) Klokov

Taxonomy. "May perhaps be a subspecies of 2 [= *Dianthus collinus*]" (Fl. Eur.). See J.D. Kleopow, Jour. Inst. Bot. Acad. Sci. Ukr. 21—22/29—30: 244 (1939), and M.V. Klokov in Kotov, Fl. RSS Ucr. 4: 622—623 (*D. fischeri*) and 631—632 (*D. mariae*) (1952).

Notes. In Kotov, Fl. RSS Ucr. 4: 632 (1952), *Dianthus mariae* is given as endemic to Rs(K); it is marked with a special symbol on the map. According to Fl. Eur., *D. fischeri* is absent from Rs(K), and neither of the two binomials is mentioned in Rubtsev 1972. Rs(E) added (not given in Fl. Eur.).

Total range. In Fl. Eur., given as endemic to Europe.

Dianthus pratensis Bieb. — Map 1340.

Dianthus racovitae Prodan

Total range. In Fl. Eur., given as endemic to Europe.

D. pratensis subsp. pratensis — Map 1340.

Notes. Rs(C, E). "E.C. & S.E. Russia" (Fl. Eur.).

D. pratensis subsp. racovitae (Prodan) Tutin — Map 1340.

Dianthus racovitae Prodan

Nomenclature. T.G. Tutin, Feddes Repert. 68 (Fl. Eur. Notulae Syst. 2): 189 (1963) ("racovitzae").
Notes. Rm. "E. Romania" (Fl. Eur.).

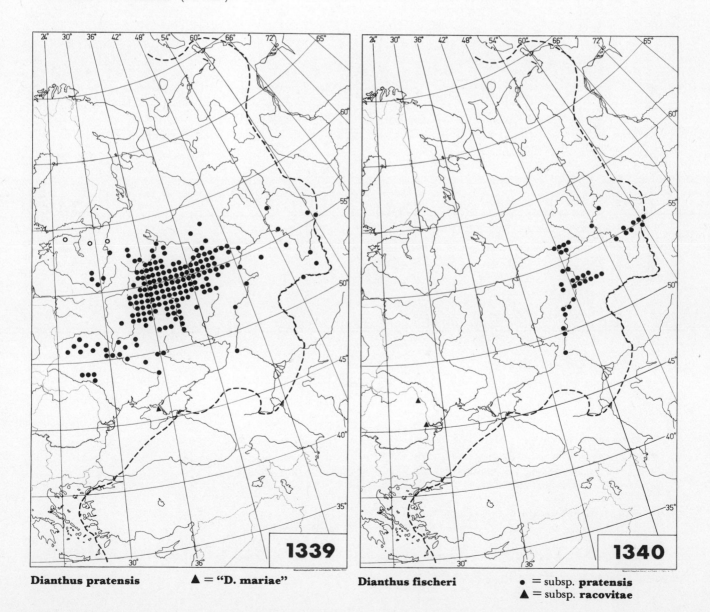

Dianthus pratensis ▲ = "D. mariae" **Dianthus fischeri** • = subsp. **pratensis** ▲ = subsp. **racovitae**

1339 **1340**

152

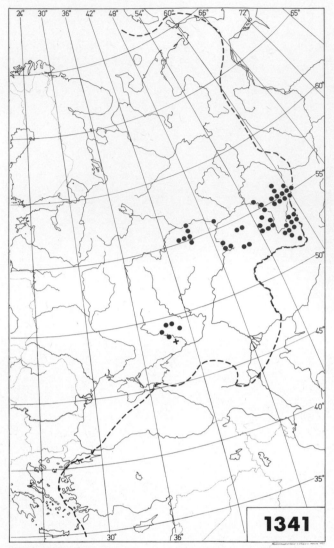

Dianthus versicolor

Dianthus versicolor Fischer ex Link — Map 1341.
 Tetraploid chromosome number 2n=60 reported by J. Měsíček & J. Soják, Folia Geobot. Phytotax. (Praha) 4: 59 (1969), for material from Mongolia.

Dianthus pseudoversicolor Klokov — Map 1342.
 Notes. No data available from Rs(C) (given in Fl. Eur.).
 Total range. Endemic to Europe.

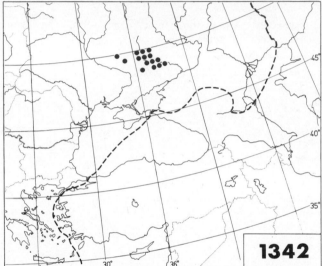

Dianthus pseudoversicolor

Dianthus furcatus Balbis

Dianthus alpester Balbis; D. benearnensis Loret; D. fallens Timb.-Lagr.; D. geminiflorus Loisel.; D. gyspergerae Rouy; D. requienii Gren. & Godron; D. tener Balbis

Total range. Endemic to Europe.

D. furcatus subsp. furcatus — Map 1343.

?Dianthus alpester Balbis; ?D. carthusianorum L. subsp. alpestris (Balbis) Pers.

Tetraploid with 2n=60(Ga): J. Contandriopoulos, Revue Gén. Bot. 71: 367 (1964).
Notes. Ga, It. "S.W. Alps" (Fl. Eur.).

D. furcatus subsp. lereschii (Burnat) Pignatti — Map 1344.

Dianthus furcatus var. lereschii Burnat; D. furcatus subsp. tener Tutin, non D. tener Balbis

Nomenclature. T.G. Tutin, Feddes Repert. 68 (Fl. Eur. Notulae Syst. 2): 189 (1963) (the information on the place and time of publication of the name *Dianthus tener* evidently needs checking); S. Pignatti, Gior. Bot. Ital. 107: 209 (1973). Pignatti, loc. cit., gives no information about the true identity of *D. tener*.
Notes. It. "N. Italy (Piemonte)" (Fl. Eur., as subsp. *tener*).

D. furcatus subsp. **geminiflorus** (Loisel.) Tutin —
Map 1343.

Dianthus benearnensis Loret; D. fallens Timb.-Lagr.; D. geminiflorus Loisel.; D. requienii Gren. & Godron; D. seguieri
Vill. subsp. geminiflorus (Loisel.) Malagarriga

Nomenclature. T.G. Tutin, Feddes Repert. 68 (Fl. Eur.
Notulae Syst. 2): 189 (1963); R. Malagarriga, Pl. Senne-
nianae. I. Dianthus, p. 3 (Barcelona 1974).
Diploid with 2n=30(Hs): Fl. Eur.
Notes. Ga, Hs. "Pyrenees; N.W. Spain" (Fl. Eur.).

D. furcatus subsp. **dissimilis** (Burnat) Pignatti — Map
1344.

Dianthus furcatus var. dissimilis Burnat

Nomenclature. S. Pignatti, Gior. Bot. Ital. 107: 209
(1973).
Taxonomy. Perhaps a hybrid, *Dianthus furcatus × neglectus*:
Pignatti Fl. 1982: 271.
Notes. It (the taxon not mentioned in Fl. Eur.).

D. furcatus subsp. **gyspergerae** (Rouy) Burnat ex Briq.
— Map 1344.

Dianthus gyspergerae Rouy

Diploid with 2n=30(Co): J. Contandriopoulos, Revue
Gén. Bot. 71: 363—370 (1964).
Notes. Co. "Corse" (Fl. Eur.).
Total range. Endemic to Corse.

Dianthus viridescens G.C. Clementi — Map 1345.

Nomenclature. Author's citation corrected in accordance
with D.J. Mabberley, Taxon 31: 70 (1982).
Total range. Endemic to Europe.

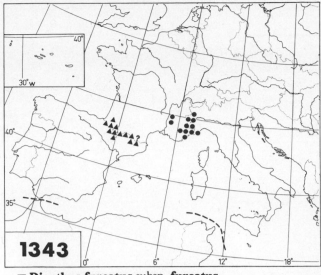

● = **Dianthus furcatus** subsp. **furcatus**
▲ = **D. furcatus** subsp. **geminiflorus**

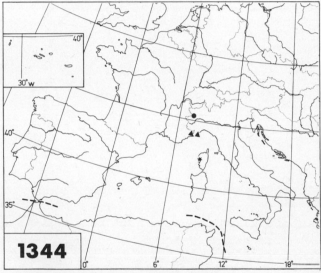

● = **Dianthus furcatus** subsp. **lereschii**
▲ = **D. furcatus** subsp. **dissimilis**
★ = **D. furcatus** subsp. **gyspergerae**

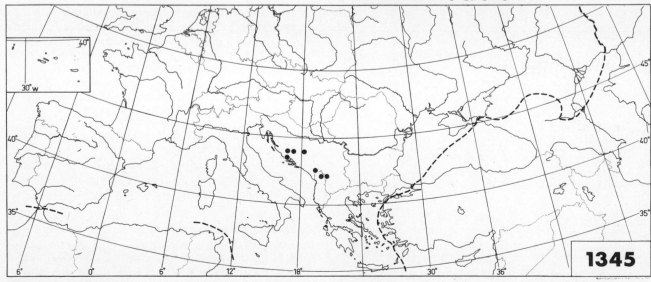

Dianthus viridescens

154

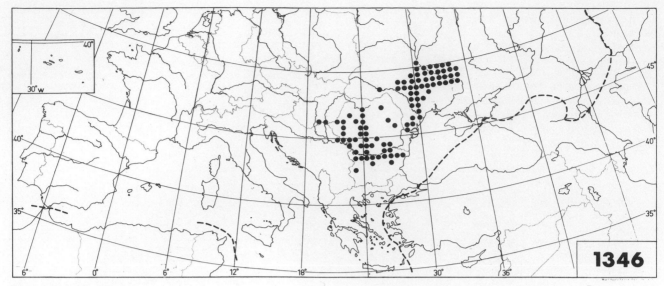

Dianthus trifasciculatus

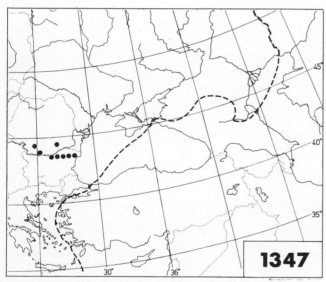

Dianthus trifasciculatus subsp. **parviflorus**

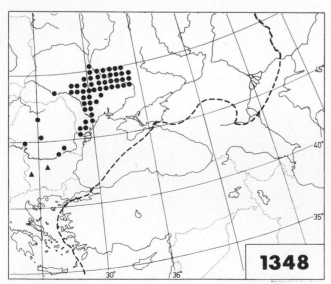

● = **Dianthus trifasciculatus** subsp. **pseudobarbatus**
▲ = **D. trifasciculatus** subsp. **pseudoliburnicus**

Dianthus trifasciculatus Kit. — Map 1346.

Dianthus deserti sensu Prodan, non Post; D. euponticus Zapał.; D. pseudobarbatus Besser ex Reichenb.

Notes. Cz omitted (given in Fl. Eur.): J. Holub, Preslia 38: 80 (1966).

Total range. Endemic to Europe.

D. trifasciculatus subsp. **trifasciculatus**

Notes. Bu, Ju, Rm. "Romania, Bulgaria, E. Jugoslavia" (Fl. Eur.). Not mapped separately.

D. trifasciculatus subsp. **parviflorus** Stoj. & Acht. — Map 1347.

Dianthus deserti sensu Prodan, non Post; D. trifasciculatus var. deserti Prodan; D. trifasciculatus subsp. deserti (Prodan) Tutin

Taxonomy and nomenclature. N. Stojanov & B. Achtarov, Sborn. Bălg. Akad. Nauk 29: 39—41 (1935); T.G. Tutin, Feddes Repert. 68 (Fl. Eur. Notulae Syst. 2): 190 (1963). There is no mention in the latter or in Fl. Eur. of the subspecies name adopted here.

Notes. Bu, Rm. "Lower Danube valley" (Fl. Eur.).

D. trifasciculatus subsp. **pseudobarbatus** (Schmalh.) Jalas — Map 1348.

Dianthus chinensis L. ("sinensis") subsp. pseudobarbatus Schmalh.; D. euponticus Zapał.; D. trifasciculatus subsp. euponticus (Zapał.) Tutin, nomen inval.

Nomenclature. J. Jalas, Ann. Bot. Fennici 22: 219 (1985).

Notes. Rs(W). "S. & C. Ukraine, Moldavia" (Fl. Eur., as *Dianthus trifasciculatus* subsp. *euponticus*).

D. trifasciculatus subsp. **pseudoliburnicus** Stoj. & Acht. — Map 1348.

Taxonomy. N. Stojanov & B. Achtarov, Sborn. Bălg. Akad. Nauk. 29: 40—41 (1935); Fl. Bulg. 1966: 417.

Notes. Bu (the taxon not mentioned in Fl. Eur.).

Dianthus urumoffii Stoj. & Acht. — Map 1349.

Notes. Not seen in the wild since 1935 (given as present in Fl. Eur.): TPC Red Data Sheets Europe (preprint Kew 1977); IUCN Plant Red Data Book, p. 117 (Kew 1978).

Total range. Endemic to Europe.

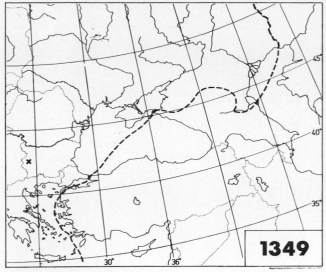

1349

Dianthus urumoffii

Dianthus eugeniae Kleopow — Map 1350.

Total range. Endemic to Europe.

Dianthus tesquicola Klokov — Map 1351.

Total range. Endemic to Europe.

Dianthus guttatus Bieb. — Map 1352.

Dianthus pseudogrisebachii Grec.

Total range. Endemic to Europe.

D. guttatus subsp. **guttatus** — Map 1352.

Dianthus campestris Bieb. subsp. guttatus (Bieb.) Schmalh.;
D. guttatus subsp. falz-feini Pacz.; D. guttatus subsp. pseudogrisebachii (Grec.) Prodan

Notes. Rm, Rs(W). "S. & E. Romania, Moldavia, C. &
S. Ukraine" (Fl. Eur., for the species).

D. guttatus subsp. **divaricatus** Prodan — Map 1352.

Taxonomy. I. Prodan in Savŭl., Fl. Rep. Pop. Române
2: 277, 669 (1953).

Notes. Rm (the taxon not mentioned in Fl. Eur.).

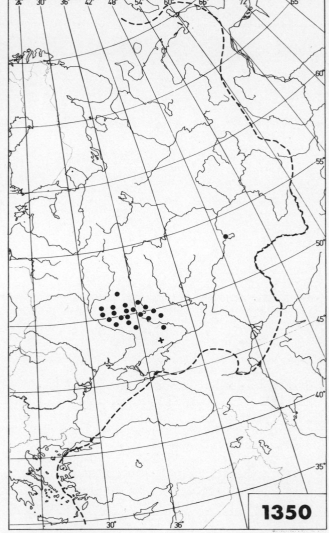

1350

Dianthus eugeniae

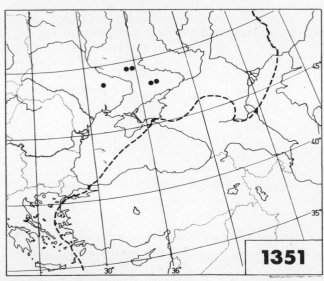

1351

Dianthus tesquicola

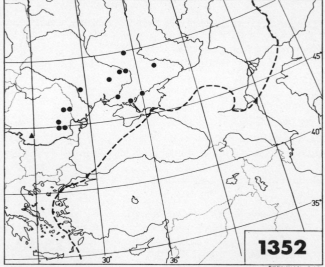

1352

Dianthus guttatus   ● = subsp. **guttatus**
                         ▲ = subsp. **divaricatus**

156

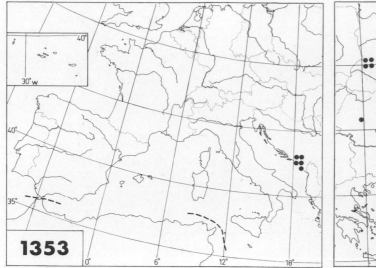

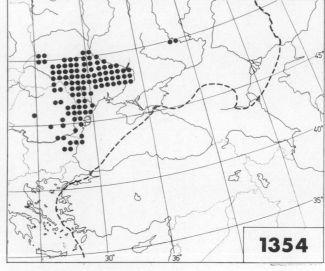

Dianthus knappii

Dianthus membranaceus

Dianthus knappii (Pant.) Ascherson & Kanitz ex Borbás — Map 1353.

> Dianthus liburnicus Bartl. var. knappii Pant.
>
> *Total range.* Endemic to Europe.

Dianthus membranaceus Borbás — Map 1354.

> Dianthus euponticus sensu Schischkin, non Zapał.; D. rehmannii Błocki
>
> *Notes.* Rs(E) added (not given in Fl. Eur.).
> *Total range.* Endemic to Europe.

Dianthus dobrogensis Prodan — Map 1355.

> Dianthus membranaceus sensu Stoj. & Stefanov, non Borbás
>
> *Notes.* Bu omitted (given in Fl. Eur.): S.I. Kožuharov (in litt.); not listed in Med-Checklist 1984.
> *Total range.* Endemic to Europe.

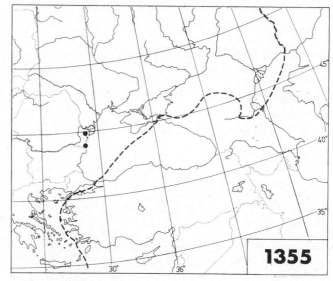

Dianthus dobrogensis

Dianthus barbatus L.

> Dianthus compactus Kit.; D. girardinii Lamotte
>
> *Taxonomy.* In some cases, the distinction between the two subspecies does not seem to be clear.
> *Diploid* with 2n=30(Ga, Lu): Fernandes & Leitao 1971: 157, 166; P. Küpfer, Cahiers Geogr. Besançon 21 (Actes Coll. Veget. Chaines Alp. Jurassienne): 179 (1971).
> *Notes.* Not truly established in Br, Da, Ho, Lu, No, Rs(N) or Su ([Br, Da, Ho, Lu, No, Rs(N), Su] in Fl. Eur.). No data available from Rs(K) ([Rs(K)] in Fl. Eur.).

D. barbatus subsp. **barbatus** — Map 1356.

> Dianthus barbatus subsp. girardinii (Lamotte) Nyman; D. girardinii Lamotte
>
> *Notes.* Au, Bu, [Cz, Fe], Ga, [Ge], Hs, Hu, It, Ju, [Po, Rm, Rs(B, C, *W, ?K, E)], Tu. "Throughout the range of the species, but mainly lowland and often cultivated and naturalized" (Fl. Eur.).

D. barbatus subsp. **compactus** (Kit.) Stoj. — Map 1357.

> Dianthus compactus Kit.
>
> *Nomenclature.* R. Soó, Feddes Repert. 83: 162 (1972).
> *Taxonomy.* Considered a good species by V. Sanda, Studii Comun. Muz. Brukenthal, Ştiinţe Nat. 17: 155 (1972).
> *Diploid* with 2n=30(Cz, Po): Májovský et al. 1970 b: 51; M. Mizianty & L. Frey, Fragm. Flor. Geobot. 19: 265—266 (1973) (as *Dianthus compactus*).
> *Notes.* Bu, Cz, It, Ju, Po, Rm, Rs(W). "Appennini; mountains of Jugoslavia; S. & E. Carpathians" (Fl. Eur.). Bu according to N. Stojanov & B. Achtarov, Sborn. Bălg. Akad. Nauk 29: 38—39 (1935), and Fl. Bulg. 1966: 414.

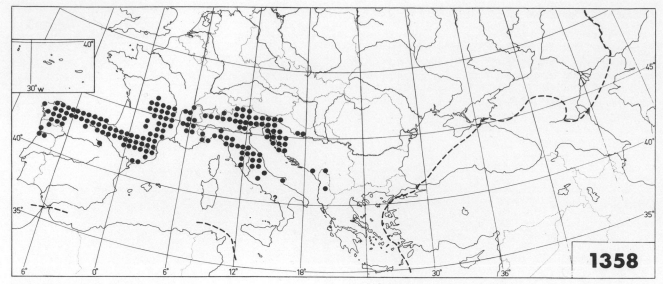

Dianthus monspessulanus

Dianthus monspessulanus L. — Map 1358.

Dianthus eynensis Sennen (D. monspessulanus subsp. eynensis (Sennen) Malagarriga); D. hyssopifolius L. subsp. monspessulanus (L.) Graebner & Graebner fil. — Excl. Dianthus marsicus Ten. and D. sternbergii Sieber ex Capelli

Taxonomy. R. Malagarriga, Pl. Sennenianae. I. Dianthus, p. 8 (Barcelona 1974).

Diploid and tetraploid. 2n=30(Hs, Lu): C. Favarger, Bull. Soc. Neuchâtel. Sci. Nat. 88: 9 (1965) (see also the footnote); Fernandes & Leitao 1971: 157, 167. — 2n=60(It): Fl. Eur. (the taxonomical identity of the material needs checking).

Notes. Al added (not given in Fl. Eur.). Au omitted (given in Fl. Eur.), the plant having been transferred to *Dianthus sternbergii.*

Total range. Endemic to Europe.

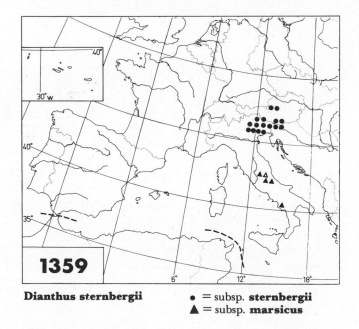

Dianthus sternbergii   ● = subsp. **sternbergii**
                              ▲ = subsp. **marsicus**

Dianthus sternbergii Sieber ex Capelli — Map 1359.

Dianthus marsicus Ten.; D. waldsteinii Sternb.

Taxonomy. The treatment of *Dianthus sternbergii* as a species distinct from *D. monspessulanus* is in accordance with Hegi 1978: 1023—1024 (as *D. waldsteinii*) and Pignatti Fl. 1982: 272. See H. Melzer, Mitt. Naturwiss. Ver. Steiermark 110: 118—119 (1980).
Notes. Au, It, Ju.
Total range. Endemic to Europe.

D. sternbergii subsp. **sternbergii** — Map 1359.

Dianthus hyssopifolius L. subsp. sternbergii (Sieber ex Capelli) Graebner & Graebner fil.; D. monspessulanus L. subsp. sternbergii (Sieber ex Capelli) Hegi; D. monspessulanus subsp. waldsteinii (Sternb.) Nyman; D. waldsteinii Sternb.

Hexaploid with 2n=90(Ju): C. Favarger, Bull. Soc. Neuchâtel. Sci. Nat. 88: 9 (1965); M. Lovka et al., Taxon 21: 337 (1972) (as *Dianthus sternbergii*).
Notes. Au, It, Ju. "E. Alps" (Fl. Eur., as *Dianthus monspessulanus* subsp. *sternbergii*).

D. sternbergii subsp. **marsicus** (Ten.) Pignatti — Map 1359.

Dianthus marsicus Ten.; D. monspessulanus L. subsp. marsicus (Ten.) Novák; D. waldsteinii Sternb. subsp. marsicus (Ten.) Greuter & Burdet
Nomenclature. W. Greuter & T. Raus (eds.), Willdenowia 12 (Optima Leafl. 127): 188 (1982).
Notes. It. "C. Italy (Abruzzi)" (Fl. Eur., as *Dianthus monspessulanus* subsp. *marsicus*).

Dianthus repens Willd. — Map 1360.

Dianthus alpinus Fenzl non L.

Tetraploid with 2n=60(Rs(N)): A.P. Sokolovskaya, Vestnik Leningr. Univ. 9: 107 (1970). — Outside Europe, both diploid and tetraploid plants are reported: P.G. Zhukova, Bot. Žur. 51: 1512 (1966) (Chukchi peninsula); A.W. Johnson & J.G. Packer, Bot. Not. 121: 420 (1968) (Alaska).

Total range. Hultén Alaska 1968: 448; Fl. Arct. URSS 1971: 121 (Eurasian part).

Notes. Rs(C) added (not given in Fl. Eur.).

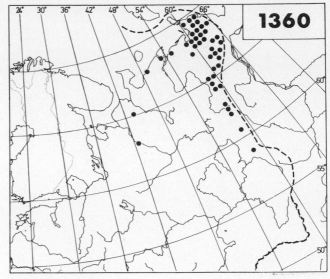

Dianthus repens

Dianthus alpinus L. — Map 1361.

Diploid with 2n=30(Alps): Fl. Eur.

Notes. It and Ju omitted (given in Fl. Eur.): F.J. Widder, Ber. Bayer. Bot. Ges. 37: 83—89, maps 12 and 13 opposite p. 86 (1964).

Total range. Endemic to Europe.

Dianthus nitidus Waldst. & Kit. — Map 1362.

Diploid with 2n=30(Cz): Májovský et al. 1970 b: 52; M. Kovanda, Preslia 56: 290—291 (1984).

Notes. Extinct in Po (given as present in Fl. Eur.): R. Hendrych, Preslia 53: 106 (1981).

Total range. Endemic to Europe.

Dianthus alpinus

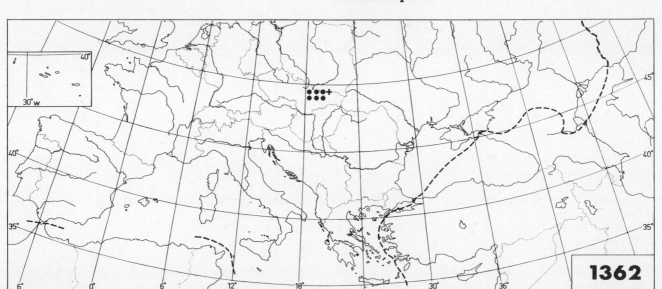

Dianthus nitidus

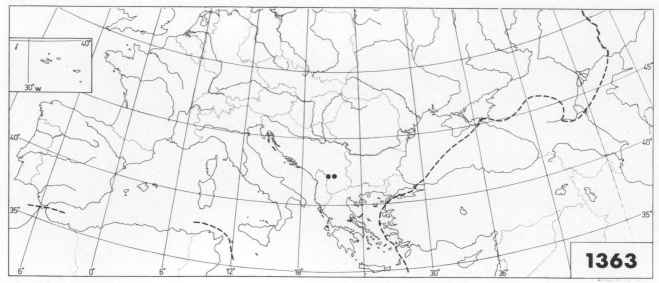

Dianthus scardicus

Dianthus scardicus Wettst. — Map 1363.

Dianthus nitidus sensu Boiss. pro parte, non Waldst. & Kit.

Notes. Al added (not given in Fl. Eur.).
Total range. Endemic to Europe.

Dianthus callizonus Schott & Kotschy — Map 1364.

Diploid with 2n=30(Rm): F. Speta, Mitt. Bot. Linz 3: 59 (1971).

Notes. Present in only one locality: TPC Red Data Sheets Europe (preprint Kew 1977); IUCN Plant Red Data Book, pp. 115—116 (Kew 1978).

Total range. Endemic to Europe.

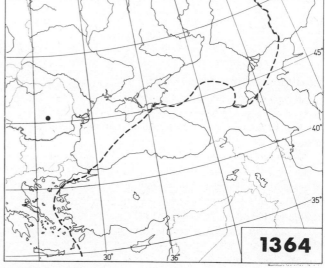

Dianthus callizonus

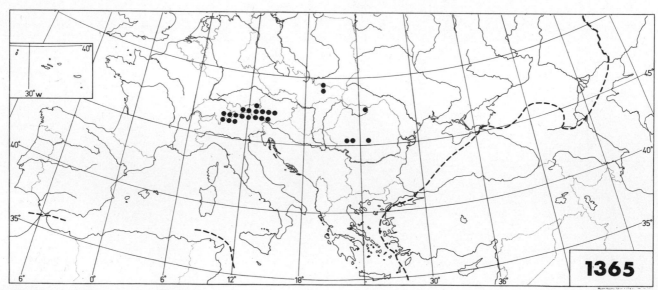

Dianthus glacialis subsp. **glacialis**

Dianthus glacialis Haenke

Dianthus alpinus Sturm ex Steudel, non L.; D. gelidus Schott, Nyman & Kotschy

Notes. The report from Ju by A. Kurtto, Ann. Bot. Fennici 22: 50 (1985), is most likely referable to *Dianthus scardicus*.

Total range. Endemic to Europe.

D. glacialis subsp. **glacialis** — Map 1365.

Diploid with 2n=30(Alps; Au, Cz, Po): Fl. Eur.; H. Rohweder, Bot. Jahrb. 66: 272—273, 334 (1934); M. Skalińska, Acta Biol. Cracov., ser. Bot. 6: 217, 221 (1963); A. Murín & L. Paclová, Taxon 28: 404 (1979).

Notes. Au, Cz, He, It, Po, Rm. "E. Alps and Carpathians" (Fl. Eur.).

D. glacialis subsp. **gelidus** (Schott, Nyman & Kotschy) Tutin — Map 1366.

Dianthus gelidus Schott, Nyman & Kotschy

Nomenclature. T.G. Tutin, Feddes Repert. 68 (Fl. Eur. Notulae Syst. 2): 110 (1963).

Notes. Rm. "S. & E. Carpathians" (Fl. Eur.).

Dianthus freynii Vandas — Map 1367.

Notes. Bu omitted (given in Fl. Eur.).
Total range. Endemic to Europe.

Dianthus microlepis Boiss. — Map 1368.

Dianthus pumilio Degen & Urum.

Diploid with 2n=30(Bu): A.V. Petrova, Taxon 24: 510 (1975); J.C. van Loon & A.K. van Setten, Taxon 31: 590 (1982).

Notes. Ju confirmed (?Ju in Fl. Eur.): N. Diklić & V. Nikolić, Glasn. Prir. Muz. Beograd, ser. B 17: 220 (1961); Fl. Serbie 1970: 260.

Total range. Endemic to Europe.

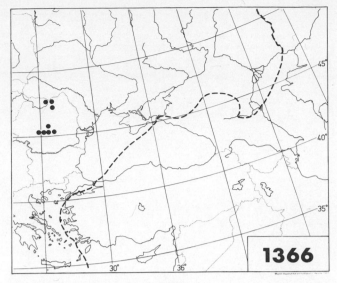

Dianthus glacialis subsp. **gelidus**

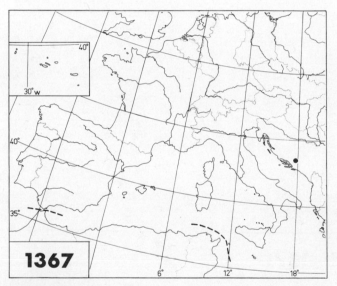

Dianthus freynii

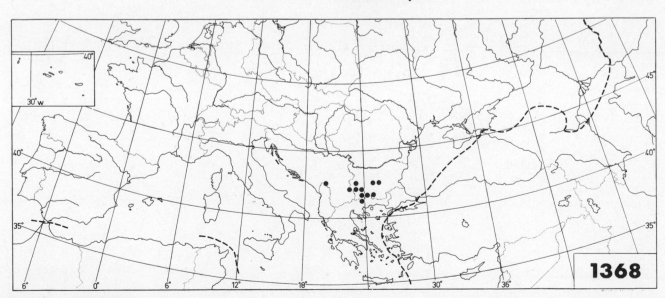

Dianthus microlepis

162

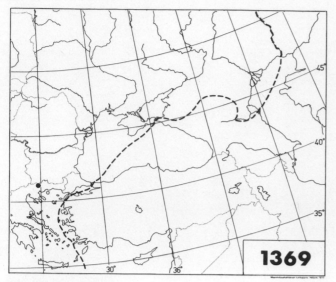

Dianthus simulans

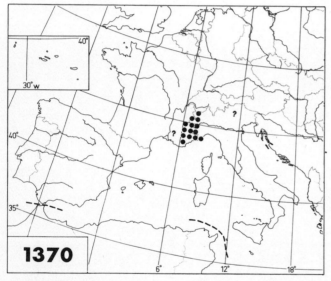

Dianthus pavonius

Dianthus simulans Stoj. & Stefanov — Map 1369.

Dianthus gracilis Sibth. & Sm. subsp. simulans (Stoj. & Stefanov) Stoj. & Acht.

Taxonomy. N. Stojanov & B. Stefanov, Magyar Bot. Lapok 32: 1—3 (1933, preprint 1932); N. Stojanov & B. Achtarov, Sborn. Bălg. Akad. Nauk 29: 71—72 (1935); Fl. Bulg. 1966: 429; A. Strid & R. Franzén, Willdenowia 12: 11 (1982); Mountain Fl. Greece 1986: 187—188.

Diploid with 2n=30(Gr): A. Strid & I.A. Andersson, Bot. Jahrb. 107: 209 (1985).

Notes. Bu, Gr (the taxon not mentioned in Fl. Eur.).

Total range. Endemic to Europe.

Dianthus pavonius Tausch — Map 1370.

Dianthus alpinus auct. non L.; D. glacialis auct. non Haenke; D. neglectus auct. non Loisel.

Taxonomy and nomenclature. The use of the species name *Dianthus pavonius* follows from the exclusion of the Pyrenean *D. neglectus* Loisel. sensu stricto, contrary to the later treatments in Hegi 1971: 1002 and Pignatti Fl. 1982: 271. Some of the Pyrenean plants in question are certainly treated in Fl. Eur. (and here) as *D. seguieri* subsp. *gautieri*. It remains to be decided whether this covers the entire Pyrenean population treated as *D. neglectus* by earlier authors.

Diploid with 2n=30(Alps): Fl. Eur.

Total range. Endemic to Europe (although not mentioned as such in Fl. Eur.).

Dianthus gratianopolitanus Vill. — Map 1371.

Dianthus caesius Sm.

Taxonomy. M. Kovanda, Preslia 54: 223—228 (1982); see also under *Dianthus moravicus*.

Tetraploid and hexaploid. 2n=60(Cz, Ga): Fl. Eur.; M. Kovanda, Preslia 54: 224, 226—227 (1982). — 2n=90(Cz): Kovanda, loc. cit.

Notes. Au omitted (given in Fl. Eur.): Hegi 1978: 1033. Presence in It doubtful (given as present in Fl. Eur.): Pignatti Fl. 1982: 269. The only locality of *Dianthus caesius* (Rs(W)) is marked with a special symbol on the map.

Total range. Endemic to Europe.

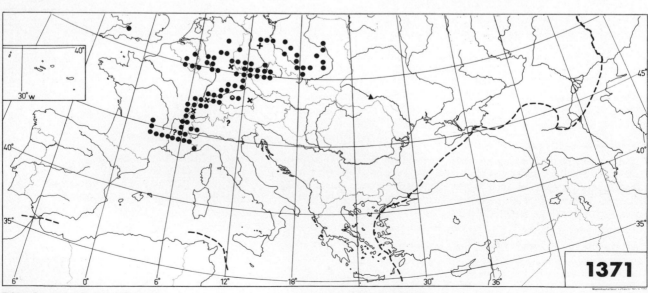

Dianthus gratianopolitanus   ▲ = "D. caesius"

Dianthus xylorrhizus Boiss. & Heldr. — Map 1372.

Nomenclature. Orthography of the specific epithet corrected in accordance with Med-Checklist 1984: 189.

Notes. The records for the island of Kasos (given in Fl. Eur.) are referable to *Dianthus cinnamomeus;* see W. Greuter et al., Willdenowia 27 (Optima Leafl. 139): 32—33 (1984).

Total range. Endemic to Kriti.

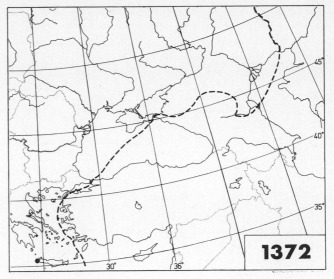

1372

Dianthus xylorrhizus

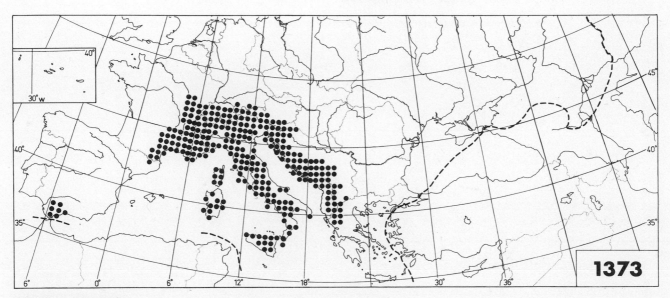

1373

Dianthus sylvestris

Dianthus sylvestris Wulfen — Map 1373.

Dianthus bertisceus (Rech. fil.) E. Mayer & Trpin; D. boissieri Willk.; D. caryophyllus auct. non L.; D. contractus Jan ex Nyman; D. gasparrinii Guss.; D. godronianus Jordan; D. inodorus (L.) Gaertner; D. longicaulis Ten.; D. nodosus Tausch; D. papillosus Vis. & Pančić; D. siculus C. Presl; D. tergestinus (Reichenb.) Hayek; D. virgineus Gren. & Godron

Taxonomy. E. Mayer & D. Trpin, Biol. Vestnik (Ljubljana) 13: 53—59 (1965); S. Pignatti, Gior. Bot. Ital. 107: 209—211 (1973); Pignatti Fl. 1982: 269—270; A. Kurtto, Ann. Bot. Fennici 22: 50 (1985).

Diploid and tetraploid. 2n=30(Alps, Ju, Sa): Fl. Eur.; P.V. Arrigoni & B. Mori, Inf. Bot. Ital. 3: 228 (1971); J.C. van Loon & B. Kieft, Taxon 29: 538 (1980). — 2n=ca.60(Ga): Fl. Eur.; K. Jones & S.S. Hooper, Taxon 17: 420 (1968).

Notes. Sa added (not given in Fl. Eur.): Pignatti Fl. 1982: 270.

D. sylvestris subsp. sylvestris

Dianthus caryophyllus L. subsp. sylvestris (Wulfen) Rouy & Fouc.; D. inodorus (L.) Gaertner; D. papillosus Vis. & Pančić

Taxonomy. For the typification of *Dianthus inodorus* and *D. sylvestris,* see F.R. de Langen et al., Taxon 33: 719—721 (1984).

Diploid with 2n=30(Ga, He): R. de Ribaupierre, Arch. Julius Klaus-Stift. 574—575 (1957), as *Dianthus caryophyllus* subsp. *silvester;* M.-J. Parreaux, Cahiers Geogr. Besançon 21 (Actes Coll. Fl. Veget. Chaines Alpes Jurassienne): 114 (1971).

Notes. Al, Au, Ga, Ge, Gr, He, It, Ju. "Alps, Jura, France, Italy and Balkan peninsula" (Fl. Eur.). Contrary to Pignatti Fl. 1982: 270, not present in Sa; see P.V. Arrigoni, Willdenowia 14 (Optima Leafl. 140): 42—43 (1984). Not mapped separately.

D. sylvestris subsp. longicaulis (Ten.) Greuter & Burdet — Map 1374.

Dianthus caryophyllus L. subsp. garganicus Grande; D. caryophyllus subsp. godronianus (Jordan) P. Martin; D. caryophyllus subsp. longicaulis (Ten.) Arcangeli; D. contractus Jan ex Nyman; D. godronianus Jordan; D. longicaulis Ten.; D. sylvestris subsp. garganicus (Grande) Pignatti

Nomenclature. T.G. Tutin, Feddes Repert. 68 (Fl. Eur. Notulae Syst. 2): 190 (1963); S. Pignatti, Gior. Bot. Ital. 107: 211 (1973);

164

W. Greuter & T. Raus (eds.), Willdenowia 12 (Optima Leafl. 127): 187 (1982); J. Lambinon, Bull. Soc. Échange Pl. Vasc. Europe Bassin Méditerr. 19: 35—36 (1984); P. Martin, Bull. Soc. Échange Pl. Vasc. Europe Bassin Méditerr. 19: 89—94 (1984).

Taxonomy. Included in *Dianthus sylvestris* subsp. *siculus* in Fl. Eur.

Diploid with 2n=30(Co, Ga): R. de Ribaupierre, Arch. Julius Klaus-Stift. 32: 574—575 (1957), as *Dianthus caryophyllus* subsp. *virgineus* and var. *longicaulis*.

Notes. Co, ?Ga, Hs, It, Ju, Si. Not recognized as distinct from *Dianthus sylvestris* subsp. *siculus* in Fl. Eur. Contrary to Pignatti Fl. 1982: 270, not present in Sa; see P.V. Arrigoni, Willdenowia 14 (Optima Leafl. 140): 42—43 (1984). For Ju, see E. Mayer & D. Trpin, Biol. Vestnik (Ljubljana) 13: 58 (1965), as *D. sylvestris* subsp. *siculus*.

D. sylvestris subsp. **siculus** (C. Presl) Tutin — Map 1375.

Dianthus caryophyllus L. subsp. siculus (C. Presl) Arcangeli; D. gasparrinii Guss.; D. siculus C. Presl — Excl. Dianthus longicaulis Ten. (D. sylvestris subsp. longicaulis (Ten.) Greuter & Burdet)

Taxonomy. In accordance with Med-Checklist 1984: 189, *Dianthus sylvestris* subsp. *siculus* is given a narrower circumscription than in Fl. Eur.

Notes. Sa, Si. "W. Mediterranean region" (Fl. Eur.). Concerning Sa, see P.V. Arrigoni, Willdenowia 14 (Optima Leafl. 140): 43 (1984).

D. sylvestris subsp. **nodosus** (Tausch) Hayek — Map 1376.

Dianthus nodosus Tausch

Notes. Al, Gr, Ju. "Balkan peninsula" (Fl. Eur.). Gr in accordance with C.N. Goulimis, New additions to the Greek flora, 2. ser., p. 14 (Athens 1960).

Total range. Endemic to Europe (not given as such in Fl. Eur.): Med-Checklist 1984: 189.

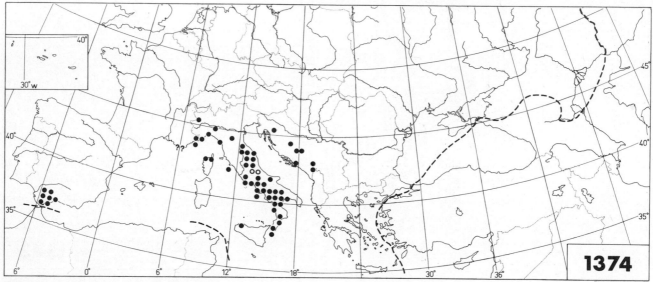

Dianthus sylvestris subsp. **longicaulis**

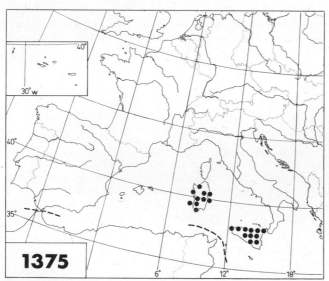

Dianthus sylvestris subsp. **siculus**

D. sylvestris subsp. **bertisceus** Rech. fil. — Map 1377.

Dianthus bertisceus (Rech. fil.) E. Mayer & Trpin

Notes. Al, Ju. "W. & S. Jugoslavia, Albania" (Fl. Eur.).
Total range. Endemic to Europe (not given as such in Fl. Eur.): Med-Checklist 1984: 188

D. sylvestris subsp. **tergestinus** (Reichenb.) Hayek — Map 1378.

Dianthus tergestinus (Reichenb.) Kerner; D. virgineus Gren. & Godron var. tergestinus Reichenb.

Taxonomy. Considered an independent species in Hegi 1978: 1036.

Diploid with 2n=30(Ju): Ö. Nilsson & P. Lassen, Bot. Not. 124: 272 (1974).

Notes. Al, It, Ju. "Italy, W. Jugoslavia, Albania" (Fl. Eur.).

Total range. Endemic to Europe (not given as such in Fl. Eur.): Med-Checklist 1984: 189.

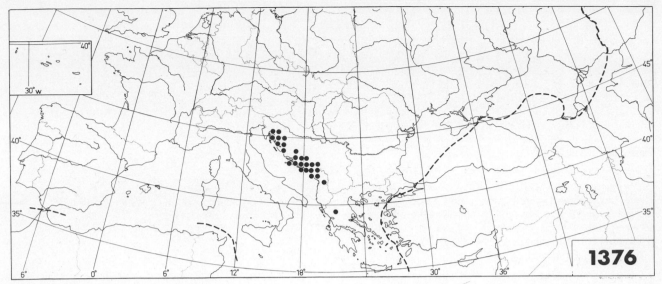

Dianthus sylvestris subsp. **nodosus**

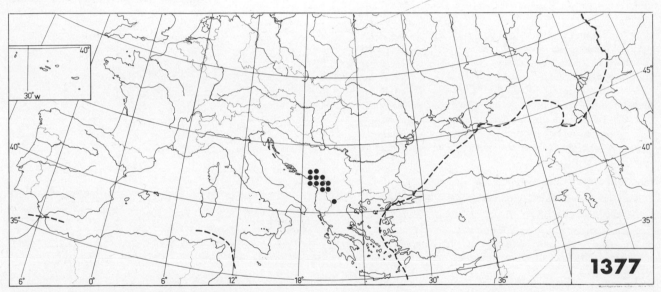

Dianthus sylvestris subsp. **bertisceus**

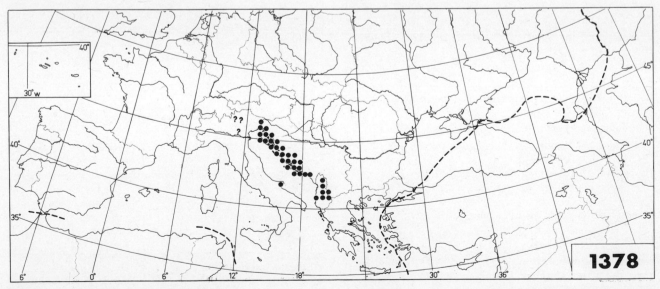

Dianthus sylvestris subsp. **tergestinus**

Dianthus caryophyllus L.

Dianthus caryophyllus var. coronarius L. Incl. Dianthus multinervis Vis.

Taxonomy. Concerning the typification of *Dianthus caryophyllus*, see F.R. de Langen et al., Taxon 33: 716—724 (1984).

The cultivated carnation is given as *diploid to hexaploid*, with 2n=30, 60, 90: e.g. Hegi 1971: 994; M. Kakehi, Hiroshima Agricult. Coll. 4: 179—184 (1972). *Diploid* plants (2n=30) are reported from at least Co and It: K. Jones & S.S. Hooper, Taxon 17: 420 (1968); T.W.J. Gadella & E. Kliphuis, Caryologia 23: 365 (1970); J.C. van Loon & H. de Jong, Taxon 27: 57 (1978); see also Á. Löve & D. Löve, Op. Bot. (Lund) 5: 152 (1961). These counts may in part be referable to *Dianthus sylvestris*.

Notes. [Ga] added (not given in Fl. Eur.). †*Ju added (Ju given in Fl. Eur. in a note under *Dianthus caryophyllus*, as *D. multinervis*). An established alien in Hs (*Hs in Fl. Eur.). Not mapped, except for *D. multinervis* (map 1379).

Dianthus arrostii C. Presl — Map 1379.

Dianthus caryophyllus L. subsp. arrostii (C. Presl) Arcangeli

Taxonomy. Pignatti Fl. 1982: 270; P.V. Arrigoni, Willdenowia 14 (Optima Leafl. 140): 42—43 (1984).

Notes. Sa, Si (the species mentioned in Fl. Eur. in a comment under *Dianthus caryophyllus*, without data on distribution).

Total range. Also present in N. Africa: R. Maire, Fl. Afr. Nord 10: 320—321 (Paris 1963).

Dianthus subacaulis Vill. — Map 1380.

Dianthus brachyanthus Boiss.

Diploid and tetraploid, with 2n=30, 60(Hs): Fl. Eur.; J. Contandriopoulos, Revue Gén. Bot. 71: 367 (1964). The tetraploid number partly refers to *Dianthus subacaulis* var. *ruscinonensis* Boiss., which "may be specifically distinct" (Fl. Eur.) and was accorded the rank of subspecies by R. Malagarriga, Cent. Pl. Sennen., 1. cent., p. 10 (Barcelona 1982), as *D. subacaulis* subsp. *ruscinonensis* (Boiss.) Malagarriga.

Notes. Lu omitted (given in Fl. Eur.), the plant in question being referable to *Dianthus langeanus*. *D. subacaulis* subsp. *ruscinonensis* is given a special symbol on the map.

Total range. Represented in N. Africa by var. *maroccanus* (Pau & Font Quer) Maire (the species given as endemic to Europe in Fl. Eur.).

D. subacaulis subsp. subacaulis — Map 1380.

Dianthus furcatus Balbis subsp. subacaulis (Vill.) Graebner

Tetraploid with 2n=60(Ga): J. Contandriopoulos, Revue Gén. Bot. 71: 367 (1964).

Notes. Ga. "S. France, N.E. Spain" (Fl. Eur.). No data available from Hs, although listed as present in Med-Checklist 1984: 205 also.

Total range. Endemic to Europe.

D. subacaulis subsp. brachyanthus (Boiss.) P. Fourn. — Map 1380.

Dianthus brachyanthus Boiss.

Diploid with 2n=30(Hs): Fl. Eur.; J. Contandriopoulos, Revue Gén. Bot. 71: 367 (1964).

Notes. Ga, Hs. "Pyrenees, mountains of Spain and Portugal" (Fl. Eur.).

D. subacaulis subsp. cantabricus (Font Quer) Laínz — Map 1380.

Dianthus brachyanthus subsp. cantabricus Font Quer

Taxonomy. M. Laínz, Bol. Inst. Estud. Astur., Supl. Ci. 15: 12 (1970).

Notes. Hs (the taxon not mentioned in Fl. Eur.).

Total range. Endemic to Europe.

Dianthus pungens L. — Map 1381.

Dianthus acuminatus Rouy; D. serratus Lapeyr.

Taxonomy. Several taxa, treated as distinct species or disregarded in Fl. Eur., were combined by O. Bolòs & J. Vigo, Butll. Inst. Catalana Hist. Nat. 38 (Sec. Bot. 1): 88 (1974), as subspecies under *Dianthus pungens*, without

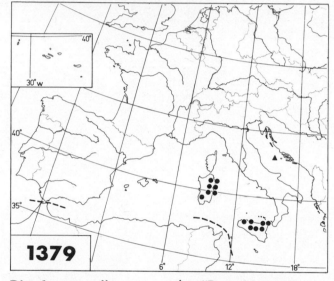

Dianthus arrostii ▲ = "D. multinervis"

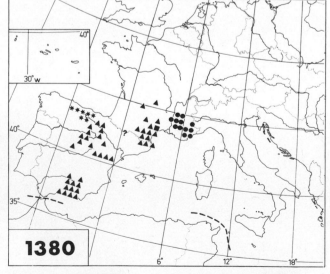

Dianthus subacaulis ★ = subsp. **cantabricus**
● = subsp. **subacaulis** ■ = "subsp. **ruscinonensis**"
▲ = subsp. **brachyanthus**

diagnostic discussion; see below under *D. pyrenaicus*.

Notes. Given as endemic to Roussillon, Ga, in Fl. France 1973: 304.

Total range. Endemic to Europe.

Dianthus hispanicus Asso — Map 1382.

Dianthus pungens sensu Willk., pro parte, non L.; D. pungens L. subsp. hispanicus (Asso) O. Bolòs & Vigo. Incl. Dianthus brachyanthus Boiss. var. tarraconensis Costa (D. pungens subsp. tarraconensis (Costa) O. Bolòs & Vigo)

Nomenclature. O. Bolòs & J. Vigo, Butll. Inst. Catalana Hist. Nat. 38 (Sec. Bot. 1): 88 (1974).

Taxonomy. Dianthus hispanicus subsp. *tarraconensis* (Costa) J. Molero, Folia Bot. Misc. (Barcelona) 3: 12—13 (1982), is evidently part of the "not infrequent" (Fl. Eur.) intermediates between *D. hispanicus* and *D. subacaulis*.

Diploid with 2n=30(Hs): J. Fernández Casas, Taxon 26: 108 (1977).

Notes. The plants referred to *Dianthus hispanicus* subsp. *tarraconensis* have been given a special symbol on the map.

Total range. Endemic to Europe.

Dianthus costae Willk. — Map 1383.

Dianthus pungens sensu Willk., pro parte, non L.; D. pyrenaicus Pourret subsp. costae (Willk.) O. Bolòs & Vigo; D. turolensis Pau. Incl. Dianthus algetanus Graells ex F.N. Williams (D. pyrenaicus subsp. algetanus (Graells ex F.N. Williams) Malagarriga) and ? D. marianii Sennen

Nomenclature. O. Bolòs & J. Vigo, Butll. Inst. Catalana Hist. Nat. 38 (Sec. Bot. 1): 17 (1974); R. Malagarriga, Lab. Bot. Sennen 1975: 318.

Notes. The records of *Dianthus algetanus* and *D. marianii* Sennen have been marked with special symbols on the map.

Total range. Endemic to Europe.

Dianthus langeanus Willk. — Map 1384.

Dianthus brachyanthus Boiss. subsp. gredensis (Pau ex A. Caballero) Rivas Martínez; D. gredensis Pau ex A. Caballero; D. hispanicus Asso subsp. langeanus (Willk.) Malagarriga; D. pungens L. subsp. langeanus (Willk.) Malagarriga; D. subacaulis Vill. subsp. gredensis (Pau ex A. Caballero) Rivas Martínez

Nomenclature. S. Rivas Martínez, An. Inst. Bot. Cavanilles 21: 212—213 (1963), Publ. Inst. Biol. Apl. 42: 115

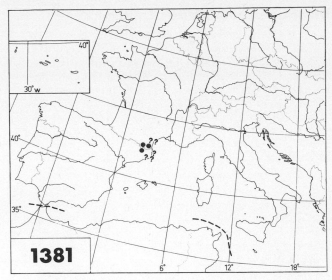

1381

Dianthus pungens

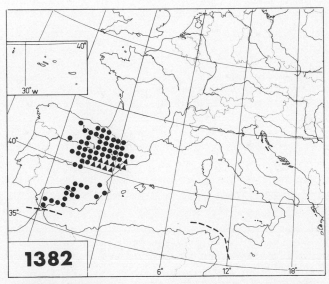

1382

Dianthus hispanicus   ▲ = "subsp. **tarraconensis**"

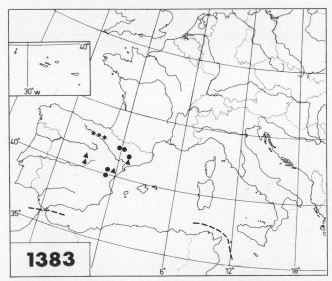

1383

Dianthus costae   ▲ = "D. algetanus"
                        ★ = "D. mariani"

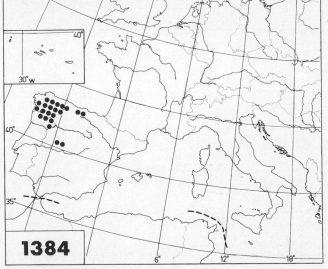

1384

Dianthus langeanus

168

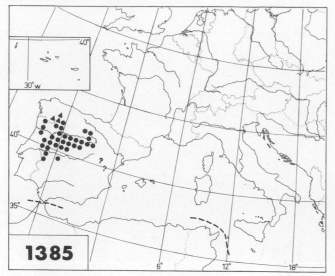

Dianthus laricifolius subsp. **laricifolius**
▲ = "D. merinoi"

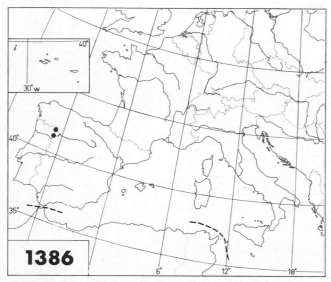

Dianthus laricifolius subsp. **marizii**

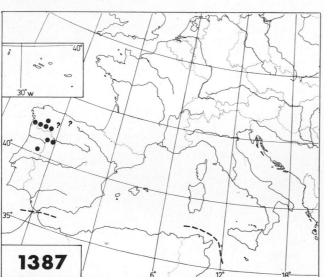

Dianthus laricifolius subsp. **caespitosifolius**

(1967); R. Malagarriga, Pl. Sennenianae. I. Dianthus, p. 9 (Barcelona 1974), Lab. Bot. Sennen 1975: 323.

Notes. Here belongs, according to J. Amaral Franco (in litt.), the Lu plant in Fl. Eur. referred to *Dianthus subacaulis* subsp. *brachyanthus*.

Total range. Endemic to Europe.

Dianthus laricifolius Boiss. & Reuter

Dianthus caespitosifolius Planellas; D. marizii (Samp.) Samp.; ? D. merinoi Laînz; D. planellae Willk.

Taxonomy. M. Laînz, Aportac. Conoc. Fl. Gallega 6: 5—6 (1968) and 8 (Com. Inst. Nac. Invest. Agrar., ser. Rec. Nat. 2): 3—4 (1974); A.R. Pinto da Silva, Agron. Lusitana 30: 199—200 (1969); Nova Fl. Port. 1971: 158.

Notes. Dianthus merinoi has been given a special symbol on the map.

Total range. Endemic to Europe.

D. laricifolius subsp. **laricifolius** — Map 1385.

Notes. Hs, Lu. "C. & W. Spain, C. Portugal" (Fl. Eur., for the undivided species).

D. laricifolius subsp. **marizii** (Samp.) Franco — Map 1386.

Dianthus graniticus Jordan var. marizii Samp.; D. marizii (Samp.) Samp.

Taxonomy and nomenclature. J. do Amaral Franco, Ann. Bot. Fennici 23: 91 (1986).

Diploid with 2n=30(Lu): Fernandes & Leitao 1971: 156, 166 (as *Dianthus marizii*).

Notes. ?Hs, Lu (the taxon not mentioned in Fl. Eur.).

D. laricifolius subsp. **caespitosifolius** (Planellas) Laînz — Map 1387.

Dianthus caespitosifolius Planellas; D. planellae Willk.

Taxonomy. M. Laînz 1968 and 1974 (see above). Med-Checklist 1984, besides listing the present taxon (p. 197), gives *Dianthus planellae* as an independent species (p. 201).

Notes. Hs, Lu. Occurrence in Lu confirmed (?Lu in Fl. Eur., for *Dianthus planellae*).

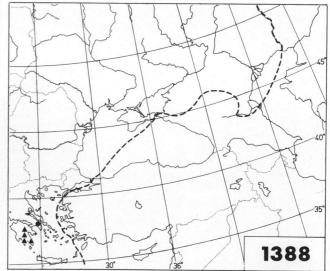

Dianthus serratifolius   ● = subsp. **serratifolius**
▲ = subsp. **abbreviatus**

Dianthus serratifolius Sibth. & Sm. — Map 1388.

Dianthus taygeteus Quézel & Contandriopoulos

Total range. Endemic to Europe (Fl. Eur.). Given from Libya, however, by L. Boulos, Candollea 34: 31 (1979).

D. serratifolius subsp. **serratifolius** — Map 1388.

Taxonomy. Mountain Fl. Greece 1986: 179—180.

Notes. Gr. "Mountains of S. Greece" (Fl. Eur., for the species).

D. serratifolius subsp. **abbreviatus** (Heldr. ex Halácsy) Strid — Map 1388.

Dianthus serratifolius var. abbreviatus Heldr. ex Halácsy; D. taygeteus Quézel & Contandriopoulos

Taxonomy. P. Quézel & J. Contandriopoulos, Naturalia Monspel. sér. Bot. 16: 101 (1964—65), Taxon 16: 239 (1967); Mountain Fl. Greece 1986: 179—180.

Diploid with 2n=30(Gr): Mountain Fl. Greece 1986: 180.

Notes. Gr (the taxon not mentioned in Fl. Eur.).

Dianthus pyrenaicus Pourret

Dianthus attenuatus Sm.; D. catalaunicus (Willk. & Costa) P. Fourn.; D. cognobilis (Timb.-Lagr.) Timb.-Lagr.; D. maritimus (Rouy) P. Fourn., non Jordan; D. requienii sensu Willk. pro parte, non Gren. & Godron. Incl. ?Dianthus floribundus Sennen non Boiss., and ?D. pungens L. subsp. fontqueri ("font-queri") O. Bolòs & Vigo

Taxonomy. In synonymizing *Dianthus cognobilis* with *D. pyrenaicus*, Med-Checklist 1984: 202 is followed. The taxonomical status and position of *D. pungens* subsp. *fontqueri* and *D. pyrenaicus* subsp. *floribundus* ("Sennen") Malagarriga, Lab. Bot. Sennen. 5. cent., p. 4 (Barcelona 1982), deserve further study.

Diploid and tetraploid, with 2n=30(Hs) and 2n=60(Ga): Fl. Eur.; K. Jones & S.S. Hooper, Taxon 17: 420 (1968).

Notes. Lu omitted (given in Fl. Eur.): not given in Nova Fl. Port. 1971.

Total range. Endemic to Europe.

D. pyrenaicus subsp. **pyrenaicus** — Map 1389.

Dianthus cognobilis (Timb.-Lagr.) Timb.-Lagr.; D. pungens subsp. cognobilis (Timb.-Lagr.) O. Bolòs & Vigo; D. requienii Gren. & Godron var. cognobilis Timb.-Lagr.

Diploid with 2n=30(Ga): P. Küpfer, Bull. Soc. Neuchâtel. Sci. Nat. 91: 89 (1968).

Notes. Ga, Hs. "Pyrenees; Portugal" (Fl. Eur.).

D. pyrenaicus subsp. **catalaunicus** (Willk. & Costa) Tutin — Map 1390.

Dianthus attenuatus var. catalaunicus Willk. & Costa; D. catalaunicus (Willk. & Costa) P. Fourn.

Nomenclature. T.G. Tutin, Feddes Repert. 68 (Fl. Eur. Notulae Syst. 2): 190 (1963).

Notes. Ga, Hs. "S. France (Pyrénées-Orientales, Aude); N.E. Spain" (Fl. Eur.).

Dianthus lusitanus Brot. — Map 1391.

Dianthus attenuatus auct. lusit., non Sm.; ? D. bolivaris Sennen (D. "lusitanicus" subsp. bolivaris (Sennen) Malagarriga); D. lusitanicus auct.

Diploid and tetraploid. 2n=30(Hs): Fl. Eur.; K. Jones & S.S. Hooper, Taxon 17: 420 (1968). — 2n=60(Lu): Fernandes & Leitao 1971: 157, 166.

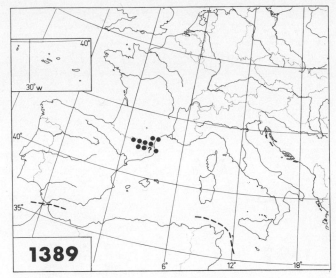

Dianthus pyrenaicus subsp. **pyrenaicus**

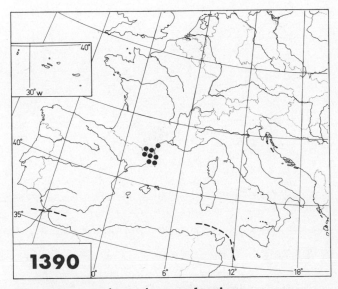

Dianthus pyrenaicus subsp. **catalaunicus**

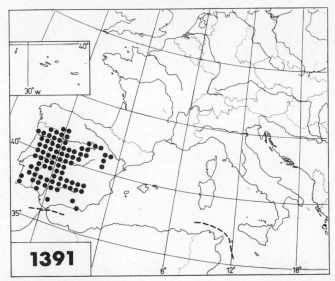

Dianthus lusitanus

170

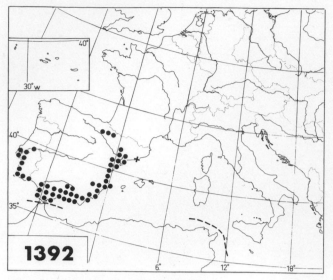

Dianthus serrulatus subsp. **barbatus**

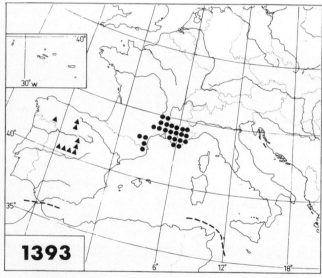

● = **Dianthus scaber** subsp. **scaber**
▲ = **D. scaber** subsp. **cutandae**

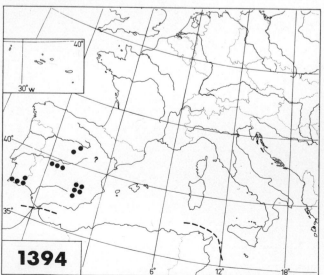

Dianthus scaber subsp. **toletanus**

Dianthus serrulatus Desf. subsp. **barbatus** (Boiss.) Greuter & Burdet — Map 1392.

Dianthus broteri Boiss. & Reuter; D. fimbriatus Brot. non Bieb.; D. malacitanus Haenseler ex Boiss., nomen inval.; D. serrulatus var. barbatus Boiss.; D. serrulatus subsp. grandiflorus (Boiss.) Maire, comb. inval.; D. serrulatus subsp. malacitanus (Haenseler ex Boiss.) Malagarriga, nomen inval.; D. serrulatus subsp. valentinus (Willk.) Malagarriga, comb. inval.; D. valentinus Willk.

Nomenclature. The correct species name for the taxon given in Fl. Eur. as *Dianthus malacitanus* is *D. broteri* Boiss. & Reuter, as was pointed out by S. Castroviejo et al., An. Jardín Bot. Madrid 36: 210 (1979). W. Greuter & T. Raus (eds.), Willdenowia 13 (Optima Leafl. 136): 281 (1983). See also R. Malagarriga, Pl. Sennenianae. I. Dianthus, p. 6 (Barcelona 1974), Cent. Pl. Sennen. 1. cent., p. 10 (Barcelona 1982).

Taxonomy. When a fairly wide species concept is used for the mainly N. African *Dianthus serrulatus*, as is done by R. Maire, Fl. Afr. Nord 10: 300—303 (1963), the European taxon can be treated as subspecies.

Tetraploid with 2n=60(Hs): Fl. Eur., as *Dianthus malacitanus.*

Dianthus scaber Chaix

Dianthus cutandae (Pau) Pau; D. hirtus Vill.; D. toletanus Boiss. & Reuter

Taxonomy and nomenclature. T.G. Tutin, Feddes Repert. 68 (Fl. Eur. Notulae Syst. 2): 190 (1963).

Total range. Endemic to Europe.

D. scaber subsp. **scaber** — Map 1393.

Notes. Ga. "S.E. France; N.E. Spain" (Fl. Eur.).

D. scaber subsp. **cutandae** (Pau) Tutin — Map 1393.

Dianthus cutandae (Pau) Pau; D. seguieri Merino non Vill.; D. toletanus Boiss. & Reuter subsp. cutandae (Pau) Laínz; D. toletanus var. cutandae Pau

Taxonomy and nomenclature. M. Laínz, Collect. Bot. 7: 576 (1968); see also S. Rivas Martínez, An. Inst. Cavanilles 21: 214 (1963), and G. Nieto-Feliner, Ruizia 2: 58 (1985).

Diploid with 2n=30(Hs): Fl. Eur.; K. Jones & S.S. Hooper, Taxon 17: 420 (1968).

Notes. Hs. "C. & E. Spain" (Fl. Eur.).

D. scaber subsp. **toletanus** (Boiss. & Reuter) Tutin — Map 1394.

Dianthus toletanus Boiss. & Reuter

Notes. Hs, Lu. "C. & S. Spain, Portugal" (Fl. Eur.).

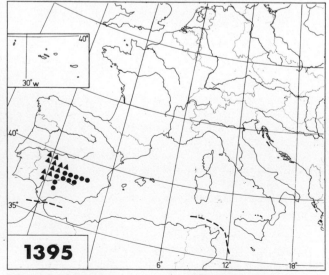

Dianthus crassipes ▲ = "**D. serenaeus**"

Dianthus crassipes R. de Roemer — Map 1395.

Taxonomy. Dianthus serenaeus Coincy (*D. crassipes* subsp. *serenaeus* (Coincy) Rivas Goday), of uncertain position and taxonomical status, and not mentioned in Fl. Eur., is tentatively included here, and accorded a special symbol on the map. See S. Rivas Goday, Veg. Fl. Guadiana, p. 677 (1964) (fide Med-Checklist 1984: 192).

Total range. Endemic to Europe.

Dianthus graniticus Jordan — Map 1396.

Dianthus hirtus Vill. subsp. graniticus (Jordan) Rouy & Fouc.

Diploid with 2n=30(Ga): Fl. Eur.; K. Jones & S.S. Hooper, Taxon 17: 420 (1968).

Total range. Endemic to Europe.

Dianthus cintranus Boiss. & Reuter

Dianthus charidemi Pau; D. gaditanus Boiss.; D. gallicus auct. non Pers.; D. multiceps Costa ex Willk. Incl. D. anticarius Boiss. & Reuter

Nomenclature. T.G. Tutin, Feddes Repert. 68 (Fl. Eur. Notulae Syst. 2.): 190 (1963).

Taxonomy. Dianthus absconditus Fernández Casas, Fontqueria 3: 33—35 (1983), and *D. subbaeticus* Fernández Casas, op. cit. p. 35—36, have been provisionally included here, the matter of their rank and more exact position being left open. The records are shown with special symbols on the map.

D. cintranus subsp. **cintranus** — Map 1397.

Dianthus gaditanus Boiss.; D. gallicus auct. non Pers.

Tetraploid with 2n=60(Lu): Fl. Eur.; K. Jones & S.S. Hooper, Taxon 17: 420 (1968); Fernandes & Leitao 1971: 157, 167.

Notes. Hs, Lu. "C. Portugal, W. Spain" (Fl. Eur.).

D. cintranus subsp. **barbatus** R. Fernandes & Franco — Map 1398.

Taxonomy. Nova Fl. Port. 1971: 159—160, 551.

Notes. Lu (the taxon not mentioned in Fl. Eur.).

Total range. Endemic to Europe.

D. cintranus subsp. **multiceps** (Costa ex Willk.) Tutin — Map 1398.

Dianthus multiceps Costa ex Willk.; D. pungens L. subsp. multiceps (Costa ex Willk.) O. Bolòs & Vigo

Nomenclature. O. Bolòs & J. Vigo, Butll. Inst. Catalana Hist. Nat. 38 (Sec. Bot. 1): 88 (1974).

Notes. Hs. "N.E. Spain" (Fl. Eur.).

Total range. Endemic to Europe.

D. cintranus subsp. **anticarius** (Boiss. & Reuter) Malagarriga — Map 1398.

Dianthus anticarius Boiss. & Reuter

Taxonomy and nomenclature. "Perhaps not specifically distinct from 47 [= *Dianthus cintranus*]" (Fl. Eur.). R. Malagarriga, Pl. Sennenianae. I. Dianthus, p. 6 (Barcelona 1974).

Notes. Hs. "S. Spain (Sierra de Antequera, Sierra de Ronda)" (Fl. Eur., under *Dianthus anticarius*).

Total range. Endemic to Europe.

D. cintranus subsp. **charidemi** (Pau) Tutin — Map 1398.

Dianthus charidemi Pau

Nomenclature. Orthography of the epithet *charidemi* (not "charidemii") corrected.

Notes. Hs. "S.E. Spain (Cabo de Gata)" (Fl. Eur.).

Total range. Endemic to Europe.

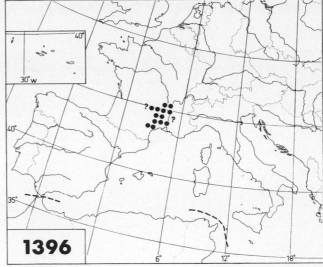

Dianthus graniticus

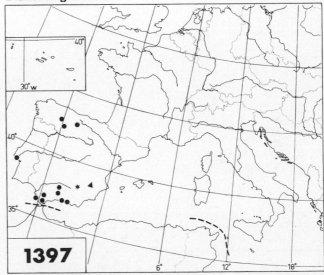

Dianthus cintranus subsp. **cintranus**
▲ = "**D. absconditus**"
★ = "**D. subbaeticus**"

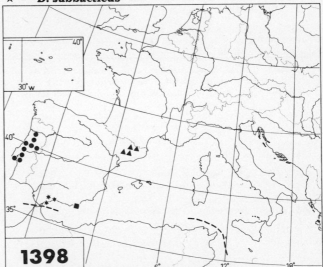

• = **Dianthus cintranus** subsp. **barbatus**
▲ = D. cintranus subsp. **multiceps**
★ = D. cintranus subsp. **anticarius**
■ = D. cintranus subsp. **charidemi**

Dianthus petraeus Waldst. & Kit.

Dianthus bebius Vis.; D. kitaibelii Janka; D. noëanus auct. jugosl., non Boiss.; D. simonkaianus Péterfi; D. skorpilii Velen.; D. suendermannii Bornm. Incl. Dianthus stefanoffii Eig (D. strictus Sibth. & Sm., non Banks & Solander). — Excl. Dianthus petraeus subsp. integer (Vis.) Tutin and D. petraeus subsp. noëanus (Boiss.) Tutin

Taxonomy. Degen, Fl. Veleb. 2: 99—104 (Budapest 1937).
Diploid with 2n=30(Gr): Mountain Fl. Greece 1986: 180—182
Total range. Endemic to Europe.

D. petraeus subsp. petraeus — Map 1399.

Dianthus bebius Vis.; D. kitaibelii Janka; D. noëanus auct. jugosl., non Boiss.; D. petraeus subsp. kitaibelii (Janka) Stoj.; D. skorpilii Velen.; D. strictus Sibth. & Sm. subsp. bebius (Vis.) Hayek; D. strictus subsp. kitaibelii (Janka) Stoj. & Acht.; D. strictus subsp. skorpilii (Velen.) Hayek

Diploid with 2n=30(Bu): A.V. Petrova, Taxon 24: 510 (1975).
Notes. Al, Bu, Ju, Rm. "Throughout the range of the species" (Fl. Eur.).

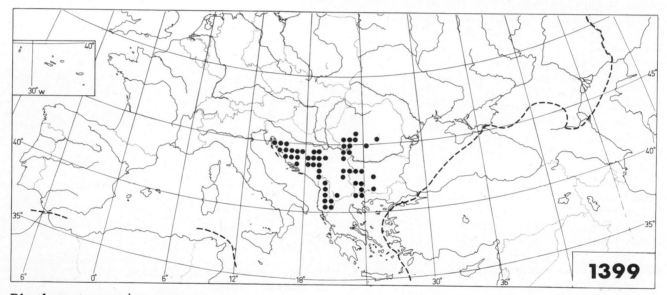

Dianthus petraeus subsp. **petraeus**

D. petraeus subsp. orbelicus (Velen.) Greuter & Burdet — Map 1400.

Dianthus petraeus subsp. petraeus auct. bulgar., non sensu orig.; D. petraeus subsp. stefanoffii (Eig) Greuter & Burdet; D. stefanoffii Eig.; D. strictus Sibth. & Sm., non Banks & Solander; D. strictus subsp. orbelicus Velen.; D. suendermannii Bornm. Incl. Dianthus petraeus subsp. simonkaianus (Péterfi) Tutin (D. simonkaianus Péterfi)

Nomenclature. W. Greuter & T. Raus (eds.), Willdenowia 12 (Optima Leafl. 127): 187 (1982).
Taxonomy. Inclusion of *Dianthus petraeus* subsp. *simonkaianus* is in accordance with N. Stojanoff & B. Achtaroff, Sborn. Bălg. Akad. Nauk 29: 78 (1935).
Diploid with 2n=30(Bu, Gr): A.V. Petrova, Taxon 24: 510 (1975) (as *Dianthus petraeus* subsp. *petraeus*); K. Papanicolaou, Taxon 33: 130 (1984) (as *D. stefanoffii*); Mountain Fl. Greece 1986: 182.
Notes. Bu, Gr, Rm. "N. Greece (Athos)" (Fl. Eur., on *Dianthus stefanoffii*), "C. Romania, Bulgaria" (Fl. Eur., on *D. petraeus* subsp. *simonkaianus*).

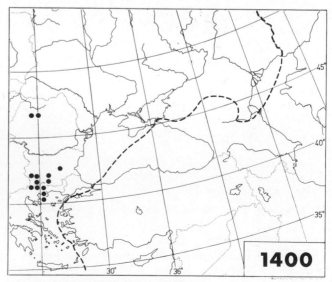

Dianthus petraeus subsp. **orbelicus**

Dianthus integer Vis.

Dianthus nicolai G. Beck & Szysz.; D. prenjus G. Beck. Incl. Dianthus minutiflorus (Borbás) Halácsy

Taxonomy. Degen, Fl. Veleb. 2: 99—104 (Budapest 1937); Mountain Fl. Greece 1986: 182—183.

Notes. Al, ?Bu, Gr, Ju (circumscription of species changed from that in Fl. Eur.).

Total range. Endemic to Europe.

D. integer subsp. integer — Map 1401.

Dianthus nicolai G. Beck & Szysz.; D. petraeus subsp. integer (Vis.) Tutin; D. prenjus G. Beck

Nomenclature. T.G. Tutin, Feddes Repert. 68 (Fl. Eur. Notulae Syst. 2): 190 (1963).

Diploid and tetraploid. 2n=30(Ju): S. Šiljak-Yakovlev, Taxon 30: 843 (1981) (as *Dianthus prenjus*). — 2n=60(Bu): J.C. van Loon & A.K. van Setten, Taxon 31: 590 (1982) (as *D. petraeus* subsp. *integer*).

Notes. Al, ?Bu, Ju. "Albania and Jugoslavia (Fl. Eur., as *Dianthus petraeus* subsp. *integer*). Bu based on the chromosome count cited above (not mentioned in Fl. Bulg. 1966; not listed from Bu in Med-Checklist 1984).

D. integer subsp. minutiflorus (Borbás) Bornm. — Map 1402.

Dianthus minutiflorus (Borbás) Halácsy; D. petraeus Waldst. & Kit. subsp. minutiflorus (Borbás) Greuter & Burdet; D. strictus Sibth. & Sm. var. brachyanthus Boiss. (non D. brachyanthus Boiss. = D. subacaulis Vill. subsp. brachyanthus (Boiss.) P. Fourn.); D. strictus var. minutiflorus Borbás

Nomenclature. W. Greuter & T. Raus (eds.), Willdenowia 12 (Optima Leafl. 127): 187 (1982).

Tetraploid and hexaploid, with 2n=60(Gr) and 2n=90(Gr): A. Strid & R. Franzén, Taxon 30: 832 (1981); R. Franzén & L.-Å. Gustavsson, Willdenowia 13: 103 (1983).

Notes. Al, Gr, Ju. "Mountains of Greece, S. Jugoslavia and N.E. Albania" (Fl. Eur., on *Dianthus minutiflorus*).

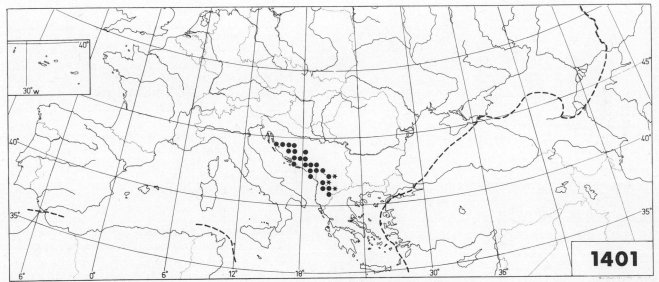

Dianthus integer subsp. **integer**   ★ = subspecies not known

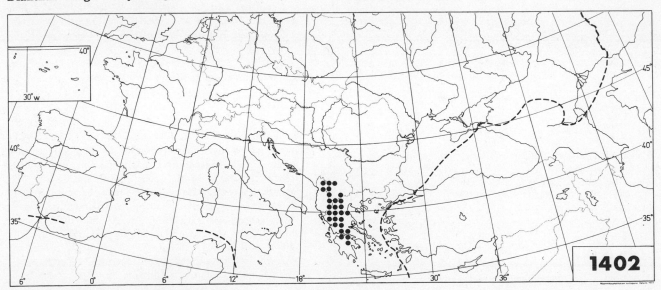

Dianthus integer subsp. **minutiflorus**

174

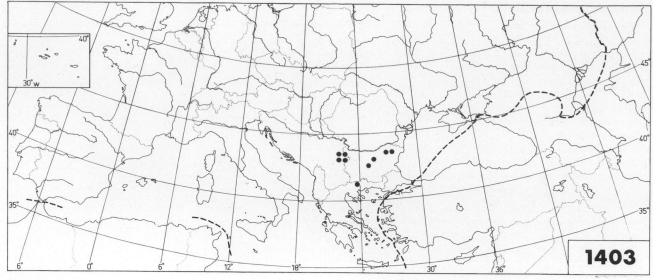

Dianthus noëanus

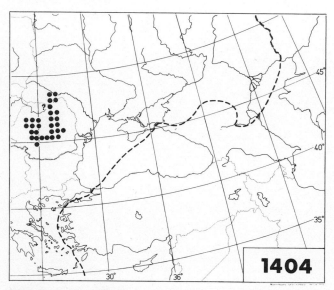

Dianthus spiculifolius

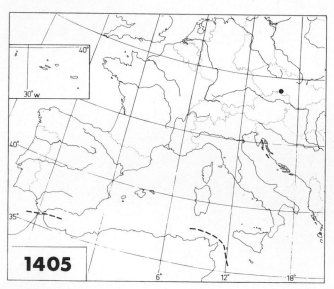

1405

Dianthus moravicus

Dianthus noëanus Boiss. — Map 1403.

Dianthus kitaibelii Janka subsp. noëanus (Boiss.) Novák; D. petraeus Waldst. & Kit. subsp. noëanus (Boiss.) Tutin; D. strictus Sibth. & Sm. subsp. noëanus (Boiss.) Stoj. & Acht.

Nomenclature. T.G. Tutin, Feddes Repert. 68 (Fl. Eur. Notulae Syst. 2): 190 (1963).

Taxonomy. Mountain Fl. Greece 1986: 183.

Diploid with 2n=30(Bu): see Mountain Fl. Greece 1986: 183.

Notes. Bu, Gr, Ju. "Bulgaria; ? E. Jugoslavia" (Fl. Eur., as *Dianthus petraeus* subsp. *noëanus*). Ju confirmed; see Fl. Serbie 1970: 263. A. Strid & K. Papanicolaou, Nordic Jour. Bot. 1: 69 (1981).

Total range. Endemic to Europe.

Dianthus spiculifolius Schur — Map 1404.

Dianthus kitaibelii Janka subsp. spiculifolius (Schur) Novák; D. plumarius L. subsp. spiculifolius (Schur) Baksay

Taxonomy and nomenclature. L. Baksay, Bot. Közl. 57: 215 (1970), Symp. Biol. Hung. 12: 153 (1972).

Hexaploid with 2n=90(Rm): A. Borhidi, Acta Bot. Acad. Sci. Hung. 14: 255 (1968).

Total range. Endemic to Europe.

D. moravicus Kovanda — Map 1405.

Dianthus gratianopolitanus Vill. subsp. moravicus (Kovanda) Holub

Taxonomy. M. Kovanda, Preslia 54: 223—242 (1982). J. Holub, Folia Geobot. Phytotax. (Praha) 18: 205 (1983), has proposed that *Dianthus moravicus* be included as a subspecies, in *D. gratianopolitanus,* whereas the author of the new species, M. Kovanda, op. cit., pp. 223, 228—229, 241, stresses its close relations with taxa here referred to *D. plumarius,* especially the subsp. *lumnitzeri* (*D. lumnitzeri*).

Tetraploid and hexaploid, with 2n=60(Cz) and 2n=90(Cz): M. Kovanda, Preslia 54: 226—227, 233 (1982), and 56: 294 (1984).

Notes. Cz (the taxon not mentioned in Fl. Eur.).

Total range. Endemic to Europe.

Dianthus plumarius L. — Map 1406.

Dianthus blandus (Reichenb.) Hayek; D. hoppei Portenschl.; ? D. hungaricus Pers; D. lumnitzeri Wiesb.; D. neilreichii Hayek; D. praecox Kit. ex Schultes. Incl. Dianthus regis-stephani Rapaics

Taxonomy and nomenclature. L. Baksay, Symp. Biol. Hung. 12: 149—161 (1972); Hegi 1978: 1025—1029; M. Kovanda, Preslia 54: 223—242 (1982). According to J. Holub, Folia Geobot. Phytotax. (Praha) 9: 264, 272—273 (1973), the name *Dianthus plumarius* is referable to *D. superbus* rather than to this taxon, for which he uses the binomial *D. hungaricus* Pers. His circumscription of the species is also fairly wide, as in the treatment adopted here. Although Fl. Eur. gives no infraspecific treatment (apart from mentioning some of the taxonomical extremes), it is felt desirable to present a provisional division into a number of not too narrow subspecies, along the lines proposed in Ehrendorfer 1973: 92 and, quite recently, by E. Kmeťová, Biol. Práce 31: 3—87 (1985) (under *D. praecox*).

Notes. [Br] and [Ge] added (not given in Fl. Eur.): C.M. Rob in P.S. Green (ed.), Plants: wild and cultivated, p. 149 (Cambridge 1973). Most probably not native in It (given as native in Fl. Eur.): Pignatti Fl. 1982: 272. Ju added (not given in Fl. Eur.): A. Martinčič & F. Sušnik, Mala Fl. Slovenije, p. 245 (Ljubljani 1969), as *Dianthus hoppei*.

Total range. Endemic to Europe.

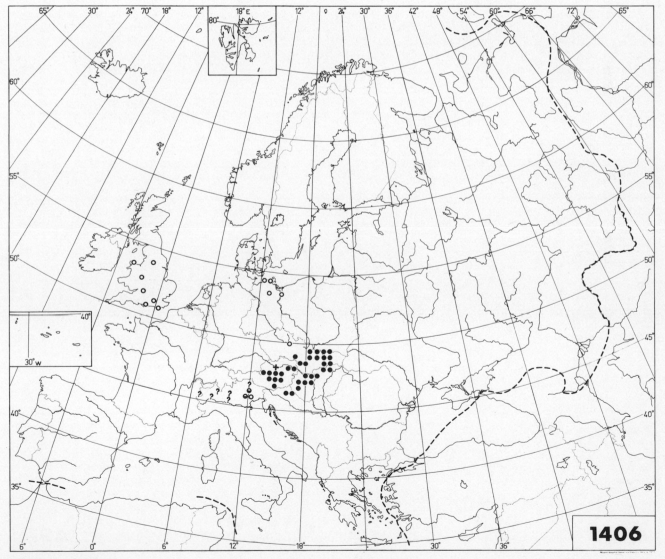

Dianthus plumarius

D. plumarius subsp. **plumarius**

Dianthus blandus (Reichenb.) Hayek; D. hoppei Portenschl.; D. hoppei subsp. blandus (Reichenb.) Neumayer; D. neilreichii Hayek; D. plumarius var. blandus Reichenb.; D. plumarius subsp. blandus (Reichenb.) Hegi; D. plumarius subsp. hoppei (Portenschl.) Hegi; D. plumarius subsp. neilreichii (Hayek) Hegi; D. praecox subsp. neilreichii (Hayek) Kmeťová

Notes. Au, [Br, Ge], ?It, Ju. Not mapped separately.

D. plumarius subsp. **praecox** (Kit. ex Schultes) Domin — Map 1407.

?Dianthus hungaricus Pers.; D. praecox Kit. ex Schultes

Taxonomy. Dianthus hungaricus subsp. *pseudopraecox* (Novák) Kmeťová, in J. Futák, Studie ČSAV 20: 46 (1981), is tentatively included. It was associated with *D. plumarius* subsp. *lumnitzeri* (as *D. lumnitzeri* subsp. *pseudopraecox* (Novák) Dostál, by J. Dostál, Seznam cévnatých rostlin květeny československé, p. 45 (Praha 1982) (comb. inval.), and Folia Musei Rerum Nat. Bohem. Occ., Bot. 21: 4—5 (1984). Its taxonomical position and rank are still the subject of controversy.

Diploid to hexaploid. 2n=30(Cz): Májovský et al. 1970 b: 52. — 2n=60(Cz, Po): M. Kovanda, Preslia 56: 292—293 (1984), as *Dianthus hungaricus* subsp. *hungaricus* (and *D. hungaricus* subsp. *pseudopraecox*). — 2n=90(Cz, Hu): L. Baksay, Bot. Közl. 57: 215—216 (1970), Symp. Biol. Hung. 12: 151, 153 (1972); Májovský et al. 1974 a: 7; M. Kovanda, op. cit., p. 293, as *D. hungaricus* subsp. *hungaricus.*

Notes. Cz, Hu, Po. ”Tatra” (Fl. Eur., in a comment under *Dianthus plumarius,* as *D. hungaricus*). The plants recently identified as *D. hungaricus* subsp. *pseudopraecox* have been given a special symbol on the map. In addition to these localities, it has been reported (J. Holub, in litt.) that in Hu *D. plumarius* subsp. *praecox* is entirely replaced by subsp. *pseudopraecox.*

D. plumarius subsp. **lumnitzeri** (Wiesb.) Domin — Map 1408.

Dianthus hungaricus Pers. subsp. lumnitzeri (Wiesb.) Jáv.; D. lumnitzeri Wiesb.; D. praecox subsp. lumnitzeri (Wiesb.) Kmeťová; D. serotinus Waldst. & Kit. subsp. lumnitzeri (Wiesb.) Hegi

Nomenclature. J. Holub, Folia Geobot. Phytotax. (Praha) 9: 272 (1974); J. Futák, Studie ČSAV 20: 46 (1981).

Tetraploid and hexaploid. 2n=60(Cz): Májovský et al. 1974 a: 7; M. Kovanda, Preslia 54: 226 (1982)(as *Dianthus lumnitzeri*). — 2n=90(Cz, Hu): L. Baksay, Bot. Közl. 57: 215—216 (1970); Symp. Biol. Hung. 12: 151, 153 (1972); Májovský et al. 1974 a: 7; M. Kovanda, Preslia 56: 293 (1984) (as *D. lumnitzeri*).

Notes. Au, Cz, Hu. ”... from E. Austria (Hainburger Berge) to N.E. Hungary (Bükk Hegyseg)” (Fl. Eur., in a comment under *Dianthus plumarius,* as *D. lumnitzeri*).

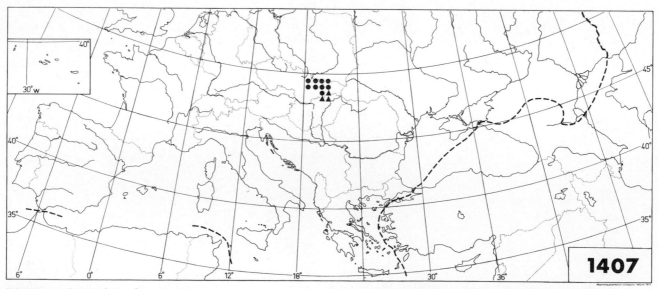

Dianthus plumarius subsp. **praecox**   ▲ = also "**D. hungaricus** subsp. **pseudopraecox**"

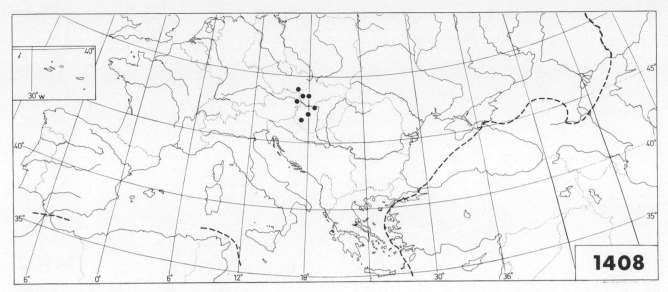

Dianthus plumarius subsp. **lumnitzeri**

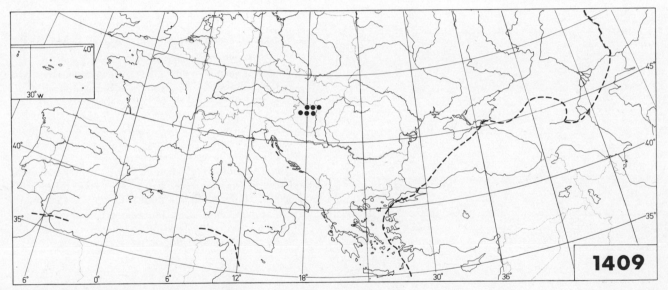

Dianthus plumarius subsp. **regis-stephani**

D. plumarius subsp. **regis-stephani** (Rapaics) Baksay — Map 1409.

Dianthus hungaricus Pers. subsp. regis-stephani (Rapaics) Holub; D. praecox subsp. regis-stephani (Rapaics) Kmeťová; D. regis-stephani Rapaics; D. serotinus Waldst. & Kit. subsp. regis-stephani (Rapaics) Soó

Nomenclature. L. Baksay, Bot. Közl. 57: 215 (1970); J. Holub, Folia Geobot. Phytotax. (Praha) 9: 273 (1974); E. Kmeťová, Biol. Práce 31: 8 (1985).

Tetraploid and hexaploid. 2n=60(Hu): A. Borhidi, Acta Bot. Acad. Sci. Hung. 14: 255 (1968). — 2n=90(Hu): L. Baksay, Bot. Közl. 57: 215—216 (1970), Symp. Biol. Hung. 12: 151, 153 (1972).

Notes. Hu (the taxon not mentioned in Fl. Eur.).

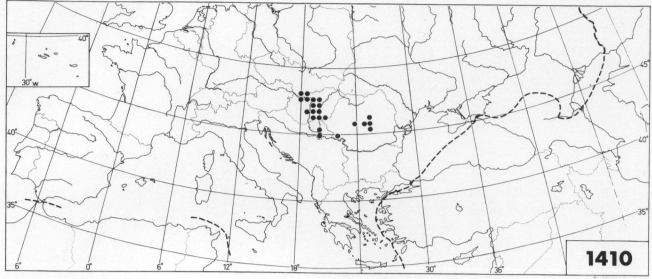

Dianthus serotinus

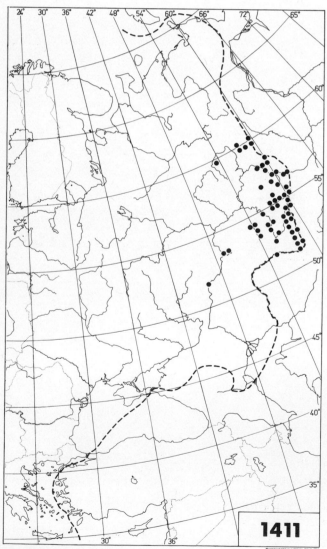

Dianthus acicularis

Dianthus serotinus Waldst. & Kit. — Map 1410.

Excl. Dianthus regis-stephani Rapaics

Hexaploid with 2n=90(Cz, Hu): A. Borhidi, Acta Bot. Acad. Sci. Hung. 14: 254 (1968); L. Baksay, Symp. Biol. Hung. 12: 151, 157—158 (1972); E. Kmeťová, Acta Bot. Slov. Acad. Sci. Slov., ser. A 6: 117, 120 (1982); M. Kovanda, Preslia 56: 295 (1984). — The tetraploid number, 2n=60(Cz), reported by Májovský et al. 1970 b: 52, evidently belongs to *Dianthus arenarius*.

Notes. Au omitted (given in Fl. Eur.), the material being referred to *Dianthus arenarius.* Ju added (not given in Fl. Eur.): L. Baksay, Symp. Biol. Hung. 12: 152 (map) (1972). Concerning distinction between *D. arenarius* and *D. serotinus,* see under the former.

Total range. Endemic to Europe.

Dianthus acicularis Fischer ex Ledeb. — Map 1411.

Total range. F.A. Novák, Spisy Přírod. Fak. Karlovy Univ. (Praha) 76: tab. II (1927) (out of date); P.L. Gorchakovsky, Mat. Hist. Fl. Veget. USSR 4: 313 (1963); Hegi 1978: 1028; R. Schubert et al., Wiss. Zeitschr. Univ. Halle 30: 106 (1981); P.L. Gorchakovsky & E.A. Shurova, Redkie i ischezayushchie rasteniya Urala i Priural'ya, p. 105 (Moskva 1982).

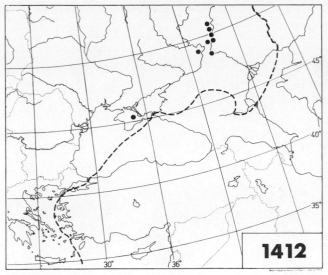

Dianthus rigidus

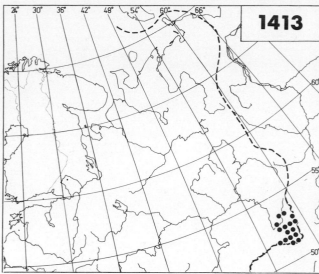

Dianthus uralensis

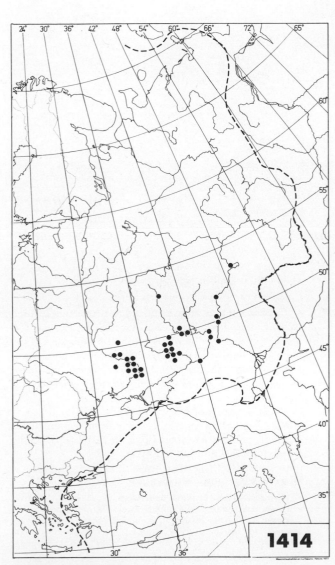

Dianthus squarrosus

Dianthus rigidus Bieb. — Map 1412.

Dianthus campestris Bieb. subsp. rigidus (Bieb.) Schmalh.

Dianthus uralensis Korsh. — Map 1413.

Total range. P.L. Gorchakovsky, Mat. Hist. Fl. Veget. USSR 4: 314 (1963); P.L. Gorchakovsky & E.A. Shurova, Redkie i ischezayushchie rasteniya Urala i Priural'ya, p. 105 (Moskva 1982).

Dianthus squarrosus Bieb. — Map 1414.

Dianthus plumarius L. subsp. squarrosus (Bieb.) Schmalh.

Notes. Rs(C) added (not given in Fl. Eur.).

Total range. F.A. Novák, Spisy Přírod. Fak. Karlovy Univ. (Praha) 76: tab. II (1927) (out of date); Hegi 1978: 1028.

Dianthus arenarius L.

Dianthus borussicus (Vierh.) Juz.; D. novakii Soják non Graebner; D. pseudoserotinus Błocki; D. pseudosquarrosus (Novák) Klokov; D. serotinus auct. non Waldst. & Kit.

Taxonomy. Opinions differ concerning the taxonomic identity of the plants given here as the southernmost exclaves (in Au, Cz, Hu, Ju and Rm). Some of the records were given as *Dianthus serotinus.* We follow L. Baksay, Symp. Biol. Hung. 12: 149—161 (1972).

Notes. Two old (1888 and 1935) records present from Ho: Atlas Nederl. Fl. 1980: 96, but not native or truly established (not given in Fl. Eur.). Au, Hu, Ju and Rm added (not given in Fl. Eur.): L. Baksay, Symp. Biol. Hung. 12: 152 (map) (1972). Also recorded from the Rs(W) part of the Carpathians in Kotov, Fl. RSS Ucr. 4: 638 (1952) (as *Dianthus serotinus*). Rs(E) added (not given in Fl. Eur.).

Total range. Endemic to Europe (although not given as such in Fl. Eur.).

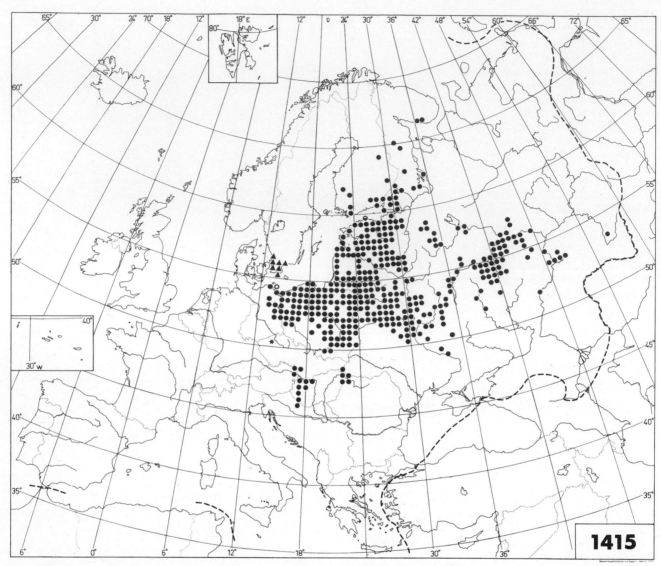

● = **Dianthus arenarius** subsp. **borussicus**   ▲ = **D. arenarius** subsp. **arenarius**   ★ = "subsp. **bohemicus**"

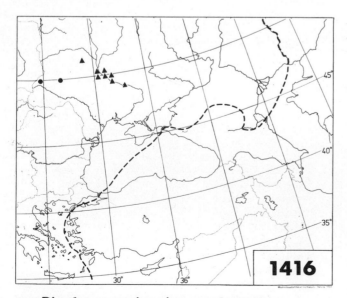

● = **Dianthus arenarius** subsp. **pseudoserotinus**
▲ = **D. arenarius** subsp. **pseudosquarrosus**

D. arenarius subsp. **arenarius** — Map 1415.

Dianthus arenarius var. suecicus Novák

Taxonomy. It may seem arbitrary to choose this Scanian variant alone for recognition as a subspecies, out of a number of slightly differentiated local populations of the same kind, now included in *Dianthus arenarius* subsp. *borussicus* (see under that taxon). However, narrowly circumscribed as it is, it serves well to locate the nomenclatural type of the species.

Tetraploid with 2n=60(Su): Fl. Eur.

Notes. Su. "S. Sweden" (Fl. Eur.). Similar, though not identical, plants are present along the eastern coast of the Baltic, from Kaliningrad to Latvia, Rs(B).

D. arenarius subsp. **borussicus** Vierh. — Map 1415.

Dianthus arenarius var. bohemicus Novák; D. arenarius subsp. bohemicus (Novák) O. Schwarz; D. arenarius var. borussicus (Vierh.) Novák; D. arenarius subsp. gigas (Novák) Soó; D. borussicus (Vierh.) Juz.; D. novakii Soják non Graebner

Nomenclature. Author's designation corrected in accordance with J. Jalas, Ann. Bot. Soc. Zool.-Bot. Fenn.

Vanamo 24(1): 18 (1950), and R. Soó, Feddes Repert. 83: 160—161 (1972).

Taxonomy. J. Jalas, op. cit., pp. 16—18; L. Baksay, Symp. Biol. Hung. 12: 157—159 (1972); J. Soják, Časopis Národ. Muz., řada přírod. (Praha) 148: 77 (1980 (''1979'')); M. Kovanda, Preslia 56: 294—295 (1984); N. Miniaev & M. Samutina, Nov. Syst. Pl. Vasc. (Leningrad) 22: 118—123 (1985). Besides the plant called *Dianthus arenarius* subsp. *bohemicus,* morphologically and/or ecologically distinct marginal populations are present at least on the island of Saaremaa (Rs(B)) and N. of Lake Ladoga and on the S. coast of the Kola peninsula (both Rs(N)).

Tetraploid with 2n=60(Cz, Hu, Po): Májovský et al. 1970 b: 52 (as *Dianthus serotinus*); L. Baksay, Symp. Biol. Hung. 12: 151 (1972); M. Kovanda, Preslia 56: 294 (Cz as *D. arenarius* subsp. *bohemicus*).

Notes. Au, Cz, Fe, Ge, Hu, Ju, Po, Rm, Rs(N, B, C, W, E). ''N.E. & N.C. Europe'' (Fl. Eur.); see under the species. The only station of the local endemic *Dianthus arenarius* subsp. *bohemicus* has been given a special symbol on the map.

D. arenarius subsp. pseudoserotinus (Błocki) Tutin — Map 1416.

Dianthus pseudoserotinus Błocki; D. serotinus var. pseudoserotinus (Błocki) Zapał.

Nomenclature. T.G. Tutin, Feddes Repert. 68 (Fl. Eur. Notulae Syst. 2): 190 (1963), was right in validating the subspecific combination as given in Fl. Eur. (and above). Contrary to the belief of R. Soó, Feddes Repert. 83: 161 (1972), Á. Löve & D. Löve never validated this combination, although they mentioned it in Op. Bot. (Lund) 5: 152 (1961).

Notes. Rs(W). ''N. Ukraine'' (Fl. Eur.).

D. arenarius subsp. pseudosquarrosus (Novák) Kleopow — Map 1416.

Dianthus arenarius f. pseudosquarrosus Novák; D. pseudosquarrosus (Novák) Klokov

Notes. Rs(C, W). ''White Russia and Ukraine'' (Fl. Eur.).

Dianthus krylovianus Juz. — Map 1417.
Total range. Endemic to Europe.

Dianthus volgicus Juz. — Map 1418.
Notes. Rs(C) added (not given in Fl. Eur.).
Total range. Endemic to Europe.

Dianthus gallicus Pers. — Map 1419.
Dianthus monspeliacus L. subsp. gallicus (Pers.) Laínz & Muñoz Garmendía

Nomenclature. M. Laínz, An. Jardín Bot. Madrid 42: 258—259 (1985).

Taxonomy. A. Bernard, Compt. Rendus Hebd. Séances Acad. Sci. D. 272: 1750—1753 (1973); M. Laínz, An. Jardín Bot. Madrid 42: 258—259 (1985).

Tetraploid chromosome number 2n=60 given in Fl. Eur. but omitted from Fl. Eur. Check-list 1982.

Notes. Lu omitted (given in Fl. Eur.), the plant in question belonging to *Dianthus cintranus* subsp. *cintranus:* Nova Fl. Port. 1971: 622 (index).

Total range. Endemic to Europe.

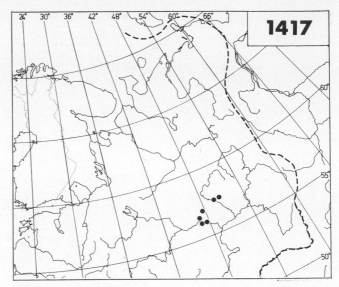
Dianthus krylovianus

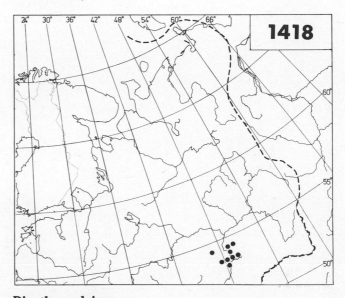
Dianthus volgicus

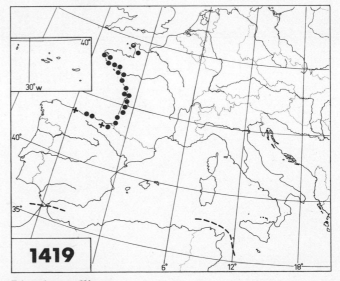
Dianthus gallicus

182

Dianthus superbus L. — Map 1420.

Dianthus speciosus (Reichenb.) Reichenb.; D. stenocalyx Trautv. ex Juz.

Nomenclature. J. Holub 1973 (see under *Dianthus plumarius*).

Diploid with 2n=30(Ge): H. Rohweder, Bot. Jahrb. 66: 298, 336 (1934).

Notes. Gr added (not given in Fl. Eur.): A. Strid & K. Papanicolaou, Nordic Jour. Bot. 1: 69—70 (1981). Evidently extinct in Ho (given as present in Fl. Eur.): Atlas Nederl. Fl. 1980: 97.

Total range. E. Hultén, Outlines of the history of arctic and boreal biota ..., p. 115 (Stockholm 1937), Vår svenska flora i färg, p. 185 (Stockholm 1958); MJW 1965: map 142b; O. Gjaerevoll, Plantegeografi, p. 121 (Trondheim — Oslo — Bergen — Tromsø 1973), and in R. Hirsti (ed.), Bygd och by i Norge: Finnmark, p. 86 (Oslo 1979); Hegi 1978: 1020.

D. superbus subsp. **superbus**

Incl. Dianthus superbus subsp. autumnalis Oberdorfer and D. superbus subsp. silvestris Čelak.

Taxonomy. E. Oberdorfer, Pflanzengeogr. Exkursionsfl. 4. Aufl., p. 359 (Stuttgart 1979); J. Holub, Folia Geobot. Phytotax. (Praha) 15: 421 (1980); M. Kovanda, Preslia 56: 292 (1984).

Diploid with 2n=30(Cz, Ga, No, Rs(N)): M.M. Laane, Blyttia 24: 272—274 (1966); A.P. Sokolovskaya, Vestnik Leningr. Univ. 9: 107 (1970); A. Bernard, Compt. Rendus Hebd. Séances Acad. Sci. D. 272: 1752 (1973); Májovský et al. 1974 b: 7.

Notes. Au, Bu, Cz, Da, Fe, Ga, Ge, Gr, xHo, Hu, It, Ju, No, Po, Rm, Rs(N, B, C, W, E), Su. "Throughout the range of the species; lowland" (Fl. Eur.). Not mapped separately.

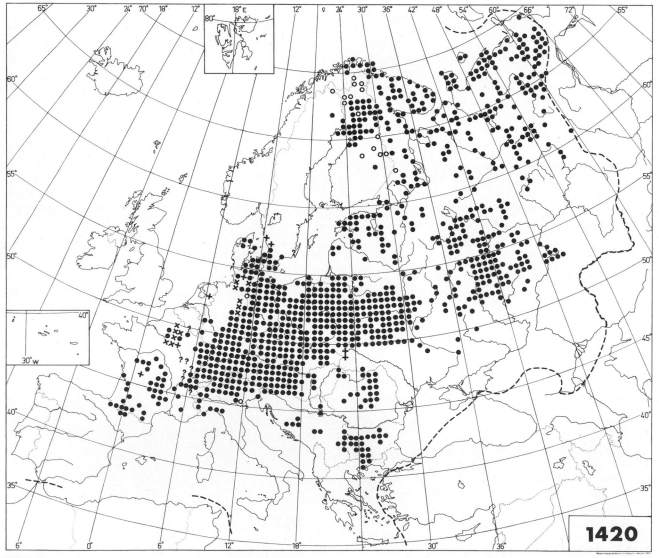

Dianthus superbus

D. superbus subsp. **alpestris** Kablik ex Čelak. — Map 1421.

Dianthus speciosus (Reichenb.) Reichenb.; D. superbus subsp. speciosus (Reichenb.) Hayek

Nomenclature corrected in accordance with J. Holub, Preslia 38: 80 (1966), R. Soó, Feddes Repert. 83: 162 (1972), and Hegi 1978: 1021.

Diploid with 2n=30(Cz, Ga, Ju): Fl. Eur.; Májovský et al. 1970 b: 52 (as *Dianthus superbus* subsp. *speciosus*); A. Bernard, Compt. Rendus Hebd. Séances Acad. Sci. D. 272: 1752 (1973); A. Uhriková & J. Májovský, Taxon 27: 378 (1978).

Notes. Au, Cz, ?Ga, Ge, He, It, Ju, Po, Rm, Rs(W). "Higher mountains throughout the range of the species" (Fl. Eur.). Ga according to Bernard 1973 (see under chromosome counts), no further information available. The map is provisional.

D. superbus subsp. **stenocalyx** (Trautv. ex Juz.) Kleopow — Map 1422.

Dianthus stenocalyx Trautv. ex Juz.

Nomenclature. Author's designation corrected in accordance with the fact that Trautvetter evidently never validated a name combination in *Dianthus* including the epithet "stenocalyx". Furthermore, the combination by Kleopow was published in Bull. Jardin Bot. Kieff 14: 137 (1932), not in the paper indicated in (Fl. USSR and) Fl. Eur.

Notes. Rs(C, W, E). "C. & S. Russia, Ukraine" (Fl. Eur.). The map is incomplete.

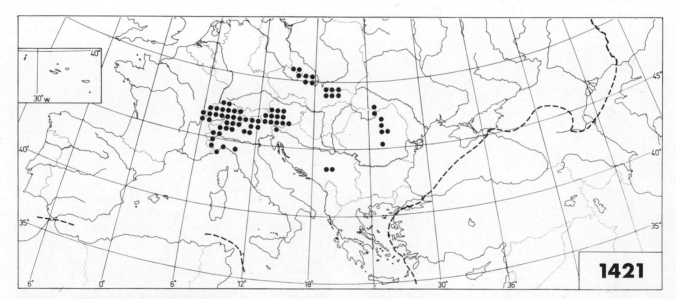

Dianthus superbus subsp. **alpestris**

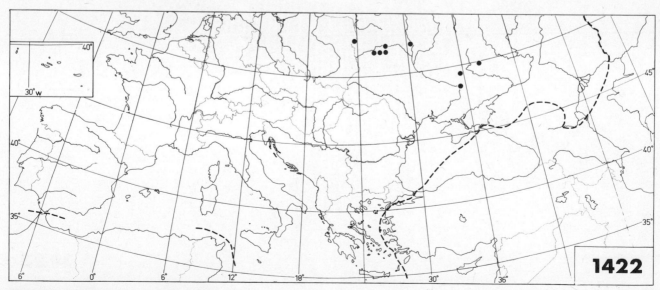

Dianthus superbus subsp. **stenocalyx**

Dianthus deltoides L. — Map 1423.

Incl. Dianthus degenii Bald. — Excl. Dianthus oxylepis (Boiss.) Kümmerle & Jáv.

Diploid with 2n = 30(Bu, Cz, Fe, Ge, Po): H. Rohweder, Bot. Jahrb. 66: 270, 334 (1934); Májovský et al. 1974 a: 7; A.V. Petrova, Taxon 24: 510 (1975); M. Kovanda, Preslia 56: 291 (1984); Uotila & Pellinen 1985: 10.

Notes. Possibly only casual in Hb (not given in Fl. Eur.). Lu, Rs(K), Sa and Tu omitted (indirectly given as present in Fl. Eur.): Fl. Turkey 1967; Nova Fl. Port. 1971; Rubtsev 1972; Pignatti Fl. 1982.

Total range. MJW 1965: map 141d; J.P. Kozhevnikov & T.V. Plieva, Areali Rast. SSSR 3: 72 (1976) (Soviet part).

D. deltoides subsp. deltoides

Notes. Al, Au, Be, Br, Bu, Cz, Da, Fe, Ga, Ge, Gr, [Hb], He, Ho, Hs, Hu, It, Ju, No, Po, Rm, Rs(N, B, C, W, E), Si, Su. "Most of Europe, but very rare in the Mediterranean region" (Fl. Eur.). Not mapped separately.

D. deltoides subsp. degenii (Bald.) Strid — Map 1424.

Dianthus degenii Bald.; D. deltoides var. degenii (Bald.) Halácsy; D. deltoides var. serpyllifolius Borbás

Taxonomy and nomenclature. A. Strid, Willdenowia 13 (Optima Leafl. 136): 280 (1983); Mountain Fl. Greece 1986: 184.
Notes. Al, Gr, Ju. "Balkan peninsula" (Fl. Eur., as *Dianthus degenii*).
Total range. Endemic to Europe.

Dianthus myrtinervius Griseb. — Map 1425.

Dianthus oxylepis (Boiss.) Kümmerle & Jáv. Incl. Dianthus kajmaktzalanicus Micevski

Total range. Endemic to Europe.

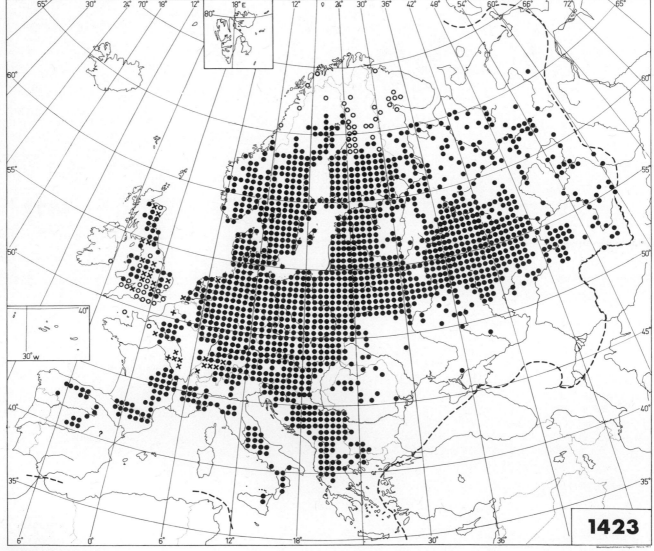

Dianthus deltoides

185

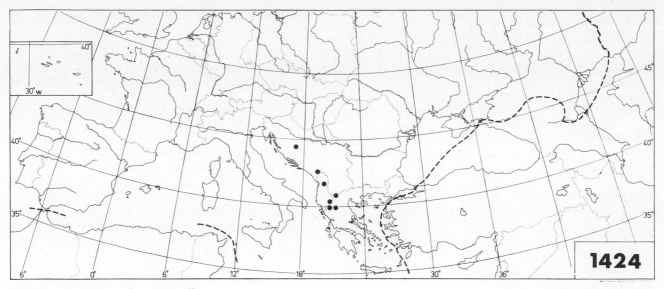

Dianthus deltoides subsp. **degenii**

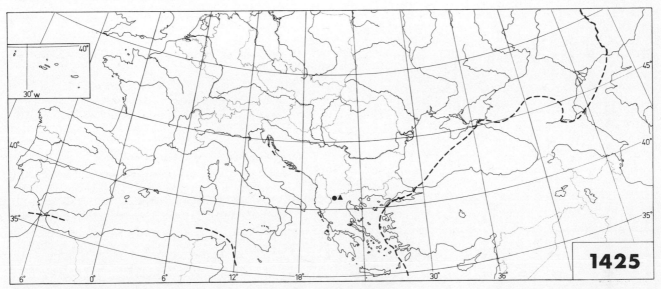

Dianthus myrtinervius   ● = subsp. **myrtinervius**   ▲ = subsp. **caespitosus**

D. myrtinervius subsp. **myrtinervius** — Map 1425.

Notes. Gr, Ju. "Macedonia" (Fl. Eur., for the species).

D. myrtinervius subsp. **caespitosus** Strid & Papanicolaou — Map 1425.

Dianthus kajmaktzalanicus Micevski; D. oxylepis (Boiss.) Kümmerle & Jáv. (D. myrtinervius var. oxylepis Boiss.)

Taxonomy. A. Micevski, Fragm. Balc. Mus. Maced. Sci. Nat. (Skopje) 10: 29—32 (1977); A. Strid, Ann. Mus. Goulandris 4: 219 (1978). Inclusion of *Dianthus oxylepis* in the synonymy of the present taxon is in accordance with Med-Checklist 1984: 199.

Notes. Gr, Ju (the taxon not mentioned in Fl. Eur.).

Dianthus sphacioticus Boiss. & Heldr. — Map 1426.

Dianthus leucophaeus Sieber non Sibth. & Sm.

Total range. Endemic to Kriti.

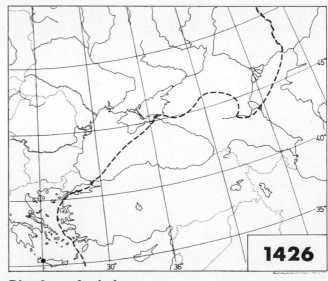

Dianthus sphacioticus

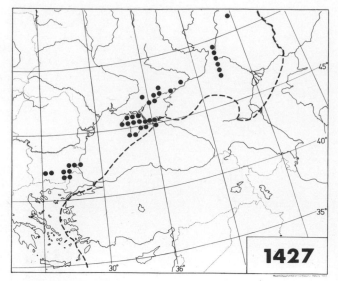

Dianthus pallidiflorus

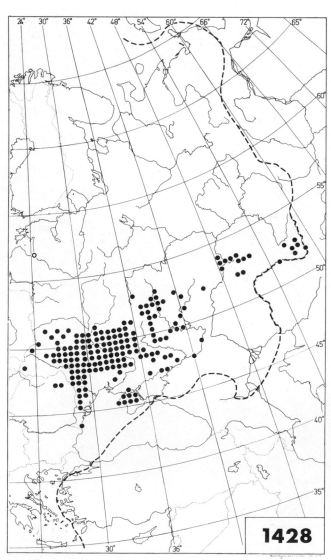

Dianthus campestris subsp. **campestris**

Dianthus pallidiflorus Ser. — Map 1427.

Dianthus campestris Bieb. subsp. pallidiflorus (Ser.) Schmalh.; D. maeoticus Klokov; D. pallens Bieb. pro parte, non Sibth. & Sm. Incl. Dianthus aridus Griseb. ex Janka

Taxonomy. Inclusion of *Dianthus aridus* is in accordance with Fl. Bulg. 1966: 426, and Med-Checklist 1984: 187 (in both as *D. campestris* subsp. *pallidiflorus*).

Notes. ?Gr added (in Fl. Eur. as *Dianthus aridus*). No data available from Rs(C) (given in Fl. Eur.).

Dianthus campestris Bieb.

Dianthus serbanii (Prodan) Prodan

Taxonomy. The taxa treated in Fl. Bulg. 1966: 425—426 as subspecies of *Dianthus campestris* are, both here and in Fl. Eur., given as two independent species, *D. pallidiflorus* and *D. roseoluteus*. The chromosome count reported by A.V. Petrova, Taxon 24: 510 (1975), for "*D. campestris*", is referable to *D. roseoluteus*.

D. campestris subsp. campestris — Map 1428.

Dianthus campestris subsp. arenarius Širj.; D. campestris subsp. serbanii Prodan; D. serbanii (Prodan) Prodan

Notes. Rm, Rs(C, W, K, E). "Widespread" (Fl. Eur.).

D. campestris subsp. laevigatus (Gruner) Klokov — Map 1429.

Dianthus campestris var. laevigatus Gruner

Notes. Rs(W, E). "Dnepr and Dnestr valleys" (Fl. Eur.).
Total range. Presumably endemic to Europe (not given as such in Fl. Eur.).

D. campestris subsp. steppaceus Širj.

Taxonomy. Taxonomic relevance doubtful; see Kotov, Fl. Ucr. SSR 4: 625 (1952); S.K. Czerepanov, Pl. Vasc. URSS, p. 158 (Leningrad 1981).

Notes. Rs(W, ?E). "E. Ukraine" (Fl. Eur.). Not mapped.

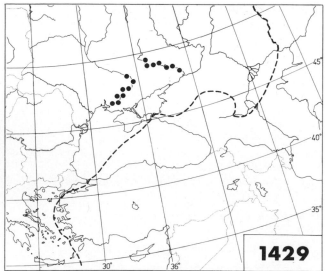

Dianthus campestris subsp. **laevigatus**

Dianthus hypanicus Andrz. — Map 1430.

Total range. Endemic to Europe.

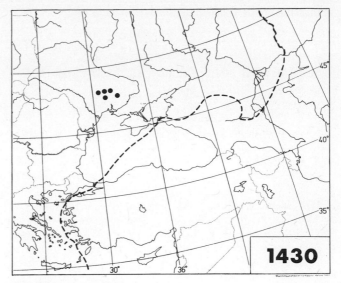

Dianthus hypanicus

Dianthus carbonatus Klokov — Map 1431.

Notes. Rs(C) not confirmed (?Rs(C) in Fl. Eur.).
Total range. Endemic to Europe.

Dianthus marschallii Schischkin — Map 1432.

Dianthus bicolor Bieb. non Adams; D. leptopetalus Willd. subsp. bicolor Schmalh.

Total range. Endemic to Europe.

Dianthus cinnamomeus Sibth. & Sm. — Map 1433.

Notes. Cr added (not given in Fl. Eur.): W. Greuter, Mem. Soc. Brot. 24: 146 (1974); W. Greuter et al., Willdenowia 13 (Optima Leafl. 131): 50 (1983), 14 (Optima Leafl. 139): 32 (1984).

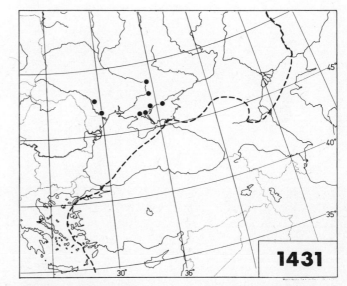

Dianthus carbonatus

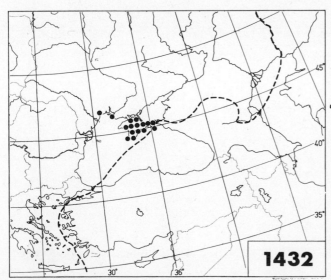

Dianthus marschallii

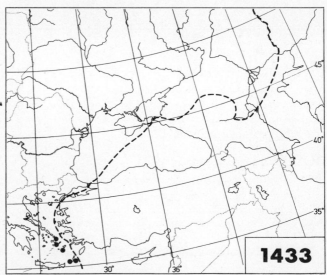

Dianthus cinnamomeus

188

Dianthus monadelphus Vent. — Map 1434.

Dianthus judaicus Boiss.; D. ochroleucus Pers.; D. pallens Sibth. & Sm. Incl. Dianthus rhodopaeus Velen.

Taxonomy. F. Weissmann-Kollmann, Israel Jour. Bot. 14: 154—157 (1966). See also under *Dianthus leptopetalus.*

D. monadelphus subsp. monadelphus — Map 1434.

Dianthus judaicus subsp. ochroleucus (Pers.) Kollm.; D. ochroleucus Pers.; D. pallens subsp. ochroleucus (Pers.) Bornm.; D. pallens var. oxylepis Boiss.

Notes. Tu (the taxon not mentioned in Fl. Eur.): Fl. Turkey 1967: 114 (as *Dianthus pallens* var. *oxylepis*). Med-Checklist 1984: 198 gives the plant from Tu as *D. monadelphus* subsp. *pallens,* without further comment.

D. monadelphus subsp. pallens (Sibth. & Sm.) Greuter & Burdet — Map 1434.

Dianthus pallens Sibth. & Sm. Incl. Dianthus rhodopaeus Velen. (D. pallens f. rhodopaeus (Velen.) Stoj. & Acht.)

Nomenclature. W. Greuter & T. Raus (eds.), Willdenowia 12 (Optima Leafl. 127): 187 (1982).

Diploid with 2n=30(Bu): A.V. Petrova, Taxon 24: 510 (1975) (as *Dianthus pallens*).

Notes. Bu, Gr, Ju, Rm. "S. & E. parts of Balkan peninsula; S.E. Romania" (Fl. Eur., under *Dianthus pallens*).

Total range. Outside Europe, Fl. Turkey 1967: 114 cites one record from N.E. Anatolia (Bilecik), besides the type locality of *Dianthus pallens* in the Izmir area.

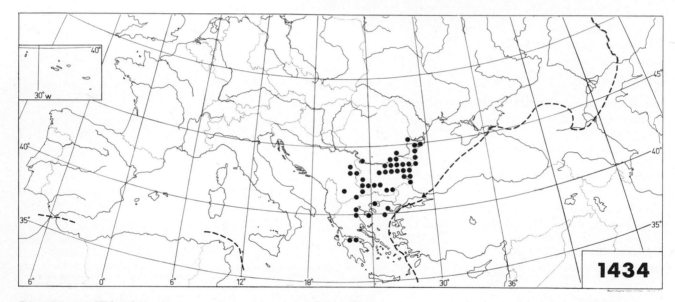

Dianthus monadelphus   • = subsp. **pallens**   ▲ = subsp. **monadelphus**

Dianthus lanceolatus Steven ex Reichenb. — Map 1435.

Dianthus leptopetalus auct. non Willd.

Notes. No data available from Rs(C) (given in Fl. Eur.). Rs(K) added (not given in Fl. Eur.): Rubtsev 1972: 158. The map is incomplete.

Total range. Endemic to Europe.

Dianthus leptopetalus Willd. — Map 1436.

Excl. Dianthus rhodopaeus Velen.

Taxonomy. In Fl. Eur. (index), *Dianthus rhodopaeus* is given as synonymous with *D. leptopetalus,* but it is referred to *D.* [*monadelphus* subsp.] *pallens* by N. Stojanov & B. Achtarov, Sbornik Bălg. Akad. Nauk 29: 75—77 (map on p. 76) (1935), N. Stojanov in Fl. Bulg. 1966: 430, and F. Weissmann-Kollmann, Israel Jour. Bot. 14: 154 (1966).

Diploid with 2n=30(Tu): G. Günak-Sünter, Taxon 27: 376 (1978).

Notes. Bu omitted (given in Fl. Eur.): B.A. Kuzmanov, Candollea 34: 16 (1979). No data available from Gr (given in Fl. Eur.). Tu added (not given in Fl. Eur.): Fl. Turkey 1967: 114—115.

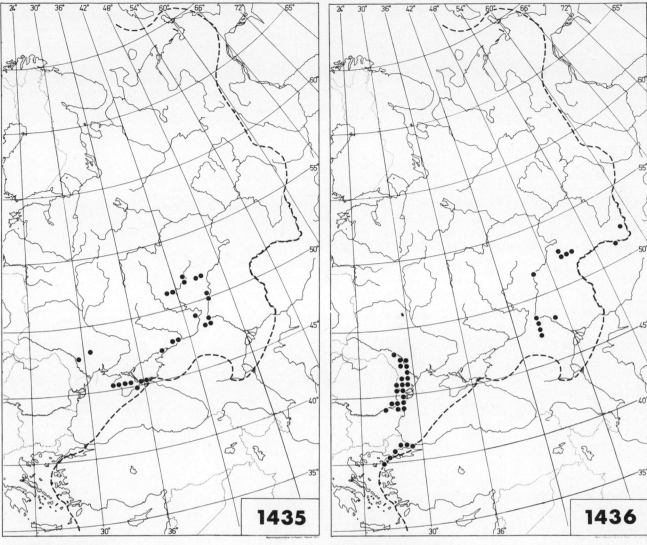

Dianthus lanceolatus

Dianthus leptopetalus

Dianthus roseoluteus Velen. — Map 1437.

Dianthus campestris Bieb. subsp. roseoluteus (Velen.) Stoj. & Acht.; D. purpureoluteus Velen.

Taxonomy. N. Stojanov in Fl. Bulg. 1966: 426.

Diploid with $2n = 30$(Bu): A.V. Petrova, Taxon 24: 510 (1975), as *Dianthus campestris*, the material originating from the Struma valley close to Pirin.

Notes. Gr added (not given in Fl. Eur.): K.H. Rechinger, Webbia 18: 249 (1963), but no exact data available. Present in Tu (as given in Fl. Eur.), although not mentioned from Turkey-in-Europe in Fl. Turkey 1967; see Webb 1966: 20 and A. Baytop, Jour. Fac. Pharm. Istanbul 17: 52 (1981).

Total range. Also recorded from South Anatolia (given in Fl. Eur. as endemic to Europe): Fl. Turkey 1967: 126.

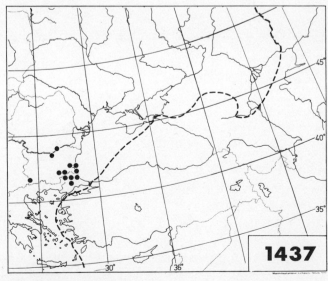

Dianthus roseoluteus

Dianthus gracilis Sibth. & Sm.

Dianthus achtarovii Stoj. & Kitanov; D. albanicus Wettst.; D. athous Rech. fil.; D. callosus Velen.; D. friwaldskyanus Boiss.; D. suskalovicii (Adamović) Adamović; D. xanthianus Davidov. Incl. Dianthus drenowskianus Rech. fil.

Taxonomy and nomenclature. T.G. Tutin, Feddes Repert. 68 (Fl. Eur. Notulae Syst. 2): 191 (1963), and in Fl. Eur., treats a number of variants of *Dianthus gracilis* as subspecies, though some of them are quite local. In the few subsequent treatments available the number of infraspecific taxa proposed is smaller; see Fl. Bulg. 1966: 429, and Mountain Fl. Greece 1986: 186—187. The following tentative division into three subspecies possibly takes account of some of the more important features of the variation.

Tetraploid with 2n=60(Gr, Ju): Fl. Eur.; K. Papanicolaou, Taxon 33: 130 (1984).

Total range. Endemic to Europe.

D. gracilis subsp. gracilis — Map 1438.

Dianthus athous Rech. fil. Incl. Dianthus gracilis subsp. achtarovii (Stoj. & Kitanov) Tutin (D. achtarovii Stoj. & Kitanov), D. gracilis subsp. friwaldskyanus (Boiss.) Tutin (D. callosus Velen.; D. friwaldskyanus Boiss.), and D. gracilis subsp. xanthianus (Davidov) Tutin (D. friwaldskyanus var. xanthianus (Davidov) Hayek; D. xanthianus Davidov)

Notes. Bu, Gr, Ju. "E. Greece (E. Makedhonia, Thessalia, Samothraki)" (Fl. Eur., on *Dianthus gracilis* subsp. *gracilis*), "Thraki" (on subsp. *xanthianus*), "S.W. Bulgaria and Macedonia" (on subsp. *friwaldskyanus*), and "Thasos" (on subsp. *achtarovii*).

D. gracilis subsp. armerioides (Griseb.) Tutin — Map 1439.

Dianthus albanicus Wettst.; D. gracilis var. armerioides Griseb.; D. suskalovicii (Adamović) Adamović

Tetraploid with 2n=60(Bu): J.C. van Loon & A.K. van Setten, Taxon 31: 590 (1982).

Notes. Al, Bu, Ju. "Macedonia, Albania" (Fl. Eur.).

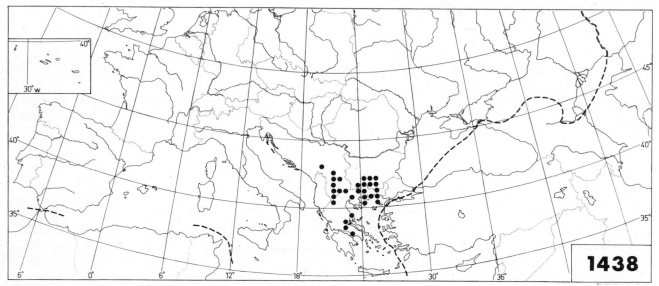

Dianthus gracilis subsp. **gracilis**

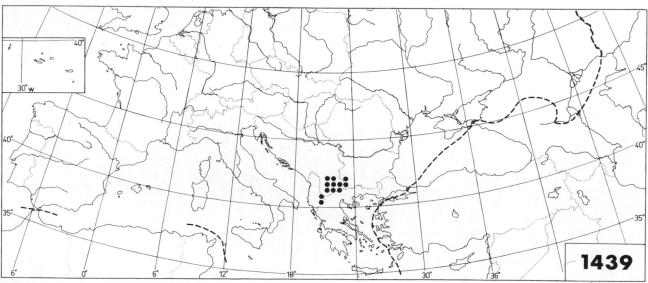

Dianthus gracilis subsp. **armerioides**

D. gracilis subsp. **drenowskianus** (Rech. fil.) Strid — Map 1440.

> Dianthus drenowskianus Rech. fil.; D. gracilis var. drenowskianus (Rech. fil.) Stoj. & Acht.
>
> *Nomenclature.* A. Strid, Willdenowia 13 (Optima Leafl. 136): 281 (1983).
>
> *Taxonomy.* Mountain Fl. Greece 1986: 187.
>
> *Tetraploid* with 2n=60(Gr): K. Papanicolaou, Taxon 33: 130 (1984) (as *Dianthus drenowskianus*).
>
> *Notes.* Bu, Gr. "E. Macedonia" (Fl. Eur., as a distinct species).

Dianthus haematocalyx Boiss. & Heldr.

> Dianthus pindicola Vierh.; D. pruinosus Boiss. & Orph.; D. sibthorpii Vierh.; D. ventricosus Heldr.
>
> *Taxonomy.* Mountain Fl. Greece 1986: 188—190.
>
> *Total range.* Endemic to Europe.

D. haematocalyx subsp. **haematocalyx** — Map 1441.

> *Diploid* with 2n=30(Gr, Mt. Olimbos): A. Strid & R. Franzén, Taxon 30: 832 (1981) (as *Dianthus haematocalyx*).
>
> *Notes.* Gr, Ju. "S. Jugoslavia, Greece" (Fl. Eur.). The map must be considered provisional.

D. haematocalyx subsp. **pruinosus** (Boiss. & Orph.) Hayek — Map 1441.

> Dianthus pruinosus Boiss. & Orph.
>
> *Notes.* Gr. "E. Greece (near Volos)" (Fl. Eur.).

D. haematocalyx subsp. **ventricosus** Maire & Petit-mengin — Map 1441.

> Dianthus haematocalyx subsp. sibthorpii (Vierh.) Hayek; D. sibthorpii Vierh.; D. ventricosus Heldr. ex Halácsy, nomen illeg.
>
> *Nomenclature.* Med-Checklist 1984: 196; Mountain Fl. Greece 1986: 189.
>
> *Diploid* with 2n=30(Gr): R. Franzén & L.-Å. Gustavsson, Willdenowia 13: 103 (1983) (as *Dianthus haematocalyx* subsp. *sibthorpii*).
>
> *Notes.* Gr. "S.C. Greece; Albania" (Fl. Eur., as *Dianthus haematocalyx* subsp. *sibthorpii*). "Specimens reported from Al apparently belong to subsp. *pindicola*": Mountain Fl. Greece 1986: 190.

D. haematocalyx subsp. **pindicola** (Vierh.) Hayek — Map 1442.

> Dianthus pindicola Vierh.
>
> *Notes.* Al, Gr. "N. Greece, S. Albania" (Fl. Eur.).

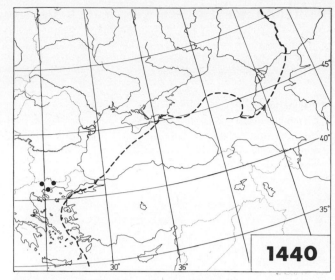

Dianthus gracilis subsp. **drenowskianus**

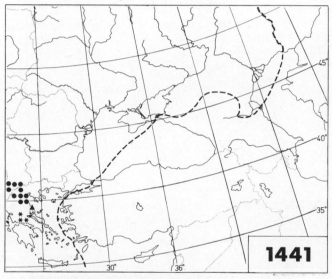

● = **Dianthus haematocalyx** subsp. **haematocalyx**
▲ = **D. haematocalyx** subsp. **pruinosus**
★ = **D. haematocalyx** subsp. **sibthorpii**

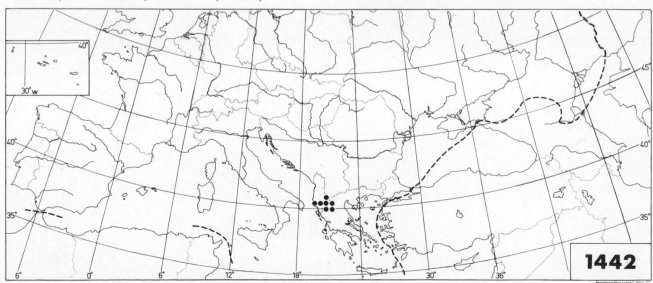

Dianthus haematocalyx subsp. **pindicola**

192

Dianthus kapinaënsis Markgraf & Lindt. — Map 1443.

    Taxonomy. F. Markgraf & V. Lindtner, Glasn. Skopsk. Naučn. Društva 18: 125—127 (1938). Compared by its authors with *Dianthus haematocalyx* and *D. suskalovicii* [= *D. gracilis* subsp. *armerioides*]. May be especially close to *D. haematocalyx* subsp. *pruinosus*.
    Notes. Ju (the taxon not mentioned in Fl. Eur.).
    Total range. Endemic to Europe.

Dianthus biflorus Sibth. & Sm. — Map 1444.

    Dianthus cinnabarinus Spruner ex Boiss.; D. samaritanii Heldr. ex Halácsy. Incl. Dianthus mercurii Heldr.
    Diploid with 2n=30(Gr): R. Franzén & L.-Å. Gustavsson, Willdenowia 13: 103 (1983); Mountain Fl. Greece 1986: 191.
    Notes. Dianthus mercurii is given a special symbol on the map.
    Total range. Endemic to Europe.

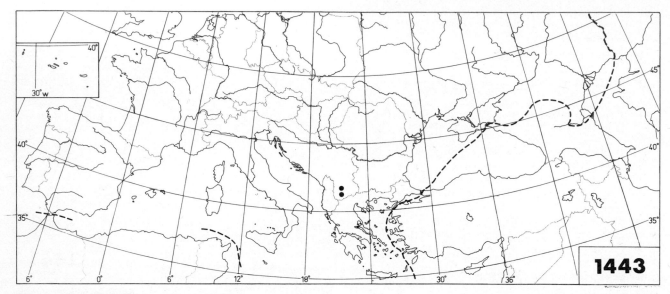

Dianthus kapinaënsis

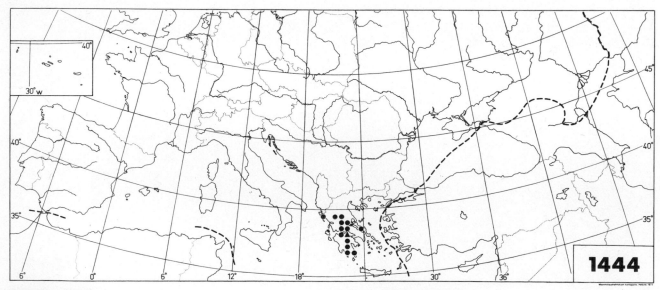

Dianthus biflorus   ▲ = also "**D. mercurii**"

Dianthus strictus Banks & Solander subsp. **multipunctatus** (Ser.) Greuter & Burdet — Map 1445.

Dianthus multipunctatus Ser.

Nomenclature. W. Greuter & T. Raus (eds.), Willdenowia 12 (Optima Leafl. 127): 187 (1982).
Taxonomy. F. Weissmann-Kollmann, Israel Jour. Bot. 14: 150 (1965).
Diploid with 2n=30("Balkans"): Fl. Eur., subspecific identity not given.
Total range. Widely distributed in the Near East, together with other subspecies, including subsp. *strictus*.

Dianthus tripunctatus Sibth. & Sm. — Map 1446.

Notes. An established grain immigrant in Lu (given as native in Fl. Eur.): A.R. Pinto da Silva, Agron. Lusit. 14 (Fl. Lusit. Comment. 7): 13—14 (1952); Nova Fl. Port. 1971: 157.
Total range. A.R. Pinto da Silva, Agron. Lusit. 14 (Fl. Lusit. Comment. 7): 14 (1952).

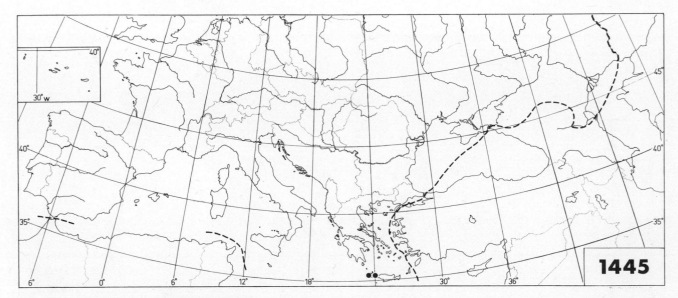

Dianthus strictus subsp. **multipunctatus**

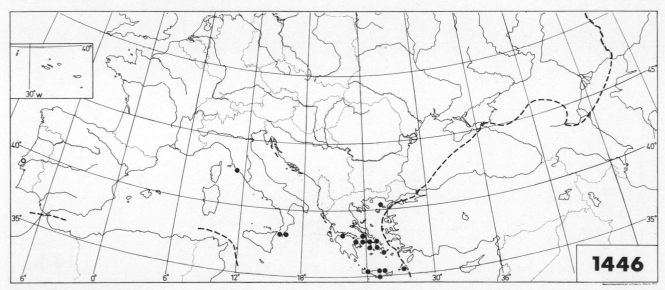

Dianthus tripunctatus

194

Dianthus corymbosus Sibth. & Sm. — Map 1447.

Incl. Dianthus chalcidicus Halácsy. — Excl. Dianthus grisebachii Boiss., D. tenuiflorus Griseb. and D. tymphresteus (Boiss. & Spruner) Heldr. & Sart. ex Boiss.

Taxonomy. F. Weissmann-Kollmann, Israel Jour. Bot. 14: 168 (1965). As circumscribed here (differently from in Fl. Eur.), *Dianthus corymbosus* seems to have a restricted area in the mountains of N. Greece. The synonyms listed in Fl. Eur. belong to *D. viscidus* as given below, or represent an independent species (*D. tymphresteus*; see below) not recognized in Fl. Eur.: Mountain Fl. Greece 1986: 192—193.

Diploid with 2n=30(Gr): A. Strid & R. Franzén, Taxon 32: 139 (1983).

Notes. Al, Bu, Ju and Tu omitted (given in Fl. Eur.): Mountain Fl. Greece 1986: 192—193; see above under "Taxonomy".

Total range. Endemic to Europe (not so in Fl. Eur.); see above.

Dianthus viscidus Bory & Chaub. — Map 1448.

Dianthus corymbosus auct. non Sibth. & Sm.; D. grisebachii Boiss. (D. viscidus subsp. grisebachii (Boiss.) Hayek); D. olympicus Boiss.; D. parnassicus Boiss. & Heldr.; D. tenuiflorus Griseb.; D. viscidus subsp. elatior (Halácsy) Hayek

Taxonomy. Circumscription and, hence, synonymy changed from that given in Fl. Eur. See Mountain Fl. Greece 1986: 191—193.

Diploid with 2n=30(Bu, Gr): Fl. Eur. (as *Dianthus corymbosus*); Mountain Fl. Greece 1986: 192.

Notes. Al, Bu, Ju and Tu added (not given in Fl. Eur.): Fl. Turkey 1967: 126; Mountain Fl. Greece 1986: 192.

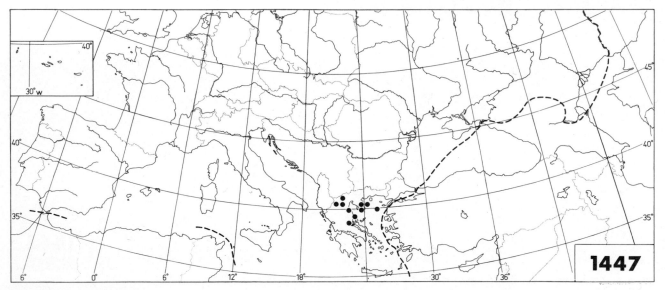

Dianthus corymbosus

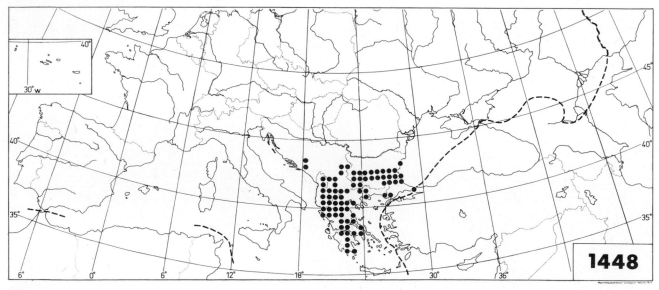

Dianthus viscidus

Dianthus tymphresteus (Boiss. & Spruner) Heldr. & Sart. ex Boiss. — Map 1449.

Dianthus viscidus Bory & Chaub. var. tymphresteus Boiss. & Spruner

Diploid with 2n=30(Gr): Mountain Fl. Greece 1986: 193.

Notes. Gr (given in Fl. Eur. in the synonymy of *Dianthus corymbosus*): Mountain Fl. Greece 1986: 193.

Total range. Endemic to Europe.

Dianthus diffusus Sibth. & Sm. — Map 1450.

Dianthus cylleneus Boiss. & Heldr.; D. glutinosus Boiss. & Heldr.; D. pubescens Sibth. & Sm. — Excl. Dianthus chalcidicus Halácsy

Taxonomy and·nomenclature. Mountain Fl. Greece 1986: 192. For this species, Fl. Turkey 1967: 126 makes use of the binomial *Dianthus pubescens,* which was published simultaneously with *D. diffusus.*

Notes. Bu not confirmed (?Bu in Fl. Eur.). The map is incomplete.

Dianthus formanekii Borbás ex Form. — Map 1451.

Total range. Endemic to Europe.

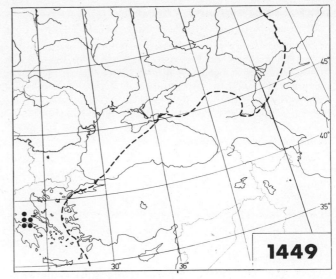

Dianthus tymphresteus

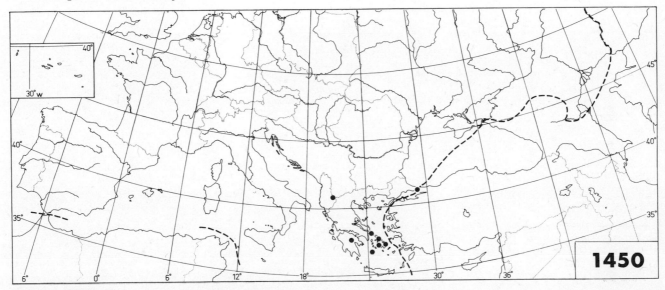

Dianthus diffusus

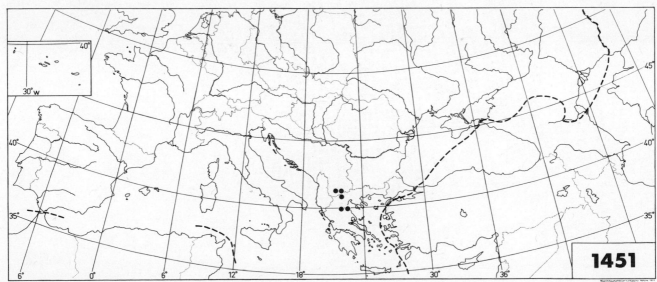

Dianthus formanekii

196

Dianthus armeria L. — Map 1452.

Dianthus armeriastrum Wolfner; D. camboi Sennen & Gonz.; D. epirotus Halácsy

Taxonomy. The definite choice of taxonomical rank and status for *Dianthus armeria* subsp. *camboi* (Sennen & Gonz.) Malagarriga, Pl. Sennenianae. I. Dianthus, p. 2 (Barcelona 1974), must wait until more information is available.

Diploid with 2n=30(Bu, Cz, Ju): Májovský et al. 1970 b: 51; A.V. Petrova, Taxon 24: 510 (1975); J.C. van Loon & H. de Jong, Taxon 27: 57 (1978).

Notes. Rs(B) added (not given in Fl. Eur.): Hegi 1971: 1009 (Lithuania). No data available from Rs(E) (given in Fl. Eur.). Si added (not given in Fl. Eur.): Pignatti Fl. 1982: 268.

D. armeria subsp. armeria

Diploid with 2n=30(Br, Hs, Tu): Fl. Eur.; J. Fernández Casas, Taxon 26: 108 (1977); G. Günak-Sünter, Taxon 29: 376 (1978).
Notes. Al, Au, Be, Br, Bu, Co, Cz, Da, Ga, Ge, Gr, He, Ho, Hs, Hu, It, Ju, Lu, Po, Rm, Rs(B, C, W, K, E), Sa, Si, Su, Tu. "Throughout the range of the species" (Fl. Eur). Not mapped separately.

D. armeria subsp. armeriastrum (Wolfner) Velen. — Map 1453.

Dianthus armeriastrum Wolfner; D. armeriastrum subsp. trojanensis Urum.; D. armeriastrum var. trojanensis (Urum.) Hayek

Diploid with 2n=30(Bu, Ju): Fl. Eur.; J.C. van Loon & B. Kieft, Taxon 29: 538 (1980); J.C. van Loon & A.K. van Setten, Taxon 31: 590 (1982).
Notes. Al, Bu, Gr, Hu, Ju, Rm, Tu. "From Hungary and W. Romania to Albania and S. Bulgaria" (Fl. Eur.). Gr in accordance with C.N. Goulimis, New additions to the Greek flora, 2. ser., p. 14 (Athens 1960). For Tu, see Fl. Turkey 1967: 125.

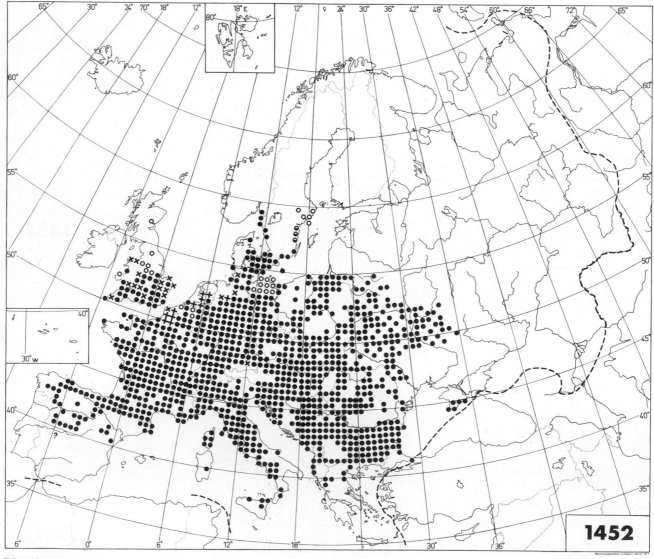

1452

Dianthus armeria

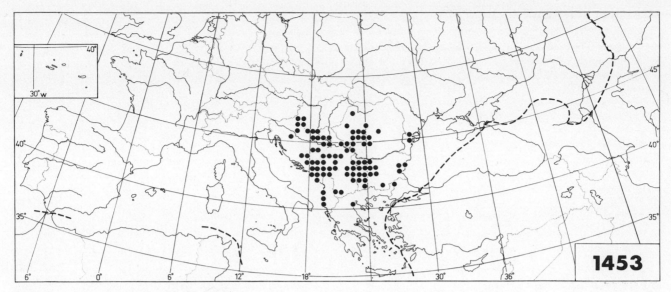

Dianthus armeria subsp. **armeriastrum**

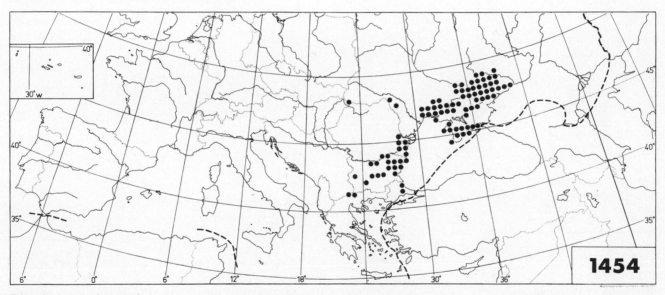

Dianthus pseudarmeria

Dianthus pseudarmeria Bieb. — Map 1454.

Dianthus humilis Willd. ex Ledeb. — Map 1455.

Notes. Native status doubtful in Rs(W) (given as native in Fl. Eur.): Kotov, Fl. RSS Ucr. 4: 635 (1952).

Total range. Endemic to Europe.

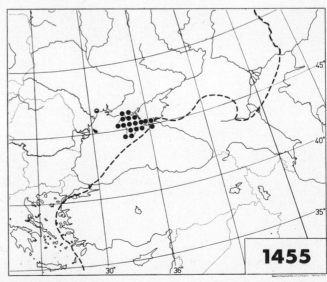

Dianthus humilis

198

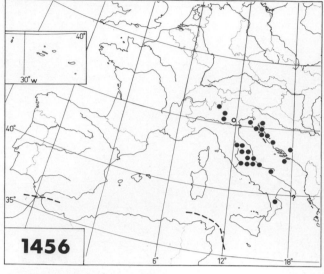

Dianthus ciliatus subsp. **ciliatus**

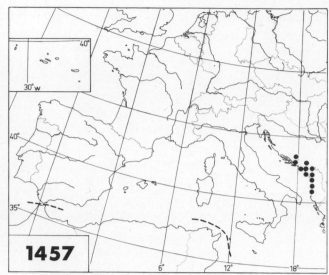

Dianthus ciliatus subsp. **dalmaticus**

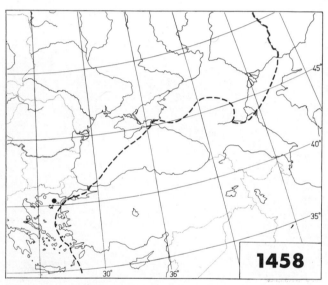

Dianthus arpadianus

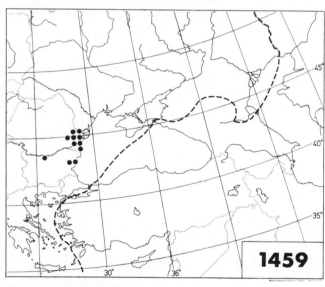

Dianthus nardiformis

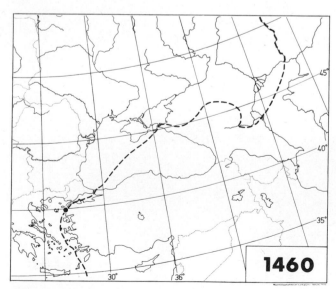

Dianthus anatolicus

Dianthus ciliatus Guss.

Dianthus dalmaticus Čelak.; D. racemosus Vis.

Total range. Endemic to Europe.

D. ciliatus subsp. **ciliatus** — Map 1456.

Notes. It, Ju. "E. Italy, Istra, Dalmatia" (Fl. Eur.).

D. ciliatus subsp. **dalmaticus** (Čelak.) Hayek — Map 1457.

Dianthus ciliatus subsp. racemosus (Vis.) Hayek; D. dalmaticus Čelak.; D. racemosus Vis.

Notes. Al, Ju. "Dalmatia to Albania" (Fl. Eur.).

Dianthus arpadianus Ade & Bornm. — Map 1458.

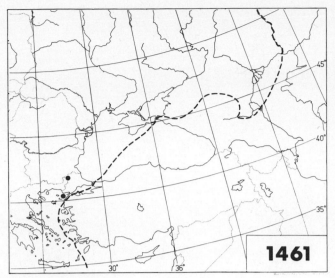

Dianthus ingoldbyi

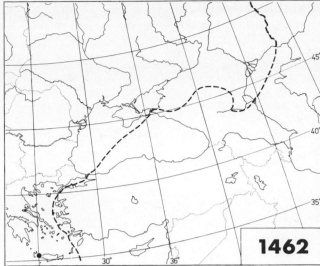

Dianthus juniperinus subsp. **juniperinus**

Dianthus nardiformis Janka — Map 1459.

Diploid with 2n=30(Bu): Fl. Eur.
Notes. Ju not confirmed (?Ju in Fl. Eur.).
Total range. Endemic to Europe.

Dianthus anatolicus Boiss. — Map 1460.

Dianthus kotschyanus Boiss. & Heldr.; D. parviflorus Boiss.

Notes. Tu (the taxon not mentioned in Fl. Eur.): Fl. Turkey 1967: 110.

Dianthus ingoldbyi Turrill — Map 1461.

Total range. Endemic to Europe.

Dianthus juniperinus Sm.

Excl. Dianthus aciphyllus Sieber ex Ser.

Taxonomy. W. Greuter, Candollea 20: 184—192 (1966 ("1965")).

Diploid with 2n=30(Cr): Fl. Eur.; B. de Montmollin, Bot. Helvetica 94: 262 (1984).

Total range. Endemic to Kriti.

D. juniperinus subsp. **juniperinus** — Map 1462.

Notes. Cr. "Kriti" (Fl. Eur., for the species).

D. juniperinus subsp. **heldreichii** Greuter — Map 1463.

Taxonomy. W. Greuter, Candollea 20: 187—189 (1966 ("1965")).

Diploid with 2n=30(Cr): J. Miège & W. Greuter, Ann. Mus. Goulandris 1: 106 (1973).

Notes. Cr (the taxon not mentioned in Fl. Eur.).

Dianthus pulviniformis Greuter — Map 1464.

Taxonomy. W. Greuter, Candollea 20: 189—190 (1966 ("1965")).

Notes. Cr (the species not mentioned in Fl. Eur.).
Total range. Endemic to Kriti.

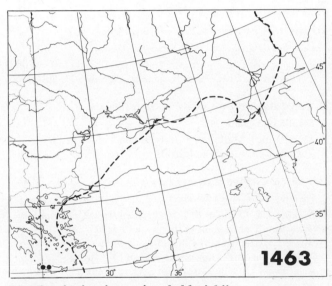

Dianthus juniperinus subsp. **heldreichii**

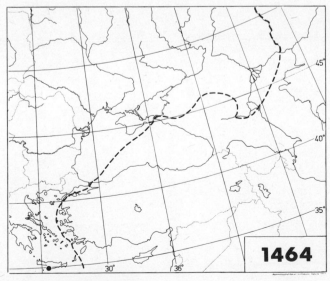

Dianthus pulviniformis

Dianthus aciphyllus Sieber ex Ser. — Map 1465.

Dianthus arboreus L., nomen ambig.; D. juniperinus Sm. var. aciphyllus (Sieber ex Ser.) Halácsy; D. juniperinus var. sieberi Boiss.

Nomenclature. The name *Dianthus arboreus* L. has been used incorrectly for a number of subspecies of *D. fruticosus*, e.g. in Fl. Eur. and in Fl. Turkey 1966.

Taxonomy. W. Greuter, Candollea 20: 186—192 (1966 (”1965”)).

Notes. Cr (included in the synonymy of *Dianthus juniperinus* in Fl. Eur.).

Total range. Endemic to Kriti.

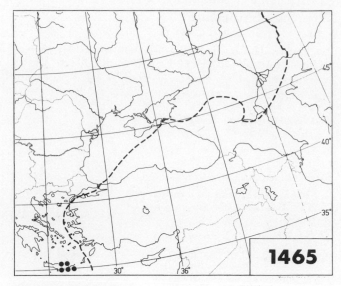

Dianthus aciphyllus

Dianthus rupicola Biv. — Map 1466.

Dianthus bisignani Ten.; D. hermaeensis Cosson

Taxonomy. E. Francini & A. Messeri, Webbia 11: 703—708 (1956); R. Maire, Fl. Afr. Nord 10: 293—296 (1963).

Total range. E. Francini & A. Messeri, Webbia 11: 707 (1956).

D. rupicola subsp. rupicola — Map 1466.

Dianthus bisignani Ten.

Notes. It, Si. ”Mallorca, S. Italy, Sicilia” (Fl. Eur., for the undivided species).

Total range. Endemic to Europe.

D. rupicola subsp. hermaeensis (Cosson) O. Bolòs & Vigo — Map 1466.

Dianthus hermaeensis Cosson

Nomenclature. O. Bolòs & J. Vigo, Butll. Inst. Catalana Hist. Nat. 38 (Sec. Bot. 1): 87 (1974).

Taxonomy. The Bl plant of the species has been identified with this subspecies by O. Bolòs & J. Vigo, Collect. Bot. 11: 41 (1979). However, Med-Checklist 1984: 202—203 refers it to *Dianthus rupicola* subsp. *rupicola*.

Notes. Bl (the taxon not mentioned in Fl. Eur.).

Total range. Outside Europe, present in Tunisia: E. Francini & A. Messeri, Webbia 11: 707 (1956).

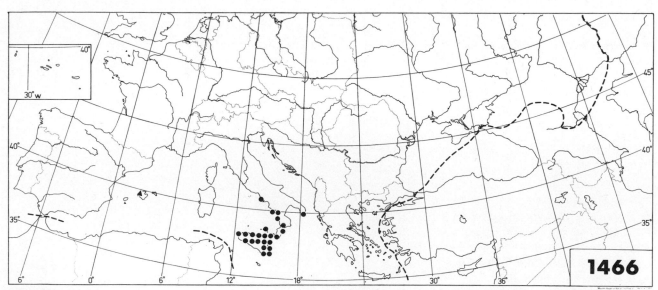

Dianthus rupicola   • = subsp. **rupicola**   ▲ = subsp. **hermaeensis**

Dianthus fruticosus L.

Dianthus arboreus auct. non L.; D. creticus Tausch; D. rhodius Rech. fil.

Taxonomy. H. Runemark, Bot. Not. 133: 475—490 (1980).

Diploid with 2n＝30(Cr): Fl. Eur. (as *Dianthus arboreus*).

Notes. Cr added (not given in Fl. Eur.): H. Runemark, Bot. Not. 133: 476—477 (1980).

Total range. H. Runemark, Bot. Not. 133: 476 (1980).

D. fruticosus subsp. **fruticosus** — Map 1467.

Notes. Gr.

Total range. Endemic to Kikladhes Islands.

D. fruticosus subsp. **occidentalis** Runemark — Map 1467.

Notes. Cr, Gr (the taxon not mentioned in Fl. Eur.).

Total range. Endemic to Europe.

D. fruticosus subsp. **amorginus** Runemark — Map 1467.

Diploid with 2n＝30(Gr): H. Runemark, Bot. Not. 133: 481—482 (1980).

Notes. Cr, Gr (the taxon not mentioned in Fl. Eur.).

Total range. Endemic to Europe.

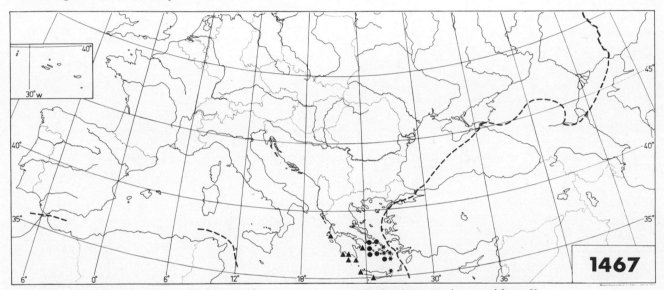

● = **Dianthus fruticosus** subsp. **fruticosus**

▲ = **D. fruticosus** subsp. **occidentalis**
★ = **D. fruticosus** subsp. **amorginus**

D. fruticosus subsp. **carpathus** Runemark — Map 1468.

Notes. Cr (the taxon not mentioned in Fl. Eur.).

Total range. Endemic to the islands of Karpathos, Saria and Kasos.

D. fruticosus subsp. **sitiacus** Runemark — Map 1468.

Notes. Cr (the taxon not mentioned in Fl. Eur.).

Total range. Endemic to Kriti.

D. fruticosus subsp. **creticus** (Tausch) Runemark — Map 1468.

Dianthus creticus Tausch

Diploid with 2n＝30(Cr): J. Miège & W. Greuter, Ann. Mus. Goulandris 1: 106 (1973).

Notes. Cr (the taxon not mentioned in Fl. Eur.).

Total range. Endemic to Kriti.

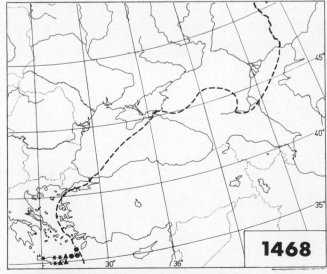

● = **Dianthus fruticosus** subsp. **carpathus**
▲ = **D. fruticosus** subsp. **sitiacus**
★ = **D. fruticosus** subsp. **creticus**

202

Dianthus ferrugineus Miller, s. lato — Map 1469.

Dianthus balbisii + D. ferrugineus s. stricto + D. vulturius

Taxonomy and nomenclature. The typification of *Dianthus ferrugineus* Miller proposed by T.G. Tutin, Feddes Repert. 68 (Fl. Eur. Notulae Syst. 2): 191 (1963), (= *D. balbisii* Ser.) has been rejected by S. Pignatti, Gior. Bot. Ital. 111: 45 (1977), and in Pignatti Fl. 1982: 266. The latter treatment is followed here.

Notes. The possibility of nomenclatural confusion caused by different taxonomical treatments makes a collective map desirable. For Co, see under *Dianthus balbisii.*

Dianthus ferrugineus Miller, s. stricto — Map 1469.

Excl. Dianthus balbisii Ser., D. ferrugineus sensu Tutin, D. liburnicus Bartl. and D. vulturius Guss. & Ten.

Taxonomy. C. Lacaita, Nuovo Gior. Bot. Ital. 25: 36—41 (1918), 34: 185—187 (1927); Pignatti Fl. 1982: 267.

Notes. Al, Ga and Ju omitted (given in Fl. Eur.), as referring to *Dianthus balbisii*; see below.

Total range. Endemic to Europe.

Dianthus balbisii Ser.

Dianthus ferrugineus sensu Tutin, pro parte, non Miller; D. liburnicus Bartl.

Taxonomy. Pignatti Fl. 1982: 266.

Notes. Al, ?Co, Ga, It, Ju (the taxon included in *Dianthus ferrugineus* in Fl. Eur.). For Co, see Fl. France 1973: 303, and Pignatti Fl. 1982: 266.

Total range. Endemic to Europe.

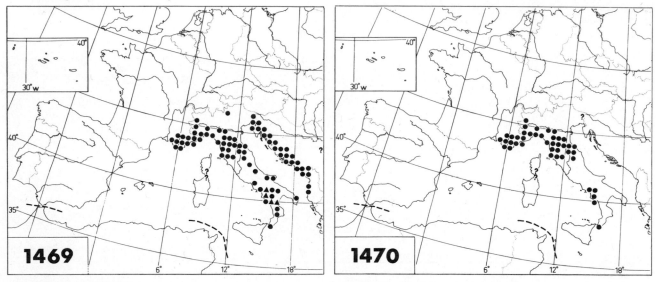

Dianthus ferrugineus sensu lato
▲ = **D. ferrugineus** sensu stricto

Dianthus balbisii subsp. **balbisii**

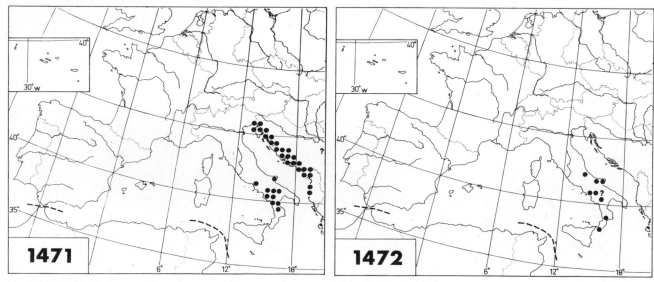

Dianthus balbisii subsp. **liburnicus**

Dianthus vulturius

D. balbisii subsp. **balbisii** — Map 1470.

Dianthus ferrugineus subsp. ferrugineus sensu Tutin, non D. ferrugineus Miller; D. liburnicus sensu Hayek non Bartl.

Diploid with 2n=30(It: Alassio): J.C. van Loon & H. de Jong, Taxon 27: 57 (1978) (as *Dianthus ferrugineus*).
Notes. ?Co, Ga, It.

D. balbisii subsp. **liburnicus** (Bartl.) Pignatti — Map 1471.

Dianthus ferrugineus Miller subsp. liburnicus (Bartl.) Tutin; D. liburnicus Bartl.

Nomenclature. T.G. Tutin, Feddes Repert. 68 (Fl. Eur. Notulae Syst. 2): 191 (1963); S. Pignatti, Gior. Bot. Ital. 111: 45 (1977).
Taxonomy. Given as an independent species, *Dianthus liburnicus*, in Hegi 1978: 1019.
Notes. Al, It, Ju. "N.W. Italy, Jugoslavia" (Fl. Eur., for *Dianthus ferrugineus* subsp. *liburnicus*).

Dianthus vulturius Guss. & Ten. — Map 1472.

Dianthus balbisii Ser. subsp. vulturius (Guss. & Ten.) Maire; D. ferrugineus Miller subsp. vulturius (Guss. & Ten.) Tutin

Taxonomy and nomenclature. T.G. Tutin, Feddes Repert. 68 (Fl. Eur. Notulae Syst. 2): 191 (1963); R. Maire, Fl. Afr. Nord 10: 291—293 (1963); Pignatti Fl. 1982: 266—267.
Notes. It. "S. Italy" (Fl. Eur., for *Dianthus ferrugineus* subsp. *vulturius*).

Dianthus stamatiadae Rech. fil. — Map 1473.

Taxonomy. K.H. Rechinger, Bot. Not. 124: 77—79 (1971).
Notes. Gr (the taxon not mentioned in Fl. Eur.).
Total range. Endemic to Europe.

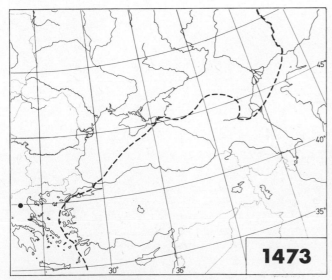

Dianthus stamatiadae

Dianthus capitatus Balbis ex DC. — Map 1474.

Dianthus andrzejowskianus (Zapał.) Kulcz.

Notes. Bu and Gr omitted (?Bu, Gr in Fl. Eur.): not mentioned in Fl. Bulg. 1966.
Total range. Also present in Caucasia and Siberia (in Fl. Eur. given as endemic to Europe): Komarov, Fl. URSS 6: 813—814 (1936); Fl. Turkey 1967: 130.

D. capitatus subsp. **capitatus**

Notes. Rm, Rs(W, K, E), Tu. "Scattered localities around the Black Sea" (Fl. Eur.). Not mapped separately.

D. capitatus subsp. **andrzejowskianus** Zapał.

Dianthus andrzejowskianus (Zapał.) Kulcz.

Notes. Ju, Rm, Rs(C, W, E). "Almost throughout the range of the species" (Fl. Eur.). Not mapped separately.

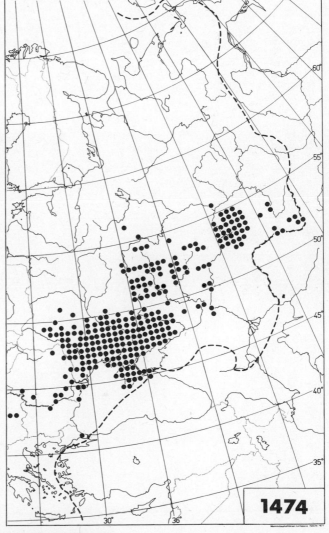

Dianthus capitatus

204

Dianthus pinifolius Sibth. & Sm. — Map 1475.

Dianthus brevifolius Friv.; D. lilacinus Boiss. & Heldr.; D. lydus sensu Hayek, non Boiss.; D. rhodopaeus Davidov non Velen.; D. rumelicus Velen.; D. serbicus (Wettst.) Hayek; D. serulis Kulcz.; D. tenuicaulis Turrill — Excl. Dianthus androsaceus (Boiss. & Heldr.) Hayek

Diploid with 2n=30(Bu): H. Rohweder, Bot. Jahrb. 66: 281, 335 (1934); A.V. Petrova, Taxon 24: 510 (1975).

Noies. No exact data on the subspecies available from Al.

D. pinifolius subsp. pinifolius — Map 1476.

Dianthus brevifolius Friv.; D. pinifolius subsp. brevifolius (Friv.) Stoj. & Stefanov; D. pinifolius subsp. rumelicus (Velen.) Stoj. & Acht.; D. pinifolius subsp. smithii Wettst.; D. rhodopaeus Davidov non Velen.; D. rumelicus Velen.; D. serulis Kulcz.; D. tenuicaulis Turrill

Taxonomy. In Fl. Bulg. 1966: 425, *Dianthus rumelicus* is treated as another subspecies, distinct from subsp. *pinifolius*.

Diploid with 2n=30(Bu): Fl. Eur.

Notes. Al, Bu, Gr, Ju, Tu. "Balkan peninsula" (Fl. Eur.).

D. pinifolius subsp. serbicus Wettst. — Map 1477.

Dianthus serbicus (Wettst.) Hayek

Notes. Al, Bu, Gr, Ju, Rm, Tu. "Albania, Bulgaria, S.W. Romania, ?N. Greece" (Fl. Eur.). Gr confirmed: L.-Å. Gustavsson, Bot. Not. 131: 14 (1978); A. Strid & K. Papanicolaou, Nordic Jour. Bot. 1: 70 (1981). Ju according to Fl. Serbie 1970: 272. Tu according to Webb 1966: 20.

Total range. Endemic to Europe.

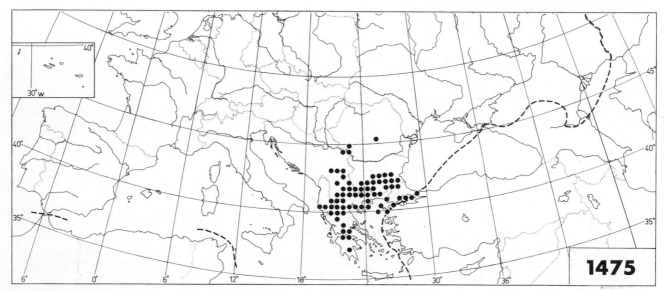

Dianthus pinifolius

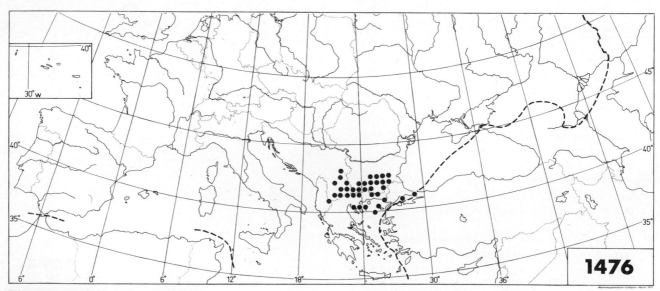

Dianthus pinifolius subsp. **pinifolius**

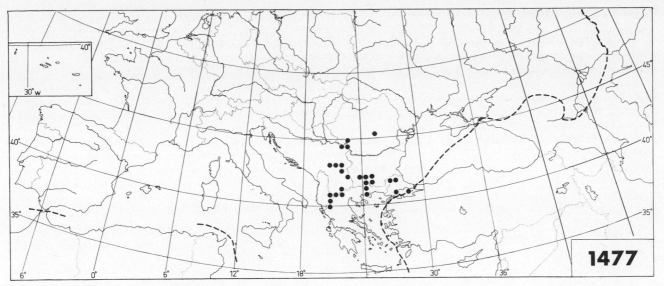

Dianthus pinifolius subsp. **serbicus**

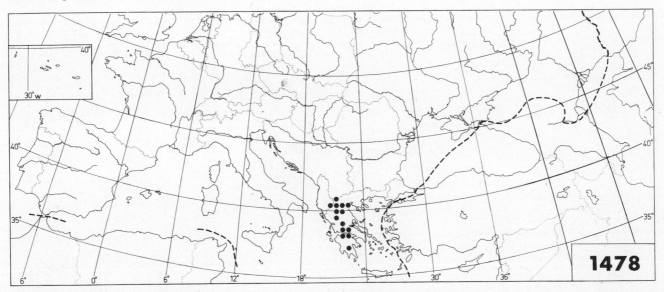

Dianthus pinifolius subsp. **lilacinus**

D. pinifolius subsp. **lilacinus** (Boiss. & Heldr.) Wettst.
— Map 1478.

Dianthus lilacinus Boiss. & Heldr.

Notes. Al, Gr. "Albania, Greece" (Fl. Eur.).
Total range. Endemic to Europe.

Dianthus androsaceus (Boiss. & Heldr.) Hayek
— Map 1479.

Dianthus lilacinus Boiss. & Heldr. var. androsaceus Boiss. & Heldr.

Taxonomy. Mountain Fl. Greece 1986: 196.
Notes. Gr (the taxon given in the synonymy of *Dianthus pinifolius* in Fl. Eur.).
Total range. Endemic to Europe.

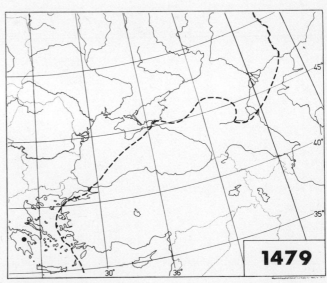

Dianthus androsaceus

Dianthus giganteus D'Urv. — Map 1480.

Dianthus banaticiformis Prodan, pro hybr.; D. banaticus (Heuffel) Borbás; D. croaticus Borbás; D. haynaldianus Borbás; D. intermedius Boiss.; D. subgiganteus Borbás ex Form. Incl. Dianthus vandasii Velen. — Excl. Dianthus leucophoeniceus Dörfler & Hayek (D. giganteus subsp. leucophoeniceus (Dörfler & Hayek) Tutin) and D. giganteus subsp. italicus Tutin

Nomenclature of the subspecies. T.G. Tutin, Feddes Repert. 68 (Fl. Eur. Notulae Syst. 2): 191—192 (1963).

Taxonomy. Dianthus giganteus subsp. *italicus*, known only from the type collection, is excluded in accordance with Pignatti Fl. 1982: 267, on taxonomical grounds, as being possibly based on atypical plants of *D. carthusianorum*. According to a verbal communication from E. Mayer, *D. giganteus* subsp. *leucophoeniceus* is to be excluded on account of its close relationship to *D. [carthusianorum* subsp.] *sanguineus*; see below.

Diploid with 2n=30(Tu): Fl. Eur. (omitted in Fl. Eur. Check-list 1982); G. Günak-Sünter, Taxon 27: 376 (1978).

Notes. Al omitted (given as present in Fl. Eur., as *Dianthus giganteus* subsp. *leucophoeniceus*; see above); the species listed from Al in Med-Checklist 1984: 194, but the occurrence not referred to any of the subspecies. Hu omitted (given in Fl. Eur.). Presence in It doubtful (given as present in Fl. Eur.): the only locality for *D. giganteus* subsp. *italicus* has been marked with a question mark on the map.

Total range. Given as endemic to Europe (Fl. Eur.), although also present in N.W. Anatolia: Fl. Turkey 1967: 131.

D. giganteus subsp. giganteus

Diploid with 2n=30(Rm): K.P. Buttler, Revue Roum. Biol., ser. Bot. 14: 276 (1969).

Notes. Bu, Gr, Ju, Rm, Tu. "C. & E. Romania, Bulgaria, Turkey" (Fl. Eur.). For Gr, see C.N. Goulimis, New additions to the Greek flora, 2. ser., p. 14 (Athens 1960). Ju in accordance with Med-Checklist 1984: 194. Not mapped separately.

Total range. Endemic to Europe.

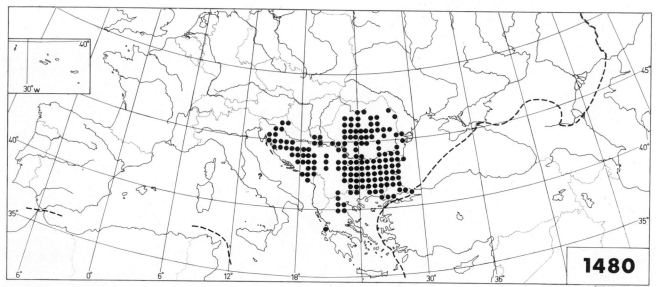

Dianthus giganteus

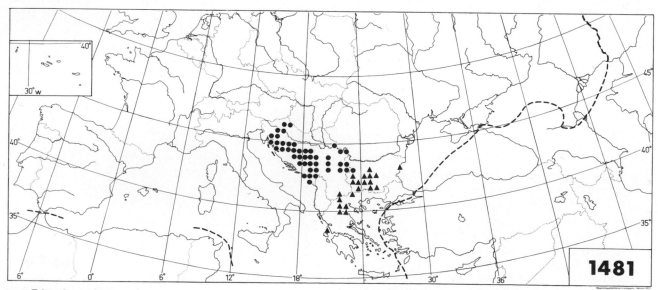

● = **Dianthus giganteus** subsp. **croaticus**   ▲ = **D. giganteus** subsp. **subgiganteus**

307

D. giganteus subsp. **subgiganteus** (Borbás ex Form.) Stoj. & Acht. — Map 1481.

Dianthus giganteus var. subgiganteus (Borbás ex Form.) Hayek; D. subgiganteus Borbás ex Form.

Taxonomy. E. Formánek, Verh. Naturf. Ver. Brünn 32: 181 (1894); Fl. Bulg. 1966: 419; Mountain Fl. Greece 1986: 197.
Notes. Bu, Gr (the taxon not mentioned in Fl. Eur.): Fl. Bulg. 1966: 419; Mountain Fl. Greece 1986: 197.
Total range. Endemic to Europe.

D. giganteus subsp. **croaticus** (Borbás) Tutin — Map 1481.

Dianthus croaticus Borbás

Notes. Ju. "Jugoslavia, N. Greece, Bulgaria" (Fl. Eur.).
Total range. Endemic to Europe.

D. giganteus subsp. **banaticus** (Heuffel) Tutin — Map 1482.

Dianthus banaticus (Heuffel) Borbás; D. carthusianorum var. banaticus Heuffel

Taxonomy. Considered a distinct species by V. Sanda, Studii Comun. Muz. Brukenthal, Ştiinţe Nat. 17: 155 (1972).
Notes. Ju, Rm. "S.W. Romania" (Fl. Eur.).
Total range. Endemic to Europe.

D. giganteus subsp. **haynaldianus** (Borbás) Tutin — Map 1483.

Dianthus haynaldianus Borbás; D. intermedius Boiss. non Willd.

Notes. Ju. "S. part of Balkan peninsula" (Fl. Eur.).

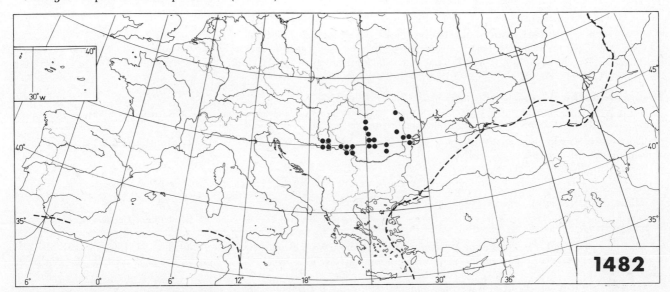

Dianthus giganteus subsp. banaticus

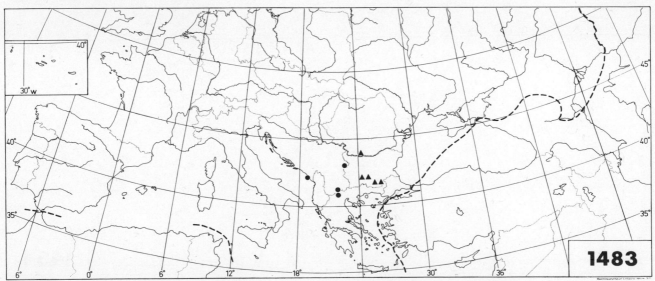

● = **Dianthus giganteus** subsp. **haynaldianus**   ▲ = **D. giganteus** subsp. **vandasii**

208

D. giganteus subsp. **vandasii** (Velen.) Stoj. & Acht. — Map 1483.

Dianthus pontederae subsp. vandasii (Velen.) Sanda; D. vandasii Velen.

Taxonomy and nomenclature. V. Sanda, Studii Comun. Muz. Brukenthal, Ştiinţe Nat. 17: 153—154, 157 (1972); Fl. Bulg. 1966: 419.

Notes. Bu, Rm. "Bulgaria" (Fl. Eur., as *Dianthus vandasii,* in a note under *D. pontederae*). The localities in the Edirne area ("Demirli & Karasakli, Bez. Adrianopel") listed by N. Stojanov & B. Achtarov, Sborn. Bălg. Akad. Nauk 29(2): 49 (1935), are evidently on the Bu side of the frontier, not in Tu.

Dianthus giganteiformis Borbás

Dianthus diutinus Reichenb. non Kit.; D. kladovanus Degen; D. pontederae Kerner; D. urziceniensis Prodan. — Excl. Dianthus vandasii Velen.

Nomenclature. R. Soó, Feddes Repert. 83: 161 (1972). According to J. Holub, Folia Geobot. Phytotax. (Praha) 19: 214 (1984), *Dianthus sabuletorum* Heuffel is the oldest species name for the present taxon. Accordingly, he proposes new subspecific combinations for the lower taxa included.

Taxonomy. V. Sanda, Studii Comun. Muz. Brukenthal, Ştiinţe Nat. 17: 153—154 (1972).

Diploid with 2n=30(Bu, Cz): Májovský et al. 1970 b: 52; A.V. Petrova, Taxon 24: 510 (1975); M. Kovanda, Preslia 56: 297 (1984) (all three as *Dianthus pontederae*).

Notes. It omitted (given in Fl. Eur.): Pignatti Fl. 1982: 267. Rs(K) added (not given in Fl. Eur.): N.N. Tzvelev, Bot. Žur. 68: 241 (1983) (subspecific identity unknown).

Total range. Endemic to Europe.

D. giganteiformis subsp. **giganteiformis** — Map 1484.

Dianthus pontederae Kerner subsp. giganteiformis (Borbás) Soó; D. sabuletorum Heuffel, fide Holub

Diploid with 2n=30(Hu): A. Borhidi, Acta Bot. Acad. Sci. Hung. 14: 254 (1968).

Notes. ?Cz, Hu, Ju, Rm. "Hungary, Romania, Jugoslavia" (Fl. Eur., as *Dianthus pontederae* subsp. *giganteiformis*). Evidently erroneously given from Bu by J.C. van Loon & A.K. van Setten, Taxon 31: 590 (1982). The identity of the Cz material doubtful; see J. Holub, Preslia 38: 80 (1966), cf. M. Kovanda, Preslia 56: 297—298 (1984).

D. giganteiformis subsp. **pontederae** (Kerner) Soó — Map 1485.

Dianthus carthusianorum L. subsp. pontederae (Kerner) Schmalh.; D. carthusianorum var. pontederae (Kerner) F.N. Williams; D. pontederae Kerner; D. sabuletorum Heuffel subsp. pontederae (Kerner) Holub; D. urziceniensis Prodan

Taxonomy. It was pointed out by R. Soó, Feddes Repert. 83: 161 (1972), that this subspecies in particular is connected by intermediates with *Dianthus carthusianorum.*

Diploid with 2n=30(Au): Fl. Eur.

Notes. Au, Cz, Hu, Ju, Rm. "Throughout the range of the species" (Fl. Eur., as *Dianthus pontederae* subsp. *pontederae*).

D. giganteiformis subsp. **kladovanus** (Degen) Soó — Map 1486.

Dianthus kladovanus Degen; D. pontederae Kerner subsp. kladovanus (Degen) Stoj. & Acht.; D. sabuletorum Heuffel subsp. kladovanus (Degen) Holub

Taxonomy. Accorded specific rank by V. Sanda, Studii Comun. Muz. Brukenthal, Ştiinţe Nat. 17: 147, 150, 153, 157 (1972).

Diploid with 2n=30(Bu): J.C. van Loon & A.K. van Setten, Taxon 31: 590 (1982) (as *Dianthus pontederae* subsp. *giganteiformis*; see above).

Notes. Bu, Ju, Rm. "Jugoslavia, Bulgaria, Romania" (Fl. Eur., as *Dianthus pontederae* subsp. *kladovanus*).

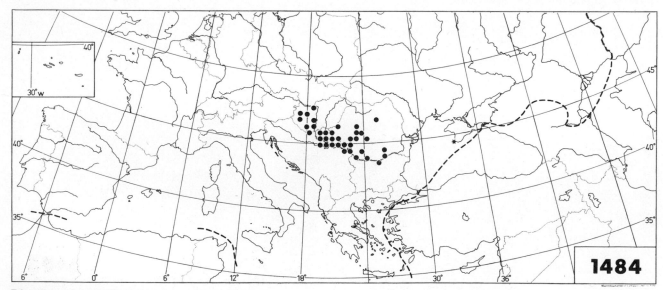

Dianthus giganteiformis subsp. **giganteiformis**

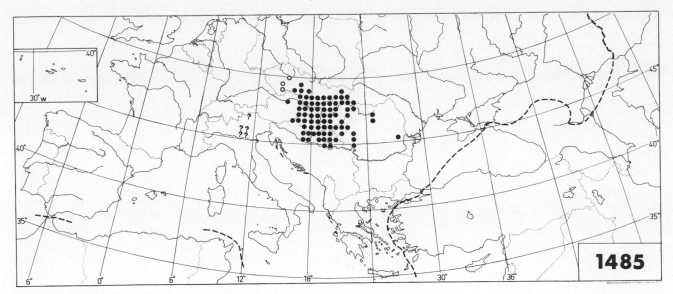

Dianthus giganteiformis subsp. **pontederae**

Dianthus diutinus Kit. — Map 1487.

Dianthus polymorphus Bieb. subsp. diutinus (Kit.) Schmalh.

Taxonomy. Dianthus diutinus, D. platyodon and *D. bessarabicus* are treated as members of a single species, *D. polymorphus* Bieb., by V. Sanda, Studii Comun. Muz. Brukenthal, Ştiinţe Nat. 17: 152—153 (1972). However, the Rm plant called *D. diutinus* (incl. *D. diutinus* subsp. *hajdoae* Prodan) by I.Prodan in Săvul., Fl. Rep. Pop. Române 2: 238—241, 666 (1953), is *D. bessarabicus*; see also R. Soó, Feddes Repert. 83: 162 (1972).

Notes. Ju confirmed (?Ju in Fl. Eur.): Fl. Serbie 2: 274—276 (1970).

Total range. Endemic to Europe.

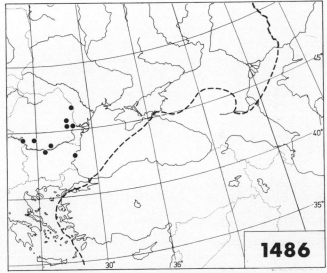

Dianthus giganteiformis subsp. **kladovanus**

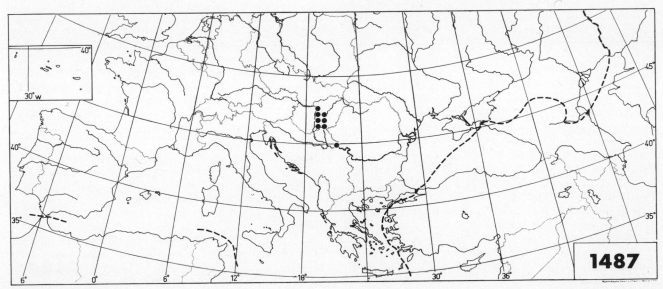

Dianthus diutinus

210

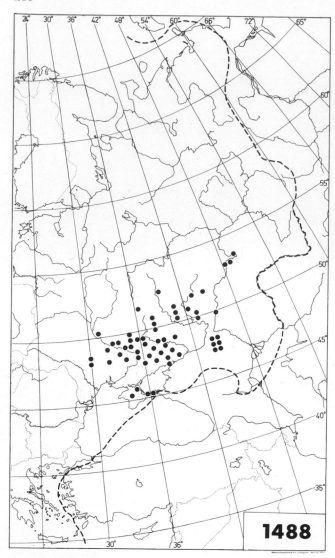

Dianthus platyodon

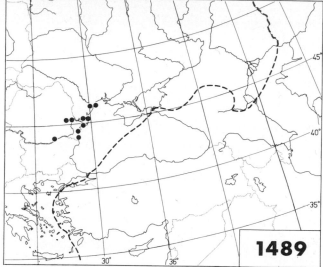

Dianthus bessarabicus

Dianthus platyodon Klokov — Map 1488.

Dianthus polymorphus Bieb. subsp. polymorphus var. platyodon (Klokov) Sanda

Taxonomy. V. Sanda, St. Cerc. Biol., ser. Bot. 21: 189–195 (1969), Studii Comun. Muz. Brukenthal, Ştiinţe Nat. 17: 152—153 (1972).

Notes. Rs(C) added (not given in Fl. Eur.).

Total range. Hegi 1978: 1013 (not endemic to Europe as given in Fl. Eur.).

Dianthus bessarabicus (Kleopow) Klokov — Map 1489.

Dianthus diutinus sensu Prodan non Kit.; D. polymorphus Bieb. subsp. bessarabicus Kleopow; D. polymorphus subsp. polymorphus var. bessarabicus (Kleopow) Sanda

Taxonomy. Sanda 1969 and 1972 (see under *Dianthus platyodon*).

Notes. Gr omitted (given in Fl. Eur.).

Total range. Endemic to Europe.

Dianthus carthusianorum L. — Map 1490.

Dianthus atrorubens All.; D. bukovinensis (Zapał.) Klokov; D. capillifrons (Borbás) Neumayer; D. carpaticus Wołoszczak; D. ceretanicus Sennen; D. montivagus Domin; D. polonicus Zapał.; D. rogowiczii Kleopow; D. sanguineus Vis.; D. vaginatus Chaix; D. velebiticus Borbás ex Degen. Incl. Dianthus commutatus (Zapał.) Klokov, D. puberulus (Simkovics) Kerner, D. tenuifolius Schur and (?) D. giganteus D'Urv. subsp. italicus Tutin

Taxonomy. Fl. Eur. avoids taking a definite stand in regard to the infraspecific taxonomy of the species. In spite of this, it seems worth-while to try to summarize the trends of subspecific differentiation, especially evident "near the limits of the distribution of the species". The diversity of infraspecific taxa in the Carpathians and surrounding areas seems to need thorough biosystematic study. The taxa whose taxonomical position and rank are at present obscure include *Dianthus carpaticus* Wołoszczak, *D. carthusianorum* var. *commutatus* Zapał. (*D. commutatus* (Zapał.) Klokov) and *D. carthusianorum* var. *saxigenus* Schur (*D. carthusianorum* subsp. *saxigenus* (Schur) Domin & Podp.). The following treatment must be considered very tentative as regards the number and circumscriptions of the subspecies. Hegi 1971: 1012, 1978: 1013—1017; Pignatti Fl. 1982: 267.

Diploid with 2n=30(Alps; Bu, Cz, Ga, Ge, He, It, Ju, Po): Fl. Eur.; H. Rohweder, Bot. Jahrb. 66: 291, 335 (1934); R. de Ribaupierre, Arch. Julius Klaus-Stift. 32: 574—575 (1957); Májovský et al. 1970 b: 51 (as *Dianthus carthusianorum* subsp. *montivagus*); M. Skalińska et al., Acta Biol. Cracov., ser. Bot. 17: 136 (1974); A.V. Petrova, Taxon 24: 510 (1975); J.C. van Loon & H. de Jong, Taxon 27: 57 (1978); J.C. van Loon, Taxon 29: 718 (1980); Á. Löve & D. Löve, Taxon 31: 584 (1982).

Notes. Bu and Rs(*B, C) added (not given in Fl. Eur.): Fl. Bulg. 1966: 423—424. No exact data available from Gr (not given in Fl. Eur.); see under *Dianthus carthusianorum* subsp. *sanguineus*. Evidently extinct in Ho (given as present in Fl. Eur.): Atlas Nederl. Fl. 1980: 96. Native status in Si doubtful (given as native in Fl. Eur.). Established alien in Su (Gotland) since at least 1972 (not given in Fl. Eur.): Ö. Nilsson, Svensk Bot. Tidskr. 75: 68 (1981). Tu omitted (given in Fl. Eur.); see under *D. carthusianorum* subsp. *sanguineus*.

Total range. Outside Europe, one locality reported from North Anatolia (Bolu): Fl. Turkey 1967: 129 (given as endemic to Europe in Fl. Eur. and in Hegi 1978: 1013 (map)).

D. carthusianorum subsp. **carthusianorum**

Dianthus carthusianorum subsp. parviflorus (Čelak.) Dostál; D. carthusianorum var. pratensis Neilr.; ?D. carthusianorum subsp. subalpinus (Rehman) Májovský & Králik; ?D. carthusianorum subsp. montivagus (Domin) Dostál, pro parte; D. carthusianorum subsp. vulgaris (Gaudin) Hayek

Nomenclature. J. Dostál, Folia Musei Rerum Nat. Bohem. Occ., Bot. 21: 5 (1984).

Diploid with 2n=30(Cz): Májovský et al. 1974 a: 6 (as *Dianthus carthusianorum* subsp. *subalpinus*); M. Kovanda, Preslia 56: 295 (1984).

Notes. Au, Be, Cz, Ga, Ge, He, xHo, Hs, Hu, It, Ju, Po, Rm, Rs(B, C, W), [Su]. "S., W. & C. Europe" (Fl. Eur., for the undivided species). Not mapped separately.

D. carthusianorum subsp. **tenorei** (Lacaita) Pignatti — Map 1491.

Dianthus carthusianorum var. tenorei Lacaita

Taxonomy and nomenclature. S. Pignatti, Gior. Bot. Ital. 111: 46 (1977); Pignatti Fl. 1982: 267.

Notes. It (the taxon not mentioned in Fl. Eur.).

Total range. Endemic to Europe.

D. carthusianorum subsp. **polonicus** (Zapał.) Kovanda — Map 1491.

Dianthus polonicus Zapał.

Taxonomy. H. Zapałowicz, Consp. Fl. Galic. 3: 122—126 (Cracoviae 1911); M. Kovanda, Preslia 56: 297 (1984).

Diploid with 2n=30(Po): M. Kovanda, Preslia 56: 297 (1984).

Notes. Po, Rs(W) (the taxon not mentioned in Fl. Eur.).

Total range. Endemic to Europe.

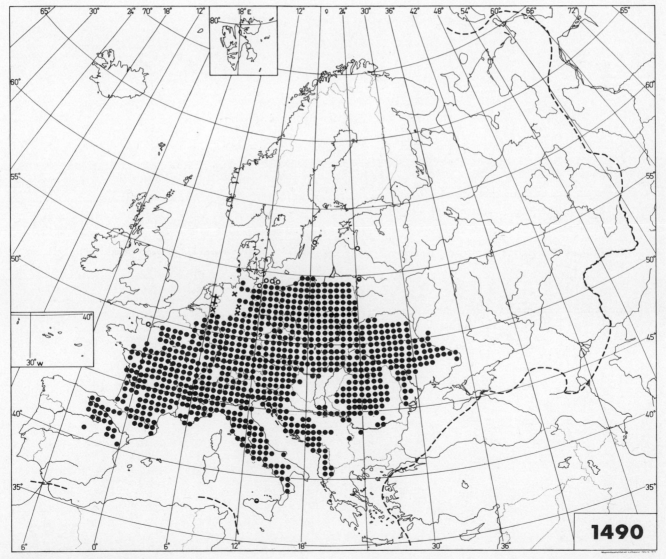

Dianthus carthusianorum

212

D. carthusianorum subsp. **sudeticus** Kovanda — Map 1492.

Taxonomy. M. Kovanda, Preslia 52: 117—126 (1980).
Diploid with 2n=30(Cz): M. Kovanda, Preslia 52: 119 (1980).
Notes. Cz (the taxon not mentioned in Fl. Eur.).
Total range. Endemic to Europe.

D. carthusianorum subsp. **latifolius** (Griseb. & Schenk) Hegi — Map 1492.

Dianthus carthusianorum var. latifolius Griseb. & Schenk; D. carthusianorum subsp. montivagus (Domin) Dostál, pro parte (typo incl.); D. montivagus Domin

Diploid with 2n=30(Cz): J. Holub et al., Folia Geobot. Phytotax. (Praha) 7: 170—171 (1972); M. Kovanda, Preslia 56: 296 (1984).
Notes. ?Au, Cz, Hu, ?It, Ju, ?Po, Rm.
Total range. Endemic to Europe.

D. carthusianorum subsp. **atrorubens** (All.) Pers. — Map 1493.

Dianthus atrorubens All.; D. carthusianorum subsp. vaginatus (Chaix) Hegi; D. vaginatus Chaix

Notes. Ga, He, It.
Total range. Endemic to Europe.

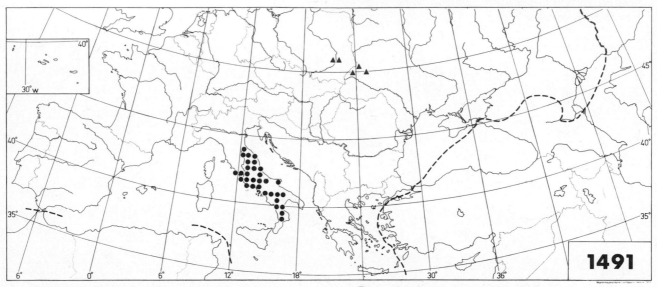

● = **Dianthus carthusianorum** subsp. **tenorei**   ▲ = **D. carthusianorum** subsp. **polonicus**

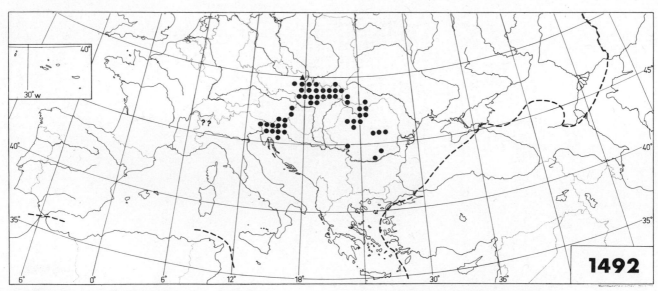

● = **Dianthus carthusianorum** subsp. **latifolius**   ▲ = **D. carthusianorum** subsp. **sudeticus**

D. carthusianorum subsp. **puberulus** (Simkovics) Soó — Map 1493.

Dianthus carthusianorum var. puberulus Simkovics; D. puberulus (Simkovics) Kerner

Taxonomy and nomenclature. Considered a distinct species in Fl. Eur., although it "might perhaps be regarded as one of the more distinct variants of 108 [= *Dianthus carthusianorum*]". R. Soó, Feddes Repert. 83: 161 (1972).

Notes. ?Bu, Ju, Rm. "N. part of Balkan peninsula, Romania" (Fl. Eur.). Although given in Fl. Eur., not given from Bu or Ju in Fl. Bulg. 1966, or in Fl. Serbie 1970. Listed from Ju in Med-Checklist 1984: 188.

Total range. Endemic to Europe.

D. carthusianorum subsp. **capillifrons** (Borbás) Neumayer — Map 1493.

Dianthus capillifrons (Borbás) Neumayer; D. carthusianorum var. capillifrons Borbás; D. tenuifolius auct. non Schur

Taxonomy and nomenclature. E. Janchen & H. Neumayer, Österr. Bot. Zeitschr. 91: 236—237 (1942); W. Rössler, Sitz.-Ber. Akad. Wiss. Wien 155: 173—204 (1947); M. Kovanda, Preslia 56: 296 (1984).

Diploid with 2n=30(Au, Cz): T.W.J. Gadella et al., Wiss. Arb. Burgenland 44: 192—193 (1970) (as *Dianthus capillifrons*; evidently due to a printing error, the number 2n=22 is given on p. 188); M. Kovanda, Preslia 56: 295—296 (1984).

Notes. Au, Cz (in Fl. Eur. given in the index as a specific synonym of *Dianthus carthusianorum*).

Total range. Endemic to Europe.

D. carthusianorum subsp. **tenuifolius** (Schur) Hegi — Map 1494.

Dianthus tenuifolius Schur

Taxonomy. "Might perhaps be regarded as a subspecies of 108 [= *Dianthus carthusianorum*]" (Fl. Eur., under *D. tenuifolius*).

Notes. Rm, Rs(W). "E. Carpathians" (Fl. Eur., for *Dianthus tenuifolius*). Rs(W) added in accordance with Kotov, Fl. RSS Ucr. 4: 606 (Kiev 1952); V.I. Czopyk, Vysokog. Fl. Ukr. Karpat, p. 37 (Kijiv 1976).

Total range. Endemic to Europe.

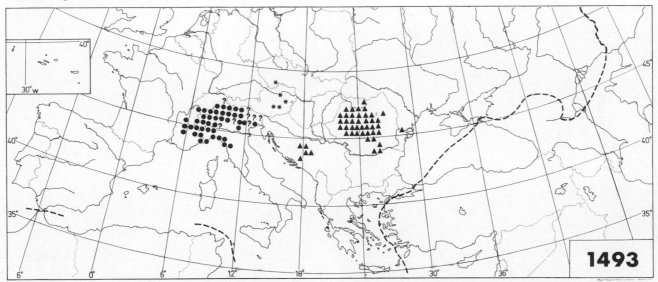

• = **Dianthus carthusianorum** subsp. **atrorubens**   ▲ = **D. carthusianorum** subsp. **puberulus**
★ = **D. carthusianorum** subsp. **capillifrons**

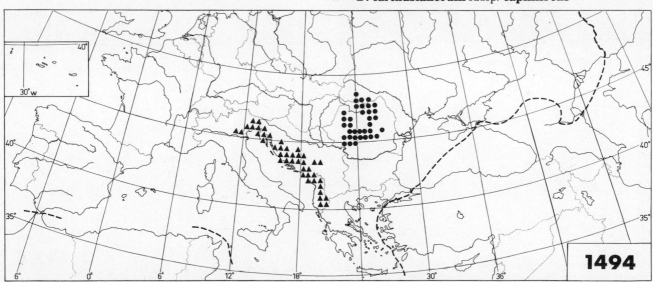

• = **Dianthus carthusianorum** subsp. **tenuifolius**   ▲ = **D. carthusianorum** subsp. **sanguineus**

214

D. carthusianorum subsp. **sanguineus** (Vis.) Hegi — Map 1494.

Dianthus sanguineus Vis.

Taxonomy. In Hegi 1978: 1018—1019, considered a distinct species, which might be related to the taxa here treated as *Dianthus giganteiformis* subsp. *pontederae* and *D. giganteus* subsp. *vandasii*.

Notes. Al, Gr, It, Ju (in Fl. Eur. mentioned in the synonymy of *Dianthus carthusianorum*). Given from Gr by K.H. Rechinger, Webbia 18: 249 (1963), but no exact data available. Given from Tu by Webb 1966: 20, but not listed from Turkey-in-Europe in Fl. Turkey 1967. The records from Bu and Tu should be checked, since they may be referable to *D. cruentus* subsp. *turcicus*.

Total range. Endemic to Europe.

Dianthus behriorum Bornm. — Map 1495.

Taxonomy. J. Bornmüller, Feddes Repert. 41: 188 (1936). In Med-Checklist 1984: 203, listed as another member of the "*sanguineus* aggr."

Notes. Ju (the taxon not mentioned in Fl. Eur.).

Total range. Endemic to Europe.

Dianthus leucophoeniceus Dörfler & Hayek — Map 1496.

Dianthus giganteus D'Urv. subsp. leucophoeniceus (Dörfler & Hayek) Tutin

Taxonomy. Tentatively placed, without any definite stand in regard to the taxonomical status, near to its supposedly close relative, *Dianthus carthusianorum* subsp. *sanguineus*; see above under *D. giganteus*.

Notes. Al, Ju. "Albania, Makedonija" (Fl. Eur., for *Dianthus giganteus* subsp. *leucophoeniceus*).

Total range. Endemic to Europe.

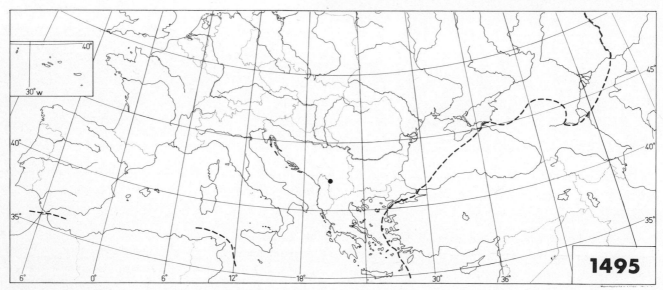

Dianthus behriorum

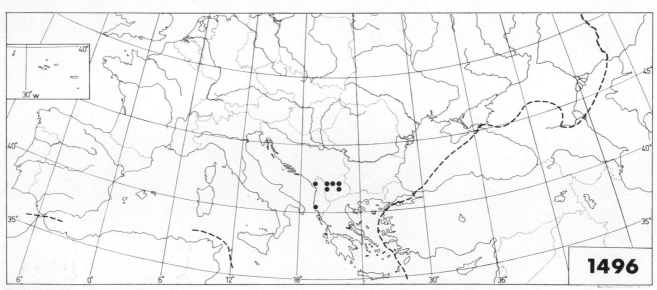

Dianthus leucophoeniceus

Dianthus borbasii Vandas — Map 1497.

Dianthus capitellatus Klokov

Notes. Po omitted (given in Fl. Eur.). Rs(B) added (not given in Fl. Eur.).

Total range. Endemic to Europe (not given as such in Fl. Eur.): Hegi 1978: 1013 (map).

D. borbasii subsp. **borbasii** — Map 1497.

Notes. Rs(B, C, W, K, E). "Throughout the range of the species" (Fl. Eur.).

D. borbasii subsp. **capitellatus** (Klokov) Tutin — Map 1497.

Dianthus capitellatus Klokov

Nomenclature. T.G. Tutin, Feddes Repert. 68 (Fl. Eur. Notulae Syst. 2): 192 (1963).

Notes. Rs(W). "Ukraine" (Fl. Eur.). Records according to Kotov, Fl. RSS Ucr. 4: 613, 659 (1952); probably somewhat more widespread.

Dianthus henteri Heuffel ex Griseb. & Schenk — Map 1498.

Dianthus seguieri Vill. subsp. henteri (Heuffel ex Griseb. & Schenk) Graebner

Total range. Endemic to Europe.

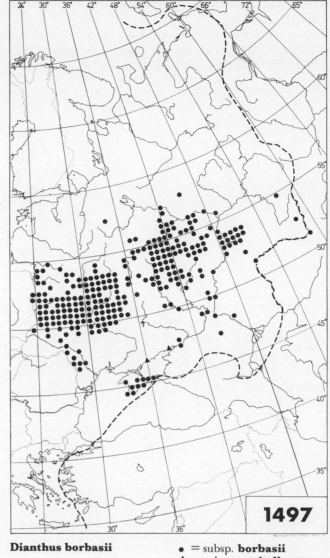

1497

Dianthus borbasii

● = subsp. **borbasii**
▲ = subsp. **capitellatus**

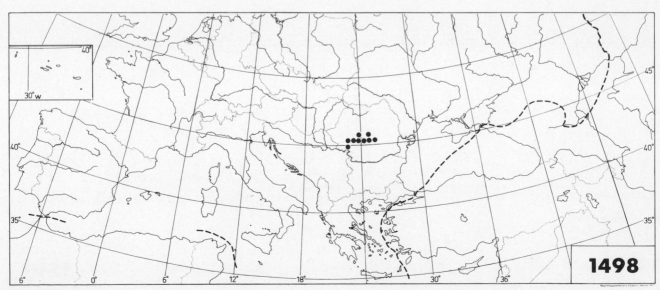

1498

Dianthus henteri

216

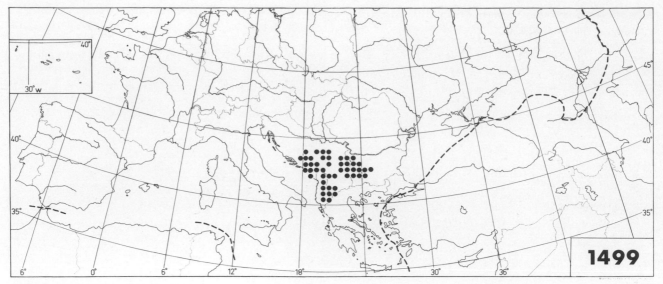

Dianthus cruentus subsp. **cruentus**

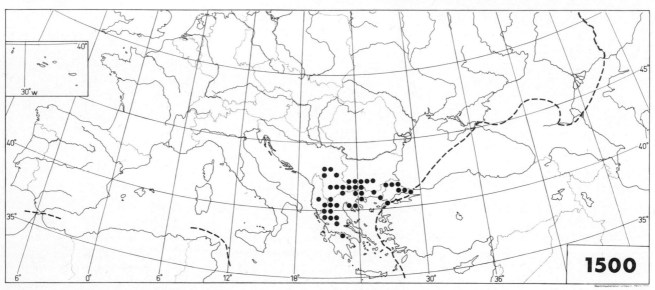

Dianthus cruentus subsp. **turcicus**

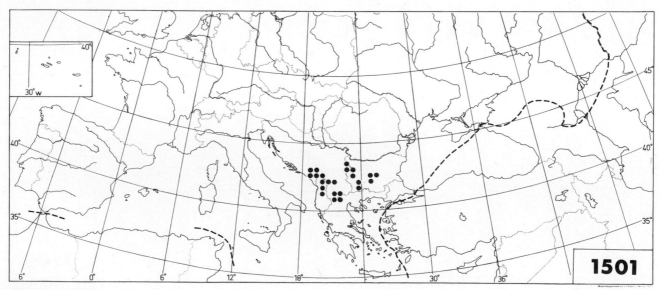

Dianthus tristis

Dianthus cruentus Griseb.

Dianthus baldaccii Degen; D. calocephalus Boiss.; D. holzmannianus Heldr. & Hausskn.; D. lateritius Halácsy; D. turcicus Velen. Incl. Dianthus quadrangulus Velen. and D. strymonis Rech. fil.

Taxonomy. Of the two subspecies of *Dianthus cruentus* recognized in Fl. Eur. and in Fl. Bulg. 1966: 424, *D. cruentus* subsp. *turcicus* is given the rank of an independent species, *D. calocephalus* Boiss., in Fl. Turkey 1967: 129. On the other hand, in Mountain Fl. Greece 1986: 198 it is stated that the two subspecies recognized in Fl. Eur. "seem to merge completely". Furthermore, *D. quadrangulus* and *D. strymonis* are mentioned as belonging to the undivided *D. cruentus*, without any suggestion about their possible infraspecific status. Under these circumstances, it seems advisable to keep the taxonomical treatment in Fl. Eur. unchanged, except for placing the two last-mentioned taxa in the synonymy of *D. cruentus*.

Diploid with 2n=30(Bu): Fl. Eur.

D. cruentus subsp. cruentus — Map 1499.

Notes. Al, Bu, Ju. "Bosna to Albania and W. Bulgaria" (Fl. Eur.).
Total range. Evidently endemic to Europe.

D. cruentus subsp. turcicus (Velen.) Stoj. & Acht. — Map 1500.

Dianthus calocephalus Boiss.; D. sanguineus Vis. subsp. bulgaricus Stoj. & Acht.; D. turcicus Velen. Incl. Dianthus quadrangulus Velen. and ? D. strymonis Rech. fil.

Diploid with 2n=30(Bu, Tu): Fl. Eur., as *Dianthus quadrangulus*; G. Günak-Sünter, Taxon 27: 376 (1978); N. Andreev, Taxon 30: 74 (1981).
Notes. Al, Bu, Gr, Ju, Tu. "Albania and S.W. Greece to E. Bulgaria and Turkey" (Fl. Eur., for *Dianthus cruentus* subsp. *turcicus*) and "N.E. Jugoslavia, Bulgaria, E. Greece" (Fl. Eur., for *D. quadrangulus*).
Total range. Hegi 1978: 1013 (as *Dianthus calocephalus*; European range incomplete).

Dianthus tristis Velen. — Map 1501.

Dianthus cruentus Griseb. subsp. pancicii (Velen.) Stoj. & Stefanov; D. pancicii Velen. non Williams; D. stenopetalus Griseb. b. pancicii (Velen.) Williams; D. velenovskyi Borbás

Nomenclature. Med-Checklist 1984: 195 prefers the name *Dianthus pancicii* for the species called *D. tristis* in Fl. Eur. However, according to Mountain Fl. Greece 1986: 199, *D. pancicii* Velen. 1886 is a later homonym of *D. pancicii* Williams 1885.
Total range. Endemic to Europe.

Dianthus stribrnyi Velen. — Map 1502.

Dianthus moesiacus Vis. & Pančić subsp. stribrnyi (Velen.) Stoj. & Acht.
Notes. Ju added (not given in Fl. Eur.): Fl. Serbie 1970: 278.
Total range. Endemic to Europe.

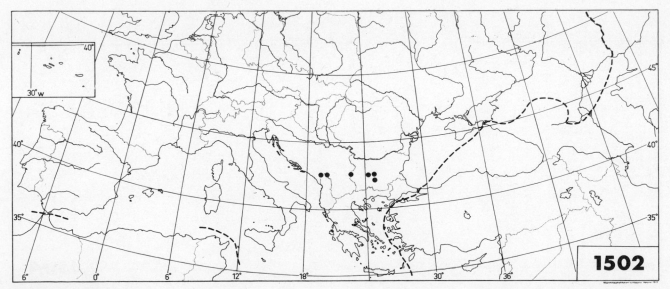

Dianthus stribrnyi

Dianthus brachyzonus Borbás & Form. — Map 1503.

Dianthus hyalolepis Acht. & Lindt. ?Incl. Dianthus serresianus Halácsy & Charrel

Taxonomy. T.G. Tutin, Feddes Repert. 68 (Fl. Eur. Notulae Syst. 2): 192 (1963). The taxonomical position of *Dianthus serresianus* was left open in the index to Fl. Eur.; see A. Hayek, Akad. Wiss., Math.-Nat. Kl. (Wien) 94: 140 (1917); according to Med-Checklist 1984: 201, doubtfully synonymous with *D. pinifolius.*

Diploid with 2n=30(Al): Fl. Eur.

Notes. No exact localities reported from Al or Gr (''S. Albania, N.W. Greece'' in Fl. Eur.).

Total range. Endemic to Europe.

Dianthus pelviformis Heuffel — Map 1504.

Dianthus bulgaricus Velen.; D. zernyi Hayek

Diploid with 2n=30(Ju): H. Rohweder, Bot. Jahrb. 66: 296—297, 336 (1934).

Notes. Gr added (not given in Fl. Eur.): D. Phitos, Mem. Soc. Brot. 24: 586 (1975); D. Babalonas, Willdenowia 14: 66 (1984).

Total range. Endemic to Europe.

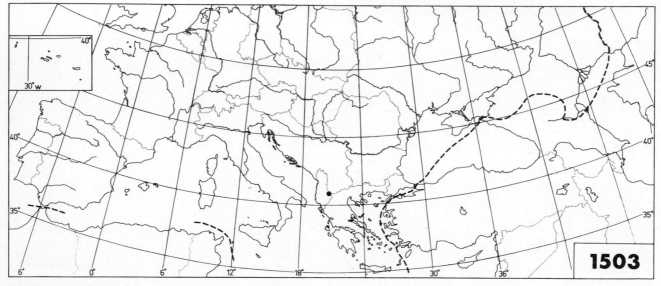

Dianthus brachyzonus

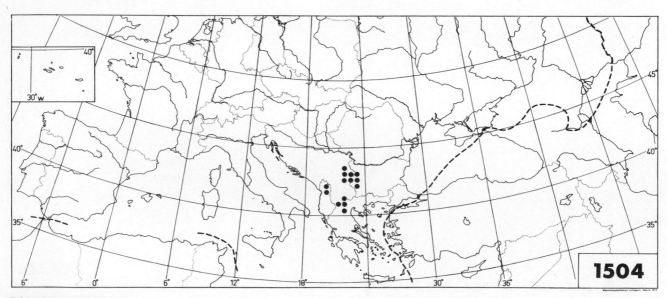

Dianthus pelviformis

Dianthus stenopetalus Griseb. — Map 1505.

Excl. Dianthus geticus Kulcz.

Diploid with 2n = 30(Gr): A. Strid & I.A. Andersson, Bot. Jahrb. 107: 209 (1985).

Total range. Endemic to Europe.

Dianthus moesiacus Vis. & Pančić — Map 1506.

Dianthus geticus Kulcz.; D. grancarovii Urum. Incl. Dianthus burgasensis Tutin

Taxonomy and nomenclature. Except for the inclusion of *Dianthus burgasensis* Tutin, Feddes Repert. 68 (Fl. Eur. Notulae Syst. 2): 192—193 (1963), the species concept of Fl. Eur. is followed here. In the wider species concept applied in Fl. Bulg. 1966: 423 and in Med-Checklist 1984: 197—198, *D. stribrnyi* is included, in addition, and no less than five subspecies have been recognized under the resulting *D. moesiacus* s. lato: subsp. *moesiacus,* subsp. *grancarovii* (Urum.) Stoj. & Acht., subsp. *sevlievensis* (Degen & Neičeff) Stoj. & Acht., subsp. *skobelevii* (Velen.) Stoj. & Acht., and subsp. *stribrnyi* (Velen.) Stoj. & Acht. [One of these subspecific combinations, *D. moesiacus* subsp. *sevlievensis* (Degen & Neičeff) Stoj. & Acht., Sborn. Bălg. Akad. Nauk 29: 54—55 (1935), is nomenclaturally incorrect, being antedated by *D. capitatus* subsp. *moldavicus* Grinţ. (1924), cited in the synonymy.]

Total range. Endemic to Europe.

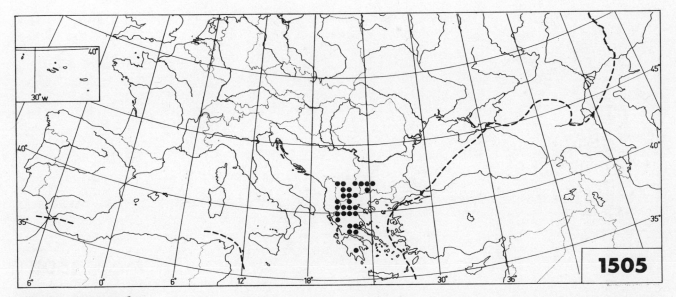

Dianthus stenopetalus

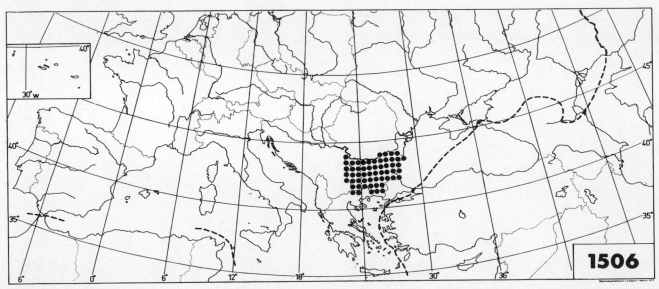

Dianthus moesiacus

220

Velezia rigida L. — Map 1507.

Diploid with 2n=28(Bu, Lu): Fl. Eur.; Fernandes & Leitao 1971: 155, 166; A.V. Petrova, Taxon 24: 511 (1975).

Notes. Presence in Co doubtful (as given in Fl. Eur.), presumably extinct according to J. Gamisans, Willdenowia 13 (Optima Leafl. 132): 81 (1983). No data available from Lu (given in Fl. Eur. and Med-Checklist 1984: 289): "Disseminado (excepto NW. e SW. mer.)", according to Nova Fl. Port. 1971: 160. Sa omitted (given in Fl. Eur., Pignatti Fl. 1982: 273, and Med-Checklist 1984: 289).

Velezia quadridentata Sibth. & Sm. — Map 1508.

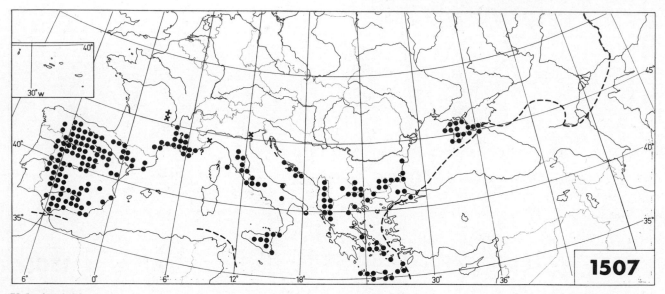

Velezia rigida

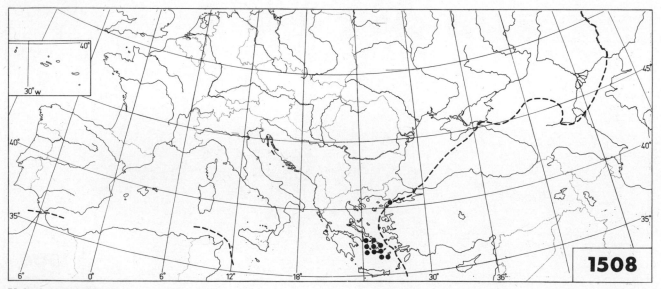

Velezia quadridentata

INDEX TO VOL. 6

Names appearing in the text or as synonyms, and their respective page numbers, are given *in italics*.

222

228

INDEX TO VOL. 7

Names appearing in the text or as synonyms, and their respective page numbers, are given *in italics*.

234

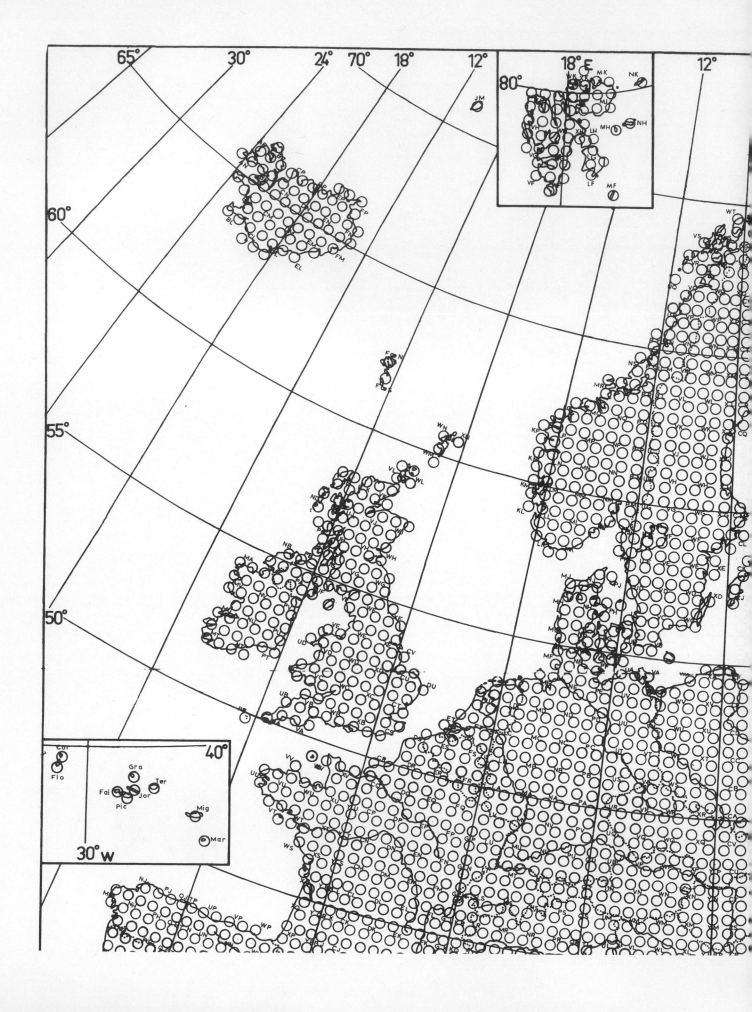

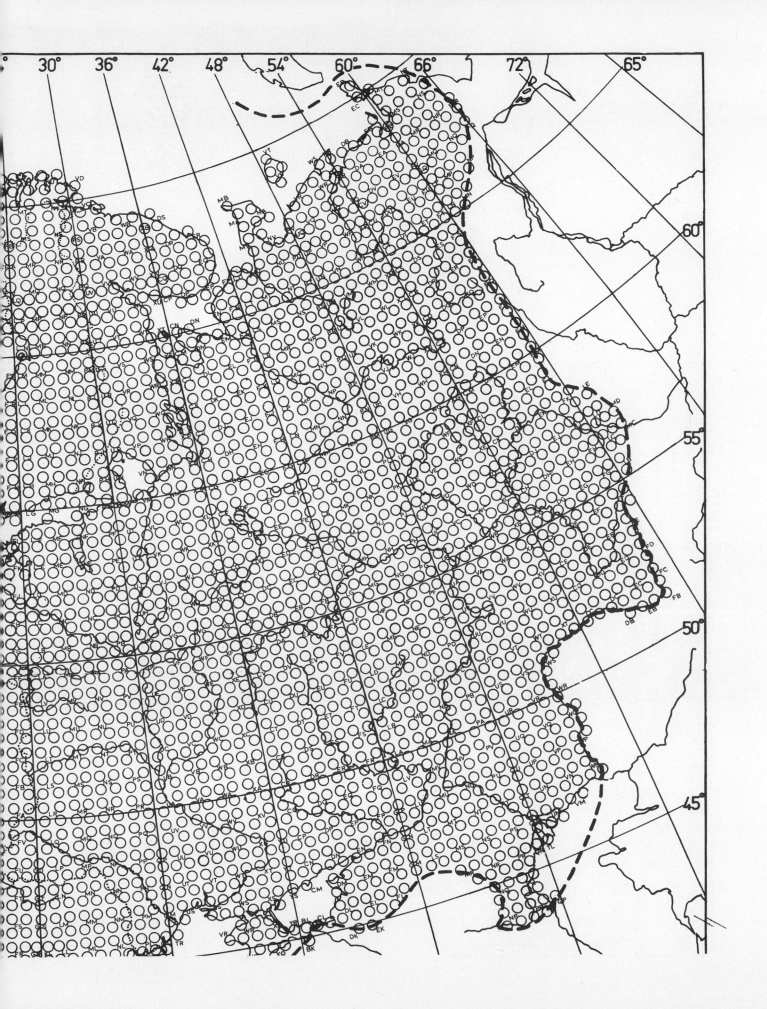

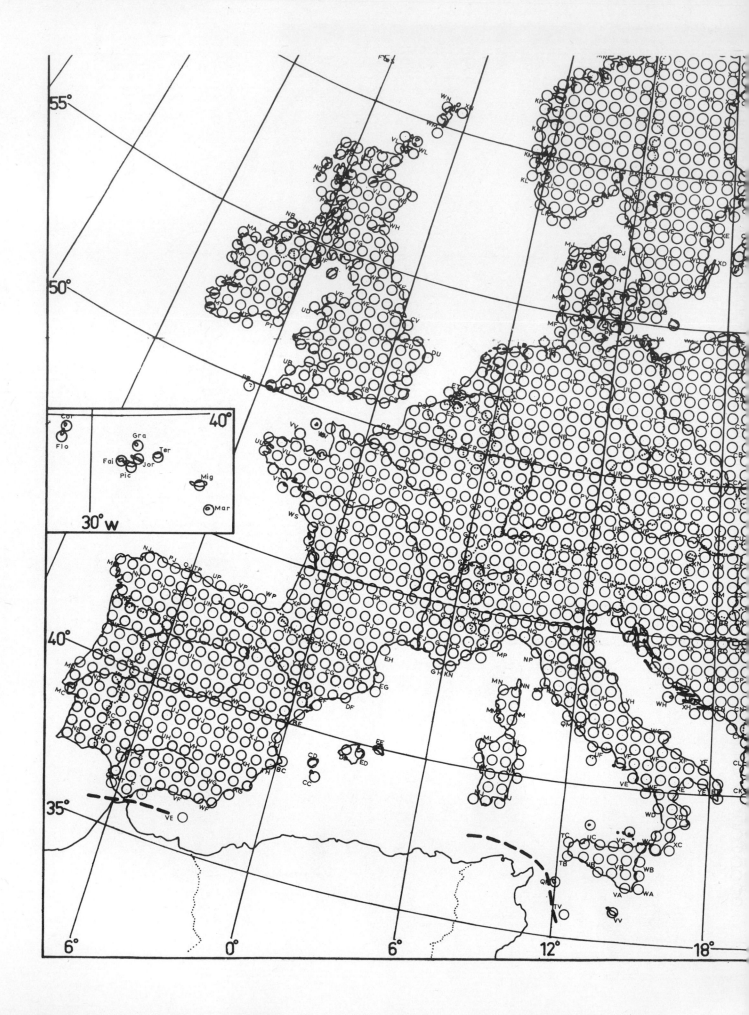